서울기술사학원
저자 직강

21세기 조경기술사

실전문제풀이

정상아

www.seoulpe.com
서울기술사학원

예문사

PROFESSIONAL-ENGINEER

첫 교재가 출간되고 몇 년의 시간이 흐르면서 새로 추가해야 할 문제유형들과 이론들이 쌓이면서 개정의 필요성을 느꼈습니다. 이번 개정판 역시 기술자 자격 취득과정에서 가장 중요한 올바른 방향과 방법을 제시해주는 것이 최우선 목표입니다. 또한 효과적 시험 준비를 위한 전략적 교재라는 점도 동일합니다.

기술사 시험은 무조건 많은 시간을 투자하고 많은 내용을 암기한다고 해서 좋은 결과를 얻는 것이 아닙니다. 무엇보다 흐름과 개념에 대한 파악이 우선되어야 합니다. 간단히 말해, 합격을 위해서는 이해력으로부터 출발해 암기력과 능숙한 문제풀이력으로 완결이 되어야 합니다.

이 책은 이러한 고민과 문제의식을 반영한 결과물입니다. 즉, 합격을 위해 꼭 필요한 이해력과 암기력, 그리고 문제풀이 능력을 최단기간 내에 향상시킨다는 목적에 초점을 두고 작성되었습니다.

구성적 특징
각 권(2권)으로 구성되었으며 권별의 구체적 특징은 다음과 같습니다.(이 책은 2권에 해당됩니다.)

1권 - 핵심이론정리
시험 대비를 위한 1단계 관문인 전체적 흐름과 개념 파악을 위해 반드시 알아야 할 이론들을 정리했습니다. 조경분야 주요 서적들을 토대로 시험에 맞추어 핵심이론들을 요약 정리한 것으로, 모두 8개 과목으로 구성되었고 각 과목마다 전체 흐름과 개념을 한눈에 파악할 수 있는 트리구조를 작성하여 부록으로 첨부했습니다.

2권 - 실전문제풀이

1권의 분류와 마찬가지로 8개 과목으로 나누어 문제들을 정리함으로써 문제풀이능력을 향상시킬 수 있는 기출문제와 예상문제의 모범답안입니다. 최근의 기출문제와 핵심예상문제들을 최대한 정리하였고 풀이 내용은 이론에 충실하도록 했습니다. 특히, 실전능력 향상을 위해 답지형식에 가장 적합한 내용으로 요약 정리하였고, 중요한 표와 모식도를 첨부하였습니다.

부록

- 63회부터 최근까지 출제된 문제들을 키워드 중심으로 정리했습니다. 처음 공부를 시작하는 분들은 먼저 기출문제를 확인하여 출제의도와 중요문제들을 파악하는 것이 필요하기 때문입니다.
- 참고한 문헌들과 해당 분야의 자료들을 검색할 수 있는 사이트를 소개해 놓았습니다.

다시 한번 강조하지만, 많은 시간을 투자하고 많은 내용을 암기하는 것보다 더 중요한 것은 전체적인 흐름 파악과 개념에 대한 이해력을 바탕으로 자연스럽게 암기력과 문제풀이 능력을 향상시키는 것입니다.

기술사는 출제자의 의도를 파악하고 답안을 정리하는 논리적 과정에서 문제의 정확한 파악능력과 해결능력을 보여주는 것이 관건이므로 무계획적이고 단순한 암기로는 절대 원하는 바를 이룰 수 없습니다.

개정과 출간에 이르기까지 도움을 주신 분들이 많습니다. 언제나 든든한 후원자인 두 아들 진하와 준하, 강의를 시작하도록 이끌어 주신 김은숙 교수님, 여러모로 편의를 제공해주신 조준호 부원장님과 서울기술사학원 가족들, 교재 구성과 강의에 탁월한 영감을 전해주신 서울기술사학원 신경수 원장님, 예비독자로서 책의 완성도를 높여준 학원 수강생들, 그리고 출간을 맡아주신 예문사에도 감사의 마음을 전합니다.

2024년 2월
정 상 아

≫≫ 조경기술사 차례

제1장 | 자연환경관리

제2장 동양조경사

제3장 서양조경사 / 현대조경작가론

제4장 조경 및 환경 관련법규

제5장 조경계획론

제6장 조경설계론

제7장 조경시공구조학

제8장 조경관리학

부록 ┊ 기출문제 과목별 분석

CHAPTER

01

자연환경관리

QUESTION 01 | Urban Heat Island(도심열섬현상)

Ⅰ. 개요

1. Urban Heat Island(도심열섬현상)란 도심지역이 주변지역보다 기온이 높게 나타나는 현상을 말함
2. 주요원인은 화석연료 사용, 인공시설물의 증가, 막힌 바람길, 포장면 증가, 녹지면적 감소 등에 있음
3. 문제점은 공기오염, 에너지 소비 증대, 생물상 변화 등이며 완화방안은 Green, Blue, White 네트워크 향상 등임

Ⅱ. Urban Heat Island

1. 주요원인

1) 화석연료의 사용 : 자동차배기가스, 공장매연
2) 인공시설물 증가 : 밀집한 고층건물, 막힌 바람길
3) 포장면 증가 : 녹지면적 감소, 생태면적률 저하

2. 문제점

1) 공기오염 : 기온역전, 스모그, 열대야 현상
2) 에너지 소비 증대 : 냉방기 사용, 오염정화 시설 증가
3) 생물상 변화, 병충해 증가 : 생물다양성 감소

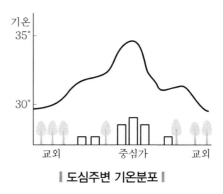

‖ 도심주변 기온분포 ‖

3. 완화방안

1) 찬바람생성지 보전
   - 생태면적 확보, 찬바람 생성
   - 바람길 조성, 독일 슈트트가르트시 사례

2) 바람통로 확보
   - 도시 생태하천 복원과 바람길 조성
   - 도시 오픈스페이스 향상

QUESTION 02 | 점오염과 비점오염

I. 개요

1. 점오염원이란 특정위치에서 배출되는 오염물질이며 한 지점으로 집중 배출되어 차집에 유리함
2. 비점오염원이란 특정하지 않은 지역에서 산발적으로 배출되는 오염원으로 배출지점이 불명확함
3. 오염원 유입 관리대책은 유입 전 예방으로는 1차 정화를 위한 정화습지 조성 등을 하고, 유입 후 대책으로는 식물정화기법 도입 등이 필요함

II. 점오염과 비점오염

1. 특성 비교

구분	점오염원	비점오염원
법적근거	물환경보전법	
특성	• 명확한 위치에서 배출 • 공장, 광산, 하수처리장 • 인위적 배출	• 배출지점이 불명확 • 비료, 농약, 축산폐수 • 자연적, 인위적 배출
오염원별 관리	• 배출지점에 무방류 배출시설 설치 의무화 • 주기적 감시와 모니터링 시행	• 유역별 관리가 필수 • 수질오염총량제 활성화 • LID 기술요소 적극적 도입 • 사후관리 강화

2. 생태적 관리방안

1) 유입 전 유역단위관리 실행
   - 수질오염총량제 확대 실시
   - 토지이용 규제, 수변관리구역의 지정

2) 유입 전 친환경농업의 추진
   유기농법, 생물농약, 생물방제

3) 유입 후 정화시설의 설치
   - 1, 2차 정화시설 설치로 여과, 차단
   - 저류시설, 침투시설로 정화
   - 식생여과대, 식생수로 등 설치

4) 유입 후 자체정화시설 설치지원
   오염원 발생지 내에서 제로화

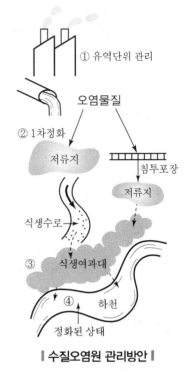

‖ 수질오염원 관리방안 ‖

QUESTION 03 | 수계 부영양화

Ⅰ. 개요

1. 수계 부영양화란 호소, 하천, 해양 등 수중생태계에 영양물질이 증가하는 것으로 조류 대량증식으로 인한 현상임
2. 메커니즘은 영양염 유입, 조류 대량증식, 햇빛 차단, 산소부족, 수생식물 고사, 어류폐사, 악취, 탁도 증가 과정임
3. 방지대책으로는 유입 전 예방으로 수변관리구역의 지정, 유역단위총량관리, 1차 정화, 유입 후 생물학적 처리 등이 있음

Ⅱ. 수계 부영양화

1. 유형

1) 녹조
   - 강, 호소, 하천의 조류 증식, 남조류
   - 비점오염원 증가, 어류 피해

2) 적조
   - 해양에서 조류 증식, 규조류, 편모조류
   - 중금속 폐수량 증가, 무분별한 간척으로 발생

2. 메커니즘

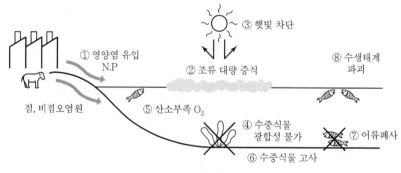

┃ 부영양화 메커니즘 ┃

III. 방지대책

1. 유입 전 예방

    1) 수변관리구역의 지정

    2) 토지이용 규제, 오염배출 차단

    3) 유역단위관리 시행

    4) 수질오염총량제 확대 실시, 농도규제와 병행

    5) 1차 정화시설 설치 저류지, 침투시설, 정화습지,
       식생수로 등

2. 유입 후 처리방안

    1) 생물학적 처리법 활용

    2) 미생물, 영양학적 관계 이용

    3) 물리, 화학적 처리법으로 신속 처리와 복합적 활용

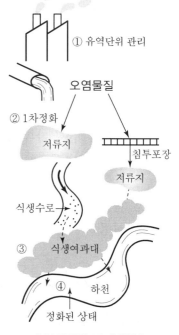

┃ 부영양화 방지대책 ┃

QUESTION 04 | 교토의정서와 메커니즘

Ⅰ. 개요

1. 교토의정서란 기후변화협약의 구체적 이행방안으로 1997년 교토에서 채택, 선진국의 온실가스 감축목표를 정함
2. 교토의정서의 3대 메커니즘으로 배출권거래제, 청정개발체제, 공동이행제도를 선택함
3. 온실가스 저감방안은 국제협약의 이행과 그린허브 구축이며, 국가정책은 저탄소사회 실현 등임

Ⅱ. 교토의정서와 3대 메커니즘

1. 감축대상 6대 온실가스

1) CO_2, CH_4, N_2O : 자연발생가스
2) PFCS, HFCS, SF_6 : 인위적 발생가스

2. 선진국의 감축목표 설정

1) 의무이행 대상국 감축
   • 2008년~2012년 동안
   • 1990년 수준보다 평균 5.2% 감축

2) 대상국의 확대
   우리나라 2013년 예정

3. 3대 메커니즘 선택

1) 배출권거래제(ET)

: 선진국 간 거래

2) 청정개발체제(CDM)

: 선진국이 개도국에 투자

3) 공동이행제도(JI)

: 선진국이 다른 선진국에 투자

4. 온실가스 저감방안

1) 동북아협력체제, 그린허브 구축
2) 탄소순환시스템, 탄소흡수원 확충
3) 그린, 블루, 화이트네트워크 통합 실현
4) 탄소저감, 탄소제로화 생활실천

교토의정서와 파리협정 비교

Ⅰ. 개요

1. 교토의정서란 기후변화협약의 구체적 이행방안으로 1997년 교토에서 채택, 선진국의 온실가스 감축목표를 정함
2. 파리협정이란 신기후체제 합의문으로서 교토의정서를 대체하는 것으로 2020년 이후 발효가 예상되고 있음
3. 우리나라 대응방안은 신기후체제 발효에 대한 대응 노력, 온실가스 감축 로드맵 확정, 전 지구적인 온실가스 감축에 기여 등임

Ⅱ. 교토의정서와 파리협정의 비교

1. 개념 비교

1) 교토의정서
   - 기후변화협약의 구체적 이행방안으로 1997년 교토에서 채택
   - 선진국의 온실가스 감축목표를 정함
2) 파리협정
   - 신기후체제 합의문으로서 교토의정서를 대체
   - 2020년 이후 발효가 예상되고 있음

2. 주요내용 비교

교토의정서와 파리협정 비교

구분	교토의정서	파리협정
범위	온실가스 감축에 초점	감축을 포함한 포괄적 대응 (감축, 적응, 재정지원, 기술이전, 역량강화, 투명성)
감축 대상국가	37개 선진국 및 EU (美, 日, 캐나다, 러시아, 뉴질랜드 불참)	선진 · 개도국 모두 포함
감축목표 설정방식	하향식(Top-Down)	상향식(Bottom-Up)
적용시기	1차 공약기간: 2008~2012년 2차 공약기간: 2013~2020년	2020년 이후 발효 예상

Ⅲ. 우리나라의 대응방안

1. 파리협정 발효를 위한 노력

1) 국내적 비준절차를 조속히 추진
2) 기후변화 대응을 위한 노력 지속

2. 2030 온실가스 감축 로드맵 확정

국가별 기여 방안 이행, 이행평가체제 구축

3. 온실가스 감축에 기여

1) 친환경자동차 보급, 탄소제로섬 모델 국내외 확산
2) 일자리 확대, 경제 활성화

4. 모든 정책에 지속가능발전 개념을 주류화

1) 지속가능발전 목표(SDGs) 달성
2) 다양한 구성원들 간의 파트너십 강화

QUESTION 06 | 리질리언스(Resilience)

I. 개요

1. 리질리언스란 탄력성, 회복력, 회복탄력성 등을 의미하는 것으로 생태계가 교란을 받아 변형된 후에 원래 상태로 회복되는 능력을 일컬음
2. 사례로는 불이나 폭풍우같이 자주 발생하는 교란에 의하여 군집이 교란된 후에 다시 원상태로 회복하는 능력을 들 수 있음

II. 리질리언스(Resilience)

1. 개념

1) 탄력성, 회복력, 회복탄력성
2) 교란을 받아 변형된 후에 원래 상태로 회복되는 능력

2. 사례

1) 산불, 폭풍우 같은 교란 이후 산림
   불이나 폭풍우같이 자주 발생하는 교란에 의하여 군집이 교란된 후에 다시 원상태로 회복하는 능력

2) 천이초기군집의 회복탄력성이 높음
   • 천이초기군집의 회복탄력성이 가장 높음
   • 극상 군집이 가장 불안정

3) 초지생태계가 산림생태계보다 회복탄력성이 큼
   태풍 피해 이후에 초지생태계가 산림생태계에 비해 리질리언스가 큰데, 그 이유는 극상 군집에 가까운 산림생태계가 파괴된 후 원상태로 회복되는 데 100년 이상이 소요될 수 있기 때문임

■ 참고 : 저항성(Resistance)

1. 개념

1) 교란이 가해졌을 때 변화없이 안정된 상태로 남아 있으려는 경향

2) 생태계가 외부의 변화에 저항하여 그 구조와 기능을 유지하려는 능력

2. 사례

1) 천이가 진행됨에 따라 증가하는 경향을 나타냄

2) 예를 들어, 극심한 저온 가뭄 시 초본류보다 수목의 저항성이 큼

QUESTION 07 | 식물정화(Phytoremediation)

Ⅰ. 개요

1. 식물정화(Phytoremediation)란 식물을 이용하여 오염된 토양과 물을 정화시키는 기술임
2. 메커니즘은 추출, 흡착 및 안정화, 분해 등이며 적용식물에는 콩과 · 벼과 식물, 버드나무 등이 있음
3. 활용방안은 정화습지 조성으로 1차 수질정화, 토양의 중금속 오염정화, 유류오염의 정화 등임

Ⅱ. 식물정화의 메커니즘

1. 추출

1) 식물체 내로 오염물 흡수
2) 뿌리, 줄기, 잎에 농축, 제거 후 소각
3) 안전한 수집, 소각경로 중요

2. 흡착 및 안정화

1) 뿌리, 줄기에 오염물 흡착
2) 오염물의 순환방지

3. 분해

1) 오염물질 구조파괴, 무독화시킴
2) 뿌리에 공생하는 미생물과 효소작용 중요

| 식물정화 메커니즘 |

Ⅲ. 적용식물 및 활용방안

1. 적용식물

    1) 초본류 : 염생식물 – 퉁퉁마디, 갈대 등

      • 수생식물 – 줄, 부들, 부레옥잠 등

      • 육상식물 – 콩과, 벼과식물, 해바라기 등

    2) 목본류 : 버드나무, 포플러, 콩과식물 등

2. 활용방안

    1) 연안, 해안 주변 정화습지 조성, 수질정화

    2) 토양, 폐기물 중금속 정화

    3) 유류오염 시 정화

    4) 2차 오염 방지, 장기적 효과, 경관성

QUESTION 08 | Succession(천이)

Ⅰ. 개요

1. Succession(천이)란 시간의 흐름에 따라 한 지역에서 진행되는 군집의 연속되는 변화의 과정을 말함
2. 일반적인 천이과정은 나지에서 초본류, 관목, 양수림, 음수림 단계를 보이며 극상에 도달, 안정된 생태계를 이룸
3. 천이의 종류는 유발지역에 따라 1차·2차 천이, 수분조건에 따라 수생·건생천이, 진행방향에 따라 진행·퇴행천이로 구분됨

Ⅱ. 천이의 개념 및 진행과정

1. 개념

1) 시간이 지남에 따라 한 지역에서 진행되는 군집의 연속적 변화의 과정
2) 종 조성 및 구조와 같은 생물공동체의 변화

2. 진행과정

1) 나지 → 1년생초본 → 다년생초본 → 관목 → 내광성 수림대(교목) → 내음성 수림대(교목)
2) 천이과정 예시

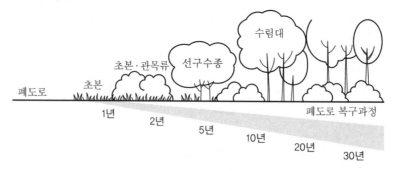

‖ 폐도사례 천이 진행과정 ‖

III. 천이의 종류 및 결과 특성

1. 천이의 종류

구분	천이의 종류	
유발지역	1차 천이	2차 천이
수분조건	습성천이	건성천이
발생원인	자생천이	타생천이
진행방향	진행(정상)천이	퇴행(편향)천이

2. 천이의 결과 특성

생태계	초기단계 → 극상단계, 미숙 → 성숙, 성장단계 → 안정단계
종다양성	초기에는 증가, 개체 크기가 증가함에 따라 성숙단계에서는 안정되거나 감소

QUESTION
09 | 식물생태계의 천이순서와 대표 수종

Ⅰ. 개요

1. 식물생태계의 천이란 시간이 지남에 따라 한 지역에서 상이한 식물생태계가 연속적으로 변화되는 과정을 말함

2. 식물생태계의 천이순서는 → 지의 · 선태류 → 1년생 초본 → 다년생 초본 → 관목 → 내광성 수림대(교목) → 내음성 수림대(교목) → 극상림 등의 순으로 진행됨

3. 식물생태계의 천이순서에 따른 대표수종은 나지는 식물이 없고 지의 · 선태류에는 이끼, 1년생 초본은 망초, 다년생 초본은 쑥, 관목은 싸리, 내광성 교목은 소나무, 내음성 교목은 참나무, 극상림에는 서어나무 등임

Ⅱ. 식물생태계의 천이순서와 대표수종

1. 식물생태계의 천이 개념

시간이 지남에 따라 한 지역에서 상이한 식물생태계가 연속적으로 변화되는 과정

2. 식물생태계의 천이순서

나지 → 지의 · 선태류 → 1년생 초본 → 다년생 초본 → 관목 → 내광성 수림대(교목) → 내음성 수림대(교목) → 극상림

3. 식물생태계의 천이순서별 대표수종

천이순서	대표수종	특성
나지	식물이 없음	식물이 전혀 살고 있지 않음
지의·선태류	이끼	• 이끼는 생명력이 강해서 어떤 환경에서도 살아감 • 이끼가 자라면 땅이 기름지게 되어 다른 식물들이 살 수 있는 터전을 만듦
1년생 초본	망초, 개망초, 냉이, 꽃다지, 쇠별꽃, 바랭이	• 작은 곤충들이 들어오고 1년생 초본의 꽃씨들도 날아옴 • 1년생 초본이 썩으면서 척박한 토지를 비옥한 땅으로 바꾸어 줌
다년생 초본	쑥, 토끼풀, 쇠뜨기, 억새	• 다년생 초본은 겨울에는 눈을 땅 속에, 땅 위는 로제트를 형성하거나, 땅속에 휴면 종자를 두어 겨울을 넘김
관목	싸리나무, 붉나무, 찔레나무, 진달래	• 초본류에 의해 비옥해진 땅에 비로소 목본류인 키작은 관목들이 나타남
내광성 교목	소나무	• 관목들의 전성기가 끝나면 햇빛을 좋아하고 척박한 땅에서 자라는 교목인 소나무가 등장함 • 소나무숲이 형성되면 동물들이 모여들고 나무열매들도 운반됨
내음성 교목	참나무, 단풍나무	• 소나무는 스스로 만든 그늘 때문에 유목이 잘 자라지 못함 • 이 틈을 타서 음수성 키큰 교목들이 자리를 잡기 시작하여 소나무는 쇠약해지면서 고사하게 됨
극상림	서어나무, 개서어나무, 까치박달	• 참나무보다 더 음수성인 교목들이 그 밑에서 자라면서 극음수 교목림이 숲 전체를 뒤덮는 극상림에 이르게 됨

QUESTION

10 | 1차천이와 2차천이, 건성천이와 습성천이 상호비교

Ⅰ. 개요

1. 천이란 시간이 지남에 따라 한 지역에서 상이한 군집이 연속적으로 변화되는 과정을 말하며

2. 천이의 유형에는 1차천이와 2차천이, 건성천이와 습성천이, 진행천이와 퇴행천이, 자발적 천이와 타발적 천이 등이 있으며

3. 유발지역에 따라 1차천이와 2차천이를 구분하고 수분조건에 따라 건성천이와 습성천이를 구분함

Ⅱ. 천이의 개념, 과정 및 유형

1. 개념

시간이 지남에 따라 한 지역에서 상이한 군집이 연속적으로 변화되는 과정

2. 천이의 과정

1) 나지 → 1년생 초본 → 다년생 초본 → 관목 → 내광성 수림대(교목) → 내음성 수림대 (교목)

2) 내음성으로 구성된 교목림을 천이의 최종단계인 극상이라 함

3) 나지에서 극상에 이르는 전 과정을 천이계열이라고 함

3. 천이의 유형

구분	천이유형	
유발지역	1차천이	2차천이
수분조건	건성천이	습성천이
유발주체	자발적 천이	타발적 천이
진행방향	진행천이	퇴행천이
진행방향형태	방향적 천이	순환적 천이

Ⅲ. 1차천이와 2차천이, 건성천이와 습성천이의 상호비교

1. 1차천이와 2차천이

1) 천이를 시작할 때의 생태계 현황에 따라서 구분

2) 1차천이
- 용암대지나 사구 등과 같이 과거에 식생이 없던 불모지에서 시작
- 1차 천이 과정은 생태계의 내적 요인에 의해 진행되므로 자발적 천이의 특징을 가짐
- 이러한 지역에서는 포자 등과 같이 보다 비산능력이 높은 산포체를 지닌 지의류나 이 끼식물 등에 의해 서서히 천이가 진행됨

3) 2차천이
- 산불이 난 지역이나 휴경지 등과 같이 군집이 자연적·인위적 교란에 의해서 파괴된 장소, 즉 식생만이 사라진 상태에서 시작
- 2차천이는 생태계 외부로부터의 힘에 의해서 진행되므로 타발적 천이의 특징을 가짐
- 2차천이는 토양이 보전되어 있어 매토종자 및 잔존 뿌리의 맹아에 의해 천이가 진행됨

2. 건성천이와 습성천이

1) 천이가 시작되는 장소의 수분 조건에 따라서 구분

2) 건성천이
암반, 자갈밭, 사구 등 건조한 곳에서 진행되는 천이

3) 습성천이
호수나 습지와 같이 물에서 시작되는 천이

QUESTION
11 | 환경포텐셜

Ⅰ. 개요

1. 환경포텐셜이란 특정 장소에서 종의 서식이나 생태계 성립의 잠재적 가능성을 말함
2. 환경포텐셜의 종류에는 입지 포텐셜, 종의 공급 포텐셜, 종간관계 포텐셜, 이 세 가지 포텐셜에 의해 결정되는 천이 포텐셜이 있음
3. 활용은 종 서식지 및 생태의 복원과 천이 방향의 파악에 있으며 비탈면 녹화에 주로 많이 적용되고 있음

Ⅱ. 환경포텐셜의 개념 및 종류

1. 개념

1) 포텐셜 : 현재 존재하고 있지 않으나 발견될 가능성이 있는 잠재력
2) 환경포텐셜 : 특정장소에서 종의 서식이나 생태계 성립의 잠재적 가능성

2. 환경포텐셜의 종류

1) 입지 포텐셜 : 토지의 환경 조건, 기후 · 지형 · 토양 · 수환경 등 상호 영향으로 결정됨

2) 종의 공급 포텐셜
   • 특정장소에 대한 종 공급 가능성
   • source & sink의 공간적 관계, 종 이동력에 의해 결정

3) 종간관계 포텐셜
   • 생물 간 상호작용 성립 가능성
   • 경쟁, 포식 · 피식, 공생 등 종의 서식관계

4) 천이 포텐셜
   • 위의 3가지 포텐셜로 결정됨
   • 시간에 따른 변화, 생태천이 진행과 모습 예측

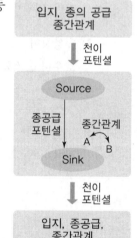

‖ 환경포텐셜 ‖

III. 환경포텐셜의 활용

1. 종서식지 및 생태복원

1) 개별 포텐셜 조사, 자료 축적

2) 검토평가 후 후보지 선정, 방향 설정

2. 천이방향 파악

1) 1차 천이 진행속도 분석으로 생태계 안정성 파악

2) 매토종자 조사 후 2차천이 유추

3. 잠재 식물상 파악

1) 지상과 휴면종을 통한 종의 파악 가능

2) 추후 진행 천이 예상

QUESTION
12 | Hot Spot

Ⅰ. 개요

1. Hot Spot이란 지구상 최대 생물다양성 분포지역으로 특히 특산종이 풍부한 생물다양성 중점 지역임

2. 현재까지 국제보호협회에서 34곳을 지정하고 있고 Hot Spot 면적은 지표면의 1.4%에 불과함

3. 멸종위기종의 절반 이상을 포함하고 있고 열대우림지역이 대표적 지역으로 적도 부근에 분포함

Ⅱ. Hot Spot

1. 개념

1) 생물다양성 중점지역

2) 최대 생물다양성 분포지역

3) 생물다양성이 위협받는 곳

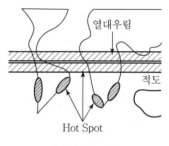

▎Hot Spot▎

2. 현황

1) 국제보호협회에서 34곳을 지정함

2) 멸종위기동물 4분의 3 이상 포함

3) 멸종위기식물 2분의 1 이상 포함

4) 지표면의 1.4%에 불과한 면적

5) 서식지 파괴가 70% 이상 진행

3. 대표적 지역

1) 적도 부근 열대우림지역

• 마다가스카르, 필리핀

• 열대 안데스, 아마존 등

2) 히말라야, 인도 미얀마, 기니 삼림, 일본, 지중해유역, 중앙아시아 등

4. 보전방안

1) CITES, CBD 국제협약 준수

2) 지속적 연구, 모니터링, 홍보

3) 나고야 의정서에 기반 : 유전자원 접근 및 이익 공유

QUESTION 13 | 새천년생태계평가 (Millennium Ecosystem Assessment)

Ⅰ. 개요

1. 새천년생태계평가란 2000년대 접어들면서 UN의 주도로 지구 생태계에 대한 종합적인 평가를 하고 생태계서비스에 대한 패러다임을 논함
2. 새천년생태계평가는 생태계서비스를 기능에 따라 4가지 범주로 구분하였는데 지지서비스, 공급서비스, 조절서비스, 문화서비스임
3. 4가지 범주에 따라 각각 개별서비스를 정리하였고, 또한 10개의 개별생태계로 분류 제시하여 분석 · 평가를 위한 실용적 접근방법을 제시함

Ⅱ. 새천년생태계평가(Millennium Ecosystem Assessment)

1. 개념

1) UN의 주도로 2000년대에 접어든 지구생태계에 대한 종합적 평가를 시행, 생태계서비스 개념이 중요하게 대두
2) 2005년 새천년 생태계 평가 보고서 발표 : 지난 50년간 인구증가, 경제활동 확대가 심각한 지구생태계 위기를 초래

2. 생태계서비스 4가지 범주 구분

공급서비스	조절서비스	문화서비스
〈생태계의 생산물〉 ▸ 음식/신선한 물 ▸ 연료/섬유 ▸ 생화학물/유전자원	〈생태계과정의 조절기능 편익〉 ▸ 기후조절/질병조절 ▸ 물조절/물정화 ▸ 수분작용	〈비물질적인 편익〉 ▸ 음식 ▸ 휴양 및 생태관광 ▸ 심미/영감/교육 ▸ 경관/문화유산

지지서비스
〈다른 모든 생태계서비스 생산을 위해 기반이 되는 서비스〉 ▸ 비옥토양 형성/영양분 순환/주요 생산물

3. 개별생태계 분류체계

1) 지구생태계를 10개 개별생태계로 구분
   - 해양, 해안, 내륙수, 산림, 건조지역
   - 섬, 산, 극지방, 경작지, 도시
2) 분석 · 평가를 위한 실용적 접근방법
   생태계 변화가 인간에게 미치는 영향을 분석하기 위한 적절한 수준의 유용한 틀을 제시함

QUESTION
14 | 하천복원 시 깃대종의 개념과 선정원칙

I. 개요

1. 깃대종이란 특정지역의 생태 · 지리 · 문화적 특성을 반영하는 상징적인 야생동 · 식물을 말함
2. 하천복원 시 깃대종은 생태 · 지리 · 문화적으로 해당 하천을 대표하는 종으로서 하천 생태계 보전 효율성을 추구하고 선정과정에서 주민 참여로 공감대 형성을 유도함
3. 하천 복원 시 깃대종 선정원칙은 해당 하천을 대표하는 종, 사람들이 중요하다고 인식하여 보호가치가 있는 종, 법정 보호종 등을 기준으로 함

II. 하천복원 시 깃대종

1. 깃대종의 개념

1) 깃대종 정의
특정지역의 생태 · 지리 · 문화적 특성을 반영하는 상징적인 야생동 · 식물

2) 하천복원 시 깃대종 개념
- 생태 · 지리 · 문화적으로 해당 하천을 대표하는 종 선정으로 하천생태계의 보전 효율성을 추구
- 적절한 보호 및 관리기법 수준의 향상
- 선정과정에서 주민 참여로 공감대 형성을 유도하여 하천생태계 보전 참여를 이끌어냄

2. 선정원칙

1) 생태 · 문화 · 사회적으로 해당 하천을 대표할 수 있는 종
2) 사람들이 중요하다고 인식하여 보호할 가치가 있다고 인식하는 종
3) 법정 보호종(멸종위기종, 천연기념물)
4) 경관이 우수한 자원 등 보전가치가 높은 종
5) 대상 종을 통해 자연환경의 변화를 판단할 수 있는 종
6) 국민의 관심 속에 보호 및 관리가 필요한 종

3. 선정방법

1) 하천별 깃대종 선정위원회 구성

민·관·학 등의 전문가 위촉으로 구성

2) 하천별 깃대종 후보종 선정

자연자원조사, 모니터링 자료 등 결과를 토대로 학술적·문화적 가치 등을 종합평가, 후보종 선정

3) 하천별 깃대종 선정

선정위원회에서 국민참여 결과를 참고하여 최종 선정

Ⅰ. 개요

1. 경관이란 시각적 의미에서 독일의 Troll에 의해 지리학적 · 생태학적 의미가 통합된 개념으로 진화함
2. 경관의 3대 구성요소는 Patch, Corridor, Matrix이며 이 세 요소가 경관의 구조를 형성하고 있음
3. 경관의 기능은 에너지 흐름, 물질순환, 생물종 이동과 정보 이동 등이며 경관의 변화는 기후변화, 천이 등임

Ⅱ. 경관의 3대 구성요소

1. 경관생태학적 경관 개념

1) 시각적, 지리적, 생태적 의미를 통합
2) 총체적인 실체로서 경관
3) 수직적 관계+수평적 관계

2. 경관의 3대 구성요소

1) Patch

- 경관조각, 유사환경조건
- 분리된 공간요소, 비선형적 형태
- 패치의 크기 : LOS와 SLOSS
- 패치의 수 : 수의 감소, 종의 감소
- 거리와 면적 관계 : 이입률과 멸종률
  → 도서생물지리설

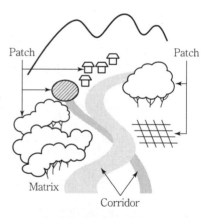

| 경관의 3대 구성요소 |

2) Corridor
- 하천, 도로 등 선형적 모습
- 두 개의 생태계가 만나는 부분
- 코리더의 기능 : 서식처, 이동통로, 장벽, 여과, 공급처 및 수용처
- 긍정적 효과 및 부정적 효과 지님

3) Matrix
- 가장 넓은 면적 형성, 바탕이 됨
- 결, 거칠기, 연결성
- 거시적 매트릭스가 모자이크가 됨
- 네트워크 구축, 묶음과 짜임으로 모자이크 형성

Ⅰ. 개요

1. Edge Effect란 두 가지 이상의 생태계가 만나는 주연부에서 종다양성과 풍부도가 높아지는 효과임

2. 가장자리효과에는 긍정적 효과로 종다양성 증가, 이동증가, 환경적응력의 증가, 부정적 효과로는 환경변화에 민감, 생태피라미드 파괴 가능성 등임

3. 주연부 조성방법은 연성경계 형태로 폭이 넓고 길게 조성하며 점진적 변화를 유도, 다공질, 자연소재로 함

Ⅱ. Edge Effect 및 주연부 조성방법

1. 긍정적 효과

1) 종다양성 증가
- 기존 두 생태계 서식종 , 두 가지 이상 서식환경 요구종 출현
- 제3의 새로운 서식종이 나타남

2) 이동의 증가
- 종의 서식처 간 이동 증가
- 에너지, 물질 교환, 유전자 교환 기회 증대

3) 환경적응력 증가
- 두 서식처 모두 서식 가능
- 간섭에 대한 영향이 적음, 다양한 서식환경 적응

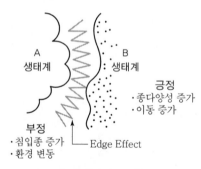

‖ 가장자리 효과 ‖

2. 부정적 효과

1) 생태피라미드 파괴 가능성
  - 내부종, 민감종의 감소와 절멸
  - 가장자리종 증가, 밀도 증가로 경쟁 치열

2) 환경변화에 민감 : 온도, 습도, 빛 변동이 큼,
   병원균, 침입종 증가

3. 주연부 조성방법

1) 연성경계의 조성
  - 곡선, 굴곡, 점진적 변화 유도
  - 폭이 넓을수록, 길이가 길수록 효과적

2) 자연소재, 다공질 소재로 구성
   다양한 서식처 조성

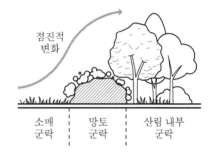

‖ 산림경계 주연부 조성 ‖

QUESTION
17 | Corridor 유형과 기능

Ⅰ. 개요

1. Corridor란 시각적으로 구분되는 선적인 경관요소로 지역 내에서 인위적·자연적으로 형성됨
2. Corridor의 유형은 점, 선, 면 형태로 나타나고 Stepping Stones, Linear, Stream, Strip, Landscape Corridor 등이 있음
3. Corridor의 기능은 서식처, 이동통로, 장벽, 여과기능, 종공급원 및 수용처 기능이 있음

Ⅱ. Corridor 유형과 기능

1. 코리더의 유형

1) 점적 유형

• Stepping Stones Corridor
• 도시 내 옥상조경, 벽면녹화, 생태연못 등

2) 선적 유형

• Linear Corridor, Stream Corridor
• 실개울, 생울타리, 하천 따라 형성, 도시 내 생태통로

3) 면적 유형

• Landscape Corridor, Matrix Corridor
• Core 역할, 방풍림

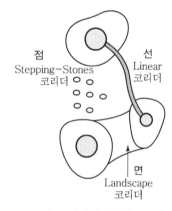

점
Stepping-Stones
코리더

선
Linear
코리더

면
Landscape
코리더

| 코리더의 유형 |

2. 코리더의 기능

1) 서식처

주연부종, 일반종 및 다양한 서식처 요구종 서식

2) 이동통로

- 동물, 에너지, 물질, 사람의 이동
- 생물종의 유전자 정보 교환

3) 여과필터

식생여과대는 N, P 제거, 해안습지는 완충여과대 역할

4) 장벽

도로, 철도는 야생동물의 이동을 제한, 로드킬의 주범요소

5) 종의 공급원 및 수용처

- Source & Sink, 바탕으로 종공급
- 물질, 생물종이 코리더로 인입

▎ 코리더의 기능 ▎

QUESTION
18 | 메타개체군

Ⅰ. 개요

1. 메타개체군이란 생태계 내에서 공간적으로 분리되어 있으나 유전자 교류가 가능한 최상
위개체군임
2. 개체군의 유형은 국소개체군, 지역개체군과 이를 포함한 메타개체군이 있으며
3. 필요성은 생물종의 효과적 보전, 생물다양성 증대, 경관의 보전, 생태네트워크 계획 · 관리
에 중요함

Ⅱ. 메타개체군의 개념 및 유형

1. 개념

1) 유전자 교류가 가능한 최상위개체군
2) 생태계, 경관 내에서 공간적으로 분리됨
3) Source & Sink 관계에서 소스 역할

2. 개체군 유형

1) 국소개체군 : 최소단위 개체군
2) 지역개체군 : 국소개체군의 모임
3) 메타개체군 : 지역개체군의 집단

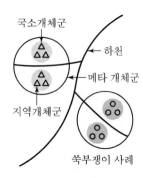

┃ 개체군 유형 ┃

3. 특징

1) 창시자 역할 : Source 역할, 유전자 교류
2) 진화의 초석 : 개체군 진화, 적응력 증대

Ⅲ. 필요성

1. 생물종의 효과적 관리

1) 유전적 다양성 유지, 국지적 절멸 예방
2) 종다양성, 종풍부도 증대

2. 생태네트워크 형성, 경관의 보전

1) Source 개체군 보호, Patch 간의 연결성 증대
2) 잠재서식처 및 이동경로 확보
3) 경관의 구조와 기능의 보전
4) 생태계 회복력 증대

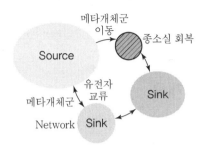

‖ 메타개체군의 필요성 ‖

QUESTION
19 | Ecotone

Ⅰ. 개요

1. Ecotone이란 두 가지 이상의 생태계가 만나서 형성되는 일정한 폭의 선적인 지역인 주연부임

2. Ecotone의 특성은 생태계가 접하는 지역이라 일반종, 다양한 서식처 요구종, 주연부종의 서식으로

3. 종다양성이 풍부하고 패치 내부의 급격한 환경변화를 막아주는 완충역할 등을 함

Ⅱ. ecotone의 개념 및 특성

1. 개념

1) 두 가지 이상의 생태계가 만나는 일정한 폭의 선적인 지역

2) 주연부, 추이대라고 불림

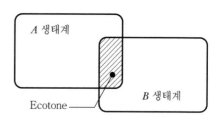

| Ecotone 개념 |

2. 특성

1) 서식종의 다양성
- 일반종, 다양한 서식처 요구종
- 주연부종의 서식, 양서류, 나비

2) 내부 핵심종 보호, 패치 보호
- 패치 내부의 급격한 환경변화 방지
- 완충지대로서 역할

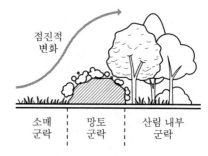

| 산림경계 주연부 조성 |

Ⅲ. Ecotone의 조성방법

1. 산림경계 Ecotone

1) 점진적 변화 유도

2) 소매군락, 망토군락, 산림내부군락

2. 하천의 Ecotone

1) 정수식물대, 습생식물, 하변림

2) 식생여과대, 완충대 조성

3) 곡선형, 굴곡형태, 완만한 변화

4) 오염원 여과, 재해 방지, 종 다양

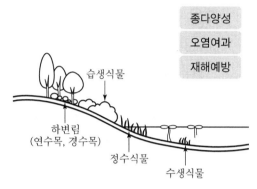

┃ 하천 ecotone ┃

QUESTION
20 | 비오톱 지도

Ⅰ. 개요

1. 비오톱 지도란 지역 내 공간을 비오톱 유형화하고 그 가치를 등급화한 지도로서 도시생태현황도라고도 함
2. 비오톱 유형화 방법에는 선택적 유형화, 포괄적 유형화, 대표적 유형화 3가지가 있음
3. 비오톱 지도화 과정은 준비, 조사, 분석 및 평가단계로 작성 후 비오톱 유지, 보호를 위한 프로그램을 적용함

Ⅱ. 비오톱 지도

1. 개념

1) 지역 내 공간을 비오톱을 유형화하고 그 가치를 등급화한 지도

2) 국내에서는 도시생태현황도라고 함

2. 비오톱 유형화 방법

1) 선택적 유형화

- 보호가치 높은 비오톱만 선택
- 단기적으로 신속, 저렴하게 작성
- 대규모 지도제작에 유리

2) 포괄적 유형화

- 지역 전체의 모든 비오톱 조사
- 인력, 시간, 돈의 많은 소요
- 도시, 지역단위의 적용에 좋음

3) 대표적 유형화

- 대표성 있는 비오톱만 조사
- 데이터 구축이 잘 됐을 때 용이함

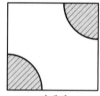

선택적

포괄적

대표적

‖ 비오톱 유형화 ‖

3. 비오톱 지도 작성과정

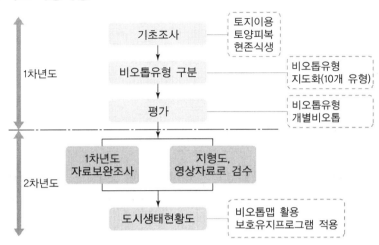

‖ 서울시 비오톱지도 작성과정 ‖

QUESTION 21 | 복원, 복구, 대체 개념

I. 개요

1. 복원이란 생태계를 훼손 이전의 원래 상태로 되돌리는 것으로 완벽한 복원을 의미하나 현실적으로 어려움

2. 복구란 완벽한 복원은 아니지만 원래 자연생태계와 유사한 수준으로 회복하는 것

3. 대체란 훼손된 생태계의 구조와 기능을 어느 정도 회복하였으나 원래의 생태계와는 다른 모습을 갖게 된 상태

II. 복원, 복구, 대체 개념

1. 복원(Restoration)

1) 광의의 개념
   • 복원, 복구, 대체 개념을 모두 포함한 거시적 복원
   • 청계천 복원 : 광의개념의 복원

2) 협의의 개념
   • 훼손되기 이전 원래 생태계로 되돌리는 것
   • 완벽한 형태, 시간·비용 면에서 현실적으로 불가능

2. 복구(Rehabilitation)

1) 원래 생태계와 유사한 수준으로 회복
2) 현실적 복원에 해당, 완벽한 복원은 아님

3. 대체(Replacement)

훼손된 생태계의 기능 및 구조를 어느 정도 회복, 원래 생태계와는 다른 모습

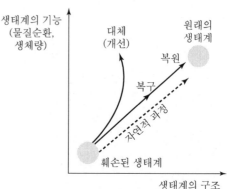

▌생태복원단계와 유형 ▌

III. 생태복원의 대상

1. 생물종 복원

1) 멸종위기종, 인공증식 필요종

2) 생물종 복원방법

- 재도입 : 멸종된 종을 역사적 서식지에 다시 정착
- 이입, 증대 : 개체군을 서식지 외의 다른 곳으로 이동, 개체를 보완
- 도입 : 유사한 서식지에 정착 노력

2. 서식처 복원

1) 도시, 농촌생태계, 산림, 초지생태계

2) 하천, 습지, 해안생태계 등 복원

QUESTION 22 | 인공지반녹화를 위한 기반 조성

Ⅰ. 개요

1. 인공지반녹화란 주차장 상부나 지표면에서 2m 이상인 곳의 옥상에 설치되는 녹화를 말함
2. 인공지반녹화는 자연지반에서 고려하지 않는 식재기반시스템이 필요하며 닫힌계 특성으로 인함
3. 식재기반 조성은 건물 손상의 방지를 위한 방수층, 방근층, 별도의 배수층, 필터층과 보비, 보수력이 있는 육성층을 조성함

Ⅱ. 인공지반녹화

1. 개념

1) 주차장 상부의 지반 녹화
2) 지표면에서 2m 이상 떨어진 옥상에 설치되는 녹화

2. 자연지반과 다른 특수성

1) 닫힌계 특징 : 자연토양보다 많은 수분 요구
2) 별도의 배수층 필요 : 자연배수 안 됨, 과습 우려
3) 구조물, 건물의 손상 방지 : 별도의 방수, 방근층 조성

강우

별도 배수층

수분 공급

방근, 방수층

우수육성토양

| 인공지반녹화 특수성 |

Ⅲ. 인공지반녹화 기반시스템

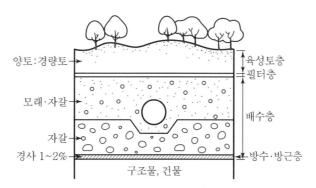

∥ 주차장 상부, 관리 · 중량형 인공지반녹화 ∥

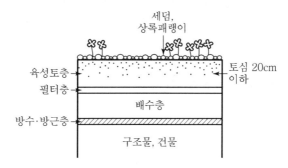

∥ 저관리 · 경량형 인공지반녹화 ∥

QUESTION 23 | Eco-corridor의 조성 주안점

I. 개요

1. Eco-corridor란 도로, 댐, 수중보, 하굿둑 등으로 인해 서식지가 단절된 것을 방지해주는 연결로인 생태통로임
2. 조성 시 주안점은 공간, 은신처, 먹이, 물, 통로 요소이며 대상동물을 파악, 기존 이동로의 확인 후 주변과 연결시켜야 함
3. 공간요소는 충분한 면적의 확보와 기존 이동루트와 연결이 유리한 지역을 고려하고 은신처를 위해 지역수종으로 수림을 조성함

II. Eco-corridor 조성 주안점

1. 공간(space)

1) 충분한 면적 확보
2) 주요 대상동물 서식지와 유사환경 조성
3) 기존 이동로 특징을 지닐 것
4) 행동권과 세력권을 고려

2. 은신처(cover, shelter)

1) 인근 수림대와 유사, 복사이식
2) 다층구조 식재, 지역 자생종 도입
3) 차폐식재, 관목덤불림 조성, 완충 식재

3. 먹이(food)

1) 식이식물 식재, 유실수 위주
2) 먹이원 유인 식재, 다양한 환경 조성
3) 다공질 공간 조성으로 유인

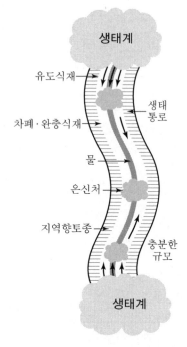

┃ Eco-corridor 조성 시 주안점 ┃

4. 물(water)

1) 통로 내부는 배수가 잘 되어 물이 고이지 않게 함
2) 빗물 등 흐르는 물에 내부 흙이 쓸려 내려가지 않게 함
3) 측구 수로가 있을 시 탈출용 경사로를 다수 설치

5. 통로(corridor)

1) 포식자와 부적절한 환경을 피하기 위해 이동
2) 종의 번식을 위해 이동
3) 유전자 이동, 개체군 분산

QUESTION 24 | 옥상녹화 유형

Ⅰ. 개요

1. 옥상녹화란 지표면에서 2m 이상인 건축물 상부, 구조물 상부에 설치되는 조경지역을 말함
2. 옥상녹화 유형은 일반적 분류로는 관리·중량형, 혼합형, 저관리경량형으로 구분됨
3. 활용성에 따라 옥상정원, 옥상피복녹화, 옥상비오톱, 옥상화단, 옥상텃밭으로도 구분할 수 있음

Ⅱ. 옥상녹화 유형

1. 일반적 분류

1) 관리·중량형 : 토심 20cm 이상
2) 혼합형 : 토심 30cm 내외
3) 저관리·경량형 : 토심 20cm 이하

2. 활용성에 따른 분류

1) 옥상정원 : 관리·중량형, 휴식기능 부여
2) 옥상피복녹화 : 이용보다 환경기능 우선시, 저관리·경량형
3) 옥상비오톱 : 생물서식처 제공, 관리·중량형
4) 옥상화단 : 도시경관 향상, 옥상경계화단
5) 옥상텃밭 : 실용적 목적, 도시농업 차원

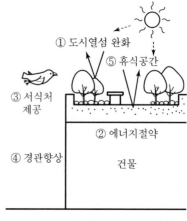

① 도시열섬 완화
⑤ 휴식공간
③ 서식처 제공
② 에너지절약
④ 경관향상
건물

‖ 옥상녹화 조성효과 ‖

III. 관리 · 중량형과 저관리 · 경량형

구분	관리 · 중량형	저관리 · 경량형
적용대상	• 구조적 제약이 없는 곳 • 휴식, 경관적 측면 강조	• 구조적 제약이 있는 곳 • 유지관리가 힘든 곳
조성방법	• 지피, 관목, 교목 식재 • 토심 20cm 이상, 양토 : 경량토=7 : 3 • 주기적 유지관리	• 지피, 야생초화류 • 토심 20cm 이하, 경량토 사용 • 유지관리 거의 하지 않음
모식도		

I. 개요

1. 토양생물이란 토양 내에 서식하는 동물, 식물, 미생물을 말하며 이들에 의해 지중생태계가 동적 평형을 이룸

2. 토양생물의 종류 중 동물은 동물, 식물 유해를 부숴 흡수가 쉬운 상태로 만들고 식물은 무기물을 유기물로 형성하는 역할을 함

3. 미생물의 역할은 유기물을 분해하여 무기물화하고 식물이 흡수할 수 있는 성분으로 만들어 물질순환을 이루게 함

II. 토양생물의 종류별 역할

1. 동물

1) 대형 동물 : 설치류, 개미류, 지렁이류 등

2) 소형 동물 : 원생동물, 선충류

3) 동물, 식물의 유해를 섭취
   - 잘게 부수거나 흡수되기 쉬운 상태
   - 배설물에 의한 토양 비옥화

4) 동물이동에 의한 통기성 확보
   공기유통, 수분흡수, 고결화 예방

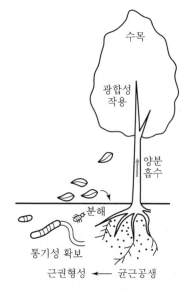

‖ 토양생물 역할 ‖

2. 식물

1) 대형 식물 : 고등식물 뿌리, 이끼 · 선태류

2) 소형 식물 : 식물성 조류, 균류

3) 광합성작용으로 무기물의 유기물화

4) 근권 형성, 뿌리분비대 형성
   - 미생물과 공생을 이룸
   - 식물군락의 광대한 근권 창출

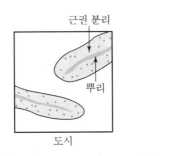

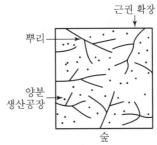

∥ 근권의 확장 ∥

3. 미생물

1) 진핵생물, 원핵생물

2) 균근, 세균, 방선균

3) 유기물을 분해, 무기물을 형성, 식물흡수 가능

4) 식물과 공생으로 양분을 주고받음

Ⅰ. 개요

1. 벽면녹화란 건축물의 입면, 담장·옹벽·교각 등의 인공구조물의 입면을 식물로 피복하는 것임
2. 벽면녹화의 유형에는 등반부착형, 등반감기형, 하수형, 벽면장착형, 에스펠리아형이 있음
3. 식물 선정 시 고려사항은 녹화 목적 부합성, 관리성, 시장성 및 경제성, 경관성과 생육성 등임

Ⅱ. 벽면녹화 유형

1. 벽면녹화 유형

유형	특징	모식도
등반 부착형	• 입면에 직접 부착 • 다공질 입면의 마감이 필요 • 시공이 용이, 저렴한 비용	부착
등반 감기형	• 와이어, 메시, 격자망을 이용하여 감아 올라감 • 결속에 유의	보조재
하수형	• 입면 상부에 식재대 설치 • 바람에 의한 피해가 있음	
벽면 장착형	• 플랜터, 패널을 활용 • 등반형, 하수형 복합 적용 가능 • 관수시설에 유의	플랜터
에스 펠리아형	• 입면에 수목을 기대어 조형화 식재 • 토피어리 형태 가능	조형 수목

2. 식물 선정 시 고려사항

1) 녹화목적 부합성, 관리성, 생육성
2) 시장성 및 경제성
3) 경관성, 주변건물과 녹화식물과의 조화
4) 환경내성, 내음성, 내건성, 내한성

QUESTION 27 | 벽면녹화식물의 생태적 특성과 종류

I. 개요

1. 벽면녹화란 건축물 입면, 담장·옹벽·교각 등의 인공구조물의 수직적 입면을 식물로 피복하는 것임
2. 벽면녹화식물의 종류는 흡착형, 감기형, 가시형이 있으며 흡착형에는 부착반, 부착근형이 있음
3. 감기형은 덩굴손, 엽병 등으로 감아올라가는 특성이 있으며 가시형은 가시나 수평지 등에 의해 등반을 하는 특성을 지님

II. 벽면녹화식물의 생태적 특성과 종류

종류	생태적 특성	구분	식물	모식도
흡착형	• 덩굴손의 부착반, 부착근에 의해 부착 • 거의 모든 표면에 부착 • 하수형 녹화 시에는 보조재 필요	부착반	담쟁이덩굴	
		부착근	줄사철, 송악, 마삭줄, 모람	
감기형	• 줄기, 잎 등의 변형인 덩굴손, 엽병 등에 의해 감아 올라감 • 벽면 자체만으로는 등반 곤란 • 보조재 설치가 필요	덩굴손	다래, 포도, 머루	
		엽병	으아리	
		줄기	등나무, 인동덩굴, 으름, 노박덩굴	
가시형	가시, 수평지 등에 의해 등반	가시	덩굴장미	

III. 식물 선정 시 고려사항

1. 녹화목적 부합성, 관리성, 생육성 : 생육이 왕성, 연간 신장률 고려, 관리 용이성
2. 시장성 및 경제성 : 묘목, 종자의 대량구입 가능, 저렴한 가격
3. 환경내성 : 내음성, 내건성, 내한성, 내병충해성

I. 개요

1. Mitigation기법이란 도로건설 등의 개발 시 자연환경에 미치는 영향을 줄이기 위한 회피, 저감, 대체 방법임
2. 위치에 따른 방법에는 on-site, off-site가 있으며 환경에 따라 in-kind, out of-kind가 있음
3. Mitigation 기법의 적용은 친환경적 도로계획과 습지의 이설, 귀중종의 이식 시에 적용 가능함

II. Mitigation의 유형

1. 회피(Avoidance)

1) 보전서식지를 피해 다른 지역에 노선을 설치
2) 서식지에 미칠 피해 최소화
3) 최선의 방법

2. 저감(Reduction)

1) 노선을 우회하여 서식지로부터 일정거리 유지
2) 불가피하게 서식지 사이로 노선 통과 시 생태통로로 연결

3. 대체(Replacement)

1) 훼손서식지를 다른 지역에 동일 조성
2) 대체습지 등 방법

도로, 철도

서식지

회피

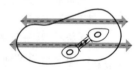

저감

대체
‖ Mitigation 기법 ‖

Ⅲ. Mitigation의 방법 및 적용

1. 방법

1) 위치별
- On-site : 구역 안 또는 주변
- Off-site : 구역 밖

2) 방법별
- In-kind : 유사환경, 동일유형
- Out of-kind : 다른 환경, 다른 유형

2. 기법의 적용

1) 친환경 도로계획 : 영향 예측, 노선 결정
2) 습지의 이설 : 동식물상 조사, 방법 검토
3) 귀중종의 이식 : 부분 이식 후 단계적 실시

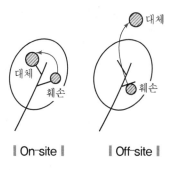

▮ On-site ▮   ▮ Off-site ▮

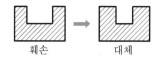

훼손   대체

▮ In-kind ▮

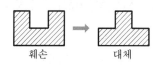

훼손   대체

▮ Out of - kind ▮

QUESTION
29 | 자연형 배수

Ⅰ. 개요

1. 자연형 배수란 우수가 지표면을 따라 흐르는 표면배수와 토양 내로 침투되어 저장되는 방식의 배수임

2. 자연배수시스템 유형에는 침투시설, 저류시설, 연계시설에 있으며 생태포장, 저류지, 잔디수로 등임

3. 자연형 배수로 인한 효과는 홍수조절, 물순환체계의 형성, 환경개선 및 생태계 안정, 어메니티 증가 등임

Ⅱ. 자연형 배수 개념 및 유형

1. 개념

1) 우수가 지표면의 지형을 따라 자연스럽게 흐르는 배수

2) 토양으로의 우수 침투와 저장, 지표면의 저류, 증발

3) 식물에 의한 증발, 증산 작용

2. 자연배수시스템 유형

1) 침투시설
  - 자연지반의 확보
  - 생태면적률 증대, 생태포장 사용

2) 저류시설
  - 빗물저장시스템, 유수지, 저류지, 함양지
  - 생태연못, 습지 등

3) 연계시설
  - 침투, 저류시설 연결
  - 잔디수로, 자갈수로

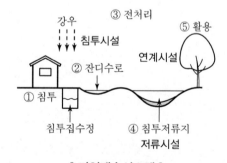

┃ 자연배수시스템 ┃

3. 자연형 배수 조성효과

1) 홍수 조절, 유출량, 유출속도 감소

2) 생물서식처 제공, 환경개선, 습도조절

3) 물순환체계 형성, 우수 재활용

4) 어메니티 증가, 친수 · 친녹공간 증대

30 Green Roof

Ⅰ. 개요

1. Green Roof란 지붕녹화를 말하며 지붕의 경사에 따라 평지붕형과 경사지붕형으로 구분됨
2. 평지붕형은 경사가 없는 편평한 지붕에 녹화하므로 강우와 바람에 의한 토양기반의 쏠림 현상이 없어서 시공이 간편함
3. 경사지붕형은 경사로 인한 토양쏠림현상의 발생이 빈번하여 버팀쇠로 고정 또는 매트, 패 널형으로 시공함

Ⅱ. Green Roof 개념 및 유형

1. 개념

1) 옥상녹화 중 지붕에 녹화하는 것
2) 얕은 토심과 구조적 제약 있는 지붕녹화
3) 주로 환경적 · 경관적 효과 위해 설치

2. 유형

구분	평지붕형	경사지붕형
개념	경사 없는 편평한 지붕에 녹화	다양한 경사각을 지닌 지붕에 녹화
특징	• 토양포설로 기반층 형성 • 시공이 용이함 • 일반옥상녹화의 저관리 · 경량형 시공과 유사	• 토양쏠림 방지시설이 필수적임 • 버팀쇠로 고정 • 패널형, 매트형

3. 유형별 모식도

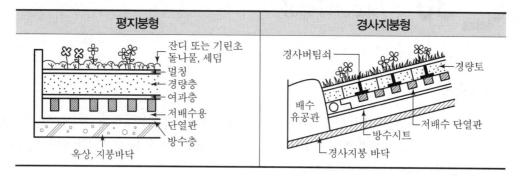

평지붕형	경사지붕형
잔디 또는 기린초 돌나물, 세덤 멀칭 경량층 여과층 저배수용 단열판 방수층 옥상, 지붕바닥	경사버팀쇠 경량토 배수 유공관 저배수 단열판 방수시트 경사지붕 바닥

4. 시공 시 유의사항

1) 저관리, 무관리 : 급수, 관수 최소화

   식재관리 불필요, 한국 기후 특성의 적합성 여부

2) 최저토심으로 시공가능 : 10~15cm 토심

   구조체에 하중부담 최소

3) 구조체 형태, 모재 제약에 무관

QUESTION
31 | 경사형 지붕녹화 시 고려사항

I. 개요

1. 경사형 지붕녹화란 경사가 있는 지붕에 식물로 피복하는 것을 말하며 환경적 · 경관적 목적으로 주로 설치함
2. 경사형 지붕녹화 시 고려사항은 얕은 토심과 구조적 제약에 적합한 수종 선정과 기술 도입, 토양쏠림현상 방지시설 설치가 필수적임

II. 경사형 지붕녹화 시 고려사항

1. 경사형 지붕녹화의 개념

1) 경사가 있는 지붕에 식물로 피복
- 다양한 경사각으로 구조적 제약
- 얕은 토심으로 식물생육에 한계
2) 환경적 · 경관적 목적으로 주로 설치
- 에너지 절감, 빗물유출 감소, 비오톱 역할
- 도시미관 향상, 건물이미지 고양

2. 경사형 지붕녹화 시 고려사항

1) 얕은 토심에 적합한 수종선정과 토양층 고려
- 잔디, 기린초, 돌나물 등 식재
- 경량토 사용, 여과층, 저배수용 단열판 설치
2) 구조적 제약을 해결하는 기술 도입
- 구조체 형태나 모재 제약에 무관한 공법
- 구조체에 하중부담을 최소화하는 기술
3) 토양쏠림현상 방지시설 설치
  버팀쇠로 고정, 매트형이나 패널형으로 시공
4) 저관리, 무관리 가능한 형태로 시공
- 급수 · 관수의 최소화, 식재관리 불필요
- 한국 기후특성의 적합성 여부

QUESTION 32 | 생태복원을 위한 참조생태계(Reference Ecosystem)의 중요성과 활용방법

I. 개요

1. 참조생태계(Reference Ecosystem)란 현재 훼손되지 않은 실질적인 생태계이거나 개념적인 모델로서 복원하고자 하는 생태계의 모습인 서식처 원형, 대조생태계임
2. 참조생태계의 중요성은 생태복원 프로젝트에서 목적이나 계획을 수립하는 데 생태적 궤도를 보여줄 수 있는 역동적, 전형적인 Prototype이라는 점임
3. 생태복원에서 활용방법은 여건에 따라 네 가지 유형으로 구분하여 설정하고 복원사업의 목표수립에 사용하고 복원사업 이후 성패를 평가할 때에도 사용함

II. 참조생태계의 개념 및 중요성과 활용방법

1. 개념

1) 현재 훼손되지 않은 실질적인 생태계, 개념적인 모델
2) 복원하고자 하는 생태계의 모습
3) 대조생태계 또는 서식처 원형(Prototype)
4) 현재 존재하고 있는 훼손되지 않은 생태계

2. 참조생태계의 중요성

1) 생태복원사업에서 목적이나 계획수립 시 의도된 생태적 궤도(Ecological Trajectory)를 보여줌
2) 역동적이고 전형적인 서식처 원형이라는 점
3) 복원사업 이후 성패를 평가할 때도 중요한 대상이 됨

3. 생태복원에서 활용방법

1) 대상지 여건에 따른 네 가지 유형 구분
   ① 동일한 장소와 동일한 시간 : 그 자체가 참조생태계
   ② 다른 장소와 동일한 시간
   • 서식처 원형(Prototype)에 해당
   • 복원하고자 하는 곳을 참조할 수 있는 곳(Refuge)

③ 동일한 장소와 다른 시간
- 역사적 기록과 유사한 것
- 복원하고자 하는 곳의 과거 사진이나 조사기록 등이 해당

④ 다른 시간과 다른 장소
- 근본적으로 복원 대상지역에서 기존의 생태계와 관련된 정보가 없을 때를 말함
- 경관적 · 물리적으로 유사한 상태에 있는 지역으로부터 정보를 얻는 것

2) 생태복원사업에서 활용
- 복원사업의 목표수립 시 모델이 됨
- 참조생태계가 복원하고자 하는 생태계 모습
- 사업수행 이후 성패를 평가할 때 기준으로 이용
- 소택습지의 전형적 모델 : 창녕 우포늪
- 온대 낙엽수림대의 전형적 모델 : 원주 성황림

QUESTION
33 | 기후변화 완화와 적응의 비교

I. 개요

1. 기후변화 완화와 적응이란 기후변화에 대한 사전 예방적 접근방법으로 완화(Mitigation)와 적응(Adaptation)으로 기후변화의 속도와 크기를 감소시키고 적응하는 것임

2. 기후변화 완화는 온실가스 배출량을 완화하여 기후변화의 속도와 크기를 감소시키는 것이고 기후변화 적응은 기후변화의 영향에 적응하기 위한 대응책 수립으로 적응능력을 강화시키는 것임

3. 기후변화의 영향은 대형화되고 다양한 자연재해로 나타나므로 이에 대한 대응방안은 사전 예방적으로 준비하는 도시계획이 필요하며 도시 자체의 적응능력을 강화해야 함

II. 기후변화 완화와 적응의 개념 및 비교

1. 기후변화 완화와 적응의 개념

기후변화에 대한 사전 예방적 접근방법

2. 기후변화 완화와 적응의 비교

1) 완화(Mitigation)
- 온실가스 배출량을 저감, 완화함
- 이를 통해 기후변화의 속도와 크기를 감소시킴

2) 적응(Adaptation)
- 기후변화의 영향에 적응하기 위한 대응전략 수립
- 도시의 기후변화 적응능력 강화
- 기후친화적 국토이용 및 관리체계 구축

Professional Engineer Landscape Architecture

Ⅲ. 기후변화의 영향과 대응방안

1. 기후변화의 영향

1) 기존재해보다 대형화되는 자연재해 속출 : 폭염, 가뭄, 홍수, 해일 등의 피해

2) 빈번하고 다양한 자연재해 급증 : 이상기후 증가, 지구온난화 가속화

2. 기후변화 대응방안

1) 기후친화적 국토이용 및 관리체계 구축
   - 취약성 분석으로 국가기후변화적응대책 수립
   - 방재기준 강화 및 방재정보 전달체계 구축

2) 도시 자체의 적응능력 강화
   - 각각의 도시 특성을 고려한 차별적인 대책 수립
   - 구조물적 대책과 함께 비구조물적 대책도 수립
   - 녹지체계, 수체계를 잘 갖춘 생태도시로 전환

3) 재해통합대응도시 구축
   - 기후재해에 통합적이고 도시계획적인 대응
   - 위기관리를 통한 대응

QUESTION
34 | 환경복지와 산림복지

Ⅰ. 개요

1. 환경복지란 생태계와 함께하는 환경친화적 인간복지라 정의되며, 즉 인간복지와 생태계 복지가 동시에 조화될 수 있는 복지를 의미함

2. 산림복지란 산림생태계와 함께하는 환경친화적 인간복지라 할 수 있으며 최근에는 생애 주기별 산림서비스 개념이 산림복지 개념으로 확장되어 사용되고 있음

Ⅱ. 환경복지와 산림복지

1. 환경복지

1) 정의
- 생태계와 함께하는 환경친화적 복지
- 생태계 파괴나 환경오염 등에 기초한 인간복지가 아니라 건강한 생태계의 보전과 복구 및 이러한 건강생태계를 활용한 건강한 삶, 쾌적한 삶을 추구하는 인간복지와 생태계 복지가 동시에 조화될 수 있는 복지

2) 환경복지의 요소
- 사전대응성 : 인간질병의 사전예방 역할
- 쾌적한 생태환경 : 환경적 불평등 최소화
- 참여주체의 다양성 : 정부/지방자치단체/지역주민 참여 강조
- 지속가능성 : 세대 간의 형평성

2. 산림복지

1) 정의
- 산림생태계와 함께하는 환경친화적 인간복지
- 환경친화적 인간복지가 미래의 지속가능한 사회를 유지
- 산림의 보전, 관리, 향유하고자 하는 인간과 자연의 협력적·연대적 관계 추구 → 환경윤리학에 근거

2) 생애주기별 산림복지

- 2010년 들어 생애주기별 산림서비스 개념이 산림복지로 확장됨
- 출생부터 사망에 이르기까지 산림을 통해 휴양, 문화, 보건, 교육 등 양한 혜택을 국민들에게 제공하기 위한 것

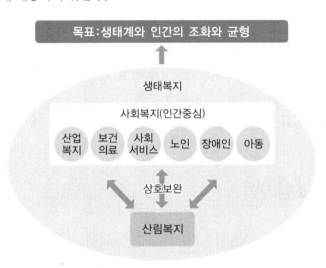

생애주기별 단계와 산림복지 개념

생애주기단계	산림복지내용	추진방향
탄생기	출산활동 지원	• 태교의 숲 확대, 아기 탄생목 심기 • 임신부와 태아를 위한 다양한 프로그램 개발
유아기	양육활동 지원	숲속유치원 확대
아동 · 청소년기	숲체험과 산림교육 등 제공	• 국립산림교육센터 조성 • 숲속수련장을 중소형 청소년 시설로 운영 • 산림학교, 그린캠프 등 가족 및 학교단위 프로그램 개발 • 취약 · 위기계층 청소년 자활 · 자립기반 마련
청년기	레저와 문화활동 지원	• 산촌마을, 자연휴양림 등과 연계한 산악레포츠단지, 레포츠 코스 조성 • 숲속결혼식, 공연 및 전시, 회의 등을 할 수 있는 산림복지센터 운영계획
중 · 장년기	휴양과 치유서비스 제공	• 특성화된 자연휴양림 운영 • 국립 산림치유원 조성 • 전국을 트래킹 숲길로 네트워크
노년기	산림을 통한 요양기회 제공	• 국립산림치유원에 노인 전용 치유 및 요양공간 조성 • 산촌생태마을을 산림요양마을로 조성
회년기	자연으로의 회귀	자연친화적 장묘서비스 지원

QUESTION 35 | 생태연못의 조성기법

Ⅰ. 개요

1. 생태연못이란 야생동물 서식처 제공과 수질정화 목적으로 인공적으로 조성되는 연못임
2. 생태연못의 조성을 위한 요구조건은 목표종 설정, 생물서식공간과 이용학습공간 구분 조성, 안전성 확보, 주변 소생물권과의 연계 등임
3. 생태연못의 조성기법은 방수, 급배수시설, 호안, 식재, 서식처, 주변과 연계 등으로 구분해 설명 가능함

Ⅱ. 생태연못의 조성기법

1. 조성 시 요구조건

1) 목표종을 설정
   - 대상지의 생태환경을 조사 · 분석 후 구체적 목표종 결정
   - 목표종은 시간을 배려해 단계별로 고려
   - 5년, 10년, 20년 등 연한에 따라 목표종과 목표개체수를 정함

2) 생물서식공간과 이용학습공간의 구분
   - 생물서식공간은 이용자 간섭의 절대적 배제가 좋음
   - UNESCO MAB에 의한 핵심지역으로서의 가치 존중
   - 이용학습공간은 관찰데크 등을 조성

3) 안전성 확보
   - 이용자의 접근에 따라 호안, 수심 등을 고려
   - 이용이 빈번한 곳은 안전성을 우선함

4) 주변 소생물권과의 연계
   - 생물의 이동을 배려해 주변과 네트워크화
   - 관목숲, 다공질 공간 등 다양한 서식처 조성

2. 조성기법

1) 방수
   - 유입가능한 물의 양과 물의 유입에 소요되는 비용을 고려해 결정
   - 물의 양이 적거나 비용이 많을 경우 불투수성 시트방수공법 선택 가능
   - 진흙방수 시에는 미세입자나 점성 강한 것을 일정 두께로 포설

- 방수재 포설 시 접합부위는 이중으로 접합
- 지반침하 우려되는 곳은 지반보강용 부직포를 방수층 아래에 포설

2) 급배수시설
- 유입로는 물의 종류에 따라 조성방법을 달리함
- 저류조, 침전조, 여과조 등을 두어 수질정화효과를 도모
- 유입로는 유량을 고려하여 단면, 재질, 기울기를 결정
- 배수구의 높이는 목표수위와 동일

3) 호안
- 다양한 생물이 서식 가능하도록 다양한 소재를 활용하여 조성
- 폐사목 놓기, 통나무 박기, 통나무 놓기, 자연석, 자갈 및 진흙, 모래톱 등으로 다양한 호안 조성
- 호안의 기울기는 주변 지형과 환경조건에 따라 다양하게 조성
- 완만한 기울기를 요구하는 곳은 1 : 7보다 완만하게 함

4) 식재
- 식물 선정 시 생태적인 균형을 고려해 가급적 향토 수종을 도입
- 식생 도입을 위해 방수, 호안처리, 토심 확보 등 조치를 사전에 시행
- 과다번식 조절을 위해 필요 시 수중분 식재, 통나무 박기 등 식생확산방지시설을 설치
- 일부분은 여름철 그늘 형성을 위해 호습성 활엽수의 군식 도입 검토

5) 서식처
  ① 곤충서식처
   - 산림, 숲 가장자리 추이대 지역의 햇볕 잘 드는 곳이 최적 입지
   - 연못, 초지, 덤불, 조그만 숲 조성
   - 연못 크기는 $50m^2$ 이상, 가까운 곳에 다른 연못, 수변공간 위치
   - 곤충 생활사를 고려해 흡밀, 먹이, 수액식물 등을 도입
   - 다공질 공간으로 돌무더기 놓기, 고목 배치 등을 조성
   - 대상지가 소음, 대기오염이 심한 경우 차폐식재
  ② 양서류 서식처
   - 햇볕이 잘 들고 물이 너무 차갑지 않아야 올챙이 성장에 적합
   - 저습지 규모는 최소 $30m^2$
   - 수심이 최고 1m에서 수변부위는 0.35m 내외로 함
   - 양서류 생활사를 고려하여 휴식지, 산란지, 동면지 등 조성
   - 먹이가 되는 곤충 등의 유인조치
  ③ 어류 서식처
  ④ 조류 서식처

QUESTION 36 | 식이식물의 개념과 곤충별(5종) 선호 식이식물

I. 개요

1. 식이식물이란 곤충, 조류 등의 동물이 먹이로 이용하는 식물로서 동물종에 따라서 선호하는 식물의 종류가 달라짐

2. 곤충별 선호 식이식물로는 나비류가 선호하는 식이식물, 풍뎅이류가 선호하는 식물, 하늘소류가 선호하는 식이식물 등이 있음

3. 조경설계 시 활용으로 생태계를 고려한 조경, 즉 도시생태복원, 초지복원, 하천복원, 습지복원, 산림복원 등에 활용될 수 있음

II. 식이식물의 개념과 곤충별 선호 식이식물

1. 식이식물의 개념

1) 곤충, 조류 등의 동물이 먹이로 이용하는 식물

2) 각각의 동물 종에 따라서 선호하는 식물이 달라짐

3) 특히, 곤충의 경우는 생활사에 따라서 식물과의 관계가 밀접함

2. 식이식물과 곤충의 관계

1) 식물과 곤충의 관계는 초식자로서뿐만 아니라 공생관계가 있음

2) 초식 곤충의 먹이식물 섭식행동은 생존문제임

3) 나비목 유충의 최대목표는 먹기를 통한 몸집 키우기와 다음 세대를 위한 에너지 충만 단계로 매우 중요한 시기임

4) 유충은 먹이식물 섭식과정을 마치면 번데기를 거쳐 성충에 이름

5) 성충기 나비목 곤충은 식물 수분에 중요한 역할을 하고 있음

6) 식물과 곤충의 관계는 식물이 갖고 있는 화학성분과 관계가 있음

7) 초식곤충은 육상식물의 진화와 군집구조에 많은 영향을 줌

8) 초식곤충은 먹이식물의 잎과 줄기를 섭식함에 따라서 식물의 성장을 저해하고 열매 결실도 적어짐

9) 나비의 먹이식물 선택은 식물의 화학성분뿐만 아니라 부위별 선호현상, 먹이식물의 크기, 촉감, 색 등에 의해서 선택됨

10) 식물의 성장 습성은 나비의 각 단계별 즉, 알, 애벌레, 번데기, 성충의 성장과 휴면에 영향을 줌

11) 봄은 식물의 성장이 시작하는 계절인 동시에 나비가 우화하는 계절임

12) 이는 곧 성충의 나비가 산란을 하는 데 있어서 필요한 식물의 새잎이 나오는 것을 감지하고 있는 것임

13) 유충의 발생최고종수는 비옆면적이 최대치에 도달하는 시기와 거의 일치함. 나비의 성장곡선과 식물의 성장곡선이 비슷함

14) 나비가 성장함에 따라서 먹이식물인 기린초도 함께 성장하고 유충의 먹이부족현상을 극복함. 유충은 어린잎을 선호하여 식물의 윗부분을 먼저 갉아먹음. 이로 인해 먹이식물은 새로운 측지를 많이 생성하고 이는 먹이식물에게 많은 꽃을 피우게 하여 재생을 촉진하는 전략으로 여겨짐

15) 나비의 먹이식물의 선택은 크게 광식성(여러 가지 식물을 먹는)과 협식성(한 종류의 식물만을 먹는)이 있음

16) 풍뎅이류는 성충 중에는 식물의 잎이나 꽃과 열매를 먹는 것이 있고, 유충 중에는 식물의 뿌리에 가해하여 작물이나 어린 나무에 피해를 주는 것이 있음. 우리나라에서는 해충으로 알려져 있으며, 주로 유충이 작물의 뿌리나 나무의 어린 묘목에 피해를 주고 있음

2. 곤충별(5종) 선호 식이식물

1) 나비류 4종
  ① 배추흰나비, 풀흰나비, 큰줄흰나비
    광식성의 나비로서 십자화과 대부분의 식물을 먹음
  ② 꼬리명주나비
    협식성 나비로서 쥐방울덩굴을 먹이식물로 함
  ③ 남방제비나비
    협식성 나비로서 황벽나무에서 성장률과 생존율이 높음
  ④ 애호랑나비
    먹이식물인 족도리 잎면적에 따라서 산란수가 조절됨

2) 풍뎅이류와 하늘소류 2종
  ① 큰풍뎅이, 콩풍뎅이, 벗나무하늘소
    벗나무류가 식이식물
  ② 줄풍뎅이, 참나무하늘소
    밤나무, 참나무류가 식이식물

QUESTION
37 | 스마트 녹색도시

Ⅰ. 개요

1. 스마트 녹색도시란 스마트 기술과 녹색 기술을 기반으로 하여 도시공간과 시설물 관리, 환경과 에너지 관리, 건축물을 관리하는 도시임

2. 스마트 녹색도시의 필수 기술요소는 스마트 에너지, 스마트 교통, 스마트데이터, 스마트 인프라, 스마트 이동성, IoT장치 등임

Ⅱ. 스마트 녹색도시

1. 개념

1) 스마트 기술과 녹색 기술을 기반으로 하여 도시공간과 시설물 관리, 환경과 에너지 관리, 건축물을 관리하는 도시

2) Smart Technology + Green Technology 기반

2. 모식도

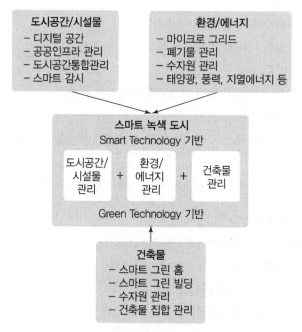

‖ 스마트 녹색도시 개념 및 주요 적용 분야 ‖

3. 필수 기술요소

1) 스마트 에너지

- 스마트 녹색도시는 주거 및 상업용 건물에서 에너지를 적게 소비
- 사용된 에너지 데이터는 수집 분석

2) 스마트 교통

- 스마트 복합교통모델, 스마트 교통신호, 스마트 주차로 구분
- 스마트 교통 기술요소의 핵심은 이동성 향상
- 교통체증을 완화하고 주차 편리성을 높이는 기술

3) 스마트 데이터

도시에서 수집된 방대한 양의 데이터를 유용하게 활용, 신속하게 분석, 미래를 예측할 수 있는 오픈 데이터 포털을 제시

4) 스마트 인프라

- 빅데이터 분석력을 활용해 미래도시를 계획
- 빅데이터 분석은 인프라의 유지보수를 신속처리 가능하게 함
- 미래수요 예측으로 계획의 정확도 향상

5) 스마트 이동성

- 이동성은 기술을 통해 전달되는 데이터
- 스마트 녹색도시 실현가능성을 위해 교류되는 데이터 이동량 확대 시스템

6) IoT장치

- 각각의 주요 구성요소를 하나로 묶어주는 것

QUESTION
38 | 생태계의 자가설계(Self-Design)

Ⅰ. 개요

1. 생태계의 자가설계란 생태계의 자가적 조성능력에 기반을 둔 접근방법으로 생태계 수준에 따라 해당 생태계의 능력과 잠재력을 강조함
2. 주요내용은 복원의 관점에서 시간이 흐르면서 복원된 지역이 갖추어지고 결국에는 공학적인 요소들을 변경시키며 수동적 복원이라고도 함
3. 주요사례로는 폐고속도로 생태복원 시 도로의 아스팔트나 콘크리트 포장만 제거하고 그 후 식생이 자연스럽게 들어와 정착하게 두는 방법이 있음

Ⅱ. 생태계의 자가설계(Self-Design)

1. 개념

1) 생태계의 자가적 조성능력에 기반을 둔 접근방법
2) 생태계 수준에 따라 해당 생태계의 능력과 잠재력을 강조, 충분한 시간의 제공을 통해 공학적 요소들을 변경시킨다는 개념

2. 주요내용

1) 복원의 관점에서 본 것으로 시간이 흐르면서 복원된 지역이 갖추어짐
2) 결국에는 공학적인 요소들을 변경시킴
3) 수동적 복원(Passive Restoration)이라고도 함
4) 생태복원에서 인위적인 도입 여부에 따라 자가설계 복원(Self Design Restoration)과 설계 복원(Design Restoration)으로 구분
5) 자가설계는 생태계의 잠재력과 회복력이 담보될 때 적용함이 타당
6) 생태복원에서는 자가설계와 설계복원을 동시에 적용

3. 사례 : 폐고속도로 생태복원

1) 도로의 아스팔트나 콘크리트 포장만 제거
2) 그 후 식생은 자연스럽게 들어와 정착하게 둔다.

QUESTION 39 | 생물다양성협약
(CBD : Convention on Biological Diversity)

Ⅰ. 개요

1. 생물다양성협약이란 기후변화협약, 사막화방지협약과 더불어 리우 3대 환경협약 중 하나임

2. 생물다양성협약의 목적은 생물다양성 보전, 그 구성요소의 지속가능한 이용, 생물유한자원의 이용으로부터 발생한 이익의 공평한 공유임

3. 협약의 주요내용은 생물다양성의 보전과 지속가능한 이용을 위한 국가전략, 계획 또는 프로그램 개발 등임

Ⅱ. 생물다양성협약(CBD : Convention on Biological Diversity)

1. 개념

기후변화협약, 사막화방지협약과 더불어 리우 3대 환경협약 중 하나임

2. 배경 및 목적

1) 배경

산업혁명 이후 생물종 감소와 생태계 파괴가 가속화됨에 따라 생물다양성 보전 필요성에 대한 범지구적 공감대 형성

2) 목적
- 생물다양성 보전
- 그 구성요소의 지속가능한 이용
- 생물유전자원의 이용으로부터 발생한 이익의 공평한 공유

3. 연혁 및 가입국 현황

1) 채택 및 발효
- 1992년 6월 채택(리우 정상회의 시), 1993년 12월에 발효
- 우리나라 비준 : 1994년 10월 비준서 기탁(1995년 1월 발효)

2) 협약당사국

    2013년 8월 193개국

3) 당사국총회

    매 2년마다 2주간 개최

4. 협약 주요내용

1) 생물다양성의 보전과 지속가능한 이용을 위한 국가전략, 계획 또는 프로그램 개발
2) 생물다양성의 보전과 지속가능한 이용에 관한 계획, 프로그램 및 정책의 통합 지원
3) 생물다양성의 구성요소를 확인-감시, 유전자원에 대한 접근, 이용 및 이익에 관한 의무
4) 국가보고서 제출, 생명공학의 관리 및 그 이익의 배분

QUESTION 40 | 습지의 조성 목적과 우리나라 습지의 유형

Ⅰ. 개요

1. 습지란 습지보전법에 의하면 담수, 염수, 기수가 영구적·일시적으로 그 표면을 덮고 있는 지역을 말함

2. 습지의 조성 목적은 홍수 방지, 서식처 제공, 토양 유실 방지, 종 다양성 증진과 수질정화, 레크리에이션 기능 등을 위함

3. 우리나라 습지의 유형은 습지보전법에 의해 내륙 습지, 연안 습지로 구분되며 호, 소, 하구와 조간대 범위임

Ⅱ. 습지의 조성 목적

1. 홍수 및 토양유실 방지

1) 다량의 수분보유능력을 지님
2) 첨두유출량을 완화
3) 식물 뿌리에 의한 침식 저감

2. 서식처 제공 및 종 다양성 증진

1) 조류 서식처 및 산란장이 됨
2) 조류, 어류, 수서곤충류, 수생식물 등 서식
3) 습지서식생물의 환경으로 특이종 서식

3. 수질 정화 및 기후 변화 완화

1) 수질 정화기능, 식물의 추출, 흡착, 분해
2) 탄소흡수능력이 탁월

4. 레크리에이션 장소

1) 생태관광, 지역특화
2) 생태교육장 및 자연체험

‖ 습지 조성 목적 ‖

Ⅲ. 우리나라 습지의 유형

유형	내륙 습지	연안 습지
개념	내륙지역의 호, 소, 하구	만조 시와 간조 시 수위선이 접하는 구간인 조간대 범위
관리주체	환경부 장관	해양수산부 장관
대표사례	대암산 용늪, 우포늪, 무제치늪, 물영아리오름, 두웅습지 등	무안갯벌, 보성·순천만갯벌, 서천갯벌 등

QUESTION 41 | 해안습지와 염생식물

I. 개요

1. 해안습지란 람사의 정의에 의하면 간조 시 6m 이하의 해양을 포함한 해안과 주변 습지를 말함

2. 해안습지는 토질에 따라 모래갯벌과 펄갯벌로 나뉘며 각각 다른 지형과 서식식물이 있음

3. 염생식물이란 해안습지에서 서식하는 식물로서 염분을 이겨내는 생리적 기작을 지니며 모래와 펄갯벌에서 서식하는 종이 다름

II. 해안습지와 염생식물

1. 해안습지 개념

1) 람사르 정의
- 간조 시 6m 이하의 해양을 포함
- 바다 가장자리 해안과 습지

2) 습지보전법
- 연안습지를 정의함
- 만조 시, 간조 시 수위선이 접하는 구간

‖ 해안습지와 염생식물 ‖

2. 해안습지 범위 및 단면

1) 범위
- 연안습지, 사구습지, 염습지
- 거머리말 군락을 포함

2) 단면

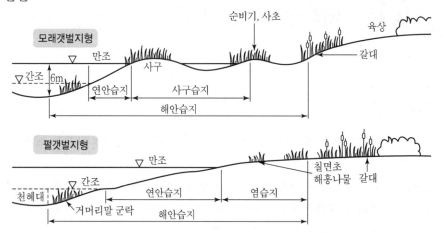

3. 염생식물

1) 펄갯벌 서식종 : 칠면초, 해홍나물, 퉁퉁마디

2) 모래갯벌 서식 : 순비기, 갯완두, 갯메꽃, 사초

3) 펄, 모래 서식 : 갈대, 모새달

QUESTION 42 | 습지보전법과 람사의 습지 정의 및 유형 비교

I. 개요

1. 습지보전법에 의한 습지는 담수, 염수, 기수에서 영구적 · 일시적으로 물이 그 표면을 덮고 있는 지역임
2. 람사의 습지는 자연 · 인공, 영구적 · 일시적, 정수 · 유수, 담수 · 기수 · 염수 여부에 관계없이, 간조 시 수심 6m 이내를 포함한 곳임
3. 습지보전법의 습지 유형은 연안습지, 내륙습지로 구분하고 람사습지의 유형은 해안습지, 내륙습지, 인공습지로 구분함

II. 습지보전법과 람사의 습지 정의

구분	습지보전법	람사르협약
정의	담수, 염수, 기수가 영구적 · 일시적으로 그 표면을 덮고 있는 지역	자연 · 인공, 영구적 · 일시적, 정수 · 유수, 담수 · 기수 · 염수 여부에 관계없이 간조 시 6m를 넘지 않는 늪, 습원, 물이 있는 지역
특징	• 연안습지 개념 : 만조, 간조 시 수위선이 접하는 구간 • 인공습지 미포함	• 해안습지 개념 : 간조 시 수심 6m 이내 해양을 포함, 연안습지보다 광범위 • 인공습지 포함

III. 습지보전법과 람사습지의 유형 비교

습지보전법	람사르협약
1) 내륙습지 : 호, 소, 하구 2) 연안습지 : 만조 시, 간조 시 수위선이 접하는 구간	1) 내륙습지 : 하천형, 호수형, 소택형 2) 해안습지 : 해양형, 하구형 3) 인공습지 : 농경지, 염전, 양어장, 저수지, 댐, 수로, 운하

QUESTION

43 | 인공습지의 단계별 구조

Ⅰ. 개요

1. 인공습지란 수질 정화 및 서식처 제공을 목적으로 인위적으로 조성된 습지
2. 인공습지의 단계는 3단계로서 침전지, 수질정화구역, 생물다양성구역으로 구성됨
3. 침전지는 1차적 정화구역으로 주로 자갈을 이용하고 수질정화구역은 정수식물 식재로 정화 효과를 높여줌

Ⅱ. 인공습지의 단계별 구조

1. 단계별 구조 모식도

‖ 인공습지 조성평면도 ‖

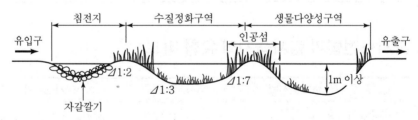

‖ 인공습지 조성단면도 ‖

2. 단계별 구조 특징

구분	침전지	수질정화구역	생물다양성구역
기능	• 1차적 정화 • 수량 확보	• 2차적 정화 • 수질 확보	• 야생동물 서식 • 다양한 종을 유인
조성방법	• 자갈깔기 → 역간접촉 　산화법 • 수생식물 거의 없음 • 폭기로 산소 접촉	• 논흙다짐 바닥 • 수생식물 85% 식재 • 정수식물 위주 식재 • 경사는 1 : 3, 1 : 7 로서 　완만한 경사	• 다양성 추구 • 호안형태, 재질이 다양 • 호안 경사가 다양 • 개방수면 50% 유지
수심	• 30cm 이내, 30~1m • 수량 확보가 가능한 수심	• 30~60cm 얕은 수심 • 정수식물 서식이 가능	• 30cm 미만 필요 　→ 산란장, 따뜻한 물 • 1m 이상 필요 　→ 조류 유인, 어류 동면

QUESTION 44 | 수생관속식물(Hydrophytes)

I. 개요

1. 수생관속식물이란 관속이 있는 초본성 수생식물로 주기적 범람과 침수에 적응한 형태적 특징을 보여줌

2. 천근성 뿌리, 줄기 속이 빈 특징을 보이며 줄기가 지지대 역할을 하고 물에 뜨는 부푼 잎과 줄기를 지님

3. 종류에는 고착성으로 침수식물·부엽식물·추수식물이 있고, 비고착성으로 부유식물이 있으며 추수식물은 정화기능이 탁월함

II. 수생관속식물

1. 개념 및 특징

1) 관속이 있는 초본성 수생식물

2) 주기적 범람과 침수에 형태적 적응을 보임

3) 천근성 뿌리, 속이 비고 지지대역할을 하는 줄기, 부유하는 부푼 잎과 줄기

2. 종류별 특징

구분		특성	종류
고착성	침수식물	• 잎 : 수면, 줄기 : 수중토양 내 • 부영양화 시 생육 저하 • 조류, 어류 산란처 및 먹이	• 검정말, 나사말 • 물수세미 • 물질경이
	부엽식물	• 잎 : 수면, 줄기 : 수중 • 뿌리 : 수중토양 내 • 광투과 억제, 수온 조절 • 플랑크톤 증식 억제	• 수련 • 노랑어리연꽃 • 자라풀 • 연꽃

	추수식물
	(정수식물)
		• 잎, 줄기 : 일부만 수면
		• 뿌리 : 수중토양 내
		• 유기물 분해, 영양염 흡수
		• 생물은신처, 먹이제공
			• 대형 : 30cm 이상
			  갈대, 부들, 줄, 창포
			• 소형 : 30cm 이하
			  미나리, 보풀

비고착성	부유식물	• 뿌리, 잎, 줄기 모두 떠다님 • 질소, 인 흡수, 부영양화 방지	• 부레옥잠 • 개구리연밥, 생이가래
모식도		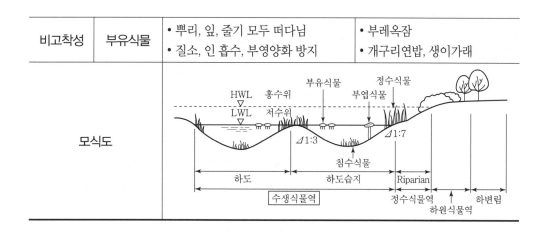	

QUESTION 45 | 하천차수와 하천의 변화

Ⅰ. 개요

1. 하천차수란 어떤 지역 안에서 하천이 갈라져 나간 정도를 말하며 하천의 위계를 나타냄
2. 최상류 1차부터 지류의 합류점에서 차수가 증가하며 1~2차는 상류, 3~5차는 중류, 6차 이상은 하류임
3. 하천차수에 따라 하천은 물리적, 화학적, 생물학적 변화 양상을 지녀 구간별 특성을 나타냄

Ⅱ. 하천차수와 하천의 변화

1. 하천차수 개념

1) 하천이 갈라져 나간 정도
2) 하천 위계를 나타내는 정도
3) 하천 분기의 정도를 나타낸 수
4) 두 개 지류가 만나 다음 차수 형성

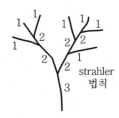

‖ 하천차수 개념 ‖

2. 하천차수에 따른 하천 변화

구분		1~2차수(상류)	3~5차수(중류)	6차 이상(하류)
물리적 변화	구배	1/100	1/100~1/500	1/500 이상
	하상	자갈	자갈, 모래	모래, 점토
	유속	빠름 ◀----------------------▶ 느림		
	역학	침식 ◀----------------------▶ 퇴적		
	수온	낮음 ◀----------------------▶ 높음		
화학적 변화	용존산소	높음 ◀----------------------▶ 낮음		
	영양상태	빈영양 ◀----------------------▶ 부영양		
생물학적 변화	생물상	버들치, 가재 산천어, 강도래 옆새우	은어, 쉬리 쏘가리 다슬기	잉어, 붕어 미꾸라지, 메기 실지렁이
	식생	달뿌리풀, 갯버들 물푸레나무	버드나무, 갈대 물억새, 고마리, 여뀌	갈대, 줄

QUESTION
46 | 소류력에 따른 호안공법

Ⅰ. 개요

1. 소류력이란 물 흐름에 의해 하상재료인 자갈과 토사를 밀어내리는 힘을 의미함
2. 소류력이 약한 곳에 사용하는 호안공법은 잔디, 갈대심기, 갈대섶단 등을 사용하며
3. 소류력이 큰 곳에는 거석 쌓기, 굵은 사석 쌓기, 생나뭇가지와 사석 쌓기 등을 적용함

Ⅱ. 소류력에 따른 호안공법

1. 소류력의 개념

1) 유속에 의해 하상재료가 움직여 밀려 내려가는 힘
2) 단위는 N/m^2
3) 수충부 소류력이 사주부보다 큼

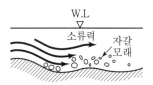

‖ 소류력 개념 ‖

2. 재료별 소류력 저항력

1) 식물재료 : 시공 직후에서 3~4년 후 커짐. 약 3~10배
2) 무생물재료 : 시공 직후와 3~4년 후 동일

3. 소류력에 따른 호안공법

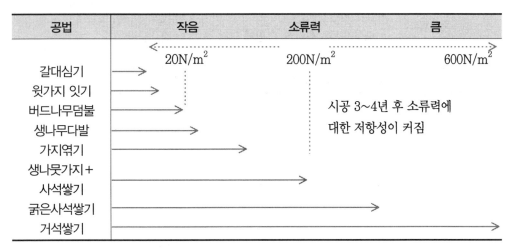

QUESTION
47 | 하천식물상의 종·횡단 변화

Ⅰ. 개요

1. 하천식물상은 종단·횡단구조에 따라 변화한 식생 특성을 나타내며
2. 종단구조에 따른 식생 변화는 계류부, 상류부, 중상류부, 중하류부, 하류부에 따른 다른 특성을 지님
3. 횡단구조에 따른 식생 변화는 침수일수에 따라서 수생식물역, 정수식물역, 연수목, 경수목 구역으로 구분되어 다른 특성을 나타냄

Ⅱ. 하천식물상의 종·횡단 변화

1. 종적 구조에 따른 식물상 변화

구분	물리적 특징	식물상
계류부	• 물의 발원지, 상류의 최상부 • 하상에 거석	• 상부 : 참느릅, 물푸레 • 저수로부 : 달뿌리풀
상류부	• 빠른 유속, 토양과 암반침식 • 하상에 돌, 자갈	• 상부 : 키버들, 갯버들 • 수제 : 물억새, 달뿌리풀
중상류부	• 불규칙적 유속 • 하상에 모래, 사질토가 퇴적	• 선버들. 갯버들 • 달뿌리풀, 고마리, 여뀌
중하류부	• 유속 완만 • 하상저질은 세립질, 수변에 퇴적	• 버드나무류, 물억새 • 갈대군락
하류부	• 넓은 범람원상 • 세사, 점토질 퇴적	갈대, 줄 등의 대규모 군락

2. 횡적 구조에 따른 식물상

수생식물역	정수식물역	연수목구역	경수목구역
물수세미, 물질경이, 수련, 생이가래, 부레옥잠	갈대, 줄 골풀, 부들	띠, 수크렁 금불초, 털부처꽃	오리나무, 신나무, 귀룽나무, 조팝나무, 버드나무류

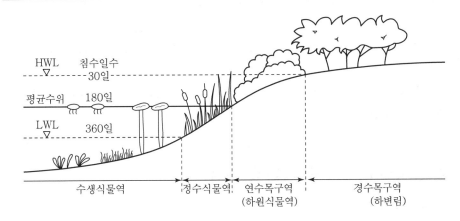

48 | 비탈면 녹화 시 선구종의 역할 및 종류

Ⅰ. 개요

1. 비탈면 녹화란 구조적으로 불안정한 성·절토 사면을 식생으로 안정화시키고 생태복원, 경관을 창출하는 것임
2. 선구종이란 훼손지, 척박지의 복원을 촉진, 천이 조장, 토양 비옥화를 위해 도입되는 수종임
3. 선구종의 종류는 교목에는 자귀, 붉, 오리, 가죽나무 등이 있고 관목에는 참싸리, 낭아초, 개쉬땅 등이 있음

Ⅱ. 비탈면 녹화 시 선구종 역할 및 종류

1. 선구종의 역할

1) 훼손지, 척박지의 복원 촉진 : 발아력 우수, 내건, 내공해성 지님
2) 천이를 조장, 토양을 비옥화 : 토사유실 방지, 토양을 유기질화

2. 선구종의 종류 및 특성

구분	종류	특성
교목	1) 자귀나무 2) 붉나무 3) 오리나무 4) 가죽나무 5) 옻나무	• 빠른 성장속도 지님 • 토양의 유기질화 • 내건, 내공해, 내병충해성 • 천이의 안정단계로 유도 • 원시림, 야생미 조성
관목	1) 참싸리 2) 낭아초 3) 개쉬땅 4) 보리수 5) 찔레	• 토사유실 방지 우수 • 비옥도, 수분요구도 낮음 • 토양의 비옥화 촉진 • 천이 촉진, 빠른 안정화
자생초본	1) 산국 2) 쑥부쟁이 3) 개미취 4) 쑥 5) 구절초	• 척박지의 빠른 복원 촉진 • 발아력 우수, 토사안정화 • 근계발달 왕성 • 주변경관과의 조화

QUESTION 49 | 비탈면 식재와 파종의 식물생육경향

Ⅰ. 개요

1. 발생된 비탈면을 녹화하는 공법은 크게 식재녹화와 파종녹화로 구분되며

2. 비탈면 환경조건에 따라 적합한 녹화공법을 적용하며 식재녹화는 경관 재현에 유리한 장점을 지니고 있음

3. 파종녹화는 경관 재현은 느리지만 기반풍화를 억제, 뿌리가 지반 깊게 생장하고 근계 발달로 인해 토양안정화를 시킴

Ⅱ. 비탈면 식재와 파종의 식물생육경향

1. 식재와 파종의 식물생육경향

구분	식재공	파종공
주근발달	주근이 소멸, 짧게 뻗음 경질토, 강마사　풍화암	주근이 소멸하지 않고 길게 뻗음 경질토, 강마사　풍화암
근계발달	• 근계는 가늘고 수는 많으나 뒤엉킴이 적음 • 침식방지 효과 적음 	• 근계수는 적으나 굵고 길며 뒤엉킴이 많음 • 침식방지 효과가 큼
기반풍화	기반의 풍화를 촉진 	기반 풍화를 억제

2. 식재와 파종의 특징

구분	식재공	파종공
비탈면 녹화 특징	• 경관 재현이 쉬움 • 생육속도가 파종보다 느림 • 침식토양의 보호 미흡 • 파종공보다 식재공의 혼합녹화 필요	• 지반강화에 유리 • 자연 본래의 생육상태와 유사 • 장기적으로 자연과 가까운 경관 형성 • 종자에서 성장한 식물이 유효한 군락 조성

QUESTION 50 | 비탈면 녹화 시 도입할 수 있는 향토초본 및 목본류 각 5종의 식물특성

Ⅰ. 개요

1. 비탈면 녹화란 산사태, 도로건설, 택지개발 등의 요인에 의해 발생된 성·절토 비탈면에 인위적으로 식재하거나 종자를 파종하여 녹화하는 것임

2. 비탈면 녹화 시 도입할 수 있는 수종의 선정기준은 초기발아율이 우수하고 성장이 빠른 수종, 열악한 토양과 기후변화에 적응력 높은 수종, 내건성·내한성·내척박성 수종, 향토종으로 주변 경관과 조화가 용이한 수종 등임

3. 비탈면 녹화 시 도입할 수 있는 향토초본은 쑥부쟁이, 개미취, 구절초, 쑥, 억새 등이 있고 목본류는 자귀나무, 붉나무, 해송, 적송, 참나무 등이 있으며, 이 수종들은 자연생태환경에 잘 적응하고, 식생이 성립되면 안정적 식생군락을 형성하게 되는 특성을 지님

Ⅱ. 비탈면 녹화 시 도입할 수 있는 향토초본 및 목본류 각 5종의 식물특성

1. 비탈면 녹화의 개념과 목적

1) 개념

산사태 등의 자연적 요인과 도로건설, 택지개발 등의 인위적 요인에 의해 발생된 성·절토 비탈면에 인위적으로 식재하거나 종자를 파종하여 녹화하는 것

2) 목적
- 구조적 안정화
- 생태적 복원
- 자연스런 경관 창출

2. 비탈면 녹화 시 도입수종 선정기준

1) 초기발아율이 우수하고 성장이 빠른 수종
2) 열악한 토양, 극단적 기후변화에 적응력이 높은 수종
3) 야생동물 서식에 기여하는 수종
4) 내건성, 내한성, 내척박성, 내침식성 등이 강한 수종
5) 종자 구입이 쉽고 근계발달이 왕성한 수종
6) 향토식생으로 주변 경관과의 조화가 용이한 수종

3. 비탈면 녹화 시 도입할 수 있는 향토초본, 목본류 5종의 식물특성

구분	종류	식물특성
향토초본	쑥부쟁이, 개미취, 구절초, 쑥, 억새, 비수리, 수크렁	• 초기발아율이 우수하고 성장이 빠른 수종 • 열악한 토양, 내건성, 내척박성 등이 강한 수종 • 근계발달이 왕성한 수종
목본류	자귀나무, 붉나무, 해송, 적송, 참나무, 노간주	• 야생동물 서식에 기여하는 수종 • 향토식생으로 주변 경관과의 조화가 용이 • 식생이 성립되면 안정적 식생군락이 형성

51 │ 생태모델숲

I. 개요

1. 생태모델숲이란 인공적으로 자연생태계를 모방하여 재현하는 식재기법임
2. 조성과정은 현황조사, 잠재자연식생 파악 후 식재 수종의 선정과 설계, 기반 조성 및 식재 시행, 관리임
3. 조성방법은 배식설계 원칙에 따라 조성하고 목표연도, 유지관리 강도에 따라 자생종 위주로 혼효림, 복층림으로 조성함

II. 생태모델숲

1. 개념

1) 인공적으로 자연생태계를 모방
2) 그대로 재현하려는 식재기법
3) 자연군락 특성인 다양성, 층상구조를 유도

2. 조성과정

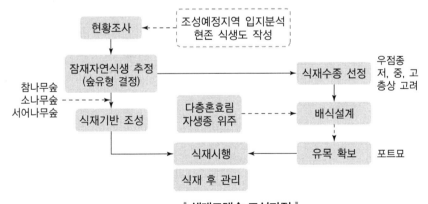

┃ 생태모델숲 조성과정 ┃

3. 조성방법

1) 조성원칙 : 자연의 구조와 기능 유지

2) 조성방법 모식도

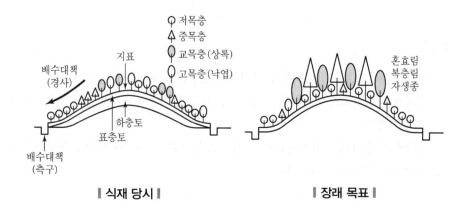

‖ 식재 당시 ‖   ‖ 장래 목표 ‖

QUESTION
52 | 모델식재와 복사이식

Ⅰ. 개요

1. 모델식재란 기존에 잘 보존된 산림을 Prototype으로 하여 종 조성, 층상구조 등을 그대로 모방하는 식재임
2. 복사이식이란 훼손이 예정된 개발부지 내의 보전가치 높은 산림을 그대로 옮겨 이식하는 식재방식임
3. 모델식재와 복사이식은 산림을 자연식생 형태로 복원하기 위한 방법으로서 유용함

Ⅱ. 모델식재와 복사이식 개념

1. 모델식재

1) 기존에 잘 보존된 산림을 Prototype으로 선정
2) 산림의 종 조성, 층상구조 등을 그대로 모방·재현하는 식재

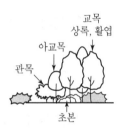

‖ 모델식재의 개념 ‖

2. 복사이식

1) 훼손이 예정된 개발부지 내에 보전가치가 높은 산림을 이식
2) 식생군락 및 토양까지 그대로 옮겨 이식하는 식재방식
3) 초기부터 생태계 정착에 유리 : 식생, 토양, 부산물까지 모두 이식
4) 산림생태계가 발달한 곳 보전

‖ 복사이식의 개념 ‖

Ⅲ. 모델식재와 복사이식의 특징

구분	모델식재	복사이식
특징	• 빠른 활착 위해 소경목 식재 • 우점종, 동반수종, 속성수종 동시 식재 • 하층토, 표층토, 멀칭 식재 기반 조성	• 사업지구 내 보전가치 높은 군락 보전 • 토양, 식생, 부산물 등 모두 이식 • 채취와 이식단계가 역순서임
조성 과정	1) 초기조성단계 : 묘목식재 H1.5~2.0m 2) 5년 후 경과 : 교목류 6m 이상 성장 3) 10년 후 : 자연림과 유사	1) 채취단계 : 낙엽, 낙지 → 표토 → 관목 → 아교목 → 교목 2) 이식단계 : 토양 → 교목 → 아교목 → 관목

QUESTION 53 | 생태네트워크 5가지 구성요소

Ⅰ. 개요

1. 생태네트워크란 서식처 간 연결성 증대를 통해 생태계 기능 유지 및 안정성을 도모하는 공간상 계획임
2. 5가지 구성요소는 핵심지역, 완충지역, 생태적 코리더, 복원창출지역, 지속가능 이용지역임
3. 핵심지역은 핵이 되는 역할, 완충지역은 핵심, 코리더 주변을 보호, 코리더는 핵을 연결하는 통로임

Ⅱ. 생태네트워크 5가지 구성요소

1. 핵심지역(Core Area)

1) 핵이 되는 역할
2) Source & Sink, 질이 높은 생태계
3) 대 · 중 · 소 거점지역

2. 완충지역(Buffer zone)

1) 핵심, 코리더, 복원지역 주변
2) 생태적 충격을 완화
3) 자연환경을 재생, 창출

3. 생태적 코리더(Ecological Corridor)

1) 떨어져 있는 Core를 연결
2) 점적, 선적, 면적 형태
3) Line, Strip, Stepping Stones, Landscape

4. 복원창출지역(Restoration Area)

1) 효과증진을 위해 새롭게 조성
2) 원래 모습과 유사한 복원
3) 다른 모습으로 복원 시 구조 · 기능 개선

5. 지속가능 이용지역(Sustainable Use Area)

1) 4가지 구성요소 외 지역
2) 보전과 이용의 조화 가능지역
3) 교육, 학습, 생태관광 등
4) 지역경제 활성화 가능지역

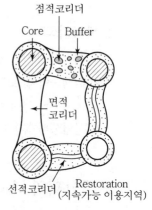

‖ 생태네트워크 구성요소 ‖

QUESTION
54 | 생태관광

Ⅰ. 개요

1. 생태관광이란 생태적으로 보전가치가 있는 지역에 직접 방문, 자연체험을 통한 환경교육이 되는 관광임
2. 목적은 관광을 통한 환경인식 증대, 자연보호교육, 지역생태와 전통보전, 지역민 일자리창출 등임
3. 활성화방안은 지역관광자원의 발굴, 정보 구축, 지역 거버넌스로 프로그램 개발과 운영, 전문가 양성 등임

Ⅱ. 생태관광

1. 개념

1) 생태적으로 보전가치가 있는 지역을 직접 방문, 체험형태의 관광
2) 생태계, 지역문화에 악영향이 없는 개별적이고 소규모인 관광

2. 목적

1) 자연보호의식의 증대 : 체험형 환경교육, 학습효과
2) 지역생태 및 전통보전 : 보전과 관광의 조화, ESSD 추구

‖ 생태관광 개념 ‖

3. 국내사례

1) DMZ생태관광, 생태문화탐방로
2) 람사습지 생태관광, 올레길

4. 활성화방안

1) 생태관광자원 발굴, 정보구축 : 정보의 공유, 지역 간 연계
2) 지방자치단체 지원 증대 : 자원발굴, 홍보, 운영비 적극 지원
3) 지역거버넌스로 운영, 관리
   • 생태계 보전과 관광 만족도 조화
   • 지역민의 자부심, 일자리 창출

‖ 운영전략 ‖

QUESTION
55 | 생태포장의 종류

I. 개요

1. 생태포장이란 우수침투가 이루어지는 구조를 지녀 지하수 함양과 지중생태계의 안정성을 도모한 포장임
2. 생태포장의 종류는 생태면적률 기준에 의하면 부분포장, 전면투수포장, 틈새투수포장으로 구분가능함
3. 부분포장은 포장은 부분적이고 50% 이상의 식재면적을 가지며, 전면투수포장은 포장면 전체로 투수, 식물생장이 불가능한 포장임

II. 생태포장의 종류

1. 생태포장의 개념

1) 공기와 물이 투과되는 포장
2) 자연지반과 연속성을 가지거나 우수침투로 지하수 함양
3) 자연의 순환기능을 지닌 포장

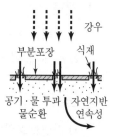

‖ 생태포장의 개념 ‖

2. 생태면적률에 따른 생태포장 종류

1) 부분포장
   - 자연지반과 연속성을 지님
   - 50% 이상 식재면적을 지닌 부분적 포장
   - 잔디블록, 식생블록, 판석포장 등

2) 전면투수포장
   - 전체적 포장면이 투수, 식물생장 불가능
   - 마사토, 자갈, 모래포장 등

3) 틈새투수포장
   - 포장재 틈새로 공기 · 물 투과
   - 사고석포장, 점토블록포장 등

3. 생태포장의 장점

1) 자연순환기능, 우수순환 : 도시생태계 건전성 유도
2) 첨두유출량 감소 : 우수침투로 유출속도 저감, 홍수 억제
3) 지하수 함양기능 : 지중생태계 균형 유지
4) 비점오염원 저감 : 토양에 의한 침전, 여과

QUESTION 56 | 생태조경 분야 중 환경정비기술 분야에서 사용되는 '완화(Mitigation)'

Ⅰ. 개요

1. 생태조경이란 저탄소 녹색성장 시대에 대비하여 적용 가능한 녹색기술분야로서 지속가능한 발전과 녹색성장의 이념을 충족하고, 물순환과 습지, 기후변화 등 녹색기술을 정립함
2. 생태조경분야 중 환경정비기술 분야에서 사용되는 '완화'는 기후변화대응전략으로서 탄소저감을 위한 노력으로 탄소흡수원, 저감원 보전과 창출 등임

Ⅱ. 생태조경의 개념 및 분야

1. 개념

1) 저탄소 녹색성장시대 대비 녹색기술 분야
2) 지속가능한 발전과 녹색성장의 이념을 충족
3) 녹색환경 실현을 위한 패러다임 견인
4) 녹색인프라 구축에 있어 중추적 역할을 하는 분야

2. 분야

1) 환경정비기술 : 탄소부하 저감형, 탄소 흡수원형
2) 지속가능한 녹색도시 계획 · 설계 기술 : 생태기반기초시설, 생태적 조경설계요소

Ⅲ. 환경정비기술 분야에서 사용되는 '완화(Mitigation)'

1. 탄소부하 저감형

1) 물순환시스템 : 빗물침투 및 저장시설, 자연배수체계, 레인가든, LID기법
2) 입체녹화 : 벽면녹화, 옥상녹화 및 인공지반녹화
3) 도시농업 : 텃밭, 주말농장, 상자텃밭 등 다양한 도시농업유형

2. 탄소 흡수원형

1) 생태숲 : 식생군락설계, 자연식생구조 복원, 생태모델숲, 복사이식, 모델식재
2) 인공습지 : 수질정화습지, 야생동물서식처습지, 대체습지, 인공호수(댐, 저수지)
3) 하천조경 : 자연형 호안, 저습지, 하중도, 여울과 못, 조류 및 어류 서식처
4) 폐도 및 훼손지 복원 : 식생기반 조성, 식생복원, 생태복원계획(생물서식처 조성, 습지 조성, 주변생태계와의 연계성 고려)

QUESTION 57 | 생태조경설계의 공간패턴 기술인 프랙털(Fractal)의 개념과 특징, 차원

Ⅰ. 개요

1. 생태조경설계란 자연생태계에 대한 이해를 바탕으로 한 공간계획설계로서 공간패턴 기술에 대한 연구학문은 경관생태학 분야로서 프랙털 개념에 대한 논의가 이루어짐

2. 경관생태학에서 공간패턴 기술인 프랙털의 개념은 자기유사성을 중심개념으로 하며 자기유사성이란 특정 규모에서 관찰한 현상이 더 작은 규모에서도 닮은꼴로 나타나는 속성을 말함

3. 프랙털의 특징은 규칙적 · 통계학적 두 가지 부류로 나뉘는데 자연에서는 주로 통계학적 특징이 보다 일반적이며 해안선, 수로망과 같은 자연현상에서 발견되고 프랙털 차원은 조각 모양이 복잡할수록 증가하여 경관조각 모양의 복잡성을 측정하는 방식이 됨

Ⅱ. 생태조경설계의 개념 및 분야

1. 개념

1) 자연생태계에 대한 이해를 바탕으로 한 공간계획 · 설계
2) 저탄소 녹색성장시대 대비 녹색기술 분야
3) 녹색환경 실현을 위한 패러다임 견인
4) 녹색인프라 구축에 있어 중추적 역할을 하는 분야

2. 분야

1) 환경정비기술 : 탄소부하 저감형, 탄소 흡수원형
2) 공간패턴기술 : 경관생태학, 녹색인프라, 생태네트워크

Ⅲ. 공간패턴기술인 프랙털의 개념과 특징, 차원

1. 개념과 특징

1) 프랙털 기하학의 중심개념은 자기유사성
  - 어떤 객체를 나누었을 때 더 작은 복사물로 이루어짐
  - 특정 규모에서 관찰한 현상이 더 작은 규모에서도 닮은꼴로 나타남

2) 규칙적 프랙탈과 통계학적 프랙탈

- 규칙적 프랙탈 : 부분과 전체의 유사성이 기하학적인 구조 속에서 어떤 동질성을 갖는 것, 엄격한 동등성, 자연에서 흔히 발견되지 않음
- 통계학적 프랙탈 : 부분과 전체의 유사성이 대략적으로 비슷한 확률을 갖는 것, 동등성이 확률분포로써 표현, 자연에서 보다 일반적
- 해안선, 토양단면도와 pH, 수로망과 같은 자연현상

3) 유클리드의 기하학 질서와 파편화된 기하학적 카오스(Chaos) 사이의 중간 위치에 놓이는 새로운 장

2. 프랙탈 차원

1) 유클리트 기하학에서는 점0, 선1, 면2, 입체3차원이 됨
2) 반면에 선의 경우 프랙털 차원은 굴곡이 심하면 선이 거의 면과 흡사, 구부러짐이 심할수록 점점 2에 가까워짐
3) 평평한 평면이 여러 가지 뒤틀림이 심해질수록 프랙털 차원은 2에서 3으로 가까워짐
4) 입체에 빈 공간이 많이 포함될수록 3차원에서 멀어져 프랙털 차원은 2에 가까워지며, 평면에 빈틈이 많이 생길수록 프랙털 차원은 1에 가까움
5) 조각 모양이 복잡할수록 프랙털 차원은 증가, 한 유형의 프랙털 차원은 경관조각 모양의 복잡성을 측정하는 방식
6) 프랙털 차원의 계산방식 : 분절법, 격자법, 둘레/면적법
7) 크기에 따른 숲 조각의 프랙털 차원 변화경향
- 작은 숲 조각 : 주로 농경지 개발활동인 인위적인 영향을 우세하게 받아 단순한 모양을 지님
- 큰 숲 조각 : 지형과 수문과정에 의한 토양형의 분포 등에 의해 좌우되어 복잡한 모양을 지니고 있음

QUESTION 58 | 타감작용(Allelopathy) 의의 및 주요 타감작용 수목 (2가지)

Ⅰ. 개요

1. 타감작용(Allelopathy)이란 한 생물이 다른 생물에게 해로운 영향을 끼치는 물질을 생산하여 경쟁이 되는 생물의 생장을 억제하는 것을 말함
2. 식물은 다양한 타감물질을 생산하는데 그 중에서 가장 흔한 것은 페놀류 화합물과 타닌이고 곰팡이가 생산하는 항생제도 대표적인 타감물질임
3. 주요 타감작용 수목에는 호두나무와 적송, 마가목, 참나무 등이 있고 호두나무는 페놀의 일종인 Juglone 타감물질을, 적송은 Tannin 타감물질을 생산함

Ⅱ. 타감작용(他感作用, Allelopathy)의 개념 및 의의

1. 개념

1) 한 생물이 다른 생물에게 해로운 영향을 끼치는 물질을 생산하여 경쟁이 되는 생물의 생장을 억제하는 것을 말함
2) 이때 생산된 물질을 타감물질(Allelochems)이라고 함
3) 곰팡이가 생산하는 항생제가 대표적인 타감물질
4) 식물도 다양한 타감물질을 생산, 가장 흔한 것은 페놀류 화합물과 타닌

2. 의의

1) 미생물의 침입이나 초식동물의 피해를 막을 수 있음
2) 타감작용이 없다면 식물은 초식동물에게 전부 먹혀 생존하기 힘들 것임
3) 또한 다른 식물의 종자발아를 방해, 화학적 발아억제작용을 함
4) 타감작용은 경쟁에서 살아남기 위한 전략임

Ⅲ. 주요 타감작용 수목(2가지)

1. 호두나무

1) 페놀의 일종인 juglone 타감물질을 생산
2) 호두나무의 잎, 가지, 뿌리에서 용탈됨
3) 주변의 다른 수목의 종자발아를 억제

2. 적송

1) Tannin과 P-Coumaric Acid가 생산

2) 적송의 낙엽, 뿌리에서 용탈됨

3) 적송의 아래에는 이로 인해 잡초와 다른 종자발아가 억제됨

3. 기타

1) 마가목류에는 Parasorbic Acid, 참나무에는 Salicylic Acid가 생산

2) 그 밖에 버즘나무, 포플러, 아까시나무숲에서도 생산

3) 산림의 천이가 진전될수록 타감물질이 축적되는 경향

QUESTION 59 | 수직정원(Vertical Garden)의 환경기능

Ⅰ. 개요

1. 수직정원(Vertical Garden)이란 건물이나 인공구조물의 벽면, 옹벽, 교각 등 다양한 구조물의 수직벽면을 식물을 이용하여 피복하는 것임

2. 수직정원(Vertical Garden)의 환경기능은 에너지절약, 대기정화, 소음저감, 도시열섬 완화, 우수유출 저감, 생물서식처 제공 등의 기능이 있음

3. 대표적 작가로 패트릭 블랑이 국내에 소개되었고 그 이후 국내업체의 시공방법 연구와 개발로 서울시청 신청사의 수직녹화를 비롯한 다양한 시공사례를 볼 수 있음

Ⅱ. 수직정원(Vertical Garden)의 개념 및 환경기능, 사례

1. 개념

1) 건물이나 인공구조물의 벽면, 옹벽, 교각 등 다양한 구조물의 수직벽면을 식물을 이용하여 피복하는 것

2) 사용되는 식물은 덩굴식물이 주가 되며 목본류, 초본류도 활용

3) 생태면적률의 벽면녹화에 해당(벽면이나 담쟁이류의 식물녹화, 최대 10m 높이까지만 산정, 가중치 0.4)

4) 종류에는 흡착등반형, 보조재등반형, 하수형, 에스펠리어, 벽면장치형

2. 환경기능

1) 에너지절약 : 여름철 실내기온 저감으로 냉방에너지비용 절감

2) 대기정화 : 식물의 호흡작용으로 산소배출, 특히 실내설치 시 공기정화효과 탁월

3) 소음저감 : 식물의 잎이 소리를 반사, 굴절, 흡수시켜 소음 감소

4) 도시열섬 완화 : 식물의 증발산작용으로 열을 흡수

5) 우수유출 저감 : 물을 흡수하여 우수유출의 속도와 양을 저감

6) 생물서식처 제공 : 새와 곤충의 유인과 서식공간 확보

3. 대표적 사례

1) 패트릭 블랑의 작품
   - 파리 케브랑리박물관 벽면(2005년 완공)
   - 내음성, 내건성 종의 절묘한 조합, 고도의 원예기술 적용
   - 세계에서 가장 높은 버티컬 가든(One Central Park, Sydney)
   - 세계에서 가장 큰 규모의 버티컬 가든(Alpha Park 2, Paris)

2) 서울시청 신청사 수직정원
   - 신청사 로비에 설치, 세계 최대 수직정원으로 기네스북에 등재
   - 도시와 숲 업체 시공, 기획단계부터 실내환경 개선기능 고려

QUESTION 60 | 녹지자연도와 생태자연도

I. 개요

1. 녹지자연도는 식물군락의 임령, 종 조성, 자연성 기준으로 10등급으로 구분하고 환경영향 평가 등에 활용됨

2. 생태자연도는 생태적 특성을 기준으로 4등급으로 구분, 녹지자연도의 보완이 되어 활용되고 있음

3. 핵심, 완충, 전이지역 구분으로 자연성이 높은 지역을 보호하고 중첩도기법으로 개발적지 선정에 활용됨

II. 녹지자연도와 생태자연도 비교

구분	녹지자연도		생태자연도	
근거	자연환경보전법 시행령		자연환경보전법	
작성 기준	• 1km × 1km 방형구 • 1/50,000지도 작성		• 250m × 250m 격자법 • 1/25,000지도 작성	
분류 기준	• 10등급 • 자연성, 식물군락 임령		• 4등급 • 생태계 우수, 경관 수려	
등급 구분	핵심 완충 전이 기타	8~10등급 4~7등급 1~3등급 수권	핵심 완충 전이 기타	1등급 2등급 3등급 별도 관리지역
장점 · 단점	• 주관적 판단 개입가능성 • 획일적 적용 • 수권 배제		• 녹지자연도의 보완 • 생태적 특성 고려 • 습지 등 생태적 가치가 높은 곳 포함	
활용	• 환경영향평가의 기초자료로 활용 • 중첩도기법으로 개발적지 선정		핵심, 완충, 전이지역 구분을 통한 자연성이 높은 지역 보호	

QUESTION
61 | 자연해설방법의 종류 및 원칙

I. 개요

1. 자연해설방법이란 국립공원이나 휴양림 등 보호가치가 있는 지역을 찾는 탐방객을 대상으로 생태해설 · 교육, 생태탐방 안내를 하는 해설방법을 말하며, 자연환경보전법에 근거해 자연환경해설사제도를 도입하여 운영 중임

2. 자연해설방법은 직접해설과 간접해설로 구분되며 직접해설에는 거점적, 이동식, 팀 해설이 있고 간접해설에는 탐방안내소, 자연관찰로, 해설안내판 등이 있음

3. 자연해설방법의 원칙은 '해설의 아버지'라 불리는 프리먼 틸든이 제시한 효과적인 해설, 지식을 자신의 언어로 전달, 관심과 흥미유발, 자연과 생태계 종합적 해설, 관심분야 · 연령 · 계층에 따른 해설, 자연 · 인문 등 다양한 분야의 조합 등 6가지임

II. 자연해설방법의 개념, 종류 및 원칙

1. 개념

1) 국립공원이나 휴양림 등 보호가치가 있는 지역을 찾는 탐방객을 대상으로 생태해설 · 교육, 생태탐방 안내를 하는 해설방법

2) 자연환경보전법의 자연환경해설사제도
- 생태경관보전지역 및 습지보호지역 등의 생태 우수지역을 찾는 탐방객을 대상으로 생태해설
- 교육, 생태탐방안내를 하는 해설방법

2. 종류

1) 직접해설
- 자연환경 해설을 듣기 원하는 사람 또는 국립공원 탐방객을 대상으로 자연환경해설사가 직접 해설하는 것
- 거점적 해설, 이동식 해설, 팀 해설
- 거점적 해설 : 흔히 사람들이 접근할 수 있는 장소나 위치를 선정, 선정된 지점을 해설하는 방식

- 이동식 해설 : 해설자가 직접 참가자를 인도하여 특정한 자연현상이 있는 곳이나 해설에 필요한 대상이 지정된 지점으로 이동하여 상황과 현장에 맞는 해설을 하는 방식
- 팀 해설 : 특성에 맞는 해설자들 여러 명이 동시에 참가자들과 함께 이동하며 해설을 분담, 실행하는 방식

2) 간접해설

- 해설사를 동반하지 않고 인쇄물, 안내판, 해설판, 음성기기, 전자 장비 등을 활용하여 방문객 스스로 대상물에 대한 정보를 습득하고 체험하는 것
- 탐방안내소 해설 / 자연관찰로 해설 / 음성기기 및 전자기기 이용 해설 / 해설안내판 해설 / 리플릿을 활용한 해설

3. 원칙 : 프리먼 틸든(Freeman Tildem)

1) 방문객들의 관심사, 흥미파악을 통한 참가자를 위한 효과적인 해설을 하도록 노력
2) 단순 정보전달이 아닌, 스스로의 노력, 지식 등의 정보를 자신의 언어로 바꿔 전달
3) 해설장소 및 대상에 대한 관심과 흥미를 유발시키는 것이 필요
4) 생태자원 하나가 아닌, 자연과 생태계를 연관시켜 종합적으로 해설하는 것이 필요
5) 개인의 배경과 관심 분야, 연령, 계층에 따른 적절한 해설 개발
6) 해설의 소재는 자연과학, 인문과학, 사회과학, 건축물 등 다양한 분야가 조합되어 있는 종합예술로 적절한 자연해설기법을 통해 전달하는 종합적 기능임

QUESTION
62 | 섬생물지리이론

Ⅰ. 개요

1. 섬생물지리이론이란 육지와 섬의 거리와 면적의 관계에 관한 이론이며, 이에 따라 종의 이입률과 멸종률이 결정되고 도시에서 고립된 산림 패치는 섬에 비유되어 이 이론이 적용 가능함

2. 섬생물지리이론에 입각한 도시녹지를 해석해 보면, 녹지의 크기는 작아지고 거리는 멀고 파편화되어 멸종률은 커지고 이입률은 작아져서 종수는 작아지게 됨을 알 수 있음

Ⅱ. 섬생물지리이론

1. 개념

1) 섬의 크기, 섬과 육지의 거리에 따른 서식종수 현황을 연구한 이론

2) 섬이 클수록 멸종률이 적고 섬과 육지의 거리가 가까울수록 이입률이 많음

3) 면적과 거리에 따른 이론에 기초함
- ①도서 : 멀고 작은 섬, 종수가 가장 적음
- ②, ③도서 : 크나 멀고, 가까우나 작은 섬, 종수 증가의 한계
- ④도서 : 가깝고 큰 섬, 종수가 가장 많음

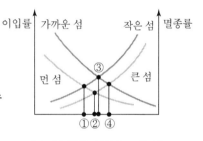

┃ 도서 생물지리설 그래프 ┃

2. 섬생물지리이론에 입각한 도시녹지의 해석

1) 녹지의 크기
- 개발로 인한 녹지 소규모화
- 대형 포유류, 민감종 서식 불가

2) 녹지 간의 거리
- 녹지 간의 거리가 멀고 파편화됨
- 연결성 저하, 고립 증대

3) 해석
- 녹지 크기가 작아 멸종률이 크고 거리가 멀어 이입률이 적음
- 도서생물지리설 ①도서 특징에 해당, 최소 종수 서식

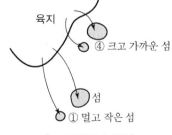

┃ 도서생물지리설 ┃

QUESTION 63 | 도시정원 가꾸기(Urban Gardening)와 도시농업

Ⅰ. 개요

1. 도시정원 가꾸기(Urban Gardening)란 도시의 생활공간에서 텃밭을 일구는 도시농업을 하거나 원예활동을 하면서 새로운 라이프스타일을 만들어나가는 행위임

2. 도시정원 가꾸기로서 도시농업은 2011년 도시농업의 육성 및 지원에 관한 법률의 제정을 계기로 다양한 모습으로 구현되고 있음

3. 우리나라에서 도시농업의 형태는 도시 내 다양한 형태의 텃밭가꾸기로서 정원가꾸기, 즉 가드닝(Gardening)이며 하나의 정원문화라고 할 수 있음

Ⅱ. 도시정원가꾸기(Urban Gardening)와 도시농업

1. 도시정원가꾸기로서 도시농업

1) 도시농업은 정원가꾸기, 가드닝
- 다양한 형태의 텃밭가꾸기로서 가드닝
- 농촌농업과 구분되는 업으로서의 활동이 아님
- 시간을 보내는 과정에 의미, 여가로서의 활동

2) 환경지각, 여가생활과 문화활동 고려
- 정원문화의 테두리 안에서 지속적으로 유지발전
- 도시의 열악한 환경에 대한 인식에서 시작
- 생산, 여가, 취미, 보건, 생태 측면에서 다양한 시도

2. 정원문화로서 도시농업 정착을 위한 방법

1) 국가, 민간의 지원시스템 구축
- 관리와 지원, 교육의 병행 필요
- 소프트웨어 구축이 필수

2) 영국의 얼로트먼트(Allotment) 사례
- 도시농업이 정원문화의 한 형태, 여가활동으로 인식
- 환경과 건강에 대한 관심 고조로 재조명

- 정원과 원예 전문기관으로 전국적 조직 구축
- 자선단체들의 노하우와 시스템은 수요자들의 욕구를 충족
- 도시정원 속에서 유기농 텃밭가꾸기를 진흥
- 다양한 조언과 정보제공 등 지속적인 지원

3) 국내 여성환경 연대 도시공동체 텃밭 사례
- 생태안내자 양성활동, 도시옥상 비오톱 공간 조성활동
- 2007년부터 학교텃밭운동을 시작
- 도시공간 재생과 청년들에 주목
- 2011년 문래도시텃밭, 2012년 홍대텃밭 다리
- 2013년 대륙 텃밭 등 도시공동체 텃밭운동 도모
- 커뮤니티 가든이 가진 다양한 가능성을 실험
- 농사, 도시재생과 문화를 꿈꾸는 활동

QUESTION 64 | 해안사구의 복원기법

I. 개요

1. 해안사구란 바닷가에 모래가 쌓여서 둔덕을 이루고 있는 것으로 우리나라 해안사구는 주로 서해안에 집중 분포되어 있음
2. 해안사구의 훼손현황은 모래채취, 농경지, 해수욕장 등에 의한 해안개발의 압력과 위해외래종 및 귀화식물 등에 의한 해안사구의 훼손이 가속화되고 있음
3. 해안사구의 복원기법은 해안사구의 안정화공법과 녹화로 구분되며, 안정화공법에는 퇴사울타리공법, 모래덮기가 있고, 녹화에는 사구녹화공법, 귀화식물 및 위해식물의 관리가 있음

II. 해안사구의 개념, 훼손현황

1. 개념

1) 바닷가에 모래가 쌓여서 둔덕을 이루고 있는 것
2) 우리나라 해안사구는 주로 서해안에 집중 분포되어 있음
3) 대표적 해안사구는 태안군 신두리 사구와 신안군 임자도 사구 등임

2. 훼손현황

1) 모래·규사·약용식물의 채취
2) 농경지, 해수욕장, 방풍림조성 등에 의한 해안개발의 압력
3) 위해외래종 및 귀화식물 등에 의한 해안사구의 훼손이 가속화됨

III. 해안사구의 복원기법

1. 해안사구의 안정화공법

1) 퇴사울타리공법
 • 퇴사울타리는 해류·바람의 특성, 해안의 경사, 사구의 위치, 높이 등을 고려하여 설치함
 • 퇴사울타리는 바다쪽에서 불어오는 바람에 날리는 모래를 억류하고 퇴적시켜서 사구를 조성하기 위해 설치

2) 모래덮기
 • 전사구의 모래가 바람에 의해 침식되는 것을 방지하기 위해 모래덮기를 함
 • 모래덮기는 사구멀칭공법, 사초식재공법, 파도막이공법이 있음

2. 해안사구의 녹화

1) 사구녹화공법
- 해안사구 녹화를 위해서는 풍속, 풍향 등의 기상, 주변에 발달된 식생, 해류 등 환경압에 대한 대응방법, 적절한 수종의 선택, 적절한 시공과 관리공법의 선정 등을 면밀하게 검토해야 함
- 해안사구 식재는 미리 설치한 정사울타리 안에 산지 사방조림용보다 더 큰 묘목을 혼식하는 것이 유리함
- 과거에는 곰솔을 위주로 식재하였지만 단일수종은 특정 병충해와 환경피해에 일시적으로 훼손되며, 비생태적이므로 적용 가능한 수종들을 혼효하여 식재함

2) 귀화식물 및 위해식물의 관리
- 귀화식물에는 미국자리공, 아까시, 달맞이꽃, 토끼풀, 개망초 등이 있고, 위해식물에는 칡, 청미래덩굴과 같은 덩굴식물이 있음
- 귀화식물과 외래식물은 자생식물종이나 수목을 피압하고 토양수분경쟁을 하여 자생식물의 생육불량, 고사하게 되어 식생 생태계가 파괴됨
- 귀화식물종과 위해식물종의 관리에는 사구지대 외래식물의 제거, 침입경로인 외부토양 유입 규제, 초식동물 방목에 의한 외래식물 제거 등이 있음

QUESTION 65 | 생태관광 인증제도의 유형

I. 개요

1. 생태관광 인증제도란 생태관광을 지속가능하게 유지하기 위해 생태관광자원과 프로그램 등에 대해 국가 또는 국가 간, 국제기구 등에서 인증하는 제도임
2. 생태관광 인증제도의 유형은 인증 개념, 인증 체계, 인증 기준, 인증 평가주체, 인증의 법적 규정 등에 따라 다양한 유형이 설정될 수 있음

II. 생태관광 인증제도의 개념, 유형

1. 생태관광 인증제도의 개념

1) 생태관광을 지속가능하게 유지하기 위해 생태관광자원과 프로그램 등에 대해 국가 또는 국가 간, 국제기구 등에서 인증하는 제도
2) 국외 인증제도는 국가차원에서 이루어지는 것과 국가 간 혹은 국제기구차원에서 여러 국가를 대상으로 이루어지는 인증제도로 구분
3) 개별 국가차원은 호주와 코스타리카가 대표적 사례임
4) 국가 간, 국제기구 차원은 유럽의 보호지역 및 국립공원을 중심으로 인증되는 PAN Parks, 유네스코 지질공원 인증 등이 대표적 사례임
5) 국내에서는 생태관광지정제도를 도입하여 보호가치가 있는 대상지역과 다양한 콘텐츠가 포함된 프로그램을 지정대상으로 하고 있음

2. 생태관광 인증의 목적

1) 자연, 생태자원의 보전가치 유지 및 향상과 이를 위한 제도적 기반 마련
2) 자연, 생태자원을 기반으로 한 최적의 환경교육과 체험활동 대상지에 대한 정보제공
3) 관광객들에게 생태관광지 및 생태관광 프로그램 등에 대한 품질 보장
4) 생태관광 사업 시행자(지방자치단체, 기업 등)에게 시행지침(가이드라인) 및 목표를 제시
5) 규제지역으로 인식되는 보호지역(혹은 보전가치가 있는 지역)의 지역 활성화 및 경제 기반 마련을 유도

3. 생태관광 인증제도의 유형

구분	유형	내용
인증의 개념에 따른 유형	인증	기업, 상품, 과정, 서비스, 관리체계가 특정 요구조건에 부합되는가를 평가하고 모니터하여 보증을 부여
	인정	인증을 수행하는 주체에 대해 자격을 주고, 보증하고, 허가하는 절차
인증 체계에 따른 유형	가/부 시스템	특정 기준치를 충족하면 인증을 부여하고, 기준치 미달 시 인증을 부여하지 않는 체계(예 : PAN Parks)
	등급화 시스템	점수화함으로써 등급에 따라 차별화된 인증을 부여한 체계
인증 내용에 따른 유형	과정기반 인증	과정 자체가 환경친화적인 성과를 얻을 수 있도록 진행되는지 여부를 평가하여 인증
	성과기반 인증	환경, 사회문화, 경제적인 요소까지도 고려하여 환경경영에 따른 성과를 평가하여 인증(예 : 대부분의 인증제도)
	복합인증	과정과 성과 모두를 평가하여 인증을 부여[예 : 호주의 NEAP, 코스타리카의 지속가능관광인증(CST) 등]
인증 목적에 따른 유형	에코라벨	환경영향을 평가, 환경영향이 적은 재화 및 용역의 수요와 공급을 자극(예 : 호주의 NEAP)
	에코품질 라벨	환경의 질 평가, 환경의 질을 잠재소비자에게 알림으로써 환경보호의 필요성을 자극
	복합인증	대상지의 질과 운영자 수행성과 둘 다에 대한 인증
인증 수준에 따른 유형	환경인증	• 일련의 기준으로 전적으로 따르는 사업체나 활동에 대해 인증 • 법적 요구사항보다 더 많은 것을 요구하는 일련의 기준선이나 최소기준을 충족시키는 것에 대한 보상
	에코라벨	• 현저히 더 나은 수행을 보이는 사업체나 활용을 인정하는 인증 • 기준선의 순응이 아닌 최선의 수행과 비교하여 보상
인증 평가 주체	자가평가	특정 기준치를 충족 시 기업체에서 자체적으로 인증을 선언, 그렇지 않은 경우 외부에서 확인
	소비자 인증	구매자 기준을 충족하는 상품에 관해 구매자 혹은 산업체 중심조직에서 보장
	독립인증	• 명확히 정의된 기준에 따라 준수정도를 평가 • 가장 신뢰도 있는 인증방법
법적 규정	법정 제도	자발적인 참여, 인증평가체계, 인증받은 업체에게 인센티브를 제공하는 등 법정 근거 규정이 마련된 인증
	비법정 제도	• 민간업체에게 자율적으로 실시 • 강제규정이 없고 실시주체마다 상이한 기준, 체계에 따른 낮은 신뢰도

QUESTION 66 | 미세먼지 계절관리제

I. 개요

1. 미세먼지 계절관리제란 미세먼지 고농도시기인 그해 12월부터 이듬해 3월까지 평소보다 강화된 배출 저감과 관리 조치로 고농도 미세먼지 발생의 강도와 빈도를 완화하기 위한 제도임

2. 주요 내용은 정책목표 및 기대효과, 수송 부문, 산업 부문, 발전 부문, 생활 부문, 국민건강 보호, 한·중 협력 강화임

II. 미세먼지 계절관리제

1. 개념

1) 미세먼지 고농도시기인 그해 12월부터 이듬해 3월까지 평소보다 강화된 배출 저감과 관리 조치로 고농도 미세먼지 발생의 강도와 빈도를 완화하기 위한 제도

2) 1차 계절관리제(2019년 12월~2020년 3월), 2차 계절관리제(2020년 12월~2021년 3월)

2. 내용

1) 정책목표 및 기대효과
   - 수송, 발전, 산업, 생활 등 부문별 대책의 시행으로 2016년 4개월간 배출량 대비 초미세먼지(PM2.5) 직접배출량을 20.1% 감축
   - 지난 1차 계절관리제 대비 강화된 배출감축 조치를 시행
   - 이러한 배출량 감축목표를 차질 없이 달성할 경우 계절관리기간 최근 3년 대비 초미세먼지 나쁨 일수는 3~6일, 평균농도는 $1.3~1.7\mu g/m^3$ 저감이 가능할 것으로 기대됨

2) 수송부문
   - 수도권 5등급 차량 운행제한 첫 도입
   - 전국 배출가스 5등급 차량 중 저공해 조치를 하지 않은 차량은 수도권에서의 운행이 평일 오전 6시부터 오후 9시까지 4개월간 제한됨

3) 산업부문
- 자발적 감축협약 확대 및 감시 · 감독 강화
- 계절관리기간 동안 대형사업장과 공공사업장을 중심으로 미세먼지 배출 감축에 대한 동참도 확대
- 사업장 불법배출 저감을 위한 노력도 병행할 계획

4) 발전 부문
- 석탄발전 가동 축소 확대
- 이번 계절관리기간에는 석탄발전 가동정지도 확대됨

5) 생활 부문
- 영농폐기물과 잔재물 불법소각 방지
- 계절관리기간 농촌지역 불법소각 방지를 위해 폐비닐, 폐농약용기류 등 영농폐기물과 고춧대, 깻대와 같은 영농잔재물 수거 · 처리를 확대하고, 논 · 밭두렁 태우기 단속도 강화됨

6) 국민건강 보호
계절관리기간 국민건강 보호를 위해 미세먼지 취약 · 민간계층 이용시설, 다중이용시설에 대한 관리도 꼼꼼히 추진

7) 한 · 중 협력 강화
계절관리기간 동안 한 · 중 양국 정부의 정책공조도 더욱 강화됨

습지 인벤토리(Wetland Inventory)

Ⅰ. 개요

1. 습지 인벤토리란 습지의 목록, 유역별 도면화, 습지의 특성 등의 기초데이터와 정보를 제공하는 것으로 습지 보전 관리 및 현명한 이용을 위한 의사결정과정에서 중요함

2. 습지 인벤토리는 람사르협약, 국가 그리고 지역의 구축 모두가 중요한데, 우리나라는 국가 습지 인벤토리를 구축하고 있으며, 일부 지방자치단체에서 지역 습지 인벤토리를 구축하고 있음

Ⅱ. 습지 인벤토리(Wetland Inventory)

1. 개념

1) 습지 보전, 관리 및 현명한 이용을 위한 의사결정과정에서 신뢰할 만한 기초 데이터와 정보를 제공

2) 즉, 습지의 목록, 유역별 도면화, 습지의 물리적 · 화학적 · 생물학적 특성, 습지 기능 및 가치 평가 등에 대한 기초 정보를 문서 및 웹 기반 DB로 제공

2. 구축목적 : 람사르협약

1) 지역의 습지 유형 및 분포

2) 국제적, 국가적, 지역적으로 중요한 습지목록 구축

3) 습지 유형 분류 및 분포 파악

4) 이탄, 어류 및 야생생물, 물 등 자연자원 현황

5) 습지의 생태적 특성 변화 측정을 위한 근거

6) 습지 손실 및 훼손의 범위와 정도 평가

7) 습지의 가치에 대한 인식 증진

8) 습지 보전 및 관리계획 수립을 위한 방법론 제공

9) 습지 보전 관리 전문가 및 관련 기관 네트워크 구축

3. 우리나라 국가 습지 인벤토리

1) 습지의 지번 및 좌표 등 공간지리정보, 습지 유형, 면적, 경계, 생물종, 경관사진 등 상세한 현황정보가 포함

2) 2017년에 국립환경과학원에서 전국 내륙습지 2,499곳의 상세정보를 담은 국가 습지 인벤토리를 공개함

3) 2000년부터 5년 주기로 진행되는 전국 습지 조사결과를 바탕으로 국가 습지목록과 GIS/DB를 구축하고 있음

4) 2019년에 국립환경과학원에서 국립생태원으로 이관하여 현재는 국립생태원 습지센터에서 운영·관리

5) 국립생태원 습지센터는 국가 습지 인벤토리 내에 구축된 개별 습지 정보에 대해 매년 생태계나 생물다양성 변화를 정기적으로 관찰하여 습지 현황 최신 정보를 반영

4. 지역 습지 인벤토리

1) 국가 습지 인벤토리 구축은 주로 보호지역이나 람사르습지 등으로서, 일상생활을 통해 접근이 가능한 소규모 마을 습지들은 직접적인 습지생태계의 혜택을 제공하고 있음에도 불구하고 훼손되었거나 훼손 위협에서 보호받지 못하고 있는 실정

2) 그러므로 습지조사 및 인벤토리 구축을 지방자치단체 등으로 확대하여 습지를 발굴하고 지역 습지 인벤토리를 구축함으로써 마을습지 등이 훼손·소멸되는 현상을 미리 예방할 필요가 있음

3) 광역 및 기초단체별로 지역의 소규모 마을습지를 조사 발굴하고, 지역특성에 적합한 지역 습지 인벤토리를 구축하여 보전 관리 정책을 추진하는 것이 중요함

QUESTION 68 | 탄소발자국(Carbon Footprint)

I. 개요

1. 탄소발자국이란 개인이나 단체가 직접적 · 간접적으로 발생시키는 온실가스의 총량을 말함
2. 특성은 수치가 높을수록 온실가스 발생률이 높아지고 지구온난화가 빨라지므로 이에 대한 국제적 · 국가적 · 지역적 · 개인의 탄소배출 저감노력이 요구됨

II. 탄소발자국(Carbon Footprint)

1. 개념

1) 탄소발자국이란 개인이나 단체가 직접적 · 간접적으로 발생시키는 온실가스의 총량을 말함
2) 우리가 일상생활을 하면서 탄소를 얼마나 배출하는지 그 양을 한눈에 볼 수 있도록 표시
3) 2000년 한 전기 전문가의 말을 인용한 시애틀타임스 기사에서 최초로 사용
4) 탄소발자국 수치가 높을수록 온실가스 발생률이 높아 지구온난화가 빨라짐

2. 주요 내용과 영향

1) 주요 내용
   - 종이컵의 탄소발자국은 11그램
   - 한국의 1년간 종이컵 사용량은 120억 개
   - 1년간 사용한 종이컵 탄소발자국은 13만 2,000톤
   - 이를 흡수하기 위해서 4,725만 그루의 나무가 필요

2) 영향
   - 지구온난화의 가장 큰 원인인 탄소 발생에 대해 경각심을 유발
   - 정화를 위한 노력이 필요

3. 탄소배출 저감 노력

1) 국제적 협력
기후변화협약, 파리협정 대응

2) 국가적 대책수립
자발적 감축목표 실천, 탄소중립사회 실현

3) 지역적 실천전략
탄소중립도시와 탄소중립사회 실천

4) 개인의 생활실천
탄소배출 저감의 일상화

QUESTION
69 | 녹색전환(Green Transition)

Ⅰ. 개요

1. 녹색전환이란 인류세 시대에 인간이 자연과 함께 살아가기 위해 공업 중심의 사회경제체제를 근본적으로 바꿔가는 장기 과정임
2. 특성은 기존 체제의 근본적 변형, 인간 중심의 사회적 패러다임의 비판, 대안 체제를 만드는 장기적 과정, 시민참여에 의한 정치담론 등임
3. 주요 이론은 사회 기술 전환, 사회 생태 체계 전환, 리질리언스, 전환정치, 전환거버넌스 등임

Ⅱ. 녹색전환(Green Transition)

1. 개념

1) 인류세 시대에 인간이 자연과 함께 평화롭게 살아가기 위해 공업 중심 사회경제체제의 틀을 근본적으로 바꿔가는 장기 과정
2) 기후 위기가 인류와 지구의 지속 가능성을 위협하는 상황에서 체계의 수정이나 보완이 아니라 근본적인 변형을 통해 대안을 만들어가는 것
3) 새로운 관점을 바탕으로 공업 중심, 인류 중심의 기존 체제를 혁신적으로 바꾸자는 담론
4) 체제의 형태를 근본적으로 바꾸어나간다는 개념이므로 영어로는 Green Transformation 으로 표현하는 것이 적절함

2. 특성

1) 기존의 체제를 장기적이고 근본적으로 변형 또는 변형 Transformation
2) 정의롭고 지속가능한 사회로 나아가는, 즉 옮겨가는 Transition과정
3) 기계문명, 산업자본주의, 인간 중심의 지배적인 사회 패러다임을 비판, 성찰
4) 생태적 한계 안에서 지역의 살림살이를 살리는 대안 체제를 만드는 장기적 · 근본적인 과정
5) 기술관료가 주도하는 체제 보수의 문제해결이 아니라 시민이 참여하는 새로운 정치를 통해 상태를 정치화하는 담론이자 운동

3. 전환의 이론

1) 사회-기술 전환

지속가능성 전환을 이룰 때 작은 기술혁신이 어떻게 기존의 제도(레짐)를 바꾸고 이 변화가 축적되어 전체 사회의 경관을 바꾸는지 사례, 역사 등의 연구를 통해 정립

2) 사회-생태 체계 전환과 회복탄력성

- 사회체계와 생태계는 구분되고 이들은 각각 다른 방법론과 이론으로 연구해야 한다는 생각이 지배적이었음
- 그러나 20세기 중반 이후 환경문제가 심각해지면서 두 체계가 긴밀히 연관되어 있으며 이를 사회-생태 체계의 관점에서 분석해야 한다는 인식이 확산되기 시작했음
- 사회와 생태계의 상호작용 속에서 시스템이 어떻게 회복 탄력성(Resilience)을 유지하고 발전시키는지를 연구하는 이론도 발전해왔음

3) 회복 탄력성(리질리언스)

- 리질리언스는 체계가 충력을 흡수하고 동일한 상태를 유지하는 능력, 체계가 동일한 수준으로 자기 조직화를 하는 능력, 체계가 학습과 적응 역량을 발달시키는 능력임
- 리질리언스는 공학적, 생태적, 사회-생태적 리질리언스로 나눌 수 있는데, 분야마다 그 의미가 다름

공학적 · 생태적 · 사회 - 생태적 리질리언스의 특징과 초점 및 관심

구분	공학적 리질리언스	생태적 리질리언스	사회 - 생태적 리질리언스
특징	효율성, 이전으로 회귀	완충능력, 충격 흡수, 기능 유지	지탱과 발전, 교란-재조직의 상호작용
초점	되돌아가기, 계속성	지속성, 견고성	적응능력, 전환능력, 학습, 혁신
관심	안정적인 균형, 구덩이 바닥의 균형점 근처	다양한 균형과 안정성, 구덩이 가장자리 근처에서 일어난 상황	통합된 체계의 피드백 과정, 스케일 간 역동적 상호작용

4) 전환 정치

- 전환을 하기 위해서는 기존의 정치경제적 권력관계의 변화가 불가피한 경우가 많음
- 지속가능성 전환은 장기간에 걸쳐 다양한 행위자들이 불확실한 지식의 한계 안에서 지속가능성이라는 모호한 목표를 추구한다는 점에서 매우 혼란스러운 정치적 과정임

5) 지속가능성 전환 거버넌스

- 권력이 분산되어 있는 현대 정치체제하에서 지속가능성 전환을 이루기 위해서는 새로운 양식의 거버넌스가 필요함

- 이를 지속가능성 전환 거버넌스라 부를 수 있는데, 이는 행위자들이 자신들의 행위를 성찰적으로 조정하면서 동시에 생태적 지속가능성이라는 목표를 이루기 위한 소통과 협력의 역량을 키워나가는 협치구조라 할 수 있음

4. 녹색전환의 가치와 방향

1) 목표와 가치
인류의 안녕과 인류의 존재 조건인 자연 생태계의 지속가능성

2) 생태민주
민주주의의 강점을 적극적으로 살리면서 이를 생태적으로 변형하고 재구성해서 약한 사람들과 비인간 존재가 함께 잘사는 세상을 만드는 정치적 과정과 체제를 의미

3) 생태평화
인간 사이의 평화는 물론 인간과 비인간 존재들 사이에도 폭력과 전쟁이 없는 상태라고 정의할 수 있음

4) 생태 사회적 발전
- 생태민주가 녹색전환의 정치라면 생태평화는 녹색전환의 기본가치
- 생태평화를 생태 민주정치를 통해 이루어나가기 위해서는 인간과 자연이 공존하면서 살아가는 생태 사회적 발전의 모델이 필요함
- 생태 사회적 발전은 생태적 한계 안에서 생태적 지속가능성을 우선으로 하여 생명의 존엄성을 존중하며 사회적 불평등을 줄여나가는 발전모델임

5. 녹색전환의 전략

1) 녹색전환의 정치역량 강화
성찰적인 참여 거버넌스, 지혜로운 생태 민주적 리더십 역량 강화

2) 레짐과 경관의 변화를 유도하는 사회의 니치를 발견, 이를 바탕으로 전환을 관리하는 역량이 중요
- 녹색전환의 다양한 실험과 성공 사례의 정보를 소통, 공유하는 것이 중요
- 에너지자립마을, 에너지 전환을 위한 협동조합, 전환마을운동 등

3) 화석연료와 기계에 바탕을 둔 경제체제를 정의롭고 지속가능한 경제체제로 전환
- 기후위기시대에 피해를 입은 약자들을 위한 사회적 · 생태적 기금 마련
- 세제, 보조금제도 등 경제제도 전반을 전환

QUESTION 70

벽면녹화를 녹화의 형태에 따라 구분하고, 각 형태별 도입 기준 및 도입수종에 대하여 설명

Ⅰ. 서론

1. 벽면녹화란 건축물의 입면, 담장·옹벽·교각 등의 인공구조물의 입면을 식물로 피복하는 것임
2. 벽면녹화에서 녹화의 형태에 따른 구분은 등반 부착형, 등반 감기형, 하수형, 벽면장착형, 에스펠리어형이 있음
3. 벽면녹화를 녹화의 형태에 따라 구분하고 각 형태별 도입기준 및 도입수종에 대해 설명하고자 함

Ⅱ. 벽면녹화의 개념과 효과

1. 개념

1) 건축물의 입면, 담장·옹벽·교각 등의 인공구조물의 입면을 식물로 피복하는 것임
2) 도시환경개선을 위해 시행하는 대표적 녹화 유형

2. 효과

1) 냉·난방에너지 절감   2) 도시열섬 완화   3) 생물서식처 기능
4) 도시 경관 개선   5) 건물 외피 보호

Ⅲ. 벽면녹화의 녹화 형태에 따른 구분

1. 녹화 형태에 따른 구분

녹화 형태	특징	모식도
등반 부착형	• 입면에 직접 부착 • 다공질입면의 마감이 필요 • 시공이 용이, 저렴한 비용	부착
등반 감기형	• 와이어, 메시, 격자망을 이용하여 감아 올라감 • 결속에 유의함	보조재

녹화 형태	특징	모식도
하수형	• 입면상부에 식재대를 설치 • 바람에 의한 피해가 있음	
벽면 장착형	• 플랜터, 패널을 활용 • 등반형, 하수형 복합 적용 가능 • 관수시설에 유의	플랜터
에스 펠리어형	• 입면에 수목을 기대어 조형화 식재 • 토피어리 형태 가능 • 나뭇가지를 유인할 기반 필요	조형 수목

2. 녹화 식물 도입 시 고려사항

1) 녹화목적에 부합성, 관리성, 생육성
2) 시장성 및 경제성
3) 경관성, 주변건물과 녹화식물과의 조화
4) 환경내성, 내음성, 내건성, 내한성

IV. 각 형태별 도입기준 및 도입수종

녹화 형태	도입기준	도입수종
등반 부착형	• 덩굴손의 부착반, 부착근에 의해 부착 • 거의 모든 표면에 부착 가능	담쟁이덩굴, 줄사철, 송악, 마삭줄, 모람
등반 감기형	• 줄기, 잎 등의 변형인 덩굴손, 엽병 등에 의해 감아 올라감 • 벽면 자체만으로는 등반 곤란 • 보조재 설치가 필요	다래, 포도, 머루, 능소화, 으아리, 등나무, 인동덩굴, 으름덩굴, 노박덩굴
하수형	• 등반 부착형과 동일수종 사용 • 하수형 녹화 시는 보조재 필요	담쟁이덩굴, 줄사철, 송악, 마삭줄, 모람
벽면 장착형	• 등반형, 하수형 복합 적용 가능 • 관수시설에 유의	담쟁이덩굴, 줄사철, 송악, 마삭줄, 모람
에스 펠리어형	• 식재장소가 협소할 경우 벽면에 붙여 경관향상을 요구 • 조형이 가능한 수종 선정 • 전정이 가능한 수종 • 와이어나 펜스망을 이용하여 지지기반으로 사용	미니사과, 서양배, 서양자두, 포도, 머루

QUESTION 71 | 환경정책을 실현하는 데 필요한 환경정책추진원칙(5가지)에 대하여 설명

I. 개요

1. 환경정책이란 환경문제의 해결과 현 상태의 환경을 유지 · 개선하려는 목표 달성을 위해 국민들로부터 권위를 부여받은 정부가 결정한 행동방침을 의미함
2. 환경정책을 실현하는 데 필요한 환경정책추진원칙 5가지는 오염자부담의 원칙, 사전예방의 원칙, 공동부담의 원칙, 환경용량 보전의 원칙, 협력의 원칙과 중점의 원칙임

II. 환경정책의 개념과 환경정책추진원칙의 필요성

1. 환경정책의 개념

1) 개념

환경문제의 해결과 현 상태의 환경을 유지 · 개선하려는 목표달성을 위해 국민들로부터 권위를 부여받은 정부가 결정한 행동방침을 의미

2) 배경
- 초기에는 보건위생문제인 공해문제에 대한 해결에 치중
- 그러다가 환경오염문제를 거쳐 최근에는 환경정책관심사는 환경적으로 건전한 지속 가능한 개발을 지향하고 있음

3) 목표

가장 보편적인 방법은 환경질 수준을 제시하는 환경기준

2. 환경정책추진원칙의 필요성

1) 환경문제들의 복잡성

오늘날의 환경문제들은 매우 복합하게 얽혀 있음

2) 이해당사자들의 다양성

수많은 이해관계자를 지닌 환경문제에 대한 이해관계의 복잡성

3) 과학적 정보와 이해의 부족

생태계문제에 대한 우리의 정보와 이해의 부족

4) 환경정책에 대한 다양한 시각의 존재

환경정책의 기준과 목표에 대한 다양한 시각의 존재

→ 정책논의에서 준거하여야 할 어떤 기준과 원칙을 절실하게 요구

Ⅲ. 환경정책추진원칙(5가지)

1. 오염자부담의 원칙

1) 개념
오염자가 환경을 양호하게 유지하기 위해서 필요한 환경오염 방지 및 통제 비용을 부담하여야 한다는 것

2) 환경오염 방지 및 통제 비용
- 전통적 개념 : 오염예방, 통제 및 감소비용, 오염물질의 배출 회피 및 통제를 위한 비용, 오염물질의 환경으로 배출 이후 악영향을 저감하기 위한 조치 비용 등을 포함
- 확대된 개념 : 오염의 예방, 통제·저감조치 비용, 환경복원조치비용, 환경오염 피해 보상조치 비용, 생태적 피해 비용, 환경오염부과금 비용 또는 동등한 경제적 수단(환경세, 생태부담금 등) 등을 포함

2. 사전예방의 원칙

1) 개념
- 환경오염의 발생을 사전에 회피하여 환경 및 자연적인 기초를 보호하고 소중히 하는 것을 기본목표로 삼고 있음
- 환경정책은 이미 발생한 환경오염을 제거하는 방향이 아닌 제반환경오염의 발생을 미연에 방지하는 방향으로 추진해야 함을 강조

2) 환경오염예방의 경제성
- 환경오염의 피해액은 오염방지 소요 비용에 비해 훨씬 큼
- 따라서 환경정책은 사후처리보다는 사전예방에 중점을 두고 추진

3. 공동부담의 원칙

1) 개념
- 공동부담의 원칙은 환경정책의 접근에 있어서 중요한 가치체계 중 형평성의 측면에서 활용됨
- 공동부담의 원칙은 두 가지 유형으로 적용될 수 있음
- 일반적 공동부담의 원칙, 수익자부담의 원칙

2) 일반적 공동부담의 원칙
- 공공재정을 통해 특정한 상황 또는 예외의 경우에 환경정책수단들의 추진에 소요되는 비용을 조달하는 것
- 이 원칙을 활용할 수 있는 대표적인 상황 : 환경 오염자를 찾지 못하거나 오염자가 여러 사람으로 추정되는 경우, 환경오염의 유형이 첨예하고 긴급하여 오염자부담의 원칙에 따른 정책수단들에 의해 이를 빨리 제거할 수 없을 경우
- 이 원칙은 시장기구 운영의 부조화, 오염자부담의 원칙에 배치되는 경향이 많음
- 따라서 오염자부담의 원칙, 예방의 원칙, 협력의 원칙과 같은 다른 중요 원칙 등에 부가해 보조적으로 활용하는 것이 바람직

3) 수익자부담의 원칙
- 환경재 이용자 스스로가 환경오염을 회피하는 비용, 즉 환경정책수단에 소요되는 비용을 부담하는 것
- 환경정책수단의 수혜자들이 환경의 원상복구비용을 부담하는 것
- 이 원칙은 환경오염의 피해자가 가해자에게 환경오염을 줄이는 비용을 지불한다는 점에서 사회적으로 불평등한 측면이 있음
- 그러나 환경오염으로 인한 피해가 절대적으로 위험한 상황에 있고 피해자들의 환경의식이 상당히 높은 상황에서는 피해자들이 원칙에 입각하여 환경오염을 줄이는 데 충분한 자금을 부담할 수 있을 것임

4. 환경용량 보전의 원칙

1) 개념
- 지속가능한 개발이라는 이념이 환경정책의 새로운 이념이 되면서 환경용량 보전이 강조됨
- 지속가능한 개발은 자연의 환경용량 내에서 이루어지는 발전임
- 환경정책을 추진하는 데 환경용량의 보전이 핵심적인 목표가 됨

2) 환경용량
환경용량은 대상에 따라 자연자원의 최대지속가능생산량, 수용용량, 자정능력 등의 개념으로 파악

5. 협력의 원칙과 중점의 원칙

1) 협력의 원칙
- 환경문제를 해결하는 데 환경문제를 유발시킨 모든 관계자들이 공동의 책임을 지고 협동하여 문제를 해결하여야 하는 것을 의미

- 이에 따라 협력의 원칙은 환경정책적인 목표를 달성하기 위한 과정의 원칙임

2) 중점의 원칙
- 한정된 재원으로 수많은 환경문제를 해결하는 데에는 한계가 있으므로 중점의 원칙 개념이 대두됨
- 경제적 효율성을 바탕으로 우선순위에 따라 환경정책을 추진한다는 원칙임

Ⅳ. 결론

1. 환경정책의 원칙은 서로 독립되어 파악해서는 안 될 것이며 서로 연관지어 파악하여야 할 것임
2. 환경정책의 원칙들은 많은 연관성을 지니고 있으므로 환경정책적 문제의 인식, 환경정책 수단의 선택, 환경정책 효과의 판단 등은 다양한 정책의 원칙을 동시에 고려하여 판단하고 평가하여야 할 것임

QUESTION 72 환경개선을 목적으로 한 녹색채권에 대하여 설명하고, 조경분야의 활용방안을 녹색 프로젝트와 관련하여 설명

I. 서론

1. 녹색채권이란 채권의 발행 자금이 환경개선 목적을 위한 녹색 프로젝트에 사용되며 녹색채권으로서의 유효성 성립을 위한 4가지 핵심요소의 모든 의무사항을 충족하는 채권을 말함

2. 녹색 프로젝트는 6가지 환경목표에 부합하는 프로젝트이며 해당사업에 직접 사용되는 비용과 관련 투·융자나 연구개발비 등도 녹색 프로젝트 자금사용처에 포함됨

3. 녹색채권에 대해 설명하고 녹색 프로젝트와 관련한 조경분야의 활용방안을 기술하고자 함

II. 녹색채권의 개념과 관리체계

1. 개념

1) 발행 자금이 환경개선 목적을 위한 녹색 프로젝트에 사용되며

2) 녹색채권으로서의 유효성 성립을 위한 다음 네 가지 핵심요소의 모든 의무사항을 충족하는 채권을 말함

3) 4가지 핵심요소
- 조달자금의 사용
- 프로젝트 평가와 선정과정
- 조달자금 관리
- 사후보고

4) 또한 국가, 지방자치단체, 공사, 금융기관, 주식회사 등이 추진하는 녹색 프로젝트에 대하여 발행하는 채권을 모두 포함함

2. 녹색채권 관리체계

1) 녹색채권 발행개요
- 녹색채권 발행의 목적
- 녹색경영 전략과 환경개선 목표와의 연계에 관한 사항

2) 조달자금의 사용처
- '녹색 프로젝트'에 사용
- 녹색 프로젝트란 6가지 환경목표에 부합하는 프로젝트

• 직접 사용 비용뿐만 아니라 관련된 투·융자나 연구개발비, 인력교육비, 모니터링 비용 등의 부수비용도 녹색 프로젝트 자금사용처에 포함

6가지 환경목표

1. 기후변화 완화   4. 생물다양성 보전
2. 기후변화 적응   5. 오염방지·관리
3. 천연자원 보전   6. 순환자원으로의 전환

• 6가지 환경목표 중 적어도 하나 이상에 기여, 다른 목표와의 상충 여부를 고려
• 국내 환경 관련 법 위반 여부를 기준으로 삼아 판단

3) 프로젝트의 평가 및 선정절차
  • 다음 사항을 투자자에게 공지
    – 환경개선 목표
    – 투자대상 프로젝트의 녹색 프로젝트 해당 여부를 판단하는 절차
    – 해당 프로젝트 관련 잠재적인 환경·사회적 위험을 파악하고 관리하기 위해 적용된 절차, 관련 적격성 판단기준 및 배제기준
  • 프로젝트 평가와 선정 절차를 투명하게 운영

4) 조달 자금 관리
  녹색채권 발행자금이 녹색 프로젝트에만 사용되도록 추적 관리

5) 사후보고
  녹색채권으로 조달한 자금사용처에 대한 최신 정보와 예상되는 환경개선 효과에 대해 보고서를 작성하고 공개

III. 녹색 프로젝트의 예시

1. 녹색 프로젝트 예시[녹색채권원칙(GBP : Green Bond Principle) 범위]

1) 신재생에너지에 관한 사업
  • 신재생에너지 관련 발전, 기기와 제품을 포함
  • 예시 : 태양광 발전을 통한 전력생산, 풍력·해양에너지·지열·수소·바이오에너지·수력발전을 통한 전력생산 등

2) 에너지 효율에 관한 사업
  • 건물의 신축 및 보수, 에너지 저장, 지역 난방, 스마트 그리드, 에너지 효율 관련 기기와 제품

- 예시 : 저탄소 전기 송배전, 전기, 열에너지, 수소 저장고, 지역 냉 · 난방, 온실가스 배출저감을 위한 데이터 솔루션 등

3) 오염 방지 및 저감에 관한 사업
- 대기오염물질 배출의 감축, 온실가스 배출관리, 토양복원, 폐기물의 방지/감축/재활용, 에너지 · 배출 효율적인 폐기물 회수
- 예시 : 지정 외 폐기물 분리수집 및 운반, 바이오 폐기물의 퇴비화, 대기오염방지 및 처리시설, 토양 및 기타 오염 처리 등

4) 환경적으로 지속가능한 생활자원 · 토지이용 관리에 관한 사업
- 환경적으로 지속가능한 농업 · 축산업 · 어업 · 양식업, 생물 작물보호 또는 우수관개와 같은 기후 스마트 농장, 조림 및 재식림을 포함한 지속가능한 임업, 자연경관의 보존 또는 복원
- 예시 : 신규조림, 산림복원 및 재조림, 기존 산림관리 및 보존, 농업자원의 보존 등

5) 토양 및 해양 생물 다양성 보전에 관한 사업
- 연안 · 해양 · 하천 유역 환경의 보호
- 예시 : 자연생태계 보전 및 복구, 도시생태 보호 및 보전 등

6) 청정 운송에 관한 사업
- 전기, 하이브리드, 수소자동차 등의 저공해차, 대중교통, 철도, 무동력, 복합수송 등 청정에너지를 이용하는 운송수단이나 유해물질 배출저감을 위한 인프라 관련
- 예시 : 친환경자동차 부품제조 및 녹색 해운업, 대중교통, 저탄소운송 인프라, 저탄소 이동 인프라(보행 및 자전거 인프라) 등

7) 지속가능한 수자원 및 하폐수 관리에 관한 사업
- 깨끗한 물이나 음용수 확보를 위한 지속가능한 인프라, 하수 처리, 지속가능한 도시 배수시스템, 하천 개보수, 기타 홍수 완화 관련
- 예시 : 집수처리 및 공급, 중앙폐수 처리시스템, 비전통 수자원 활용, 기상 모니터링과 예보를 위한 통신 애플리케이션 제공 등

8) 기후변화 적응 관련 사업
- 기후관측이나 조기경보시스템 등의 정보지원 시스템
- 예시 : 기후변화 적응을 위한 엔지니어링 활동 및 관련 기술 컨설팅, 자연과학 및 공학 R&D 등

9) 환경 효율 및 순환경제를 고려한 상품, 생산 기술 및 공정에 관한 사업
- 환경인증을 취득한 지속가능한 제품의 개발 및 도입, 자원의 효율적인 포장 및 유통

- 예시 : 저탄소 제조기술, 환경표지인증, 순환자원 품질표지인증, 재활용제품 인증 등 환경인증을 취득하는 제품이나 환경 고려 제품을 제조하는 사업

10) 친환경 건물에 관한 사업
- 국가 · 국제적으로 인정되는 친환경건물 기준 및 인증 관련 등
- 예시 : 저탄소도시개발, 신축녹색건물 건설 및 기존건물 그린리모델링, 건물 에너지 효율화 및 전문 서비스 등

Ⅳ. 녹색 프로젝트 관련 조경분야 활용방안

1. 오염 방지 및 저감 사업

1) 대기오염물질 흡수원 조성
- 미세먼지 차단숲 · 저감숲
- 공원녹지에 대기오염물질 흡착 기능이 탁월한 수종 선정

2) 토양 복원
- 토양오염물질 배출지역의 복원
- 쓰레기매립지 복원, 임해매립지 복원

2. 지속가능한 생활자원과 토지이용관리사업

1) 자연경관의 보존 및 복원
- 자연경관 우수지역, 보호지역의 보존
- 훼손지의 복원, 도시생태복원사업

2) 농업자원의 보존 및 복원
- 농업고유경관의 보존
- 다랭이논, 구들장논 등 농업유산의 보존

3. 청정 운송 사업

1) 보행 및 자전거 인프라 구축
- 로드다이어트로 보행체계와 연결성 고쳐
- 자전거 인프라 개선

2) 녹색교통체계로 전환
- 자동차 위주 도로체계의 퇴출
- 자동차 이용과 보유대수 대폭 감소

4. 친환경 건물사업

1) 녹색건축인증의 확보
- 공동주택단지 조경계획에 필수
- 인증 항목을 건축 중심에서 공간 중심으로 조정

2) 기존건물의 그린리모델링
- 옥상녹화, 벽면녹화의 의무화
- 에너지성능 향상과 신재생에너지 적극 이용

QUESTION 73

LID(Low Impact Development)공법 중 식생형 시설인
식물재배화분(Planter Box)의 설계기준에 대하여 설명

I. 개요

1. LID공법이란 자연상태와 유사한 수문특성이 구현되도록 저류, 침투, 여과, 증발산 등의 기능을 통해 강우유출량을 관리하는 시설의 설치공법임
2. LID공법 중 식생형 시설은 식생체류지, 옥상녹화, 나무여과상자, 식물재배화분, 식생수로, 식생여과대가 있음
3. LID공법 중 식생형 시설에 대해 설명하고 식물재배화분의 설계기준에 대해 기술하고자 함

II. LID(Low Impact Development)공법 중 식생형 시설의 개요

1. LID공법의 개념

1) 자연 상태와 유사한 수문특성이 구현될 수 있도록 저류, 침투, 여과, 증발산 등의 기능을 통해 강우유출량을 관리하는 시설공법
2) 적용 시에는 각 공법들이 한 가지 기능만을 하는 것이 아니라 복합적으로 기능하게 됨

2. 식생형 시설의 종류

1) 식생체류지
   토양에 의한 여과, 생화학적 반응, 침투 및 저류 등의 방법으로 강우 유출수를 조절하는 식생으로 덮인 소규모의 저류시설

2) 옥상녹화
   식생지붕으로서 강우유출수를 옥상에서 차집하여 여과, 증발, 저류함으로써 도시화지역의 유출을 저감하는 기술

3) 나무여과상자
   가로수 하부에 여과부가 포함된 구조물을 매립하여 강우 시 유출되는 우수를 유입시킨 후 여과, 침투기작을 거쳐 기존 우수관로로 유출되도록 설치

4) 식물재배화분
   도심녹지공간이나 기존 수목이 식재된 화분 등의 공간을 활용해 우수를 저류, 체류할 수 있는 시설물

5) 식생수로

식생체류지와 유사 기능을 갖는 배수구조물로서 강우유출수의 여과, 침투, 배수 기능을 함

6) 식생여과대

생태제방으로 자갈 및 식생활착이 유리한 토양 구성, 강우 유출수 감소, 사면안정, 여과 기능을 수행하여 수질개선 및 도심 내 녹지공간으로 기능

Ⅲ. 식물재배화분(Planter Box)의 설계기준

1. 개요

1) 식물재배화분은 도심 녹지공간이나 기존 수목이 식재된 화분 등의 공간을 활용하여 우수를 저류, 체류할 수 있는 시설물
2) 지피식물, 관목류 등의 식재를 통해 녹지기능과 우수관리기능을 확보
3) 기존 화단이 갖는 식재기능과 함께 우수 체류, 여과, 침투의 기능을 조합하여 설치

2. 적용 가능 위치

식물재배화분은 보도, 주차장, 건축물 인접 화단 등 도심 내 다양한 공간에 적용이 가능함

3. 설계

1) 내구력, 안전성, 우수배제 능력 등이 확보될 수 있도록 설치
2) 강우 종류 후 장기간 물 빠짐이 불량할 경우 부패, 식생고사 등이 발생할 수 있으므로 배수가 용이하도록 함
3) 단독으로 설치될 경우 보도 또는 연석과 어울리는 자재로 설계
4) 식물의 생장을 위해 토양층이 적절히 확보되어야 함
5) 식재는 도심 내 환경을 고려하여 선정
6) 장기간 건조 시에도 생육이 가능한 식물을 선정하는 것이 관리에 유리

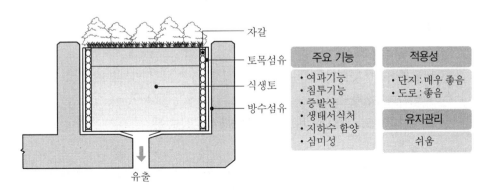

‖ 식물재배화분 단면도 ‖

QUESTION
74 도시생태현황지도의 구성과 작성절차에 대하여 설명

Ⅰ. 서론

1. 도시생태현황지도란 「자연환경보전법」에 근거해서 시·군의 자연 및 환경생태적 특성과 가치를 반영한 정밀공간생태정보지도임

2. 도시생태현황지도의 개념을 우선 설명하고 구성과 작성 절차에 대해 기술하고자 함

Ⅱ. 도시생태현황지도의 개요

1. 정의 및 법적 근거

1) 도시생태현황지도는 시·군의 자연 및 환경생태적 특성과 가치를 반영한 정밀공간생태정보지도

2) 기본주제도, 비오톱 유형도, 비오톱 평가도를 포함

3) 「자연환경보전법」 근거

2. 작성주체 및 대상

1) 작성주체

　시·도지사, 시장·군수·구청장

2) 대상

　관할구역 내 도시지역

Ⅲ. 도시생태현황지도의 구성과 작성절차

1. 구성

1) 기본 주제도 작성

  • 토지이용현황도

  • 토지피복현황도

  • 지형주제도 : 경사분석도, 표고분석도, 향분석도 등

  • 식생도

  • 동·식물상주제도 : 식물상, 야생조류, 양서·파충류, 포유류, 곤충류, 어류 등

2) 기타 주제도를 작성
- 유역권 분석도, 큰나무 분포도, 대경목 군락지 분포도
- 대표비오톱 현황도, 우수비오톱 현황도
- 철새류 주요 도래지 및 이동현황 분석도
- CO_2 배출 및 흡수 분석도 등
- 지역의 특성 및 향후 활용을 고려한 주제도 작성

3) 비오톱 유형도
기본 주제도를 비롯하여 기본 주제도의 속성자료를 종합하여 유형화한 것

4) 비오톱평가도
각 유형별 평가를 통합 등급을 도면으로 제시한 것

2. 작성절차

1) 개요(2단계에 걸쳐 제작)
- 1단계 : 기본 주제도 작성, 비오톱 유형 도출, 비오톱 평가, 향후 운영 및 활용계획 수립
- 2단계 : 기타 주제도 작성, 대표비오톱 조사, 우수비오톱 조사

2) 작성절차

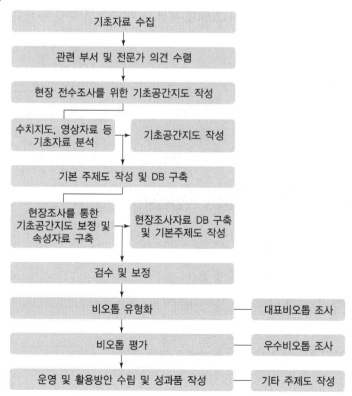

QUESTION 75 | 자연환경복원공사 시 외래종의 유입방지방안을 조사, 계획·설계, 시공, 유지관리단계로 구분하여 설명

Ⅰ. 서론

1. 자연환경복원공사 시 외래종은 의도적, 비의도적으로 원래 서식지에서 복원공사 대상지로의 유입된 종으로서 주의하지 않으면 복원지역의 생태계 교란을 야기할 수 있음
2. 자연환경복원공사 시 외래종의 유입현황은 의도적 유입과 비의도적 유입으로 구분할 수 있으며
3. 자연환경복원공사 시 외래종의 유입방지방안을 조사, 계획·설계, 시공, 유지관리단계로 구분하여 설명하고자 함

Ⅱ. 자연환경복원공사와 외래종

1. 자연환경복원공사

1) 자연환경복원공사는 훼손된 자연환경의 구조와 기능을 복원하는 공사
2) 복원과정은 목적 설정 → 조사 및 분석, 평가 → 기본 구상 → 계획 및 설계 → 시공 → 유지 및 관리 등의 과정

2. 외래종

1) 인간이 의도적, 비의도적으로 원래 서식지에서 다른 지역의 새로운 서식지로 옮긴 종
2) 생태계교란생물, 귀화종 등 포함
3) 원래 서식지의 고유종, 토착종과 경쟁, 생태계교란 우려로 주의

3. 자연환경복원공사 시 외래종 유입현황

1) 의도적 도입
   - 비탈면 조기녹화를 위한 도입
   - 경관 향상을 위한 재료 선정

2) 비의도적 도입
   - 재료나 자재 등에 의한 우연한 도입
   - 복원공사 시 공사 차량 바퀴에 묻어서 유입

III. 외래종의 유입방지방안

1. 조사단계

1) 외래종 출현 생물리스트 작성

복원계획대상지와 그 주변지역에 있어서 종의 생육·서식 상황을 조사하여 출현 생물 리스트를 작성

2) 외래종 항목 설정과 정리

외래종에 대해 항목을 설정하고 별도로 정리

3) 침략적 외래종 유추

작성한 리스트에 기반한 제거, 검토로 침략적 외래종을 유추

4) 외래종 제거 대책 수립

유추된 침략적 외래종에 대한 제거 대책을 충분히 수립

2. 계획·설계단계

1) 복원을 위한 재료 선택

침략성 있는 외래종 사용을 절대적으로 회피

2) 배제할 침략적 외래종의 대응

배제해야 할 침략적 외래종 대응에 대해 구체적인 검토를 실시

3) 준공 후 도입 가능한 외래종 예측

준공 후에 비의도적으로 도입된 가능성이 있는 외래종이 새로운 문제를 일으킬 가능성 에 대해서도 예측하고 접근

4) 외래종 침입 불가능 구조를 유지

외래종이 유입되어도 침입할 수 없는 구조를 유지하는 조치

3. 시공단계

1) 재료 및 자재 검수

재료 및 자재 등에 부착·혼입되어 외래종이 도입되는 경우가 있으니 주의

2) 토양 검사

토양에는 매토종자와 소동물과 그 알 등이 포함되어 있는 경우가 많으므로 주의를 기 울여야 함

3) 환경변화에 의한 외래종 침입 가능성 주의

　　대형 중장비 시공으로 대규모 환경변화에 의해 발생한 공지에는 개망초 등의 외래종
　　침입이 쉽기 때문에 주의

4. 유지관리단계

1) 순응적 관리방법

　　생태계의 동태에 유연하게 대응할 수 있는 순응적 관리방법으로 실행

2) 외래종 유지관리방침 수립

　　외래종의 대응을 위한 유지관리방침을 수립하는 것도 도움

3) 평가 및 모니터링 실시

　　• 관리방침에 대한 문제 발생 시 재평가를 통해 유지관리 실시
　　• 재차 모니터링을 실시한 후 구체적 상황을 파악

4) 인위적 제거

　　출현하는 귀화식물, 생태계교란생물 등의 외래종은 생태계 교란을 야기하므로 인위적
　　으로 제거

5) 환경교육

　　환경교육을 통해 외래종 방사를 제어하는 것도 도움이 됨

76 생태복원사업의 모니터링과 유지관리의 단계별 절차를 설명하고, 단계별 모니터링자문단의 역할에 대해 설명

Ⅰ. 서론

1. 생태복원사업의 모니터링과 유지관리는 복원사업의 효과적 목표달성을 위해 체계적으로 수행할 필요가 있으며

2. 모니터링은 생태복원사업 진행 중 실시하는 전·중·후 현황과 생태복원사업완료 후 2년간 실시하는 사업 후 모니터링으로 구분하며 모니터링 결과를 반영하여 유지관리를 실시함

3. 생태복원사업의 모니터링과 유지관리의 단계별 절차를 설명하고, 사업단계별 모니터링자문단의 역할에 대해 기술하고자 함

Ⅱ. 생태복원사업의 모니터링과 유지관리 개요

1. 개념

1) 생태복원사업의 효과적 목표달성을 위해 체계적으로 수행하는 절차

2) 모니터링은 생태복원사업 진행 중에 수행하고 사업 완료 후에도 실시함

3) 유지관리는 모니터링 결과를 반영하여 실시함

2. 필요성

1) 사업목적 달성 여부와 환경용량의 정성적, 정량적 변화를 측정

2) 동시에 실질적인 유지관리를 위한 방향 설정이 필요

3) 생태복원사업지의 관리 실태를 조사, 분석하여 효과적인 유지관리 및 모니터링 체계를 마련

4) 생태복원사업의 효과적인 운영에 활용하고자 함

3. 원칙

1) 사업지가 스스로의 기능을 회복할 수 있을 때까지 시간이 필요
   해당 기간에 발생하는 여러 가지 교란요인의 제거, 적용된 공법 및 시설물의 관리가 필요

2) 모니터링과 유지관리는 복원사업의 성공을 위한 필수요소
   복원의 목표와 이에 따른 세부 지표 및 기준을 통해 수행

3) 복원 후 예상치 못한 문제 발생 시 방향 조정, 개선 및 보완계획 수립
   향후 복원사업계획 시 정보 공유 자료로써 활용

4) 설정된 사업목표에 따라 모니터링 항목 및 평가항목 선정 수행

5) 유지관리계획은 기본 계획 수립 시 설정된 사업목표와 일관성을 유지
- 모니터링 및 평가항목과도 연계
- 사업효과 극대화와 결과 환류시스템으로 활용

6) 지속가능한 관리체계를 도입
지방자치단체의 지속적인 관리와 주민, 단체 등이 참여

III. 생태복원사업의 모니터링과 유지관리단계별 절차

1. 대상사업과 범위

1) 대상사업
- 생태계보전협력금 반환사업과 자연마당 사업이 주대상
- 기타 생태계 복원사업 등

2) 범위
- 모니터링은 생태복원사업 진행 중 실시하는 전·중·후 현황과 생태복원사업 완료 후 2년간 실시하는 사업 후 모니터링
- 모니터링 결과를 반영하여 유지관리를 실시

구분	사업 진행(전·중·후) 현황	사업 후 모니터링	유지관리
개념	생태복원사업 공정률에 따라 복원사업 내 생태계의 전·중·후 변화를 비교	사업완료 후 사업목표 달성 여부를 판단하기 위해 2년간 실시	모니터링 결과를 반영하여 사업의 효과, 목표달성 등 사업의 지속가능성 확보를 위해 수행
시간적 범위	• 사업기간 내 3회 실시 • 착공 전/사업 중(공정률 70%)/사업 완료 직후	• 사업완료 후 2년간 • 연 2~4회 실시	사업완료 후 지속적으로 수행
공간적 범위	생태복원사업 수행지역 및 외부환경요인을 모니터링할 수 있는 주변지역 포함(대상지에 직접적으로 영향을 줄 수 있는 주변지역)		
내용적 범위	• 사업 전의 생태기반환경 및 생물상 현황 • 사업 시행 중 발생되는 교란요인, 생태복원과정 • 사업 후 모니터링과 연계성을 고려하여 주요 공간 (서식처)별 모니터링 시행	사업효과 및 지속성 등을 검증하고 확인하기 위해 복원목표의 달성 여부, 목표종 서식 여부, 식생의 생육상태, 이용에 의한 영향, 시설물의 상태 등을 모니터링	• 사업 목표에 맞는 모니터링 결과를 유지관리계획에 반영 • 생물서식에 적합한 환경을 조성하여 탐방객 등 이용자들에게 생태계서비스 제공

2. 단계별 절차

1) 개요
- 사업 완료 후 유지관리는 해당 관리주체로 이관됨
- 관리주체는 사업 완료지역에 대해 지속적인 유지관리를 위한 예산 확보 및 노력이 필요
- 사업자는 모니터링 계획서와 관련 서류를 해당 관리주체에 제출하고 사업 완료 후 하자보수 및 모니터링을 실시, 매년 모니터링 결과보고서를 작성해 해당 환경청과 지방자치단체에 제출
- 모니터링 보고서에는 모니터링 결과의 종합분석을 통해 관리방안이 유지관리에 연계되도록 함

2) 절차 모식도

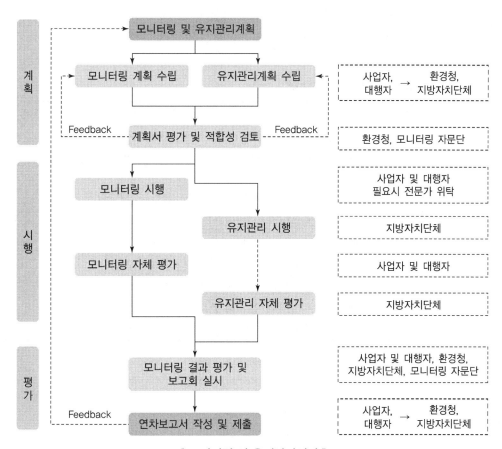

‖ 모니터링 및 유지관리절차 ‖

Ⅳ. 단계별 모니터링자문단의 역할

1. 단계별 주요 역할

1) 단계별 모니터링 자문을 수행하고 검토의견서 작성

2) 1차년도
- 담당할 현장 배치
- 현장자문 1회
- 기술자문 1회
- 자문의견서 작성 및 제출

3) 2차년도
- 모니터링 보고회 참석, 자문의견서 작성 및 제출
- 현장 또는 기술자문 1회, 자문의견서 작성 및 제출

2. 단계별 모니터링 자문 내용

구분	항목
현장자문	• 사업자 또는 대행자와 동행하여 현장 검토 • 사업계획과 준공도서를 검토하여 복원목표에 맞는 모니터링 방향을 설정할 수 있도록 협의 • 모니터링 범위, 항목, 시기, 항목별 모니터링 시행방법 등 협의
기술자문	• 사업특성과 모니터링 보고서의 적정성 검토 • 모니터링 결과와 유지관리방안 연계성 검토 • 가이드라인에 준하여 보고서가 작성되었는지 검토
모니터링 보고회	• 1차년도 모니터링 보고서 제출 전 실시하는 모니터링 보고회 참석 • 환경청 단위별 타 사업 사례 공유 • 관리주체에게 모니터링 결과에 따른 유지관리 방향 제시

QUESTION 77 | 지구온난화에 따른 우리나라 산림의 변화와 그에 따른 대책

Ⅰ. 서언

1. 지구온난화란 온실가스 과다발생으로 대기와 지표면의 온도가 급상승하여 이상기후가 발생되는 것임
2. 지구온난화로 인해 우리나라 산림은 산림식생대가 이동하고 생물계절과 종 다양성 변화, 산림재해가 발생하게 됨
3. 그에 따른 대책은 지구녹화프로젝트 실현, 기후변화 적응 역량강화, 산림 탄소배출권 거래기반구축 등을 함

Ⅱ. 지구온난화 및 우리나라 산림특성

1. 지구온난화

1) 온실가스 과다발생
2) 대기, 지표면 온도 급상승
3) 이상기후의 발생

2. 우리나라 산림의 특성

1) 산림 전체
   - 전 국토의 70% 차지
   - 중부지방 기준 낙엽활엽 음수림 극상단계, 양수림의 쇠퇴

2) 위도상 분포 특성
   - 난대림 : 남부해안, 제주도
   - 온대림 : 온대 남부, 중부, 북부

3) 수직분포 특성
   - 상록활엽수림대 : 남해안, 도서
   - 온대활엽수림대 : 해발 200~300m
   - 혼합수림대 : 해발 800~1,000m
   - 아고산침엽수림대 : 해발 1,900~2,000m

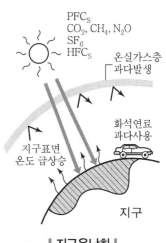

PFC_S
CO_2, CH_4, N_2O
SF_6
HFC_S

온실가스층 과다발생

화석연료 과다사용

지구표면 온도 급상승

지구

‖ 지구온난화 ‖

Ⅲ. 우리나라 산림의 변화

1. 산림식생대 이동

1) 남쪽에서 북쪽으로 이동
  - 북상으로 난대림 분포지역 확대
  - 남부지역 대나무, 배롱나무가 중부지역에서도 생육

2) 저지대에서 고지대로 이동
  고지대 소나무 우점

2. 생물계절과 다양성 변화

1) 빨라지는 개화시기 : 개나리, 진달래의 이른 개화
2) 나비, 곤충류의 발생시기 변화 : 발생시기 빨라지고
  회수도 달라짐
3) 야생동물의 행동특성 변화 : 서식지, 먹이자원 변화에 영향
4) 먹이사슬과 생물다양성 훼손

3. 산림재해 발생증가

1) 산사태, 대형산불 발생 : 집중호우로 인한 산사태
2) 건조상태 지속, 동해안 산불 발생 : 봄철 가뭄, 태풍,
  폭설 피해
3) 병해충 발생 증가
  - 아열대성 병충해 확산
  - 푸사리움가지마름병 등 확산
  - 소나무재선충, 솔잎혹파리 증가, 진딧물류 연중발생

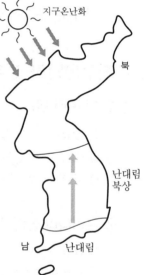

Ⅳ. 산림변화에 따른 대책

1. 지구녹화 프로젝트

1) 동아시아 그린허브 기반 구축 : 국제적인 기후변화 대응
2) 황사 및 사막화 방지에 주도적 : 몽골, 중국에 조림사업
3) 황폐된 열대림 복원사업 확대 : 인도네시아 맹그로브숲 복원 지원

▌ 우리나라 산림변화 ▌

2. 기후변화 적응 역량강화

1) 산림생태계 장기 모니터링
- 취약성 분석, 취약종 규명
- 취약종 및 생태계 특별관리

2) 고산식물종 복원, 증식 : 자생지 내·외 적응사업 추진
3) 기후대별로 국립수목원 확충 : 유용식물자원의 확보, 연구

3. 산림의 탄소흡수원 확대

1) 탄소흡수능력 증진
숲가꾸기 확대, 단계적 수종갱신

2) 탄소흡수원 신규조성
유휴토지, 대규모 개발 시 조림 확대

4. 탄소순환시스템 구축

1) 산림바이오매스 이용활성화
- 지역별 거점 산물 집하장 조성
- 원활한 수집, 활용 도모

2) 바이오에너지 시설지원, 기술개발
- 펠릿 제조시설 확대
- 우드펠릿, 바이오 오일 등 기술

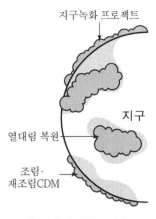

‖ 국제적 대응노력 ‖

‖ 국내적 노력 ‖

QUESTION 78 | 지구온난화에 따른 해양생태계 변화와 문제점

I. 서언

1. 지구온난화란 온실가스의 과다발생으로 지구 표면온도가 급상승하여 나타나는 이상현상을 말함

2. 지구온난화로 인한 해양생태계의 변화는 해수면 수위 상승, 해수면 및 해양온도 상승, 생태계 교란 등임

3. 이로 인해 연안지역과 도서의 축소, 소실, 어장의 변화, 갯녹음 현상 발생, 식물 플랑크톤 감소 등을 유발함

II. 지구온난화와 해양생태계

1. 지구온난화

1) 온실가스 과다발생
2) 지구 표면온도 급상승
3) Global Warming 현상

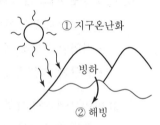

2. 해양생태계 변화

1) 해수면 상승
 • 극지방 빙하 해빙
 • 50년 동안 10~25cm 상승
 • 2100년 1m 상승 예측

2) 해수면 및 해양온도 상승
 • 해수면에 Dead Zone 층 형성
 • 심층의 용승 약화, 식물플랑크톤 감소
 • 지난 50년간 0.6도 상승, 식물플랑크톤 40% 감소

3) 해양생태계 변화
 • 어종의 변화, 남해안에 아열대어종
 • 명태가 사라지고 오징어 어획 상승

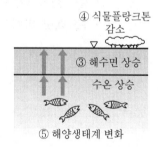

┃ 지구온난화와 해양생태계 ┃

III. 해양생태계 변화로 인한 문제점

1. 바닷물의 범람

1) 연안지역의 축소, 잠식
   - 갯벌의 감소, 조류서식처 소실
   - Ecotone 소실, 재해에 노출

2) 무인도서의 소멸
   - 자연자산의 소멸
   - 희귀종의 절멸, 종다양성 감소

| 바닷물의 범람 |

2. 해양생태계 교란

1) 식물플랑크톤 급격한 감소
   - 해양의 생산자 수 감소
   - 먹이사슬의 파괴, 생태계 파괴

2) 고유어장의 황폐화
   - 해파리의 피해
   - 고유어종 소멸, 아열대어종 확산

3) 갯녹음현상 확산
   - 바다의 사막화
   - 제주 전 지역으로 확산
   - 여수 수백 ha의 피해

| 해양생태계 교란 |

IV. 해양생태계 변화에 대한 대책

1. 기후변화에 대한 지구적 협력

1) 온실가스 감축 실천 : 교토의정서의 충실한 이행
2) 동아시아 협력체제 구축 : 그린허브 기반 구축, 조림사업
3) 열대림 복원사업 지원 : Hot Spot 지역 복원

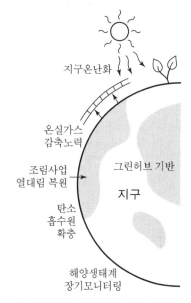

| 해양생태계 변화에 대한 대책 |

2. 기후변화적응 역량강화

1) 해양생태계 장기모니터링
   - 취약성 분석, 취약종 규명
   - 취약종 및 생태계 특별관리

2) 고유어종 복원, 증식
   - 서식지 내·외 적응사업 추진
   - 가두리 수조 활용, 수족관 내 보전

3) 해안별로 해양연구소 설치
   - 미래 해양자원의 연구
   - 해양변화에 대한 능동적 대처

3. 탄소흡수원 확충, 탄소순환시스템

1) 탄소흡수원 신규조성 : 대규모 개발 시 조림사업 확대
2) 탄소흡수능력 증진 : 녹지개선, 습지보전
3) 바이오매스, 신재생에너지 활용
   - 바이오에너지, 태양열, 태양광
   - 지열, 조력, 수력 등 활성화

4. 탄소저감 및 제로화 생활실천

1) 에너지 소비 저감, 절약 : 대중교통, 자전거 이용 생활화
2) 그린빌딩, 탄소제로하우스 : 친환경건축의 보급, 대중화

QUESTION 79 | 위해 외래 동·식물의 영향 및 관리방안

I. 서언

1. 위해 외래 동·식물이란 외국이나 다른 지역에서 인위적·자연적으로 유입되어 생태계에 교란·위해를 주는 종임

2. 위해 외래 동·식물의 영향은 자생 생물종의 감소, 먹이자원의 고갈, 생태계 군집의 변화, 인체의 악영향 등임

3. 관리방안은 침입 전 예방책으로 국제협력 증진, 국내 법·제도의 실행, 그리고 침입 후 관리는 계획부터 유지관리까지 단계별로 체계적으로 수행

II. 위해 외래 동·식물의 영향

1. 긍정적 영향

1) 경제적 이익에 기여 : 식용, 약용, 관상용 등

2) 훼손지 초기 녹화 효과 : 간편하고 손쉬운 토양침식 방지

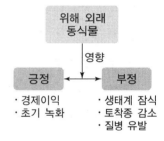

‖ 위해 외래동식물 영향 ‖

2. 부정적 영향

1) 기존 생태계의 잠식
   - 자생종과의 경쟁에서 우점
   - 군집 구성의 변화 초래

2) 생물다양성 감소
   - 잡식성 포식자로서 교란을 일으킴
   - 토착생물종의 감소

3) 생태계 교란
   - 천이단계, 경관 등에 변화 유발
   - 퇴행, 편향천이 발생
   - 타감작용으로 우점, 교란

4) 보건위생상 피해
- 인체에 알레르기 유발
- 질병 유포 등의 가능성 지님

5) 농업, 임업 등의 피해
- 외래식물 번식으로 작물에 악영향
- 생장 저해와 수확량 감소

III. 국내 교란 사례와 종류

1. 황소개구리

1) 90년대 말까지 천적이 없었음
2) 이후 먹이감소, 근친교배 등으로 인해 자연적으로 개체 수 감소

2. 블루길과 큰입배스

1) 한국토종어종의 포식, 교란
2) 쏘가리 등 천적을 만나 자연 억제됨

3. 붉은귀거북

1) 종교단체의 집단방생으로 증가
2) 천적이 없고 잡식성, 긴 수명

4. 돼지풀, 서양등골나물

1) 산림 생태계 교란
2) 알레르기 유발, 인체에 악영향

생태계
교란야생생물
지정

포유류 · 뉴트리아

양서 · · 황소개구리
파충류 · 붉은귀거북

어류 · 블루길
· 큰입배스

식물 · 돼지풀
· 서양등골나물
· 물참새피
· 가시박 등

‖ 위해 외래 동식물 종류 ‖

IV. 단계별 관리방안

1. 침입 전 예방 및 방지

1) 국제협력 강화
- 국가 간 수출입 원자재 방역 강화
- 검역절차의 철저한 시행
- 사후 예상되는 피해보상협약 체결
- 외국의 방재기술 도입

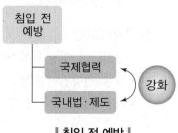

침입 전
예방

국제협력

국내법 · 제도

강화

‖ 침입 전 예방 ‖

2) 국내 법·제도의 실행 강구 : 야생생물 보호 및 관리에 관한 법률의 지침 준수

2. 침입 후 관리

1) 사업계획단계
- 관리대상 외래종의 현황 파악
- 대책수립구역의 설정
- 우선 관리 외래종의 선정

2) 사업시행단계
- 토착종의 서식환경 보전이 목표
- 효과적 관리기법·기술의 개발

3) 유지관리단계
- 실태가 파악된 종은 퇴치방안 강구
- 천적의 개발, 생물학적 방제로 관리
- 방생, 식용 외래종의 양식 금식

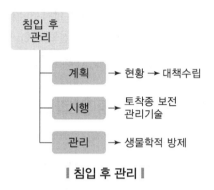

┃ 침입 후 관리 ┃

QUESTION 80 | 생태계의 절편화 과정 및 생물다양성에 미치는 영향

Ⅰ. 서언

1. 생태계의 절편화란 하나의 서식처가 둘 이상의 서식처로 나뉘는 것을 말함
2. 주요 원인은 도로, 철도 건설, 댐 건설, 도시개발 등 인간의 토지이용 활동임
3. 절편화 과정은 천공, 절단, 단편화, 축소, 마멸 과정이며 생물다양성에 영향을 미침

Ⅱ. 절편화 개념 및 과정

1. 개념

1) 하나의 서식처가 둘 이상의 서식처로 나뉨
2) 각각 면적이 줄고 장벽이 생김 : 주연부 증가,
   내부면적 감소

2. 주요원인

1) 자연적 원인 : 산불, 초식동물 급증
2) 인위적 원인 : 벌채, 도로, 철도, 댐 건설

3. 절편화 과정

1) 천공 : 구멍이 뚫림
2) 절단 : 같은 크기로 잘림
3) 단편화 : 다른 크기로 분할
4) 축소 : 조각 크기의 감소
5) 마멸 : 조각의 소멸

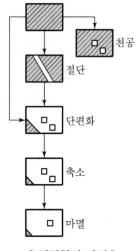

┃ 절편화의 과정 ┃

Ⅲ. 생물다양성에 미치는 영향

1. 생물다양성 감소

1) 초기 배제 효과
   - 큰 면적을 필요로 하는 종
   - 간섭에 민감한 종의 절편화 초기에 다른 서식처로 이동
   - 간섭 영향으로 사라짐

2) 장벽과 격리화

- 서식처 간 개체군 이동 단절
- 개체군 크기의 감소, 근친교배로 유전자 쇠퇴

3) 혼잡효과

- 일시에 한 장소로 집중현상 발생
- 이동불가능종의 멸종

2. 국지적 멸종

1) 장기적으로 국지적 특정종 멸종 : 멸종에 취약종의 절멸
2) 개체군 크기의 감소, 증폭된 영향

- 여러 요인의 복합작용, 절멸위기의 증가
- 결국, 절멸에 이르게 됨

3) 절멸의 소용돌이 발생

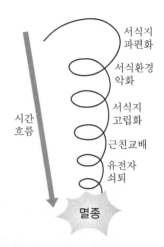

| 국지적 멸종 |

IV. 생태계 절편화 저감방안

1. 회피

1) 사업실시장소의 변경 : 환경영향이 없는 곳으로 이동
2) 모든 영향을 회피함 : 철도, 도로 노선의 회피
3) 절편화로 인한 영향 저감 최선책

2. 저감

1) 영향의 최소화 방안

- 도로, 철도의 선형 구조 검토
- 영향이 덜한 지역으로 이동

2) 동물이동루트를 피해서 노선 설치
3) 도로 상부나 하부에 생태통로 설치

3. 대체

1) 회피도 저감도 할 수 없을 때 실시
2) 대체 가능한 환경을 창출 : 대체서식지의 조성, 생태계 절취 후 다른 곳에 복원

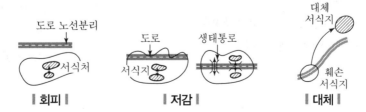

QUESTION 81 | 도서생물지리설에 입각한 도시녹지의 해석과 도시 녹지의 생물종다양성 증진방안

I. 서언

1. 도서생물지리설이란 섬의 크기, 섬과 육지의 거리에 따른 서식 종수 현황을 연구한 이론임
2. 도서생물지리설 이론에 의하면 섬의 크기가 클 때 멸종률이 적고 거리가 가까울수록 이입률이 증대되어 종 보전에 유리함
3. 도시녹지를 도서생물지리설에 입각하여 해석하면 녹지의 크기가 작아 멸종률이 크고 녹지 간 거리가 멀어 이입률이 적어 종 보전에 불리함

II. 도시녹지를 도서생물지리설에 입각하여 해석

1. 도서생물지리설 개념

1) 섬의 크기, 섬과 육지의 거리에 따른 서식 종수 현황을 연구한 이론
2) 섬이 클수록 멸종률이 적고 섬과 육지의 거리가 가까울수록 이입률 많음
3) 면적과 거리에 따른 이론에 기초함
   - ①도서 : 멀고 작은 섬, 종수가 가장 적음
   - ②, ③도서 : 크나 멀고, 가까우나 작은 섬, 종수 증가의 한계
   - ④도서 : 가깝고 큰 섬, 종수가 가장 많음

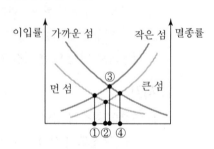

| 도서 생물지리설 그래프 |

2. 도시녹지의 해석

1) 녹지의 크기
   - 개발로 인한 녹지 소규모화
   - 대형 포유류, 민감종 서식 불가

2) 녹지 간의 거리
   - 녹지 간의 거리가 멀고 파편화됨
   - 연결성 저하, 고립 증대

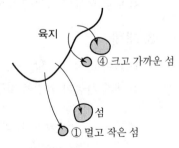

| 도서생물지리설 |

3) 해석
- 녹지 크기가 작아 멸종률이 크고 거리가 멀어 이입률이 적음
- 도서생물지리설 그림의 ① 도서 특징에 해당, 최소종수 서식

Ⅲ. 도시녹지 조성원칙 7가지

조성원칙	내용	모식도
면적 차이	큰 것이 작은 것보다 유리	A
같은 면적일 때	• 큰 것 하나가 작은 것 여러 개보다 유리 • 최소면적은 종별로 차이가 남	B "면적"
거리	• 가까울수록 유리 • 종이입률 높아짐	C "거리"
배열	군집배열이 유리	D "배열"
연결성	• 통로로 연결되어 있는 것이 유리 • 통로의 크기, 형태는 종별로 다양	통로 E "연결성"
형태	둥근 것은 핵심종 보호에 유리	F "형태"
가장자리	굴곡이 많을수록 종 다양성 증가	G "굴곡"

Ⅳ. 도시녹지의 생물종다양성 증진방안

1. 제도적 방안

1) 생태경관보전지역 확대지정 : 핵심, 완충지역 확대
2) 생태계보전부담금 활성화 : 보전, 복원비용에 지원
3) 인공구조물 녹화 의무화 : 옥상녹화, 벽면녹화 조성
4) 기존 녹지 보전 강화 : 녹지지역의 국유화, 국민신탁법 활용

2. 생태적 방안

1) 도시 생태네트워크화 : 녹도 조성, 녹지 간 연결
2) 도시녹지의 양적 증대 : 학교숲, 도시숲,
   옥상녹화, 벽면녹화 등
3) 도시녹지의 질적 증대 : 우수지역의 보전,
   훼손지역의 복원

3. 실천적 방안

1) 교육으로 녹지보전 필요성 인식강화 : 교육책자,
   프로그램 활성
2) 주민참여프로그램 증대 : 지킴이활동, 해설활동
3) 개인정원 조성비용 지원 : 조성방법 교육

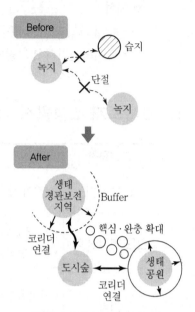

┃ 생물종다양성 증진방안 ┃

QUESTION 82 | 경관투과성 및 최소비용의 개념을 기술하고 생태네트워크와의 관련성에 대해서 설명

I. 서언

1. 경관투과성이란 경관연결성 평가의 한 방법으로서 동물이 특정 환경을 통과할 수 있는 정도, 침투성을 의미함
2. 최소비용이란 경관투과성을 측정하기 위한 기법으로서 동물이동을 위한 최소 비용이 소요되는 경로를 파악하는 것임
3. 경관투과성 및 최소비용의 개념은 생태네트워크 계획에서 주요 종의 보전과 이동성 확보를 위한 코리더 설정 시 연결성 평가방법으로 유용하게 사용될 수 있음

II. 경관투과성 및 최소비용 개념

1. 경관투과성

1) 경관 연결성 평가의 한 방법
2) 동물이 특정 환경을 통과할 수 있는 정도
3) 경관 침투성이라고도 함

2. 최소비용

1) 경관투과성을 측정하기 위한 모델링기법
2) 여기서 비용이란 동물의 이동가능성
3) 동물은 이동 선택에 있어서 최소거리를 따른다는 가정에 기초
4) 동물이 이동하기 위한 최소비용이 소요되는 경로를 파악

III. 경관투과성 및 최소비용 분석방법

1. 주요 종 선정

1) 모든 종을 고려하기는 어려움
2) 주요 종을 선정하여 경관투과성 분석에 활용
3) 종 선정에 있어 고려사항
- 대상 종 이동에 대한 충분한 정보

• 구축자료들이 그 종의 이동능력을 반영
• 연결하려는 핵심지역 모두에서 서식가능한 종
• 핵심지역 간에 유전적 흐름이 환경교란보다 빨라야 함

4) 주요 종 대표적 사례

중대형 포유류 : 중대형 초식동물, 중대형 육식동물

→ 교란에 의한 영향이 크며 생태적으로 중요 위치를 지님

2. 핵심지역 선정

1) 핵심지역의 선정조건
• 선정 대상 포유류의 충분한 개체군 유지 가능 지역
• 서식처 면적과 생태적 보전가치를 고려하여 선정

2) 핵심지역의 선정
• 중대형 초식동물 100개체 이상 서식 가능한 크기
→ 1,000ha면적 이상의 산림지역
• 법제적 보호지역, 생태자연도 1등급 지역
• 종공급원 산림지역
→ 10,000ha 이상 산림지역으로 함

3. 최소비용경로 분석

1) 1단계 : 경관투과성 분석
• 핵심지역으로 이동하기 위해 어떤 종이 소모해야 하는 비용을 계산한 것
• 경관투과성 분석을 위한 주요 요인 추출 → 토지피복, 도로밀도, 경사
• 각각 요인별 세부 변수와 저항값, 가중치 도출
• 경관투과성 값의 산출식

$$경관투과성 = \frac{[(토지피복\ x) + (도로밀도\ y) + (경사\ z)]}{3}$$

2) 2단계 : 비용표면 계산
• 각 격자별로 이동에 소요되는 비용을 값으로 나타내는 것
• 경관 투과성 값이 계산된 도면과 특정 출발지점으로부터 각각의 격자까지의 거리 값을 중첩하여 구축
• 2개의 종급원을 지정, 각각 지점에 대한 비용표면 도면을 분석

3) 3단계 : 최소비용경로 분석

　　• 두 개의 점을 설정하여 두 경로 사이의 최소비용을 산정

　　• 두 지점 : 1지점은 종공급원 산림지역의 무게중심 2지점은 핵심지역의 무게중심

4. 광역 생태축 구축

1) 최소비용경로 분석 결과의 활용

　　• 단일 선으로 표현되는 분석결과

　　• 광역생태축의 중심축으로서의 해석가능

2) 주변 토지피복 및 이용을 함께 고려 : 산림축의 보전계획으로 생태축 구축

3) 최소비용경로와 인접 파편화된 산림들을 연결 : 야생동물의 이동가능성이 반영된 산림축 보전 목적

4) 광역 생태축 구축의 방법 : 최소비용경로＋인접산림패치＋야생동물보호구역＋생태자연도 1등급지역을 연계

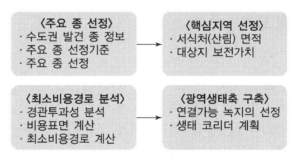

‖ 경관투과성 및 최소비용 분석과정 ‖

IV. 생태네트워크와의 관련성

1. 생태 코리더 계획에 활용

1) 최소비용경로 분석으로 야생동물 이동가능성 예측

2) 최소비용경로와 인접 산림패치들을 생태축 연결녹지로 활용방안 검토

2. 취약지역 파악으로 보전전략 수립

1) 최소비용경로 분석으로 야생동물 이동에 취약한 지역의 파악이 가능

2) 향후 적극적인 생태네트워크 보전전략 수립 필요

3. 향후 보호종 중심으로 연구 필요

1) 정확한 종의 서식처 확인 및 이동특성 연구를 통한 모델링 구축 연구

2) 야생동물의 지속적 연구로 자료 구축화

QUESTION 83

토양단면(Soil Profile) 및 표토를 설명, 대규모 개발 행위에 수반되어야 할 표토처리방안을 환경계획적 관점에서 설명

Ⅰ. 서언

1. 토양단면은 유기물층, 용탈층, 집적층, 모재층, 모암층으로 층위를 이루며 최상부의 유기물층, 용탈층 일부가 표토임

2. 표토는 유기물, 미생물, 매토종자가 다량 함유되어 귀중한 자원으로서 대규모 개발 행위 시 재활용이 필요함

3. 환경계획적 관점의 표토처리방안은 표토조사, 보존계획의 수립, 채취구역 선정, 부지정리, 채취, 복원, 식재과정 순임

Ⅱ. 토양단면 및 표토

1. 토양단면

1) 유기물층(O층) : 낙엽, 낙지, 분해물질, L, F, H층

2) 용탈층(A층) : 양분이 다량 함유, A_1, A_2, A_3층

3) 집적층(B층) : 수목근계 형성의 한계지점

4) 모재층(C층) : 광물질이 풍화된 층

5) 모암층(R층) : 풍화 이전의 암석, 암반층

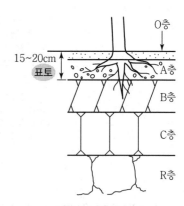

∥ 토양단면과 표토 ∥

2. 표토의 개념

1) 토양층위의 최상부

2) 유기물층, 용탈층을 포함

3) 15~20cm 두께, 유기물 다량 함유

4) 토양미생물, 매토종자 함유

5) 자연상태 1cm 조성 시 200년 소요

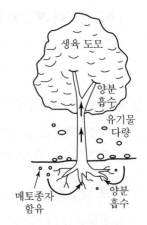

∥ 표토처리 필요성 ∥

Ⅲ. 환경계획적 관점의 표토처리개념

1. Recycling

1) 자원의 재이용
- 버려지는 자원을 다시 사용
- 폐기물 저감, 순환

2) 자연소재 재활용
- 환경친화적, 2차오염 없음
- 표토 속의 미생물, 매토종자도 활용

2. 환경포텐셜

1) 입지포텐셜로서 표토 : 토양환경에 의한 성립가능성
2) 종공급포텐셜 지닌 표토 속 종자 : 매토종자의 종공급 가능성
3) 매토종자 발아에 의한 천이포텐셜
- 시간의 흐름에 따른 변화 가능성
- 입지, 종공급, 종간관계 포텐셜에 의함

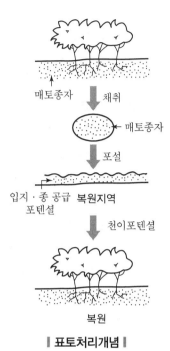

| 표토처리개념 |

Ⅳ. 환경계획적 관점의 표토처리방안

1. 보존단계

1) 표토조사
- 예비, 현지조사
- 지형, 식생, 토지이용현황 등

2) 표토보존계획
- 필요량 산정 후 계획
- 퇴적장소, 운반, 퇴적방법 검토
- 보호관리 검토

3) 표토채취구역 선정
- 보존, 채취, 복원지로 구분
- 방재상 문제 없는 구역 선정

| 표토처리과정 |

2. 채취단계

1) 부지정리 : 보호수목 및 구조물 보호, 그 외 모두 정리

2) 표토채취 : 일반식, 계단식, 하향식 방법

3) 표토 퇴적 및 보호 : 가적치 장소 선정, 운반 후 보호

3. 활용단계

1) 표토복원 : 가적치된 표토 운반 후 복원

2) 표토복원대상지의 식재면적 산정 후 복원

4. 채취구역 선정 시 고려사항

1) 적정 필요량 선정, 손실량 방지

2) 표토조사로 양질토양 선택

3) 포토유실로 인한 재해 여부 파악

4) 보전수림의 보호, 채취는 피해서 함

5) 계획상 성·절토 구역 선정, 성·절토 최소화

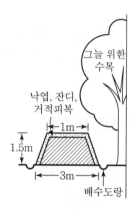

‖ 표토보호방법 ‖

QUESTION
84 | UNESCO MAB 보호구역 구분 및 3대 기능

Ⅰ. 서언

1. UNESCO MAB이란 생물권보전지역 사업을 수행하고 있는 정부 간의 프로그램임
2. 보호구역의 구분은 엄격히 보호되는 핵심지역과 핵심지역을 둘러싼 완충지역, 신축성이 있는 전이지역임
3. 3대 기능에는 유전자, 종, 생태계, 경관의 보전기능과 지속가능한 발전기능, 그리고 이 두 가지 기능을 지원하는 기능임

Ⅱ. UNESCO MAB 3대 기능 및 개념

1. 보전기능

1) 유전자원, 멸종위기에 처한 종
2) 생태계 및 경관 등 보전

2. 발전기능

1) 사회·문화적, 생태적 발전
2) 지속가능한 경제, 인간의 발전

3. 지원기능

1) 시범사업, 환경교육
2) 연구 및 모니터링을 수행
3) 위 두 가지 기능이 수행되는 것 지원

4. 개념

1) UNESCO Man and Biosphere Program
2) 생물권보전지역 사업 수행

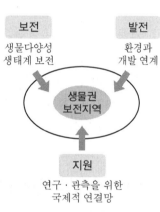

‖ UNESCO MAB 3대 기능 ‖

Ⅲ. UNESCO MAB 보호구역 구분

1. 핵심지역(Core Area)

1) 엄격히 보호되는 하나 혹은 여러 지역 : 인간간섭의 최소화지역

2) 생물다양성 및 보전가치 높은 곳 : 학술적 연구가치가 큼

3) 원시성을 지닌 자연, 특이한 경관 유지 : 희귀종, 멸종위기종 다수 분포

2. 완충지역(Buffer Area)

1) 핵심지역을 둘러싼 인접지역 : 핵심지역의 보호 위해 필요

2) 환경교육, 생태관광, 생태연구활동 : 보전과 이용의
중간지점

3) 건전한 생태적 활동을 위한 협력활동에 이용

3. 전이지역(협력지역, Transition Area)

1) 신축성이 있는 지역, 협력지역 : 핵심 및 완충지역
이외 인접지역

2) 보전보다는 이용이 높은 곳 : 지역주민의 취락,
농업활동 등

3) 레크리에이션, 생태관광 등 지역
- 지속가능한 이용, 지역경제 활성화
- 보전지역 관리를 위한 시설지역

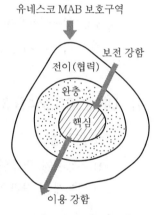

‖ UNESCO MAB ‖

Ⅳ. 국내 생물권 보전지역

1. 지정내용

1) 남한 6개소 지정

설악산(1982), 제주도(2002), 신안다도해(2009), 광릉숲(2010), 고창(2013), 순천(2018),
연천 임진강(2019), 강원 생태평화(2019)

2) 북한 5개소 지정

백두산(1989), 구월산(2004), 묘향산(2009), 칠보산(2014), 금강산(2018)

2. 생물권보전지역과 국내 개별법 관계

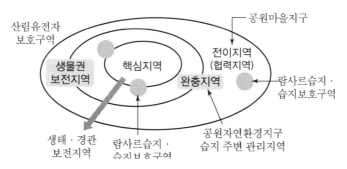

▌UNESCO MAB과 국내법 관계 ▌

1) 핵심지역
   - 생태경관보전지역, 백두대간보호구역
   - 습지보호구역의 일부구역 등

2) 완충지역 : 공원자연환경지구, 습지주변관리지역 등
3) 전이지역(협력지역) : 공원마을지구 등

3. 접경생물권보전지역

1) 2개 이상의 영토에 걸친 곳
2) 생물권보전지역만큼의 생태가치를 보유
3) 공동관리계획 수립이 필요
4) DMZ(비무장지대) 지정 추진 중

QUESTION
85 | 비점오염 저감공법 장치형과 자연형 비교

Ⅰ. 서언

1. 비점오염원이란 수질을 오염시키는 오염원 중 불명확한 위치에서 배출되는 오염원으로 자연적·인위적 배출이 됨
2. 비점오염 저감공법 중 장치형은 스크린형, 와류형 등 시설 설치로 저감하고 자연형은 자연식생, 생태기능으로 저감함
3. 특히 자연형 공법은 장기적·지속적 효과와 시간의 경과로 더 큰 효과를 발휘하는 장점을 지님

Ⅱ. 수질오염 관련법 및 유형

1. 수질오염 관련법

물환경보전법

2. 오염원의 유형 구분

구분	비점오염원	점오염원
특성	• 불명확한 위치에서 배출 • 비료, 농약 등	• 명확한 위치에서 배출 • 공장, 광산, 하수 등
모식도	비점오염원 비료　농약　축산폐수 ↓ 축적 ↓ 하천 유입	점오염원 공장　광산　하수처리장 ↓ 하천 유입

Ⅲ. 비점오염 저감공법 비교

1. 개념

1) 장치형 : 인위적 시설 설치로 오염원 저감

2) 자연형 : 연식생, 생태기능을 통한 오염원 저감

2. 특성 및 종류

구분	장치형	자연형
특성	1) 초기단계부터 효과적 : 광범위한 곳에 가능 2) 주기적 관리가 필요 : 작동오류, 청소 등 3) 경관 저하 : 지하에 주로 설치	1) 장기적·지속적 효과 : 생태기능의 순환성 2) 시간에 따른 효과 증대 : 생태기능의 안정성 3) 저관리형 저감시설 : 생태기능의 자립성 4) 경관향상, 서식처조성 : 생태기능의 다양성
종류	1) 스크린형 : 망을 통해 여과 분리 2) 와류형 : 중앙회전대 통해 저감 3) 여과형 : 여과대 통한 저감 오염물질 ‖ 와류형 ‖	1) 저류시설 : 유출수, 저류시켜 저감 2) 식생여과대 : 식생의 흡착기능 이용 3) 정화습지 : 1차오염 저감 오염원 흡착 ‖ 식생여과대 ‖

Ⅳ. 자연형 저감공법의 종류 및 관리

1. 저류시설

1) 강우유출수를 저류시켜 침전

2) 길이 : 폭 = 1.5 : 1 이상

2. 정화습지

1) 저류공간, 영구습지로 구성

2) 습지의 정화능력 향상

3) 유입수 1차정화

4) 길이 : 폭 = 2 : 1 이상, 경사 0.5~1%

5) 면적의 50%(0~0.3m) 수심

    30%는 0.3~1m, 20% (1~2m)

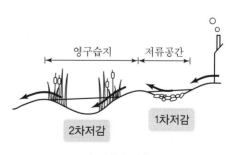

영구습지　저류공간

2차저감　1차저감

‖ 정화습지 ‖

3. 침투시설

1) 유출수를 토양으로 침투

2) 토양의 흡착, 여과작용

3) 침투조, 침투도랑, 유공포장 등

4) 침투저류조 : 암거 등 비상배수를 고려

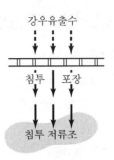

강우유출수

침투   포장

침투 저류조

‖ 침투시설 ‖

4. 식생형 시설

1) 토양의 흡착 및 여과, 식물의 흡착작용

2) 서식공간을 제공

3) 경관기능 향상, 미관성

4) 식생수로, 식생여과대

5. 저감시설의 관리

1) 슬러지 및 쓰레기 등 제거 : 수시로 제거, 준설 후 처분

2) 정기적인 시설 점검 : 유입, 유출량, 제거율 조사

3) 유지관리계획 수립 : 주기적 점검

QUESTION 86 | 환경해설의 개념과 안내자 방식 해설물의 제작기법에 대하여 설명

I. 서언

1. 환경해설이란 단순한 사실정보의 지식전달이라는 교육적 체계보다는 사실정보를 대상자가 갖는 기존의 경험, 사고와의 관계 모색을 통해 일정 주제에 대한 자극, 메시지를 주고자 하는 커뮤니케이션 체계임
2. 환경해설의 방식에는 안내자 유무에 따라 안내자 방식과 자기안내식 방식으로 구분되며
3. 안내자 방식 해설물의 제작기법은 흥미유발, 개인과 연관성 부여, 이해하기 쉬운 해설, 명확한 주제 제시라는 디자인 원칙하에 테마를 작성함

II. 환경해설의 개념

1. 환경해설 개념

1) 단순한 사실정보의 지식전달이 아님
2) 사실정보와 대상자가 갖는 기존의 경험 및 사고와의 관계를 모색함
3) 일정주제에 대한 자극, 메시지를 주고자 하는 커뮤니케이션 체계

2. 환경교육과 환경해설

구분	환경교육	환경해설
전달목표	• 환경에 대한 관심, 태도 고취 • 환경문제의 해결 기술 제공 • 환경에 대한 직접적 참여 유도	• 대상지의 적절한 이용 도모 • 관리주체의 이해 증진 • 참여자의 경험 만족 제공
정보전달체계	• 공식적 학습과정 • 정형화된 교과과정에 기초 • 일정 대상자 연속과정 가능 • 지식 전달 강조	• 비공식적 학습과정 • 정형화된 교과과정 없음 • 대상자에 대한 1회성 전달과정 • 자극, 메시지 전달 강조
흥미와 즐거움	학습효과의 수단요소	커뮤니케이션의 목적 요소
대상자	일정 의무적 참여자	자율적 참여자
참여자와 강사관계	• 수직관계 • 일반적 교사의 기능	• 수평관계 • 메시지 전달자의 기능 강조

3. 환경해설 대상자의 비의무성

구분	자율적 대상자	의무적 대상자
강제성	자발적 참여	비자발적 참여
참여시간	의무시간 없음	의무시간 고정
평가/보상	내재적 자기만족 중시	외적 평가, 보상 중시
집중의무	집중의무 없음	집중의무 있음
접근태도	자연스런 분위기와 일상적 접근 기대	정형적 · 학술적 접근 수용
참여동기	흥미, 여가생활, 자아성취	승진, 자격, 직업 취득
교육상황	공원, 박물관, TV, 라디오	교실수업, 직업훈련, 세미나

→ 환경해설가는 대상자의 비의무적 태도를 이해하고 참여할 수 있는 기법을 강구해야 함

Ⅲ. 환경해설의 방식

1. 해설가의 유무에 따른 유형

1) 안내자 방식
- 해설가가 직접 시설, 탐방지역을 안내하면서 해설
- 해설가가 특정지점에 위치하면서 해설

2) 자기안내식 방식 : 탐방자가 직접 간행물, 전시물, 해설판 등을 보면서 탐방자 스스로 이해하도록 하는 방식

2. 안내자 방식과 자기안내식 환경해설기법의 장단점

구분	장점	단점
안내자 방식	• 대상자와의 직접적 커뮤니케이션 및 토론 가능 • 대상자별(연령, 학력 등) 해설수준 선택 편리 • 해설자의 유도로 건전한 이용 및 안전 도모, 환경영향 감소효과	• 별도의 해설인력, 조직 필요 • 일정단위의 참여인원 필요 • 해설자 교육훈련 및 연수 등 운영관리 비용이 많이 소요 • 자유로운 탐방 및 체험기회 억제 • 일정지역 및 시간적 제약이 따름
자기안내식 방식	• 특별한 해설인력 및 조직 없이 시행가능 • 참여인원수에 관계없이 해설 가능 • 광범위한 지역 활용에 유리 • 자유로운 탐방 및 체험기회 제공	• 초기 해설물, 환경영향 방지시설 등 비용이 많이 소요 • 해설대상, 수준의 선택폭이 적음 • 대상자들과의 직접적 의사소통 곤란

3. 환경해설의 기법

1) 안내자 기법
- 토크식 기법
- 거점식, 이동식, 강연식 기법

2) 자기안내식 기법
- 전시 및 해설물 기법
- 전시물, 간행물, 매체식 기법

Ⅳ. 안내자 방식 해설물의 제작기법

1. 디자인 원칙

1) 흥미 유발
- 자연스러운 대화분위기 조성
- 대화식으로 말하고 딱딱한 어휘 삼가
- 대상자의 시선을 지속적으로 유도

2) 개인적 연관성 부여
- 내용이 의미가 있고 개인과의 연관성이 부여되어야 함
- 대상자가 알고 있는 정보와 관련된 교육 내용
- 개인과 무관하면 해설효과 감소

3) 이해하기 쉬운 해설
- 정보의 양이 많거나 내용 흐름이 체계적이지 못하면 대상자는 이해하기 어려움
- 정보의 양은 심리학자 밀러가 인간의 동시 수용 정보의 한계량으로 제시한 '7±2' 원칙을 준수하는 것이 좋음
- 각 해설내용에 포함할 정보의 수는 다섯 가지를 초과하지 않는 것이 효과적

4) 명확한 주제를 제시
- 주제는 간단하고 명료하게 제시
- 많은 내용을 설명하기보다 대상자들에게 기억에 남기는 것이 중요
- 해설 내용의 체계적 디자인이 선행되어야 함

2. 테마 작성 과정

1) 안내자 방식 해설물의 양
- 청중이 앉아서 들을 경우 20분 정도가 적당
- 시설물 등과 같은 소개의 경우는 5분

2) 해설 내용의 구성
- 서론, 본론, 결론으로 구분하여 계획
- 서론 : 대화의 흥미를 유발, 청중을 테마로 유도
- 본론 : 테마를 발전시키고 대상자들에게 전달하고자 하는 테마의 필요정보를 제공
- 결론 : 이미 제시한 요점을 요약하거나 테마의 더 넓은 의미를 제공

3) 2-3-1원칙
- 2-3-1원칙이란 서론(1), 본론(2), 결론(3)을 계획할 때 본론, 결론, 서론 순으로 작업을 진행해야 한다는 원칙
- 주제를 바탕으로 본론의 내용을 먼저 서술하고 본론의 내용을 강조하며 주제와 본론의 관계를 명확히 하기 위한 결론을 작성
- 마지막으로 프로그램의 전체 흐름을 파악할 수 있는 서론 순서로 작성

4) 시각보조재 종류 및 활용방법
- 종류 : 슬라이드, OHP, 플립차트, 칠판, 클로드보드
- 사용방법 : 전체 해설이 시각보조재에 의존해서는 안 되고 해설가가 직접 해설하는 과정에서 보조재 사용을 병행
- 간단, 명확, 명료한 시각보조재 사용

3. 안내자 방식의 해설 방법

1) 안내자 방식 해설에서 가장 중요한 것은 해설물 제작이 아니라 해설가의 표현력
2) 대화를 진행할 때 청중 중심에서 청중을 보며 진행
3) 해설 도중에 청중들과 시선을 교환
4) 미소를 잃지 않고 능동형 용어를 사용
5) 해설에 대한 전반적 흐름을 미리 알려줌
6) 청중들의 호기심을 자극할 수 있는 의문점 제시

QUESTION
87 | 도심 자연형 하천 조성 시 고려사항 및 제방, 고수부지, 호안, 여울과 소 조성방법

Ⅰ. 서언

1. 자연형 하천이란 하천이 갖는 고유생태계의 구조와 기능을 회복하려는 생태하천을 말함
2. 도심자연형 하천 조성 시 기본원칙 수립 하에 수원확보, 수질정화, 이치수, 친수공간 제공 등을 고려해야 함
3. 콘크리트로 정비된 제방, 고수부지, 호안을 이치수를 저해하지 않는 범위에서 최대한 자연화해야 함

Ⅱ. 도심 자연형 하천 조성 시 고려사항

1. 하천복원의 기본원칙

1) 역동성
   • 하천은 시간과 상황에 따라 변화
   • 하천 스스로 형성하고 재생

2) 연속성
   • 발원지에서 바다까지 종적 연결
   • 수역에서 주변 토지까지 횡적 연결

3) 다양성
   • 하천 형태, 흐름, 서식처 다양
   • 수서곤충, 조류, 어류, 식생 등 서식

4) 지역성
   • 지역 고유의 종 이용
   • 지역 경관, 문화 특성을 보전

조류이동
연속성 • 횡적 • 종적

어류 이동

성어 서식
치어 생육
산란장

지역성
• 재래종, 경관

다양성
• 어류서식역
• 하천형태, 흐름

역동성
• 스스로 변화, 형성

┃ 친환경 하천 조성의 기본원칙 ┃

2. 조성 시 고려사항

1) 수원 확보
   • 장기적으로 옛물길 복원
   • 수원함양림 조성, 우수, 지하철 용출수 활용

2) 수질 정화
- 오염원 자체 내 무배출시설 도입
- 정화습지, 수변완충대 조성
- 사행하천, 여울·소 복원, 지천 관리

3) 이·치수
- 50년, 100년 주기 홍수위 기준 마련
- 홍수터 확보, 범람원 기능

4) 친수공간 제공
- 제방 및 고수호안 활용
- 산책로, 관찰데크 등 정적인 이용

5) 하상구조물
- 구조적 안정성, 자연재료화
- 장기적인 호안 안정과 자연화

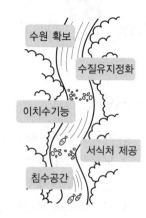

‖ 친환경하천 조성 시 고려사항 ‖

Ⅲ. 제방 및 고수부지 조성방법

1. 제방 부분녹화

1) 제방 복원 기본방향
- 치수에 대한 안정성 우선적 검토
- 안정성·내구성이 보장된 형태와 재질

2) 제방 복원 목적
- 치수적 안정성 + 부분녹화
- 녹지회랑 기능의 회복에 중점
- 접근성 향상, 친수공간 활용

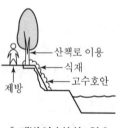

‖ 제방의 부분녹화 ‖

3) 조성방법
- 세굴, 유실에 안정한 재료, 공법 선정
- 하천구역 내 나무심기 기준으로 녹화
- 친환경재, 자연재 이용한 공법
- 가능하면 고수부지와 연계, 완경사

2. 고수부지를 홍수터로 복원

1) 홍수터 서식처 복원의 기본방향
- 고수부지 면을 낮춰 생물 서식 유도
- 자연적으로 형성된 홍수터와 유사
- 서식처 및 생물 이동통로기능 회복

2) 홍수터 서식처 복원조성방법
- 좌우 양안 비대칭 단면계획
- 고수부지 폭과 지반고를 다양
- 저수로 호안공법과 연계
- 하폭이 확보된 구간은 습지를 조성
- 폭이 넓은 구간은 소규모 2차수로 조성
- 완경사 유지, 저수호안과 연계, 습생 위주 식생형

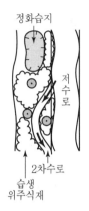

┃ 고수부지를 홍수터 서식처로 복원 ┃

Ⅳ. 호안 및 여울과 소 조성방법

구분	자연형 호안	여울과 소
기본 방향	• 치수 안정성 확보 후 생물서식처 복원 • 생물서식기반환경 복원을 위한 다양한 공법 • 전체적·장기적 계획 하에 부분적·단계적 시행	• 하천형태의 사행화와 동시에 고려 • 수충부, 사주부를 형성 • 종단에 여울과 소를 반복 형성 • 여울간격은 하폭의 4~6배임
조성 방법	• 사주부보다 수충부를 급경사로 함 • 사주부 경사는 완경사로 함 • 비대칭 횡단 지형의 조성 • 자연발생적 정수식물 형성을 유도 • 하폭이 넓은 구간은 얕은 만 형성 • 완경사 호안의 조성 • 경사가 급한 구간, 복단면으로 조성	• 거석, 사석을 이용해 유속에 대한 안정성 고려 • 단순한 수로는 징검다리 여울로 조성 • V형 여울을 반복 조성해 어류 서식처를 조성
모식도	**┃ 자연형 호안 ┃**	**┃ 사행하도에서 여울·소 구조 ┃** 거석 D700~800 사석 D300~500 **┃ 징검다리 여울 ┃**

QUESTION 88 | 인공습지의 개념과 체계를 설명하고 설계 시 설계 인자와 고려사항 서술

Ⅰ. 서언

1. 인공습지란 수질정화, 야생동물 서식처 제공 등의 목적으로 인위적으로 조성된 습지
2. 인공습지체계는 침전지, 수질정화구역, 생물다양성구역 3단계 시스템으로 구성
3. 설계인자는 수심, 습지 크기, 수질 정화처리, 습지 분포, 호안 굴곡, 연결성 등임

Ⅱ. 인공습지 개념 및 구성요소

1. 개념

1) 수질정화, 서식처 제공 등 목적 지님
2) 인위적으로 조성된 습지
3) 물리 · 화학 · 생물학적 작용으로 정화

∥ 인공습지 조성목적 ∥

2. 구성요소

1) 비생물적 요소
   - 수문 : 수심에 따른 서식종 다름
   - 토양 : 습지식물 서식, 미생물 서식

2) 생물적 요소
   - 식생 : 토양 안정화, 정화 가능
   - 미생물 : 유기물 분해
   - 동물 : 서식, 번식, 휴식처

Ⅲ. 인공습지체계

1. 침전지

1) 초기 부유물질 제거
2) 1차 정화기능, 단차를 둠
3) 자갈층 조성, 역간접촉산화법 도입
4) 수생식물 서식 거의 하지 않음

5) 높은 지역은 펌핑을 함

2. 수질정화구역

1) 수생식물 85%일 때 가장 효과가 큼

2) 침수, 추수, 부엽, 부유식물이 서식

3. 생물다양성구역

1) 개방수면 비율 50% 최적

2) 개방수면은 조류의 채식, 유희장소

3) 오히려 어류, 수서곤충은 불리

4. 인공섬

1) 조류가 서식, 휴식장소

2) 인간 간섭이 적은 지역

3) 부도와 같은 형태도 있음

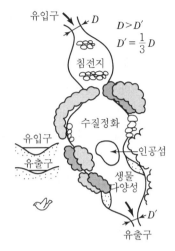

‖ 인공습지 조성 평면도 ‖

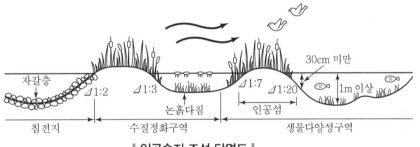

‖ 인공습지 조성 단면도 ‖

IV. 설계인자와 고려사항

1. 수심

1) 침전지

- 30cm 이내 수심 50%

- 30cm~1m 30%, 1~2m 20%

2) 수질정화구역

- 30cm 이내 70~80%

- 30cm~1m 15%, 1~2m 15%

3) 야생동물서식구역

- 30cm 이내 40%
- 1~2m 50% 개방수면 확보

2. 유역 대비 습지 크기

1) 80ha 이상 유역에서 습지면적 5%
2) 습지 최소면적 40,000m^2 이상
3) 생물다양성 유지 가능한 면적

3. 수질정화 효과적 거리

1) 20~40m, 질소 제거 시 100m
2) 유속 2m/sec 자정효과가 큼

4. 습지분포와 굴곡

1) 작은 습지 여러 개가 유리
2) 불규칙한 호안 처리, 경사가 다양

5. 연결성

1) 주변 습지 → 인공습지 → 초지 → 산림
2) 수로 → 인공습지 → 자연습지
3) 저류지 → 인공습지 → 방류

V. 결언

1. 인공습지는 개발로 인해 훼손된 습지에 대한 대체습지로 조성 또는 특정 목적하에 조성되기도 함
2. 자연습지가 지닌 기능과 유사한 효과를 줄 수 있으며 3단계 시스템으로 조성함이 효율적임
3. 비점오염원 저감을 위해 인공조성이 많이 이뤄지고 있으며 다기능적인 습지 조성이 필요함

QUESTION 89 | 도심습지의 현황 및 보전관리방안에 대해 서술

I. 서언

1. 도심습지는 도시경관생태에서 핵심지역에 해당하며 생태적 가치가 높고 도시 건전성 향상과 생태계서비스 제공, 기후변화대응을 위해 보전이 필수적
2. 서울의 대표적 도심습지로서 한강 밤섬을 들 수 있으며 람사르습지 지정 1주년을 기념한 국제심포지엄에서 도심습지 보전관리전략에 대한 논의가 있었음
3. 따라서 도심습지의 현황 및 보전관리방안을 한강 밤섬을 사례로 하여 서술하고자 함

II. 도심습지인 한강 밤섬의 현황

1. 한강 밤섬의 위치 및 역사

1) 위치 : 영등포구 여의도동(윗섬), 마포구 당인동(아랫섬)
2) 역사
   - 조선시대 : 조선업, 어업, 농업, 염소 등 방목
   - 1960년대 : 제1차 한강종합개발로 밤섬 폭파, 점차 상류 토사 퇴적
   - 1999년 : 생태경관보전지역 지정으로 새들의 천국
   - 2012년 : 람사르습지 지정

2. 한강 밤섬의 관리현황

1) 관리근거 : 생태경관보전지역 지정, 자연환경보전법 근거
2) 관리역할 분담
   - 환경부 자연정책과 : 국가행동계획수립, 보고서 람사르사무국에 제출
   - 자연생태과 : 관리방향 및 기반조성
   - 한강사업본부 : 실제적인 현장관리

3) 주요보호활동
   - 밤섬 정화활동 : 조류산란기(3월), 철새도래기(11월)
   - 위해식물 제거 : 가시박, 환삼덩굴, 돼지풀 등(7~11월)
   - 철새조망대 운영 및 겨울철새 모이공급 : 12~2월

Ⅲ. 도심습지 한강 밤섬의 보전관리방안

1. 주변생태자원과 연계한 합리적 보전관리

1) 관리근거 마련 : 한강공원 보존 및 이용에 관한 기본조례 포함

2) 선박운항에 따른 생태계영향 최소화
- 선박운항으로 조류생태계에 영향을 미침
- 항로 조정으로 영향 최소화

3) 협약습지보호지역, 주변관리지역 등 설정관리
- 밤섬습지관리구역 설정
- 핵심지역 : 현수준으로 출입제한 유지
- 1차 완충지역 : 선박운항 제한, 영향 최소화 규제
- 2차 완충지역 : 환경교육, 생태관광, 생태탐방 프로그램 등 생태적 건전활동 유도
- 전이지역 : 습지센터 등 현명한 이용시설을 통해 인식증진 및 거버넌스 구축을 위한 활동공간 활용

4) 밤섬 습지보호지역 등 육지화대책 마련
- 매년 퇴적면적 증가로 야생생물서식처 소실
- 자연성 유지를 위한 생태복원 방안 마련(습지퇴적층 준설)

5) 밤섬 협역습지보전관리계획 수립

2. 보호활동 강화

1) 면적, 표고 변화조사 주기적 모니터링

2) 생태변화 정밀모니터링 강화(6년에서 3년 주기로)

3) 위해동식물 제거 등 생태계 보호관리활동 철저

3. 시민과 공유하는 현명한 이용체계 구축

1) 밤섬시민공동체 구성, 운영
2) 밤섬 람사르습지 관련 교육 및 정보제공
3) 밤섬 CEPA 행동 실천계획 수립 및 이행
4) 기존시설 활용하여 밤섬전망대 운영

4. 대중인식 증진 CEPA 프로그램 도입

1) CEPA(Communication, Education, Public Awareness)
   - 의사소통, 교육, 참여, 대중인식 증진에 관한 프로그램
   - 제10차 총회 이후 Public Awareness를 Participation and Awareness로 변경, 대중인식 증진 강조개념을 참여 중요성을 강조하게 됨

2) 모니터링 프로그램의 운영
   어류, 조류, 식물상 등 밤섬을 대표할 수 있는 분류군 대상으로 시행

3) 모니터링 프로그램과 연계한 시민참여 프로그램 운영
   - 시민참여를 통한 일반인 인식증진과 생태지도 작성
   - 기업 서포터즈 운영

4) 밤섬의 날 지정 의사결정권자 참여 프로그램 운영
   환경부 관련 공무원, 서울시 공무원 등 결정권자 참여 중요

5) 주변 습지 네트워크
   생태축으로 연결될 수 있는 다른 지역의 습지와 연계하는 방안 필요

6) WLI(람사르습지 방문자센터 국제협의회)와 연계
   - 서울시 습지방문자센터 운영, WLI와 연계
   - 국제홍보, 브랜드 제고, 정보공유를 위해 고려

복사이식 개념 및 필요성, 표토이식을 포함한 이식
과정을 도식화하여 설명

Ⅰ. 서언

1. 복사이식이란 개발부지 내의 보전가치가 높은 산림을 그대로 옮겨 이식하는 식재방식임
2. 복사이식은 희소군락의 생태계를 토양, 식생, 부산물까지 옮겨 정착시키므로 복원대책으로 효율적임
3. 이식과정은 현황조사 후 낙엽, 낙지부터 표토, 수목채취 후 교목, 아교목, 관목, 낙엽 순으로 이식함

Ⅱ. 복사이식 개념 및 필요성

1. 개념

1) 교목, 아교목, 관목 등 식물군락 전체와 함께 토양까지 복원
2) 단기간 내에 이식하여 복원 식재기법
3) 개발부지 내의 보전가치 높은 산림을 그대로 옮겨 이식하는 방식

토양
부산물
식생

∥ 복사이식 개념 ∥

2. 필요성

1) 희소군락 등 보전에 활용 적합
2) 대상군락 등 단기간에 복원가능
3) 자연림과 유사한 식생 조성
4) 초기부터 생태계 정착에 유리

Ⅲ. 복사이식 시행과정

1. 사전조사

1) 이식 대상지의 식생, 토양 등 조사
   • 층위별로 이식 대상 수목 선정
   • 표토층 조사, 유기물층, A층 중심

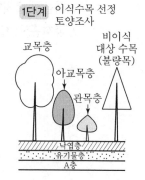

1단계 이식수목 선정
토양조사

교목층
아교목층
관목층
비이식
대상 수목
(불량목)
낙엽층
유기물층
A층

∥ 복사이식 1단계 ∥

2) 수목 분포현황을 도면화
  • 수목의 흉고직경, 수고, 수관폭 조사
  • 층위별로 수목 라벨 부착
3) 표토량 산정 : 토양조사결과에 따른 산정

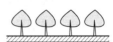

2단계 ・낙엽・낙지 채취 ・관목 굴취・가식

2. 수목굴취단계

1) 지피층에 쌓인 낙엽, 낙지 채취
2) 관목 → 아교목 → 교목 순 채취
3) 수목 굴취 후 필요시 가적치
4) 동시에 표토층을 층위별 분리, 보관
  → 수목 복원 시 활용

▌복사이식 2단계▐

3단계 아교목 굴취・가식

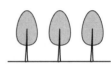

▌복사이식 3단계▐

3. 이식 및 복원단계

1) 조성지 내에 식재기반 조성 : 투수층과 성토층 조성
2) 교목 → 아교목 → 관목 순으로 복원 : 수목굴취의 역순으로 진행
3) 수목이식이 끝나고 낙엽・낙지 깔기 : 군락 이식의 최종마무리
4) 표토활용은 수목 복원 때 수행 : 교목, 아교목, 관목 이식 때 활용

4단계 ・교목 굴취・가식 ・표토층 보관

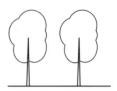

▌복사이식 4단계▐

5단계 식재기반 조성 (배수층, 성토층)

IV. 복사이식 군락 배치 및 식생 보강

1. 복사이식 군락 배치

1) 방형구를 대상지에 배치
  • 대상지 성격에 따른 방형구 크기
  • 용인 동백지구 5m × 5m
  • 김포 장기지구 10m × 10m
2) 임연부 식생 조정
  • 훼손에 따른 피해 예방
  • 수로, 연못 도입, 식재 보강

성토층 / 배수층

▌복사이식 5단계▐

6단계 교목이식 (표토활용)

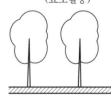

▌복사이식 6단계▐

2. 식생구조 보강

1) 목적
- 이식 시 비이식 수목 발생으로 생육구조 변화
- 생육밀도, 피도 감소
- 이식 시 수관 축소로 인한 식생피도 감소 보완

2) 방법
- 구조변화량 측정
- 보강기준 및 보강량 설정
- 보강 식재목 규격 : B5~7cm
- 조성지 야생수목, 유령목 활용

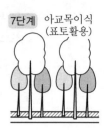

7단계 아교목이식
(표토활용)

┃ 복사이식 7단계 ┃

8단계 관목이식
(표토활용)
낙엽·낙지깔기

┃ 복사이식 8단계 ┃

QUESTION 91 | 둘레길 조성 시 정상부 보존방안과 등산로 훼손이 산림생태계에 미치는 영향 및 저감방안 제시

Ⅰ. 서언

1. 등산로는 산 정상에 이르기 위해 등산객이 이용하는 탐방로로서 인위적 · 자연적 요인 등으로 훼손이 많음

2. 산림 정상부에 이르는 등산로는 산림 생태계의 서식지 파편화와 환경 민감지역의 훼손을 증대함

3. 이를 저감하기 위한 하나의 방안으로서 둘레길 조성이 많은 지방자치단체에서 추진, 실현하고 있음

Ⅱ. 등산로 훼손의 원인 및 훼손유형

1. 훼손 원인

1) 자연적 원인 : 기온변화, 동결심도, 집중강우
2) 인위적 원인 : 과밀 이용, 체류기간, 식물채취
3) 관리적 원인 : 시설, 유지, 이용자 관리 결여

2. 훼손 유형

1) 노면 침식, 노면 세굴, 주변 식생 훼손
2) 샛길 형성, 노폭 확대, 수목뿌리 노출
3) 급경사지 훼손, 배수불량으로 훼손
4) 다양한 훼손이 복합적으로 작용

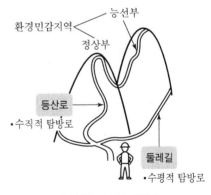

‖ 등산로와 둘레길 ‖

Ⅲ. 등산로 훼손이 산림생태계에 미친 영향

1. 서식지 파편화

1) 서식지의 축소
   - 내부 서식처 면적 감소
   - 주연부 증가, 내부종 감소

2) 넓은 면적 요구종 서식이 어려움
- 대형 포유류의 서식처 손실
- 지역적 멸종 유발

2. 동물 이동통로의 단절

1) 기존 동물이동로 훼손
- 인간 출현으로 동물 회피
- 포유류 행동권, 세력권 교란

2) 샛길 형성으로 야생성 침해
- 원시림, 생태우수지역 축소
- 동물 이동로 감소

3. 환경민감지역 훼손

1) 정상부 · 능선부 훼손 심각
- 나지화, 황폐화 진행
- 아고산대 고유식생 훼손

2) 이용객 계절적 집중으로 면적 훼손
- 정상부 조망지점에 이용 과밀
- 훼손면적의 확대

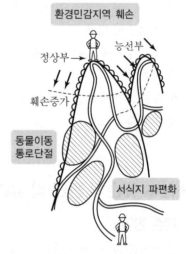

| 등산로 훼손의 산림생태계 영향 |

Ⅳ. 저감방안 및 둘레길 조성 시 정상부 보전방안

1. 영향 저감방안

1) 이용자 관리
- 시간 측면 : 휴식년제 시행, 예약제 활성화, 수용인원 제한
- 공간 측면 : 등산로 축소, 수평적 탐방로인 둘레길로 유도

2) 시설관리
- 관리계획 수립에 따른 복구, 정비
- 지형, 식생, 노면 복구
- 재훼손 방지를 위한 안내판, 울타리 설치
- 친환경공법 적용, 자연식생 복원

2. 둘레길 조성 시 정상부 보전방안

1) 둘레길 조성 후 등산로 조정
- 등산로 동선 축소
- 정상부, 능선부 조망지점 축소
- 등산로 개소 감축

2) 등산로 이용객의 예약제화
- 이용객 수 수용능력 이내로 조정
- 홍보, 교육으로 이용 유도

3) 원시림, 생태우수지역 동선 폐쇄
　우회로로 유도, 훼손 방지

4) 둘레길 자원 강화
- 자연, 문화, 역사자원 발굴
- 스토리텔링으로 문화생태 탐방로화

5) 등산문화의 인식전환
- 정상등반이 아닌 둘레길 이용
- 산림보호인식 증대

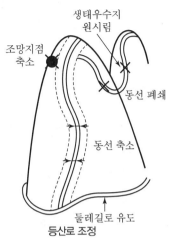

‖ **정상부 보전방안** ‖

QUESTION 92

대도시 국토개발에 의한 야생동물 서식지 훼손의 유형 및 서식지 복원기법을 설명, 기존 야생동물 이동통로의 문제점과 이동통로 조성방법

Ⅰ. 서언

1. 대도시 국토개발에 의한 야생동물 서식지 훼손은 도로, 철도개설로 단절, 서식지 자체가 훼손, 소멸됨
2. 야생동물 서식지 훼손의 유형은 점적·선적·면적 훼손에 의해 단절·훼손·조각화되는 형태로 나타남
3. 서식지 복원기법은 발생 전 예방차원부터 복원방법, 복원 후 모니터링 단계까지 고려해야 함

Ⅱ. 야생동물 서식지 훼손의 유형

1. 훼손 형태

1) 점적 훼손 : 주택건설, 농경지 개간
2) 선적 훼손 : 도로, 철도개설
3) 면적 훼손 : 택지개발, 광산, 골프장, 군부대

단절

훼손

조각화

‖ 서식지 훼손 유형 ‖

2. 훼손 유형

1) 단절 : 도로, 철도개설이 원인, 로드킬의 주범
2) 훼손 : 서식지 자체 소멸, 종 소실
3) 조각화 : 서식지 파편화로 내부 종 감소

Ⅲ. 서식지 복원기법

1. 훼손 이전 예방차원

1) 법·제도의 강화
   • 사전환경영향검토 세분화
   • 이동통로 설치기준 강화
   • 비오톱맵의 적극적 활용

2) Mitigation의 최대활용
- 회피 : 주요서식처 우회, 최우선 적용
- 저감 : 서식지 훼손 최소화
- 대체 : 대체서식지 조성

3) 기초조사 및 분석강화
- 여러 번 답사, 생태조사
- 장기간 검토, 단계적 시행

2. 복원단계 검토내용

1) 완충지역 확보
- 서식지와 개발지 간의 충분한 거리 확보
- 대상종별 방지책 설치

2) 주변과 일치감 조성
- 이질감 최소화로 동물이동 유도
- 주변식생, 서식환경과 유사

3) 동선분리로 저감
- 동물과 차량통행 동선 이원화
- 장기간 검토, 단계적 시행

3. 사후모니터링 시행

1) 장기적이고 철저한 계획 : 인간간섭 영향 정도, 계절별 세분화
2) 문제발견 시 즉각 대처 : 신속한 보완대책 실행
3) 별도관리기관 설립 : 전문가에 의한 정기적 관리

IV. 기존 이동통로 문제점과 조성방법

1. 기존 문제점

1) 생태적 이질감 발생
- 목표종 파악 미흡, 이용빈도 낮음
- 수종, 조성방법 선택 미비

2) 기존 이동로 조사 부족
- 위치선정의 문제, 크기나 수의 부족

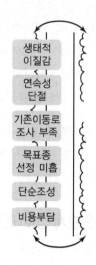

• 철저한 사전조사 필요

3) 단순조성, 인간간섭에 노출
  • 조경식재방식으로 이용이 거의 없음
  • 은폐장소, 유도울타리 등 설치필요
  • 종별 세분화된 조성부족

4) 비용부담으로 설치부족
  • 현재 1개당 10~30억 원 소요
  • 경제적 방법의 도출, 적지 선정의 필요

‖ 기존 이동통로 문제점 ‖

2. 조성방법

1) 위치결정 시 고려사항
  • 주요대상동물의 파악
  • 기존이동로의 위치, 수 조사
  • 주변서식지와 연결성 검토
  • 향후 주변지역 개발계획 파악
  • 경관생태학적 분석이 필요함

2) 조성방법
  • 주변과 유사환경, 수종선정
  • 외곽부 차폐식재, 소음과 빛 차단
  • 진입부 유도식재, 유도울타리 설치
  • 완충지대 조성으로 급격한 변화를 줄임
  • 목표종의 선정으로 유형, 위치, 개수 결정
  • 지역수종, 식이식물, 물요소 도입

육교형   터널형

‖ 생태통로 조성유형 ‖

3) 유형별 조성기법

육교형	터널형
• 포유류 위주	• 포유류, 양서 · 파충류
• 대규모 훼손지, 고속도로에 설치	• 개방도 70% 이상
• 경관적 연결 시 100m 이상	• 도심 등 인간간섭이 심한 곳에 설치
• 일반지역은 7m 이상	• 햇빛투과형, 비투과형
• 주요 생태축은 30m 이상	

QUESTION
93
녹색건축인증제도에서 육생비오톱과 수생비오톱의 인증기준의 내용을 기술하고 실천과정에서 발생할 수 있는 문제점 및 개선방안

Ⅰ. 서언

1. 녹색건축인증제도란 쾌적한 거주환경에 영향을 미치는 요소를 평가 · 인증하여 친환경건축을 유도하게 하는 제도임
2. 육생 · 수생비오톱 인증기준은 생태환경분야의 평가항목으로 세부항목을 제시하여 평가하고 인증함
3. 비오톱 기준의 실천과정에서 문제점이 있어 본서에서는 개선방안에 대해 기술하고자 함

Ⅱ. 녹색건축인증제도

1. 개념

1) 쾌적한 거주환경에 영향을 미친 요소를 평가, 인증하는 제도
2) 저탄소녹색성장에 따른 친환경건축물의 건축을 유도 · 촉진하는 제도

2. 인증심사분야

1) 토지이용, 교통, 에너지 : 단지, 교통, 건축, 도시계획
2) 재료 및 자원, 유지관리 : 수자원, 환경오염 등
3) 생태환경 : 생태건축, 건축계획, 조경, 생물학
4) 실내환경 : 온열환경, 소음, 진동, 빛환경 등

3. 인증등급 및 인증대상

등급	심사점수	비고
최우수	80점(74점) 이상	모든 신축건축물 대상
우수	70점(66점) 이상	(공동주택)
우량	60점(58점) 이상	100점 만점
일반	50점(50점) 이상	

III. 육생, 수생비오톱의 인증기준

1. 비오톱 일반사항

1) 생물종
- 인공새집, 먹이통 등 서식처 제공
- 다공질공간, 횟대 등의 은신처, 휴식처 제공

2) 연계 : 육지 - 습지 - 수변 - 물의 전이단계 조성
3) 유지관리
- 핵심지역 주변 별도관찰로
- 목재, 친환경재 사용, 해설판 제공

2. 수생, 육생 비오톱 기준

	수생비오톱(90m² 이상)		육생비오톱(180m² 이상)
물의 공급	• 유입수의 우수, 중수 사용 • 식생여과대, 쇄석 여과층 조성 • 수위조절 배수경로 설치	식재 기반	• 생육최소심도 이상 토심 확보 • 인공지반녹지 하부 배수층 확보
바닥 처리	• 중앙수심 0.6m 이상 • 생태기능 지닌 차수재 • 다양한 굴곡 조성	식재 계획	• 다층구조 형성 • 단일군락지 비율 60% 미만 조성 • 지자체조례 식재밀도의 1.5배 조성
호안 환경	• 부정형 굴곡 처리 • 경사각 10도 이하 • 1/2 초지대 형성		
식재 계획	• 60% 이상 개방수면 확보방안 • 침수, 정수식물 도입	조성 면적	대지면적 대비 3% 이상 조성

IV. 실천과정 발생 문제점 및 개선방안

1. 문제점

1) 주변과 연계 범위가 모호 : 단지 내부 · 외부 연결기준 부재
2) 유지관리 항목기준 미흡
- 내용과 시기 등 추가 필요
- 조성 후 유지관리가 잘 안 됨

3) 수생비오톱 수심기준 확대 필요

- 동면을 위한 1m 이상 수심 확보
- 서식, 산란을 위한 얕은 수심 추가

4) 호안환경의 다양성 기준 미흡 : 다양한 경사각, 재료 등

5) 식재기반에 토성기준의 부재

- 토양의 성질이 생육에 중요
- 유효면적에 최소폭 기준 필요

‖ 주변과 연계 확보 ‖

2. 개선방안

1) 단지 내·외부 비오톱 연결성 확보

- 비오톱 간의 간격 확보
- 목표종에 따른 비대칭 서식환경

2) 유지관리 항목의 구체화

- 연간관리계획, 수립
- 지속적인 비오톱 기능 유지성

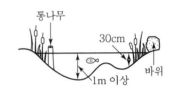

‖ 수생비오톱 수심, 호안 다양성 개선 ‖

3) 수생비오톱 수심, 호안기준 다양화

- 동면을 위한 1m 이상, 수심 확보
- 산란을 위한 30cm 미만의 얕고 따뜻한 물
- 자갈, 모래, 통나무, 수초 등 호안

4) 육생비오톱 식재기반기준의 강화 : 토양의 물리성·화학성 기준 추가

QUESTION
94 | 미래의 환경전망에 따른 Gold Network(토양연결성)의 필요성과 그 역할을 설명

Ⅰ. 서언

1. Gold Network(토양연결성)란 단절되고 파편화된 토양패치를 유기적으로 상호연결하여 생태복원 등의 역할을 수행하는 생태네트워크임

2. Gold Network(토양연결성)의 필요성은 기후변화 적응과 생물다양성 증진을 위함

3. Gold Network(토양연결성)가 가져야 할 역할은 생태복원의 기반, 탄소저감원, 기후변화 적응대책의 기반이 되는 데 있음

Ⅱ. Gold Network 개념 및 필요성

1. 개념

1) 파편화된 토양패치를 유기적 연결
  • 연결성을 높인 토양 시스템
  • 수직 · 수평적으로 연결한 생태네트워크

2) 토양기능이 극대화된 체계
  • 식생의 근원이 되는 토양에서부터 네트워크
  • 식생을 비롯하여 토양생물까지 네트워크화

2. 필요성

1) 기후변화에 적응
  • 불확실한 미래환경에 대응
  • 극한 기후에 적응할 수 있는 토양환경 조성
  • 탄소저장, 수자원관리

2) 생물다양성 위협에 대응
  • 토양기능을 강화
  • 토양오염복원, 유전자 자원까지 포함한 생물다양성
  • 생태복원, 서식지인 훼손된 토양을 복원

Ⅲ. Gold Network의 역할

1. 생태복원의 기반

1) 토양은 생명이 가장 많은 원천
- 토양생태다양성의 지속가능성
- 지렁이, 절지동물, 원생동물, 조류, 균류 등 서식
- 토양이 생물의 서식 기반
- 지구적 물질순환에 절대적 역할 수행
- 토양 및 토양 내 생물들이 분해자이자 생산자

2) 토양중심의 Bottom-up 방식의 생태복원
- 식생 위주의 육상생태계 복원은 한정적
- 토양은 생태계의 기반이자 생물종의 보고

3) 물질순환을 위한 생태축의 역할 부여
- 지하부 토양생태질 조사, 토양생물상 조사
- 인근 지형, 지질을 감안한 토양패치의 연결성 강화
- 수문환경을 포함한 지하부 생태복원
- 인근 생태계로 생태천이, 유전적 교류 기회 확대

2. 탄소 저감원

1) 토양은 탄소저장고
- 대기보다 3배 이상의 저장
- 동식물이 지닌 탄소의 4배
- 표토유실, 토양층 황폐화는 탄소저장능을 저하

2) 탄소의 흡수, 저감원
- 유동적인 탄소를 지중에 저장, 탄소 저감
- 자연생태계가 농경지로 변화면 탄소함유율은 60%
- 침식 토양은 80%까지 토양 함유된 유기탄소 상실

3) 탄소저장능 극대화
- 토양패치 연결과 규모 확장
- 토양의 수직·수평적 연결을 통한 토지 피복

3. 기후변화적응대책의 기반

1) 토양과 수문현상의 관계
- 토양 수분은 식물체 등의 에너지원
- 침투, 증발산 등을 통해 수자원, 기상현상에 영향
- 침투와 투수의 물수지 이룸

2) 토양의 수분 침투, 투수를 극대화
- 도시의 수문학적 재해는 물수지 불균형의 원인
- 이러한 문제점을 개선

3) 토양의 수분저장 및 저류기능 극대화
- 지하수면으로 이동, 수문의 저장고이자 통로
- 도시화지역의 물수지를 안정화
- 지상부의 빗물 집수 – 처리 – 침투 – 활용 시스템 고려
- 지하부의 토양수분 이동 – 저장 – 지하수면 연결시스템 고려

Ⅳ. Gold Network의 방향

1. 토양의 네트워크의 우선순위로 설정

1) 생태계 기반인 토양의 가치 인식
2) 생태계서비스 향상을 위한 조절인자
3) 파편화된 토양의 수직적 · 수평적 연결

2. 토양에 대한 복합적 관점의 접근

1) 토양오염 복원, 식재지 개량 등 기존의 단편적 관점에서 탈피
2) 생태계 서비스의 복합적 관점으로 이해
3) 생태계의 유기적 체계를 이해하고 연구

3. 토양네트워크 실행 시 응용생태학 도입

1) 경관생태학, 생태공학, 복원생태학 개념 도입 필요
2) 토지모자이크, 서식지 파편화, 하천차수 등 개념 도입
3) 환경정책 반영, 보급을 위해 생태계서비스 개념 도입

QUESTION
95 | 환경생태계획의 개념, 환경생태계획과 공간계획의 관계 및 도시에 환경생태계획 적용 시 적용과정을 서술

Ⅰ. 서언

1. 환경생태계획이란 도시계획 수립에 있어서 지속가능한 개발을 지향하는 것으로 공간계획과 동일한 위상에서 수립되는 생태적 계획임
2. 환경생태계획과 공간계획의 관계는 국토종합계획인 도시기본계획 등 공간계획과 동시에 환경생태기본계획 등의 환경생태계획이 수립되는 것을 의미
3. 환경생태계획의 적용과정은 원주시 환경생태기본계획을 사례로 하여 비오톱지도 작성과 목표 및 미래상, 구상안에 대해 설명하고자 함

Ⅱ. 환경생태계획의 개념

1. 등장배경

1) 도시환경 악화로 도시생태계 균형파괴 : 인간사회 안정성 파괴로 연결된다는 사고에서 출발
2) 환경결정론적 입장에서 생태요소에 중점 : 1960년대 등장한 계획이론

2. 정의

1) 도시계획수립에서 지속가능한 개발을 지향
2) 공간계획(토지이용계획)과 동일한 위상에서 수립되는 생태적 계획
3) 각종 공간계획 기준을 자연생태계 원리에 적합하도록 설정하는 계획
4) 생태도시를 지향하는 계획

3. 기본내용

1) 자연환경요소와 도시생태계 정밀조사 · 분석 · 평가
2) 생태계 보전 및 향상 관리계획 수립
3) 생태적 네트워크 계획 수립
4) 생물종 및 서식처 보전 · 복원계획 수립
5) 자연경관 보전 및 관리계획 수립
6) 도시민들의 휴양공간인 공원녹지 확보 및 조성계획 수립

III. 환경생태계획과 공간계획의 관계

1. 우리나라 공간계획과 환경관련계획의 체계현황

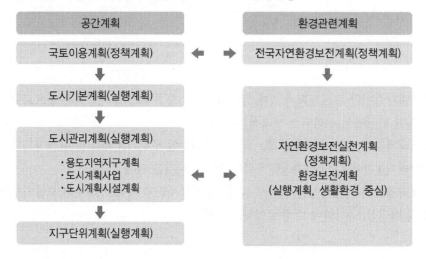

2. 공간계획과 환경생태계획 관계체계 설정

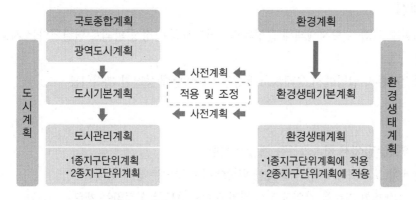

IV. 환경생태계획 적용과정(원주시 사례)

1. 원주시 비오톱지도 작성

1) 작성배경

- 자연환경 관련 기존 공간자료(1/25,000)의 정보 부족
- 1/1,000~1/5,000 축척의 상세한 비오톱지도 구축
- 지역특성을 고려한 보전지역 설정
- 생태계 복원 및 관리방안 수립
- 보전지역 및 개발가능지역 설정 및 조정

- 환경친화적 공간계획 수립
- 민원제기로 인한 행정력 및 자원낭비 요인의 원천적 해소

2) 비오톱지도 작성방향
- 행정동지역 : 환경친화적 도시관리
- 읍면지역 : 자연생태계 보전과 휴양적 이용, 개발과 보전의 조화
- 원주시 도시특성 반영 : 도농복합도시, 풍부한 생태자원

3) 비오톱 유형 지도화 및 평가

2. 원주시 환경생태기본계획 수립

1) 정체성 및 여건변화, 현황잠재력 파악
- 우수한 산림, 하천을 간직한 도시
- 혁신도시, 기업도시로 지역발전 거점 마련
- 자연형 하천, 호수 · 늪지, 참나무류 자연림, 산림지형 논경작지

2) 비전 및 목표
- 비전 : 강원도 대표 생명의 도시 원주
- 목표 : 수달, 삵, 원앙과 상생하는 생태도시
  도시에 자연이 스며드는 녹색도시
  수도권 시민들의 찾고 싶은 휴양도시

3) 적용방향

계획분야	적용방향
생태보전계획	생태적 가치가 높은 비오톱의 보전 및 보호
생태네트워크계획	자연-농촌-도시가 유기적으로 연결되는 생태적 골격 구축
생태복원계획	비오톱 유형별 자연성 향상을 통한 생태계 기능 회복
도시환경개선계획	도시열섬 저감, 바람통로 확보, 도시 오염물질 저감을 위한 도시녹화
녹색휴양계획	생태자원 활용 및 발전을 통한 생태휴양체계 마련

3. 환경생태기본계획 구상 및 추진전략

1) 생태보전계획
- 생태경관보전지역 지정 및 관리(우수비오톱)
- 생태적 가치 높은 비오톱 등급의 보호
- 국가 습지보호지역 지정

- 야생동물 법적 보호종 서식처 관리
- 도시개발계획에 생태보전계획 반영

2) 생태네트워크계획
- 도시네트워크 연결축 설정
- 야생동물 서식처 네트워크(원앙, 수달, 삵 서식지네트워크)
- 행정동 맥 연결 네트워크(산, 하천 경관연결, 야생조류 이동통로연결, 녹지공간 및 가로망 연결)

3) 생태복원계획
- 비오톱유형별 특화 복원
- 생태계교란야생식물 관리
- 에코-그린벨트 복원
- 남산 생태문화축 복원

4) 도시환경개선계획
- 대기오염 및 도시열섬 저감
- 구도심 및 신도심 생활권 녹지 확충
- 농촌 읍면 소재지 도시환경 개선

5) 녹색휴양계획
- 비오톱 평가에 기반한 녹색휴양방향
- 비오톱 유형별 녹색휴양 테마
- 지역별 녹색휴양 특화계획
- 주요 거점지역 녹색휴양계획(산림생태공원, 도심친수공간, 자연치유체험숲단지)

QUESTION 96

환경영향평가 협의 시 토지이용(자동차도로, 보행자 및 자전거도로, 주차장, 공원을 대상으로 함)에 따른 저영향개발(LID) 기법 및 적용방안을 설명

Ⅰ. 서언

1. 저영향개발(LID ; Low Impact Development)이란 자연의 물 순환에 미치는 영향을 최소로 하여 개발하는 것을 의미함
2. 저영향개발 적용효과는 수질 및 수생태계 건강성 향상, 도시 침수 및 열섬현상 완화, 도시 경관 개선 등임
3. 환경영향평가 협의 시 토지이용에 따른 저영향개발 기법 및 적용방안은 철저한 조사 후 사업계획 초기단계부터 검토·반영, 토지이용 대상에 따라 기술요소 형태를 결정하는 단계로 진행함

Ⅱ. 저영향개발(LID) 개념 및 적용효과, 관련제도

1. 개념

1) 자연의 물 순환에 미치는 영향을 최소로 하여 개발
2) 개발 이전 수문학적 체계의 유지와 향상
3) 발생원에서 가까운 곳에서 빗물을 관리
4) 강우유출수를 분산식으로 관리하는 접근방법
5) 자연상태와 유사한 물순환 체계를 갖춘 접근방법

2. 적용효과

1) 수질 및 수생태계 건강성 향상
   • 도시물순환 회복에 기여
   • 녹지공간 확보를 통해 생태서식처 제공

2) 도시 침수 및 열섬현상 완화
   • 저류, 침투, 여과, 증발산 등의 기작을 통함
   • 강우유출량 저감

3) 도시경관 개선
- 친수공간 제공
- 심미성 및 지역 가치 상승

3. 관련제도

1) 비점오염원 설치신고 제도 : 물환경보전법
2) 수질오염총량관리 제도 : 물환경보전법
3) 생태면적률 제도 : 생태면적률 적용지침
4) 사전재해영향성 검토 : 국토의 계획 및 이용에 관한 법률

Ⅲ. 개발사업 추진단계별 저영향개발(LID) 기술요소 적용방안

1. 기초조사

1) 해당 유역에 대한 충실한 기초조사 후 계획 수립 추진
2) 개발 전 · 후 수문상태 조사
3) 관련 개발계획에 대한 검토를 시행
- 관련계획 및 문헌조사
- 유역현황 및 수리수문조사
- 토질 및 지반조사
- 토지이용 및 정밀토양조사

2. 검토시기

1) 저영향개발 기술요소는 토지이용계획과 매우 밀접
2) 기술요소 적용을 위해서는 사업계획 초기단계부터 검토반영

3. 단계별 검토사항

1) 행정계획 단계
- 토지이용계획 수립단계에서 저영향개발 기술요소 적용을 고려
- 개발사업의 종류에 따라 적합한 저영향개발 기술요소 형태 제시
- 상위계획, 관련 법령, 관련 지침 등 검토

2) 개발계획 단계
- 행정계획 단계에서 검토된 토지이용계획에 따름
- 오염물질 및 유출량 저감 등 효과분석 후 저영향개발 기술요소 배치

Ⅳ. 토지이용에 따른 저영향개발(LID) 기법 및 적용방안

1. 자동차도로, 보행자 및 자전거도로

1) 개요
- 대상지의 지형적 여건 및 도로의 선형적 특수성 감안하여 기술요소를 적용
- 도로사업은 사업부지 확정 이후에는 추가적 부지확보 불가능
- 사업계획 초기에 기술요소 적용을 위한 검토 실시
- 이에 소요되는 부지 확보가 중요

2) 기술요소 선정 시 고려사항
- 빠른 배수가 중요, 침하에 안전
- 겨울철 미끄럼 방지, 결빙에 제설제 살포 등 고려

3) 자동차도로 요소별 기법 및 적용방안
- 가로수 식재 : 나무여과상자를 검토, 검토 시 도로 쓰레기 유입문제, 제설제 유입에 대한 대책 등을 강구
- 녹지, 중앙분리대 등 마운딩 : 마운딩 형태로 조성된 부지를 도로유출수 유입이 가능한 구조로 변경, 도로 노면에서 유입되는 우수를 저류·침투, 침투로 인한 노반지지력 약화에 유의, 홍수 시를 대비 충분한 배수시설 설치

4) 보행자 및 자전거도로 기법 및 적용방안
- 가로수 식재 : 식생체류지 및 나무여과상자를 고려, 도로변 녹지에 생태저류시설 등의 설치를 통해 환경친화적인 도로를 조성
- 보행포장 : 투수성 포장을 적극 검토
- 보도 및 차도 인접녹지 : 보도 및 차도보다 낮게 설치, 유출 강우를 유입, 기존 배수관로와 연계 설치, 식생체류지, 식생수로, 식생여과대

2. 주차장, 공원

1) 주차장 기법 및 적용방안
- 포장 : 투수성 포장을 적극 검토
- 인접녹지 : 보도 및 차도보다 낮게 설치, 유출 강우를 유입, 기존 배수관로와 연계 설치

2) 공원 기법 및 적용방안
- 개발사업 시 조성되는 공원·녹지를 활용함이 적용에 가장 유리
- 생태통로, 배수로, 녹지 등을 저영향개발 기술요소를 적용
- 전체적으로 녹지총량을 증대
- 도로와 보행자 통로 : 투수성 포장
- 도로와 보행자 통로 인접화단 : 식생체류지, 식물재배화분, 식생수로, 침투도랑

Memo

CHAPTER

02

동양조경사

QUESTION
01 │ 전통주택정원의 공간구성기법

Ⅰ. 개요

1. 전통주택정원의 공간구성은 고려시대와 조선시대로 나누어 설명할 수 있으며 공통으로는 풍수지리에 의해 택지가 조성됨
2. 고려시대 주택정원의 공간구성은 문간마당, 사랑마당, 안마당, 사당마당, 후정으로 이루어짐
3. 조선시대 주택정원의 공간구성은 바깥마당, 행랑마당, 사랑마당, 안마당, 뒷마당, 별당마당으로 이루어짐

Ⅱ. 전통주택정원의 공간구성기법

1. 고려시대 주택정원

1) 문간마당 : 채원, 과원, 노비가 기거함
2) 사랑마당 : 사랑채의 마당, 인위적 경관이 조성됨
3) 안마당 : 안채의 마당, 가사공간의 중심
4) 후정 : 안채의 후면, 측면에 위치, 자연구릉의 형태가 많음
5) 사당마당 : 사당이 있어 정갈하고 엄숙한 공간

2. 조선시대 주택정원

1) 바깥마당 : 채전, 내외부의 매개공간
2) 행랑마당 : 노비가 기거함, 팽나무나 느티나무가 식재됨
3) 사랑마당 : 바깥주인이 기거함, 접객공간으로 인위적 경관조성기법이 사용됨
4) 안마당 : 안주인이 기거하고 화목류가 주로 식재됨
5) 뒷마당 : 안채의 후면이나 측면에 조성됨

QUESTION 02 | 사대부가에서 지당(池塘)의 기능, 조성위치, 형태

Ⅰ. 개요

1. 지당이란 전통정원의 못과 용수지를 말하며 지(池)는 낮은 곳에 물이 고이게, 당(塘)은 둑을 쌓아 고이게 하는 것임

2. 지당의 기능은 경관적, 상징적, 실용적 기능이 있고, 조성위치는 바깥마당 등의 넓은 터에 위치하고 있음

3. 지당의 형태는 정형이 주를 이루고 원형, 부정형도 일부 있으며, 중도가 중앙에 방형, 원형의 형태로 자리함

Ⅱ. 사대부가에서 지당의 기능

1. 실용적 기능

1) 논과 밭에 물을 공급하는 용수

2) 물을 가두어 방화용수로 사용

3) 물고기를 기르는 양어 기능

2. 상징적 기능

1) 천원지방사상의 표현 : 방지원도의 형태, 하늘은 둥글고 땅은 네모남

2) 유교사상에 의한 재식 : 소나무(절개, 곧은 기상), 연꽃(군자를 상징)

3. 경관적 기능

1) 아름다운 수경관 연출 : 연꽃, 배롱나무 등의 식재

2) 풍부한 계절감 표현 : 낙엽활엽수 위주의 식재

Ⅲ. 사대부가에서 지당의 조성위치 및 형태

1. 조성위치

1) 별당마당, 바깥마당 등에 배치 : 지대가 낮고 넓은 터에 자리함

2) 강릉 선교장의 활래정지원 사례 : 외별당에 지당이 자리함

2. 형태

1) 방형, 원형, 부정형 등 다양함
- 주로 방형이 많음. 우리나라 고유의 형태
- 조선 후기로 갈수록 부정형이 많아짐

2) 중심에 방형과 원형의 중도가 배치
- 음양사상으로 원형이 더 많음
- 중도에는 소나무, 배롱나무 등을 식재함
- 괴석 등도 함께 배치됨

03 | 조선왕릉의 공간구성 및 특징

Ⅰ. 개요

1. 조선왕릉은 2009년 유네스코 세계문화유산으로 등록된 귀중한 유구로서, 세계가 인정할 만큼 공간구성 및 특징에 있어 독특한 양상을 보임
2. 조선왕릉의 공간구성은 참배공간, 제향공간, 성역공간으로 구성되며, 각각의 공간기능과 위계에 따른 시설물과 석조물이 배치되어 있음
3. 조선왕릉의 특징은 시대적 변천으로 살펴보면 전기에 태조 건원릉부터 단종까지, 중기에 세조, 조선 후기로는 대한제국 선포 이후로 나눠 설명할 수 있음

Ⅱ. 조선왕릉의 공간구성

1. 참배공간

1) 외부와 제향공간의 전이공간
2) 홍살문까지를 참배공간으로 함
3) 시설물로는 금천교가 성역 경계로 인식됨

2. 제향공간

1) 성역공간과 참배공간 사이
2) 공간구성은 홍살문과 판위, 참도, 정자각, 수복방, 수라간, 소전대, 예감 등으로 구성

3. 성역공간

1) 공간구성은 제향공간에서 능침, 원림으로 이어진 공간
2) 상계, 중계, 하계로 구성됨
3) 상계
   - 능원의 제일 위쪽에 위치
   - 곡장, 능상, 망주석, 혼유석, 석호, 석양 배치
4) 중계 : 장명등을 중심으로 좌우에 문인석 배치
5) 하계 : 성역공간의 최하위단, 좌우에 무인석과 석마가 도입

Ⅲ. 시대적 변천에 따른 특징

1. 조선 전기

1) 태조 건원릉부터 6대 단종시기
2) 특징
- 고려 공민왕제를 도입하였음
- 건원릉 능제가 조선시대 능제의 기본

2. 조선 중기

1) 7대 세조 이후
2) 특징
- 7대 세조 이후 간소화된 능제 도입
- 왕릉의 호화로움을 비판, 세조의 유지에 의해 간소화됨
- 병풍석 사라짐, 병풍석 조각된 12지신상은 글씨로 대체
- 석실이 회벽으로 대체

3. 조선 후기

1) 대한제국 선포 이후 고종과 순종 때
2) 특징
- 명나라 영향으로 황제릉으로 조성
- 일제강점기에 간섭된 흔적이 많음
- 상계의 석호, 석양이 참도변으로 도입되고 석수형태는 낙타, 기린, 코끼리 등의 석상
- 정자각은 팔작지붕 침전으로 변형

QUESTION
04 | 동양의 곡수유상의 원리

Ⅰ. 개요

1. 동양의 곡수유상은 굽어 휘어 흐르는 물에 술잔을 띄우고 시를 읊으며 잔치를 베풀거나 유희를 즐기는 것을 말함

2. 우리나라의 대표적인 곡수시설은 통일신라시대 포석정, 조선시대 창덕궁의 옥류천 계곡을 이용한 계정이 있음

3. 포석정을 통해 살펴본 곡수유상의 원리는 계류의 물을 끌어들여 낙차를 이용, 대나무에 입수, 곡수거로 유입됨

Ⅱ. 국내사례를 통한 곡수유상의 원리

1. 포석정

1) 통일신라시대의 곡수거
   - 연회 및 유상곡수연의 장소
   - 곡수지에 술잔을 띄워 시를 읊으며 유희를 즐김

2) 형태
   - 굴곡진 타원형 모양이고 전복형태
   - 총 46개의 조립돌로 구성됨
   - 조립돌은 다듬은 돌로 이뤄짐

3) 곡수유상의 원리
   - 계류에서 물을 끌어 당겨 낙차를 이용 → 대나무에 입수
   - 물도랑에서 곡수거로 유입됨

2. 창덕궁의 옥류천 계정

1) 조선시대 곡수유상의 형태 : 조선왕들의 휴식, 연회, 유상의 장소
2) 곡수유상의 원리
   - 암반 안쪽에 홈을 내어 돌아나온 물이 폭포가 됨
   - 북악계곡에서 돌확을 타고 어정으로 입수
   - 다시 곡수거를 통과하여 비폭한 위에 소요암으로 흘러감

QUESTION 05 | 동양 3국의 차경기법의 비교

Ⅰ. 개요

1. 동양 3국인 한국 · 중국 · 일본은 경관을 취함에 있어 공통점과 차이점을 보임
2. 이는 중국의 영향이 초기사상, 문화적 근간이 되다가 중기 이후 각국의 특성을 지닌 문화로 표현되었기 때문임
3. 일본은 특히 중국과 한국의 영향이 지대했고, 차경기법은 중국의 이계성의 「원야」라는 문헌에 근거함

Ⅱ. 동양 3국의 차경기법 비교

1. 중국

1) 이계성의 「원야」 : 원차, 인차, 앙차, 부차, 응시이차의 기법
2) 실제 활용은 미약함
   - 담장으로 공간분할이 명확함
   - 누창, 문창, 공창 등 창에 의한 차경을 함

2. 일본

1) 사원에서 일부 나타남 : 외부의 원경을 차경함
2) 차경보다 축경을 선호함 : 축소된 경관을 완상하고 자연을 주로 내부에서 즐김

3. 한국

1) 다양한 차경기법의 사용 : 읍경, 다경, 환경 등 취경기법
2) 원차, 인차, 앙차, 부차 등 사용 : 사대부가 사랑채에서 산과 농경지를 원차
3) 유경, 장경의 기법
   - 자연 속으로 들어가 즐기는 유경
   - 마당의 일상풍경을 즐기는 장경
4) 소쇄원의 응시이차의 사례
   - 입구의 대나무숲의 잎소리, 계류의 청량한 물소리
   - 공감각의 척도, 계절성의 표현

QUESTION 06 | 초간정 원림의 조원적 특징

I. 개요

1. 초간정 원림은 문화재보호법에서 명승으로 지정된 경관적 · 인문학적 경관가치를 지닌 전통공간임

2. 사상적 배경은 풍수지리에 의한 배산임수 입지, 비보의 의미의 원림과 초간정의 '허(虛)'구조 특징이 나타남

3. 조원적 특징으로 자연주의 사상에 따라 자연지형에 순응하고 자연과 동화, 일체되는 조영을 함

II. 초간정 원림

1. 조영적 배경

1) 풍수지리사상
- 배산임수와 좌향에 따른 입지
- 비보의 의미를 가진 송림 조성

2) 자연주의사상
- 자연지형에 순응한 은일과 무위자연
- 태극형상의 계류변으로 정자가 자리함

2. 조원적 특징

1) 송림
- 비보림, 북서풍 한파를 막아줌
- 위요, 안정감, 계절감 연출

2) 초간정
- '허(虛)'와 '통(通)'의 구조
- 전망과 은신의 위치인 암석 위에 위치

3) 새, 계곡, 바람, 달
- 물아일체사상으로 자연요소를 적극적으로 끌어들임
- 공감각적 요소로 응시이차
- 계류소리, 새소리, 잎이 부딪히는 소리 등 계절변화를 느낌
- '곡(谷)'을 경영하고 완상함
- 내세적이고 은유적임

QUESTION
07 | 부용동 정원의 세연정 영역

Ⅰ. 개요

1. 고산 윤선도의 부용동 정원의 세연정 영역은 조선 별서정원의 백미로서 어부사시사의 배경이 된 계담이 있는 공간임

2. 동대와 서대에서 해안의 낙조를 완상하고 유희와 풍류를 즐기며 신선사상이 깃든 비홍교 거북다리가 있음

3. 판석보를 설치하여 폭포효과, 건널 수 있는 다리역할로 자연과 동화되는 별서정원의 특징이 나타남

Ⅱ. 전통정원의 백미 - 세연정

1. 사상적 배경

1) 자연주의사상 : 임수계류형, 자연지형에 순응
2) 신선사상 : 비홍교, 붉은 거북을 상징

2. 공간구성

1) 계담
- 저수지, 계류를 막아 조영
- 연못을 형성하고 빼어낸 풍경

2) 판석보
- 평상시 다리역할
- 계류에 수량 증가 시 폭포역할

3) 동대와 서대
- 보길도 해안의 낙조를 완상
- 계절변화, 차경기법 중 원차

4) 비홍교 : 신선세계 · 이상향을 추구, 유희를 즐김

5) 조망점, 세연정
- 부용동 전 경관을 취경
- 자연과 일체되는 물아일체 구현

QUESTION 08 │ 부용지 영역의 공간구성

I. 개요

1. 부용지 영역은 조선의 이궁인 창덕궁의 후원으로서 인공적 아름다움과 정자와 연못의 조화와 균형미를 지닌 곳임

2. 공간구성은 부용지, 부용정, 어수문, 주합루가 축을 이루고, 낮은 지대의 부용지부터 주합루의 뒤편으로 원림을 포함함

3. 음양오행사상과 풍수지리, 좌향에 의한 공간적 · 경관적 입지로서 빼어난 아름다움을 보여주는 영역임

II. 부용지 영역의 공간구성

1. 부용지, 부용정, 주합루까지 축선

1) 지형에 따른 배치
- 배산임수와 좌향을 고려
- 앞쪽 : 부용지, 낮은 지대
- 뒤쪽 : 주합루와 배경원림

2) 주합루에서 완상하는 부시 효과
- 내려다보는 경치
- View, 파노라마 경관, 취경과 다경

3) 지형을 극복한 화계
- 어수문 양편의 화계
- 취병을 배치, 신우대 식재 → 최근 동궐도에 따른 복원이 이뤄짐

2. 음양오행사상과 궁궐여인의 공간영역

1) 대조전, 왕비처소와의 연계
- 왕비의 고고함, 다산 기원
- 대조전에서의 접근성 좋음

2) 연조공간으로서 조영미
- 우주의 원리에 따른 중심공간
- 천원지방설에 따른 1도방지형 연못

3) 휴식과 사적 공간의 역할 : 경관미, 완상미 추구

QUESTION
09 | 석가산의 의미와 공간적 특징

Ⅰ. 개요

1. 석가산은 전통조경공간에서 시각적 초점의 역할을 하며 공간의 함축과 은유, 상징성, 강조표현에 이용됨

2. 대표적 사례로는 논산 윤증고택의 석가산, 다산초당 연못의 석가산과 안압지의 무산십이봉 등을 들 수 있음

3. 공간적 특징은 안압지의 무산십이봉 사례를 들면 동쪽 조산지역에 신선사상의 표현, 이상향 추구로서 괴석들을 다양한 모습으로 배치함

Ⅱ. 석가산의 의미와 공간적 특징

1. 석가산의 의미

1) 시각적 초점, 강조역할
  - 공간의 분절과 연속성에 초점
  - view point, accent

2) 상징성, 함축과 은유
  - 신선사상의 표현, 봉래 · 방장 · 영주산의 삼신산 상징
  - 이상향의 추구, 무산십이봉을 상징

2. 사례로 본 공간적 특징

1) 무산십이봉
  - 안압지의 동쪽 조산지역
  - 신선이 사는 세상을 함축
  - 무위구곡, 풍류와 유희

2) 논산 윤증 고택의 석가산
  - 연못의 강조, 시각초점
  - 이상향의 세계
  - 축경, 자연을 축소하여 즐김

3) 다산초당의 지당 내
  - 괴석으로 삼신산을 표현
  - 은일과 은둔사상
  - 유유자적, 내세적

QUESTION
10 | 전통조경에서 '구곡(九曲)'

Ⅰ. 개요

1. 전통조경에서 구곡이란 조선시대 성리문화의 전형으로 향유되어온 구곡문화와 연결되며, 풍치가 탁월한 승경지에 아홉 굽이를 설정하여 구곡이라 명명함

2. 구곡의 전통조경 사례로는 도산구곡이 대표적이며 이 외에도 화양구곡, 죽계구곡 등이 있음

Ⅱ. 전통조경에서 '구곡(九曲)'

1. 개념

1) 조선시대 성리문화의 전형으로 향유되어 온 구곡문화와 연결

2) 풍치가 탁월한 승경지에 위치

3) 아홉 굽이를 설정하여 구곡이라 명명

4) 주자의 무이구곡이 원류

5) 구곡계는 별유천, 무릉도원의 선계

2. 전통조경 사례 : 도산구곡

1) 현재 9곡 중 6곡만 존재
   안동댐 조성으로 6곡만 남음

2) 무이도가의 수용에서 시작
   무이산 기록이 담긴 "무이지", "무이도가" 차운해 구곡시를 지음

3) 산수에 아홉 굽이 설정
   마치 도산에 주자가 은거한 것처럼 연출

4) 도산서원은 5곡에 위치
   무이서원이 은병봉 5곡에 위치한 것과 동일

5) 유가미학적 가치 표출
   의미론적 상징문화경관, 산수탐방과 은일처

QUESTION
11 | 현상변경

Ⅰ. 개요

1. 현상변경이란 외관을 변경하는 행위, 이전하거나 철거하는 행위, 수리하거나 보존처리하는 행위, 건설공사에 의한 원형 변경행위를 말함

2. 관련법과의 협의 또는 완화 적용은 「자연공원법」, 「국토의 계획 및 이용에 관한 법률」, 「도시공원 및 녹지 등에 관한 법률」 등에 근거함

3. 영향구역 보전 관리지역의 범위는 영향구역과 보호물과 보호구역의 범위로 나눠 설명할 수 있음

Ⅱ. 현상변경

1. 정의

1) 외관을 변경·이전하거나 철거하는 행위(동산이 아닌 문화재에 해당)

2) 수리하거나 보존처리하는 행위(동산문화재에 해당)

3) 건설공사에 의한 원형 변경 행위
- 건설공사란 토목·건축·조경공사
- 토지나 해저의 원형 변경이 수반되는 공사

2. 관련법과의 협의·완화 적용

1) 자연공원법 : 공원구역에 지정할 경우

2) 국토의 계획 및 이용에 관한 법률 : 도시지역 지정, 건폐율과 용적률

3) 도시공원 및 녹지 등에 관한 법률 : 도시공원, 도시자연공원구역, 녹지의 점용 및 사용허가

3. 영향구역 보전 관리지역의 범위

1) 영향구역의 범위
- 외곽경계로부터 500m 안
- 500m를 초과한 범위 지정

2) 보호물 및 보호구역의 범위 : 사적, 명승, 천연기념물 등 지정

QUESTION
12 | 객사

Ⅰ. 개요

1. 객사란 조선시대 왕권 확립의 상징으로서 지방관을 통제하고 도시의 역사성과 규모를 표현하는 유구임

2. 객사의 기능은 외국사신의 객관, 궁궐을 향한 향궐망배의 기능, 전략적 요충지로서의 기능을 지님

3. 전주객사를 사례로 한 공간특징을 살펴보면 삼문이 있고 중앙에 전청이 자리하고 좌우에 동익헌, 서익헌 등이 있음

Ⅱ. 객사

1. 개념

1) 왕권 확립의 상징 : 읍성의 가장 중심 상단에 위치

2) 전청 중심공간에 전패를 안치 : 국왕의 상징인 전패를 안치하여 예의를 다함

3) 지방관의 통제
   - 중앙집권정치에 의한 지방관 통제역할
   - 행궁, 읍성에 건립된 사신의 객사
   - 왕명을 받은 사신들을 영접

4) 도시의 역사성과 규모 표현
   - 시간의 연속성, 역사적 맥락
   - 정신적 지주 역할
   - 규모에 따라 읍, 고을의 중요성 나타냄

2. 객사의 기능

1) 외국사신의 객관
   - 정당 좌우 익실에 온돌방
   - 사신과 중앙관리의 숙소 제공

2) 궁궐을 향한 예와 국가행사
- 매월 보름, 국경일 등에 관원들과 향궐망배
- 국가의 의식 및 행사를 국민과 함께함

3) 전략적 요충지
- 전쟁 시 전쟁의 요충지에 건립
- 군사의 전략 및 군사기지로 사용

3. 전주객사로 살펴본 공간특징

1) 삼문 : 내삼문, 중삼문, 외삼문
2) 공간구조 : 중앙에 주관인 전청, 좌우에 동익헌, 서익헌의 익랑
3) 조경양식
- 배산임수의 양식을 갖추기도 함
- 뒤편에 조산 축조
- 건물주변에 연못과 누를 조성
- 좌우 측면에 느티나무, 은행나무 식재

QUESTION
13 | 천연보호구역

Ⅰ. 개요

1. 천연보호구역은 문화재보호법에 근거해 천연기념물이 지정되어 있는 국립공원 등과 유네스코 생물권 보전지역에 근거해 희귀한 자연현상 및 자연지형 등을 말함
2. 천연보호구역의 구분은 산에는 설악산·한라산·대암산 등이, 섬에는 독도·마라도·홍도 등이, 늪에는 강화갯벌 저어새번식지 등이 있음
3. 천연보호구역의 설계기준에는 홍도사례로 설명하면 지붕과 벽체마감, 담장 및 조경에 권장수종 선정 등을 함

Ⅱ. 천연보호구역

1. 법적 지위

1) 문화재 보호법
   - 천연기념물이 지정되어 있는 국립공원
   - 천연기념물이 지정되어 있는 늪, 서식지, 번식지
   - 유형문화재 등 문화유산이 많이 분포되어 있는 자연공원

2) 유네스코 생물권 보전지역
   - 희귀한 자연현상 및 자연지형
   - 동물들의 대단위 서식장소
   - 희귀 또는 멸종위기동식물의 서식지

2. 구분

1) 산 : 설악산, 한라산, 대암산 등
   - 자연공원법에 의해 규정된 것에 따름
   - 지역구분에 따른 허용행위에 기준함

2) 섬 : 독도, 마라도, 홍도 등
   - 지역특성에 맞는 용적률과 건축물의 규제
   - 건축물의 형태, 재료, 조경식물 등을 규정

3) 늪 : 희귀종번식지인 강화갯벌 저어새 번식지
- 경관에 영향을 미치는 건축물 높이제한
- 자생수종 선정, 도굴방지로 차폐식재

3. 설계기준

1) 홍도 사례

① 지붕과 벽체마감
- 초가지붕 및 기와, 한옥형태
- 연한 미색, 본 타일은 화강암 형상

② 담장 및 조경
- 돌담을 원칙, 시멘트 담장에 폐석, 판석, 자갈 붙임
- 담장에 덩굴식물 식재
- 권장수종 : 동백, 후박나무, 소나무, 구실잣밤나무

2) 마라도 사례

① 지붕 및 벽체마감
- 경사지붕에 제주석
- 전통초가, 단층은 맞배집
- 벽체는 시멘트벽돌에 현무암 재질형

② 담장 및 조경
- 넝쿨성 식물과 권장식물 식재
- 권장수종 : 갯메, 사스레피, 동백, 보리수 등

3) 건폐율 규정
- 100m 초과 300m 이내 : 30% 이하, 2층 이하(8m 이하)
- 300m 초과 500m 이내 : 40% 이하, 3층 이하(12m 이하)

QUESTION 14 | 매장문화재 보호 및 조사에 관한 법상에서 지표조사대상 건설공사의 종류와 면제대상

Ⅰ. 개요

1. 매장문화재 보호 및 조사에 관한 법은 매장문화재를 보존하여 민족문화의 원형을 유지 · 계승하고, 매장문화재를 효율적으로 보호 · 조사 및 관리하는 것을 목적으로 함
2. 법상의 지표조사대상 건설공사의 종류는 사업면적이 3만제곱미터 이상, 내수면 건설공사, 연안 건설공사(골재채취사업은 15만제곱미터 이상) 등임
3. 지표조사대상 건설공사의 면제대상은 절토 · 굴착 등으로 이미 훼손된 지역, 공유수면의 매립, 하천 또는 해저의 준설, 골재 및 광물의 채취가 이미 이루어진 지역, 복토된 지역으로 기존 지형을 훼손을 하지 않는 건설공사 등임

Ⅱ. 매장문화재 보호 및 조사에 관한 법

1. 목적

1) 매장문화재를 보존하여 민족문화의 원형을 유지 · 계승
2) 매장문화재를 효율적으로 보호 · 조사 및 관리하는 것을 목적으로 함

2. 매장문화재의 정의

1) 토지 또는 수중에 매장되거나 분포되어 있는 유형의 문화재
2) 건조물 등에 포장되어 있는 유형의 문화재
3) 지표 · 지중 · 수중 등에 생성 · 퇴적되어 있는 천연동물 · 화석, 그 밖에 대통령령으로 정하는 지질학적인 가치가 큰 것

Ⅲ. 법상의 지표조사대상 건설공사의 종류와 면제대상

1. 지표조사대상 건설공사의 종류

1) 토지에서 시행하는 건설공사로서 사업면적이 3만제곱미터 이상인 경우
2) 내수면에서 시행하는 건설공사로서 사업면적이 3만제곱미터 이상인 경우. 다만, 내수면에서 이루어지는 골재 채취사업의 경우에는 사업면적이 15만제곱미터 이상인 경우

3) 연안에서 시행하는 건설공사로서 사업면적이 3만제곱미터 이상인 경우. 다만, 연안에서 이루어지는 골재 채취사업의 경우에는 사업면적이 15만 제곱미터 이상인 경우

4) 위의 사업면적 미만이면서 다음의 어느 하나에 해당하는 건설공사로서 지방자치단체의 장이 필요하다고 인정하는 경우
- 과거에 매장문화재가 출토된 지역에서 시행되는 건설공사
- 매장문화재가 발견된 곳으로 신고된 지역에서 시행되는 건설공사
- 역사문화환경 보존육성지구 및 역사문화환경 특별보존지구에서 시행되는 건설공사
- 서울시의 퇴계로 · 다산로 · 왕산로 · 율곡로 · 사직로 · 의주로 및 그 주변지역으로서 서울시의 조례로 정하는 구역에서 시행되는 건설공사
- 그 밖에 문화재가 매장되어 있을 가능성이 큰 지역에서 시행되는 건설공사

2. 지표조사대상 건설공사의 면제대상

1) 절토나 굴착으로 인하여 유물이나 유구 등을 포함하고 있는 지층이 이미 훼손된 지역에서 시행하는 건설공사

2) 공유수면의 매립, 하천 또는 해저의 준설, 골재 및 광물의 채취가 이미 이루어진 지역에서 시행하는 건설공사

3) 복토된 지역으로서 복토 이전의 지형을 훼손하지 아니하는 범위에서 시행하는 건설공사

4) 기존 산림지역에서 시행하는 입목 · 죽의 식재, 벌채 또는 솎아베기
   → 1호에서 3호까지의 경우에는 건설공사의 시행자가 건설공사의 시행 전에 지표조사를 실시하지 아니하고 시행할 수 있는 건설공사임을 객관적으로 증명하여야 함

강희안의 〈양화소록〉에 대한 개괄적인 내용과
언급된 식물 10종

Ⅰ. 개요

1. 강희안의 양화소록은 조선시대 세종 때의 화훼·원예의 서적으로 〈진산세고〉 권 4에 수록되어 있음

2. 개괄적인 내용은 예부터 사람들이 완상하여 온 꽃과 나무 수십 종을 들어, 심고 옮기는 묘법, 습도·온도·물주기 등 가꾸고 거두어들이는 방법을 논한 책. 강희안은 이 책에서 각 꽃과 나무들에 대한 옛사람들의 기록을 폭넓게 인용하고 자신의 감상과 생각을 덧붙임. 단순히 꽃과 나무를 키우는 방법을 논하는 데 그치지 않고 꽃과 나무의 품격을 말하면서 나라를 다스리고 백성을 기르는 뜻을 은연히 밝히고 있음

3. 언급된 식물은 노송, 만년송, 오반죽, 국화, 매화, 혜란, 서향화, 연화, 석류화, 치자화, 사계화와 월계화, 산다화, 자미화 등임

Ⅱ. 강희안의 〈양화소록〉 개괄 내용

1. 꽃을 분에 심는 법

1) 꽃나무를 분에 심을 때는 거름진 흙을 써야 함
2) 꽃씨가 싹이 나서 꽃이 필 때까지 가꾸는 법을 설명

2. 꽃을 빨리 피게 하는 법

꽃은 마분(馬糞)을 물에 담갔다가 주면 3~4일 뒤에 필 것이 다음 날에 다 핌

3. 꽃을 취하는 법

1) 화훼를 재배하는 것은 오직 마음과 뜻을 더욱 닦고 덕성을 함양하고자 함
2) 운치와 격조, 절조가 없는 꽃은 완상할 것이 못되므로 가까이 하지 않을 것임

4. 꽃을 기르는 법

1) 꽃나무를 담장 아래에 오래 버려두면 꽃가지 등이 사람 곁으로 쏠려 쓰러지므로 자주 이리저리 바꾸어 심을 것임
2) 거미줄 제거, 삽목하는 법 설명

5. 화분 놓는 법

1) 화분은 반드시 그늘과 볕이 번갈아 드는 곳에 두어야 함. 꽃나무가 큰 것은 뒷줄에 놓고 작은 것은 앞줄에 놓음

2) 화분은 기왓장이나 벽돌 위에 놓아두는 것이 아름다움

6. 꽃을 저장하는 법

1) 움집을 만들 때는 햇볕이 잘 드는 높고 건조한 곳을 가려서 흙을 쌓아 만듦. 남쪽으로 창문을 내고 지기를 통하게 함

2) 너무 일찍 거두어 저장하지 말고 반드시 서리가 두세 번 내린 뒤에 거두어들이는 것이 좋음

7. 화목구등품제

- 화목 9품, 합 52종을 붙임
- 1품 : 송(松) · 죽(竹) · 연(蓮) · 국(菊)
- 2품 : 모란(牡丹)
- 3품 : 사계(四季) · 월계(月季) · 왜철쭉(倭躑躅) · 영산홍(暎山紅) · 진송(眞松) · 석류(石榴) · 벽오(碧梧)
- 4품 : 작약(芍藥) · 서향화(瑞香花) · 노송(老松) · 단풍(丹楓) · 수양(垂楊) · 동백(冬栢)
- 5품 : 치자 · 해당 · 장미 · 홍도 · 벽도 · 삼색도 · 백두견 · 파초 · 전춘라 · 금전화
- 6품 : 백일홍 · 홍철쭉 · 홍두견 · 두충
- 7품 : 이화 · 행화 · 보장화 · 정향 · 목련
- 8품 : 촉규화 · 산단화 · 옥매 · 출장화 · 백유화
- 9품 : 옥잠화 · 불등화 · 연교화 · 초국화 · 석죽화 · 앵속각 · 봉선화 · 계관화 · 무궁화

III. 〈양화소록〉에 언급된 식물 10종

1. 노송

1) 소나무의 형상
- 소나무가 큰 것은 두어 아름이 되고, 높이가 열 길이 넘음
- 많은 마디가 다닥다닥 붙고 껍질이 거칠며
- 두께가 용의 비늘처럼 생겼음

2) 품종 : 잎이 세 개인 고자송(枯子松), 잎이 다섯 개인 산자송(山子松)

3) 소나무를 옮겨 심는 법, 얽힌 설화 언급

2. 만년송

1) 만년송의 형상

- 충진 가지에 푸른 잎이 마치 타래실이 아래로 드리운 듯하고
- 나무줄기가 뒤틀려 꾸불꾸불한 게 꼭 붉은 뱀이 숲 위로 올라가듯 하고 청렬한 향기가 풍기는 것이라야 아름다움

2) 만년송을 옮겨 심는 법 언급

3. 오반죽

1) 오반죽의 형상

- 강하지도 유하지도 않으며 풀도 나무도 아님
- 다른 대에 비하여 열매가 없는 것이 조금 다르지만 마디나 눈은 대체로 같음
- 가지가 잘 뻗고 향기가 풍기며, 짙푸른 빛깔이 한결 장엄함

2) 오반죽을 옮겨 심는 법, 얽힌 설화 언급

4. 국화

1) 국화의 형상 : 검붉은 줄기와 노란 꽃이 넝쿨져 뻗은 것이 참된 감국이고 다른 것은 다 다북쑥 종류이니 쑥은 맛이 쓰고 국화는 맛이 달다.

2) 국화를 옮겨 심는 법, 얽힌 설화 언급

5. 매화

1) 매화의 형상 : 줄기가 구불구불 틀리고 가지가 성글고 야윈 것과 늙은 가지가 괴기하게 생긴 것이 더욱 진귀함

2) 매화를 옮겨 심는 법, 얽힌 설화 언급

6. 혜란

1) 혜란의 형상

- 난이 골짜기에 나서 검붉은 줄기와 마디에 푸른 잎이 윤택하고
- 한 줄기에 한 송이 꽃이 피고, 그윽하고 맑은 향기가 멀리 풍김

2) 혜란을 옮겨 심는 법 언급

7. 서향화

1) 서향화의 형상
- 서향은 풀로서 그 높이는 두어 자가 되고 산 언덕 사이에 남
- 황색과 자색 두 종류가 있고 겨울과 봄 사이에 꽃이 핌

2) 서향화를 옮겨 심는 법 언급

8. 연화

1) 연화의 형상 : 연꽃 줄기는 꼭두서니와 같고 그 열매는 연이고 그 뿌리는 연뿌리이고 그 속은 통명함
2) 연을 심는 법, 얽힌 설화 언급

9. 석류화

1) 석류화의 형상 : 받침이 다 진홍빛이고 꽃잎이 마치 조알처럼 빽빽하게 들어박혔음. 이 꽃은 천엽도 있고, 황화도 있음
2) 석류화를 심는 법, 얽힌 설화 언급

10. 치자화

1) 치자화의 형상 : 치자는 네 가지 아름다움이 있으니, 꽃빛깔이 희고 기름진 것이 그 하나요, 꽃향기가 맑고 풍부한 것이 그 둘이요, 겨울에 잎이 변화지 않는 것이 그 셋이요, 열매가 노란 빛으로 물든 것이 그 넷임
2) 치자화를 심는 법, 얽힌 설화 언급

11. 사계화와 월계화

12. 산다화

13. 자미화

14. 일본 철쭉화

15. 귤나무

16. 석창포

QUESTION 16 | 명승 소쇄원

Ⅰ. 개요

1. 명승 소쇄원이란 전남 담양군에 위치하고 양산보에 의해 작성된 우리나라 전통조경의 유구이며 백미임

2. 공간적 특성은 진입 공간, 계류 공간, 대봉대 공간, 광풍각 공간, 제월당 공간 등으로 구분하여 설명할 수 있음

3. 주요 조경요소는 내원과 외원을 분리하는 담장, 매화나무가 심긴 화계, 골짜기에서 수구를 통해 내원으로 흐르는 계류 등을 들 수 있음

Ⅱ. 명승 소쇄원

1. 개념

1) 소재지 및 작정자
- 소재지 : 전남 담양군 남면 지곡리
- 작정자 : 양산보(호 : 소쇄공)

2) 작정배경
- 스승 조광조의 실권, 유배, 죽음을 보고 낙향
- 은일해서 소쇄원을 조영
- 조영의 사상적 배경은 도가에서 말하는 은둔과 은일사상
- 작정 모티브는 성리학자들의 이상이었던 무이구곡이 그 원류
- 주위의 송순, 김인후, 김윤제 등이 소쇄원 조영에 일조함

3) 소쇄원 원형을 알 수 있는 자료
- 김인후의 '소쇄원 48영시'
- 고경명의 '유서석록'(소쇄원을 답사하고 쓴 답사기)
- 목판 '소쇄원도'

2. 공간적 특성

1) 진입 공간
- 소쇄원 입구 무지개 다리를 건너오면 울창한 대숲 → 협로수황(夾路脩篁)
- 대숲 사이로 위태롭게 걸친 다리 → 투죽위교(透竹危橋)
- 입구의 장방형 연못에 심은 순채나물 → 산지순아(散池蓴芽)
- 나무 홈대로 물을 끌어 설치한 물레방아 → 춘운수대(春雲水碓)

2) 계류 공간
- 소쇄원 계류의 중심지에 있는 석가산(石假山) → 가산초수(假山草樹)
- 개울가의 평평한 바위, 상석(床石) → 상암대기(床岩對碁)
- 계류가 흘러 폭포를 이루는 곳 근처의 넓은 바위 → 광석와월(廣石臥月)
- 폭포 옆에 있는 사색을 하기 좋은 걸상 바위 → 탑암정좌(榻岩靜坐)
- 개울을 건너기 위한 외나무다리 → 약작(略勺)
- 개울 다리가의 두 소나무 → 단교쌍송(斷橋雙松)

3) 대봉대 공간
- 대봉대 초정 옆의 늙은 벽오동 → 동대하음(桐臺夏陰)
- 소쇄원의 중심부에 위치하는 작은 정자 → 소정빙란(小亭憑欄)
- 물레방아 옆에 있는 배롱나무 → 친간자미(襯澗紫薇)
- 장방형의 작은 연못, 낚시를 즐기던 곳 → 소당어영(小塘魚泳)
- 대봉대 옆의 대나무 숲 → 총균모조(叢筠暮鳥)

4) 담장
- 소쇄원 내원과 외원을 구분하는 담장
- 담장에 '소쇄양공지려(瀟灑梁公之廬)'라고 쓰여 있음
- 따뜻한 햇볕을 받는 담장 → 애양단(愛陽壇)
- 김인후의 '소쇄원 48영시'가 걸린 긴 담장 → 장원제영(長垣題詠)

5) 광풍각 공간
- 손님을 접대하던 광풍각 → 침계문방(枕溪文房)
- 무릉계곡을 연상케 하며, 광풍각 뒤에 위치하는 도오 → 도오춘효(挑塢春曉)
- 손님을 영접하던 소쇄원 입구 대나무 다리 건너편의 버드나무 → 유정영객(柳汀迎客)

6) 제월당 공간
- 소쇄원의 살림집에 해당
- 제월당 앞 외곽 담 안에 있는 파초 → 적우파초(滴雨芭蕉)

7) 화계 공간
- 단을 지어 만든 화계, 매대(梅臺) → 매대요월(梅臺邀月)
- 제월당 옆에 있는 대숲 → 천간풍향(千竿風響)
- 외부에서 들어오는 문 → 오곡문(五曲門)
- 오곡문 옆의 자라바위 → 부산오암(負山鼇巖)
- 자라바위 뒤쪽에 있는 느티나무 → 의수괴석(倚睡塊石)
- 오곡문 옆의 담장 밑을 흐르는 물 → 원규투류(垣窺透流)

3. 조경 요소

1) 담장
- 자연석과 황토흙을 섞어 쌓은 운치 있는 토석담 그 위에 기와를 얹음
- 높이 2m 정도이며 내원과 외원을 분리하는 역할
- 서쪽 경사진 산기슭을 내려오면서 직각으로 꺾이며 오곡문에서 끊어짐 → 현재 문은 없고 담이 양쪽으로 끊어져 트인 상태

2) 화계
- 서쪽 산비탈 담 밑에 네 단의 축대를 쌓아 조성
- 밑의 한 단은 원로이고 위의 두 단이 화계
- 화계의 석축높이는 약 1m, 너비 약 1.5m, 길이 약 20m
- '소쇄원도'에는 매대라 쓰여 있고 매화나무가 심겨 있음
- 화계의 맨 윗단에는 큰 측백나무, 밑단에는 난초가 그려져 있음

3) 계류
- 북쪽 장원봉 골짜기로부터 오곡문 옆의 수구를 통해 소쇄원 내원으로 흘러듦
- 암반에 파인 조담에서 떨어지는 물은 폭포를 이루며 경관구성
- 계류가에 석가산을 꾸미고 돌의자를 놓아 흐르는 물을 즐김
- 계류의 수림으로는 외나무다리 지역의 노송과 느티나무숲, 초정 아래쪽 배롱나무숲

QUESTION 17 | 세계중요농업유산제도(GIAHS)

I. 개요

1. 세계중요농업유산제도란 유엔식량농업기구(FAO)에서 지정하는 인증제도로서 2002년부터 시작되었음

2. 목적은 독창적인 농업문화, 인류진화시스템, 생물다양성을 보전하고, 이를 통해 지속가능한 농업을 달성할 수 있도록 통합적인 농촌개발방식을 확산하기 위함임

3. 등재절차는 국가추천을 받아 입후보지 등록신청, 현지답사 및 서류심사, 인정 여부를 판정하고, 등재요건은 식량·생계수단의 확보, 생물다양성 및 생태계의 기증, 전통적 지식·농업기술의 계승 등임

II. 세계중요농업유산제도(GIAHS)

1. 개념

1) 유엔식량농업기구(FAO)에서 지정하는 인증제도로 2002년부터 시작되었음

2) 세계문화유산이나 세계자연유산과 같이 보전하고 계승할 만한 가치가 있는 농업유산을 지정하고 관리하는 제도

2. 목적

1) 전 세계의 독창적인 농업문화, 인류진화시스템 및 생물다양성 보전

2) 이를 통해 지속가능한 농업을 달성

3) 통합적인 농촌개발방식을 확산하기 위해 이 제도를 운영

3. 지정현황

1) 남아메리카, 아프리카, 아시아 11개국 25곳이 등재

2) 국내에는 4곳이 등재됨

3) 제주 밭담농업시스템, 청산도 구들장논, 경남 하동군 화개면 전통차농업, 담양 대나무밭 농업

4. 등재절차

1) 국가추천을 받아 입후보지 등록신청(FAO 본부)

2) 현지답사 및 서류심사(FAO 본부)

3) 인정 여부를 판정(GIAHS 심사)

5. 등재요건

1) 식량 · 생계수단의 확보

2) 생물다양성 및 생태계의 기능

3) 전통적 지식 · 농업기술의 계승

4) 사회제도 · 문화습관

5) 토지이용, 특수한 수자원관리로 조성된 수려한 경관 등

QUESTION 18 | 전통 마을숲

Ⅰ. 개요

1. 전통 마을숲이란 숲정이, 당숲, 성황림, 서낭숲이라고 부르기도 하며 마을의 운명을 주관하는 성스러운 숲으로, 마을사람들의 섬김의 대상인 성림임

2. 마을숲의 형성배경은 단군신화의 신단수로부터 택리지의 수구막이 그리고 숲의 명칭인 숲정이, 당숲 등이 있음

3. 마을숲의 문화는 토착신앙, 풍수, 유교적 측면이 있고, 대표적 사례로는 함양상림과 담양 관방제림을 들 수 있음

Ⅱ. 전통 마을숲

1. 개념

1) 숲정이, 당숲, 성황림, 서낭숲이라고 부르기도 함
2) 마을의 운명을 주관하는 성스러운 숲, 마을사람들의 섬김의 대상인 성림

2. 기능

1) 무성한 녹음으로 마을사람들에게 그늘을 제공
2) 공동의 쉼터로 활용하는 공원시설
3) 동제, 굿 같은 마을제사를 수용하는 제의 장소
4) 지신밟기, 씨름, 그네 등의 놀이를 수용하는 장소

3. 형성배경

1) 단군신화에 나오는 신단수
2) 택리지에서 수구막이로 사용되는 대표적 수단이 마을숲
3) 마을숲을 의미하는 지명인 숲정이, 당숲, 수살막이, 수대, 수구막이 등

4. 문화

1) 토착신앙
- 괴(槐)는 귀신 붙은 나무로 토착신앙과 관련이 있는 성수
- 삼국지에서 소도라는 종교장소에 신목 등을 조성하여 성역화

2) 풍수
- 수구막이는 풍수적 배경을 가진 마을숲을 의미
- 수구막이의 구체적 활용형식은 비보림과 엽승림

3) 유교
- 조선 중기 이후의 사화와 당쟁은 은일사상에 심취하게 함
- 마을숲은 대부분 마을에서 경관적으로 가장 우월한 위치에 조성
- 사람들이 가장 좋아하는 장소, 은일생활의 터전

5. 대표적 사례 : 함양상림과 담양 관방제림

1) 함양상림
- 경남 함양군에 위치, 천연기념물로 지정
- 최치원이 호안림으로 조성한 인공림
- 조성 당시 위천의 홍수피해를 막기 위한 목적으로 조성

2) 담양 관방제림
- 전남 담양군에 위치, 천연기념물로 지정
- 성이성이 수해를 막기 위해 제방을 축조하고 나무를 심음
- 종교적·교육적·풍치적·보안적·농리적 임수 등 그 임상과 입지조건 또는 설치의 식에 따라 구분됨

QUESTION 19 | 유네스코 세계유산의 등재요건인 '탁월한 보편적 가치 (OUV : Outstanding Universal Value)'의 개념

Ⅰ. 개요

1. 유네스코 세계유산이란 세계유산협약이 규정한 탁월한 보편적 가치를 지닌 유산으로서 그 특성에 따라 자연유산, 문화유산, 복합유산으로 분류됨
2. 유네스코 세계유산의 등제요건은 유산이 탁월한 보편적 가치가 있어야 하므로 유네스코 는 평가하기 위한 기준 10가지를 제시함
3. OUV(탁월한 보편적 가치)의 개념은 세계유산이 한 나라에 머물지 않고 보편적 가치를 지 녀야 한다는 것임

Ⅱ. 유네스코 세계유산의 개념과 등재요건, OUV의 개념

1. 유네스코 세계유산의 개념

1) 세계유산협약이 규정한 탁월한 보편적 가치를 지닌 유산
2) 그 특성에 따라 자연유산, 문화유산, 복합유산으로 분류
3) 세계유산은 '탁월한 보편적 가치(OUV : Outstanding Universal Value)'를 갖고 있는 부동 산 유산을 대상으로 함

2. 등재요건

1) 등재되려면 한 나라에 머물지 않고 탁월한 보편적 가치가 있어야 함
2) 세계유산 운영지침은 유산의 탁월한 가치를 평가하기 위한 기준으로 10가지 가치평가 기준을 제시함
3) 기준 Ⅰ부터 Ⅵ까지는 문화유산에 해당되며, Ⅶ부터 Ⅹ까지는 자연유산에 해당
4) 이러한 가치평가기준 이외에도 문화유산은 기본적으로 재질이나 기법 등에서 유산이 진정성(Authenticity)을 보유
5) 또한 문화유산과 자연유산 모두 유산의 가치를 보여줄 수 있는 제반 요소를 포함해야 하며, 법적, 제도적 관리정책이 수립되어 있어야 함

3. OUV(탁월한 보편적 가치)의 개념

1) 세계유산이 한 나라에 머물지 않는 보편적 가치를 지닐 것
2) 세계유산은 OUV(탁월한 보편적 가치)를 평가하기 위해 기준을 제시
3) 세계유산 등재 평가기준 10가지는 다음과 같음

세계유산 등재 평가기준 10가지

구분		기준
문화유산	I	인간의 창의성으로 빚어진 걸작을 대표
	II	오랜 세월에 걸쳐 또는 세계의 일정 문화권 내에서 건축이나 기술 발전, 기념물 제작, 도시계획이나 조경디자인에 있어 인간가치의 중요한 교환을 반영
	III	현존하거나 이미 사라진 문화적 전통이나 문명의 독보적 또는 적어도 특출한 증거
	IV	인류 역사에 있어 중요단계를 예증하는 건물, 건축이나 기술의 총체, 경관유형의 대표적 사례일 것
	V	특히 번복할 수 없는 변화의 영향으로 취약해졌을 때 환경이나 인간의 상호작용이나 문화를 대변하는 전통적 정주지나 육지, 바다의 사용을 예증하는 대표 사례
	VI	사건이나 실존하는 전통, 사상이나 신조, 보편적 중요성이 탁월한 예술 및 문학작품과 직접 또는 가시적으로 연관될 것(다른 기준과 함께 적용권장)
		*모든 문화유산은 진정성(Authenticity : 재질, 기법 등에서 원래 가치 보유) 필요
자연유산	VII	최상의 자연현상이나 뛰어난 자연미와 미학적 중요성을 지닌 지역을 포함할 것
	VIII	생명의 기록이나 지형 발전상의 지질학적 주요 진행과정, 지형학이나 자연지리학적 측면의 중요특징을 포함해 지구역사상 주요단계를 입증하는 대표적 사례
	IX	육상, 민물, 해안 및 해양 생태계와 동식물 군락의 진화 및 발전에 있어 생태학적, 생물학적 주요진행과정을 입증하는 대표적 사례일 것
	X	과학이나 보존 관점에서 볼 때 보편적 가치가 탁월하고 현재 멸종위기에 대한 종을 포함한 생물학적 다양성의 현장 보존을 위해 가장 중요하고 위미가 큰 자연 서식지를 포함
공통		완전성(Integrity) : 유산의 가치를 충분히 보여줄 수 있는 충분한 제반요소 보유
		보호 및 관리체계 : 법적, 행정적 보호 제도, 완충지역(Buffer Zone) 설정 등

QUESTION

20 | 석지, 석연지, 물확의 개념 비교

Ⅰ. 개요

1. 석지, 석연지, 물확은 한국의 전통정원에 나타나는 수경관요소인 수조로서 석물에 물을 담아둔 시설이며 조성목적과 설치장소에서 차이가 남
2. 석지와 석연지는 자체가 점경물이자 석지 안에 담아둔 물에 비치는 경치나 심긴 연꽃을 감상할 목적에서 만들어지고 주로 궁궐에 설치됨
3. 물확은 민가에 설치되는 시설이며 궁궐의 석지와 기능면에서 유사하고, 석연지는 석지와 형태나 설치장소가 같으나 안에 연꽃을 심은 점이 다름

Ⅱ. 석지, 석연지, 물확의 개념 비교

구분	석지	석연지	물확
정의	• 한국 전통정원에 나타나는 수경관요소인 수조 • 석물에 물을 담아둔 시설 • 조성목적과 설치장소에서 차이가 남		
조성 목적	• 자체가 점경물 • 석지 안에 담아둔 물에 비치는 경치를 감상 • 자체로 의장적 가치를 지님 • 연못을 만들 수 없는 화계에 조성되는 경우가 많음	• 자체가 점경물 • 석지 안에 담아둔 물에 비치는 경치를 감상 • 석지 안에 연꽃을 심으면 석연지라 부름 • 자체로 의장적 가치를 지님	• 민가에서 설치되며 궁궐의 석지와 유사시설 • 물확은 돌로 만들어져서 돌확이라고도 함 • 물확에 담은 물에 비치는 경치를 감상 • 쓰임이 우선함
형태	• 정육면체 • 정방형 • 장방형 • 거북형	• 정방형 • 연화형 • 발우형	
설치 장소	• 궁궐 • 연못설치가 어려운 곳에 설치	• 궁궐, 사찰	• 민가 • 안마당 설치가 일반적
대표적 사례	• 경복궁 아미산 화계의 낙하담과 함월지 • 창덕궁 낙선재 화계의 금사연지	• 창덕궁 청심정 앞 • 빙옥지 • 법주사 석연지 • 부여 석연지	• 구례 운조루 안채 • 정읍 김동수 가옥

QUESTION 21 | 경복궁 자경전 십장생 굴뚝의 구성요소 및 상징성

Ⅰ. 개요

1. 경복궁 자경전은 조선시대 법궁의 대비전으로서 자경전의 십장생 굴뚝은 자경전 뒤뜰에 위치하고 있으며, 담장 한 면을 앞으로 돌출시켜 만든 것으로 벽돌담장처럼 보임
2. 경복궁 자경전 십장생 굴뚝의 조경배경사상은 대비의 장수를 기원, 궁궐여인을 위한 배려 등에 있음
3. 십장생 굴뚝의 구성요소는 벽면의 문양, 지붕과 연가이며, 상징성은 벽면의 문양에서 보이는데, 조경배경사상에 따라 장수기원, 왕조의 영원성 상징, 자손번성과 부귀를 상징하는 문양이 새겨져 있음

Ⅱ. 경복궁 자경전 십장생 굴뚝의 구성요소 및 상징성

1. 개념

1) 조선시대 법궁의 대비전인 자경전 뒤뜰에 위치
2) 담장 한 면을 앞으로 돌출시켜 만든 것, 벽돌담장처럼 보임
3) 중앙에 무늬를 조형전으로 만들고 그 사이에 회벽을 발라 구성
4) 문양은 모두 따로 구워서 벽면에 박고 그 위에 채색

2. 조경배경사상

1) 대비의 장수를 기원
2) 궁궐여인을 위한 배려

3. 구성요소

1) 벽면의 문양
- 1단, 2단, 3단에 각각 다른 문양을 새김
- 옆면 상단과 하단에도 문양을 새김

2) 지붕과 연가
지붕은 기와로 덮고 10개의 연가를 얹음

4. 상징성

1) 벽면의 문양에서 상징성 표현

2) 각각의 문양에 따른 상징 · 의미

- 1단 : 불가사리(재앙을 방지하는 서수)
- 2단 : 십장생과 국화, 새, 포도, 연꽃, 대나무 등의 무늬(장수기원과 여인의 고귀함)
- 3단 : 중앙에 용(임금을 상징), 양옆에 학(신하를 상징)
- 옆면 하단 : 당초무늬(왕조의 영원성을 상징)
- 옆면 상단 : 박쥐무늬(자손의 번성과 부귀 상징)

QUESTION
22 | 양택삼요(陽宅三要)의 배치방법

Ⅰ. 개요

1. 양택삼요란 양택풍수에서 가장 중요시하는 세 곳으로, 이를 삼요라 하여 매우 중시하였는데, 삼요는 문, 주, 조, 즉 대문, 안방(사랑방), 부엌을 말함

2. 양택삼요의 배치방법은 대문이 기의 흐름의 입구로서 가장 바깥쪽에 위치하고 양택풍수에서 가장 중요하며, 주는 주인이 거처하는 방으로서 가장 높은 곳에 위치, 부엌인 조는 가옥의 제일 안쪽에 위치하고 폐쇄적 공간임

Ⅱ. 양택삼요(陽宅三要)의 배치방법

1. 개념

1) 주택풍수에서 중요한 3가지로 양택삼요 또는 양택삼요결이라고도 함

2) 양택풍수에서 가장 중요시하는 세 곳을 삼요라 하여 매우 중시하였는데 삼요는 문(門), 주(主), 조(灶), 즉 대문, 안방, 부엌을 말함

3) 이를 주택 가상(家相)의 기본요소로 보고, 대문, 안방, 부엌이 서로 상생관계에 있으면 길한 가상으로, 서로 상극관계가 되면 흉한 가상으로 보았음

4) 양택삼요는 주택의 풍수적 길흉을 판별할 때 기준이 되며, 가장 기본적으로 살펴보는 공간임

5) 삼요는 전통 주거건축에서의 위치적 의미와 양택삼요를 통해 보면 방위 측정 시 문, 주, 조의 순서로 방위를 살피는 근거로서 해석됨

2. 배치방법

1) 대문(大門)

- 우주만물의 생성변화의 원리인 조화를 통하여 그 속에서 우주적 질서를 유지하고자 함
- 대문은 길흉화복을 부르거나 막는 장소로서 우리 삶에서 중요한 의미가 있음
- 출입구로서 문을 풍수에서는 기(氣) 흐름의 입구로 보았기 때문에 문의 위치가 중요
- 또한 외부세계와 내부세계를 구분짓는 경계로서 평면적 과정상 제일 전면에 위치
- 이것은 대문이 주거건축 양택풍수의 가장 중요한 요소임과 더불어 평면적 과정과 위계적 측면에서 방위선정 시 순서적 의미에서 으뜸의 위치를 갖게 됨

2) 주(主)

- 주는 주인이 거처하는 곳으로 가장 높은 곳에 위치
- 이는 유교적 사상에 바탕을 둔 것으로 조선 상류주택의 사랑방이 해당
- 상징적으로 천(天)에 해당되어 태극인 문(門) 다음에 있게 됨
- 주는 주인이 거처하는 처소이며 양택삼요론에는 정해진 자리가 있는 것이 아님
- 주(住)요소 가운데 가장 고대한 것이라고 말함

3) 조(灶, 부엌)

- 먹을 것을 장만하여 삶을 꾸려 나가는 여성의 공간
- 가옥의 제일 안쪽에 위치, 폐쇄적 공간
- 물과 불을 다루는 음양오행의 장소
- 그 속에서 부뚜막은 소우주로 상징, 가장 중요한 위치를 갖게 됨

QUESTION 23 | 전통조경에서 담장의 종류

I. 개요

1. 전통조경에서 담장이란 공간을 구획하는 전통시설물로서《임원경제지》,《산림경제》문헌에 조성법이 기록됨
2. 전통조경에서 담장의 종류는 재료에 따라 토담, 돌담, 토석담, 와담, 전돌담, 꽃담, 나무담장으로 구분됨

II. 전통조경에서 담장의 개념 및 종류

1. 개념

1) 공간을 구획하는 전통시설물
2)《임원경제지》,《산림경제》의 문헌에 조성법이 기록됨

2. 종류

1) 토담
- 재료로는 황토흙이나 모래를 다져서 사용
- 판으로 된 거푸집을 세워서 판축기법으로 쌓음
- 담 상부에 기와나 짚으로 지붕을 만들기도 함
- 《임원십육지》에 판축기법 기술

2) 돌담
- 장대석담, 사괴석담
  - 재료로 장대석이나 사괴석을 사용
  - 《삼국사기》,《경국대전》에서 일반민가에서는 장대적, 사괴적을 사용할 수 없도록 규제함
  - 경복궁, 창덕궁 등 조선왕조의 외곽 담은 모두 사괴석담
- 돌각담
  - 막돌만을 사용해서 쌓은 담
  - 돌각담 상부에는 아무것도 얹지 않음
  - 낙안읍성, 제주 성읍마을, 외암리마을 돌각담이 유명

3) 토석담

- 흙이나 황토에 자연석을 혼합하여 쌓은 담
- 일반 민가에서 많이 볼 수 있음
- 점도를 높이기 위해 짚을 잘게 썰어 섞어 넣음
- 사찰이나 관아의 토석담은 장대석을 기초로 하기도 함

4) 와담

- 토담을 쌓을 때 사이사이에 기왓조각을 넣어 문양을 낸 담
- 낙산사 일월성신담, 법주사 곡담

5) 전돌담(전벽돌담)

- 재료로 전벽돌을 사용하여 쌓아 만든 담
- 창덕궁 낙선재 뒤편의 전벽돌담이 아름다움

6) 꽃담

- 꽃담은 화장, 화문장, 화초담이라고도 함
- 꽃문양이나 그림, 글자 등을 새겨서 치장한 담
- 卍(만)자, 福(복)자, 壽(수)자 등을 많이 새겨 넣음
- 자경전 동측의 내측과 외측의 담, 낙선재 후원의 담
- 기왓장 등을 사용하여 구멍이 뚫어지게 쌓은 담을 영롱담이라 함

7) 나무담장

- 생울타리
  - 대나무류나 관목류 등 살아 있는 식물을 심어서 만든 담장
  - 무궁화, 대나무, 국화, 대추나무를 사용
  - 《산림경제》에 멧대추를 이용한 생울타리 조성법 기술
- 바자울
  - 대나무, 싸리나무, 갈대, 억새 등을 엮어서 만든 울타리
  - 생울타리와 달리 베어낸 나무를 사용
  - 생활공간에서 외부시설을 차단하고 구역의 경계를 확보하는 기능
- 목책, 죽책
  - 굵은 통나무를 촘촘히 엮어서 세운 울타리
  - 백제 도성인 몽촌토성은 전부 목책이 설치됨
  - 대나무를 엮어서 만든 것은 죽책
- 취병
  - 대나무로 틀을 짜고 관목류나 덩굴식물 등을 심어 병풍모양으로 만든 담장

　　　－식물재료를 이용하여 공간을 구분하고 차폐, 경관성을 높임
　• 판장
　　－나무판재로 만든 목재 가림벽으로 왕궁에서만 사용
　　－사생활보호를 위한 시선차폐의 목적을 가짐
　　－《임원경제지》에 판장 조성법 기술

QUESTION 24 | 문화재 조경공사의 현장관리 시 '설계도서 등의 비치' 항목

Ⅰ. 개요

1. 문화재 조경공사의 현장관리는 현장대리인, 기술자, 기능자가 배치되어 수행하며, 해당공사의 현장 운영에 필요한 도서류 등은 공사기간 동안 공사현장에 비치함

2. 설계도서 등의 비치 항목은 계약서 사본, 공사 또는 감리 착수계 사본, 설계도서 등, 작업일지, 감리일자, 자재반입 증명서, 자재시험 또는 품질시험 증명서 등임

Ⅱ. 문화재 조경공사의 현장관리 시 '설계도서 등의 비치' 항목

1. 문화재 조경공사의 현장관리

1) 시공자는 문화재수리를 담당하는 문화재수리기술자, 기능자를 배치함

2) 현장대리인, 기술자, 기능자 공사관리 문화재의 원형보존, 기타 문화재수리에 있어 부적당하다고 인정될 경우에는 시공자에게 교체를 요구할 수 있음

3) 현장 대리인과 기술자, 기능자는 담당원의 승인 없이 현장을 이탈해서는 아니됨

4) 해당공사의 현장 운영에 필요한 다음의 도서류 등은 공사기간 동안 현장 사무실 등 공사현장에 설계도서 등을 다음과 같이 비치함

2. 현장관리 시 '설계도서 등의 비치' 항목

1) 계약서(시공·감리) 사본

2) 공사 또는 감리 착수계(기술자, 수리기능자, 신고 승인사항 포함) 사본

3) 설계도서 등

4) 작업일지, 감리일자(자재반입, 확인검수, 검측 및 기타 감리수행지침에 따른 사항 포함 작성)

5) 자재반입 증명서, 자재시험 또는 품질시험 증명서

6) 수리기술자, 수리기능자 자격 수첩 또는 사본

7) 현장배치 확인표(현장대리인, 감리원)

8) 하도급 통보서

9) 비상연락 체계도, 안전관리계획서

10) 공종별, 공정별 현황사진(공사 착수 전, 작업 중, 준공 후)

11) 기술지도 회의록, 전문가 자문의견서

12) 기타 공사현장 운영에 필요한 서류 등

| 제주 오름(OREUM)의 가치

Ⅰ. 개요

1. 제주 오름이란 화산활동에 의해 형성된 제주도의 대표적 지형으로서 생태적 경관 자원으로 다양한 가치를 지님
2. 제주 오름의 가치는 인문적 가치, 생태적 가치, 지형·지질적 가치, 경관적 가치 등에 있음

Ⅱ. 제주 오름(OREUM)의 개념 및 가치

1. 개념

화산활동에 의해 형성된 제주도의 대표적 지형으로서 생태적 경관 자원으로 다양한 가치를 지님

2. 가치

1) 인문적 가치
- 제주의 정신세계를 유추할 수 있는 역사유적이 많음
- 오름에 산재한 인문자원은 제주학의 연구자원
- 인문자원은 관광상품개발에도 기여

2) 생태적 가치
- 오름은 초지, 자연림, 인공림, 습지 등으로 구성
- 분포하는 표고가 달라서 다양한 생물다양성을 유지
- 오름의 식생은 희소성, 자연성 등을 지님

3) 지형·지질적 가치
- 제주도는 신생대 제4기에 화산활동에 의해 생성된 화산도
- 화산의 원지형을 잘 보존하고 있어서 화산활동과 관련된 화산 지형의 형성과정과 개석에 의한 변화 등을 연구하기에 좋은 학술적 가치를 지님

4) 경관적 가치
- 제주 오름은 자연 및 인문 경관, 생태 경관이 수려
- 미학적·경제적 가치, 특히 생태관광적 가치를 지님
- 제주 오름은 오름 탐방에서 오는 휴식과 체험효과가 탁월

QUESTION 26 | 일본의 조경문화에서 상고시대의 동원(東院)정원

Ⅰ. 개요

1. 일본 상고시대의 동원정원이란 나양시대 전기에 조영되어 평원시대 초에 없어진 것으로 추정되는 일본정원양식임
2. 특징은 전기, 후기로 구별되고, 특히 후기의 원지는 전기의 원지를 메우고 그 위에 다시 만들었음

Ⅱ. 일본의 조경문화에서 상고시대의 동원(東院)정원

1. 개념

1) 나양시대 전기에 조영되어 평원시대 초에 없어진 것으로 추정
2) 나영시대 중기에 원지와 주위의 건물이 대대적으로 개수됨

2. 특징

1) 원지조영은 전기, 후기로 구별이 됨
   특히, 후기의 원지는 전기의 원지를 메우고 그 위에 다시 만들었음

2) 전기의 정원 특징
   - 원지의 못 바닥에 편평한 안산암을 깔았음
   - 정선에는 하천석을 세웠음
   - 원지의 급배수구와 갑부에 경석을 집중적으로 배치
   - 원지의 급수는 동북 귀퉁이에서 시작
   - 배수는 서남의 귀퉁이로 흘려보냈음
   - 서남귀퉁이의 배수구는 전기에 조약돌이 깔린 사행의 도랑으로 바뀌었는데, 곡수연의 유배거로 사용된 것으로 추측됨
   - 원지와 관련된 건물은 4동
   - 서안과 남안에는 원지로 돌출한 건물이 있었고 원지에서 조금 떨어진 북쪽에 2동의 부속건물이 있었음

3) 후기의 정원 특징

- 전기의 원지 형태를 답습하면서 동북부를 확장해 정선의 출입을 크게 만들어 전체적으로 복잡하게 꾸몄음
- 못 바닥에는 확장된 부분을 제외하고는 전면에 자갈을 깔았음
- 호안에도 완만한 구배의 자갈을 깔아 모래톱형으로 경석을 앉혀서 마무리했음
- 원지 북안의 중앙부에는 석조의 축산이 있는데, 정원의 주경을 이루고, 나양시대의 석조를 보여줌
- 건물은 남안에 1동, 동남 귀퉁이에 누상의 건물이 있고, 서안에 건물이 있음
- 서안의 건물로부터 동안으로 평교가 설치되어 있고, 동안에서 북안으로 반교가 걸쳐 있으며, 북안에도 2동의 건물이 있음

QUESTION 27 | 외암리 전통 민속마을의 수(水)체계

I. 개요

1. 외암리 전통 민속마을은 500년 전 강씨와 목씨가 마을을 형성하였으나 명종 때 이연이 들어와 예안 이씨 동족마을이 되었음

2. 외암리 마을의 공간구성은 평탄한 구릉지에 기와집, 초가, 돌담이 송림과 조화를 이루고 설화산에서 발원한 계류를 인위적으로 끌어들여 독특한 수체계를 형성함

3. 마을의 수체계는 설화산에서 발원한 계류를 인위적으로 마을 중앙까지 유도, 이 물을 집 안으로 끌어들여 생활용수로 사용, 연못 조성으로 수경을 연출함

II. 외암리 전통 민속마을의 수(水)체계

1. 외암리 전통 민속마을의 개념

1) 500년 전 강씨와 목씨가 마을을 형성하였으나 명종 때 이연이 들어와 예안 이씨 동족마을이 되었음

2) 「문화재보호법」에 의해 민속마을로 지정됨

2. 마을의 공간구성

1) 평탄한 구릉지
   넓은 마당의 기와집, 초가, 돌담이 울창한 송림과 조화

2) 설화산에서 발원한 계류
   설화산에서 발원한 계류를 인위적으로 마을 중앙으로 끌어들임

3) 마을 입구의 동구숲
   • 풍수적 비보 차원의 동구숲을 조성
   • 동구숲은 수구를 막음

3. 외암리 전통 민속마을의 수체계

1) 인위적으로 끌어들인 계류
   설화산에서 발원한 계류를 마을 중앙으로 끌어들임

2) 설화산에서 발원한 물을 집 안까지 끌어들인 체계
- 집 안으로 끌어들인 물은 생활용수로 사용
- 연못을 조성하고 수경을 연출

3) 집안에 곡수로 조영
영암댁, 교수댁, 송화댁은 곡수로를 만들고 괴석을 배치

4. 대표적 가옥 수체계 사례

1) 영암댁
- 자연형 연못 조성, 연못 입수구와 출수구에 다리가 놓임
- 회유임천식 정원과 유사

2) 교수댁
- 집안에 자유곡선형 연못 조영
- 수로 가운데 배모양의 선형석, 연못 속의 삼신산 등의 경물

QUESTION 28 | 한국 전통조경에 영향을 끼친 사상에 대하여 설명

Ⅰ. 서론

1. 한국 전통조경은 오천년의 유구한 역사와 문화를 계승·반영하고 있으며, 특히 사상에 따른 영향을 많이 받았음
2. 한국 전통조경의 개념을 설명하고, 이에 영향을 끼친 사상에 대해 구체적으로 기술하고자 함

Ⅱ. 한국 전통조경의 개요

1. 개념

1) 한국 전통조경은 오천년의 유구한 역사와 문화가 계승·반영됨
2) 한국 전통조경은 자연환경과 문화적 배경의 영향으로 양식이 표현됨
3) 자연환경은 산악 지형과 온대성 기후적 영향
4) 문화적 배경은 역사적 배경과 사상적 배경의 영향

2. 양식의 변천

1) 삼국시대
   - 조원기법의 도입기
   - 신선사상에 의한 조원술 발달
   - 고구려 안학궁의 조영(연못, 석가산, 곡수거)

2) 통일신라시대
   - 조원기법 정착기
   - 풍류와 산수를 즐기는 문화 정착
   - 월지 조영(무산12봉, 봉래·방장·영주 섬)

3) 고려시대
   - 조원기법 모방기
   - 중국 송나라 조원기법을 모방
   - 풍수사상 도입으로 배산임수 지형을 선호
   - 지나친 조원으로 국력 소모
   - 문수원 남지(연못, 영지)

4) 조선시대
- 고유수법 정착기
- 유교사상의 도입으로 조경양식의 변화
- 풍수지리사상에 의한 고유수법 발생
- 우리나라 고유 조원양식의 정착
- 방지원도 정원(창덕궁 부용지, 경복궁 향원지)
- 화계(계단식 화단 도입, 경복궁 아미산 화계, 창덕궁 대조전 화계)

Ⅲ. 한국 전통조경에 영향을 끼친 사상

1. 자연주의사상

1) 특징
- 샤머니즘적 자연숭배와 자연의 섭리에 따른 조원을 도입
- 순수한 자연풍경식 정원양식으로 발전

2) 자연주의 표현양식
- 자연의 순리에 따른 조원을 선호
- 상록수보다 낙엽수를 선호하고 전정을 하지 않음
- 단군신화의 신단수, 성황숲, 마을숲 등이 있음

2. 음양오행사상

1) 특징
- 세상의 모든 사물은 음과 양으로 구분되고 목·화·토·금·수의 오행의 순환에 의해 생성, 소멸, 변화한다는 것
- 천(天)·지(地)·인(人) 삼재사상으로 발전

2) 음양오행의 표현양식
- 방지원도 형태의 지당
- 창덕궁의 부용정지원, 명옥헌의 상지 등

3. 풍수지리사상

1) 특징
- 山, 水, 風의 지형과 방향의 조건에 따른 길지와 이로 인한 인간의 길흉화복을 추구하는 사상
- 왕도풍수, 양택풍수, 음택풍수 등이 있음

2) 풍수지리사상의 표현양식
- 왕도풍수 : 경복궁의 위치 결정
- 양택풍수 : 전통마을 및 주택의 위치 결정
- 음택풍수 : 종묘와 왕릉 등 신궁과 신의 정원의 위치 결정

4. 신선사상

1) 우리나라의 시원 사상
2) 신선이 사는 봉래, 방장, 영주의 도입
3) 도가사상과 결합, 불로장생을 추구
4) 표현양식으로 지당의 3섬 축조와 무산12봉, 석가산 조성

5. 유교사상

1) 고려 성종 이후 정치, 사회에 영향
2) 조선시대 국교로서 인, 의, 예, 지를 추구함
3) 표현양식으로 위계에 의한 건물의 배치와 공간별 특징적 조원형태 발생
4) 왕궁, 민가, 서원 등에 공간의 위계와 제례의식으로 나타남

6. 불교사상

1) 삼국시대 이후 현재에 이르는 사상으로 조원에 영향을 줌
2) 사찰의 가람 배치에 영향을 줌
3) 통명전의 석지 등

Ⅳ. 결론

1. 우리나라 전통조경의 배경사상은 하나의 조원공간에 둘 이상의 사상이 복합적으로 나타나는 특징이 있음
2. 음양오행사상과 풍수지리사상은 우리나라만의 독특한 조원양식인 방지원도와 화계, 후원을 발생하게 한 사상임
3. 전통조경 관련 문화재의 복원이나 관리에 있어서 이러한 배경사상에 입각한 사업계획 수립이 필요하다고 봄

QUESTION 29 | 건설공사 시 문화재 보호를 위해 시행하는 문화재 기초조사에 대하여 설명

Ⅰ. 서론

1. 건설공사 시 문화재 보호를 위한 기초조사는 「문화재보호법」에 의해 시행되며 민족문화의 원형을 유지 · 계승하고 매장문화재를 효율적으로 보호 · 조사 및 관리하는 것을 의미함
2. 문화재 기초조사는 지표조사와 발굴조사로 나뉘는데, 본서에서 문화재 지표조사와 발굴조사의 절차와 주요 내용에 대해 설명하고자 함

Ⅱ. 건설공사 시 문화재 보호를 위한 문화재 기초조사 개요

1. 개념

1) 법적 근거

「문화재 보호법」, 「매장문화재 보호 및 조사에 관한 법률」

2) 건설공사 시의 문화재 보호

- 건설공사 시의 문화재 보호 : 건설공사로 인하여 문화재가 훼손, 멸실 또는 수몰(水沒)될 우려가 있거나 그 밖에 문화재의 역사문화환경 보호를 위하여 필요한 때에는 그 건설공사의 시행자는 문화재청장의 지시에 따라 필요한 조치를 하여야 함
- 이 경우 그 조치에 필요한 경비는 그 건설공사의 시행자가 부담

3) 민간 건설공사 지표조사 비용

3만m² 미만의 민간 건설공사에 한해서만 매장문화재 지표조사 비용을 지원하던 것을 개정된 「매장문화재 보호 및 조사에 관한 법률 시행령」에 따라 모든 민간 건설공사 지표조사에 대한 비용을 국가가 지원

2. 문화재 기초조사 구분

1) 지표조사와 발굴조사로 나뉨
2) 지표조사

땅속에 문화재가 존재할 가능성이 있는지를 확인하기 위해 굴착 행위 없이 문헌조사, 지역주민 인터뷰, 현장조사 등을 시행하는 것

3) 발굴조사
- 매장문화재 유존지역에 대하여 문화재를 발굴조사하는 것
- 유존지역의 조사면적에 따라 정밀발굴조사, 시굴조사, 표본조사로 나뉨

Ⅲ. 문화재 기초조사 주요 내용 : 지표조사

1. 지표조사 주요 내용

1) 개념
- 건설공사 시행자가 해당공사 지역에 문화재가 매장·분포되어 있는지를 확인하기 위하여 사전에 실시하는 조사법
- 지상에 나타나는 고고학적 자료를 체계적으로 수집하는 것
- 지표조사는 매장문화재 유무와 유적의 분포범위를 결정하는 조사

2) 실시대상
- 건설공사의 경우 토지·내수면·연안지역(3만m^2 이상)
- 골재채취사업의 경우 내수면, 연안지역(15만m^2 이상)이면 사업을 실시하기 전에 반드시 지표조사를 실시
- 상기면적 이하의 경우는 과거에 매장문화재가 출토되었거나 발견된 지역 등 지방자치단체장이 필요한 경우에만 실시

3) 조사비용
- 사업시행자가 부담하는 것이 원칙
- 다만, 사업의 규모 및 성격 등을 고려해 예산의 범위에서 그 비용의 전부 또는 일부를 국가에서 지원
- 비용산출 : 문화재청의 '매장문화재 조사대가 계산 프로그램' 사용

2. 지표조사 절차

1) 조사의뢰
- 사업시행자가 조사기관을 선정한 후 조사를 의뢰
- 문화재청에 등록되어 있는 조사기관에 의뢰

2) 조사계획서 제출
사업시행자가 제공한 자료를 기반으로 문화재청에 지표조사 사업신청을 승인받기 위한 자료를 작성

3) 협업포털사이트 가입 후 사업신청
- 현재 문화재청은 문화재조사와 관련한 행정절차를 간소화하고 능률적으로 운용하기 위해 사이트(협업포털)를 통한 서비스 제공
- 사업시행자는 문화재청 협업포털에 회원가입하여 사업 신청

4) 착수신고서 제출
조사기관은 해당 신청사업의 문화재청 승인 여부 확인 후, 문화재청과 해당 지방자치단체에 현장조사를 위한 착수신고서 제출

5) 조사보고서 제출
조사기관은 현장조사 후 작성된 보고서를 사업시행자에게 제출

6) 지표조사보고서 등록
사업시행자는 조사기관으로부터 받은 지표조사 보고서와 함께 건설공사계획서 및 계획 평면도를 첨부하여 문화재청 협업포털과 해당 지방자치단체에 함께 제출

7) 보존대책 통보
- 문화재청은 사업시행자에게서 제출받은 보고서 및 관련서류 검토 후 사업시행 또는 보호 및 보존에 관한 대책을 통보
- 문화재 보존대책 통보 3가지 구분 : 현상보존, 입회조사, 매장문화재 발굴조사

현상보존	문화재의 전부 또는 일부를 현지에 현재 상태로 보존하는 것
입회조사	매장문화재 관련 전문가가 건설공사의 시작 시점부터 그 현장에 참관하여 매장문화재의 출토 여부를 직접 확인하는 것
매장문화재 발굴조사	표본조사, 시굴조사, 정밀발굴조사로 세분

8) 사업시행 통지
- 사업시행자는 문화재 보존대책 통보에 따른 조치를 완료하기 전에는 해당 지역에서 공사를 시행해서는 안 됨
- 반드시 사업시행이라는 통지를 받은 이후에 사업을 진행해야 함

Ⅳ. 문화재 기초조사 주요 내용 : 발굴조사

1. 발굴조사 주요 내용

1) 개념
- 매장문화재 유존지역에 대하여 문화재를 발굴조사하는 것

- 유존지역의 조사면적에 따라 정밀발굴조사 · 시굴조사 · 표본조사로 나뉨

정밀발굴조사	매장문화재 유존지역 전체를 조사
시굴조사	유존지역의 10% 이하의 범위
표본조사	2% 이하의 범위를 조사

- 표본조사 또는 시굴조사를 실시한 이후에 이를 토대로 정밀발굴조사를 실시
- 시굴조사 및 정밀발굴조사는 반드시 문화재청의 허가 후 진행

2) 조사비용
- 사업시행자가 부담하는 것이 원칙
- 사업의 규모 및 성격 등을 고려하여 비용을 국가에서 지원
- 비용산출 : 문화재청의 '매장문화재 조사대가 계산 프로그램' 사용

2. 발굴조사 절차

1) 발굴조사의뢰
- 사업시행자가 조사기관을 선정한 후 조사를 의뢰
- 문화재청에 등록되어 있는 조사기관에 의뢰

2) 발굴조사계획서 제출
사업시행자가 제공한 자료를 기반으로 문화재청에 발굴허가 신청을 승인받기 위한 자료를 작성

3) 협업포털사이트 가입 후 발굴허가 신청
현재 문화재청은 문화재조사와 관련한 행정절차를 간소화, 능률적 운영을 위해 웹사이트(협업포털)를 통한 서비스 제공

4) 발굴허가 통보
해당 사업과 관련한 내용 및 발굴조사계획서 등 제출된 서류를 검토한 뒤 발굴조사를 이행할 수 있도록 허가 통보

5) 발굴조사 착수통보서 제출
조사기관은 해당 신청 사업의 문화재청 승인 여부 확인 후, 문화재청과 해당 지방자치단체에 현장 조사를 위한 착수통보서를 제출

6) 발굴조사결과서 제출
조사기관은 현장조사 후 작성된 보고서를 사업시행자에게 제출

7) 발굴조사 완료 신고

사업시행자는 조사기관으로부터 받은 발굴조사 보고서와 완료 신고에 필요한 서류들을 작성하여 문화재청 협업포털에 제출

8) 완료조치 통보

• 문화재청은 사업시행자에게서 제출받은 보고서 및 관련 서류 검토 후 사업시행 또는 보호 및 보존에 관한 대책을 통보

• 발굴조사에 따른 발굴완료 조치 통보는 3가지로 구분

현지보존	문화재의 전부 또는 일부를 발굴 전 상태로 복토하여 보존하거나 외부에 노출시켜 보존하는 것
이전보존	문화재의 전부 또는 일부를 발굴현장에 개발사업 부지 내의 다른 장소로 이전하거나 박물관, 전시관 등 개발사업 부지 밖의 장소를 이전하여 보존하는 것
기록보존	발굴조사 결과를 정리하여 그 기록을 보존하는 것

9) 사업시행 통지

사업시행자는 문화재 조사와 관련된 조치 통보를 문화재청으로부터 받기 전에는 해당 지역에서 공사를 시행해서는 안 됨

QUESTION 30 | '세계유산협약'에 의거한 세계유산의 구분 및 등재기준에 대하여 설명

Ⅰ. 서론

1. 세계유산협약에 의거한 세계유산이란 유네스코가 인정한 탁월한 보편적 가치를 지닌 유산으로서 구분은 문화유산, 자연유산, 복합유산임

2. 세계유산의 등재기준은 세계유산 운영지침에 따라 10가지 기준이 제시되고 있으며, 이 외에도 완전성과 보호 및 관리체계가 필요하며, 문화유산에는 진정성도 요구됨

Ⅱ. '세계유산협약'에 의거한 세계유산의 개념과 구분

1. 개념

1) 탁월한 보편적 가치(OUV)를 지닌 유산

2) 1972년 세계 문화 및 자연유산 보호 협약(약칭 '세계유산협약)에서 채택

3) 유네스코가 인류 보편적 가치를 지닌 자연유산 및 문화유산들을 발굴, 보호, 보존하고자 함

2. 구분

1) 문화유산

기념물, 건조물군, 유적지 가운데 역사, 예술, 학문적으로 탁월한 보편적 가치가 있는 유산

2) 자연유산

무기적, 생물학적 생성물들로부터 이룩된 자연의 기념물로서 관상상 또는 과학상 탁월한 보편적 가치가 있는 유산

3) 복합유산

문화유산과 자연유산의 특징을 동시에 충족하는 유산

Ⅲ. '세계유산협약'에 의거한 세계유산의 등재기준

1. 등재요건

한 나라에 머물지 않고 탁월한 보편적 가치가 있어야 함

2. 등재기준

1) 세계유산 운영지침은 유산의 탁월한 가치를 평가하기 위한 기준으로 다음 10가지 가치 평가기준을 제시함

2) 기준 I 부터 VI까지는 문화유산에 해당

3) 기준 VII부터 X까지는 자연유산에 해당

4) 이러한 가치평가기준 외에도 문화유산은 기본적으로 재질이나 기법 등에서 유산이 진정성(Authenticity)을 보유하고 있어야 함

5) 문화유산과 자연유산 모두 유산의 가치를 보여줄 수 있는 완전성(Integrity)과 보호 및 관리체계가 수립되어야 함

구분		기준
문화유산	I	인간의 창의성으로 빚어진 걸작을 대표
	II	오랜 세월에 걸쳐 또는 세계의 일정 문화권 내에서 건축이나 기술 발전, 기념물 제작, 도시계획이나 조경디자인에 있어 인간가치의 중요한 교환을 반영
	III	현존하거나 이미 사라진 문화적 전통이나 문명의 독보적 또는 적어도 특출한 증거
	IV	인류 역사에 있어 중요단계를 예증하는 건물, 건축이나 기술의 총체, 경관 유형의 대표적 사례일 것
	V	특히, 번복할 수 없는 변화의 영향으로 취약해졌을 때 환경이나 인간의 상호작용이나 문화를 대변하는 전통적 정주지나 육지, 바다의 사용을 예증하는 대표사례
	VI	사건이나 실존하는 전통, 사상이나 신조, 보편적 중요성이 탁월한 예술 및 문학 작품과 직접 또는 가시적으로 연관될 것(다른 기준과 함께 적용 권장)
	* 모든 문화유산은 진정성(Authenticity : 재질, 기법 등에서 원래 가치 보유) 필요	
자연유산	VII	최상의 자연현상이나 뛰어난 자연미와 미학적 중요성을 지닌 지역을 포함할 것
	VIII	생명의 기록이나 지형 발전상의 지질학적 주요 진행과정, 지형학이나 자연지리학적 측면의 중요 특징을 포함해 지구역사상 주요단계를 입증하는 대표적 사례
	IX	육상, 민물, 해안 및 해양 생태계와 동식물 군락의 진화 및 발전에 있어 생태학적, 생물학적 주요 진행과정을 입증하는 대표적 사례일 것
	X	과학이나 보존 관점에서 볼 때 보편적 가치가 탁월하고 현재 멸종위기에 대한 종을 포함한 생물학적 다양성의 현장 보존을 위해 가장 중요하고 의미가 큰 자연 서식지를 포함
공통	완전성(Integrity) : 유산의 가치를 충분히 보여줄 수 있는 충분한 제반요소 보유	
	보호 및 관리체계 : 법적·행정적 보호 제도, 완충지역(Buffer Zone) 설정 등	

QUESTION 31 | 창덕궁의 개요와 공간구조에 대하여 설명하고, 창덕궁 후원에 식재된 수목 중 천연기념물(4종)을 설명

Ⅰ. 서론

1. 창덕궁은 정궁인 경복궁의 동쪽에 위치해 동궐이라 부르며, 입지는 한양의 진산인 삼각산의 한 봉우리인 응봉을 주산으로 삼아 조영되었음
2. 창덕궁의 공간구조는 삼문삼조의 원칙에 따라 외조, 치조, 연조와 후원으로 구성되어 있으며, 특히 후원은 한국 전통조경의 백미로 불림
3. 창덕궁의 개요와 공간구조를 설명하고, 창덕궁 후원에 식재된 수목 중 천연기념물에 대해 설명하고자 함

Ⅱ. 창덕궁의 개요

1. 조영의 역사와 배경

1) 태종 5년에 창건된 조선의 이궁
2) 정궁인 경복궁의 동쪽에 위치해서 동궐이라 불림
3) 임진왜란으로 인정전을 제외하고 소실, 광해군에 의해 복구

2. 입지 및 배치

1) 한양의 진산인 삼각산이 4줄기로 갈라진 한 봉우리인 응봉을 주산 삼아
2) 그 맥이 닿는 곳에 창덕궁을 조영
3) 여러 개의 축에 따라 전각들이 횡으로 배열
4) 《주례고공기》 원리인 삼문삼조에 따른 공간구성

Ⅲ. 창덕궁의 공간구조

1. 외조

1) 돈화문~진선문
2) 돈화문 안쪽에 삼공을 의미하는 회화나무 식재
3) 금천교와 명당수 주변에 버드나무 식재

2. 치조

1) 진선문~인정전까지

2) 공적이고 실무적인 공간

3) 정치적 공간, 의례 공간

4) 수목이나 화목류, 괴석 등 조경요소는 배제

3. 연조

1) 대조전 등이 위치

2) 왕과 왕비의 사적 공간으로 화계를 조성

3) 조경식물과 점경물을 배치하여 휴식과 여가에 적합하게 구성

4) 대조전 위 화계에는 관목류와 초화류 식재

   •

4. 후원

1) 후원, 북원, 금원으로 불리다가 조선 말부터 비원으로 불림

2) 부용지 권역, 애련지 권역, 연경당 권역, 존덕정 권역, 옥류천 권역

3) 부용지 권역

   • 부용지, 부용정, 주합루, 규장각 위치
   • 인공미와 자연미가 조화를 이룸

4) 애련지 권역

   • 애련은 송나라 주돈이의 애련설에서 유래
   • 구릉과 계류를 활용해 정자를 세움

5) 연경당 권역

   • 사대부집을 모방하여 99칸 집
   • 사랑채의 현판이 연경당

6) 존덕정 권역

   • 한반도 모양으로 일제 때 변형됨
   • 동궐도에는 원형 3개가 모여 호리병 모양의 못

7) 옥류천 권역

   • 북쪽 계곡, 후원에서 가장 깊숙한 곳
   • 어정, 정자, 지당, 계류, 폭포, 수림 등이 어우러짐

IV. 창덕궁 후원 수목 중 천연기념물 4종

1. 회화나무

1) 위치
돈화문 앞

2) 지정개요
천연기념물 제472호, 8그루가 지정

3) 특징
- 느티나무와 함께 괴목이라 불림
- 괴목 아래 그늘에서 나랏일을 논의
- 정승나무라고도 함

2. 향나무

1) 위치
선원전 근처

2) 지정개요
천연기념물 제194호, 1그루가 지정

3) 특징
- 강한 향기를 지녀 제사 때 향을 피우는 재료로 사용
- 나무의 모양은 용이 승천하는 모습

3. 뽕나무

1) 위치
관람지 입구의 창경궁과 경계를 이루는 담장 주위

2) 지정개요
천연기념물 제471호, 1그루가 지정

3) 특징
- 농사와 함께 뽕나무를 키워 누에를 쳐 비단을 짜게 함
- 궁궐에서 뽕나무를 심어 가꾸며 양잠을 권장
- 친잠례 거행 기록

4. 다래나무

1) 위치
대보단 옆

2) 지정개요
천연기념물 제251호, 1그루가 지정

3) 특징
- 우리나라 다래나무 중 가장 크고 오래된 나무
- 생물학적 보존가치가 큼
- 창덕궁이 지어지기 전부터 있었던 것으로 추정

QUESTION 32 | 부용동 원림에 대한 조영적 철학과 세연정의 경관적 요소를 설명

Ⅰ. 서언

1. 부용동 원림은 고산 윤선도가 작정한 별서정원으로 자연주의사상이 깃든 전통정원의 백미임

2. 사계절을 노래한 어부사시사의 배경이 되는 곳으로 계담, 판석보와 세연정과 세연지 등의 공간이 조영됨

3. 부용동 원림의 조영적 철학을 설명하고 난 후, 공간구성의 특징 및 특히 세연정 영역에 대해 서술하고자 함

Ⅱ. 부용동 원림의 조영적 철학

1. 자연주의사상

1) 세상을 벗어나 은둔 : 자연을 벗삼아서 은일

2) 물아일체와 자연동화와 순응 : 자연합일, 자연지형에 따른 터

3) 사계절에 따른 아름다움 : 어부사시사의 배경이 됨

2. 신선사상

1) 비홍교 다리의 조영 : 붉은 거북을 상징

2) 신선세계를 지향 : 이상향을 추구하고 풍류와 유희를 즐김

Ⅲ. 부용동 원림의 공간구성

1. 계담 : 자연과 일체

1) 저수지 개념 : 계류를 막아 조영, 자연을 내부에서 취함

2) 판석보
- 수위 낮을 때는 다리역할
- 수량이 많을 때는 폭포역할

2. 동대와 서대 : 차경

1) 보길도의 해안을 원차 : 낙조를 감상

2) 계절의 변화를 응시이차 : 시간에 따른 자연경관의 변화를 음미

Ⅳ. 세연정의 경관적 요소

1. 부용동 원림의 중심

1) 자연계류, 자연변화를 완상
- 계류를 막아 폭포를 즐김
- 장경, 일상의 풍경을 노래함

2) 물소리, 새소리, 바람소리 : 사계절 변화를 감상, 무위자연

2. 사계절 변화요소

1) 낙조와 일출
- 동대와 서대에서 완상
- 보길도 해안의 변화를 느끼고 즐김

2) 비소리, 해와 달
- 새벽안개와 초저녁 달빛을 완상
- 시간적 함축과 은유적 요소

3. 개화, 열매, 낙엽

1) 원림 내 수목의 변화
- 계절에 따른 다양성
- 세월의 흐름, 시간적 연속성, 무상감

2) 자연에 투영된 자아
- 어부사시사의 시 짓기의 배경
- 풍류와 유희로서 사의적 자연요소

4. 산수와 천석

1) 산, 계곡, 바위
- 자연경관의 아름다움
- 의인화와 상징화, 각자를 새겨 소유화
2) 원림 내 처소로 세연정 : 머물고 쉬는 정자

QUESTION 33

동양과 서양의 전통적 경관도입기법을 설명하고 현재
도시경관 설계 시 전통적 경관 도입을 위해서는 어떠한
방법들을 사용하는 것이 바람직한가를 기술

I. 서언

1. 동양과 서양의 전통적 경관은 그 지역의 지리적 · 문화적 · 역사적 배경에 따라 다른 양상
   을 보이며

2. 지리적 특성으로 동양은 사계절이 뚜렷하며 특히 우리나라는 계절성이 강하고 산악지형
   의 모습임

3. 서양은 산업혁명으로 경제적 기반 확립과 다양한 문화예술사조의 부흥, 자연을 창조하고
   자 하는 문화기반이 있었음

II. 동양과 서양의 사상, 문화적 특성

1. 동양에서 한국

1) 사계절이 뚜렷한 기후
2) 산악지형의 모습
3) 자연주의 사상에 따른 자연에 순응하는 가치관
4) 풍수지리사상, 신선사상, 음양오행사상

2. 서양의 특징

1) 지중해 기후, 건조하고 더운 날씨
2) 평탄지형, 구릉지형
3) 낭만주의, 다양한 문화예술사조
4) 자연을 창조하려는 정복문화

III. 전통적 경관도입기법 비교

1. 한국 : 자연과 합일, 물아일체

1) 자연의 일부로서 인간 : 자연에 머물고 즐김

2) 차경, 유경, 장경
- '세'와 '경'을 빌림
- 자연으로 들어가 완상
- 마당의 일상풍경을 즐김

3) '경'과 '곡'
- 경치를 적극적으로 경영
- 내세적이고 은유적
- '허'와 '통'의 원리

2. 서양 : 자연을 창조

1) 자연을 모방 : 인위적 조성으로 창조하고자 함
2) 프랑스의 평면기하학식 정원
- 평탄지형에 자수화단 조성
- 결절부에 분수와 조형물 설치
- 총림과 비스타 형성

3) 이탈리아의 노단식 정원
- 경사지를 적극적으로 활용한 예
- 테라스형의 화단 조성

Ⅳ. 도시경관 설계 시 전통경관 도입

1. 광화문광장의 '차경'

1) 해치마당에서 바라본 북악산 : 이동에 따른 풍경 완상
2) 수직적 이동에 따른 경관의 변화 : 자연을 받아들임

2. 세미원의 '점경'

1) 첨경물과 시각적 초점 : 석연지, 풍기대 등 요소
2) 석창포원 연못 : 수경관요소로서 조성

3. 남산르네상스의 '유경'

1) 성곽과 능선을 따라 체험 : 걸어가며 완상함
2) 자연에 직접 들어가기 : 받아들이고 즐기는 태도

3) 실개울, 소나무숲길 : 산책로, 수경요소

4. 선유도공원의 '장경'

1) 정원 내의 일상적 풍경
- 세월을 암시, 시간의 흐름을 존중
- 관람객과 자연이 일체화된 일상풍경

2) 정수지의 역사적 흔적 남기기
- 시간의 정원, 녹색기둥의 정원
- 남겨진 콘크리트 담장

전통공간에서의 포장방법에 대한
한 · 중 · 일 비교 설명

Ⅰ. 서언

1. 전통공간에서 한국 · 중국 · 일본의 조경양식은 자국의 사상적 배경, 문화적, 지리적 영향에 따라 유사점, 차별성을 띰

2. 중국의 영향으로 한국, 일본의 양식이 초기에는 공통점이 많았으나, 점차 후기로 가면서 각 나라만의 고유한 특성을 갖게 됨

3. 전통공간에서의 포장방법에 있어서도 유사성, 차별성이 나타나는 바, 이에 대해 비교 설명하고자 함

Ⅱ. 한 · 중 · 일의 조경양식 배경

1. 한국

1) 자연주의사상, 풍수지리사상

2) 유교사상, 음양오행, 신선사상

3) 자연주의 경향이 타국보다 강함

2. 중국

1) 공자사상, 도가사상

2) 신선사상에 따른 조원

3) 화려한 장식과 문양이 많음

3. 일본

1) 토속민간신앙, 신선사상

2) 불교사상, 정토세계 표현

3) 중국, 한국의 영향이 지대함

Ⅲ. 3국의 조경양식 비교

구분	한국	중국	일본
공간 구성	• 수직구성이 큼 • 축으로 위계 표현 • 화계, 담장은 지형을 극복 • 자연의 일부	• 규모가 큼 • 건축적 구조가 강함 • 담장으로 공간구획 • 화려한 방식	• 규모가 작음 • 축소지향적 • 한국과 중국의 영향이 큼
시각 구성	• 차경기법 • 유경, 다경, 읍경, 환경 • 연속과 비연속기법 • 전망과 은신	• 이계성의 '원야' • 다양한 차경기법 소개 • 실제적 사용은 적음 • 문창을 주로 이용 • 대경기법	• 차경보다 축경 이용 • 사원에서 일부 차경 고려
지당 및 첨경물	• 주로 방지형 • 음양오행사상 • 정자 분리 설치 • 석연지, 물확, 괴석 등 점경물	• 호수 중심 • 정자, 건물이 호안과 동일하게 처리 • 태호석의 이용	• 연못, 폭포 등 기법이 다양함 • 고산수식은 물을 사용하지 않음 • 다정식에서 점경요소의 사용 많음
건축적 요소	• 화계 조성 • 낮은 담장 처리 • 직선형 다리 • 정과 누 건축물은 자연과 동화하려는 요소 • 인간적 척도의 규모	• 건축물 자체가 경관요소임 • 관상용, 시각적 초점 • 다양한 담장형태 • 문창, 공창, 화창기법 • 다리는 곡교	• 다리는 곡교 • 공간구획의 목적으로 담장 설치 • 정교한 암석의 배치와 점경요소의 사용

Ⅳ. 한 · 중 · 일의 포장방법 비교

1. 한국

1) 마사토 포장 위주 : 자연주의사상의 영향이 큼

2) 궁궐 주요부의 일부에 타 재료 사용 : 치조마당에 박석포장, 종묘 정전의 전돌포장

3) 궁궐의 출입구, 우물가 포장 : 가공석 포장으로 구분

4) 종묘, 왕릉의 참도 : 박석 포장, 가공석 포장, 전돌 포장

5) 궁궐 치조공간의 박석 포장 : 위엄성, 상징성, 자연배수를 위함

2. 중국

1) 포장술이 발달, 기법과 재료가 다양 : 이계성의 '원야'에 소개됨

2) 화려한 문양의 조약돌 포장 : 원로에 다양하게 표현됨

3) 가공석, 박석, 전돌 포장 : 한국보다 많은 사용, 기법도 다양하게 표현

3. 일본

1) 디딤돌 포장을 선호함 : 좁은 폭과 징검다리 형태로 배치

2) 3국 중에서 디딤돌 포장이 지배적 : 한국은 사용을 하지 않는 방식임

3) 원로에 다양한 기법으로 표현 : 박석, 가공석 포장 등

Ⅴ. 결언

1. 한국 · 중국 · 일본은 지리적으로 가까워서 상호영향이 컸으나 각각의 나라마다 사상적 · 문화적 · 지리적 특성이 달라 서로 다른 고유한 조경양식들이 발현됨

2. 한국은 자연주의 사상이 타국보다 지배적이어서 자연의 일부나 자연과 동화되는 조원양식이므로 포장방법에 있어서도 자연스러운 마사토 포장이 주로 나타났음

QUESTION
35 | 조선시대 정궁인 경복궁의 외조, 치조, 연조, 후원의 각 공간별 조원특징을 기술

Ⅰ. 서언

1. 조선시대 정궁인 경복궁은 태조 3년에 창건하였으나 1592년 임진왜란 때 불탄 것을 고종 때 복원함
2. 이후 일제에 의해 훼손된 것을 1990년을 시작으로 복원공사가 진행 중이고 최근 광화문 복원이 완료됨
3. 경복궁을 외조, 치조, 연조, 후원의 공간별로 구분하여 조원특징과 경관요소에 대해 서술하고자 함

Ⅱ. 경복궁의 입지성과 배치원리

1. 입지성

1) 명당지에 입지
   - 북악인 삼각산을 주산
   - 서쪽의 인왕산이 백호, 동쪽의 낙산이 청룡
   - 청계천은 명당수, 한강은 객수

2) 주례고공기의 좌묘우사, 전조후시
   - 왼쪽은 종묘가 오른쪽은 사직단이 자리함
   - 배산임수 배치법으로 시장을 두지 않고 진산을 둠
   - 주작대로와 좌우의 육조관청

2. 배치원리

1) 3문3조의 원칙 : 주례고공기
   - 3문 : 고문, 치문, 노문
   - 3조 : 외조, 치조, 연조

2) 일직선상의 축
   - 남북 중심축에 문과 전각을 배치
   - 광화문, 홍례문, 영제교
   - 근정문, 근정전, 사정전 등

3) 조영사상
- 유교사상에 의한 이상 표현
- 위계에 따른 건물 배치와 공간 구분
- 음양오행사상, 사신, 십이지신

Ⅲ. 경복궁의 공간구성 및 조원특징

1. 외조 : 제1중정

1) 영역 및 공간성격
- 광화문에서 근정문 사이 영역
- 영추문에서 건춘문 사이 영역
- 관리들의 집무, 관청지역

2) 조원특징
- 삼공의 의미로 회화나무, 느티나무 식재
- 조정관리들이 이 나무 아래서 담소, 준비
- 광화문 안쪽으로 좌우 2개 방지가 있었음

3) 외조공간 내 건물 배치
- 승정원, 홍문관, 예문관, 상서원
- 내의원, 수직사, 빈청 등

2. 치조 : 제2중정

1) 영역 및 공간성격
- 근정전에서 사정전 일대
- 임금과 신하가 정치하는 공간
- 각종 의례나 행사공간

2) 조원특징
- 왕권의 엄숙함, 통치자의 안위 배려
- 수목과 괴석 등 조경요소 배제됨
- 인공적이며 간결한 구성
- 근정전 앞에 품계석 배치

3. 연조 : 제3중정

1) 영역 및 공간성격
- 왕실의 침전, 생활공간
- 강녕전, 교태전, 자경전
- 왕과 왕비를 위한 왕실의 사적 영역

2) 조원특징
- 왕비침전인 교태전 후원의 아미산
- 대비마마 침전인 자경전 → 뒤쪽에 화담과 굴뚝 설치
- 외부출입이 자유롭지 못한 궁궐여인들을 배려

3) 주요 경관요소
- 교태전 후원인 아미산 → 4단의 화계와 4개 굴뚝, 괴석과 석지 등
- 자경전의 화담굴뚝 → 십장생굴뚝, 장수와 자손번영을 위한 문양

4. 후원

1) 영역 및 공간성격
- 침전 후원 북쪽에 있는 공간
- 휴식과 수학하는 장소
- 신무문 밖에 백악의 산록에도 조성 → 현재 청와대 자리

2) 조원특징
- 향원정과 향원지 위치
- 그 동쪽의 녹산과 자연스런 경관
- 풍부한 원림의 조성으로 계절감 강조
- 낙엽활엽수, 화목류 위주 식재

3) 주요 경관요소
- 향원지는 애련설의 향원익청에서 유래함
- 못 속에 원형의 섬과 육각형 정자
- 취향교 다리 : 현재 남쪽에 설치, 잘못 복원된 사례

조선시대 초기의 도성인 한양의 입지성과
도시 내부구조에 대해 기술

Ⅰ. 서언

1. 조선시대 초기 도성은 태조 이성계의 조선 건국 이후 최초의 법궁으로서 중국의 주례고공기 원리를 따랐으나 풍수지리사상 영향으로 다른 모습을 보임

2. 중국의 경우 축선을 매우 강조, 중앙축선상에 궁궐이 위치되는데 경복궁은 한쪽으로 치우쳐 위치함

3. 한양의 입지성과 도시 내부구조에 대한 설명을 기본원리부터 구체적인 표현사례까지 서술하고자 함

Ⅱ. 한양의 입지성

1. 역사적 배경

1) 삼국시대 초기 : 백제 도읍지, 삼국의 쟁탈지

2) 고려시대 : 수도인 개성을 보좌, 남경으로 승격

3) 조선시대 : 법궁이 됨, 풍수지리와 도참사상의 영향

2. 풍수지리에 의한 입지

1) 내사산과 외사산 지정
   - 내사산 : 낙산, 인왕산, 남산, 북악산
   - 외사산 : 용마산, 덕양산, 관악산, 북한산

2) 명당수, 외명당수
   - 명당수 : 청계천을 앞에 취함
   - 외명당수 : 한강이 동서방향으로 흐름

3. 자연환경조건

1) 한양의 지세
   - 북쪽과 남쪽경계 높은 산 → 북악산과 남산
   - 동서방향은 상대적으로 낮음 → 시가지를 형성, 확장이 용이함

2) 한양을 위요하고 있는 산
- 도성의 경계로 설정
- 성곽은 보조적 역할

3) 입지의 중요한 골격 형성 : 동선체계, 토지이용 등 결정

III. 도시 내부구조

1. 주례고공기의 원리 도입

1) 전조후시
- 앞쪽은 정사를 보는 기관을 배치
- 뒤쪽은 시장을 둠
- 한양의 경우는 풍수지리의 영향으로 뒤쪽에 시장이 없고 북악산이 있음
- 시장의 위치는 앞쪽의 종로, 남대문 거리

2) 좌묘우사
- 북쪽 궁궐에서 남쪽을 보면 좌에 종묘, 우에 사직단이 배치됨
- 중국과 달리 경복궁이 서쪽에 치우침
- 자연환경과 풍수지리의 영향임

2. 풍수지리에 관계된 조경시설

1) 비보
- 조산과 연못을 조영
- 숭례문 안팎에 연못을 파고 남지라 함
- 흥인문 등에 연못을 조영하고 동지라 함
- 숭례문, 흥인문 안에 조산함, 종묘의 허함을 보태기 위함

2) 엽승
- 주작인 관악산의 화기를 막을 목적 → 벽사로 연못을 조성
- 질병을 막고자 아미산 화계로 명명

QUESTION
37 | 전통마을의 풍수지리사상의 적용을 기술하고
사례를 2가지 이상 들어서 설명

Ⅰ. 서언

1. 풍수지리란 산이나 강, 지형 등 자연환경이 인간의 삶에 영향을 끼쳐 생로병사가 토지의 생기에 근거한다는 형이상학적 이론임
2. 토지의 기운은 크게 생기론과 지세론으로 구분되며 왕도, 양택, 음택으로 세분되어 논의됨
3. 풍수지리는 터잡기, 건물배치, 연못과 가산 조성 등에 영향을 미쳤으며 전통마을에도 적용되어 왔음

Ⅱ. 풍수지리와 입지

1. 터 잡는 법

1) 장풍법, 득수법
   - 청룡, 백호, 주작, 현무, 조산, 안산 등
   - 물이 바람보다 강한 기운으로 중요시함

2) 형국론, 좌향론
   - 동물형, 물질형, 식물형 등 구분
   - 절대향과 상대향

2. 비보와 엽승

1) 비보 : 지세가 허한 곳의 보완(숲, 가산, 연못, 시설 등을 조성함)
2) 엽승 : 불길한 기운을 제압하고자 다리나 연못 등을 조성

Ⅲ. 전통마을의 풍수사상 적용

1. 마을의 터 잡기

1) 장풍과 득수에 의한 입지
   - 사신의 지형을 갖춘 곳
   - 불리한 지형조건일 경우 비보를 적용
   - 명당수, 객수에 의한 위치

2) 형국론에 따른 명당지
- 연화부수형 : 안동 하회마을
- 물(勿)자형 : 경주 양동마을

2. 비보와 엽승

1) 비보림인 마을숲 : 외암리 민속마을의 동구숲
2) 비보수 식재
- 낙안읍성은 행주형
- 마을 중앙에 은행나무 식재

3) 화기를 막기 위한 숲과 계류
- 안동하회마을의 만송림
- 외암리 민속마을의 마을 내 계류

4) 마을 입구의 장승
- 벽사의 의미
- 질병과 잡기를 막음

IV. 전통마을 사례

1. 안동 하회마을

1) 하회(下回)의 의미 : 물이 돌아서 흘러간다는 물돌이 뜻
2) 풍산유씨의 집성촌 : 낙동강 상류 하천변 위치
3) 입지적 특성
- 연화부수형의 형국
- 비보 목적으로 마을 내 연지조성을 제한함
- 좌청룡, 우백호가 없는 특징 지님
- 풍수비보림으로 만송정

2. 경주 양동마을

1) 경주손씨와 여강이씨 집성촌 : 경주시 북쪽으로 설창산에 둘러싸임
2) 물(勿)자형 형국 : 주산인 설창산에서 네 줄기로 갈라져 물자형의 능선과 골짜기를 이룸
3) 월성손씨 대종가 서백당 : 기운이 응집된 곳으로 큰 인물이 탄생
4) 명당수와 객수

- 양동천이 명당수
- 합류하여 안락천 객수를 이룸
- 형산강과 마을 밖에서 다시 합류함
- 안팎으로 이합수가 세 번 이뤄져 길지임

V. 결언

1. 풍수지리사상은 도읍, 마을, 주거지 등의 입지에 전통적으로 기본원리로 적용되어 왔으며 장풍, 득수, 형국 등에 의해 전통마을이 자리잡고 부족한 지형·지세는 비보와 엽승으로 보완하였음

2. 사례로 살펴본 안동하회마을과 경주양동마을은 세계문화유산으로 지정된 대표적인 전통 마을로서 풍수지리가 입지, 건물배치, 숲, 시설도입 등의 여러 가지 면으로 적용된 예임

QUESTION 38 | 전통민가의 풍수지리사상의 적용을 기술하고 사례를 2가지 이상 들어서 설명

I. 서언

1. 전통민가의 입지는 풍수지리사상에 근거해 터를 잡고 양택론에 따라 공간배치가 이뤄지며 음양오행과 생기론에 부합된 마당공간을 형성함

2. 유교사상으로 신분위계질서가 공간구성과 규모에도 영향을 미쳤으며, 실용적 · 경관적 기능과 사용자가 누구인가에 따라 용도와 조원특징을 달리함

3. 윤고산 고택과 월성 손씨가를 사례로 하여 공간구성에 있어 풍수지리사상의 적용을 설명하고자 함

II. 전통민가 입지에 내재된 사상

1. 풍수지리사상

1) 전저후고, 사신에 의한 고려

2) 배산임수, 좌향과 배산

3) 혈의 위치, 점혈법 적용

2. 양택론

1) 좁은 의미의 풍수지리

2) 양택 3요결 원칙

3) 대문, 안방, 부엌의 위치 중요

III. 윤고산 고택의 적용사례

1. 입지 및 공간배치

1) 입지형태

- 좌청룡, 우백호의 지세로 평지 위치
- 연화도수형, 조산과 연못의 조성으로 비보

2) 배치특징
- 전정, 행랑 · 사랑 · 안마당, 후원, 사당마당
- 용혈에 안마당이 위치함

2. 공간구성별 특징

1) 전정
- 풍수지리에 입각한 조성
- 연못과 5개 조산, 집의 기운을 상승

2) 용혈에 안마당을 위치 : 강한 기운을 중심으로 공간배치

Ⅳ. 월성손씨가의 적용사례

1. 입지 및 공간 배치

1) 물(勿)자형 형국 : 네 개의 능선과 골짜기에 위치
2) 배산임수
- 주산인 설창산, 안팎으로 이합수가 세 번으로 길지
- 기운이 응집된 곳인 월성 손씨가

2. 공간적 특징

1) 행랑마당, 안마당, 사랑 · 사당 · 뒷마당 구성
2) 후원에는 비보의 화계가 조성됨
3) 북서쪽으로 송림을 조성하여 비보

Ⅴ. 결언

1. 전통마을의 풍수지리사상의 적용은 마을의 입지, 터잡기부터 건물 배치, 공간구성에 영향을 줌
2. 장풍과 득수법, 형국론과 좌향에 의해 좋은 기운이 자리한 곳에 터를 잡고, 부족한 기운은 비보와 엽승으로 조산, 연못 등으로 보완하였음
3. 마당구성에 있어 용혈에 안마당, 안채를 배치하고 양택3요결에 따라 대문, 안방, 부엌위치를 정한 후에 지형지세를 읽어 조성해 줌

QUESTION 39 | 상류민가 마당의 기능과 의례에 대해 서술

I. 서언

1. 상류주택의 마당은 바깥마당, 행랑마당, 안마당, 사랑마당, 뒷마당, 후원, 사당마당으로 구분됨

2. 각 마당마다 용도와 특징이 달리 사용되며, 이는 신분의 위계질서와 그에 따른 기능, 의례가 다르기 때문이며 공간사용자의 인격과 계급을 표현

3. 마당의 입지는 풍수지리와 양택론에 근거하며 공간의 허와 실의 보완관계, 음양오행의 조화를 통해 용도에 따른 비율을 달리하며 강조와 조화를 이룸

II. 상류민가 마당의 입지사상과 특징

1. 입지 및 위치에 내재된 사상

1) 풍수지리사상
  - 전저후고와 사신을 고려
  - 배산임수로 바람과 물길을 강조
  - 혈의 위치로 기의 중심성을 중요시함

2) 양택론
  - 주거의 밝은 기운을 바라봄
  - 양택3요결 원칙
  - 대문, 안방, 부엌의 위치를 중요시함

2. 시설배치에 내재된 사상

1) 음양오행사상
  - 음과 양, 산과 강의 조화
  - 모든 만물의 조화와 의미를 내포함
  - 공간의 어둠과 밝음과 높고 낮음의 대비와 조화

2) 생기론
  - 중심마당을 안채에 설정함
  - 중심에서 기를 퍼트려 나감

3. 마당공간의 특징

1) 크기의 조절
- 각 공간에 따른 규모 설정
- 휴먼스케일로 친근한 규모

2) 대비효과
- 어둠과 밝음, 개방과 폐쇄
- 시각의 연속과 분절

3) 실용성 강조
- 신분과 용도에 따른 공간구분
- 공간의 연계성, 효율적 기능

III. 마당의 구분별 기능, 의례, 특징

1. 바깥마당

1) 대문 밖에 조성, 안과 밖의 전이공간 : 넓은 면적과 사방이 개방됨
2) 공동으로 사용, 다용도 공간 기능 : 농사일 등 실용적 사용, 타작행위
3) 안내의 장소, 손님 대기공간 : 공간에 대한 기대감 유발
4) 주작의 화기를 누르는 연지 : 풍수사상에 의한 연못 조성

2. 행랑마당

1) 대문과 행랑채 사이 조성 : 아랫사람들이 거주하고 생활하는 공간
2) 실용적 기능, 작업공간 : 실용성을 겸한 과실나무를 식재, 채원

3. 안마당

1) 주택 내부에 위치, 여인들의 공간 : 살림공간, 생활중심공간
2) 좁고 작은 형태의 마당 : 남녀유별에 따른 안쪽 내밀한 곳에 자리
3) 백일, 돌잔치, 환갑잔치 의례 : 가족행사, 일상생활을 수용
4) '곤(困)하다'하여 식재 배제가 원칙 : 채광과 통풍을 위함

4. 사랑마당

1) 바깥주인이 기거하는 곳 : 남자들의 공간
2) 손님의 접대, 정치, 담소 공간 : 경관의 완상과 시각적 초점이 되는 경관 조성

3) 인위적 조원방식 도입
- 괴석, 화오, 수목 식재
- 소나무 단식, 배경 군식, 화목류 식재

5. 사당마당

1) 제일 높은 상단의 사당에 위치 : 주거의 옆이나 끝에 자리함
2) 조상의 신위를 모시는 기능 : 신성함, 엄숙함, 정숙한 공간
3) 계단, 화계로 높은 위계를 강조 : 화계와 주위원림을 조성, 향나무 식재

6. 뒷마당

1) 아녀자의 마당, 휴식공간
2) 실용적, 심리적 완화 기능 창출
3) 채원, 약용원, 장독배를 배치
4) 일부 민가는 화계가 도입됨

7. 후원(별당마당)

1) 주로 주거의 뒤편에 위치함
2) 휴식과 사교, 접객, 위락공간(조선 후기에 발달)
3) 내별당, 외별당 도입
- 내별당은 정적 공간
- 외별당은 연지와 누정을 배치 → 강릉 선교장의 활래정지원 사례

40 | 조선시대 궁궐의 공간을 기능별로 구분하고 그 배치와 개념을 설명

I. 서언

1. 조선시대 궁궐에는 정궁인 경복궁과 이궁인 창덕궁·창경궁, 그리고 덕수궁·경희궁이 있음
2. 궁궐의 공간구성과 배치의 원리는 주례고공기를 따랐으나 자연지형과 풍수지리사상에 의해 축의 변형을 보였음
3. 궁궐의 기본이 되는 배치원리를 설명하고, 세계문화유산인 창덕궁을 사례로 구체적인 공간구분과 그 배치 및 개념에 대해 서술하고자 함

II. 궁궐의 배치원리와 사상

1. 축

1) 남북중심축 : 일직선상의 축
2) 정문, 금천교, 전각의 축 : 3문 3조의 원칙에 따른 배치

2. 3문 3조의 원칙

1) 주례고공기에 따름 : 삼문삼조, 전조후시, 좌묘우사
2) 3문 : 고문, 치문, 노문
3) 3조
   - 외조 : 집무와 관청공간
   - 치조 : 왕실 생활공간
   - 연조 : 정치공간

3. 사상

1) 자연주의
   - 자연지형에 순응, 정자 배치
   - 누, 문 등의 명명

2) 유교사상
   - 위계가 분명한 공간구성
   - 사적, 공적, 남녀공간 구분

3) 태극설, 천문도 응용
- 바람길에 따른 정자 배치
- 천지운행의 질서에 부합

III. 창덕궁의 공간 구분과 배치, 개념

1. 배치원리

1) 삼문 : 돈화문, 금호문, 인정문
2) 삼조 : 외조, 치조, 연조, 후원으로 구성

2. 외조

1) 돈화문에서 인정문 사이 구간
2) 관청과 금천교 등이 위치함
3) 명당수 좌우로 원림이 조성됨

3. 치조

1) 인정문에서 인정전, 선정전 구간
2) 국왕의 권위를 강조 : 일체 조원의 배제, 단순함
3) 인정전 앞에 박석포장
4) 품계석, 드무, 향로 배치

4. 연조

1) 대조전, 희정당 일원
2) 침전, 여가, 생활공간
3) 치조공간과 달리 조원시설물이 도입 : 괴석, 석분, 취병 등
4) 대조전 뒤편에 회계가 조성됨 : 지형의 극복과 경사지 처리

5. 후원

1) 연조공간 북쪽원림
2) 비원, 금원이라고도 불림
3) 태극설에 따른 정자 입지
4) 부용지, 연경당, 옥류천 영역 등

IV. 창덕궁 후원공간의 영역별 특징

1. 부용지 영역

1) 공간구성
- 부용지, 부용정 중심
- 부용정, 어수문, 주합루의 축
- 사정기비각, 영화당
- 서향각, 희우정, 제월광풍관이 위치

2) 부용지 특징
- 1도 장방형 방지
- 천원지방설, 음양오행사상
- 지안은 장대석으로 석축
- 잉어문양 조각으로 시각적 초점을 이룸

3) 부용정
- 아(亞)자형 건물
- 벼슬에 대한 이상을 표현
- 과거급제 후 어사관 하사장소

2. 연경당, 애련지 영역

1) 공간구성
- 사대부 집을 모방한 연경당
- 애련지, 애련정, 불로문, 선향제, 농수정 등 위치

2) 애련지, 애련정
- 연경당 서쪽 골짜기의 수원
- 물확 → 석루조 → 현폭으로 입수

3) 연경당
- 사대부 집을 모방한 99칸 건축물
- 사랑채, 사랑마당, 안채

3. 옥류천 영역

1) 공간구성
- 북쪽 계곡, 가장 깊은 곳에 위치
- 청의정, 태극정, 농산정, 소요정, 취한정, 어정
- 계곡과 바람을 살린 완상의 자연

2) 곡수거인 소요암
- 곡수연장소, 풍류공간, 솔숲, 청아한 물소리
- 암반을 L자형으로 깎은 소요암
- 각자는 인조가 어언시는 숙종이 각인함

QUESTION 41 | 창덕궁 후원의 부용지 영역은 궁궐조경의 진수이다. 부용지 영역의 공간구성과 경관요소에 대해 설명

I. 서언

1. 창덕궁 후원의 공간은 부용지 영역, 애련정 · 연경당 영역, 옥류천 영역, 반도지 영역으로 구분해 볼 수 있음

2. 창덕궁의 후원 가운데 부용지 영역은 가장 인공적인 요소가 많으며, 원림으로 위요된 공간, 일직선축상의 건축물 배치와 점경물과 수공간 등의 특징을 지닌 아름다운 곳임

II. 부용지 영역의 배치원리

1. 유교사상

1) 축을 이룬 배치로 위계를 이룸
   - 부용정, 어수문, 주합루의 축
   - 과거급제, 벼슬길의 이상 표현

2) 어수문의 의미
   - 물은 임금, 물고기는 신하를 의미
   - 임금과 신화의 융합관계를 상징

3) 부용지 : 부용은 연꽃과 관련됨, 군자를 상징함

2. 자연주의

1) 인공미와 자연미의 조화 추구 : 건축물을 둘러싼 원림
2) 자연지형에 따른 연못과 화계
   - 낮은 지역에 연못을 배치
   - 높은 곳, 경사면에 화계를 조성

III. 부용지 영역의 공간구성

1. 구성형식

1) 인공미와 자연미의 조화
   - 위요된 공간을 조성, 안정적임
   - 건축물 주변으로 배후원림을 형성

2) 강한 축의 설정 : 벼슬길의 이상을 표현

2. 배치 개념도

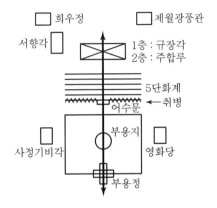

Ⅳ. 부용지 영역의 경관요소

1. 부용지

1) 1도 장방형의 방지 : 천원지방설, 음양오행사상

2) 원형의 섬
- 석축 형태는 밑단에 다듬은 돌 사용
- 윗단은 자연석 쌓기를 함

3) 장대석으로 석축된 지안 : 잉어의 문양은 시각적 초점을 이룸

2. 부용정

1) 아(亞)자형 다각형 건물

2) 물 위에 떠있음을 표현

3. 주합루

1) 왕실의 도서보관장소, 2층 누각, 1층은 규장각

2) 배후에 원림, 동궐도상에 소나무림

4. 화계와 취병

1) 주합루, 부용지의 전이공간 : 인공적 식재, 자연스러운 연결성

2) 취병 도입으로 공간을 구분 : 연회와 강학공간을 분리, 연계

QUESTION 42 | 한국의 사대부가에는 지당을 도입하는 곳이 많다. 지당의 기능, 조성위치, 형태, 호안 및 바닥처리에 대해 서술

I. 서언

1. 한국의 전통조경에서 지당은 서유구의 임원십육지 기록에 의해 조성방법을 살펴볼 수 있는데

2. 지당을 도입하면 좋은 점을 양어, 실용, 심신의 수양과 관상이라 하며 강조했으며 구체적인 설치 환경조건과 시공법을 제시하였음

3. 지당의 조성은 지형적·사상적 요구를 바탕으로 위치와 형태, 호암 및 바닥처리를 하였음

II. '임원십육지'에서 지당의 기능

1. 양어

1) 물고기를 기를 수 있어 좋음
2) 낚시를 즐길 수 있어 좋음

2. 실용

1) 논, 밭에 물을 댈 수 있어 좋음
2) 배수시설로 집안을 보전할 수 있음

3. 심신 수양과 관상

1) 흉금을 깨끗하게 씻어줌
2) 연꽃과 수생식물을 심어 관상

4. 풍수지리에 의한 비보와 엽승

1) 주작의 방향인 주택의 남쪽 위치
2) 주작의 화기를 누르는 역할

Ⅲ. 지당의 조성위치, 형태, 호안, 바닥처리

1. 조성위치

1) 주거지 남쪽에 위치
- 남주작인 불의 신을 막고자 함
- 연못의 도입으로 비보와 엽승

2) 사랑마당
- 사랑채에서 완상 가능
- 시각적 초점, 심신수양과 관상

3) 별당마당과 후원
- 용혈의 자리에 위치, 점혈법
- 경관 조망과 사색

2. 형태

1) 방지가 주류, 정형지 : 방지원도, 방지무도, 방지방도
2) 일부가 비정형지 : 곡선형, 직선과 곡선 병용형

3. 호안

1) 석축 쌓기 : 대부분의 지당에 해당
2) 자연석을 사용 : 조선시대 건축규제로 가공석은 사용하지 않음
3) 축조방식은 수직처리 : 경사를 두지 않는 방식
4) 처리방법
- 1차 : 돌담쌓기, 진흙바르기
- 2차 : 마른 후 자연석, 막돌 마감

4. 바닥처리

1) 통수(通水)기능이 있는 차수(遮水)방식
- 천지통수(穿池通水) 개념
- 생태적 유지와 물순환

2) 진흙다짐 처리 : 연꽃 식재 가능, 식재기반
3) 진흙, 돌로 마감, 방수처리 : 구운 후에 자갈 포설

Ⅳ. 선교장과 하엽정의 지당 사례

1. 강릉 선교장 활래정지

1) 지당의 조성위치
- 주거지 남쪽에 배치, 풍수지리사상에 근거
- 좌청룡 우백호의 지세, 용혈자리에 위치

2) 형태, 호안, 바닥처리 : 방지방도형, 자연석 쌓기, 진흙다짐

2. 달성 하엽정 지당

1) 조성위치 : 별당마당에 자리함, 남측에 비보개념, 용혈
2) 형태, 호안, 바닥처리
- 방지원도형, 호안은 4단의 자연석 축조
- 연꽃식재, 진흙다짐

우리나라에는 누와 정자가 많다. 누와 정자에 영향을 준 사상적 배경과 환경의 차이점, 설치위치의 차이점을 서술

Ⅰ. 서언

1. 누와 정자는 경관을 관망하기 좋은 곳을 골라서 입지하고 꾸밈은 간소한 조원시설물의 일종임

2. 누(樓)는 정치, 연회, 접대 등 공적으로 이용되며 정(亭)은 시 짓기, 관람, 유상 등을 위한 사적인 이용을 보임

3. 누와 정자에 영향을 준 사상적 배경, 환경, 설치위치의 차이점을 서술하면서 비교해 보고자 함

Ⅱ. 누와 정자의 사상적 배경

1. 자연숭배와 자연주의

1) 누와 정의 공통적 사상

2) 자연 속에 입지, 자연의 일부

3) 자연과 동화, 수려한 경치

2. 유교사상

1) 주로 정자에 나타난 사상

2) 한국인의 미의식

3) 현판에 표현하고 상징함

3. 형이상학적 사상

1) 누에 나타난 강한 특징

2) 음양오행의 이치, 국가의 번영 기원

Ⅲ. 환경 및 설치위치의 차이점

1. 누(樓)

  1) 궁궐의 누
    - 자연성을 이용한 동양우주론
    - 선인의 세계를 나타냄
    - 주로 후원에 입지
    - 경복궁의 경회루, 창덕궁의 주합루

  2) 성곽의 누
    - 사방이 트이고 높은 곳에 위치
    - 적군을 감시하고 출입자를 통제함
    - 수원화성의 동북각루, 팔달루, 장안문루

  3) 관아의 누
    - 객사, 공적인 이용
    - 산수경개가 좋고 지세가 높은 곳
    - 남원의 광한루, 밀양 영남루, 진주 촉석루

  4) 사찰의 누
    - 종교상의 내면질서와 위계
    - 건축기능상 공간영역 구분과 경계
    - 공간의 상하를 연결하는 결절점
    - 불국사 범영루, 부석사 안양루

2. 정(亭)

  1) 강, 계곡에 입지
    - 계곡의 경치, 한눈에 완상
    - 광활함, 물에 투영된 그림자, 서정적 감상
    - 강원도 소양강호 주변 소양정, 독수당의 계정

  2) 산마루, 언덕에 위치
    - 주위 원림 배경, 탁 트인 경관 조망
    - 창덕궁 후원의 능허정

3) 연못가 또는 내부
- 못의 한쪽 또는 중앙에 위치
- 창덕궁의 애련정, 부용정
- 투영미, 사색, 심신수양장소

4) 집안 : 누마루형
- 별서의 성격을 띰, 집회와 일상의 휴식
- 앙시, 부시 효과, 삼투의 환경
- 선교장의 활래정, 양동마을의 무첨당

3. 누, 정의 경관처리기법

1) 허(虛)
- 비어 있음을 의미, 긴 조망거리
- 절벽 위, 푸른 산과 물을 조망

2) 원경(遠景)
- 원경을 통해 맑고 시원한 느낌
- 답답함과 막힌 뜻을 통하게 함

3) 취경(聚景)
- 먼 곳에 있는 여러 경관을 모음
- 서로 다른 조망축의 발달, 다경(多景)

4) 읍경(挹景)
- 경관특징, 구성요소들을 끌어들임
- 적극적인 처리기법

5) 환경(環景)
- 누정 주위에 있는 푸르름, 물, 산 등
- 누정에 둘러싸여 입지시킴

QUESTION 44 | 곡수거의 개념, 유래 및 원리에 대하여 국내사례를 2가지 이상을 들어 설명

I. 서언

1. 곡수거란 굽이치는 물도랑을 말하며 이곳에 술잔을 띄우고 시를 읊는 풍류를 곡수연이라 함

2. 유래는 기원전 중국에서 행해진 계욕의례에서 출발, 진나라 왕희지 난정고사에 있으며 이곳에서 시를 짓게 함

3. 우리나라는 고구려 안학궁 후원의 자연형 곡수거가 가장 오래되었고, 신라 포석정, 조선의 옥류천이 있음

II. 곡수거의 개념 및 유래

1. 개념

1) 곡수거(曲水渠), 굽이치는 물도랑
   - 물이 굴곡 있는 도랑으로 흐르게 함
   - 도랑의 폭, 경사도에 따라 유속이 다름

2) 계류, 자연수를 못으로 끌어들이는 시설 : 입수구 가까이에 곡수시설, 다단계 정화시설을 설치

3) 인공으로 자연석에 홈을 파 물을 돌게 함
   - 돌을 가공하고 낙차를 이용
   - 물의 흐름을 이용, 비폭효과

4) 나라별로 다양한 형태 : 우리나라는 전복모양·곡선형, 일본은 S자형

2. 유래

1) 계욕의례에서 출발 : 몸을 씻고 신에게 제사드리는 행사
2) 진나라 왕희지 난정고사 기록 : 계욕의례 때 시를 짓게 함
3) 우리나라 5세기경 도입 : 안학궁 후원의 자연형 곡수거
4) 현존하는 곡수거 : 포석정, 옥류천의 소요암
5) 곡수거 기록이 있는 장소 : 성락원, 소쇄원, 무성서원

III. 포석정 곡수거의 원리

1. 조영배경

1) 통일신라 애장왕 시대 : 연회, 곡수연의 장소

2) 중국 진나라 풍류에서 유래 : 문화적 차이로 다른 양상이 나타남

2. 형태, 조성원리

1) 굴곡진 타원형, 전복모양 : 경주 지역환경, 문화적 특성

2) 조립돌의 연결로 조성 : 기울기, 폭을 조절하기 용이함

3) 다양한 유속, 흐름 : 잔을 돌리는 속도 고려

3. 조성방법

1) 총 46개 조립돌로 구성
- 내곽돌 12개, 외곽돌 24개
- 입수부 6개, 출수부 4개

2) 총 수로길이는 22m

3) 다듬은 화강석, 조립형식

4) 기울기와 폭 조절
- 시점부에서 종점부까지 높이 5.9m 차이
- 구간에 따라 다른 경사도, 서로 다른 모양 가공돌

5) 유수속도
- 처음은 빨리 흐름, 7~13도 경사
- 중간지점은 천천히 돌아 흐름, 1~2도 경사
- 항상 잔이 배거의 중앙에 위치

4. 입수장치

1) 금오산 계류를 수원으로 함 : 포석계류로 끌어들임

2) 낙차를 이용해 물을 정화함 : 못과 여울 등을 이용

3) 대나무통을 연결, 곡수거로 연결
- 돌거북에 입수, 물고랑에 고인 후 공급
- 입수장치인 돌거북, 기록만 남아 있음

Ⅳ. 옥류천 소요암의 곡수거 원리

1. 시대적 구분

1) 조선시대 인조, 창덕궁 후원 : 소요정, 태극정 등과 함께 배치

2) 휴식 및 유상 형태 : 경관적 요소, 청각효과 창출

2. 조성방법

1) 소요정 앞 바위에 홈을 팜 : C자형 곡수거

2) 옥류천 각자, 숙종의 어언시 : 바위 앞을 돌아 비폭

3) 옥류천 → 소요암 → 곡수거 형태 : 곡수거를 통해 비폭한 후 소요암으로 흘러감

3. 입수장치

1) 북악의 매봉에서 흘러나온 계곡물

2) 화강석 좁은 도랑으로 연결

3) 도랑에서 돌확을 거쳐 어정에 이름

4) 다시 도랑, 소요암 암반, 곡수거, 비폭

4. 경관요소

1) 수경관요소

- 돌확 : 사각형, 태극문양 양각화

- 화강석 돌다리

2) 정자

- 매봉에서 곡수연까지 많은 정자

- 청의정, 태극정, 소요정, 취한정

QUESTION 45

조선시대 대표적 조경 관련 서적인 양화소록, 산림경제, 임원경제지 등에서 나타난 내용을 바탕으로 조선시대 정원의 재식기법에 대하여 설명

Ⅰ. 서언

1. 조선시대 조경 관련 문헌으로는 강희안의 양화소록, 홍만선의 산림경제, 서유구의 임원경제지가 대표적임
2. 이들 문헌에 나타난 내용을 바탕으로 한 재식기법은 수종과 장소, 방위 및 상징성, 풍수적 비고를 이용한 재식기법으로 구분할 수 있음

Ⅱ. 조선시대 조경 관련 문헌

1. 양화소록

1) 강희안이 조선초기에 저술 : 고려 말, 조선 초 조경식물 취급의 기록
2) 양화와 심신의 수련을 강조
   • 꽃을 취하고 기르는 법
   • 괴석, 화목의 품격 등을 수록

2. 산림경제

1) 조선중기 홍만선이 저술한 백과사전 : 제1지 복거론, 제2지 양화 기록
2) 후에 유중림의 증보산림경제 저술
3) 의와 기의 기법, 생울타리 조성방법 등 서술

3. 임원경제지

1) 서유구가 저술한 조선 후기 백과사전
2) 전체를 16부분으로 구분, 임원십육지라고도 함
3) 섬용지, 상택지에 양화를 기록함

Ⅲ. 수종 및 장소별 재식기법

1. 수종별

1) 대추나무
- 추위, 서리에 강함, 맹아력이 좋음
- 다른 나무 주변에 심어 바람막이 역할

2) 느릅나무
- 뿌리를 왕성하게 뻗는 성질
- 주변에 심은 곡식은 잘 자라지 못함

3) 복숭아나무
- 진딧물이 흔히 발생함
- 우물가 주변은 피해야 함

4) 국화
- 서향하는 성질
- 동쪽 울타리에 심음

2. 장소별

1) 집 주변
- 소나무, 대나무 군식을 권장
- 집터에 생기가 왕성해짐
- 단풍, 사시, 가죽나무는 금기

2) 마당중앙
- 거수 식재 금지
- 채광, 통풍의 저해로 질병 발생 가능
- '곤(困)하다'하여 금기사항

3) 문 앞
- 거수, 상록수, 수양버들은 피함
- 회화나무, 은행나무 적합

4) 주택 안
- 무궁화, 뽕나무, 복숭아, 파초는 부적절
- 편안하게 지낼 수 없음

5) 안마당
- 모든 나무를 심지 않음
- 재물이 흩어지고 주인이 이별을 겪음
- 채광과 통풍의 방해

6) 울타리 옆
- 동쪽 울타리 옆에 국화, 홍벽도 적절함
- 참죽나무는 부적절함

Ⅳ. 방위별, 상징성, 품격, 풍수적 비보를 이용한 재식기법

1. 방위별 재식

1) 동쪽
- 복숭아, 버드나무가 적절함
- 아침햇살을 좋아함
- 그늘이 많이 생기지 않아 적절함
- 서향하는 국화는 피함

2) 서쪽
- 강한 광선을 막아주는 치자, 느릅나무
- 잎이 무성함, 그늘이 많아짐
- 버드나무, 자두나무는 서쪽을 피함
- 뜨거운 광선을 잘 막아주지 못함

3) 남쪽
- 양광을 좋아하는 매화, 대추나무
- 남쪽 식재로 많은 열매를 수확
- 피해야 할 자두, 오얏나무
- 10m까지 자라 남쪽 채광을 막음

4) 북쪽
- 능금, 살구나무, 진달래
- 서늘한 기후를 좋아함
- 겨울 바람막이 대나무, 소나무
- 동백, 월계화 등을 피함
- 양수식물로 생장이 불량

2. 상징성에 따른 재식기법

1) 재물이 늘고 부자되는 수목 : 느릅나무

2) 나쁜 기운이 달아나는 나무 : 복숭아나무

3) 행복이 들어오는 나무 : 살구나무

4) 자손이 무성함 : 회화나무

5) 집안에 파도를 일으킴 : 파초식재를 기피함

3. 품격에 따른 재식

1) 절개와 민족의 삶 반영 : 소나무, 대나무, 동백 등

2) 소박미와 고요함의 투영
   - 은은한 향, 부드러운 꽃색
   - 매화, 국화, 연, 석창포, 자미화

3) 우주와 철학을 지닌 나무 : 석류, 치자화, 국화

4) 변치 않는 향, 정신을 맑게 함 : 굴나무

4. 풍수적 비보를 이용한 재식

1) 기를 보완하는 기법
   - 북서쪽의 대나무 숲은 겨울 방풍림 역할
   - 치자, 느릅나무는 서쪽에 식재하여 강한 광선을 막아줌

2) 배산임수 조건 미비 시 보완기법
   - 집 가까이 왼쪽에 흐르는 물이 없을 때 → 남쪽에 매화, 대추나무 식재
   - 집 뒤쪽에 구릉이 없을 때 → 북쪽에 능금, 살구나무
   - 집 오른쪽에 긴 길, 앞쪽에 연못이 없을 때 → 동쪽에 복숭아, 버드나무

3) 절대향과 엽승 고려
   - 가장자리 네 곳의 식재 → 모서리에 푸른 나무, 대나무 식재
     - 바람을 막고 중후한 기상을 부여
     - 재물의 모임과 건강성 강조
   - 자연재해에 대한 대비 → 주택 3면에 연달아 식재
     - 수재를 막고 주택이 드러남을 피함
     - 나무는 주택을 향하도록 함이 길함

소쇄원 48영의 수목의 종류와 경관처리기법에
관련된 내용들을 위치별로 구분하여 설명

Ⅰ. 서언

1. 소쇄원은 조선시대 대표적인 별서정원으로 양산보가 조영한 곳으로서 담양에 임수계류형
   으로 입지하고 있음

2. 진입공간에서 광풍각과 계류 주변의 중심공간, 제월당과 매대로 이뤄진 생활공간으로 구
   분가능함

3. 소쇄원 48영에는 그 당시 존재했던 수목과 경관요소들이 잘 나타나 있어 복원 시 귀중한
   자료가 됨

Ⅱ. 소쇄원의 입지 및 조영사상

1. 입지적 특성

1) 전남 담양군 지곡리에 위치 : 북쪽에 장원봉, 남쪽에 무등산이 입지
2) 배산임수, 임수계류형 : 뒤편에 구릉지, 앞쪽에 계곡수

2. 조영 사상

1) 자연주의 사상
   • 자연을 노래한 48영시
   • 자연에 순응한 공간구성

2) 신선사상 : 대봉대 의미, 태평성대 기원

Ⅲ. 소쇄원의 공간구성

1. 진입공간

1) 좁은 대나무숲 사이로 오솔길
2) 상지와 하지로 이뤄진 연못
3) 대봉대와 애양단

2. 중심공간

1) 광풍각과 계류가 중심

2) 약작, 원규투류, 오곡문

3) 도오, 조담, 폭포 등 경관요소

3. 생활공간

1) 제월당과 매대

2) 주인이 기거하는 안채공간

3) 뒤편의 천간, 동쪽에 오암

Ⅳ. 48영에 나타난 위치별 수목, 경관처리기법

1. 진입공간

1) 협로수황 : 오솔길의 좁은 대숲

2) 산지순아 : 못에 흩어진 순채 싹

3) 투죽위교 : 대숲 사이로 위태롭게 걸친 다리

4) 유정영객 : 버드나무 개울가에서 손님을 맞음

2. 대봉대공간

1) 소정빙란 : 작은 정자의 난간에 기댐

2) 동대하음 : 오동나무 대에 드리운 여름그늘

3) 총균모조 : 해 저문 대밭에 날아든 새

4) 소담어영 : 작은 연못에 물고기가 노닒

5) 고목통류 : 나무홈대를 통해 흐르는 물

6) 용운수대 : 구름 위로 절구질하는 물방아

7) 친간자미 : 골짜기 시냇물에 다가가 핀 목백일홍

8) 격간부거 : 개울 건너에 핀 연꽃

9) 양단동오 : 볕이 든 단의 겨울 낮

10) 수계산보 : 긴 계단을 거닒

3. 계류공간

1) 원규투류 : 담장 밑을 통해 흐르는 물

2) 행음곡류 : 살구나무 그늘 아래 굽이치는 물

3) 위암전류 : 가파른 바위에 펼쳐진 계류

4) 조담방욕 : 조담에서 미역을 감음

5) 오음사폭 : 오동나무 아래로 쏟아지는 폭포

6) 복류전배 : 스며 흐르는 물길 따라 술잔을 돌림

7) 광석와월 : 광석에 누워 달을 봄

8) 상암대기 : 평상바위에서 바둑을 둠

9) 옥추횡금 : 맑은 물가에서 거문고를 비껴 앉음

10) 영학단풍 : 골짜기에 비치는 단풍

11) 격단창포 : 세찬 여울가에 핀 창포

12) 학저면암 : 산골 물가에서 졸고 있는 오리

13) 탐암정좌 : 탐암에 정좌하여 앉음

14) 가산초수 : 가산의 풀과 나무

4. 화계공간

1) 매대요월 : 매대에 올라 달을 맞음

2) 석부고매 : 돌받침 위에 외롭게 핀 매화

3) 산애송국 : 비탈길에 흩어진 소나무와 국화

4) 의수괴석 : 회화나무 옆 바위에 기대서 좀

5) 부산오암 : 산을 지고 앉은 자라바위

6) 대설홍치 : 흰 눈에 덮인 붉은 치자

7) 석경반위 : 돌길을 위태로이 오름

5. 광풍각 및 제월당 공간

1) 침계문방 : 계곡을 베고 누운 글방

2) 도오춘효 : 복숭아 언덕에서 맞는 봄 새벽

3) 적우파초 : 빗방울이 두드리는 파초

4) 친간풍향 : 대숲에 부는 바람소리

5) 사첨사계 : 처마에 비스듬히 핀 사계화

6. 담장

장원제영 : 긴 담에 걸려 있는 노래 → 소쇄처사양공지려, 애양단, 오곡문의 글자

| 조선시대 별서정원의 공간개념 및 특징에 대하여 설명

I. 서언

1. 조선시대 별서정원은 당쟁과 사화로 지친 선비들의 현실도피를 위한 공간으로 경승지나 전원지에 도입함

2. 별서정원의 공간구성은 내원, 외원, 영향권원으로 구분할 수 있으며 별서 인근의 도보권 에 정침이 있음

3. 조선시대 별서정원의 공간개념 및 특징에 대해 서술하고 대표적 사례인 부용동 정원과 소 쇄원으로 공간구성 및 특징을 비교 설명하고자 함

II. 조선시대 별서정원

1. 배경사상

1) 신선사상
  • 신선과 같은 삶 추구
  • 무위자연, 은일과 은둔, 현실도피

2) 자연주의사상
  • 자연의 일부분으로 조원
  • 자연을 벗삼아 생활, 물아일체

3) 풍수적 입지
  • 임수형, 임수계류형
  • 산지형, 평지형

4) 유교적 영향 : 주돈이의 애련설, 건물의 명명

2. 공간개념 및 특징

1) 내원공간
  • 별서 내의 인위적 조원공간
  • 자연지형 활용, 자연의 일부분으로 처리

2) 외원공간
  • 내원 바깥의 외부공간

- 별서에서는 외원까지를 경영
- 각자, 차경기법을 도입
- 담장을 제한적 도입, 외원과 내원의 경계

3) 영향권원
- 정침공간을 포함, 주인이 생활을 영위
- 별서는 정침에서 0.5~2km 도보권에 위치
- 정침과 별서의 완충공간 처리
- 시각적 · 관념적 격리 등의 방법
- 수림대의 조성, 하천과 구릉 등으로 구분

Ⅲ. 부용동 정원과 소쇄원의 사례

1. 부용동 정원

1) 조영적 배경
- 병자호란을 계기로 은거를 결심
- 완도군 보길도에 위치, 윤선도가 조영
- 문학적 상상력을 가진 어부사시사 배경

2) 입지적 특성
- 거의 산으로 이뤄진 지형
- 남쪽의 격자봉, 동쪽의 광대봉
- 서쪽의 망월봉이 위치
- 섬 내부와 산의 경계가 마치 연꽃과 같음

3) 내원의 공간개념 및 특징
- 세연정 영역에 해당
- 자연을 완상하고 유희하는 장소
- 동대와 서대, 세연정지원, 계담
- 판석보와 오입삼출구, 옥소대 요소
- 인공적 조원처리기법이 집중됨

4) 외원의 공간개념 및 특징
- 동천석실 영역과 낙서재 영역
- 은둔과 자연의 장인 동천석실
- 주산인 격자봉이 보이는 곳 위치
- 격자봉 중턱에 세워진 낙서재

- 강학과 독서의 생활공간

5) 영향권원의 공간개념 및 특징
  - 북쪽의 바다경관
  - 격자봉, 광대봉, 망월봉의 산 경관

2. 소쇄원

1) 조영적 배경
  - 기묘사화의 영향으로 현실도피
  - 조광조의 제자인 양산보가 조성함
  - 전남 담양군 지곡리에 위치
  - 김인후의 소쇄원 48영과 소쇄원도 자료
  - 자연주의, 신선사상이 깃듦

2) 입지적 특성
  - 소쇄원 뒤로 장원봉, 남쪽의 무등산
  - 골짜기에 입지해 계류 중심의 조원
  - 전체적으로 단과 화계로 구성

3) 내원 공간개념 및 특징
  - 협로수황의 진입공간
  - 동대하음의 대봉대, 양단동오의 애양단
  - 원류투류의 계류, 매대요월의 화계
  - 침계문방의 광풍각과 제월당
  - 장원제영의 긴 담장

4) 외원 공간개념 및 특징
  - 제월당 남쪽으로 담밖에 고암정사, 부훤당
  - 소쇄원의 본가인 창암촌
  - 소쇄원 주차장 부근 우물터 정자인 황금정
  - 오곡문 밖에 있는 바위와 우물인 오암과 오암정

5) 영향권원의 공간개념 및 특징
  - 북쪽의 장원봉과 광주호
  - 남쪽의 무등산까지의 권역

QUESTION 48

영양 서석지는 우리나라 지당 조경에 있어서 희귀한 수경을 조성하고 있는데 수경을 조성하고 있는 서석의 이름을 쓰고 이 못의 경관을 해설

Ⅰ. 서언

1. 영양 서석지는 경북의 자양산 기슭에 자리 잡은 평지형 별서로서 정영방이 조영하였음

2. 10년간 이곳에서 초당을 짓고 주변의 자연경관과 환경을 답사하여 내원을 조성하였다고 함

3. 공간구성은 내원, 외원, 영향권역으로 구분되며 내원인 서석지원은 서석의 배치로 독특한 수경을 형성하고 있음

Ⅱ. 조경적 배경

1. 배경사상

1) 정영방의 자연관
- 자연의 질서로 도를 이루고자 함
- 자연과 더불어 물아일체의 삶을 영위

2) 풍수지리적 입지
- 자양산을 배산으로 둠
- 연당동 영향권역까지 넓은 면적
- 그 안에 10만여 평의 전원녹지가 포함됨
- 마을 입구에 천기천이 흐름

2. 입지특징

1) 평지형 별서정원
2) 자양산 주봉으로 경정을 앞에 둠
3) 터를 잡고 주일제 등 건립

Ⅲ. 공간구성

1. 내원

1) 방형의 못 서석지가 중심

2) 주일제와 경정이 위치

3) 주일제 : 주인이 거처하는 곳, 정3칸 측1칸의 서남향

4) 경정
- 지당이 내려다 보이는 정자
- 강론과 휴식을 위한 건물로 동남쪽에 위치
- 정4칸 측2칸의 좌우 온돌방 구조

5) 사우단
- 매 · 송 · 국 · 죽의 네 벗을 위해 쌓은 단
- 주일제에서 감상
- 사각형의 단과 못 안쪽으로 돌출된 축조방식

2. 외원

1) 내원의 외부공간 : 원의 사방으로 담으로 둘러싼 경계

2) 다목적 기능을 갖는 권역 : 산책, 낚시, 영농, 차경 등의 기능

3) 내원과는 불가분의 관계 : 자연경승과 전원공간으로 연계성 지님

3. 영향권역

1) 석문 임천정원으로 들어서는 진입과정적 공간

2) 자연보존과 조망원으로서의 기능

3) 외원을 둘러싼 주변경관

Ⅳ. 서석지의 경관특징 및 서석의 명칭

1. 경관 특징

1) 동서가 긴 1 : 1.2의 비례 : 차경의 최대효과를 창출

2) 중도가 없는 방형의 연못 : 서석의 배치로 경관 초점을 형성

3) 못 바닥에 수많은 조각의 석영맥이 발달 : 굴절되어 물 위에 비칠 때 보석과 같음

4) 19종의 서석의 이름과 60개의 서석수 : 돌의 형상에 맞게 이름을 명명

2. 서석의 명칭

1) 상징적 형상의 의미 부여
- 생물과 자연현상을 상징화함
- 전체적으로 축의적 소우주를 형성

2) 물 위에 떠 있는 서석 대부분
- 동안변에 분포, 경정에서 조망
- 입수구에서 물의 정화 기능

3) 서석명의 의미(19종)
- 선유석 : 신선이 노니는 돌
- 와룡암 : 못 속에 웅크린 용의 돌
- 상경석 : 높이 존중 받는 돌
- 낙성석 : 별이 떨어진 돌
- 조천촉 : 광채를 뿜는 촛대 돌
- 수륜석 : 낚시줄 드리우는 돌
- 어상석 : 물고기 모양의 돌
- 관란석 : 물결을 쳐다보는 돌
- 화예석 : 꽃과 꽃술을 감상하는 돌
- 상운석 : 상서로운 구름의 돌
- 봉운석 : 구름봉우리 같은 돌
- 난가암 : 문드러진 도끼자루 돌
- 통진교 : 구름 속에 솟은 다리, 신선계로 통하는 다리
- 분수석 : 둘로 갈라져 물이 떨어지는 돌
- 탁영석 : 세월을 초월한 돌, 갓끈을 씻는 돌
- 기평석 : 바둑 두는 돌
- 쇄설강 : 눈처럼 흩날리는 징검다리
- 희접암 : 나비와 노니는 돌
- 옥계척 : 옥으로 만든 자 돌

퇴계 이황의 도산서당의 조영사상과 공간구성 특성에
대하여 설명

Ⅰ. 서언

1. 도산서당은 퇴계 이황 선생이 사당과 농운정사를 건립하고 후학을 양성하던 자리에 이후
   제자들이 건축물을 도입하여 선생을 추모하는 서원을 건립
2. 도산서당의 조영사상은 유교사상하에 터를 잡을 때의 풍수지리, 곡을 경영하는 신선사상
   이 깃들어 있음

Ⅱ. 도산서당의 조영사상

1. 유교사상

1) 설립목적에 반영, 기본사상
   - 숭유정책에 다른 유교교육 목적
   - 이에 따른 기능 충족 공간

2) 위계를 가진 공간구성
   - 일직선상의 축을 이룸
   - 사당이 최상부 높은 곳에 자리함

3) 전저후고, 전학후묘의 양식
   - 주례고공기에 따른 배치
   - 화계와 화단으로 공간구성

4) 정우당과 절우사 요소 : 군자라 칭하는 네 벗인 사군자 도입

2. 풍수지리사상

1) 배산임수형의 입지
   - 도산을 주산으로 영지산을 조산
   - 동남쪽에 물줄기로 둘러싸임

2) 도산서당의 위치
   - 중심공간으로서 길지조건을 충족
   - 개방적인 시각구성

3. 신선사상

1) 도산십이곡을 경영 : 무위자연, 은일과 은둔사상

2) 풍류공간, 심신수양의 장소
- 천광운영대, 천연대 조성
- 서당 주변 경관을 신선세계로 인식

Ⅲ. 도산서당의 공간구성 특성

1. 전체적 특성

1) 전저후고, 전학후묘의 양식 : 중국의 주례고공기에 따름
2) 서원영역과 도산서당영역으로 구분
- 생전에 서당을 건립
- 후세에 이황 추모를 위한 서원 조성
3) 기능에 따라 세분화된 공간의 짜임
- 진입, 강학, 제향, 부속공간
- 상급반, 하급반의 공간구분

2. 진입공간

1) 입구에서의 전이과정공간 : 학자수의 식재, 은행, 향, 느티나무 등 식재
2) 역락서재와 열정

3. 강학공간

1) 도산서당 영역
- 전체공간과의 경관적 상관성
- 정우당, 절우사의 배치
2) 하급반 영역
- 농운정사, 강당건물
- 하고직사, 생활공간
3) 강당 영역
- 동재, 서재로 둘러싸인 중심공간
- 전교당 강학건물 위치
4) 상급반 영역 : 상고직사, 생활공간

4. 부속공간

1) 장판각 위치 : 서적의 보관장소
2) 진사청 : 서적 편찬소, 인쇄소

5. 제향공간

1) 내삼문에서 상덕사까지 : 이황 추모의 공간

2) 엄숙하고 경건함의 반영 : 조원을 배제한 정갈한 구성

Ⅳ. 경관요소

1. 도산서당

1) 퇴계가 거주한 작은 집 : 3칸건물, 골방, 온돌방, 마루방

2) 남쪽이 개방된 시야 형성 : 대청마루에서 기각틀을 이룸

3) 후면의 석축과 화계 : 암서헌에서의 경관조망

2. 정우당과 절우사

1) 도산서당 모서리의 방지 : 3.3 × 3.3m 규모, 연을 식재

2) 정우당 앞의 작은 샘인 몽천 : 개울이 흐른 옆에 조성

3) 단을 만들어 매 · 송 · 국 · 죽을 식재

   • 절우사라 칭함, 현재는 터만 남음

   • 도산잡영의 기록

3. 외부경관요소

1) 천광운영대와 천연대

   • 도산서원 전면 골짜기에 위치

   • 암반을 대로 조성

   • 왼쪽에 천광운영대, 오른쪽에 천연대

   • 대 아래 물 깊은 곳에 탁영암

   • 그 속에 반타석이 위치

2) 시사단

   • 도산서원에서 마주보이는 곳에 위치

   • 퇴계의 학문을 기리기 위한 별과를 보는 곳

4. 수목

1) 도산잡영 기록 : 연, 소나무, 대나무, 국화, 매화 등

2) 도산별곡 : 벽도, 홍화, 단풍 등

3) 경역 내 화계공간 : 매화(수백년), 목단

4) 서원입구 : 은행나무, 향나무, 느티나무, 왕버들, 회화나무

QUESTION 50 | 현재 천연기념물로 지정된 노거수의 수종별 현황 및 문화경관요소로서의 가치에 대해 아는 바를 설명

I. 서언

1. 문화재청에서는 노거수들 중에서 문화재적 가치가 뛰어난 일부를 천연기념물로 지정 · 보호하고 있음
2. 천연기념물로 지정된 노거수의 수종에는 은행나무, 소나무, 느티나무 등이 있음
3. 다음에서는 노거수의 문화경관요소로서의 가치에 주목하여 설명하고 현대적으로 적용하고자 함

II. 천연기념물로 지정된 노거수

1. 개념

1) 단순하게 외래산 큰 나무가 아님
2) 역사와 전통을 간직한 문화재
3) 오랜 역사를 통해 사람들의 삶이 축적되어 형성된 문화적 상징물

2. 수종별 지정현황

수종	지정현황	비고
1. 은행나무	• 용문사의 은행나무 • 영도 영국사의 은행나무 • 금산 보석사의 은행나무	암나무
	서울 문묘의 은행나무 등	수나무
2. 소나무	• 영월 관음송 • 지리산 천년송	분지
	• 거창 당산리의 당송 • 문경 존도리의 소나무 등	휘어짐
3. 느티나무	• 청송 신기동의 느티나무 • 영풍 순흥면의 느티나무	동제풍습 계승
4. 기타	향나무, 곰솔, 반송, 이팝나무 등	

Ⅲ. 노거수의 문화경관요소로서의 가치

1. 은행나무

1) 사찰과의 유관성
- 사찰 내 노거수가 다수
- 공통적으로 암나무 식재

2) 유교적 관점의 식재
- 문묘의 경우 수나무 선호
- 열매는 엄숙함을 방해

2. 소나무

1) 산림이 보전되어 있는 지역에 집중 : 인근 숲에서 자라는 것을 택함
2) 분지되거나 휘어져 자람 : 수형의 특이성을 강조

3. 느티나무

1) 마을과의 강한 밀착성
- 마을 입구, 초입부에 위치
- 신목, 수호목으로서 보호

2) 일부 동제의 풍습을 계승 : 임속적 가치와 연계

Ⅳ. 현대적 적용

1. 의의

1) 노거수의 역사적 맥락의 이해
2) 수목의 상징적 의미를 제고

2. 적용예시

1) 은행나무
- 사찰, 공원의 장소 : 암나무를 유실수로서 식재
- 학교 등 교육기관 : 수나무 식재, 엄숙함 고려

2) 소나무
- 풍토성 고려 : 인근지역 자생종 도입
- 수형의 특이성 강조 : 직립형 지양, 분지되거나 휘어진 것 도입

3) 느티나무
- 마을 입구 : 커뮤니티 공간에 도입
- 단지 입구 식재로서 전통적 상징성 부여

Memo

CHAPTER

03

서양조경사
/현대조경작가론

QUESTION 01 | 근린주구와 뉴어바니즘

Ⅰ. 개요

1. 근린주구는 이용의 쾌적성, 편리성을 갖는 도시구현을 위해 500m 이내 근린권을 형성하는 구역을 이름
2. 뉴어바니즘은 도시의 확산으로 외곽녹지 파괴와 도심공동화현상으로 인한 도시문제를 해결하려는 이론임
3. 내용에는 압축도시 지향, 보행자 중심 교통체계, 커뮤니티 공간 및 공원녹지체계 확보 등이 있음

Ⅱ. 근린주구와 뉴어바니즘

1. 근린주구

1) 500m 이내 근린권
- 보행중심 도로체계
- 초등학교 중심, 페리의 이론

2) 거주민 이용의 쾌적성, 편리 추구
- 커뮤니티 시설과 공원 이용의 향상
- 주거 · 상업 · 근린생활시설 이용의 편의

2. 뉴어바니즘

1) 압축도시 지향, 고도의 토지이용
- 집중된 고층과 고밀 빌딩
- 주거 · 상업 · 업무의 집중과 복합화
- 직주근접형으로 시간 절약 가능

2) 보행중심 교통체계
- 내부도로는 소로와 산책로
- 통과교통의 배제
- 문화와 예술의 복합공간화

3) 커뮤니티, 공원녹지체계
- 결절부에 소통의 광장과 공원 조성
- 소공원과 녹지의 네트워크화
- 도심의 활력 충전, 도시경쟁력의 확보
- 효율적인 토지이용

QUESTION 02 | 생태건축

Ⅰ. 개요

1. 생태건축이란 친환경기술을 이용하여 생태계 순환에 도움을 주고 환경 · 경관적으로 뛰어난 건축물을 말함
2. 유형으로는 passive 하우스, 그린홈과 옥상녹화, 벽면녹화, 우수순환시스템형 건축, 하이브리드 건축 등임
3. 사례로는 독일 프라이부르크의 건축방식을 들 수 있으며 태양광의 이용, 에너지 절감과 빗물 이용 등을 건축에 융합함

Ⅱ. 독일 프라이부르크 생태건축

1. Passive 방식

1) 단열시스템의 과학화 : 이중 · 삼중의 창호, 열손실 최소화
2) 차광 · 태양광 집열판 설치
   - 직사광선의 차단
   - 태양광 활용, 에너지 전환장치 설치

2. 건물의 입체녹화

1) 지붕의 식물 피복화 : 복사열 차단, 냉난방 에너지 절감
2) 벽면녹화방식 확대 : 여름과 겨울에 실내온도 조절

3. 우수순환시스템

1) 빗물저류와 이용
   - 지붕 · 녹지 등을 구분하여 빗물 집수
   - 수질에 따른 차별화된 이용

2) 레인가든, 저류지의 조성
   - 건물 내외부에 빗물 저류, 침투시설 설치
   - 다목적, 복합화된 생물학적 저류지

QUESTION 03 | 랜드스케이프 어바니즘(Landscape Urbanism)의 특성과 방향

Ⅰ. 개요

1. 랜드스케이프 어바니즘이란 경관이 도시의 주체가 되어 계획·설계 패러다임의 전환을 이룬 21세기 도시계획·조경계획의 화두임

2. 특성은 역사·문화·생태의 혼·융합과 분야 간의 하이브리드 경향, 생태적 접근 기반 등을 내용으로 함

3. 방향은 다양성과 생태성이 현 시대의 성장 동력과 비전이 되고 있으므로 경관과 조경이 중심으로 나선 것임

Ⅱ. 랜드스케이프 어바니즘의 특성과 방향

1. 특성

1) 하이브리드 경향
- 건축과 도시계획과 조경분야의 혼융합
- 역사와 문화와 생태 등의 혼융합
- 다양성과 중첩에 의한 방식

2) 생태적 접근에 기반함 : 경관생태학적 접근, 맥락의 이해를 바탕으로 함

3) 역동성, 역사성, 심미성
- 프로세스와 프로그램 중시
- 스페이스마케팅, 브랜드를 강조

4) 가치계획(Value Planning) : 물적 가치와 활동적 가치, Hardscape + Softscape

2. 방향과 가능성

1) 조경이 도시계획의 중심
- 경관이 주체이자 자원
- 조경이 M.A이자 코디네이터

2) 도시의 브랜드화
- 장소마케팅으로 지역경제 활성화
- 도시재생과 Smart Growth

3) 공간에서 프로그램으로 : 공간 비워두기, 프로그램으로 채우기

4) 경제적 가치와 사회·문화가치의 혼융합

Ⅰ. 개요

1. 랜드스케이프 어바니즘이란 조경, 건축, 도시계획, 환경 분야 사이의 장르 간 경계를 허물고 혼융합하는 하이브리드를 지향하는 설계전략임
2. 도입배경은 1997년 찰스 왈드하임의 주도로 미국 일리노이대 심포지엄에서 주제로 발표되었음
3. 주요 내용은 경관의 재발견, 경관 형성과정 중시, 탈장르와 융합하는 예술경향, 변화하는 도시구조에 대한 대응 등임

Ⅱ. 랜드스케이프 어바니즘

1. 개념 및 도입배경

1) 개념
- 조경, 건축, 도시계획, 환경 등 여러 분야 사이의 장르 간 경계를 허물고 혼융합하는 설계전략
- 경관을 도시의 인프라로 이해하고 도시와 설계양식과의 공동발전을 위한 작품을 만드는 전략

2) 도입배경
- 1997년 미국 일리노이대에서 Landscape Urbanism 주제 심포지엄 개최
- 찰스 왈드하임의 주도로 공식 채택

2. 주요 내용

1) 경관의 재발견
- 역동적 과정으로서 경관 인식
- 도시 모든 요소들 간의 연결과 통합

2) 경관 형성과정 중시
- 시간과 공간에 따른 변화과정 존중
- 모더니즘을 극복하려는 조경사조

3) 탈장르, 하이브리드 경향의 예술 : 분야 간의 혼융합, 경계를 넘나드는 예술

4) 변화하는 도시구조에 대응 : 진화하는 도시, 생태계에 기반하는 도시

3. 대표적 작가와 작품

1) 제임스 코너(Field Operations)
- 랜드스케이프 어바니즘의 이론적 · 실천적 거점
- 시간의 흐름과 그에 따른 공간의 자생적 변화에 유연하게 대처
- 프레시킬스 매립지 공원화 당선작 라이프 스케이프
- 매핑, 디지털 몽타주 레이어링 등 구체적인 설계 미디어와 테크닉의 실험

2) 아드리안 구즈(네덜란드의 WEST 8)
- 비워두기(Emptiness) 전략 사용
- 시간의 변화와 시간의 생성을 고려한 디자인
- 조경차원에서 실천한 모범사례로 평가됨

QUESTION 05 | 모더니즘 조경설계의 이념과 설계요소

Ⅰ. 개요

1. 모더니즘 조경설계는 모더니즘 예술사조의 장식성을 배제한 기능주의 미학에 따라 추상적이고 기하학적인 설계요소를 사용함

2. 이념은 추상미술의 영향으로 단순한 기본형태, 대상을 바라보는 관점의 다각화와 기능주의 미학의 영향으로 형태는 기능을 따르게 하는 것임

3. 설계요소는 그리드, 시간과 동태, 속도의 결합, 정규사각의 활용, 유기적 형태의 사용 등임

Ⅱ. 모더니즘 조경설계의 이념과 설계요소

1. 모더니즘 조경설계의 이념

1) 추상미술의 영향

- 입체파 영향으로 단순한 기본형태 사용
- 대상을 바라보는 관점의 다각화
- 투시되는 시점을 복수 시점화
- 3차원 공간과 시간 개념을 추가함

2) 기능주의 미학의 영향

- 형태는 기능을 따른다는 원칙
- 조닝과 동선의 효율성 추구

2. 모더니즘 조경설계 요소

1) 그리드

- 고전주의 정형식과 구분하여 정규식이라 함
- 직선적인 좌표계 형성
- 축과 대칭구조 탈피, 경사각과 비대칭도 수용

2) 시간과 동태, 속도의 결합 : 그리드 형태와 원의 중첩, 시간과 움직임의 결속

3) 정규사각의 사용

- 90도를 30도, 45도, 60도로 변형
- 미래주의, 구성주의를 바탕으로 함

4) 유기적 형태의 사용

- 초현실주의 미술의 영향, 몽상적, 관능적 분위기 조성
- 꿈, 무의식, 본능 등 프로이트의 초이성적 세계 표현

QUESTION 06 | 모더니즘 조경설계가 3인 이상 설명

Ⅰ. 개요

1. 모더니즘 조경설계는 모더니즘 예술사조의 장식성을 배제한 기능주의 미학에 따라 추상적이고 기하학적인 설계요소를 사용함

2. 모더니즘 조경설계가로는 토머스 처치, 댄 카일리, 로렌스 핼프린을 들 수 있음

Ⅱ. 모더니즘 조경설계가 3인

1. 토머스 처치

1) 설계특성
- 큐비즘에서 비롯된 설계적 접근
- 프랑스의 바로크풍에 기하학적 패턴을 결합한 절충주의적 경향
- 자유로운 흐름을 가진 추상적 곡선, 형태, 공간 등 이용
- 향토수종 적극 활용
- 적극적으로 정원을 활용할 수 있는 옥외실

2) 대표작품 : 도넬 가든
- 1948년 설계, 캘리포니아 조경 스타일의 전형이 됨
- 몽상적, 유기적, 관능적 형태를 사용
- 콩팥 모양의 연못 배치
- 물이 흐르는 듯한 공간구성

2. 댄 카일리(Dan Kiley)

1) 설계특성
- 고전적이면서 근대주의를 표방
- 전통적 기하학을 수용, 수평 · 대칭 · 균형 · 안정 추구
- 그리드(Grid) 형태를 변형하여 사용
- 공간에 복수의 축을 전개
- 정형식 정원과 자연에 대한 은유

2) 대표작품 : 북 캘리포니아 내셔널 은행 광장

- 1988년 플로리다에 조성
- 잔디와 프리캐스트 콘크리트를 기하학적으로 사용
- 동일한 방향의 축선을 수로로 조성함
- 평면성과 명상적 분위기 조성
- 희미한 경계를 조성
- 포스트모더니즘의 이중코드기법과 연결됨

3. 로렌스 핼프린(Lawrence Halprin)

1) 설계특성

- 과감한 실험정신의 아방가르드 작가
- 사람, 시간, 물의 움직임을 중시
- 자연의 생태적 변화를 설계에 도입
- 점진적 경관을 구성함
- 인간과 환경의 교류에 중점

2) 대표작품

- 포틀랜드 오픈스페이스 시퀀스
  - 물의 활력과 신체 움직임을 이용한 체험을 유도, Love Joy 광장
  - 극적인 분수 경관 연출, 시애라 폭포의 장엄함을 형상화
  - 둥근 언덕의 휴식공간 배치
  - 공간 분리 도구로 오픈스페이스 활용
- 루즈벨트 기념관
  - 루즈벨트 기념비를 건축적 · 조각적이 아닌 경관적 방식으로 표현
  - 서술적 경관을 구성, 연속경관방식으로 생애를 전개
  - 옥외실, 연결통로, 수경의 연속, 개방과 폐쇄공간의 연속

QUESTION 07 | 포스트모더니즘 조경설계의 이념과 설계요소

Ⅰ. 개요

1. 포스트모더니즘 조경설계는 모더니즘 계열의 기능주의적, 이성적, 구조주의적 미학에서 탈피하여 역사주의, 맥락주의, 해체주의적 경향으로 변화한 조경양식임

2. 이념은 추상적, 구상적, 신픽처레스크 조경으로 크게 세 가지로 분류됨

3. 각각의 설계요소는 추상적 조경은 단순, 기하학적, 주변과 대조되며, 구상적 조경은 주변 환경과의 맥락, 서술적이고 소통적이며, 신픽처레스크 조경은 혼성과 중첩, 표면과 접기 등임

Ⅱ. 포스트모더니즘 조경설계의 이념과 설계요소

1. 포스트모더니즘 조경설계 이념

1) 추상적 포스트모던 조경
- 미니멀리즘 미술사조에서 출발
- 추상적 형태의 흐름
- 작품을 직접적, 직선적, 단순한, 선명한 형태로 표현
- 극단적인 환원적, 현상학적 태도(동양의 직관주의인 도교와 상통)
- 조형의 기본개념은 환원성과 확장성
- 환원성은 근본형태로의 복귀
- 확장성은 주변공간과의 관계

2) 구상적 포스트모던 조경
- 팝아트, 초현실주의, 신형상주의 미술사조에 관련됨
- 인간의 감성을 중시하는 포스트모더니즘으로 향하는 기반 마련
- 역사화를 주제의 원천으로 차용
- 맥락적, 서술적 형태의 흐름
- 구상적, 표현주의적 미술의 기본관점과 표현기법을 수용

3) 신픽처레스크 포스트모던 조경

- 대지미술, 후기해체주의 미술사조의 관점
- 모던과 미니멀의 그리드 형태를 해체시킴
- 픽처레스크한 유동적 형태의 흐름
- 애매함, 모순, 복잡성, 비일관적, 기묘하고 총체적임
- 외부지향적, 장엄미의 현대적 표현
- 해체는 픽처레스크 전통과 관련
- 해체는 영역경계를 해체, 장르 간 융합과 혼성화

2. 포스트모더니즘 조경설계 요소

구분	조경설계 요소	대표 조경가
추상적 조경	• 단순, 기하학적, 주변과 대조, 강렬한 형태패턴을 표현하는 형태주의적 • 환원적 기하학의 수용, 재료의 대담성, 솔직한 표현	• 피터워커 • 마이클 반 발켄버그
구상적 조경	• 주변환경과의 맥락, 서술적 · 소통적 형태, 상상적 경관 등을 표현 • 역사주의와 중첩 • 현실사회와 무의식을 은유	• 마샤 슈왈츠 • 조지 하그리스브 • 지오프리 젤리코
신픽처레스크 조경	• 혼성과 중첩(장르 간 융합, 시간과 공간의 융합, 분리된 부분들의 재융합, 레이어들의 중첩, 형태 · 생태 · 역사 · 문화 관점을 다층적 고려, 흐린 경계들) • 표면과 접기(표면과 표피에 대한 새로운 시각, 주름과 복곡면들, 방향을 급전환하는 기법, 지그재그형, 비스듬한 각도, 균형, 자기유사성, 복잡성 이론)	• SITE • 에밀리오 암바즈 • 조지 하그리브스

QUESTION 08 | 포스트모더니즘 조경설계가 3인 이상 설명

Ⅰ. 개요

1. 포스트모더니즘 조경설계는 모더니즘 계열의 기능주의적, 이성적, 구조주의적 미학에서 탈피하여 역사주의, 맥락주의, 해체주의적 경향으로 변화한 조경양식임
2. 포스트모더니즘 조경설계가에는 피터 워커, 마이클 반 발켄버그, 마샤 슈왈츠, 조지 하그리브스, 에밀리오 암바즈, 지오프리 젤리코, SITE 등이 있음

Ⅱ. 포스트모더니즘 조경설계가

1. 피터 워커

1) 담장이 없는 미니멀 정원 : 본인 작품을 스스로 칭함
2) 여러 스타일의 하이브리드
3) 미니멀과 고전주의에서 환원적 요소 추출
   - 시각적으로 강화하는 요소로 이용
   - 서술성, 의미, 상징까지 부여

4) 오브제는 주변 맥락과 대조 : 그 자체로 독립되게 가시화
5) 대지 본연의 평면성 추구
   - 중심적으로 추구했던 시각적 성격
   - 수직적 건축의 시각적 우위에 대항

6) 대표작품 : 캠브리지 루프 가든

2. 마이클 반 발켄버그

1) 전형적 미니멀리스트 : 최근 작업은 맥락적, 서술적
2) 공간 안에서 시간의 흐름에 집중
   - 재료, 시간, 이벤트의 경험
   - 장소의 이해를 표현

3) 변하는 것과 변하지 않은 것의 대조 : 일종의 우주적 리듬을 보여주려 함
4) 대표작품 : 래드클리프 아이스 월

3. 마샤 슈왈츠

1) 미니멀리스트와 팝아티스트의 중간성격
- 초기에 미니멀적 작업으로부터 출발
- 산업생산물을 오브제로 사용하는 팝아트적

2) 일상사물과 재료들의 아상블라주 : 일상적 장소를 일상재료를 통해 일신시킴
3) 경계의 해체
- 공공미술과 조경, 대중문화와 조경의 해체
- 고급예술과 대중예술, 영구성과 일시성의 해체

4) 대표작품 : 네코 타이어 가든

4. 조지 하그리브스

1) 추상조경, 구상조경, 신픽처레스크의 전 영역에 걸침 : 포스트모더니즘 전 영역에 걸쳐 있지만 기본은 맥락주의자
2) 모더니즘의 내적 완결성을 비판
3) 주위환경에 개방적인 설계를 지향
4) 대지조각적 형태를 표현
5) 대표작품 : 빅스비파크, 캔들스틱포인트파크, 산호세플라자파크, 테호트랑카오 공원

5. 에밀리오 암바즈

1) 건축을 더 융해함, 경계는 이완됨
2) 오브제는 주위환경으로 미끄러져 들어감
3) 장르 간 융합형의 건축, 생태건축
4) 신픽처레스크 건축 계보
5) 대표작품 : 포닉스 히스토리 뮤지엄

QUESTION 09 | 18~19세기 영국 풍경식 조경가의 특징

Ⅰ. 개요

1. 18~19세기 영국 풍경식 정원은 역사적 · 지리적 · 문화적 배경으로 인해 발달한 양식으로 대표적 조경가로는 찰스 브리지맨, 윌리엄 켄트, 브라운, 험프리 렙턴, 조셉 팩스턴 등이 있음

2. 찰스 브리지맨 조경가는 대지의 외부로까지 디자인 범위를 확대, ha-ha개념 최초 도입, 윌리엄 켄트 조경가는 근대조경의 아버지라 지칭되며 자연은 직선을 싫어한다고 함

3. 브라운 조경가는 켄트의 제자로 대규모 토목공사를 통한 지형의 삼차원적 변화를 즐겨 사용했고 험프리 렙턴은 영국 풍경식 정원의 완성자, 이론가로 불림

Ⅱ. 18~19세기 영국 풍경식 조경가의 특징

1. 찰스 브리지맨

1) 대지 외부로까지 디자인 범위를 확대
- 경작지를 정원 속에 포함시킴
- 전체적으로 자연스런 숲의 외관을 갖추게 하는 수법 사용

2) 조경에 하하(ha-ha) 개념을 최초로 도입 : 스토우 가든에 조성사례
3) 스투어헤드 수정, 로스햄 설계

2. 윌리엄 켄트

1) 근대 조경의 아버지라 지칭 : 18C 후반 풍경식 정원의 전성기에 선도역할
2) 자연은 직선을 싫어한다고 함 : 정형적 정원을 비판함
3) 영국의 전원풍경을 회화적으로 적용
4) 켄싱턴 가든, 스투어헤드 설계

3. 브라운

1) 켄트의 제자
2) 대규모 토목공사로 지형의 3차원적 변화 추구 : 공간구획의 대범성을 지님, 구릉이나 연못 등 토목공사
3) 부드러운 기복의 잔디밭, 거울 같은 수면 : 우거진 나무숲과 덤불, 빛과 그늘의 대조

4) 자연미의 단순한 재현 추구

5) 스토우 가든, 발레이, 블렌하임 수정

4. 험프리 렙턴

1) 영국 풍경식 정원의 완성자이자 이론가

2) Landscape Gardener라는 용어 최초 도입

3) 개조 전후 모습 보여주는 레드북 사용

4) 자연미 추구와 실용적 특징의 조화

5) 평면도에 슬라이드 방법을 결합

5. 조셉 팩스턴

1) 버큰헤드 파크 설계

- 역사상 최초의 시민의 힘과 재정으로 조성된 시민공원

- 공적 위락지와 사적 주택지로 구분

- 중심점이 없는 임의적 전망 창출

- 이 공원의 영향으로 대공원, 소공원들이 많이 축조

2) 절충주의적 경향 표현 : 풍경식 정원의 전통에 이오니아식, 고딕식, 중국식 등 가미

QUESTION
10 | 로렌스 핼프린의 설계기법을 약술하고 작품 3개소 이상 제시

Ⅰ. 개요

1. 로렌스 핼프린은 도시 재구성에 관심을 갖고 인간 생태계에 역점을 둔 구상을 하며 참여형 설계를 중요시하였음

2. 대표작품으로는 포틀랜드 오레곤의 재개발 지구계획과 루즈벨트 기념비, 시애틀 프리웨이 파크가 있음

Ⅱ. 로렌스 핼프린의 설계기법과 작품 3개소

1. 설계기법

1) 도시 재구성에 관심을 둠
- 친밀감을 높여주고 활기있는 도시공간
- 보차를 분리, 수경관 요소를 조성

2) 인간 생태계에 역점을 둠
- 사람과 사람의 관계, 사람과 환경의 상호작용
- 인간 행태(motation symbol) 설계에 반영

3) 참여형 설계를 중요시 함 : 지역주민 의견수렴과 워크숍을 열어 설계 진행

2. 작품 3개소

1) 포틀랜드 오레곤의 재개발 지구계획
- Love Joy 광장
- 보차분리, 3개 광장 연결

2) 루즈벨트 기념비
- 연속경관방식으로 루즈벨트 생애를 서술적 경관으로 구성
- 옥외실, 연결통로, 수경관 연속 구성, 개방과 폐쇄기법

3) 시애틀 프리웨이 파크
- 고속도로 지상부 공원
- 도시 균열의 배제를 목적으로 한 목재화단 조성

QUESTION
11 | 해체주의

I. 개요

1. 해체주의란 모더니즘의 기존 질서를 부인하고 원칙을 파괴, 경관요소들을 해체시켜 다시 재조합하는 새로운 카오스적 질서를 조성하는 포스트모더니즘의 한 경향임
2. 대표적 작가로는 버나드 추미와 에밀리오 암바즈를 들 수 있으며 이들 작가의 설계특징과 주요작품에 대해 서술하고자 함

II. 해체주의 조경가 설계특징과 주요작품

1. 버나드 추미

1) 설계 특징
- 문화적 컨텍스트에 기초한 설계
- 분리된 단편들을 한 곳으로 모으고 종합화
- 점, 선, 면적 요소의 해체와 중첩
- 다층중첩에 의한 의외의 효과 구현

2) 주요작품 : 라빌레뜨 공원
- 약 55ha 규모의 부지
- 점적 요소로 폴리(folie), 선적 요소로서 도로와 보행로
- 면적 요소로 광장, 휴식공간, 공원부지

2. 에밀리오 암바즈

1) 설계 특징
- 인간의 본능과 감정을 형상화
- 탄생, 사랑, 열정, 죽음 등
- 디자인과 건축을 신화창조 행위로 여김
- 간결한 기하학적 형태와 선 사용

• 건축을 융해하고 경계를 이완함
• 장르 간 융합형 건축인 생태건축 지향

2) 주요작품 : 메이어 광장
• 스페인 광장의 전통적 역할 중시
• 회합, 만남, 거리구경, 사회적 역할 등 중첩
• 광장과 구획정원을 연결함

QUESTION
12 | 미니멀리즘(Minimalism)

I. 개요

1. 미니멀리즘이란 가장 단순한 기본 형태와 색채, 재료만을 사용한 조형예술로서 조경설계에서는 최소한의 디자인 요소를 사용한 공간조성으로 나타남
2. 주요특징은 기하학적 형태와 구조 사용, 기본적 기능과 실용성 중시, 산업용 소재의 활용 등임
3. 대표적인 미니멀리즘 조경가에는 마샤 슈왈츠와 피터 워커를 들 수 있고 대표작품으로는 마샤 슈왈츠의 리오 쇼핑센터, 피터 워커의 태너 분수 등임

II. 미니멀리즘

1. 개념

1) 가장 단순한 기본 형태와 색채, 재료만을 사용한 조형예술
2) 조경설계에서는 최소한의 디자인 요소를 사용한 공간조성으로 발현

2. 주요특징

1) 기하학적 형태와 구조 사용
   - 곡선보다 직선을 선호
   - 다양한 색보다 기본적 색을 사용
   - 절제미와 단순성 추구

2) 기본적 기능과 실용성 중시
   - 장식을 절제하고 실용적 기능을 강조
   - 기능에 따른 시설물, 구조물 설치

3) 산업용 소재의 활용
   - 플라스틱, 알루미늄, 금속, 유리 등 사용
   - 의외의 효과로 작품성 표현

3. 대표적 조경설계가와 작품

1) 마샤 슈왈츠

- 미니멀 아트와 팝아트의 영향을 받음
- 해체주의 경향도 나타남
- 플라스틱 등 가벼운 소재로 경쾌한 공간 창출
- 평면성과 연속성을 추구, 기하학적 패턴의 조작
- 대표작품 : 리오 쇼핑센터
  - 규칙적 패턴과 빨강, 노랑 등의 원색 사용
  - 색채 조명으로 특수효과 부여
  - 해체주의 경향으로 원, 사각형이 중첩된 디자인

2) 피터 워커

- 미니멀 아트와 대지예술의 경향을 보임
- 설계에 있어 직관과 상상력을 주장
- 연속적 배열로 공간체험을 유도함
- 기하학적 형태, 플라스틱 소재의 사용
- 대표작품 : 태너 분수
  - 1984년 하버드 대학 내에 조성
  - 159개 화강암을 60피트 원주형으로 배치
  - 여름철에 안개 분사, 겨울철에는 스팀 분사
  - 시간성과 연속성을 강조

QUESTION
13 복잡성과 프랙탈 기하학이 환경설계에 미친 영향

Ⅰ. 개요

1. 복잡성은 혼돈(Chaos), 무질서의 의미로 현상적으로는 수많은 요소들이 무질서한 상태로 보이지만 결국 자연의 질서와 흐름으로 되어있다는 이론임

2. 프랙탈 기하학은 라틴어 'Fractus(부서지다, 깨지다)'에서 유래한 말로 자기 유사성과 순환성의 원리로 작은 구조가 모여 큰 전체 구조가 만들어질 때 형성된 원리임

3. 복잡성과 프랙탈 기하학이 환경설계에 미친 영향은 포스트모더니즘 현대사조의 이론적 배경이 되어 탈장르, 환경주의, 해체주의 경향을 이끌게 됨

Ⅱ. 복잡성과 프랙탈 기하학

1. 개념

1) 복잡성 이론
- 혼돈(Chaos), 무질서의 의미
- 현상적으로는 관찰되는 모든 것들이 무질서함
- 그러나 내면에는 자연의 질서와 흐름으로 통제됨
- 복잡한 여러 가지 구성요소들의 모임과 집합

2) 프랙탈 기하학
- 라틴어 Fractus(부서지다, 깨지다)에서 유래
- 자기 유사성과 순환성의 원리
- 작은 구조의 반복으로 전체 구조를 형성
- 작은 구조나 전체 구조나 결국 동일한 기하학 형태를 이룸
- 리아스식 해안선, 하천차수의 모습, 나뭇가지 형태, 눈결정패턴

2. 환경설계에 미친 영향

1) 탈장르와 환경주의
- 조경, 건축, 토목, 환경, 예술 등 분야 간 융합
- 장르 간의 경계를 허물고 넘나듦

- 설계로서 환경을 창조, 환경조건을 배려한 설계
- 자연과 인공의 경계가 모호하고 애매해짐

2) 해체주의
- 아방가르드 설계양식
- 희미한 경계, 유기적 형태
- 점, 선, 면적 해체와 다층중첩
- 공간의 해체와 시간의 중첩

3) 맥락주의
- 주변과 연계된 개방적 구성, 열린 구성
- 역사, 문화, 전통, 생태에 근거함
- 자연과 인간의 공존과 상생
- 자연의 원형을 고려한 접근

Ⅰ. 개요

1. 대지예술(Land Art)이란 흔히 예술분야에서 대지조각(Site Sculpture), 대지예술(Earth Art), 대지작품(Earth Works)이라 불리는 예술적 시도
2. 예술가가 마치 조각가처럼 점토로 모양을 만들듯이 옥외환경 내의 지형을 빚어 예술작품을 창조하는 예술분야임
3. 대표적 작가로는 로버트 스미슨, 로버트 모리스 등이 있고 조경설계가에서는 조지 하그리브스가 대표작가임

Ⅱ. 대지예술(Land Art)

1. 개념

1) 대지조각(Site Sculpture), 대지예술(Earth Art), 대지작품(Earth Works)
2) 조각가가 점토로 모양을 만들듯이 옥외환경 내의 지형을 빚어 예술작품을 창조
3) 대지에 만들어지는 조형물은 인간의 활동이자 인간을 둘러싼 환경요소 중 대지를 중심으로 한 3차원적인 공간활동

2. 도입배경

1) 1960년대 후반 종래의 인간중심적 기호와 자연에 대한 재인식으로 말미암은 포스트모더니즘의 징후
2) 대지와 인간 간의 새로운 관계맺음을 시도한 대지예술가가 등장

3. 대표 작가

1) 로버트 스미슨, 로버트 모리스
   - 다양한 규모와 특성을 갖는 환경조각을 창조
   - 부드럽고 자연적인 지형과 단단하고 인공적인 지형까지 이용
   - 자연과 대지를 잘 파악하여 자연과 인간이 분리되지 않았던 세계에 대한 향수와 감정을 표현

2) 조지 하그리브스
- 테호트랑카오 공원에서 해체적 방죽을 시도
- 지형의 조각적 구성을 통해 우수배수를 저속으로 분산시킴
- 생태학적인 자연의 힘을 대지예술 형태로 표현

3) 피터 워커
- 태너 분수와 같은 작업은 대지예술의 가능성을 보여줌
- 조경이 단순히 수목과 낭만주의 경관을 구성하는 방식에서 벗어날 수 있음을 표현

4) 로렌스 핼프린
- 조각적 형태의 지형의 변화로부터 물의 흐름과 분수와의 조화된 활용에 의한 많은 작품을 발표
- 암석과 지표의 형성을 설계에 이용
- 시에라 고산지대에 대해 오랜 기간 동안 관찰
- 이런 것들을 인공적인 지형으로 추상화하여 표현
- 러브조이 광장의 IRA 분수, 시애틀시의 고속도로 공원, 로체스터시의 맨하튼 광장
  → 드라마틱하게 지형을 추상화

Ⅰ. 개요

1. 뉴어바니즘이란 1980년대 후반 급속한 도시확산과 난개발에 대항하여 나타난 미국의 도시설계 개혁운동임

2. 전통적 근린주구 개발, 대중교통 지향적 개발, 혼합 토지이용 개발, 도시확산 방지정책을 주요 개념으로 삼음

Ⅱ. 뉴어바니즘 등장배경

도시의 무질서한 확산		도심우선 · 집중개발
·사회계층 분리, 인종갈등 ·자동차, 교통 통행량 증가 ·공공공간 감소, 녹지 분절 ·도시 외연적 확산	1980년대 후반 → 전통적 생활양식 회귀	·복합용도 설계, 보행자 중심 ·광역적 오픈스페이스 체계 ·생활요소 집중, 중심지 재개발 ↓ New Urbanism

Ⅲ. 뉴어바니즘의 주요 개념

1. 전통적 근린주구 개발(TND)

1) 커뮤니티에 근거한 새로운 개발방식

- 컴팩트, 고밀도 개발, 복합용도 근린주구
- 도시중심부 교차로에 입지, 공공용도로 활용

2) 격자형 가로 네트워크

- 주택, 업무, 상업의 연계성 강화
- 도보권(400m) 내에 주요시설을 입지

3) 녹지공간 확보와 연결 : 마을의 녹지, 대광장, 도시소광장 확보 및 연계

2. 대중교통 지향적 개발(TOD)

1) 보행, 자전거, 대중교통 이용기회 제공
- 보행자 중심의 공간 확보, 접근성 확보
- 도시의 다양한 통행루트 확보

2) 자동차 통행 감소 도모
- 감속시설 설치
- 교통소음의 감소

3) 다양한 주거형태를 제공
- 도보로 도시서비스시설에 쉽게 접근
- 대중교통시설 주변 혼합토지 이용 허용

3. 혼합토지 이용개발(MLD)

1) 복합용도 토지개발
- 나이, 계층, 문화, 인종의 다양성 수용
- 개발, 운영의 환경적 영향 최소화

2) 보행증대 및 편리성 제공
- 도보에서 5분 거리에 중심생활시설 입지
- 연결성, 친밀성 확보

4. 도시확산 방지정책

1) 도시성장 경계전략 : 설정된 경계 밖의 개발을 제한
2) 우선개발 전략
- 토지이용효율성 향상
- 고밀개발로 도시확산, 난개발 방지

QUESTION
16 | 랜드스케이프 어바니즘의 '수평적 표면(Surface)'

I. 개요

1. 랜드스케이프 어바니즘이란 조경과 건축과 도시의 하이브리드 영역으로서 거시적이고 진화적인 차원으로서 조경의 시야를 확장하는 태도를 지향하는 개념임
2. 다시 말해서 랜드스케이프 어바니즘은 단지 설계사조나 스타일이 아니라 설계 실천대상인 동시에 그것에 대한 관계 및 태도이며 설계의 구체적인 테크닉까지도 포괄하는 개념임
3. 랜드스케이프 어바니즘에서 '수평적 표면(Surface)'이란 핵심주제로서 대상(Object)보다는 장(Field)을, 단수보다는 복수의 네트워크를 강조하고, 도시와 경관의 '수평적 표면'을 구축하는 일을 통해 공간을 활성화시키는 데 초점을 두고 있음

II. 랜드스케이프 어바니즘의 개념 및 주요주제, 수평적 표면(Surface)

1. 개념

1) 조경과 건축과 도시의 하이브리드 영역
2) 거시적 · 진화적인 차원으로서 조경의 시야를 확장하는 태도 지향
3) 어떤 특정한 설계양식이라기보다는 도시와 경관에 대한 정신, 태도
4) 동시에 사고와 행동의 방식, 그리고 그것의 실천을 위해서는 여러 관련 영역 간의 네트워크가 전제되어야 함
5) 도시와 경관의 불확실성, 비종결성, 혼합성 등과 같은 성격을 강조

2. 주요주제

1) 수평성, 즉 수평적 표면(Surface)에 주목
   - 대상(Object)보다는 장(Field)
   - 단수보다는 복수의 네트워크 강조
   - 도시와 경관의 수평적 표면을 구축하는 일을 통해 공간을 활성화
2) 경관을 '인프라스트럭처(Infrastructure)'로 파악
   - 경관을 도시의 생성과 진화를 수용하는 장, 인프라스트럭처로 파악
   - 인프라스트럭처는 도로, 교량 등 토목학적 기반시설뿐만 아니라 규범, 법규, 정책 등의 비가시적 힘을 포괄
   - 미래개발과 변화가능성을 수용하는 시스템과 프로세스를 포함

- 미래의 다양한 가능성을 향해 열린 인프라스트럭처를 마련

3) 형태보다는 '프로세스(Process)'가 더 중요
- 도시공간의 형태 자체보다는 도시의 시공간적 관계를 형성하는 프로세스를 더 중요하게 여김
- 프로세스 디자인은 변화를 포용, 상태의 천이를 예견하는 설계
- 설계초점을 공간에서 시간으로 옮기는 작업

4) 전략적인 '테크닉(Technique)'
- 보다 실천적인 차원에서 지원하는 것은 전략적인 테크닉
- 영역 간의 네트워크에 바탕을 둔 실천이 필요
- 조경가, 건축가, 도시설계가, 교통전문가, 토목엔지니어, 예술가, 정책가 등의 연합하여 보다 창의적인 테크닉을 진화
- 매핑, 모델링 등 → 플래닝, 다이어그램, 조닝, 마케팅 등

5) 도시의 과정과 역동성은 '생태(Ecology)'적
- 도시와 경관의 여러 층위의 상호관계성과 역동적인 진행과정
- 인프라스트럭처로서의 경관은 유연한 시스템 속에서 변화하고 이동하는 생태계
- 경관생태학의 입장과 공통분모를 가짐(매트릭스는 이동, 코리도는 연결, 패치는 교환과 함수관계)

3. 랜드스케이프 어바니즘의 '수평적 표면(Surface)'

1) 도시Surface가 곧, 생태Surface
- 도시Surface를 지속가능한 생태Surface로 전환
- 도시인프라가 생태적 과정과 진화를 수용하는 그린인프라로 기능
- 도시구조물의 녹지 · 생태적 기능을 높이는 실천

2) 생태Surface가 곧, 문화Surface
- 그린인프라는 자연과 도시적 인간 삶을 담는 혼성적 실체
- 공원녹지가 산업, 주거, 상업, 레저 등 용도의 도시적 기능과 혼성
- 공원녹지 주변지역은 문화 에코톤(Cultural Ecotone)

3) 장(Field)과 복수의 네트워크화
- 도시Surface에 경관Surface를 혼성화
- 경관Surface에는 생태, 문화, 예술Surface 등이 혼성화
- 혼성화된 Surface의 분할, 배치, 구성
- 그 시스템 속의 공간적 프로그램을 유연하게 흐르는 이동체계 마련

QUESTION

17 | 드로스케이프(Drosscape)

Ⅰ. 개요

1. 드로스케이프(Drosscape)란 어원적 의미로 살펴보면 Dross찌꺼기+Scape경관, 버려진 경관으로 구도시지역의 탈산업화와 신도시지역의 급속한 도시화로 인해 발생됨

2. 드로스케이프(Drosscape)의 특징은 도시가 살아있는 유기체처럼 찌꺼기를 처리, 배출하는 자연적 프로세스를 지니며, 이러한 드로스케이프는 랜드스케이프 어바니즘의 중심이 되어야 함

Ⅱ. 드로스케이프(Drosscape)의 개념 및 특징

1. 개념

1) Dross찌꺼기, 폐기물 + Scape경관, 경치

2) 버려진 경관 : 실제 폐기물(생활쓰레기, 하수), 버려진 장소(유기, 오염대상지), 낭비된 장소(과도한 주차장, 거대한 상가건물)를 의미

3) 구도시지역의 탈산업화, 신도시지역의 급속한 도시화(수평적 도시화)로 인해 발생

4) 진화와 도시화의 불가피한 엔트로피적 부산물

2. 특징

1) Dross는 자연적

- 도시의 자연적 프로세스는 살아있는 유기체와 같음
- 유기체가 찌꺼기를 처리 · 배출하는 과정을 가지듯 도시도 그러함

2) 오래된 휴식처는 새로운 폐기물

- 전원도시, 도시미화운동 등은 산업화가 만들어낸 과밀도시, 오염원으로부터 벗어날 수 있는 휴식처로서 조경을 이용
- 결과적으로 이러한 접근방식은 도시 내 '버려진 경관'의 총체적 양만을 증가시킴
- 도시인구는 계속해서 도심에서 이탈, 휴식처인 조경공간은 노후화, 삭감된 예산으로 점점 열악해짐

3) 오염과 투자
- 오염지는 환경재생기술을 실행, 도시생태계 연구 대상지를 제공
- 이곳은 재개발을 진행, 오염원 처리, 조경디자인 제공 잠재력을 지님

4) 드로스케이프 실현
- 도시화가 어떻게 정교하게 폐기물과 함께 진행되는지 연구
- 어떻게 폐기물을 효율성과 미학, 기능성과 결합할지 연구
- 이러한 연구는 랜드스케이프 어바니즘의 중심이 되어야 함

QUESTION 18 | 코티지 가든(Cottage Garden)

Ⅰ. 개요

1. 코티지 가든이란 영국에서 자생한 정원유형으로서 짚으로 지붕을 얹은 시골집, 코티지에 딸린 정원을 말함

2. 코티지 가든의 특징은 식물심기에 주력, 실용적 식물 이용, 식물심기 방식은 양적, 질적으로 채움, 수종은 자생종임

3. 역사와 현대적 표현은 18세기 알렉산더 포프로 출발, 윌리엄 로빈슨, 윌리엄 모리스 주도 아트 앤 크라프트 운동, 현대의 코티지 정원으로 이어짐

Ⅱ. 코티지 가든(Cottage Garden)

1. 개념

1) 영국에서 자생한 정원유형으로서, 짚으로 지붕을 얹은 초가집과 같은 형태의 시골집, 코티지(Cottage)에 딸린 정원

2) 정원연구에서는 '잉글리시 플라워 가든(English Flower Garden)'이라는 용어로도 불림

2. 특징

1) 탄생 배경은 귀족들이 조성했던 정원과의 비교를 통해 쉽게 파악 가능

2) 정형적인 형태가 없이 식물심기에만 주력해 지형 디자인이 거의 없음

3) 정원조성의 목적이 실용적인 식물의 이용에 있음. 식물의 색감, 질감과 요리까지 이어질 수 있는 식물의 실용성에 바탕을 둠

4) 식물심기 방식은 흙이 보이지 않을 정도로 일년생, 다년생 초본식물을 심어 화단을 채움. 식물이 양적으로 많고 종수도 다양함

5) 식물 수종이 거의 자생종임. 마당 전체를 정원으로 이용하고 안마당은 야생화로 채우고, 뒷마당은 과실수가 자라는 작은 과수원으로 조성

영국의 귀족 정원과 코티지 정원의 특징 비교

구분	영국 귀족 정원	영국 코티지 정원
정원형태	• 정형적 정원 • 원, 정사각형 등 기하학적 형태에 기초 • 구조의 미와 건축물의 화려함을 강조	• 비정형적 정원 • 지형 디자인이 거의 없음 • 식물심기에만 주력
정원조성 목적	• 보여줌, 과시, 초대 • 식물보다 정원 내 조각, 분수, 건축물들을 이용	• 실용적 목적 • 식물의 실용성에 집중 • 요리로까지 연계
식물심기 방식	• 구조의 미를 위해 화려한 장식	• 식물이 양적, 질적으로 다양 • 흙이 보이지 않을 정도로 채움
식물 수종	• 화려하고 부유함을 강조하는 수종	• 대부분 자생종

3. 영국 코티지 정원의 역사와 현대적 표현

1) 18세기 알렉산더 포프
   - 포멀 가든(Formal Garden)을 비난
   - 시골 야생화 정원의 아름다움의 가치를 강조

2) 19세기 윌리엄 로빈슨
   - '와일드 가든' 잡지를 통해 '잉글리시 플라워 가든' 연재
   - 이 에세이는 영국 전역을 코티지 가든 열풍으로 이끔

3) 19~20세기 초 윌리엄 모리스 주도의 '아트 앤 크라프트 운동'
   - 산업혁명 이후 생산품들이 같은 모양으로 대량생산되는 것을 비판
   - 주로 실내장식 문화로 발전하지만 정원에도 많은 영향을 미침
   - 정원의 주인공을 구조, 지형 디자인, 건축물, 분수 등에서 식물 자체로 변화시킴

4) 21세기 코티지 정원 사례들
   - 히드코트 매너 정원, 시싱허스트 정원
   - 이전의 코티지 정원은 농가의 작은 안마당 크기였으나 20세기 코티지 정원은 규모가 매우 커짐
   - 그린 룸(Green Room) 개념이 도입
   - 하나의 정원 안에 다시 여러 개의 정원 방이 들어간 형태로 조성
   - 차가운 색감, 뜨거운 색감, 파스텔 색감 등 색감별로 식물을 모으고 섞는 방식으로 조성

QUESTION
19 국내 정원박람회의 특성

Ⅰ. 개요

1. 국내 정원박람회는 경기정원박람회를 시작으로 전남 순천, 서울, 부산 등의 지역에서 매년 개최되고 있음

2. 국내 정원박람회의 특성은 작가정원, 기업정원, 시민정원 등을 조성, 정원산업전시회, 학술행사, 체험프로그램 등 보고 즐기는 정원을 추구하는 것으로, 이를 통한 도시재생과 정원문화활성화에 기여하고 있음

3. 매년 각 지역에서 정원박람회가 개최되고 있으며, 2017년 가을에는 6개 정원박람회에서 259개 정원을 조성

Ⅱ. 국내 정원박람회의 특성

1. 개념

1) 국내 정원박람회는 경기정원박람회를 시작으로 전남 순천, 서울, 부산 등 전국으로 확대
2) 순천국제정원박람회의 개최로 전국적 관심이 집중
3) 시민의 정원에 대한 관심 증대, 정원조성과 정원교육에 적극 참여

2. 특성

1) 다양한 정원유형 소개
   - 작가정원 및 초청정원, 기업정원
   - 시민정원, 마을정원 등

2) 보고 즐기는 정원
   - 정원산업전시회, 학술행사
   - 체험프로그램 등

3) 도시재생에 기여
   - 매년 정원박람회를 개최
   - 도시재생 목적의 개최지역 선정
   - 박람회 이후 정원존치로 도시재생 역할

4) 정원문화 활성화
- 시민참여로 정원조성
- 시민정원사 양성과 병행
- 정원에 대한 관심유도와 홍보
- 하나의 정원문화로 자리매김

3. 2017년 가을 개최 현황

1) 6개의 정원박람회 개최
- 서울, 부산, 경기 안산, 경기 동탄2신도시, 인천, 전남 순천
- 9월, 10월에 작가정원 등 총 259개 정원 조성

2) 대한민국 한평정원 페스티벌
- 순천만국가정원 및 신대지구
- 작가정원, 학생정원, 일반정원 등 전시

3) 서울정원박람회
- 여의도정원
- 작가정원, 기업 및 초청정원, 시민참여정원 등 정원전시
- 시민체험행사, 학술행사, 공연, 정원산업전시회 등

4) 경기정원문화박람회
- 안산 화랑유원지 및 고잔1동 일원
- 정원전시와 마을재생을 위한 마을정원 만들기사업 동시 추진

5) 부산정원박람회
- 부산시민공원
- 부산의 첫 야외박람회, 작가정원, 기업정원, 손바닥정원 등 전시

6) 드림파크 아름다운 정원 만들기 콘테스트
- 인천 수도권매립지
- 주민참여프로그램의 일환

7) 동탄2신도시 근린공원 공공정원
- 화성시 동탄2신도시
- 도시공원 속 공공정원을 보급하기 위함

QUESTION 20 | 리질리언스(Resilience) 개념을 도입한 도시공원 설계에 대하여 설명

Ⅰ. 개요

1. 리질리언스란 좋다 또는 나쁘다라고 지각되는 변화로부터 회복되거나 그 변화에 적응하는 능력을 말함

2. 리질리언스 개념을 설명하고 이 개념을 도입한 도시공원 설계에 대해 사례를 들어 구체적으로 설명하고자 함

Ⅱ. 리질리언스(Resilience) 개념과 도시공원과의 관계

1. 개념

1) 탄력성으로서 좋다 또는 나쁘다라고 지각되는 변화로부터 회복되거나 그 변화에 적응하는 능력을 말함

2) 생태학적 개념으로서의 탄력성은 하나의 시스템이 강풍, 해충 출현, 화재 등과 같은 교란을 경험한 후 눈에 띌 만큼 안정된 상태로 되돌아갈 수 있는 능력임

2. 리질리언스와 도시공원과의 관계

1) 도시공원을 개념화하고 계획하고 설계하고 관리하는 하나의 수단으로서 리질리언스를 이러한 생태학적 의미로 생각하는 것은 유용함

2) 공원의 리질리언스 역량은 공원의 조직 시스템과 논리에 대한 전략적 설계에 달려 있음

3) 전략적 설계는 변화를 수용하고 촉진하면서도 설계적 감성을 유지하게 해줌

4) 공원이 그 정체성을 유지하면서도 다양하고 변화하는 사회적·문화적·기술적·정치적 열망을 수용할 수 있는 능력이 리질리언스의 특성임

5) 탄력적 공원의 관점에서 중요한 것은 설계와 관리 모든 측면에서 효율성과 지속성, 불변성과 변화, 예측 가능성과 예측 불가능성 간의 긴장에 있음

Ⅲ. 리질리언스(Resilience) 개념을 도입한 도시공원 설계

1. 뉴욕시 프레시킬스 라이프스케이프

1) 사회적
- 국지적 부지부터 광역권까지 크고 작은 스케일의 연결을 창출
- 레크리에이션과 교육 기회 제공
- 장기간의 공원유지를 위한 지지자를 만듦
- 이를 위해 경관이 이용자들에게 가독적이어야 함
- 커뮤니티 복지 프로그램을 진행, 즉 도시의 웹사이트용 광고, 포스터, 버스 광고 등을 디자인
- 마스터플랜 작성과정에 대한 대중의 관심과 참여를 유도
- 공원의 가독성이 미래에 미칠 중대한 영향을 인식
- 지역사회의 요구와 열망에 충분히 반응하는 탄력적 입장을 견지

2) 생태학적
- 사람, 물, 야생동물의 흐름을 제공
- 생태적 피해를 치유, 부지에 생물종 유인
- 프로그램, 프로세스의 다양하고 자립적인 복합체
- 경치가 아닌 작동시스템으로 구현되는 자연관
- 설계자의 제어하에 있지 않은 생태적 피드백을 흡수 · 반응

3) 기술적
- 매립지에 대한 모든 규정을 준수
- 매립 프로세스 전체에 대한 단계적인 공공의 이용을 만듦

4) 미학적
- 토지재생 프로젝트로 수행되는 부지의 독특한 특징을 노출
- 외형적으로는 초지로 보이지만 종합적인 면에서 자연 속에서 철저하게 도시적임

5) 종합적
- 이질적 부분들을 함께 엮어주며 섬 전체를 변모시키는 촉매제로서의 경관을 지향
- 공원의 이미지보다는 공원의 정체성에 더 관심을 둠
- 라이프스케이프의 단계별 전략은 많은 미래의 교환을 충분히 흡수할 수 있을 만큼 탄력적인 초기 경관조직을 계획

2. 토론토 다운스뷰파크 트리시티

1) 사회적
- 가독성 개념으로 유지관리와 공공적 접근을 포함해 모든 단계의 작업에 스며들도록 의도됨
- 1,000개의 소로들이 인근지역으로 확장됨
- 휴식과 레크리에이션을 위한 녹색의 목적지
- 시간이 지남에 따라 가치를 더하는 인프라스트럭처
- 도시 어메니티로서 역할

2) 생태학적
- 공원 성장시키기, 자연 제조하기
- 초지, 운동장, 정원, 숲, 소로들
- 소로들이 주변으로 확장되어 크릭, 돈강체계, 협곡들과 이어짐

3) 기술적
- 공원을 도시 내부를 향해 성장시키는 다이어그램
- 특유의 클러스터와 점들, 원형패턴
- 원형패턴은 실행을 쉽게 해주고 공원 전체가 그 형태를 따름
- 공원에 정체성을 부여하는 원형패턴
- 원형패턴은 공간적 위치 및 물질적 특정성(군식된 숲, 웅덩이, 빌딩)과 공원시스템의 일부가 교란에 대해 대응할 수 있게 함

4) 종합적
- 공원 배치는 공원의 정체성을 유지하면서 쉽게 변화 가능함
- 설계보다는 공식으로 주장함, 공식은 다음과 같음
  공원 성장시키기, 자연 제조하기, 문화 돌보기, 1,000개의 소로, 목적지와 분산, 희생과 구원, 저밀도의 대도시생활

QUESTION 21
랜드스케이프 어바니즘(Landscape Urbanism) 관점에서 경관법에 의해 수립되는 경관계획의 주요 내용들을 '경관분석 접근방법론'적 맥락에서 고찰

Ⅰ. 서언

1. 랜드스케이프 어바니즘 관점에서의 경관은 시각 · 미학적 접근방법과 물리 · 생태적 접근방법을 통합한 총체적이고 혼융합된 개념임

2. 경관법에서 경관계획의 내용은 권역, 거점, 축을 단위로 경관을 보전, 관리, 형성하고 오픈스페이스, 공공시설물 등 요소의 지침을 제시

3. 경관계획의 내용을 랜드스케이프 어바니즘 관점에서 경관분석 접근방법론적 맥락으로 고찰해보고자 함

Ⅱ. 랜드스케이프 어바니즘 관점의 경관분석 접근방법론

1. 혼융합된 접근

1) 시각, 미학 + 물리, 생태 + 사회, 행태

2) 통합, 총체적 시각, 탈장르화

2. 시간, 공간 축의 중첩

1) 시간을 담는 그릇, 역사성

2) 과정의 중요, 진화가능성

3. 그린인프라로서 경관

1) 도시의 골격을 이루는 랜드스케이프

2) 공원 속의 도시화, 도시=공원

4. 집객, 소통, 통섭의 경관

1) 스페이스 마케팅 실현

2) 브랜드 가치 창출

Ⅲ. 경관법의 경관계획 주요 내용

1. 기본경관계획

1) 기본사항
- 도시경관의 미래상과 비전 제시
- 경관 권역, 거점, 축의 단위로 관리
- 경관의 보전, 관리, 형성의 기본 방향 제시

2) 지침사항
- 건축물 간의 조화
- 오픈스페이스 경관성, 연계성
- 공공시설물의 상징성, 조화성
- 야간경관방향 및 색채의 지역성

2. 특정경관계획

1) 내용
- 보다 자세하고 세부적인 내용 제시
- 특정지역을 대상
- 산림, 수변, 가로, 역사문화, 시가지경관

2) 지침 및 요소
- 건축물, 공공시설물의 형태, 재료, 색채 등
- 오픈스페이스의 도입테마, 수종
- 야간경관의 조도, 휘도, 연색성 범위
- 원경, 중경, 근경에 따른 색채범위
- 옥외광고물의 종류, 형태, 크기

3. 경관법상 경관계획의 한계

1) 개별요소들에 대한 지침, 분절된 경관
2) 시각미학적 접근 위주
3) 생태, 사회, 행태적 접근이 배제됨
4) 소극적인 경관 개념

Ⅳ. 경관계획의 경관분석 접근방법론적 맥락 고찰

1. 시각, 미학+물리, 생태+사회, 행태

1) 이용자 측면의 총체적 지각
2) 개별요소의 통합된 관점
3) 집객과 소통의 장소 만들기

2. 하이브리드된 경관

1) 경관 + 도시
2) 경관 + 건축, 생태
3) 경관 + 문화, 역사

3. 프로세스, 프로그램 담기

1) 진행과정의 중요성
2) 점진적(Step By Step)
3) 장기간(Long−Term) 진화의 관점

4. 스페이스마케팅 실현

1) 브랜드, 경제가치 창출
2) 생태, 경관, 문화의 경제가치화
3) 지역경쟁력, 국가경쟁력

5. 그린인프라로서 도시경관 구축

1) 도시골격을 이루는 주체로서 경관
2) 기반시설로서 경관의 의미
3) 가치계획의 실현

QUESTION 22

최근 우리나라에도 국제 및 국내적 정원박람회 개최가 준비되고 있다. 유럽(영국, 독일, 네덜란드, 프랑스) 정원박람회와 정원박람회 개최 시 고려될 수 있는 효과에 대해서 각각 설명

Ⅰ. 서언

1. 2013순천국제정원박람회와 2010경기정원문화박람회 등 최근 우리나라에도 국제 및 국내적 정원박람회가 개최되었음
2. 정원이란 집안에 있는 뜰이나 꽃밭을 말하며 원림문화인 우리나라의 특성을 정원이라는 형태로 구현하는 것이 박람회 성공을 좌우한다고 봄
3. 유럽정원박람회와 우리나라 정원박람회에 대해 알아보고 우리나라 정원박람회 개최 시 고려될 수 있는 효과에 대해 설명해보고자 함

Ⅱ. 유럽 정원박람회

1. 영국의 첼시플라워쇼

1) 정원과 원예에 관한 전시회
   - 다양한 정원예술가들과의 교류
   - 일반인들에게 원예기술의 보급

2) 정원 경연대회
   - 다양한 예술적 정원 디자인 선보임
   - 사회, 정치, 문화의 이슈 반영

3) 다양한 지역에서 열리는 행사
   - 매년 새롭게 준비하기 때문에 고비용 소요
   - 행사가 열리는 지역의 관련 산업과 관광에 기여
   - 지역경제활성화에 기여하는 의미를 가짐

2. 독일과 네덜란드의 정원박람회

1) 연방정원박람회 - 2년마다 개최
2) 국제정원박람회 - 10년마다 개최
3) 플로리에이드 - 10년마다 개최
4) 도시재생 측면에서의 정원박람회

- 정원박람회를 통해 그린인프라 구축
- 도시 내 유휴부지의 공원으로의 전환과 이용활성화의 동기 부여

3. 프랑스의 쇼몽 국제정원 페스티벌

1) 정원디자인과 예술에 중점
- 현대 정원 디자인의 트렌드를 주도
- 정원디자이너들의 창작예술활동 활성화

2) 역사적 전통성과 연계된 문화활동
- 집 앞의 정원을 가꾸는 취미활동을 행사로 발전
- 도시민들의 교류의 기회제공

III. 국내 정원박람회

1. 2013 순천국제정원박람회

1) 박람회 개요
- 람사습지인 순천만과 도심의 완충지역에 조성
- 영구적 형태의 공원으로서 도시기반시설로 조성

2) 박람회 목표
- 순천도시의 확장, 팽창을 차단
- 박람회를 통한 도시 재생을 구현

2. 2010 경기정원문화박람회

1) 박람회 개요
- 시흥 옥구공원을 시작으로 지역별 공원에서 개최
- 정원의 조성과 영구적 시설로 활용

2) 박람회 목표
- 시민참여를 통한 황폐화된 공원의 재생
- 고유의 정원문화의 선도와 브랜드도시 창출

IV. 정원박람회 개최 시 고려될 수 있는 효과

1. 우리나라 원림문화의 세계화

1) 우리의 전통적 정원양식의 현대화
- 유럽이나 선진국의 정원 모방요소 배제
- 원림문화의 현대화를 통한 전통정원의 복구

2) 세계에 한국의 전통적 정원양식 인지
- 일본과 중국과 차별화되는 한국정원 조성
- 우리문화의 아름다움을 세계적으로 인정받는 기회

2. 장소성 창출과 박람회 지속성 구현

1) 박람회 개최 장소의 특성을 반영
- 자연환경, 인문환경의 박람회 성격과 연계
- 지역의 문화활동으로 박람회 계획

2) 일회성이 아닌 지속적인 공간으로 구현
- 4계절형 프로그램 계획으로 시민의 지속적 참여 유도
- 지역의 그린인프라로 계획하여 조성

3. 도시재생을 통한 브랜드도시 창출

1) 지역의 관광자원으로 활용
2) 지역경제 활성화에 기여
3) 지역고유 천혜 자연자원의 적극적 보존

QUESTION 23 | 한국조경산업의 변천과정을 조경사업별로 구분하고 조경전문가의 역할에 대하여 설명

I. 서언

1. 세계적으로 기후변화에 따른 위기위식에서 비롯된 저탄소녹색성장 전략은 조경산업에서 그 역할과 지위를 향상시킬 수 있는 기회를 제공하였음

2. 그러나 시대적 전성기를 맞고 있음에도 불구하고 제도적 · 기술적 기반의 미흡으로 조경산업 발전에 걸림돌이 되고 있음

3. 한국조경산업의 변천과정을 살펴보고 저탄소녹색성장 시대에 있어서 선도자가 될 조경전문가의 역할에 대하여 설명해 보고자 함

II. 한국조경산업의 법적 분류

1. 조경설계업

1) 기술사법에 의한 기술사사무소 : 최고전문가의 역량이 중요
2) 엔지니어링 산업진흥법에 의한 엔지니어링 : 종합적 국토개발 업무

2. 조경공사업 : 건설산업기본법

1) 종합공사 : 대규모공사, 복합공종
2) 전문공사 : 식재, 시설물 단일공사, 소규모공사

3. 조경감리업

1) 주택법에 의한 조경감리 : 1,500세대 이상 의무 시행
2) 책임감리가 건설사업관리로 통합
   - 건설기술진흥법에 명시
   - 200억 원 이하 시 보조역할

```
양적 성장 시대  : 보조적 역할
      ↓
질적 성장 시대  : 중심 역할
      ↓ 저탄소 녹색성장
가치성장 시대   : 선두 역할
      블루 이코노미
```
▌시대적 변화와 조경의 위치 ▌

III. 한국조경산업의 변천과정

1. 한국경제 변천과정

1) 과거 양적 성장의 시대 : 산업경제, 제조업 중심의 사회
2) 현재 질적 성장의 시대 : 창조경제, 문화 · 디자인산업 중심
3) 녹색성장의 시대 : 기후변화 대응, 그린인프라 구축

2. 조경산업별 변천과정

구분	변천과정

1) 조경설계업	• 과거 : 장식과 외관 위주의 설계
	  – 도로, 공장 주변
	• 현재 : 시스템 설계
	  – 자연의 원리와 질서를 존중
	  – 경관생태학, 랜드스케이프 어바니즘

2) 조경공사업	• 과거 : 치산녹화, 산림녹화, 단순공종
	  – 녹지조성으로 식재공 위주
	• 현재 : 단지총괄, 복합공종
	  – 도시차원의 접근, 경관생태학적 생태공학

3) 조경감리업	• 과거 : 조경감리의 부재
	  – 토목, 건축감리가 대체
	• 현재 : 위상정립의 초기단계
	  – 미래 활성화를 위한 준비

Ⅳ. 미래지향적 조경전문가의 역할

1. 저탄소 녹색성장시대에 부응

1) 국토개발의 중추적 분야로 자리매김
- 녹색국토, 녹색교통, 녹색생활
- 종합 코디네이터로서 역량 증진

2) 블루 이코노미 시대에 선도자 역할
- 녹색성장을 넘어선 기술
- 선두주자로서 역할 강화

2. 조경기술자로서 능력 배양

1) 종합 코디네이터 역할 : 건축, 토목 등 분야 간의 통섭
2) 설계 · 시공 · 감리 업무 수행능력 증진
- 분야 간의 인적 교류
- 다양한 경험의 축적으로 능력배양

3. 대정부 · 대국민 대상 홍보

1) 조경분야의 중요성 인식
2) 조경운동을 통한 녹색생활 실천 증진
3) 조경의 역할 인식

QUESTION 24

한국 현대조경의 변화와 성과를 1970년대, 1980년대, 1990년대, 2000년대로 구분하여 설명 (단, 시기별로 대표적인 사업의 예를 들어 설명)

Ⅰ. 서언

1. 한국 현대조경은 1970년대 태동기, 1980년대 성장기, 1990년대 발전기, 2000년대 도전기의 변화과정을 거침
2. 시대별로 국토기반시설의 조성, 확충, 발전 및 인프라 구축 등의 성과를 나타냄
3. 향후 조경의 발전방향은 기후변화에 대응, 주민참여가 가능한 혼융합된 방향이 요구됨

Ⅱ. 현대조경의 변화과정

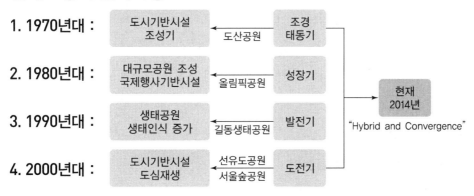

1. 1970년대 : 도시기반시설 조성기 — 도산공원 — 조경 태동기

2. 1980년대 : 대규모공원 조성 국제행사기반시설 — 올림픽공원 — 성장기

3. 1990년대 : 생태공원 생태인식 증가 — 길동생태공원 — 발전기

4. 2000년대 : 도시기반시설 도심재생 — 선유도공원 서울숲공원 — 도전기

현재 2014년
"Hybrid and Convergence"

Ⅲ. 시대별 성과

1. 1970년대 : 도산공원, 어린이대공원

1) 국토기반시설 조성
- 택지지구 내 소규모 조성
- 국토훼손에 대한 대체 공간

2) 여가공간 인식 태동 : 삶의 질 향상 목적

2. 1980년대 : 올림픽공원

1) 국제행사 기반시설 확충 : 국가 이미지 개선 목적

2) 도시공원 조성의지 강화 : 대규모 공원 조성

3. 1990년대 : 길동 생태공원

1) 환경의식 개선 및 발전
- 혐오시설의 이미지 개선
- 도시오염 회복효과

2) 생태도시 기반 마련 : 도시생태계 강화

4. 2000년대 : 선유도공원, 서울숲공원

1) 도시 산업자원 재활용
- 이전적지, 경제적 공원 조성
- 지역자원의 가치 향상

2) 녹지 인프라 구축 : 녹지축 설정, 경관생태학적 사고
3) 도시의 구조, 기능, 변화의 수용 : 생태 코리더 조성, 생태거점 보전과 창출

Ⅳ. 향후 발전 방향

1. 기후변화대응에 주도적 역할

1) 저탄소 녹색성장의 선도자인 조경
- 탄소저감 및 탄소흡수원 조성 핵심분야
- 물순환도시 조성, LID 기술 적용

2) 그린인프라 구축
- 국가공원을 비롯한 녹색기반시설 확충
- 대 · 중 · 소규모 생태거점인 공원녹지

2. 혼융합되는 조경에서 선제적 대응

1) 토목, 건축, 도시계획과 협업 : 종합 코디네이터로서 주도
2) 생태복원과 도시적 조경을 전문화 : 생태공학기술, 도시계획적 사고의 습득

QUESTION 25

우리나라 조경실무 현황(조경설계 및 공사업체수, 연간 조경설계 및 공사금액, 조경기술자수 등)에 대해 설명하고 향후 조경분야의 발전방향에 대해 논하시오.

I. 서언

1. 최근 국가정책의 재생사업 추진으로 설계공사업의 업체수는 공사금액 저감에 의해 축소됨
2. 또한 조경기술자 수는 자격증 취득기준이 완화되어 수요보다 공급이 많아져서 구조적 문제점을 발생시키고 있음
3. 이에 조경분야는 거시적 · 가시적 발전방향을 수립하여 실천해야 하며, 본서에서는 장기 · 중기 · 단기적으로 구분해 발전방향을 논하고자 함

II. 최근 조경업계 동향

1. 설계 · 시공업의 저가 실행

1) 품질저하 우려
2) 설계 · 시공업체수 정리 필요

2. 재생사업 중심 국가정책

1) 설계 · 공사발주금액 축소
2) 업역 축소 우려

3. 조경위상 저하

1) 건설기술진흥법상 자격 취득기준 완화
2) 비전공자 업계 진출
3) 법적체제 지원 부족

III. 조경 실무 현황

1. 조경설계 및 공사업체수 → 증가

1) 조경공사업 1,500여 개
2) 식재공사업 3,800여 개

3) 시설물공사업 2,500여 개

2. 연간 조경설계 및 공사금액 → 감소

1) 설계발주금액 1,500억 원

2) 공사금액 6조 5천억 원 : 2011년 대비 하락

3. 조경기술자 수 → 불균형

1) 조경분야 건설 기술자
- 특급 2,400여 명, 고급 2,500여 명
- 중급 2,500여 명, 총 21,400여 명

2) 조경자격증 취득현황
- 기능사 87,000명, 산업기사 11,300명, 기사 17,000명
- 기술사 437명 등 총 70,000여 명

Ⅳ. 조경분야의 발전방향

1. 장기적 발전방향

1) 전문가 육성 교육체계 확립 : 비전문적 인력 최소화

2) 업계 진출 수요 · 공급 균형 : 학계 · 업계 간 소통 · 교류

3) 기후변화대응 수요 창출 : 그린인프라 구축기술의 전문화

2. 중기적 발전방향

1) 해외진출의 활성화 : 해외판로 점진적 개척

2) 타 공종과 협업 : 토목, 건축과 정기적 교류

3) 타 업역의 침해 대응 : 산림법, 수목원법, 건축기본법 등 대응

3. 단기적 발전방향

1) 법적 위상 확립 : 조경진흥법의 하위법령 구체화

2) 신기술 · 신공법 개발 : 적용가능 기술개발 활성화

3) 유지관리 시장 개척 : 시공 후 모니터링, 유지관리

4) 환경복지 인프라 확충 : CPTED, 생태공원, 생태놀이터 설계

QUESTION 26 | 스페인의 중정식, 이탈리아의 노단건축식, 프랑스의 평면기하학식 정원기법에 대하여 비교 설명

Ⅰ. 서언

1. 서양조경사에 있어서 정원은 시대적 문화양상과 지역적 환경요인 등에 의해 발달해 왔음
2. 서양의 대표적 정원기법 중 스페인의 중정식, 이탈리아의 노단건축식, 프랑스의 평면기하학식 정원기법에 대하여 비교설명해 보고자 함

Ⅱ. 스페인의 중정식 정원

1. 발달 배경 및 특징

1) 바람이 많은 평야 지형
   - 내부지향적 정원 발달
   - 정원규모는 건축에 의해 제한
2) 열대지방의 건조한 기후
   - 물을 신성시함
   - 수로, 분수, 수반 배치

2. 대표 사례 : 헤네랄리페 이궁

1) 무어양식 정원
2) 수로의 중정
   - 3면은 건축, 1면은 아케이드로 둘러싸임
   - 중앙에 좁고 긴 수로 배치

Ⅲ. 이탈리아 노단건축식 정원

1. 발달 배경 및 특징

1) 구릉지, 산악지형
   - 경사지를 이용 테라스식 공간구성
   - 주변경관 조망, 개방적
2) 여름 평지의 무더위
   - 구릉지에 피서목적, 빌라 발달
   - 풍부한 수원을 갖는 지역에 입지

2. 대표사례 : 빌라 에스테

1) 브라망테 개념 도입 : 명확한 중심축에 따른 테라스

2) 건물과 정원, 주변자연의 조화 : 4개의 노단으로 구성

3) 다양하고 풍부한 물 사용 : 워터 오르간, 용의 분수, 100개의 분수

IV. 프랑스 평면기하학식 정원

1. 발달 배경 및 특징

1) 기복이 없는 평탄한 지형 : 지수화단 등 화려한 식재 발달

2) 중앙집권적 정치세력 안정

- 왕권의 위엄을 정원 내 표현
- 대규모, 축과 대칭적 구조

2. 대표사례 : 베르사유 궁원

1) 태양왕 이미지 표현

- 태양광선 같은 방사형 축
- 수로와 총림으로 이루어진 비스타 형성

2) 화려하고 장식적 정원

- 자수화단, 대칭화단 등 발달
- Allee(소로), Bosque(총림), 조각, 분수

V. 정원기법의 비교

구분	건축요소	식재요소	수경요소
1. 스페인 중정식	정원은 건축에 의해 제한적	• 녹음수 식재 • 중정 내에는 제한적으로 과수, 화초 도입	• 좁고 긴 수로, 분수 • 적은 물을 시적으로 사용
2. 이탈리아 노단건축식	건축과 정원 및 주변 경관의 조화	• 정형적 식재 : 토피어리 • 주변 수림대와 연계	• 지형을 이용 : 캐스케이드, 물풍금 • 풍부한 물 사용
3. 프랑스 평면기하학식	건축이 정원의 일부로서 종속적	• 화려한 자수화단 발달 • 수직적 요소인 총림	거대수로, 거대분수와 연못, 물극장

포스트모더니즘 조경양식적 설계언어의 종류와 특성에 관하여 설명

Ⅰ. 서언

1. 포스트모더니즘은 기존의 산업사회의 다양성을 수용하며 모더니즘의 양식을 개선한 양식이라 볼 수 있음
2. 포스트모더니즘 조경양식은 추상적, 구상적, 신픽처레스크적 양식으로 나타나며
3. 설계언어는 미니멀리즘적 특성, 팝아트적 특성, 대지예술적 특성 및 요소로 설명할 수 있음

Ⅱ. 포스트모더니즘 조경양식

1. 포스트모더니즘 정의 및 특성

1) 모더니즘의 정형성을 탈피
2) 산업사회의 다양성을 표현
3) 추상적, 구상적, 신픽처레스크적 특성

2. 포스트모더니즘 조경양식

1) 추상적 조경양식
- 미니멀리즘적 표현
- 단순, 대조, 강렬한 색채

2) 구상적 조경양식 : 팝아트적 표현
3) 신픽처레스크적 조경양식 : 대지예술적 경향

Ⅲ. 포스트모더니즘 조경양식적 설계언어 종류와 특성

1. 미니멀리즘적 설계언어

1) 단순, 대조
- △, □, ○ 등 기하학적 표현
- 형태상 대조를 이룸

2) 강렬한 색채를 사용
- 도시적 특성의 지님
- 가시성을 확보함

3) 피터 워커 : Cambridge Roof Garden
- 그리드 패턴으로 반복된 플랜터
- 백색의 시각초점 조형물

2. 팝아트적 설계언어

1) 반복, 연속
- 산업사회의 대량생산을 표현
- 시설물, Object 배치

2) 은유적 표현
- 현대사회 특성을 반영
- 상상적 경관을 표현

3) 마샤 슈왈츠 : Neco Tire Garden
- 폐타이어의 그리드 패턴 연속과 반복배치
- 실제 네코사탕과 채색된 폐타이어의 반복
- 산업사회 대량생산을 은유

3. 대지예술적 설계언어

1) 혼성과 중첩(Hybrid & Layering)
- 건축, 생태, 미술, 조경의 혼융합
- 이질적 요소의 조화

2) 표면과 접기(Surface & Folding)
- 건축적 표면의 다양성 표현
- 방향성을 가진 형태의 접기

3) 조지 하그리브스 : 테호 트랑카오 공원
- 해체적 방죽으로 조경의 접기 표현
- 수리적, 생태적, 공학적 고려→ Hybrid

QUESTION 28

현대조경의 대표적인 실험주의 작가 4명의
설계특징과 대표작품에 대하여 기술

Ⅰ. 서언

1. 실험주의란 기성의 개념과 전통을 부정하고 새로운 것을 창조하는 도전적 성격을 지닌 것
   으로 다른 장르 간의 혼성현상도 포함한다고 볼 수 있음

2. 현대조경의 실험주의 작가로는 아드리안 구즈, 피터 라츠, 램 콜하스, 버나드 추미 등이 있
   으며

3. 결합된 감각의 공감각성과 시·공간을 표현하는 과정적 설계의 비결정적 특징을 지니고
   있음

Ⅱ. 실험주의의 개념 및 특징

1. 실험주의 개념

1) 진리를 구체적 경험에 입각하여 추구하려는 태도
2) 기성의 개념, 전통을 부정하고 새로운 것을 창조
3) 과거를 부정한 모더니즘, 모더니즘을 부정한 해체주의
4) 현대의 다른 장르 간 통합, 혼성현상(Hybrid)

2. Hybrid : 현대 실험주의 특징

특징	현대사회의 반영	현대 조경설계에 미친 영향
공감각성	• 탈장르화 시대 • 예술과 일상 경계 말소	• 이용자 체험, 장소성 체험을 중요시함 • 내용적 숭고미 추구
비결정성	• 자아표현을 중시 • 개인적 경향	• 이용자의 자율적 참여로 전개 • 시·공간 표현방법, 과정 중시 • 이벤트로서의 공간체험

Ⅲ. 현대조경 실험주의 작가의 설계특징

작가	설계특징	실험주의 특징
아드리안 구즈	• 시간변화를 고려 • 이용자 참여에 따른 프로그램 변화 • 장소성의 체험 유도	공감각성 + 비결정성
피터 라츠	• 이용자의 다양한 이벤트 수용 • 과거흔적을 이용	
램 콜하스	• 참여형 계획과 설계를 진행 • 과정 중심적 설계	
버나드 추미	• 전통기능과 위계를 타파(해체주의 특징) • 시간의 흐름과 참여를 고려	

Ⅳ. 실험주의 대표작품

1. 로테르담 쇼우브르흐 플레인

1) 아드리안 구즈 설계
2) 시간변화와 다양한 사건의 생성 고려
3) 광장에 특정기능 미부여, 자발적 사건발생 유도
4) 이용자 참여에 따른 프로그램 변화

2. 사이프레스 가든

1) 아드리안 구즈의 늪지정원
2) 신비한 장소로 명상과 함께 특별한 감정 유발
3) 장소성 체험 유도(공감각성)

3. 뒤스브르그 노드 파크

1) 피터 라츠 작품
2) 옛 건물과 형상 이미지에 담긴 역사의 시간, 흔적 상기
3) 이용자의 다양한 이벤트 수용
4) 과거흔적을 노출, 폐기된 장소에 생명력 부여

4. 다운스뷰 파크 현상공모 : Tree City

1) 램 콜하스 설계, 현상공모 당선작

2) 참여형 계획, 개방형 프로젝트

3) 프로그램의 불확정성, 비결정성

4) 공원의 성장과정, 잠재력 중시, 과정중심형

5) 단계별 다이어그램으로 15년에 걸친 과정을 계획

5. 라빌레뜨 공원

1) 버나드 추미 작품, 해체주의 대표작

2) 열린 공간으로 이벤트 장소 조성, 다층적 관계 속 층위 구성

3) 기존의 전통적 기능과 형태 위계를 타파

4) 이질적 부분의 상호작용으로 새로운 행위, 이벤트 기대

5) 시간흐름 속에서 이용자 참여를 위한 폴리 조성

캐나다 토론토 다운스뷰(Downs view) 파크의
현상공모 당선작인 트리시티(Tree City) 조경설계
전략을 설명

I. 서언

1. 캐나다 토론토의 다운스뷰 파크는 도심 중심부의 공군기지로서 옛 산업시설을 공원화하는 포스트 인더스트리얼 부지 공원화 계획임

2. 현상공모 당선작인 램 콜하스의 트리시티는 형태보다는 전략을 디자인하여 진화 가능성에 대응하였음

3. 우리나라 용산 국가공원 현상공모와 유사한 국가공원 사례로 조경설계전 및 진행과정을 눈여겨 볼 필요가 있겠음

II. 다운스뷰 파크 현상공모 개요

1. 부지 개요

1) 위치 : 캐나다 토론토 중심부
2) 면적 : 640 에이커(320 에이커 공원부지)
3) 역사 : 공군부지

2. 주최측의 설계과제

1) 부지의 사회적 · 자연적 역사에 합당한 혁신적 디자인 제시
2) 새로운 생태계 지원
3) 공공의 이용과 이벤트 수용
4) 새로운 경관으로 부지의 잠재력 개발

| 부지중심적 설계 | + | 21세기형 경관모델 제시 | + | 실험적 디자인 | + | 생태적 진화 고려 |

┃ **현상공모 필요조건** ┃

Ⅲ. 램 콜하스 당선작 트리시티 조경설계전략

1. 주요전략

1) 전략을 디자인
- 완결된 형태 위주의 마스터플랜을 디자인하지 않음
- 공원 자체의 진화가능성에 대응하는 전략구축에 초점

2) 공원 = 도시
- 공원의 안과 밖의 경계가 모호
- 원형 나무군락 매트릭스로 공원 밖의 다른 녹지와 연결
- 공원을 도시로 확장, 공원으로 들어오는 도시를 수용

3) 3단계 시간별 전략 마련
- 1단계(2001~2005) : 부지의 토양 개선
- 2단계(2006~2010) : 소로의 네트워크 구축
- 3단계(2011~2015) : 전체면적의 25% 원형나무군락 확보
- 단계적 진화과정을 통해 토지의 경제적 가치향상 도모

2. 6대 조경설계 전략

전략	내용
1. 공원 성장시키기	• 공원경계를 넘어 도시영역으로 성장 • 단계적 진화과정 제시(3단계)
2. 자연 제조하기	• 도시와의 소통 도모 • 디자인된 가공의 경관 제조(문화적 자연)
3. 1,000개의 소로	• 공원 전체를 엮는 트레일 네트워크 • 1,000개의 공원 출입구와 연결(도시와 연결)
4. 희생과 구원	• 신성장 후건설, 건축 희생, 경관인프라 구원 • 건축건설비용을 절감하여 경관재원으로 활용
5. 문화 돌보기	• 공원 성장과정에 걸쳐 다양한 문화기능이 추가될 수 있는 가능성을 열어둠 • 관리비용 상쇄수단으로 활용
6. 목적지와 분산	• 도시 내 여가의 목적지이면서 도시의 진입로 • 교통 인프라를 공원에 침투시켜 교통 · 수송의 중추역할을 공원이 담당 • 도시가 곧 공원, 공원이 곧 도시라는 관계 설정

Ⅳ. 트리시티 전략으로 본 포스트 인더스트리얼 부지 설계방향

1. 다운스뷰 파크의 교훈

1) 도시의 인프라스트럭처가 조경설계 대상으로 대두
2) 조경영역의 붕괴와 탈장르화 진행
3) 도시공원 역할 변동, 도시가 곧 공원
4) 자연과 문화의 역동적 · 상호적 개입
5) 프로그램과 프로세스 위주의 열린 접근

2. 우리나라 용산 국가공원 설계방향

1) 도시중심의 그린인프라로 조성
 • 도시와 공원 경계가 모호하게 조성
 • 서울의 녹지와 연결 도모
 • 점적 자연이 아닌 네트워크 체계 구축

2) 생태적 가치 향상
 • 남산 - 용산 - 한강의 녹지 · 수체계 확보 · 보전
 • 생태축 · 역사축 보존과 연계

3) 열린 공간으로 조성
 • 다양한 형태 수용가능
 • 도시재생의 문화역할 담당

4) 과정을 중요시, 진화하는 설계
 • 부지의 생태 · 역사를 고려
 • 참여를 통한 프로그램 제시
 • 단계별 진화과정을 제시

다운스뷰파크와 용산 국가공원 유사성 비교

구분	용산 국가공원	다운스뷰 파크
주체	대한민국 정부	캐나다 정부
면적	600에이커	640에이커
역사	미8군기지	공군기지
설계	아드리안 구즈＋승효상(건축)	렘 콜하스＋브루스 마우

팔경의 전통적 의미와 현대적 적용방안에 대해 설명

I. 서언

1. 팔경이란 경관 내 연속적으로 보이는 수려한 장소 또는 특이한 경물이 있는 여덟 곳을 말함
2. 팔경의 전통적 의미는 경관에 의미를 부여하고 감상하는 팔경식 경관감상법이라 할 수 있음
3. 팔경의 현대적 적용은 지역자원의 활용 및 체험의 질 향상, 정체성 제고 측면에서 가치가 있음

II. 팔경의 전통적 의미

1. 경관의 발굴

1) 지역 내 우수경관, 장소 등을 발굴
2) 연속적 체험이 가능한 경관
3) 장소 · 경물 · 시간 · 기이현상 등의 조합

2. 경관의 명명

1) 발굴된 경관의 명료화
2) 회화 · 시 · 문학 등으로 표현 · 예찬
3) 관념적 이상을 상징화

3. 경관의 체험

1) 원로를 노닐며 연속적으로 체험
2) 경관감상법이자 설계술
3) 그 시대의 경관관을 반영

III. 팔경의 현대적 적용 시 고려사항

1. 기본방향

1) 팔경에 내재된 전통적 의미를 포함 : 명칭만 차용하는 것은 지양
2) 빼어난 자연경관 중심의 팔경 선정 : 홍보성에 치중한 자원선정 지양
3) 공감대에 기반한 지역대표성 고려 : 선정 시 지역민 참여로 공감대 형성

2. 공간구성

1) 주요 조망점 : 경관의 장점이 극대화되는 장소

2) 팔경 : 주요 조망점에서의 빼어난 경관

3) 연속적 변화 : 지형적 · 시간적 요인에 따른 변화

3. 주요 요소

구분	내용
1. 인공	누 · 정 · 대 · 성곽 등
2. 자연	계류 · 폭포 · 절벽 등
3. 관념	자연적 요소에 의미 부여
4. 내면	시 · 문학 · 회화 등에 의한 표현
5. 지역	지역특성 · 장소성

IV. 팔경의 현대적 적용방안

1. 계획적 측면

1) 현대 팔경의 발굴 : 지역 내 우수자연경관 조사 · 발굴

2) 발굴된 팔경을 브랜드화 : 대외적 인지도 상승

2. 설계적 측면

1) 스토리텔링 접근 · 설계 : 발굴된 팔경의 연속적 체험 유도

2) 주요 조망점 선정 : 조망점, 요소별 주제 및 활동 부여

3. 활용적 측면

1) 자원활용 극대화를 위한 도구로 활용 : 명료화된 주제, 체험효과 극대화

2) 현대적 활동을 수용

- 탐방 · 트래킹 등 체험의 장
- 경관 · 생태관광벨트화 가능

31 | 풍수지리이론에 근거한 환경설계적 접근기법을 설명

Ⅰ. 서언

1. 풍수지리란 음양오행을 바탕으로 땅에 관한 이치를 장풍과 득수를 통하여 설명하는 이론임
2. 장풍법은 환경설계적 바람통로 설계 접근기법으로, 득수법은 LID 물순환 환경설계 접근 기법으로 설명할 수 있음
3. 자연환경의 질서를 유지하면서 지속가능한 이용과 개발이 가능하도록 인간과 자연이 상생하는 환경설계적 접근이 필요함

Ⅱ. 풍수지리 이론

1. 개념

1) 음양오행설을 바탕으로 땅에 관한 이치를 설명하는 이론
2) 바람과 물에 관한 모든 것을 조절하여 자연질서를 유지
3) 명당 터잡기를 선택하는 데 이용

2. 터잡기 주요이론

1) 장풍법
   • 바람을 가두어 정기를 보호
   • 막는 것이 아닌 이용하는 개념

2) 득수법 : 물을 얻음, 물 흐름과 순환을 도모

Ⅲ. 장풍법에 근거한 환경설계적 접근기법 : 바람통로 설계

1. 목표

‖ 풍수지리와 환경설계적 접근 ‖

2. 바람통로 설계 접근기법

1) 신선한 공기 생성지역 조성

- 도시 내 하천, 저류지, 녹지 조성

도시기후 변화 완화	+	도시 통풍과 환기 도모	+	오염된 공기, 열공기 순환

- 주변의 신선한 공기를 도시 내로 유입
- 기후친화적 우선지역 지정과 조성

2) 바람 이동경로의 조성

- 공원, 단독주택지를 산지하부에 조성
- 오염시설의 입지 규제

3) 지형경사에 순응하는 건축물 배치

- 차고 신선한 공기 유입기법
- 폐쇄형 건물 지양, 넓은 오픈스페이스 확보

4) 대기오염원 입지지역 차단

- 식재 등을 통한 차단
- 오염완화와 열공기 순환 도모

Ⅳ. 득수법에 근거한 환경설계적 접근기법 : LID물순환 설계

1. 목표

자연의 영향 최소화	+	효율적 물관리	+	비점오염원 저감	+	서식처 제공 경관개선

2. LID물순환 설계 접근기법

1) 분산형 빗물관리체계 조성

- 소규모 침투, 저류시설 분산배치
- 재해예방, 우수유출수 집중방지

2) 저류, 침투시설 확대 조성

- 빗물 표면유출의 감소
- 토양 침수 증가, 물순환 개선

3) 식생형 시설 확대
- 레인가든, 식생수로, 식생여과대
- 비점오염원 저감, 완화

4) 인공습지 설계
- 침전, 여과, 흡착, 정화
- 식재를 통한 정화능력의 인위적 향상 가능

QUESTION 32

한국조경의 전통성과 한국성의 개념을 비교 설명하고 한국의 동시대 조경작품에 나타난 한국성 표현방법의 양상과 문제점, 개선방향을 제시

Ⅰ. 서언

1. 전통성이란 과거로부터 현재까지의 축적된 양식을 의미하며 통시적 측면을 강조한 개념임
2. 한국성이란 전통성을 바탕으로 우리시대의 정체성인 장소성, 현재성, 주체성이 내재된 통시적 · 공시적 개념임
3. 한국성 표현방법은 전통의 모방, 변형, 재창조로 나타나며 장소성, 현재성에 따라 다르게 표현되어야 함

Ⅱ. 한국조경의 전통성과 한국성 개념 비교

구분	전통성	한국성
개념	• 과거로부터 현재까지 축적된 문화양식 • 연속성을 지닌 문화양식 • 과거는 고정불변한 개념	• 고정불변한 것이 아닌 시간과 상황에 따라 존재하는 것 • 한국사람, 역사, 생활방식, 문화에 내재된 고유한 특징
특징	통시적 측면 강조	• 통시적 + 공시적 측면 동시 강조 • 포괄적 개념
관계	한국성 — 전통성 — 과거 특성을 반영한 문화양식 장소성 — 사건, 위치, 경험에 의한 장소인식 현재성 — 대중적 공감대에 기반한 현상 주체성 — 역사, 전통을 유지하는 한국적 집단성향	

Ⅲ. 한국의 조경작품에 나타난 한국성 표현방법의 양상과 문제점

1. 한국적 표현방법 양상

구분	특징	조경 사례
원용	• 직설적 표현방법 • 화계, 담장, 석물 등의 조형요소를 그대로 모방 사용	• 희원 • 원구단 시민광장
변형	• 직설적 표현에서의 발전 • 전통요소를 현대조경에 변용, 적용	• 광화문 열린마당 • 여의도공원
재창조	• 전통설계요소, 공간기능 특성에서 전통적 이미지 추출 • 새로운 의미와 기능 부여	• 장승배기 친수공간 • 연신내 물빛공원

2. 한국성 표현방법의 문제점

1) 전통성 위주의 표현
- 한국성과 전통성에 대한 개념 정립 미흡
- 전통성의 시각적 요소 위주 표현, 직설적 모방 과다
- 특정시대(주로 조선시대), 일부 요소 주로 도입

2) 장소성 고려 미흡
- 역사 · 사건적 특성과 단절
- 대상지 특성 고려 미흡

3) 현재성 파악 부족
- 한국성에 대한 대중인식 부족
- 공감대 형성 기반의 부족

4) 주체성의 결여
- 한국성에 대한 표면적 접근이 많음
- 외국설계가에 의한 설계 확산으로 한국적 성향이 부족

IV. 한국적 표현방법 개선방향

1. 다양화된 시기적 접근 시도
1) 특정시기, 특정양식 탈피
2) 시각적 위주의 직설적 모방 제한
3) 장소성, 현재성을 고려하여 변형과 재창조로 표현

2. 땅과 장소의 관계회복에 노력
1) 역사적 연속성을 회복
2) 장소성을 고려한 인식방법 제시

3. 대중적 공감대 형성 도모
1) 현재성 파악과 충족
2) 고증을 통한 원용으로 한국적 공감대 확보

4. 설계자의 주체성 강조
1) 역사와 전통을 유지하는 집단성향 강조
2) 내부적 동질성과 외부적 차별성 도모
3) 원용, 변형, 재창조방법에서 의미론적 주체성 내포

Memo

CHAPTER

04
조경 및 환경
관련법규

QUESTION
01 | 녹색건축인증제도

Ⅰ. 개요

1. 녹색건축인증제도란 인간과 자연이 친화 공생할 수 있도록 계획된 건축물의 입지, 자재선정 및 시공, 유지관리, 폐기 등 건축의 전 생애(life cycle)를 대상으로 환경에 영향을 미치는 요소에 대한 평가를 통하여 건축물의 환경성능을 인증하는 제도

2. 이 제도는 2013년 제정된 녹색건축물조성지원법에 근거하며 기존의 친환경건축물 인증기준과 주택성능등급 기준이 통합되어 시행됨

3. 인증등급은 최우수, 우수, 우량, 일반 4단계이며 인센티브는 지방세 감면혜택, 건축물기준 완화이고 인증처리절차는 예비인증과 본인증으로 나눠 시행

Ⅱ. 녹색건축인증제도

1. 법적 근거 : 녹색건축물조성지원법

2. 개념

1) 지속가능한 개발의 실현을 목표

2) 인간과 자연이 서로 친화하며 공생할 수 있도록 계획된 건축물의 입지, 자재선정 및 시공, 유지관리, 폐기 등 건축의 전 생애(life cycle)를 대상

3) 환경에 영향을 미치는 요소에 대한 평가를 통하여 건축물의 환경성능을 인증하는 제도

4) 친환경건축물 인증기준과 주택성능등급 기준의 통합기준 및 기존건축물 인증기준, 소형주택 인증기준 시행

3. 인증등급

인증등급	최우수 (그린 1등급)	우수 (그린 2등급)	우량 (그린 3등급)	일반 (그린 4등급)
공동주택(100점 만점)	74점 이상	66점 이상	58점 이상	50점 이상
공동주택 이외(100점 만점)	80점 이상	70점 이상	60점 이상	50점 이상

4. 인증기준

1) 공동주택, 복합건축물(주거), 업무용, 학교시설, 판매시설, 숙박시설, 그 밖의 건축물, 기존 공동주택, 기존 업무용, 소형 주택

2) 시행기관 : 국토교통부, 환경부

3) 9개 부문 : 토지이용 및 교통, 에너지 및 환경오염, 재료 및 자원, 물순환관리, 유지관리, 생태환경, 실내환경, 혁신적인 설계, 주택성능분야(공동주택만 해당)

5. 녹색건축 인증 관련 인센티브

1) 지방세 감면혜택

취득세, 재산세 감면	녹색건축인증최우수	녹색건축인증우수
에너지효율인증 1등급	15%	10%
에너지효율인증 2등급	10%	5%, 3%(재산세)

2) 건축물기준완화(용적률, 조경면적, 건축물 높이제한)

건축물기준완화	녹색건축인증최우수	녹색건축인증우수
에너지효율인증 1등급	12%	8%
에너지효율인증 2등급	8%	4%

6. 인증처리절차

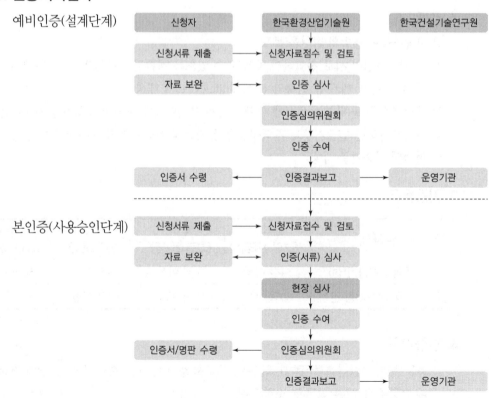

QUESTION
02 | 조경산업의 설계 및 시공업 등록 법적 근거와 분류

I. 개요

1. 조경산업의 설계업은 건설기술진흥법에 의해 건설기술용역업으로 등록되는데, 엔지니어링산업진흥법, 기술사법에 의해 등록된 사업자, 사무소여야 함
2. 조경산업의 시공업은 건설산업기본법에 의해 종합공사로서 조경공사업, 전문공사로서 조경식재공사업, 조경시설물설치공사업으로 분류됨

II. 조경산업의 설계 및 시공업 등록 법적 근거와 분류

1. 조경산업의 설계업

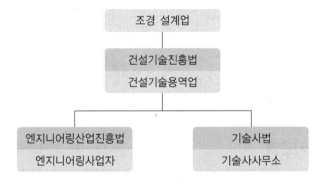

2. 조경산업의 시공업

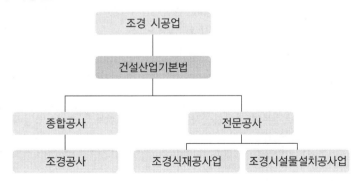

Ⅲ. 조경산업의 설계 및 시공업 등록기준

1. 조경산업의 설계업

엔지니어링사업자 신고기준 및 업무범위

엔지니어링 사업의 종류	신고기준		업무범위
	기술인력	사무실	
엔지니어링업	특급기술자 1명 이상을 포함하여 기술계엔지니어링기술자 3명 이상	엔지니어링업을 수행하는 데 필요한 사무실을 보유할 것	엔지니어링활동
엔지니어링 컨설팅업	특급기술자 1명 이상	엔지니어링컨설팅업을 수행하는 데 필요한 사무실을 보유할 것	연구, 기획, 자문, 지도

기술사사무소 등록기준

기술사사무소의 종류	등록기준	
	기술인력	사무소
기술사사무소	기술사	사무소 보유
합동사무소	기술사, 기사 등 보조인력을 3명 이상 확보 운영에 관한 규약을 작성	사무소 보유

2. 조경산업의 시공업

업종	기술능력	자본	시설, 장비
조경공사업	1. 조경기사 또는 조경분야 중급기술자 이상인 자 중 2인을 포함한 건설기술자 4인 이상 2. 토목분야 건설기술자 1인 이상 3. 건축분야 건설기술자 1인 이상	법인 5억 원 이상 개인 10억 원 이상	사무실
조경식재공사업	조경분야 건설기술자 또는 기술자격취득자 중 2인 이상	법인 및 개인 1.5억 원 이상	사무실
조경시설물 설치공사업	조경분야 건설기술자 또는 기술자격취득자 중 2인 이상	법인 및 개인 1.5억 원 이상	사무실

QUESTION 03 | 건설공사 입찰방법의 종류와 장단점

I. 개요

1. 건설공사 입찰방법의 종류에는 경쟁형태별로는 일반경쟁입찰, 제한경쟁입찰, 지명경쟁입찰, 수의계약이 있고, 낙찰자결정방법별로는 턴키입찰, 제한적 평균가 낙찰제, 대안입찰 등이 있음
2. 각각의 입찰방법은 장단점을 지니고 있으므로 해당 건설공사의 성격에 따라서 최선의 방법을 선택하여 적용하게 됨

II. 건설공사 입찰방법의 종류와 장단점

1. 건설공사 입찰방법의 종류

종류	내용
일반경쟁 입찰	• 관보, 신문 등을 통해 공고 • 일정한 자격을 갖춘 불특정다수 공사수주희망자를 입찰경쟁에 참가-가장 유리한 조건 제시자를 낙찰자로 선정, 계약 체결
제한경쟁 입찰	• 계약목적에 따라 입찰참가자 자격을 제한할 수 있도록 한 제도 • 일반경쟁입찰과 지명경쟁입찰의 중간적 위치
지명경쟁 입찰	자금력, 신용이 있는 특정다수 경쟁참가자를 지명하여 입찰
수의계약	• 다른 입찰방식에 의하여 계약체결을 할 수 없게 된 경우, 특수한 경우 체결 • 소규모공사, 즉 추정가격 1억 원 이하의 일반공사(전문은 7천만 원) • 특허공법 공사, 신기술 공사나 특정사유로 직전 또는 현재 시공자와 계약하는 경우
턴키입찰	건설업자가 금융, 토지조달, 설계, 시공 등 일체를 조달하여 준공 후 발주자에게 인도하는 입찰
제한적 평균가 낙찰제	• 부찰제로서 중소규모 공사를 대상으로 일정 예산금액미만의 낙찰자 결정방법, 예정가격 일정범위(86.5~87.745%) 이상 금액으로 입찰한 자가 낙찰자로 결정 • 낙찰적격자가 2인 이상인 경우는 입찰금액을 평균하여 평균금액 바로 아래인 자를 낙찰자로 결정
대안입찰	대체 가능 공종에 대하여 원안입찰과 함께 대안제출이 허용된 공사의 입찰. 추정가격이 100억 원 이상이 공사가 대상

2. 입찰방법 종류별 장단점

입찰방법 종류	장점	단점
일반경쟁입찰	• 경쟁으로 인한 공사비 절감 • 공평한 기회 제공 • 담합의 위험성이 낮음	• 공사비 저하로 공사 부실 우려 • 입찰비용 증가 • 부적격자 배제 곤란
지명경쟁입찰	• 부적격자 배제로 양질의 공사 • 시공사의 신뢰성	• 불공정한 담합 우려 • 공사비 상승
제한경쟁입찰	일반경쟁과 지명경쟁의 단점을 보완	실적 등이 없는 신규업체 참여 곤란
수의계약	• 기밀 유지가 용이 • 공사의 질 향상 가능 • 신속한 계약 가능	• 공사비 상승 • 자료의 비공개로 불투명
턴키입찰	• 부실시공 방지 • 기업의 경쟁력 확보 • 입찰자 감소로 입찰시간과 비용감소 • 무자격자로부터 유능업체 보호 • 적격업체 시공으로 우수시공 기대	• 자유경쟁 원리에 위배 • 대기업에 유리한 제도 • 평가의 공정성 확보 문제 • 신규참여업체에 장벽으로 간주 • PQ 통과 후 담합 우려
제한적 평균가 낙찰제	• 저가입찰방지로 부실공사 예방 • 중소기업의 보호	• 공사금액의 상승 • 낙찰가능성 낮음
대안입찰	• 품질향상 도모 • 최적대안 선정 • 업체 보유기술 활용, 전문화 촉진	• 입찰부담 과중 • 중소기업 참여기회 제한 • 발주절차 복잡성

QUESTION 04 │ 도시공원 및 녹지 등에 관한 법률에 의한 공원녹지기본계획

I. 개요

1. 도시공원 및 녹지 등에 관한 법률에 의한 공원녹지기본계획은 특별·광역시장, 도지사 등이 10년마다 관할구역 및 필요시 인접 구역 일부를 포함해서 수립하는 기본계획임
2. 공원녹지기본계획의 내용은 계획의 방향·목표, 공원녹지여건 변화, 종합적 배치, 축과 망, 수요 및 공급, 보전·관리·이용, 도시녹화 등에 관한 사항임
3. 수립절차는 계획의 입안 → 주민 의견청취 → 계획의 승인신청 → 승인 → 송부 → 공고 → 재정비순임

II. 도시공원 및 녹지 등에 관한 법률에 의한 공원녹지기본계획

1. 수립권자 및 수립기간, 수립지역

1) 특별·광역·특별자치시장, 도지사
2) 10년(5년마다 재정비)
3) 관할구역 및 필요시 인접한 시·군의 관할구역 일부 포함

2. 공원녹지기본계획의 내용

1) 지역적 특성 및 계획의 방향·목표에 관한 사항
2) 인구, 산업, 경제, 공간구조, 토지이용 등의 변화에 따른 공원녹지 여건 변화에 관한 사항
3) 공원녹지의 종합적 배치에 관한 사항
4) 공원녹지의 축과 망에 관한 사항
5) 공원녹지의 수요 및 공급에 관한 사항
6) 공원녹지의 보전·관리·이용에 관한 사항
7) 도시녹화에 관한 사항
8) 그 밖에 대통령령으로 정하는 사항

3. 공원녹지기본계획의 수립기준

1) 공원녹지의 장기발전방향 제시, 도시민의 쾌적한 삶의 기반 형성
2) 지역적 특성에 따른 실현 가능한 계획방향 설정

3) 기초조사 토대로 공원녹지 미래상 예측

4) 체계적·지속적 자연환경 유지·관리로 인간과 자연 공생 연결망 구축

5) 장래 여건 변화에 탄력적 대응

6) 상위계획내용과 부합, 부문별 계획과 조화

4. 공원녹지기본계획 수립절차

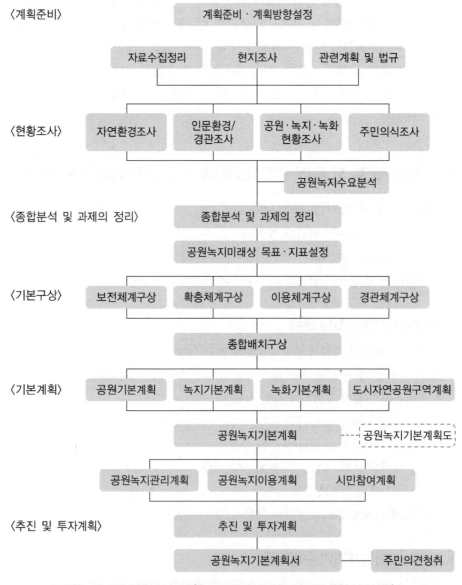

〈계획준비〉 계획준비·계획방향설정

자료수집정리　현지조사　관련계획 및 법규

〈현황조사〉 자연환경조사　인문환경/경관조사　공원·녹지·녹화 현황조사　주민의식조사

공원녹지수요분석

〈종합분석 및 과제의 정리〉 종합분석 및 과제의 정리

공원녹지미래상 목표·지표설정

〈기본구상〉 보전체계구상　확충체계구상　이용체계구상　경관체계구상

종합배치구상

〈기본계획〉 공원기본계획　녹지기본계획　녹화기본계획　도시자연공원구역계획

공원녹지기본계획 ----- 공원녹지기본계획도

공원녹지관리계획　공원녹지이용계획　시민참여계획

〈추진 및 투자계획〉 추진 및 투자계획

공원녹지기본계획서 —— 주민의견청취

▌공원녹지기본계획 작성과정(국토교통부, 공원녹지기본계획수립지침) ▌

QUESTION 05 | 도시공원 및 녹지 등에 관한 법률상 공원 및 녹지유형과 설치기준

I. 개요

1. 도시공원 및 녹지 등에 관한 법률에 의한 공원의 유형에는 생활권공원에 소공원, 어린이 공원, 근린공원이 있고 주제공원에 역사, 문화, 수변, 묘지, 체육, 도시농업공원이 있음
2. 녹지유형에는 완충, 경관, 연결녹지가 있고 각각의 설치기준이 제시됨

II. 도시공원 및 녹지 등에 관한 법률상 공원 및 녹지유형과 설치기준

구분	대유형	소유형 및 설치기준			비고
도시 공원	국가도시공원	도시공원 중 국가가 지정하는 공원			
	생활권 공원	소공원	근린소공원	도시형 근린소공원	시가지, 신도시
				전원형 근린소공원	외곽지역, 군단위지역
			도심소공원	광장형 도심소공원	고층건물주변
				녹지형 도심소공원	이용보다 녹지기능 중시
		어린이공원	유치거리 250m 이하 규모 1,500m² 이상		
			건폐율 5% 이내, 공원시설은 부지면적의 60% 이하		
		근린공원	근린생활권	인근거주자를 위한 공원 (반경 500m 이내)	유치거리/규모
					500m 이하/1만m² 이상
			도보권	도보권 내 거주자를 위한 공원 (반경 1,000m 이내)	1,000m 이하/3만m² 이상
			도시지역권	도시지역 전체 주민을 위한 공원	제한 없음/10만m² 이상
			광역권	도시지역을 초과하는 광역적인 이용을 위한 공원	제한 없음/100만m² 이상
	주제공원	역사공원	문화재가 위치한 지역		제한 없음/제한 없음
		문화공원	대표적인 지역인물, 지역축제 등		제한 없음/제한 없음
		수변공원	하천, 호수 등 친수공원		제한 없음/제한 없음
		묘지공원	10,000m² 이상으로 한다.		제한 없음/10만m² 이상
		체육공원	운동경기, 체육활동을 위한 공원		제한 없음/1만m² 이상
		도시농업공원	도시민 정서순화, 공동체의식 함양 위한 도시농업목적으로 설치한 공원		제한 없음/1만m² 이상
		방재공원	지진 등 재난발생 시 도시민 대피 및 구호 거점으로 활용될 수 있도록 설치하는 공원		
			생태공원	생물서식공간조성으로 휴식·생태학습 목적으로 설치한 공원	서울시 도시공원 조례
			놀이공원	놀이, 위락시설을 설치한 공원	
	기타 조례	가로공원	가로변, 주거지 인근에 설치한 공원		
녹지	완충녹지	최소폭 10m 이상			
	경관녹지	경관이 양호한 곳, 도시확산방지 기능도 수행함			
	연결녹지	생태형 연결녹지	폭 10m 이상, 녹지율 70% 이상		
		산책형 연결녹지	산책을 위한 녹지		

QUESTION
06 | 녹지활용계약과 녹화계약

Ⅰ. 개요

1. 녹지활용계약과 녹화계약은 도시공원 및 녹지 등에 관한 법률에 의한 도시공원·녹지의 확충방안임

2. 녹지활용계약은 식생·임상이 양호한 토지 소유자와 도시민에게 제공을 조건으로 식생·임상 유지·보존·이용에 필요한 지원을 내용으로 하는 계약임

3. 녹화계약은 도시녹화를 위해 토지소유자, 거주자와 묘목제공 등 필요지원을 하는 것을 내용으로 하는 계약임

Ⅱ. 녹지활용계약과 녹화계약

1. 녹지활용계약과 녹화계약 비교

구분	녹지활용계약	녹화계약
개념	식생 또는 임상(林床)이 양호한 토지의 소유자와 그 토지를 일반 도시민에게 제공하는 것을 조건으로 해당 토지의 식생 또는 임상의 유지·보존 및 이용에 필요한 지원을 하는 것을 내용으로 하는 계약	도시녹화를 위해 토지소유자 또는 거주자와 묘목의 제공 등 필요한 지원을 하는 것을 내용으로 하는 계약 1. 수림대(樹林帶) 등의 보호 2. 해당 지역의 면적 대비 식생 비율의 증가 3. 해당 지역을 대표하는 식생의 증대
대상지 조건	1. 300제곱미터 이상의 면적인 단일토지일 것 2. 녹지가 부족한 도시지역 안에 임상(林床)이 양호한 토지 및 녹지의 보존 필요성은 높으나 훼손의 우려가 큰 토지 등 녹지활용계약의 체결효과가 높은 토지를 중심으로 선정된 토지일 것 3. 사용 또는 수익을 목적으로 하는 권리가 설정되어 있지 아니한 토지일 것	1. 토지소유자 또는 거주자의 자발적 의사나 합의를 기초로 도시녹화에 필요한 지원을 하는 협정 형식을 취할 것 2. 협정 위반의 상태가 6개월을 초과하여 지속되는 경우에는 녹화계약을 해지 3. 녹화계약구역은 구획단위로 함
계약 기간	5년 이상(토지상황에 따라 조정 가능)	5년 이상
사례	서울시 천호동 성당, 서울시 주민쉼터조성, 제주시 유아숲 체험활동	아파트 울타리 녹화, 담장허물기, 벽면녹화

2. 현황 및 발전방안

1) 현황
- 예산확보의 문제
- 도시녹화의 공공적 고려보다 사유화의 개념이 높음
- 사후관리 부실에 따른 슬럼화

2) 발전방안
- 중앙정부의 예산지원 확대
- 공공성 있는 사업으로 개인이나 참여단체의 의식전환 개선
- 사후관리 부실화 방지를 위한 관리 매뉴얼 및 사업비 지원

Ⅰ. 개요

1. 지구단위계획은 국토의 계획 및 이용에 관한 법률에 의하여 도시계획수립대상지역 안의 일부에 대해 토지이용 합리화, 기능증진, 미관개선 등을 위해 체계적·계획적으로 관리하기 위해 수립하는 도시·군관리계획임

2. 지구단위계획구역의 지정은 용도지구, 도시개발구역, 정비구역, 택지개발지구, 산업단지, 관광단지 등의 전부 또는 일부를 지정함

3. 지구단위계획의 성격은 물리적 계획을 위한 규제수단과 계획이 완료된 지역에 대한 사후관리수단으로서의 기능을 동시에 가지고 있음

Ⅱ. 지구단위계획

1. 법적 근거

국토의 계획 및 이용에 관한 법률

2. 개념

1) 도시계획수립 대상지역 안의 일부에 대하여 토지이용을 합리화, 그 기능을 증진, 미관개선, 양호한 환경 확보

2) 그 지역을 체계적·계획적으로 관리하기 위해 수립하는 도시·군관리계획

3. 지구단위계획구역의 지정

1) 용도지구, 도시개발구역, 정비구역, 택지개발지구

2) 대지조성사업지구, 산업단지와 준산업단지

3) 관광단지와 관광특구

4) 도시지역의 체계적·계획적 관리·관리 개발 필요지역

4. 지구단위계획구역의 내용

1) 용도지역, 용도지구를 세분·변경사항

2) 기반시설 배치와 규모

3) 구획 토지의 규모와 조성계획

4) 건축물의 용도제한, 건폐율 또는 용적률, 건축물 높이의 최고 · 최저한도

5) 건축물의 배치 · 형태 · 색채, 건축선 계획

6) 환경관리계획, 경관계획

7) 교통처리계획

5. 지구단위계획의 성격

1) 물리적 계획을 위한 규제수단

2) 계획이 완료된 지역에 대한 사후관리수단

3) 그러나 점차 관리적 성격에서 사업유도적, 개발허가적 성격으로 확대 변화됨

4) 따라서 고려요소도 기존 관리계획요소 이외에 사업성, 재정적 측면, 지역 역사와 문화, 지역공동체 고려, 환경적 측면 고려에 대한 요구가 증가하고 있는 실정

6. 지구단위계획에 조경가 참여

1) 계획규제수단으로서의 지구단위계획은 결과만큼 과정이 중요

2) 이러한 과정에 조경가의 적극적인 참여가 기대됨

7. 지구단위계획의 사례 : 안산신길지구

1) 경관생태계획을 전제로 한 주거단지개발계획을 수립한 안산신길 택지개발지구 사례

2) M.A 협력방식으로 진행

3) 생태자원조사 및 분석 → 비오톱 유형평가 → 경관생태계획 수립 → 개발계획안 수립 → 경관생태계획에 의거한 지구단위계획

QUESTION 08 | CM(Construction Management)과 감리제도의 비교

Ⅰ. 개요

1. CM이란 발주자의 위임을 받아 발주 설계자, 시공자 간을 조정하여 원활한 진행을 추구하며 발주자의 이익을 극대화하는 건설사업관리제도임
2. 감리제도는 건설공사의 품질확보를 위해 감리전문회사가 발주청의 감독권한을 대행, 시공단계에서 품질·안전 및 공사관리를 실시하는 제도임
3. CM과 감리제도의 차이점은 업무구분과 업무범위, 조직원 구성에 있으며 두 제도의 상충되는 부분을 해소하고 상호 발전적 방안의 모색이 필요함

Ⅱ. CM(Construction Management)과 감리제도의 비교

비교표

구분	CM	감리제도
개념	발주자의 위임을 받아 발주 설계자, 시공자 간을 조정하여 원활한 진행을 추구하며 발주자의 이익을 극대화하는 건설사업관리제도	건설공사가 관계법령이나 기준·설계도서 또는 그 밖의 관계서류 등에 따라 적정하게 시행될 수 있도록 관리하거나 시공관리·품질관리·안전관리 등에 대한 기술지도를 하는 건설사업관리업무
법적 근거	건설산업기본법	건설기술진흥법
업무구분	프로젝트별 별도계약에 의해 업무가 상세하게 규정	건설기술진흥법에 따라 업무가 결정
업무범위	프로젝트의 전단계에 걸쳐 총괄업무를 수행	건설기술진흥법에 따름
조직원 구성	전문인력의 최적조직원 구성	건설기술진흥법에 따름
특징	발주자, 설계자, 시공자의 조정자로 최적의 업무수행 및 분쟁해결로 프로젝트 전 과정에서 발주자의 이익을 극대화	설계도서대로 시공하는지 여부와 시공품질향상을 위한 방안 등 시공감독관의 업무 중심에서 수행, 감독의 행정업무를 대리
발전방안	• 문제점 : 발주청 및 발주자의 추가비용 발생 • 장점 : 설계, 시공의 일원화로 빠른 의사결정이 됨 • 활성화 방안 : 전문기관 및 전문인력의 육성, 연구개발의 활성화, 평가기준의 개발, 발주방식의 다각화, 책임감리제도와의 연계방안 연구	• 감리업체의 전문화, 현장감리원제도 도입으로 감리원업무의 분업화, 설계감리제도의 활성화로 설계단계에서부터 감리참여 • 법 개정으로 도입된 총괄관리자의 활성화

QUESTION 09 | 지수조정률에 의한 물가변동 설계변경 시 비목군 분류(10가지)

Ⅰ. 개요

1. 지수조정률에 의한 물가변동 설계변경은 "국가를 당사자로 하는 계약에 관한 법률"에 의한 제19조 물가변동 등에 계약금액 조정, 그에 따른 설계변경에 근거함
2. 지수조정률에 의한 물가변동 설계변경 시 비목군 분류는 회계예규 '정부 입찰, 계약 집행 기준' 규정에 따라 구분됨
3. 비목군 분류에는 노무비, 기계경비, 광산품, 공산품, 전력수도 및 도시가스, 농업수산품, 산재보험료, 안전관리비, 고용보험료, 퇴직공제부금비가 있음

Ⅱ. 지수조정률에 의한 물가변동 설계변경

1. 법적 근거

1) 국가를 당사자로 하는 계약에 관한 법률
- 제19조 물가변동 등에 따른 계약금액 조정 : 각 중앙관서의 장, 계약담당공무원은 공사계약을 체결한 다음 물가변동, 설계변경으로 인하여 계약금액을 조정할 필요가 있을 때에는 대통령령으로 정하는 바에 따라 그 계약금액을 조정
- 시행령 제64조, 시행규칙 제74조

2) 회계예규
- 지수적용률 대상공사 : 예정가격이 100억 이상인 공사, 계약서에 명기된 계약금액조정방법 적용, 100억 미만의 공사에 대해서도 지수조정률 방법을 많이 적용하는 추세 (품목조정에 비하여 작성과 검토가 비교적 손쉬운 장점)
- 지수조정률 산출과정 : 비목군의 편성, 지수산정, 지수조정률의 산정, 조정금액의 산정 등

2. 비목군 분류 10가지

1) 노무비 : 직접노무비, 간접노무비
2) 기계경비 : 국산기계경비, 외국산기계경비
3) 광산품 : 재료비에 해당, 한국은행 생산자물가지수 자료에 근거
4) 공산품 : 재료비에 해당, 한국은행 생산자물가지수 자료에 근거

5) 전력, 수도 및 도시가스 : 재료비에 해당, 한국은행 생산자물가지수 자료에 근거

6) 농업, 수산품 : 재료비에 해당, 한국은행 생산자물가지수 자료에 근거

7) 산재보험료 : 제 경비에 해당, 노무비×노동부 고시 산재보험료율

8) 안전관리비 : 제 경비에 해당, (직접노무비＋재료비)×고용노동부 고시 안전관리비율

9) 고용보험료 : 제 경비에 해당

10) 퇴직공제부금비 : 제 경비에 해당

QUESTION 10 | '도시공원 및 녹지 등에 관한 법률 시행규칙'상의 도시공원 내 범죄예방 계획 · 조성 · 관리의 기준(5가지)

Ⅰ. 개요

1. "도시공원 및 녹지 등에 관한 법률 시행규칙"상의 도시공원 내 범죄예방조성 관리의 기준은 시행규칙 제8조 공원조성계획의 수립기준에 근거하여 제시
2. 도시공원 내 범죄예방 계획 · 조성 · 관리의 기준은 자연적 감시, 접근통제, 영역성 강화, 활용성 증대, 유지관리 5가지임

Ⅱ. 도시공원 내 범죄예방 계획 · 조성 · 관리의 기준(5가지)

1. 법적 근거

1) 도시공원 및 녹지 등에 관한 법률 시행규칙 : 제8조 공원조성계획의 수립기준
2) 공원조성계획 시 범죄예방 기법을 의무적으로 적용 : 도시공원의 범죄예방 안전기준 마련

2. 범죄예방(CPTED : Crime Prevention Trough Environmental Design) 5가지

1) 자연적 감시 : 내 · 외부에서 시야가 최대한 확보되도록 계획 · 조성 · 관리
2) 접근통제 : 이용자들을 일정한 공간으로 유도 또 는통제하는 시설 등을 배치
3) 영역성 강화 : 공적인 장소임을 분명하게 표시할 수 있는 시설 등을 배치
4) 활용성 증대 : 다양한 계층의 이용자들이 다양한 시간대에 이용할 수 있는 시설 등을 배치
5) 유지관리 : 안전한 공원환경의 지속적 유지를 고려한 자재선정 및 디자인 적용과 운영 · 관리

3. 범죄예방 기준 세부내용

1) 공원계획은 식재수목이나 시설물이 이용자의 시야를 가능한 방해하지 않도록 계획
2) 공원의 출입구는 도로나 주변의 건물에서 쉽게 인지할 수 있도록 계획하고 이용자의 동선을 명료하게 하여 이용성을 높이도록 유도
3) 공원의 경계설정이 필요한 경우에는 가시성을 확보할 수 있는 난간이나 투시형 펜스를 사용하고, 생울타리로 공원경계를 구분할 경우에는 이용자의 시야가 확보되도록 조성
4) 수목은 교목과 관목이 주변의 시야를 저해하지 않는 수준에서 수목성장을 고려하여 적절히 조화를 이루도록 계획 · 관리

5) 수목은 항상 정돈·관리되어야 하고 이용자에게는 방향성을 제시하며, 숨을 수 있는 공간, 사각지대가 최소화되도록 배식

6) 공원에 설치하는 안내시설물은 통행이 잦은 공원의 출입구 주변 및 사람들이 많이 모이는 장소에 설치하여 이용자의 위치파악이 용이하도록 하고, 설치장소의 주변 환경요소와 시각적 간섭이 발생하지 않도록 함

7) 공원에 화장실을 설치하는 경우, 도로에서 가까운 장소 등 주위로부터 시야가 확보된 장소에 설치하고, 화장실 출입구는 다른 공공장소에서 잘 보이도록 배치하며, 화장실 입구 부근 및 내부는 사람의 얼굴·행동이 명확하게 식별할 수 있는 정도 이상의 조도를 확보

8) 관리사무소는 이용자의 행위를 감시하기에 적절한 공원출입구 등에 배치하고 감시가 용이한 디자인을 고려

9) 공원의 의자 등 휴게시설은 가로등·보행등이 설치되어 잘 보이는 곳에 배치하고, 사회적 일탈행위 등을 예방하기 위한 디자인을 고려

10) 의자, 쓰레기통, 표지판 등 공원시설물은 파손 등을 최소화할 수 있는 디자인을 고려

11) 조명은 도시공원의 특성을 살릴 수 있는 배치를 하되 적정한 조도를 유지하여 안전감을 높여야 함

 (가) 산책로 주변에는 유도등이나 보행등을 설치하여 공원을 이용하는 사람들의 불안감을 감소

 (나) 수목이나 공원시설물 등에 의하여 조명시설이 가리지 않도록 배치하고 관리

 (다) 공원입구, 통로, 주차장, 표지판, 주요 활동구역에는 충분한 조명을 설치하여 야간에도 쉽게 보이도록 함

 (라) 조명시설은 설치위치를 고려하여 파손 예방 디자인을 고려

12) 폐쇄회로 텔레비전(CCTV)은 공원의 입구 등 감시의 기능이 필요한 위치와 공원의 사각지대를 최소화시키는 위치에 설치하고, 야간활용을 위하여 조명도 설치

QUESTION
11 자연환경보전의 기본원칙

Ⅰ. 개요

1. 자연환경보전의 기본원칙은 「자연환경보전법」 제3조에 근거해 자연환경은 기본원칙에 따라 보전되어야 함을 제시하고 있음
2. 자연환경보전의 기본원칙은 자연환경은 국민자산으로서 보전, 현재와 장래세대를 위한 지속가능한 이용, 국토 이용과 조화·균형, 국민이 자연환경보전에 참여, 자연환경을 건전하게 이용하는 기회 증진 등임

Ⅱ. 자연환경보전의 기본원칙

1. 법적근거

자연환경보전법 제3조 '자연환경보전의 기본원칙' : 자연환경은 기본원칙에 따라 보전되어야 함

2. 자연환경보전의 기본원칙

1) 자연환경은 모든 국민의 자산, 공익에 적합하게 보전
2) 현재와 장래세대를 위하여 지속가능하게 이용
3) 자연환경보전은 국토의 이용과 조화·균형
4) 자연생태·경관은 인간활동과 자연기능, 생태적 순환 촉진되도록 보전·관리
5) 자연환경을 이용, 개발 시 생태적 균형이 파괴, 가치가 저하되지 않도록 함
6) 자연생태·경관이 파괴·훼손·침해되는 때에는 최대한 복원·복구되도록 노력
7) 자연환경보전에 따르는 부담은 공평하게 분담
8) 자연환경으로부터의 혜택은 지역주민, 이해관계인이 우선하여 누리게 함
9) 자연환경보전과 자연환경의 지속가능한 이용을 위한 국제협력 증진

3. 자연환경보전기본방침

1) 환경부장관은 자연환경보전의 기본원칙 실현을 위하여 자연환경보전기본방침을 수립 (제6조)

2) 자연환경보전기본방침에는 다음 사항이 포함
- 자연환경의 체계적 보전 · 관리, 자연환경의 지속가능한 이용
- 중요하게 보전하여야 할 생태계의 선정, 멸종위기에 처하여 있거나 생태적으로 중요한 생물종 및 생물자원의 보호
- 자연환경 훼손지의 복원 · 복구
- 생태 · 경관보전지역의 관리 및 해당 지역주민의 삶의 질 향상
- 산 · 하천 · 내륙습지 · 농지 · 섬 등에 있어서 생태적 건전성의 향상 및 생태통로 · 소생태계 · 대체 자연의 조성 등을 통한 생물다양성의 보전
- 자연환경에 관한 국민교육과 민간활동의 활성화
- 자연환경보전에 관한 국제협력

QUESTION
12 | 어린이 놀이시설 안전검사기준상 '최소공간'

I. 개요

1. 어린이 놀이시설 안전검사기준은 「어린이놀이시설 안전관리법」에 따라 어린이 안전행정부에서 고시한 어린이놀이시설의 시설기준 및 기술기준에 제시되어 있음
2. 어린이 놀이시설 안전검사기준상 최소공간이란 놀이기구를 안전하게 사용하기 위해서 필요한 공간을 의미함

II. 어린이 놀이시설 안전검사기준상 '최소공간'

1. 어린이 놀이시설 안전검사기준

1) 법적 근거 : 어린이놀이시설 안전관리법
2) 행정안전부 고시
   - 어린이 놀이시설의 시설기준 및 기술기준
   - 놀이시설에 발생되는 안전사고를 방지하기 위해 충족되어야 할 기술적 측면의 최저기준을 제시

2. 최소공간(Minimum Space)

1) 정의
   - 놀이기구를 안전하게 사용하기 위해서 필요한 공간
   - 즉, 안전구역(Safety Zone)을 의미함
   - 기구가 차지하는 공간 + 하강공간 + 자유공간 = 최소공간

2) 자유공간, 하강공간
   - 자유공간 : 놀이기구를 이용하여 움직일 때 사용자가 차지하는 기구의 안, 위 또는 주위의 공간
   - 하강공간 : 놀이기구 이용 시 사용자가 놀이기구로부터 낙하할 때 차지하는 입체적 공간으로 기구의 안, 위 또는 주위의 공간

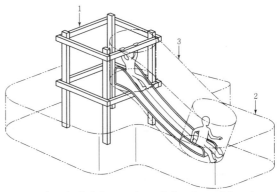

1. 기구가 차지하는 공간 2. 하강공간 3. 자유공간

Ⅰ. 개요

1. BF 인증제도란 장애물 없는 생활환경 인증제도로서, 어린이 · 노인 · 장애인 · 임산부뿐만 아니라 일시적 장애인 등이 개별 시설물 · 지역에 접근 · 이용 · 이동함에 있어 불편을 느끼지 않도록 계획 · 설계 · 시공 · 관리 여부를 공신력 있는 기관이 평가하여 인증하는 제도임

2. 인증대상은 개별시설과 지역으로 구분되며, 인증종류는 예비인증과 본인증으로 나누고, 인증등급은 최우수, 우수, 일반등급임

3. 인증유효기간은 본인증은 5년, 예비인증은 본인증 전까지이나 예비인증 후 1년 이내에 본인증 미신청 시 효력을 상실함

Ⅱ. BF(Barrier Free) 인증제도

1. 개념 및 목적

1) 개념

장애물 없는 생활환경 인증제도라 하며, 어린이 · 노인 · 장애인 · 임산부뿐만 아니라 일시적 장애인 등이 개별 시설물 · 지역에 접근 · 이용 · 이동함에 있어 불편을 느끼지 않도록 계획 · 설계 · 시공 · 관리 여부를 공신력 있는 기관이 평가하여 인증하는 제도

2) 목적
- 접근성, 연결성, 편리성 설계를 통해 교통약자를 배려
- 사회통합을 실현하려는 목적

2. 인증대상

1) 개별시설
- 『장애인 · 노인 · 임산부 등의 편의증진 보장에 관한 법률』 제7조에 따른 대상시설
- 『교통약자 이동편의 증진법』 제9조에 따른 교통수단, 여객시설, 도로

2) 지역

교통약자의 안전하고 편리한 이동을 위하여 교통수단, 여객시설 및 도로를 계획 또는 정비한 시 · 군 · 구 및 『교통약자 이동편의 증진법』에 따른 지역

3. 인증종류 및 인증시기

1) 예비인증

개별시설 또는 지역의 설계에 반영된 내용을 대상으로 본인증 신청 전

2) 본인증

- 대상시설, 여객시설 및 도로 : 개별시설의 공사를 완료한 후
- 교통수단 : 등록 또는 법령에 따라 운행허가를 받은 이후
- 지역 : 법령에 따른 공사 등의 완료 후

4. 인증등급

등급	평가점수	비고
최우수등급	인증기준 만점의 100분의 90 이상	인증기준의 항목별 최소기준을 충족하여야 하고, 이를 충족하지 아니한 경우는 인증등급을 부여하지 아니함
우수등급	인증기준 만점의 100분의 80 이상 100분의 90 미만	
일반등급	인증기준 만점의 100분의 70 이상 100분의 80 미만	

5. 인증 유효기간

1) 본인증

5년

2) 예비인증

- 본인증 전까지 효력을 유지하나 개별시설 및 지역조성 등이 완료
- 허가된 후 1년 이내에 본인증을 신청하지 않는 경우 예비인증 효력은 상실됨

6. 공원 인증 평가항목과 배점

범주		분류번호	평가항목	배점
1. 매개시설	1.1 접근로	P1-01-01	1.1.1 주출입구까지의 접근로	1
		P1-01-02	1.1.2 유효폭	2
		P1-01-03	1.1.3 단차	1
		P1-01-04	1.1.4 기울기	2
		P1-01-05	1.1.5 바닥마감	1
		P1-01-06	1.1.6 보행장애물	2
		P1-01-07	1.1.7 덮개	1
	1.2 장애인 전용 주차 구역	P1-02-01	1.2.1 주차장에서 출입구까지의 경로	1
		P1-02-02	1.2.2 주차면수 확보	1
		P1-02-03	1.2.3 주차면	1
		P1-02-04	1.2.4 보행 안전통로	1
		P1-02-05	1.2.5 안내 및 유도표시	1

범주		분류번호	평가항목	배점
1. 매개시설	1.3 주출입구	P1-03-01	1.3.1 진출입 통제 계획	5
		P1-03-02	1.3.2 공원입구와 보도와의 경계	1
소계				21
2. 유도 및 안내시설	2.1 안내설비	P2-01-01	2.1.1 안내판 설치	2
		P2-01-02	2.1.2 안내판의 정보	2
		P2-01-03	2.1.3 통합안내설비	2
		P2-01-04	2.1.4 경고시설	1
소계				7
3. 위생 시설	3.1 장애인 등이 이용 가능한 화장실	P3-01-01	3.1.1 장애유형별 대응 방법	5
		P3-01-02	3.1.2 안내표지판	2
	3.2 화장실 접근	P3-02-01	3.2.1 유효폭 및 단차	3
		P3-02-02	3.2.2 바닥마감	2
		P3-02-03	3.2.3 출입구(문)	3
	3.3 대변기	P3-03-01	3.3.1 칸막이 출입문	2
		P3-03-02	3.3.2 활동공간	2
		P3-03-03	3.3.3 형태	2
		P3-03-04	3.3.4 손잡이	2
		P3-03-05	3.3.5 기타설비	2
	3.4 소변기	P3-04-01	3.4.1 소변기 형태 및 손잡이	2
	3.5 세면대	P3-05-01	3.5.1 형태	1
		P3-05-02	3.5.2 거울	1
		P3-05-03	3.5.3 수도꼭지	1
소계				30
4. 편의 시설	4.1 접근 및 이용성	P4-01-01	4.1.1 시설까지의 접근로	1
		P4-01-02	4.1.2 공원시설의 주출입구	2
	4.2 공원시설	P4-02-01	4.2.1 장애인을 배려한 공원(놀이공간)	8
	4.3 기타설비	P4-03-01	4.3.1 휴식공간	1
		P4-03-02	4.3.2 매표소, 판매기, 음료대	2
소계				14
5. BF보행의 연속성	5.1 공원 내부 보행로	P5-01-01	5.1.1 BF보행로의 지정	2
		P5-01-02	5.1.2 보행안전공간	6
		P5-01-03	5.1.3 단차	1
		P5-01-04	5.1.4 기울기	5
		P5-01-05	5.1.5 바닥마감	2
		P5-01-06	5.1.6 자전거 도로와의 접점	2
		P5-01-07	5.1.7 보행유도의 연속성	10
소계				28
6. 종합평가	5% (평가항목의 총점기준)		심사단 배점사항	
소계				0

7. 공원 인증 평가항목과 평가기준(보행의 연속성)

평가부문	5	BF보행의 연속성
평가범주	5.1	공원내부보행로
평가항목	5.1.1	BF보행로의 지정

■ 세부평가기준

평가목적	보행로의 안전성과 연속성을 확보하도록 함
평가방법	내부 산책로 중 출입구－공원시설 간을 연결하는 주요 보행로를 BF보행로로의 지정 여부
배점	2점 (평가항목)
산출기준	• 평점 = 공원 내 BF보행로의 지정여부 평가 등급에 해당하는 평가항목 점수로 평가

구분	BF보행로의 지정	평가항목 점수
최우수	우수의 조건을 만족하며 유도 안내의 연속성도 확보	2.0
우수	주출입구에서부터 공원내부 및 주요공원시설(화장실 등) 간을 연결하여 돌아 나올 수 있는 연속된 BF보행로 지정	1.6
일반	주출입구에서부터 공원내부를 돌아 나올 수 있는 하나의 연속된 BF보행로 지정	1.4

• 주요 산책로 등을 BF보행로로 지정하고 이외의 다른 보행로는 경사도 및 재질 등을 평가하지 않게 함으로 인하여 보행로의 선택이 가능하도록 하여 좀 더 다양한 공원을 만들기 위한 배려임
• 최우수에서 말하는 유도 안내의 연속성의 확보는 BF보행유도의 연속성 및 주요 BF보행로상에 위치한 시설의 안내 및 주출입구에서부터 안내(시각장애인 및 청각장애인을 배려한 음성안내, 촉지도식 안내판, 눈에 잘 띄게 디자인된 표지판의 연속된 설치 등)가 되어 사람들이 쉽게 인지할 수 있어야 함
• BF보행로의 지정 여부에 대해 주출입구에서는 시각장애인 등이 인지할 수 있도록 안내표시가 되어야 함

평가부문	5	BF보행의 연속성
평가범주	5.1	공원내부보행로
평가항목	5.1.2	보행안전공간

■ 세부평가기준

평가목적	보행로의 유효폭과 높이를 평가하여 장애물 없는 안전한 보행로를 확보하도록 하기 위함
평가방법	내부 보행로에서 수직 수평의 3차원적인 무장애 보행공간의 확보여부
배점	6점 (평가항목)

산출기준	• 평점 = 보행로 폭과 높이의 평가 등급에 해당하는 평가항목 점수로 평가

구분	보행안전 공간	평가항목 점수
최우수	우수의 조건을 만족하며 보행로 유효폭 1.8m 이상	6.0
우수	일반의 조건을 만족하며 보행로 유효폭 1.5m 이상	4.8
일반	주요 산책로에 높이 2.5m 이상, 유효폭 1.2m 이상의 무장애 공간 확보	4.2

• 지정된 BF보행로를 평가하며, 보행로 미지정 시 전체 보행로를 평가
• 보행로의 유효폭은, 대지 내 보행로 중에 가장 유효폭이 좁은 곳을 기준으로 평가함
• 보행로 유효폭 1.5m 미만의 보행로가 50m 이상 연속될 경우 1.5m×1.5m 이상의 교행구간을 50m 이내마다 설치하여야 함(교행구간 미설치 시 등급 미부여)

평가부문	5	BF보행의 연속성
평가범주	5.1	공원내부보행로
평가항목	5.1.3	단차

■ 세부평가기준

평가목적	공원의 산책로는 장애인 등에게 있어 안전보행로가 되어야 하며, 그 보행로는 BF연속성을 가져야 함
평가방법	공원 내의 모든 보행로 및 접근로의 단차 여부
배점	1점 (평가항목)

산출기준	• 평점 = 보행로 단차의 평가등급에 해당하는 평가항목 점수로 평가

구분	단차	평가항목 점수
최우수	모든 보행로에 단차 전혀 없음	1.0
우수	모든 보행로에 단차 2cm 이하	0.8

• 지정된 BF보행로를 평가하며, 보행로 미지정 시 전체 보행로를 평가
• 보행로의 단차는, 대지 내의 보행로에 단차가 있는 경우 단차가 제일 큰 곳을 기준으로 평가함
• 보행로에 2cm 이상의 단차가 있으나 턱낮추기를 통하여 단차를 극복한 경우 최하등급으로 평가함

평가부문	5	BF보행의 연속성
평가범주	5.1	공원내부보행로
평가항목	5.1.4	기울기

■ 세부평가기준

평가목적	공원의 산책로는 장애인 등에게 있어 안전보행로가 되어야 하며, 그 보행로는 BF연속성을 가져야 함
평가방법	보행로 등의 진행 방향 및 좌우 기울기의 경사정도

배점	5점 (평가항목)		
산출기준	● 평점 = 보행로 기울기 평가등급에 해당하는 평가항목 점수로 평가		

구분	기울기	평가항목 점수
최우수	좌우 1/50(2%/1.15°) 이하, 진행방향 기울기 1/24(4.17%/2.39°) 이하	5.0
우수	좌우 1/24(4.17%/2.39°) 이하, 진행방향 기울기 1/18(5.56%/3.18°) 이하	4.0

	● 지정된 BF보행로를 평가하며, 보행로 미지정 시 전체 보행로를 평가 ● 보행로의 기울기는 대지 내의 보행로에 경사가 있는 경우 경사가 제일 급한 곳을 기준으로 평가함
평가부문	5　BF보행의 연속성
평가범주	5.1　공원내부보행로
평가항목	5.1.5　바닥 마감

■ 세부평가기준

평가목적	공원의 산책로는 장애인 등에게 있어 안전보행로가 되어야 하며, 그 보행로는 BF연속성을 가져야 함
평가방법	미끄럽지 않은 바닥 재질 및 마감의 평탄한 정도와 미끄럼방지설비 설치 여부 평가
배점	2점 (평가항목)
산출기준	● 평점 = 보행로 바닥 마감의 평가등급에 해당하는 평가항목 점수로 평가

구분	바닥 마감	평가항목 점수
최우수	우수의 조건을 만족하며, 넘어져도 충격이 적은 재료로 마감	2.0
우수	일반의 조건을 만족하며, 틈새가 전혀 없이 평탄하게 마감	1.6
일반	물이 묻어도 전혀 미끄럽지 않고 걸려 넘어질 염려 없으며 틈새가 없이 평탄하게 마감	1.4

	● 지정된 BF보행로를 평가하며, 보행로 미지정 시 전체 보행로를 평가 ● 보행로의 바닥이 여러 재료로 마감되어 있는 경우 그 마감 정도가 가장 미비한 곳을 기준으로 평가함
평가부문	5　BF보행의 연속성
평가범주	5.1　공원내부보행로
평가항목	5.1.6　자전거도로와의 접점

■ 세부평가기준

평가목적	공원의 산책로는 장애인 등에게 있어 안전보행로가 되어야 하며, 그 보행로는 BF연속성을 가져야 함
평가방법	자전거도로와의 접점 없이 연속적인 안전보행로의 확보여부

배점	2점 (평가항목)		
산출기준	• 평점 = 자전거와의 접점 여부의 평가등급에 해당하는 평가항목 점수로 평가		

구분	보행로와 자전거도로와의 접점	평가항목 점수
최우수	전체 보행구간에 자전거도로와의 교행 없음	2.0
우수	보행구간에 자전거도로와의 교행 있을 시 적절한 경고와 보행자 우선(고원식 횡단보도 등)의 계획수립	1.6
일반	보행구간에 자전거도로와의 교행 있을 시 위험에 대한 경고시설 설치	1.4

	• 지정된 BF보행로를 평가하며, 보행로 미지정 시 전체 보행로를 평가 • 자전거도로와의 교행에서 위험에 대한 경고는 보행자(시각장애인)가 명확히 인지 가능하도록 다른 마감 재질 혹은 색상의 구별이 가능한 재질로 설치

평가부문	5	BF보행의 연속성
평가범주	5.1	공원내부보행로
평가항목	5.1.7	보행유도의 연속성

■ **세부평가기준**

평가목적	공원의 산책로는 장애인 등에게 있어 안전보행로가 되어야 하며, 그 보행로는 BF연속성을 가져야 함
평가방법	시각장애인 등을 배려한 보행유도의 연속성을 위한 장치나 시설계획 여부
배점	10점 (평가항목)

산출기준	• 평점 = 보행유도의 연속성을 위한 장치나 시설계획 평가등급에 해당하는 평가항목 점수로 평가

구분	보행유도의 연속성	평가항목 점수
최우수	시각장애인 및 일반인의 보행유도를 위해 연속적인 물길, 보행로와 어울리는 유도레일 등을 설치하여 보행유도	10.0
우수	시각장애인의 보행유도 및 시설안내를 위해 전자식 신호장치를 설치	8.0
일반	시각장애인의 유도 및 경고를 위하여 전체구간 보도의 양 옆으로 보행 유도존을 설치	7.0

	• 지정된 BF보행로를 평가하며, 보행로 미지정 시 전체 보행로를 평가함 • 유도용 선형블록을 이용한 보행유도 지양함 • 보행 유도존이라 함은 보행안전공간 양측에 경계용 공간을 두어 시각장애인의 보행을 유도하는 존을 말함 • 공원 주출입구에서의 길 찾기를 최우선으로 검토(공원내부에서 주출입구까지 들어갔다 나가는 동선의 유도 연속성 확보여부)

QUESTION 14 | 옥상조경의 법적 기준

Ⅰ. 개요

1. 옥상조경은 「건축법」과 국토교통부의 조경기준에 면적, 식재수량, 조성방법 등이 명시되어 있음
2. 옥상조경은 지상 2m 이상의 건축물이나 구조물 옥상에 식재 또는 시설물을 설치한 면적을 말함
3. 지피·초화만 식재된 경우 그 면적의 1/2만 산정 가능하며 대지 안의 조경면적의 2/3까지 산정 가능함

Ⅱ. 옥상조경의 법적 기준

1. 건축법 : 대지의 조경

1) 옥상조경면적의 2/3 인정
   - 대지 안의 조경면적으로 인정
   - 50% 이내에서 가능

2. 국토교통부의 조경기준

구분	내용
1) 옥상조경 면적의 산정	• 지표면에서 2m 이상 건축물 옥상에 식재된 면적 • 초화·지피류로만 식재 시 식재면적 1/2 인정 • 벽면을 식물로 피복 시 피복면적 1/2 인정 • 벽면녹화면적은 의무면적 10/100 이내 • 교목 식재 시 교목수량의 1.5배로 인정
2) 식재	건조기후와 바람에 강한 수종
3) 구조적인 안전	• 수목·토양·배수시설이 건축물 구조에 지장이 없게 함 • 기존건축물에 설치 시 구조적 안전 여부 검토
4) 식재토심	• 초화·지피류 : 15cm 이상(인공토양 10cm 이상) • 소관목 : 30cm 이상(인공토양 20cm 이상) • 대관목 : 45cm 이상(인공토양 30cm 이상) • 교목 : 70cm 이상(인공토양 60cm 이상)
5) 관수·배수/방수·방근	• 건축물 구조에 영향이 없도록 관수·배수시설 설치 • 방수시설·방근조치를 취함
6) 유지관리	• 높이 1.1미터 이상의 난간 등의 안전구조물을 설치 • 수목은 바람에 넘어지지 않도록 지지대를 설치 • 안전시설은 정기적으로 점검하고, 유지관리 • 식재수목의 가지치기·비료주기·물주기 등의 유지관리

QUESTION 15 | 도시 · 군계획시설 중 공간시설

Ⅰ. 개요

1. 도시 · 군계획시설이란 도시기반시설 중 도시 · 군관리계획으로 결정된 시설로서 교통시설, 공간시설, 방재시설 등이 있음
2. 그중 공간시설은 공원, 녹지, 유원지, 광장, 공공공지로서 도시의 그린 인프라 구축과 연계됨
3. 공원 · 녹지는 「도시공원 및 녹지 등에 관한 법률」에 의해 조성되며 유원지 · 광장 · 공공공지는 「국토의 계획 및 이용에 관한 법률」에 따라 도시 내에 확보함

Ⅱ. 도시 · 군계획시설 중 공간시설

1. 공원 · 녹지

1) 도시의 녹지 구축 : $3m^2/1$인당 최소 확보
2) 「도시공원 및 녹지 등에 관한 법률」에 의함 : 구조, 결정기준, 설치기준

2. 유원지 · 광장 · 공공공지

1) 도시 내 오픈 스페이스 : 녹지로서의 기능을 수반
2) 도시민의 레크리에이션 장소 : 여가 증진, 커뮤니티 활성화
3) 관련 법률의 부재 : 세부지침이 없음

Ⅲ. 공원 · 녹지에 관한 법률과 공간시설 관계

1. 공원 · 녹지로서 규정

1) 법률 시행령 명시
- 공원, 녹지, 공공공지, 광장, 유원지
- 녹지로서 법률에 명시

2) 세부기준에 관한 법규 부재
- 공공공지, 광장, 유원지 관련 기준이 없음
- 국토의 계획 및 이용에 관한 법률에 따름

2. 공간시설을 공원 · 녹지 관련법으로 일원화

1) 공간시설에 관한 세부지침의 마련
2) 공간시설의 녹지기능 강화로 도시녹지의 확충

QUESTION 16 | 명상숲

I. 개요

1. 명상숲이란 도시림 중에서 생활림의 일종으로 학교숲이며 학교 주변의 쾌적한 생활환경과 자연환경교육 등을 위해 조성·관리하는 산림 및 수목임
2. 명상숲의 조성은 학교여건에 부합하도록 조성유형 다양화, 학생·교사의 적극적 참여 확대, 조성 후 사후관리 강화, 학교구성원 생태감성 증진을 해야 함

II. 명상숲

1. 개념

1) 도시림 중에서 생활림의 일종, 학교숲
2) 학교 주변의 쾌적한 생활환경과 아름다운 경관 제공, 자연환경교육 등을 위해 조성·관리하는 산림 및 수목

2. 조성방안

1) 학생·교사의 적극적인 참여 확대
   - 명상숲에 대한 책임감 강화
   - 자연체험학습 등 환경교육과 연계
   - 학교구성원, 전문가, 시민단체 등이 참여

2) 조성유형 다양화
   - 조성위치 및 활용계획 등에 따라 유형 다양화
   - 중정형, 운동장녹화형, 경계형(학교-인접도로 경계)

3) 조성 후 사후관리 강화
   - 명상숲 조성 및 관리 가이드라인 마련
   - 학교에서 실질적 활용가능한 실무지침 마련
   - 명상숲 조성 및 관리 조례를 마련·지원

4) 학교구성원 생태감성 증진
   - 창의적 체험활동, 자유학기제 등 교육과정 연계
   - 활용과정에 학생 참여활동 확대
   - 지역행사 장소로 제공, 지역커뮤니티 향상

QUESTION 17 | '한국조경헌장'의 제정 배경과 주요 내용

Ⅰ. 개요

1. 한국조경헌장의 제정 배경은 한국조경학회와 조경헌장제정특별위원회가 몇 번의 세미나, 포럼을 통해 조경의 정체성과 비전을 공유하고 내용을 정리해 발표한 것임
2. 한국조경헌장의 주요 내용은 조경의 가치, 조경의 영역, 조경의 대상, 조경의 과제에 대한 내용임

Ⅱ. 한국조경헌장의 제정 배경

1. 2013년 5월 조경헌장 세미나 개최

- '한국조경의 리얼리티' 주체로 진행
- 시대정신에 조응하는 조경의 비전과 더불어 보다 넓고 긴 시야로 조경헌장을 제정할 계획을 전달
- 모든 사람이 공감할 수 있는 조경의 깃발을 제시하고 내세우기 위해 조경헌장 제정을 추진

2. 2013년 9월 '한국조경헌장 제정을 위한 포럼' 개최

- 조경헌장의 제정내용을 통해 그동안 논의된 조경의 정체성과 비전을 공유하는 자리
- 조경헌장 발표, 종합토론으로 진행

3. 2013년 10월 조경의 날 기념식

- 한국조경학회와 조경헌장제정특별위원회가 제정한 한국조경헌장 발표
- 조경의 범위나 영역, 역할을 명문화

Ⅲ. 한국조경헌장의 주요 내용

1. 조경의 정의 및 목적

- 조경은 아름답고 유용하고 건강한 환경을 형성하기 위해 인문적 · 과학적 지식을 응용하여 토지와 경관을 계획 · 설계 · 조성 · 관리하는 문화적 행위임
- 조경은 건강한 사회의 척도이고 행복한 삶의 기반임

- 조경은 생태적 위기에 대처하는 실천적 해법을 제시함
- 공동체 형성을 위한 소통의 장을 마련해야 함
- 예술적이고 창의적인 경관을 구현해야 함
- 지속가능한 환경을 다음 세대에게 물려주는 것은 조경의 책임이자 과제임

2. 조경헌장의 목적

우리는 이 헌장을 통해 조경을 재정의하고 고유한 가치를 공유하며 새로운 좌표를 제시하고자 함

3. 조경의 가치

1) 자연적 가치
- 조경은 지구의 다양한 동식물종의 공생을 중시
- 자연은 현 세대와 미래 세대를 위해 보존·관리되어야 하는 자원
- 조경은 자연과 사람의 조화와 자연을 건강하게 치유함

2) 사회적 가치
- 조경은 시민의 공공적 행복을 우선적으로 고려함
- 조경은 사회적 약자를 배려하고 누구에게나 평등한 공공 환경을 조성함

3) 문화적 가치
- 인류가 축적해 온 인문적 자산은 그 자체로 존중되어야 하는 조경의 토대임
- 조경은 역사성, 지역성, 문화적 다양성을 존중하며, 창의적 예술 정신을 지향함

4. 조경의 영역

① 정책 : 건전하고 합리적인 조경 정책 수립은 조경의 여러 영역이 그 역할을 제대로 수행할 수 있는 조건임. 정책 입안과 결정에 조경가가 참여할 수 있는 제도적 환경을 마련해야 함
② 계획 : 조경계획을 통해 관련 분야의 의사결정과정에 방향을 제시하며, 설계의 합리적 체계와 틀을 제공함. 조경계획은 다양한 환경적 요소를 고려하여 토지이용과 관리기준을 도출하거나, 설계의 선행단계로서 전체적인 공간의 틀과 수행체계를 제시함
③ 설계 : 조경설계는 계획안을 구체적으로 구현하는 창작 행위이며, 계획설계, 기본설계, 실시설계, 감리의 과정으로 나눔. 조경가는 설계를 통해 개인과 사회의 복합적인 요구와 문제를 합리적이고 창의적으로 해결함
④ 시공 : 조경시공은 안전하고 쾌적한 공간을 창조하기 위해 기술적인 문제를 해결하고 생태적으로 건강한 환경을 건설하는 과정임. 시공의 수준은 조경공간의 완성도를 결정

하는 중요한 요인임. 책임 있는 장인정신과 합리적인 제도적 환경은 시공의 질적 향상을 위한 기반임

⑤ 감리 : 조경감리는 설계안을 구현함에 있어서 공사의 완성도와 품질을 총체적으로 관리하는 행위임. 업무의 내용에 따라 설계 감리, 검측 감리, 시공 감리, 책임 감리로 구분되며, 원 설계자가 참여하여 사후 설계 관리를 수행하는 디자인 감리를 포함함

⑥ 운영관리 : 운영관리는 조경공간의 물리적 환경을 유지하고 사회문화적 가치를 증진시키는 과정임. 물리적 환경을 조성하는 행위 못지않게 이용 프로그램 운영도 조경의 중요한 영역이며, 이를 통해 공간의 가치가 제고됨

⑦ 연구 : 조경연구는 조경의 고유한 영역뿐만 아니라 조경과 관련된 인문·사회적, 과학·기술적 학문 연구를 포괄함. 우수한 환경과 공간을 창출하기 위해서는 이론적·실천적 연구에 대한 관심과 투자가 요구되며, 다른 학문 분야와의 적극적인 학술 교류와 협력도 필요함

⑧ 교육 : 조경교육은 사회의 변화와 수요에 대응할 수 있는 이론적 토대를 구축하고 실천적 기술을 제공함. 교육의 영역은 창의적 문제 해결 역량을 지닌 조경전문가를 양성할 뿐만 아니라 시민을 대상으로 하는 교육과 전문가의 재교육까지 아우름

5. 조경의 대상

- 조경이 다루는 토지와 경관은 국토, 지역, 도시, 교외, 농산·어촌을 포괄함. 각 범위의 자연생태계와 사회·문화적 맥락은 조경의 토대이자 대상임. 조경의 대상은 정원과 공원을 근간으로, 도시경관, 자연환경과 문화환경, 사회적 공간과 삶의 기반으로 확장되고 있음

- 정원은 단독 및 공동주택 정원, 비주거용 건물 정원, 공공정원, 실내정원, 옥상정원, 식물원, 수목원 등을 포함

- 공원은 생활권공원(소공원, 어린이공원, 근린공원)과 주제공원(역사공원, 문화공원, 수변공원, 묘지공원, 체육공원, 도시농업공원)으로 구분되는 도시공원과 자연공원(국립공원, 도립공원, 군립공원, 지질공원)을 포함함

- 녹색기반시설은 정원, 공원, 녹지, 하천, 가로, 광장, 자전거도로, 도로, 철도, 주차공간, 건축구조물, SOC시설, 비오톱, 학교숲, 도시숲, 경작지, 산림, 개발제한구역 등을 포함함

- 역사·문화유산은 유·무형 문화재, 사적·명승 같은 기념물, 민속자료, 문화재자료, 향토유적, 정원유적, 근대문화유산, 비지정문화재 등과 관련 공간을 포함함

- 산업유산과 재생공간은 항만, 공장, 창고, 발전소, 철도·운송·수운시설, 농업시설, 광업시설, 교통시설, 군사시설, 쓰레기 매립지, 오염지역, 용도가 불확정한 공간 등을 포함함

- 교육공간은 초·중·고 및 대학 캠퍼스, 연구시설, 청소년수련시설, 체험학습원 등을 포함함

- 주거단지는 단독주택단지, 연립주택단지, 아파트단지 등을 포함함
- 건강과 공공복지공간은 범죄예방(CPTED)공간, 무장애공간, 도시농업공간, 치유공간, 추모 및 기념공간 등 사회적 요구가 반영된 공간을 포함함
- 여가관광공간은 스포츠시설(운동장, 골프장, 스키장 등), 온천, 캠핑장, 유원지, 워터파크, 놀이공원, 관광숙박시설, 관광편의시설 등을 포함함
- 농·산·어촌 환경은 농·산·어촌 경작지 및 마을, 휴양단지, 관광농원, 자연휴양림 등을 포함함
- 수자원 및 체계는 배수체계, 지하수함양, 홍수조절, 생태습지, 유수지, 빗물정원, 친수공간 등을 포함함
- 생태자원보존 및 복원공간은 생태숲, 생태통로, 연안생태계, 하천, 습지, 서식처 등의 보존 및 복원이 필요한 공간, 기후·토양·동식물상의 조사분석, 생물다양성 증진이 필요한 공간을 포함함

6. 조경의 과제

- 세계적 보편성을 지향, 지역성과 문화적 다양성의 가치를 발견
- 창의적 조경작품을 생산, 미래의 라이프스타일을 이끄는 조경문화를 형성
- 생물다양성을 제고, 전 지구적 기후 변화에 대응하는 첨단의 설계 해법과 전문지식 구비
- 건강·안전·민주적인 공간을 구축, 지속가능한 환경복지를 지향
- 시민과 협력, 커뮤니티를 지원하는 참여문화와 리더십을 실천
- 복합적 도시문제의 해결을 위한 전문지식과 기술 축적
- 관련분야와의 협력을 선도·조정, 도시와 자연환경 문제를 융합적·통합적으로 계획·설계·관리
- 사회적으로 책임 있는 조경가의 직업윤리를 확립, 질 높은 조경서비스를 제공

QUESTION
18 공원 일몰제

Ⅰ. 개요

1. 공원 일몰제란 공원으로 지정된 부지가 일정기간 공원으로서 개발사업이 진행되지 않을 경우 공원지정 효력을 자동 해제하는 제도임

2. 현황은 도시계획상 공원시설로 지정된 대규모 녹지들이 공원 일몰제에 따라 2020년 7월을 기점으로 사라졌으며, 지방자치단체들은 일몰제 이후의 대응을 진행 중임

3. 따라서 공원 일몰제에 대한 사전 대응이 필요하며, 대응방안으로 장기미집행 공원에 대한 통계화 및 소요예산 자료구축, 장기미집행공원의 재정비, 민자 유치 등 해소방안 마련, 중앙정부의 적극적 의지 등이 필요함

Ⅱ. 공원 일몰제

1. 개념

공원으로 지정된 부지가 일정기간 공원으로서 개발사업이 진행되지 않을 경우 공원지정 효력을 자동 해제하는 제도

2. 현황

1) 도시계획상 공원시설로 지정된 대규모 녹지들이 공원 일몰제에 따라 2020년 7월을 기점으로 사실상 사라졌다고 볼 수 있음

2) 공원 결정 고시일로부터 10년 이상 집행되지 않은 도시계획시설 내 대지는 2년 안에 매수하고, 20년 이상 집행되지 않는 도시계획시설의 효력을 상실함

3) 공원 결정 고시 후 20년 이상 조성되지 않은 도시공원도 일몰제에 따라 2020년 7월에는 지방자치단체가 매입하지 않으면 공원에서 해제됨

4) 이에 지방자치단체들이 일몰제 이전에 공원부지를 수용할 방법을 찾고 있지만, 문제는 예산임. 지방자치단체 재정을 100% 수용해야 하는데, 심각한 재정난을 겪고 있는 지방자치단체가 많음

5) 2013년 12월 기준 현재 미집행 도시공원에 대한 토지 수용비 등 소요 재원은 150조 원 이상으로 추산됨. 도시공원 결정면적 $1,008km^2$ 중 미조성 면적은 전체의 61.8%인 $623km^2$임

3. 대응방안

1) 장기미집행 공원의 통계화 및 소요예산 자료구축 : 조경학계와 업계의 조사, 의원에 의한 추정

2) 장기미집행 공원의 재정비 : 불필요한 시설의 해제

3) 민자유치 등을 위한 해소방안 다양화
   - 민간이 도시공원을 조성하고 일정면적을 기부채납, 인센티브 제공
   - 천호동성당과 서울시가 녹지활용계약을 하여 공원을 개발한 실례

4) 중앙정부의 적극적 의지 및 지방정부의 자체 해소방안 마련 필요
   - 중앙정부가 매입을 하고 국가공원형태로 운영
   - 국가도시공원 민 · 관 네트워크
   - 100만 평 문화공원 범시민협의회

엔지니어링 대가기준 원가산정 시 추가업무

Ⅰ. 개요

1. 엔지니어링 대가기준이란 「엔지니어링산업 진흥법」에 따라 정한 기준으로 사업자가 발주청으로부터 사업을 수탁할 경우 이 기준에 따라 대가를 산출함

2. 대가 산출방식에는 실비정액가산방식과 공사비요율에 의한 방식이 있는데 원가산정 시 추가업무비용이 적용되는 것은 공사비요율에 의한 방식임

3. 원가산정 시 추가업무란 기본설계·실시설계 및 공사감리의 업무범위에 포함되지 않는 업무로서 발주청의 요구에 의한 추가업무, 엔지니어링사업자의 책임에 귀속되지 않는 사유로 인한 추가업무 등이 있으며 추가업무에 대하여는 별도로 그 대가를 지급함

Ⅱ. 엔지니어링 대가기준 개요

1. 법적 근거 : 엔지니어링산업 진흥법

2. 목적 및 적용

1) 엔지니어링산업 진흥법에 따라 엔지니어링사업의 대가의 기준을 정함

2) 엔지니어링사업자가 발주청으로부터 사업을 수탁할 경우에는 이 기준에 따라 엔지니어링사업대가를 산출함

3. 대가 산출 방식

1) 실비정액가산방식 : 직접인건비, 직접경비, 제경비, 기술료와 부가가치세를 합산하여 대가를 산출하는 방식

2) 공사비요율에 의한 방식 : 공사비에 일정요율을 곱하여 산출한 금액에 추가업무비용과 부가가치세를 합산하여 대가를 산출하는 방식

Ⅲ. 원가산정 시 추가업무

1. 개요

1) 공사비요율에 의한 방식을 적용하는 기본설계·실시설계 및 공사감리의 업무범위에 포함되지 않는 업무로서 다음에 제시된 업무

2) 해당 추가업무에 대하여는 별도로 그 대가를 지급하여야 함

2. 추가업무 유형

1) 발주청의 요구에 의한 추가업무
- 각종 측량
- 각종 조사, 시험 및 검사
- 공사감리를 위하여 현장에 근무하는 기술자의 제 비용
- 주민의견 수렴 및 각종 인·허가에 필요한 서류 작성
- 입목축적조사서 등 각종 조사서 작성
- 사전재해영향검토, 자연경관영향검토, 생태환경조사 등 사전환경성 검토
- 문화재 지표조사
- 전파환경 분석 및 보고서 작성
- 운영계획 등 각종 계획서 작성
- 모형제작, 투시도 또는 조감도 작성
- 항공사진 촬영
- 특수자료비(특허, 노하우 등의 사용료)
- 홍보영상 제작
- 계약상대자의 과실로 인하여 발생한 손해에 대한 손해배상보험료 또는 손해배상공제료

2) 엔지니어링사업자의 책임에 귀속되지 아니하는 사유로 인한 추가업무

3) 그 밖에 발주청의 승인을 얻어 수행한 추가업무

QUESTION 20 | 공사계약 이행 중 계약상대자의 부도로 계약 해지 시 새로운 계약대상자 선정방법

Ⅰ. 개요

1. 최근 건설업계의 어려움으로 공사계약 이행 중 계약상대자의 부도로 인해 계약 해지가 빈번히 발생하고 있음

2. 공사계약 이행 중 계약상대자의 부도로 계약이 해지되어 새로운 계약대상자를 선정하는 데 있어서 많은 문제점이 발생하고 있음

3. 부도로 인한 새로운 계약대상자 선정방법은 공사승계방법과 잔여공사 재입찰방법으로 나눠볼 수 있음

Ⅱ. 공사계약 이행 중 계약상대자의 부도로 계약 해지 시 새로운 계약대상자 선정방법

1. 관련 법령

1) 국가를 당사자로 하는 계약에 관한 법률
   - 공사계약에 있어서 이행보증
   - 계약보증금의 납부(100분의 15 이상)
   - 공사이행보증서의 제출(계약금액의 100분의 40 이상 납부 보증)

2) 건설산업기본법
   - 공사도급계약의 내용
   - 공사 중지, 계약 해제의 경우 발생하는 손해 부담사항

3) 계약예규(기획재정부) : 공사계약일반조건

2. 부도 발생 시 문제점

1) 실공사물량 산정의 어려움 : 하자가 많고 정산합의가 쉽게 이루어지지 않음
2) 공사포기각서의 지연
   - 건설공사 원가 상승
   - 공기지연

3) 부실시공 : 하자처리 소극적 대응

4) 체불에 따른 소요사태 발생

3. 새로운 계약대상자 선정방법

1) 공사승계

- 연대보증(인, 업체)에서 잔여공사 수행
- 채권, 채무, 채불, 하자 등 법적 사항 승계

2) 잔여공사 재입찰

- 공사포기각서 청구
- 정산합의 시 기성물량, 자재반입량 확정
- 계약이행보증증권, 선급금보증증권 추징

QUESTION
21 | 국토계획평가

Ⅰ. 개요

1. 국토계획평가란 국토기본법에 따라 중장기적 성격의 국토계획을 대상으로 환경친화적인 국토관리 측면에서 국토의 지속가능한 발전에 기여하는지 여부와 국토관련 최상위계획인 국토종합계획과 부합하는지 여부를 평가하는 것
2. 국토계획평가의 내용은 종합계획 · 지역계획, 기간시설계획, 부문별 계획의 평가분야로 구분하여, 세부평가 항목과 중복평가 항목으로 평가함

Ⅱ. 국토계획평가

1. 법적 근거

국토기본법

2. 개념

1) 중장기적 · 지침적 성격의 국토계획을 대상으로 함
2) 국토균형 발전, 경쟁력 있는 국토여건의 조성 측면에서 평가
3) 환경친화적인 국토관리 측면에서 평가
4) 국토의 지속가능한 발전에 기여하는지 여부를 평가
5) 국토관련 최상위계획인 국토종합계획과 부합하는지 여부를 평가

3. 내용

평가분야	1) 종합계획 · 지역계획
	  • 도종합계획, 수도권정비계획
	  • 광역도시계획
	  • 도시 · 군기본계획 등
	2) 기간시설계획
	  • 광역교통기본계획
	  • 국가철도망구축계획
	  • 항만기본계획 등
	3) 부문별 계획
	  • 산림기본계획
	  • 수자원장기종합계획
	  • 산촌진흥기본계획 등

세부평가 항목	• 환경성 관련 기초조사자료 • 환경보전계획 및 정책과의 부합성 • 자연환경보전을 위한 계획의 적정성 • 환경보존 및 저감방안
중복평가 항목	• 환경보전계획 및 정책과의 부합성 • 상위계획 및 관련계획과의 연관성 • 자연환경보전을 위한 계획의 적정성
절차	평가요청서의 접수 및 기본사항 등 검토 → 검토기관 검토의뢰 및 현지조사 등 검토 → 검토의견 종합분석 → 국토정책위원회 심의 → 평가결과 통보

Ⅰ. 개요

1. 임차공원이란 지방자치단체가 개인소유 땅을 빌려 조성한 공원으로서 이로 인해 땅 소유 주는 임대료 수입을 획득할 수 있음
2. 도입배경은 2020년 7월부터 시작되는 도시공원 일몰제에 대한 방안으로 제시된 것이며, 임차공원제도가 시행되었지만 실제 정착까지는 어려움이 있음

Ⅱ. 임차공원

1. 개념

1) 지방자치단체가 개인소유 땅을 빌려 조성한 공원
2) 이로 인해 땅 소유주는 임대료 수입을 획득할 수 있음

2. 내용

1) 지방자치단체가 개인 토지를 임차해 공원 조성
   감정평가 결과에 의거해 사용료를 지불
2) 계약기간
   최초 계약기간을 3년 이내
3) 지방자치단체의 재원부족에 대안
   - 도시공원은 지방자치단체가 땅을 매입한 뒤에야 조성 가능
   - 재원 부족으로 공원용지로 지정만 하고 조성은 못함
   - 10년 이상 공원이 설치되지 않은 공원용지는 3,995곳, 4억 388만 m²

3. 도입배경과 시사점

1) 도시공원 일몰제 대비
   2020년 7월부터 시작되는 20년 이상 조성되지 않은 공원용지의 효력이 상실되는 도시 공원 일몰제 대비
2) 실제 정착까지는 난관이 존재
   - 시민단체 주장 : 땅을 빌려주는 사람에게 임대료 외에 재산세, 상속세 감면 등 혜택
   - 국토교통부 : 운영을 위한 제도적 기반 마련, 추가 혜택은 논의 중

QUESTION 23 | 스코핑(Scoping) 제도

I. 개요

1. 스코핑 제도란 환경영향평가서 등을 작성하기에 앞서 평가해야 할 항목과 범위를 결정하는 절차임
2. 외국의 경우 대부분 환경영향평가제도를 도입하면서 스코핑 제도가 기본제도로 함께 도입되었으나 국내는 제도개선이 꾸준히 되고 있음

II. 스코핑(Scoping) 제도

1. 개념

1) 환경영향평가서 등을 작성하기에 앞서 평가해야 할 항목과 범위를 결정하는 절차
2) 동일사업이라도 장소나 주변환경에 따라 적합한 평가항목과 방법을 적용
3) 불필요한 평가를 제외하고 필요한 평가항목을 추가함으로써 환경영향평가를 효율적으로 운영하는 제도

2. 외국의 사례

외국의 경우 대부분 환경영향평가제도를 도입하면서 평가제도의 큰 틀 속에서 스코핑 제도가 기본제도로 함께 도입됨

3. 필요성

- 평가에 소요되는 시간과 비용의 절약
- 지역주민, 이해당사자 참여로 사회적 갈등 최소화

4. 스코핑 절차

1) 평가계획서 작성 및 제출 : 사업자 → 승인기관
2) 스코핑위원회 개최 및 심사 : 승인기관
3) 심사결과 통보 : 승인기관 → 사업자
4) 스코핑 결과에 의거하여 평가서 작성 및 협의

5. 도입효과

1) 사업 및 지역특성을 고려한 평가 가능 → 평가의 질적 향상 도모

2) 사업자의 시간적 · 경제적 부담 경감

3) 사업 초기 단계 지역주민 참여기회 부여 → 사회적 갈등 해소

4) 평가의 신뢰성 증대

QUESTION 24 | 범죄예방을 위한 도시공원의 계획, 조성, 유지관리기준

Ⅰ. 개요

1. 범죄예방을 위한 도시공원이란 『도시공원 및 녹지 등에 관한 법률 시행규칙』상의 공원조성계획의 수립기준에 따라 범죄예방기법이 적용된 공원임
2. 범죄예방 도시공원의 계획, 조성, 유지관리기준은 5가지로 제시되며 자연적 감시, 접근통제, 영역성 강화, 활용성 증대, 유지관리임

Ⅱ. 범죄예방을 위한 도시공원의 계획, 조성, 유지관리기준

1. 개념

1) 법적 근거

　『도시공원 및 녹지 등에 관한 법률 시행규칙』 제8조 공원조성계획의 수립기준

2) 내용
   - 공원조성계획 시 범죄예방기법을 의무적으로 적용
   - 도시공원의 범죄예방 안전기준 마련

2. 계획, 조성, 유기관리기준 5가지

1) 자연적 감시

　내·외부에서 시야가 최대한 확보되도록 계획·조성·관리

2) 접근통제

　이용자들을 일정한 공간으로 유도 또는 통제하는 시설 등을 배치

3) 영역성 강화

　공적인 장소임을 분명하게 표시할 수 있는 시설 등을 배치

4) 활용성 증대

　다양한 계층의 이용자들이 다양한 시간대에 이용할 수 있는 시설 등을 배치

5) 유지관리

　안전한 공원환경의 지속적 유지를 고려한 자재선정 및 디자인 적용과 운영·관리

3. 계획, 조성, 유기관리기준 세부내용

   1) 공원계획

      식재수목이나 시설물이 이용자 시야를 방해하지 않게 계획

   2) 공원 출입구 계획

      도로나 주변 건물에 쉽게 인지하도록 계획

   3) 공원 경계설정

      가시성이 확보되는 난간, 투시형 펜스를 사용

   4) 수목계획 · 관리

      • 교목과 관목이 주변 시야를 저해하지 않도록 계획 · 관리

      • 수목은 항상 정돈 · 관리되어 이용자에게 방향성 제시, 사각지대 최소화

   5) 안내시설물

      통행이 잦은 공원 출입구 및 장소에 설치, 이용자 파악 용이

   6) 공원 화장실

      도로에서 가까운 장소, 주변 시야가 확보되는 장소에 설치

QUESTION 25 | 장애물 없는 생활환경(BF) 인증의 유효기간과 공원 내부 보행로 평가항목

Ⅰ. 개요

1. 장애물 없는 생활환경(BF) 인증이란 어린이, 노인, 장애인, 임산부뿐만 아니라 일시적 장애인 등이 개별시설물, 지역을 접근·이용·이동함에 있어 불편을 느끼지 않도록 계획·설계·시공·관리 여부를 공신력 있는 기관이 평가하여 인증하는 것임

2. 장애물 없는 생활환경(BF) 인증의 유효기간은 본인증은 5년, 예비인증은 본인증 전까지 효력을 유지함

3. 공원 내부 보행로 평가항목은 BF보행로의 지정, 보행안전공간, 단차, 기울기, 바닥마감, 자전거 도로와의 접점, 보행유도의 연속성임

Ⅱ. 장애물 없는 생활환경(BF) 인증의 유효기간과 공원 내부 보행로 평가항목

1. 개념

1) 정의

어린이, 노인, 장애인, 임산부뿐만 아니라 일시적 장애인 등이 개별시설물, 지역을 접근·이용·이동함에 있어 불편을 느끼지 않도록 계획·설계·시공·관리 여부를 공신력 있는 기관이 평가하여 인증

2) 법적 근거

- 어린이·노인·임산부 등의 편의증진보장에 관한 법률
- 교통약자의 이동편의 증진법
- 장애물 없는 생활환경 인증에 관한 규칙

2. 인증의 유효기간

1) 본인증

5년

2) 예비인증

본인증 전까지 효력을 유지하나 개별시설 및 지역조성 등이 완료 허가된 후 1년 이내에 본인증을 신청하지 않는 경우 예비인증의 효력은 상실됨

3. 공원 내부 보행로 평가항목

1) BF보행로의 지정
   - 보행로의 안전성과 연속성 확보 목적
   - 내부 산책로 중 출입구−공원시설 간을 연결하는 주요 보행로를 BF보행로로의 지정 여부, 배점 2점

2) 보행안전공간
   - 보행로의 유효폭과 높이를 평가하여 장애물 없는 안전한 보행로를 확보 목적
   - 내부 보행로에서 수직·수평의 3차원적인 무장애 보행공간의 확보 여부, 배점 6점

3) 단차
   - 공원의 산책로는 장애인 등에게 있어 안전보행로가 되어야 하며, 그 보행로는 BF연속성을 가져야 함
   - 공원 내의 모든 보행로 및 접근로의 단차 여부, 배점 1점

4) 기울기
   - 공원의 산책로는 장애인 등에게 있어 안전보행로가 되어야 하며, 그 보행로는 BF연속성을 가져야 함
   - 보행로 등의 진행 방향 및 좌우 기울기의 경사 정도, 배점 5점

5) 바닥마감
   - 공원의 산책로는 장애인 등에게 있어 안전보행로가 되어야 하며, 그 보행로는 BF연속성을 가져야 함
   - 미끄럽지 않은 바닥 재질 및 마감의 평탄한 정도와 미끄럼방지설비 설치 여부 평가, 배점 2점

6) 자전거도로와의 접점
   - 공원의 산책로는 장애인 등에게 있어 안전보행로가 되어야 하며, 그 보행로는 BF연속성을 가져야 함
   - 자전거도로와의 접점 없이 연속적인 안전보행로의 확보 여부, 배점 2점

7) 보행유도의 연속성
   - 공원의 산책로는 장애인 등에게 있어 안전보행로가 되어야 하며, 그 보행로는 BF연속성을 가져야 함
   - 시각장애인 등을 배려한 보행유도의 연속성을 위한 장치나 시설 계획 여부, 배점 10점

QUESTION 26 | 도시농업공원

Ⅰ. 개요

1. 도시농업공원이란 도시민의 정서순화 및 공동체의식 함양을 위하여 도시농업을 주된 목적으로 설치하는 공원임

2. 도시농업공원의 사례로는 최근에 개장한 도시농업공원을 비롯해서 강동구 도시농업공원, 시흥시 함줄 도시농업공원, 온수 도시농업공원, 부천 여월농업공원 캠핑장 등이 있음

Ⅱ. 도시농업공원

1. 법적 근거 및 정의

1) 『도시공원 및 녹지 등에 관한 법률』에 따른 주제공원

2) 『도시농업의 육성 및 지원 등에 관한 법률』

3) 서울시 도시농업의 육성 및 지원에 관한 조례

4) 정의 : 도시민의 정서순화 및 공동체의식 함양을 위하여 도시농업을 주된 목적으로 설치하는 공원

5) 규모 : 1만제곱미터 이상

6) 설치기준과 유치거리 : 제한 없음

2. 사례

1) 관악 도시농업공원

- 2018년 개장, 79억 원의 예산 투입
- 시설내용 : 친환경 텃밭, 논, 허브정원 등의 도시농업시설, 휴양시설, 농가주택 재연, 연못, 양봉장
- 경작, 양봉 등 농업체험에 중점을 둔 도시농원공원
- 제도적 기반 마련, 다양한 인프라 구축으로 도시농업 확산 노력
- 유휴공간을 활용한 자투리 · 옥상 텃밭, 강감찬 · 청룡산 등 도심텃밭, 서울대와 협력한 리얼스마트팜 '관악도시농업연구소', 직접 채밀한 '관악산 꿀벌의 선물'

2) 시흥시 함줄 도시농업공원

- 도시민들의 생산적 여가활동과 녹색 생활공간 조성 목적으로 도시농업을 활성화

- 2018년 시흥시 가족과 함께하는 손 모내기 체험 행사 개최
- 다랭이논 손 모내기 체험 행사는 2013년부터 매년 추진
- 약 73,000m² 면적에서 다양한 농작물과 초화류를 친환경농법으로 재배
- 도시농업대학 현장 실습장, 시민공동체 텃밭, 모내기 등

QUESTION 27 | 「도시공원 및 녹지 등에 관한 법률 시행규칙」에 의한 저류시설의 입지기준

I. 개요

1. 저류시설이란 빗물을 일시적으로 모아 두었다가 바깥 수위가 낮아진 후에 방류하기 위하여 설치하는 유입시설, 저류지, 방류시설 등 일체의 시설을 말함
2. 저류시설의 입지기준은 주변지형, 지질 및 수리·수문학적 조건 등을 종합적으로 고려하여 도시공원으로서의 기능과 방재시설로서의 기능을 모두 발휘 가능한 장소에 입지함

II. 「도시공원 및 녹지 등에 관한 법률 시행규칙」의 저류시설의 입지기준

1. 저류시설의 개념

빗물을 일시적으로 모아 두었다가 바깥 수위가 낮아진 후에 방류하기 위하여 설치하는 유입시설, 저류지, 방류시설 등 일체의 시설을 말함

2. 저류시설의 입지기준

1) 주변지형, 지질 및 수리·수문학적 조건 등을 종합적으로 고려
2) 도시공원으로서의 기능과 방재시설로서의 기능을 모두 발휘할 수 있는 장소에 입지
3) 가급적 자연유하가 가능한 곳에 입지
4) 다음 장소에는 설치해서는 안 됨
   - 붕괴위험지역 및 경사가 심한 지역
   - 빗물 침투 시 지반 붕괴가 우려, 심한 자연환경 훼손이 예상되는 지역
   - 오수 유입 우려 지역
5) 도시계획시설 중 저류시설로 중복 결정
6) 저류시설부지 면적비율은 해당 도시공원면적의 50% 이하
7) 상시저류시설은 60% 이상, 일시저류시설은 40% 이상
8) 공원시설과 기능적, 미관상 조화, 이용자 안전 등을 고려해 저류장소와 저류용량을 정함
9) 잔디밭, 자연학습원, 산책로, 운동시설, 광장 등의 기능을 가진 다목적공간으로 조성, 유지관리가 용이한 시설로 조성

QUESTION
28 '어린이 놀이시설의 시설기준과 기술기준'상의 부지선정기준

Ⅰ. 개요

1. '어린이 놀이시설의 시설기준과 기술기준'은 「어린이놀이시설 안전관리법」의 규정에 따른 설치검사 시 적용하며 국민안전처 고시로 규정하고 있음
2. 부지선정기준은 사용자의 주거지역과 가까운 곳, 놀이시설 주변에 사용자 위협요소가 없는 곳, 쉽게 모니터할 수 있는 곳 등임

Ⅱ. '어린이 놀이시설의 시설기준과 기술기준'상의 부지선정기준

1. 개념

1) '어린이 놀이시설의 시설기준 및 기술기준'은 국민안전처 고시로 정함
2) 이 기준은 「어린이놀이시설 안전관리법」의 규정에 따른 설치검사 시 적용함
3) 「어린이놀이시설 안전관리법 시행령」에 규정된 장소에 설치된 어린이놀이기구(「어린이제품안전특별법」에 따른 안전인증대상 어린이제품의 안전 인증기준)를 대상으로 함

2. 부지선정기준

1) 사용자의 주거지역과 가까운 곳
2) 놀이시설 주변에 사용자의 안전을 위협하는 요소가 없는 곳
3) 주민들이 어린이들이 노는 모습을 쉽게 모니터할 수 있는 곳
4) 주변에 편의시설(음용수대, 화장실, 파고라, 벤치 등)과 햇볕이나 비를 피할 수 있는 차양막이 있는 곳
5) 차량통행이 많은 곳과 확실하게 분리된 곳
6) 배수가 잘되는 곳
7) 어린이가 뛰어놀 수 있는 적정한 동선배치 및 공간확보가 필요
8) 주변에 전통놀이 또는 자연놀이 영역을 구획하여 배치
9) 주변에 맨홀 뚜껑 등 위험요소가 없는 곳

QUESTION 29 | 산업안전보건관리비

Ⅰ. 개요

1. 산업안전보건관리비는 『산업안전보건법』에 따라 계상 및 사용기준을 규정하고 건설사업 장과 본사 안전전담부서에서 산업재해의 예방을 위하여 법령에 규정된 사항의 이행에 필 요한 비용을 말함

2. 적용범위는 『산업재해보상보험법』의 적용을 받는 공사 중 총공사금액 4천만 원 이상인 공사에 적용함

3. 계상기준은 대상액에 정한 비율을 곱하거나 기초액을 합한 금액으로 하고 사용기준은 건 설사업장 근로자의 산업재해 및 건강장해 예방을 목적으로만 사용함

Ⅱ. 산업안전보건관리비

1. 개념

1) 『산업안전보건법』에 따라 계상 및 사용기준을 규정

2) 건설사업장과 본사 안전전담부서에서 산업재해의 예방을 위하여 법령에 규정된 사항 의 이행에 필요한 비용을 말함

2. 적용범위

1) 『산업재해보상보험법』의 적용을 받는 공사

2) 총공사금액 4천만 원 이상인 공사에 적용

3. 계상 및 사용기준

1) 계상기준
  • 대상액이 5억 원 미만, 50억 원 이상일 경우에는 대상액에 다음 표에서 정한 비율을 곱한 금액
  • 대상액이 5억 원 이상 50억 원 미만일 때에는 대상액에 다음 표에서 정한 비율을 곱한 금액에 기초액을 합한 금액

2) 사용기준
  • 건설사업장 근로자의 산업재해 및 건강장해 예방을 목적으로만 사용

• 안전관리자 등의 인건비 및 각종 업무 수당 등

공사종류 및 규모별 안전관리비 계상기준표

공사종류 \ 구분	대상액 5억 원 미만	대상액 5억 원 이상 50억 원 미만		대상액 50억 원 이상	영 별표 5에 따른 보건관리자 선임 대상 건설공사
		비율(X)	기초액(C)		
일반건설공사(갑)	2.93%	1.86%	5,349,000원	1.97%	2.15%
일반건설공사(을)	3.09%	1.99%	5,499,000원	2.10%	2.29%
중건설공사	3.43%	2.35%	5,400,000원	2.44%	2.66%
철도·궤도신설공사	2.45%	1.57%	4,411,000원	1.66%	1.81%
특수및기타건설공사	1.85%	1.20%	3,250,000원	1.27%	1.38%

QUESTION
30 생태면적률 공간유형 중 녹지와 관련된 유형(6가지)

Ⅰ. 개요

1. 생태면적률이란 전체 개발면적 중 생태적 기능 및 자연순환기능이 있는 토양 면적이 차지하는 비율임

2. 생태면적률 공간유형 중 녹지와 관련된 유형은 자연지반녹지, 인공지반녹지 토심 90㎝ 이하, 토심 40~60㎝, 토심 10~40㎝, 옥상녹화 토심 30㎝ 이하, 토심 20~30㎝, 토심 10~20㎝, 벽면녹화 유형임

3. 위는 환경부 생태면적률 적용지침에 따른 유형으로 2016년 개정되면서 인공지반녹지와 옥상녹화유형의 토심별 2가지에서 3가지 유형으로 변경되었으나, 서울시는 최근 수목 규모 및 수량에 따라 인센티브를 부여하는 체적개념의 식재유형을 도입함

Ⅱ. 생태면적률 공간유형 중 녹지와 관련된 유형(6가지)

1. 개념

1) 전체 개발면적 중 생태적 기능 및 자연순환기능이 있는 토양면적이 차지하는 비율

2) 산정방법

자연지반녹지와 인공화 지역 생태면적의 합을 전체 대상지 면적으로 나누어 생태면적률을 산출

$$생태면적률 = \frac{자연지반녹지\ 면적 + \Sigma(인공화\ 지역\ 공간유형별\ 면적 \times 가중치)}{전체\ 대상지\ 면적} \times 100(\%)$$

2. 생태면적률 공간유형 중 녹지와 관련된 유형

	공간유형		가중치	설명	사례
1	자연지반 녹지	—	1.0	• 자연지반이 손상되지 않은 녹지 • 식물상과 동물상의 발생 잠재력 내재 온전한 토양 및 지하수 함양 기능	• 자연지반에 자생한 녹지 • 자연지반과 연속성을 가지는 절성토 지반에 조성된 녹지
2	인공지반 녹지	90cm ≦ 토심	0.7	토심이 90cm 이상인 인공지반 상부 녹지	지하주차장 등 지하구조물 상부에 조성된 녹지
3		40cm ≦ 토심 < 90cm	0.6	토심이 40cm 이상이고 90cm 미만인 인공지반 상부 녹지	
4		10cm ≦ 토심 < 40cm	0.5	토심이 10cm 이상이고 40cm 미만인 인공지반 상부 녹지	
5	옥상녹화	30cm ≦ 토심	0.7	토심이 30cm 이상인 옥상녹화시스템이 적용된 공간	• 혼합형 옥상녹화시스템 • 중량형 옥상녹화시스템
6		20cm ≦ 토심 < 30cm	0.6	토심이 20cm 이상이고 30cm 미만인 옥상녹화시스템이 적용된 공간	
7		10cm ≦ 토심 < 20cm	0.5	토심이 10cm 이상이고 20cm 미만인 옥상녹화시스템이 적용된 공간	저관리 경량형 옥상녹화시스템
8	벽면녹화	등반보조재, 벽면부착형, 자력등반형 등	0.4	벽면이나 옹벽(담장)의 녹화, 등반형의 경우 최대 10m 높이까지만 산정	• 벽면이나 옹벽녹화 공간 • 녹화벽면시스템을 적용한 공간

3. 환경부 생태면적률 적용지침(2016.7.1.) 개정내용

1) 인공지반녹지 공간유형의 세분화
   • 이전 내용은 2가지 유형으로 토심 90cm 이상과 이하
   • 개정 내용은 3가지 유형으로 토심 90cm 이하, 토심 40~60cm, 토심 10~40cm

2) 옥상녹화 공간유형의 세분화
   • 이전 내용은 2가지 유형으로 토심 20cm 이상과 이하
   • 개정 내용은 3가지 유형으로 토심 30cm 이하, 토심 20~30cm, 토심 10~20cm

4. 서울시 생태면적률 개선내용(2016.3.)

1) 체적개념의 식재유형 도입
- 수목 규모 및 수량에 따라 인센티브 부여
- 바닥면의 포장유형 면적으로만 산정되어 왔던 기존의 한계 극복
- 녹지용적률을 평가하여 가중치를 적용하는 체적개념이 반영

2) 생태면적률 공간유형 및 가중치 현실화
- 시공현실과 기술수준에 적합하도록 조정
- 생태면적률 계획으로 확보된 자연순환기능이 완공 후에도 유지되도록 공간유형별 가중치를 재정비

QUESTION 31 「수목원 · 정원의 조성 및 진흥에 관한 법률」에서 규정하는 정원의 구분과 정의

Ⅰ. 개요

1. 「수목원 · 정원의 조성 및 진흥에 관한 법률」에서 규정하는 정원의 구분은 국가정원, 지방 정원, 민간정원, 공동체정원임

2. 정원의 정의는 식물, 토석, 시설물 등을 전시 · 배치하거나 재배 · 가꾸기 등을 통하여 지속 적인 관리가 이루어지는 공간을 말함

Ⅱ. 「수목원 · 정원의 조성 및 진흥에 관한 법률」에서 규정하는 정원의 구분과 정의

1. 주요 개정내용

| 수목원의 조성 및 진흥에 관한 법률 | → 2015년 1월 법률개정 | 수목원 · 정원의 조성 및 진흥에 관한 법률 |

‖ 정원을 포함한 법률 명칭의 개정 ‖

1) 정원의 정의 및 구분

2) 정원전문가 양성

3) 정원진흥기본계획 수립

4) 국가정원의 지정

5) 정원산업의 진흥 및 창업지원, 박람회 지원

6) 정원지원센터의 설치 · 운영

7) 정원전문가 교육과정 인증

2. 규정하는 정원의 구분과 정의

1) 정원의 구분

• 국가정원 : 국가가 조성 · 운영하는 정원

• 지방정원 : 지방자치단체가 조성 · 운영하는 정원

• 민간정원 : 법인 · 단체 · 개인이 조성 · 운영하는 정원

- 공동체정원 : 국가 · 지방자치단체 · 법인, 마을 · 공동주택 · 일정지역 주민들이 결성 한 단체 등이 공동으로 조성 · 운영하는 정원
- 생활정원 : 국가, 지방자치단체 또는 공공기관으로서 대통령령으로 정하는 기관이 조 성 · 운영하는 정원으로서 휴식 또는 재배 · 가꾸기 장소로 활용할 수 있도록 유휴공 간에 조성하는 개방형 정원
- 주제정원
  - 교육정원 : 학생들의 교육 및 놀이를 목적으로 조성하는 정원
  - 치유정원 : 정원 치유를 목적으로 조성하는 정원
  - 실습정원 : 정원 설계, 조성 및 관리 등을 통하여 전문인력 양성을 목적으로 조성 하는 정원
  - 모델정원 : 정원산업 진흥을 위하여 새롭게 도입되는 정원 관련 기술을 활용하여 조성하는 정원
  - 그 밖에 지방자치단체의 조례로 정하는 정원

2) 정원의 정의
- 정원이란 식물, 토석, 시설물 등을 전시 · 배치하거나 재배 · 가꾸기 등을 통하여 지속 적인 관리가 이루어지는 공간을 말함
- 「문화재보호법」에 따른 문화재, 「자연공원법」에 따른 자연공원, 「도시공원 및 녹지 등에 관한 법률」에 따른 도시공원 등 대통령령으로 정하는 공간은 제외함

QUESTION 32 | 「자전거 이용시설의 구조·시설기준에 관한 규칙」에 의한 포장 및 배수기준

Ⅰ. 개요

1. 「자전거 이용시설의 구조·시설 기준에 관한 규칙」은 「자전거 이용 활성화에 관한 법률」에 따라 자전거 이용시설의 구조와 시설에 관한 기술적 기준을 규정함을 목적으로 함
2. 포장 및 배수기준은 색상, 이용자 안전 확보, 차선, 포장면, 자동차 횡단허용포장구조로 구분하여 설명할 수 있음

Ⅱ. 「자전거 이용시설의 구조·시설 기준에 관한 규칙」에 의한 포장 및 배수기준

1. 목적

「자전거 이용 활성화에 관한 법률」에 따라 자전거 이용시설의 구조와 시설에 관한 기술적 기준을 규정함을 목적으로 함

2. 포장 및 배수기준

1) 색상

색상은 별도의 색상 포장 없이 포장재 고유의 색상을 유지

2) 이용자의 안전 확보

자전거 이용자의 안전을 확보하기 위하여 자전거도로의 시작지점과 끝지점, 일반도로와의 접속구간, 교차로 등 자전거도로와 만나는 지점은 짙은 붉은색으로 포장하여 눈에 띄게 하여야 함

3) 차선

중앙분리선은 노란색, 양측면은 흰색으로 표시함

4) 포장면

- 물이 고이지 아니하도록 1.5% 이상 2.0% 이하의 횡단경사를 설치
- 다만, 투수성 자재를 사용하는 경우에는 그러하지 아니함

5) 자동차 횡단허용 포장구조

자동차의 횡단을 허용하는 자전거도로의 포장구조는 자동차의 중량 등을 고려하여 결정하여야 함

QUESTION 33 | 물가변동의 조정요건 및 조정기준일

Ⅰ. 개요

1. 물가변동의 조정요건 및 조정기준일은 『국가를 당사자로 하는 계약에 관한 법률』에 근거하여 적용함
2. 물가변동의 조정요건은 입찰일을 기준으로 하여 산출된 품목조정률, 지수조정률이 100분의 3 이상 증감된 때를 말함
3. 물가변동의 조정기준일은 조정사유가 발생한 날을 말하는데 계약을 체결하고 90일 이상 경과해야 계약금액의 조정이 가능함

Ⅱ. 물가변동의 조정요건 및 조정기준일

1. 법적 근거

1) 『국가를 당사자로 하는 계약에 관한 법률』
2) 본법 제19조, 시행령 제64조 물가변동으로 인한 계약금액의 조정

2. 물가변동의 조정요건

1) 입찰일을 기준일로 하여 산출된 품목조정률이 100분의 3 이상 증감된 때
2) 입찰일을 기준일로 하여 산출된 지수조정률이 100분의 3 이상 증감된 때
3) 당해 계약상대자에게 선금을 지급한 경우는 산출한 증가액에서 선금액을 공제함
4) 천재지변 또는 원자재의 가격급등으로 인하여 계약금액을 조정하지 않고는 계약이행이 곤란한 경우는 계약을 체결한 날 또는 직전 조정기준일부터 90일 이내에 계약금액을 조정 가능
5) 특정 규격의 자재별 가격변동으로 해당자재의 가격증감률이 100분의 15 이상인 때에는 그 자재에 한해 계약금액을 조정
6) 환율변동을 원인으로 하여 계약금액 조정요건이 성립된 경우에는 계약금액을 조정

3. 물가변동의 조정기준일

1) 조정기준일은 조정사유가 발생한 날을 말함
2) 계약을 체결한 날부터 90일 이상 경과해야 계약금액의 조정이 가능

QUESTION
34 | 턴키·대안입찰의 낙찰자 결정방법

I. 개요

1. 턴키입찰과 대안입찰은 대형공사 계약의 경우에 시행하는 방법으로 턴키입찰은 정부가 제시하는 공사일괄입찰 기본계획에 따라 입찰 시에 설계와 시공을 일괄 입찰하는 방법이고, 대안입찰은 원안입찰과 함께 따로 입찰자의 의사에 따라 대안이 허용된 공사의 입찰임

2. 턴키·대안입찰의 낙찰자 결정방법은 최저가격으로 입찰한 자를 낙찰자로 결정, 입찰가격을 설계점수로 나누어 조정된 수치가 가장 낮은 자 또는 설계점수를 입찰가격으로 나누어 조정된 점수가 가장 높은 자를 낙찰자로 결정하는 방법 등임

II. 턴키·대안입찰의 낙찰자 결정방법

1. 개념

1) 턴키입찰

정부가 제시하는 공사일괄입찰기본계획 및 지침에 따라 입찰 시에 그 공사의 설계서 기타 시공에 필요한 도면 및 서류를 작성하여 입찰서와 함께 제출하는 설계·시공일괄입찰

2) 대안입찰

원안입찰과 함께 따로 입찰자의 의사에 따라 대안이 허용된 공사의 입찰

2. 낙찰자 결정방법(공통)

1) 최저가격으로 입찰한 자를 낙찰자로 결정하는 방법

2) 입찰가격을 설계점수로 나누어 조정된 수치가 가장 낮은 자 또는 설계점수를 입찰가격으로 나누어 조정된 점수가 가장 높은 자를 낙찰자로 결정하는 방법

3) 설계점수와 가격점수에 가중치를 부여하여 각각 평가한 결과를 합산한 점수가 가장 높은 자를 낙찰자로 결정하는 방법

3. 낙찰자 결정방법(차이점)

1) 턴키입찰

계약금액을 확정하고 기본설계서만 제출하도록 한 경우 설계점수가 가장 높은 자를 낙찰자로 결정하는 방법

2) 대안입찰

- 대안입찰가격이 입찰자 자신의 원안입찰가격보다 낮고, 대안입찰가격이 총 공사예정 가격 이하로서 대안공종에 대한 입찰가격이 대안공종에 대한 예정가격 이하일 경우 낙찰자로 결정
- 대안낙찰자가 없는 경우 원안입찰 낙찰자를 결정하는 경우에는 추정가격이 300억 원 이상인 공사는 입찰금액의 적정성을 심사하여 낙찰자를 결정하고, 그 외의 경우는 계약이행능력을 심사하여 낙찰자를 결정

35 | 건설사업관리(CM)의 업무내용과 유형

Ⅰ. 개요

1. 건설사업관리란 건설공사에 관한 기획, 타당성 조사, 분석, 설계, 조달, 계약, 시공관리, 감리, 평가 또는 사후관리 등에 관한 관리를 수행하는 것을 말함
2. 건설사업관리의 업무내용과 유형은 설계용역 착수단계 조경사업관리, 조경관련 법규정 적정성 검토, 조경설계도서 적정성 검토, 조경설계 경제성 검토, 조경설계 기성·공정 검토 등임

Ⅱ. 건설사업관리(CM)의 업무내용과 유형

1. 개념

1) 법적 근거 : 건설산업기본법, 건설기술진흥법
2) 정의 : 건설공사에 관한 기획, 타당성 조사, 분석, 설계, 조달, 계약, 시공관리, 감리, 평가 또는 사후관리 등에 관한 관리를 수행하는 것을 말함

2. 업무내용과 유형 : NCS

업무내용	유형
설계용역 착수단계 조경사업관리	• 설계단계 조경사업관리용역 착수 신고하기 • 조경설계용역 착수신고서 적정성 검토하기 • 전단계 용역성과의 적정성 검토하기
조경관련 법규정 적정성 검토	• 조경관련 법규정 검토하기 • 발주자가 제시한 조건 검토하기
조경설계도서 적정성 검토	• 설계도면작성의 적정성 검토하기 • 시공·유지관리의 적정성 검토하기
조경설계 경제성 검토	• 경제성 검토 수행목표 설정하기 • 경제성 검토 분석하기 • 경제성 검토 실행하기
조경설계 기성·공정 검토	• 기성 검사원·기성내역서 검토하기 • 기성검사·사업관리조사서 작성하기 • 실제공정확인·만회대책 작성하기

업무내용	유형
설계 최종 조경사업관리 보고서 검토	• 설계 추진현황 작성하기 • 설계 사업관리용역 현황 작성하기 • 설계사업관리업무 추진현황 · 결과 작성하기 • 설계 최종 사업관리보고서 작성하기
공사 착수단계 조경사업관리	• 건설사업관리용역 착수 신고서 제출하기 • 설계도서 검토 보고하기 • 품질 · 안전 · 환경관리 계획서 검토 보고하기 • 도급사 · 하도급 착공신고서 검토하기
공사 시행단계 조경사업관리	• 일반행정 업무하기 • 품질관리하기 • 시공관리하기 • 안전 · 환경관리하기
설계변경 · 계약금액 조정	• 설계변경 사유에 대한 기술 검토하기 • 계약금액 조정 · 검토하기 • 변경서류작성 검토 · 확인하기
공정관리	• 계획 공정대비 실제공정 확인하기 • 자재 · 인력수급상태 확인하기 • 부진 사유분석 · 대책 마련하기
기성관리	• 기성 검사원 · 기성 내역서 검토하기 • 기성 검사자 임명 · 수행계획 보고하기 • 기성 검사 · 감리 조사서 작성하기
시설물 인수 · 인계 조경사업관리	• 시설물 운영지침 인수 · 인계하기 • 유지관리 절차 인수 · 인계하기 • 하자보수 절차 인수 · 인계하기
준공검사	• 현장 시공상태 확인하기 • 예비준공검사 지적사항 이행여부 확인하기 • 준공도서 작성 · 검토 확인하기
최종 조경사업관리 보고서 작성	• 조경사업관리 개요 작성하기 • 조경사업관리 업무실적 작성하기 • 조경사업관리 최종 보고서 작성하기

QUESTION
36 | VE(Value Engineering) 선정기준과 수행절차

Ⅰ. 개요

1. VE란 최소의 생애주기비용으로 시설물의 필요한 기능을 확보하기 위하여 설계내용에 대한 경제성 및 현장적용의 타당성을 기능별, 대안별로 검토하는 것임
2. 선정기준은 총공사비 100억 원 이상 건설공사, 공사시행 중 공사비 증가가 10% 이상 발생으로 설계변경이 요구되는 건설공사, 기타 발주청이 VE 검토가 필요하다고 인정한 건설공사임

Ⅱ. VE(Value Engineering) 선정기준과 수행절차

1. VE 개념

최소의 생애주기비용으로 시설물의 필요한 기능을 확보하기 위하여 설계 내용에 대한 경제성 및 현장 적용의 타당성을 기능별, 대안별로 검토하는 것

2. 선정기준

1) 총공사비 100억 원 이상인 건설공사의 기본설계 및 실시설계(일괄·대안입찰공사 포함)
2) 공사시행 중 공사비 증가가 10% 이상 발생되어 설계변경이 요구되는 건설공사(단, 불가변동으로 인한 설계변경은 제외)
3) 기타 발주청이 설계의 경제성 등의 검토가 필요하다고 인정하는 건설공사

3. 수행절차

1) VE Job Plan 표준절차에 따름
2) 준비단계, 분석단계, 실행단계로 나누어 실시
3) 각 추진단계별 목표달성을 위한 운영기법은 해당 설계 VE의 특성과 적합성을 검토하여 적용

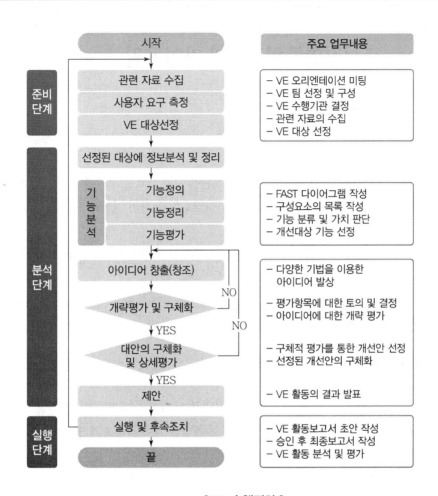

주요 업무내용
– VE 오리엔테이션 미팅 – VE 팀 선정 및 구성 – VE 수행기관 결정 – 관련 자료의 수집 – VE 대상 선정
– FAST 다이어그램 작성 – 구성요소의 목록 작성 – 기능 분류 및 가치 판단 – 개선대상 기능 선정
– 다양한 기법을 이용한   아이디어 발상 – 평가항목에 대한 토의 결정 – 아이디어에 대한 개략 평가 – 구체적 평가를 통한 개선안 선정 – 선정된 개선안의 구체화 – VE 활동의 결과 발표
– VE 활동보고서 초안 작성 – 승인 후 최종보고서 작성 – VE 활동 분석 및 평가

‖ VE 수행절차 ‖

QUESTION
37 도시자연공원구역과 자연공원

Ⅰ. 개요

1. 도시자연공원구역이란 도시의 자연환경 및 경관을 보호하고 도시민에게 건전한 여가 · 휴식공간을 제공하기 위해 도시지역 안의 식생이 양호한 산지의 개발을 제한할 필요가 있다고 인정하는 경우에 지정함
2. 자연공원은 자연생태계와 자연 및 문화경관을 보전하고 지속가능한 이용을 도모하기 위해 지정한 국립공원, 도립공원, 군립공원, 지질공원을 말함

Ⅱ. 도시자연공원구역과 자연공원

1. 정의 및 법적 근거

1) 도시자연공원구역
- 시의 자연환경 및 경관을 보호하고 도시민에게 건전한 여가 · 휴식공간을 제공하기 위해 도시지역 안의 식생이 양호한 산지의 개발을 제한할 필요가 있다고 인정하는 경우에 지정
- 「국토의 계획 및 이용에 관한 법률」로 지정한 용도구역의 일종

2) 자연공원
- 자연생태계와 자연 및 문화경관을 보전하고 지속가능한 이용을 도모하기 위해 지정한 국립공원, 도립공원, 군립공원, 지질공원을 말함
- 「자연공원법」에 근거

2. 내용

구분	도시자연공원구역	자연공원
법적 근거	국토의 계획 및 이용에 관한 법률	자연공원법
지정기준	지정 및 변경의 기준은 대상 도시의 인구·산업·교통 및 토지이용 등 사회경제적 여건과 지형·경관 등 자연환경적 여건 등을 종합적으로 고려하여 규정	자연생태계, 자연경관, 문화경관, 지형보존, 위치 및 이용편의를 고려해 지정
주요 내용	〈행위제한〉 건축물의 건축 및 용도변경, 공작물의 설치, 토지의 형질변경, 흙과 돌의 채취, 토지의 분할, 죽목의 벌채, 물건의 적치 또는 도시·군계획사업을 시행할 수 없음 〈토지매수의 청구〉 지정으로 인해 토지를 종래의 용도로 사용할 수 없어 그 효용이 현저하게 감소된 토지 또는 해당 토지의 사용 및 수익이 사실상 불가능한 토지의 소유자는 시장·도지사 등에게 토지 매수를 청구할 수 있음	〈행위허가〉 공원구역에서 공원사업 외에 다음 어느 하나에 해당하는 행위를 하려는 자는 공원관리청의 허가를 받아야 함 1. 건축물이나 그 밖의 공작물을 신축·증축·개축·재축 또는 이축하는 행위 2. 광물을 채굴하거나 흙·돌·모래·자갈을 채취하는 행위 3. 개간이나 그 밖의 토지의 형질 변경을 하는 행위 4. 수면을 매립하거나 간척하는 행위 5. 하천 또는 호소(湖沼)의 물높이나 수량(水量)을 늘거나 줄게 하는 행위 6. 야생동물을 잡는 행위 7. 나무를 베거나 야생식물을 채취 8. 가축을 놓아먹이는 행위 9. 물건을 쌓아 두거나 묶어 두는 행위 10. 경관을 해치거나 자연공원의 보전·관리에 지장을 줄 우려가 있는 건축물의 용도 변경과 그 밖의 행위 〈토지매수의 청구〉 자연공원의 지정으로 인하여 자연공원에 있는 토지를 종전의 용도로 사용할 수 없어 그 효용이 현저히 감소된 토지 또는 해당 토지의 사용·수익이 사실상 불가능한 토지의 소유자는 공원관리청에 그 토지의 매수를 청구할 수 있음

QUESTION
38 | 유아숲체험원의 등록기준

Ⅰ. 개요

1. 유아숲체험원이란 유아가 산림의 다양한 기능을 체험함으로써 정서를 함양하고 전인적 성장을 할 수 있도록 지도 및 교육하는 시설임

2. 등록기준은 「산림교육의 활성화에 관한 법률 시행령」에 제시되어 있고, 입지조건, 규모, 시설, 프로그램 및 기타, 운영인력의 기준임

Ⅱ. 유아숲체험원의 개념과 등록기준

1. 유아숲체험원의 개념 및 법적 근거

1) 개념

유아가 산림의 다양한 기능을 체험함으로써 정서를 함양하고 전인적 성장을 할 수 있도록 지도 및 교육하는 시설

2) 법적 근거

산림교육의 활성화에 관한 법률

2. 유아숲체험원의 등록기준

1) 입지조건
- 숲의 식생이 다양하고 숲의 건전성이 유지되어 있는 곳
- 위험시설로부터 수평거리 50m 이상 떨어진 곳에 위치
- 차량의 접근이 가능한 지역에서부터 1km 이내에 위치

2) 규모
1만m² 이상(1ha 이상)

3) 시설
- 야외체험학습장
  - 숲체험, 생태놀이, 관찰학습 등을 할 수 있는 공간
  - 유아숲체험원 전체규모의 30% 이상

- 대피시설
  - 비, 바람 등을 피할 수 있는 시설
  - 목재구조 간이시설이나 임시시설이어야 함
- 안전시설 : 위험지역에는 목재로 된 안전펜스 등을 설치
- 화장실이나 의자, 탁자 등 휴게시설
  - 입지 특성에 맞게 이용하기 편리한 구조로 되어 있을 것
  - 자연친화적인 간이시설 또는 임시시설일 것

4) 프로그램 및 기타
- 계절에 따라 운영할 수 있는 체험 프로그램이 있어야 함
- 프로그램 운영을 위한 다양한 교구가 적정하게 준비되어야 함
- 응급조치를 위한 비상약품 및 간이 의료기구와 소화기 등 비상재해 대비기구 구비

5) 운영인력
- 유아의 상시 참여인원 25명 이하 : 유아숲지도사 1명
- 유아의 상시 참여인원 26~50명 : 유아숲지도사 2명
- 유아의 상시 참여인원 51명 이상 : 유아숲지도사 3명

3. 지방자치단체가 조성하는 경우 완화된 등록기준

1) 완화된 등록기준
- 시설과 인력기준을 50% 이하의 범위에서 완화
- 지방자치단체의 조례로 정함

2) 기대효과
- 유아숲체험원 조성의 활성화
- 지역 특수성을 고려한 맞춤형 조성이 가능

QUESTION
39 | 환경부 기준 국내 보호지역의 유형 및 지정 목적

Ⅰ. 개요

1. 환경부 기준 국내 보호지역은 법률에 의해 지정 보호되며, 「자연환경보전법」, 「습지보전법」, 「야생생물 보호 및 관리에 관한 법률」, 「자연공원법」, 「백두대간 보호에 관한 법률」 등에 의해 규정됨

2. 국내 보호지역의 유형은 생태·경관보전지역, 습지보호지역, 야생생물특별보호구역, 용도지구, 백두대간보호지역 등이 있으며 유형별 지정목적이 규정됨

Ⅱ. 환경부 기준 국내 보호지역의 유형 및 지정 목적

1. 개념

1) 환경부 기준 국내 보호지역은 소관 법률에 의해 지정·보호됨
2) 「자연환경보전법」, 「습지보전법」, 「야생생물 보호 및 관리에 관한 법률」, 「자연공원법」, 「백두대간 보호에 관한 법률」 등에 의해 규정

2. 유형 및 지정 목적

법률명	유형	지정 목적
자연환경보전법	생태·경관 보전지역	생물다양성이 풍부하여 생태적으로 중요하거나 자연경관이 수려하여 특별히 보전할 가치가 큰 지역
습지보전법	습지보호지역	• 자연상태가 원시성을 유지, 생물다양성이 풍부한 지역 • 희귀하거나 멸종위기 야생생물이 서식·도래하는 지역 • 특이한 경관적·지형적·지질학적 가치를 지닌 지역
야생생물 보호 및 관리에 관한 법률	야생생물 특별보호구역	• 멸종위기야생생물의 집단서식지·번식지로서 특별 보호가 필요한 지역 • 멸종위기야생생물 집단도래지로서 학술연구, 보전가치가 커서 특별 보호가 필요한 지역 • 멸종위기야생생물의 서식·분포지로서 서식지·번식지의 훼손, 당해 종의 멸종 우려로 인해 특별 보호가 필요한 지역
자연공원법	자연공원 용도지구	자연공원을 효과적으로 보전·이용할 수 있도록 하기 위함
백두대간 보호에 관한 법률	백두대간 보호지역	백두대간 중 생태계, 자연경관 또는 산림 등에 대하여 특별한 보호가 필요하다고 인정하는 지역

QUESTION 40 | 생태계서비스지불제 계약

Ⅰ. 개요

1. 생태계서비스지불제 계약이란 정부·지방자치단체 등이 토지 소유자 등과 자연자산 유지·관리, 생태계서비스 보전·증진활동 관련 계약을 체결하고 이에 대한 대가를 지급하는 제도임
2. 내용에는 계약대상자, 보상액, 대상지역, 사업 유형이 있음

Ⅱ. 생태계서비스지불제 계약

1. 개념 및 법적 근거

1) 개념

정부·지방자치단체 등은 토지 소유자 등과 자연자산 유지·관리, 경작 방식 변경 등 생태계서비스 보전·증진 활동 관련 계약을 체결하고 이에 대한 대가를 지급하는 제도

2) 법적 근거

생물다양성 보전 및 이용에 관한 법률

2. 내용

1) 계약대상자

토지소유자, 점유자 또는 관리인

2) 보상액

생태계서비스 보전·증진활동에 소요되는 비용 및 손실액

3) 대상지역

생태·경관보전지역, 습지보호지역, 자연공원, 야생생물보호구역(특별보호구역 포함) 등

4) 사업 유형

지지·조절·문화서비스 22개 사업
- 지지 : 친환경 경작, 야생동물 먹이 제공, 서식지 조성 등 12개
- 조절 : 하천관리, 수변 식생대, 기후변화 대응숲 조성 등 5개
- 문화 : 경관숲, 생태탐방로, 전망대 조성 등 5개

생태계서비스지불제 계약 22개 활동 유형

구분	가이드라인상 활동 유형	법령상 활동 유형	생태계서비스 증진효과
1	휴경	휴경	지지 서비스
2	친환경 작물 경작	친환경적 작물 경작	
3	벼 미수확	야생동물 먹이 제공	
4	쉼터 조성 관리		
5	볏짚 존치		
6	보리 재배		
7	습지 조성 관리	습지 조성 관리	
8	생태 웅덩이 조성 관리	생태 웅덩이 조성 관리	
9	숲(지역 자생수종) 조성 관리	야생생물 서식지 조성 관리	
10	관목 덤불 조성 관리		
11	초지 조성 관리		
12	멸종위기종 서식지 조성 관리		
13	하천 환경 정화	하천정화	환경조절 서비스
14	수변식생대 조성 관리	하천 식생대 조성	
15	기후변화대응숲 조성 관리	식생군락 조성 관리	
16	저류지 조성 관리	저류지 조성 관리	
17	나대지 녹화 관리		
18	경관숲 조성 관리	경관숲 조성 관리	문화 서비스
19	생태탐방로 조성 관리	산책로 조성 관리	
20	자연경관 전망대 조성 관리	자연경관 조망점 등 조성 관리	
21	생태계교란종 제거	자연자산 유지 관리	
22	생태계 보전 관리 활동		

QUESTION 41 | 주제공원 중 방재공원

I. 개요

1. 주제공원은 「도시공원 및 녹지 등에 관한 법률」에 의해 생활권공원 외에 다양한 목적으로 설치하는 공원으로 역사, 문화, 수변, 묘지, 체육, 도시농원공원과 최근에 지정된 방재공원이 있음

2. 주제공원 중 방재공원은 지진 등 재난 발생 시 도시민 대피 및 구호거점으로 활용될 수 있도록 설치하는 공원임

II. 주제공원 중 방재공원

1. 개념

1) 주제공원
- 「도시공원 및 녹지 등에 관한 법률」에 의거
- 생활권공원 외에 다양한 목적으로 설치하는 다음의 공원
- 역사공원, 문화공원, 수변공원, 묘지공원, 체육공원, 도시농원공원
- 최근 지정된 방재공원

2) 방재공원
지진 등 재난발생 시 도시민 대치 및 구호 거점으로 활용될 수 있도록 설치하는 공원

2. 방재공원 내용

1) 방재공원 1호 조성 : 부산 닥밭골마을
- 1953년 부산역 대화재 사건으로 형성된 이주마을인 부산 서구 동대신2동 닥밭골마을에 방재공원이 조성됨
- 국토교통부가 선정한 도시재생 뉴딜사업으로 총 100억 원의 재원으로 진행
- 안전한 주거환경을 위한 재난위험 비움 사업의 일환
- 방재공원 인근 마을은 노후주택이 밀집해 구조적으로 화재에 취약
- 소화전, 소화기, 모래함, CCTV 등 방재시설을 마련
- 화재 발생 시 행동요령, 비치물품 사용법 등을 담은 안내사인 설치
- 평소에는 파고라, 벤치, 운동기구 등 주민쉼터 및 복합공간 활용

2) 부산 부곡동 새뜰마을 방재공원
- 취약지역 생활여건 개조사업을 시행
- 달동네 등 주거환경이 열악한 지역에 생활인프라, 집수리 등을 지원하는 사업
- 대피장소, 생활편의를 위한 소화전 설치, 공동 운동기구 등 설치
- 산비탈 지역의 노후건물개선사업 시행

QUESTION 42 │ 조경지원센터의 사업내용을 쓰고, 활성화 방안을 설명

Ⅰ. 서론

1. 조경지원센터란 조경분야의 산업 전반에 걸친 진흥방안을 마련하고 지원하는 업무를 총 괄적으로 수행하는 기관임
2. 2018년 12월 국토교통부로부터 (사)한국조경학회가 제1호로 지정받았으며 현재까지 담당 업무를 추진하고 있음
3. 조경지원센터의 개념에 대해 우선 설명하고 사업내용과 활성화방안을 기술하고자 함

Ⅱ. 조경지원센터의 개요

1. 개념

1) 조경분야의 산업 전반에 걸친 진흥방안을 마련
2) 지원하는 업무를 총괄적으로 수행하는 기관
3) 2018년 12월 (사)한국조경학회가 제1호로 지정
4) 조경진흥의 싱크탱크로서의 역할

2. 법적 근거

1) 「조경진흥법」 제11조 조경지원센터
   담당업무는 사업 운영규정 및 추진계획서 작성 등

2) 제1차 조경진흥기본계획
   산업 기반 마련을 위해 기초통계 조사, 산학연 소통채널 등의 역할을 할 조경지원센터 를 지정

Ⅲ. 조경지원센터의 사업내용

1. 조경 정책

1) 조경분야의 진흥을 위한 지방자치단체와의 협조
   지방자치단체와의 긴밀한 관계 유지와 소통

2) 조경 관련 정책연구 및 정책수립 지원
   조경정책에 대한 선제적 대응

2. 조경 사업과 인력, 기반

1) 조경 관련 사업체의 발전을 위한 상담 등 지원
조경 설계 · 시공 · 감리 전 분야 지원

2) 조경사업자의 창업 · 성장 등 지원
조경사업자 확충과 질적 양산 지원

3) 전문 인력에 대한 교육
조경전문 기술력 확보를 위한 교육 강화

4) 조경분야의 육성 · 발전 및 지원시설 등 기반조성
조경분야 지원시설 개설

3. 조경 기술과 정보

1) 조경분야의 동향분석 및 통계작성, 정보교류, 서비스 제공
조경정보 체계화 및 조경서비스 확충

2) 조경기술의 개발 · 융합 · 활용 · 교육
조경기술의 선진화 · 고도화

3) 조경 관련 국제교류 · 협력 및 해외시장 진출의 지원
대외적 조경계 위상 강화, 해외 판로 확보

Ⅳ. 조경지원센터의 활성화방안

1. 조경정책과 행정 집행 체계 마련

1) 2020년 국가조경행정의 원년 이후 사업 추진
조경지원센터 중심으로 범조경계의 적극적 지원

2) 관련 세미나 개최
• 도시재생, 생활SOC, 미세먼지 저감
• 기후변화 대응, 도시공원 일몰제
• 정원 및 도시숲 조성 등

3) 새로운 플랫폼 구축
• (사)한국조경협회와 조경지원센터의 공동 대응
• 플랫폼 구축하에 조경정책과 행정 체계화

2. 정부부처와의 관계 강화

1) (사)한국조경협회의 법제정책위원회 추진
조경산업 권익 보호 및 미래지향적인 대응

2) 조경기본법 제정 지원
법제정책에 대한 선제적 대응

3) 「조경진흥법」, 조경기준 개정 연구
실행력 강화를 위한 개정 필요

3. 범조경계의 관심과 지원

1) 조경지원센터 중심으로 통합
학회, 협회, 재단에 적극적 가입과 활동

2) 조경계 홍보 강화
각종 매체 활용, 온라인 소통 활용

3) 세대 간 소통 노력
세미나, 행사 개최와 참여

QUESTION 43 | 「수목원·정원의 조성 및 진흥에 관한 법률」에 의한 수목원 조성 수행 절차와 수행내용을 단계별로 설명

I. 서론

1. 「수목원·정원의 조성 및 진흥에 관한 법률」에 의한 수목원은 수목을 중심으로 수목유전 자원을 수집·증식·보존·관리 및 전시하고 그 자원화를 위한 학술적·산업적 연구 등을 하는 시설임

2. 「수목원·정원의 조성 및 진흥에 관한 법률」에 의한 수목원 조성 수행절차와 수행내용을 단계별로 기술하고자 함

II. 「수목원·정원의 조성 및 진흥에 관한 법률」에 의한 수목원 개요

1. 수목원의 개념

1) 수목을 중심으로 수목유전자원을 수집·증식·보존·관리 및 전시하고 그 자원화를 위한 학술적·산업적 연구 등을 하는 시설

2) 갖추어야 할 시설
- 수목유전자원의 증식 및 재배시설
- 수목유전자원의 관리시설
- 화목원·자생식물원 등 수목유전자원 전시시설
- 그 밖에 수목원의 관리·운영에 필요한 시설

2. 수목원의 구분

1) 국립수목원
   산림청장이 조성·운영하는 수목원

2) 공립수목원
   지방자치단체가 조성·운영하는 수목원

3) 사립수목원
   법인·단체 또는 개인이 조성·운영하는 수목원

4) 학교수목원
   학교 또는 다른 법률에 따라 설립된 교육기관이 교육지원시설로 조성·운영하는 수목원

III. 수목원 조성 수행절차와 단계별 수행내용

수목원 조성 수행절차	단계별 수행내용
수목원 조성 예정지의 지정	• 산림청장, 지방자치단체장이 지정 • 지방자치단체장이 지정할 시 산림청장의 승인 • 지정기간의 5년 이내 • 지정기간 연장은 3년 범위에서 1회 가능
주민의 의견청취	• 지정안 주요내용을 공고(둘 이상의 지역 일간신문, 산림청 또는 해당지방자치단체 게시판 및 인터넷 홈페이지 공고 14일 이상)
국립수목원 조성계획의 수립	• 산림청장이 수립 • 계획수립 내용을 관보에 고시
주민의 의견청취 관계 행정기관의 장과 협의	• 수목원 조성 예정지 지정 시 주민 의견청취를 했으면 생략

수목원 조성계획의 승인	• 시·도지사가 승인(국립수목원은 제외)
	• 제출서류
	  − 수목원조성계획승인신청서
	  − 사업계획서(시설계획서 및 연도별 투자계획 포함)
	  − 토지조서(소유자별 지번·지목·지적 등 포함)
	  − 위치도 및 구역도
	  − 시설물종합배치도
	  − 허가·신고·인가 등의 협의에 필요한 관련 서류
	  − 그 밖에 수목원 관리 및 운영 등에 관해 필요한 사항

수목원조성계획의 승인 고시	• 시·도지사는 승인 시 다음 사항을 고시
	  − 수목원의 명칭
	  − 수목원 조성 대상지의 위치 및 면적
	  − 수목원 조성 대상지의 소유자별 지번·지목·지적
	  − 수목원 조성계획의 승인 연월일

토지 등의 수용	• 국가, 지방자치단체는 필요시 그 대상 토지와 소유권 등을 수용, 사용 가능

QUESTION 44

「도시숲 등의 조성 및 관리에 관한 법률」이 조경산업과 충돌이 되고 있다. 이를 「산림 기술 진흥 및 관리에 관한 법률」 등과 연계하여 조경산업에 대한 대책방안을 설명

Ⅰ. 서론

1. 「도시숲 등의 조성 및 관리에 관한 법률」(이하 "도시숲법")이 2020년 제정되었고, 미세먼지문제와 정부의 한국판 뉴딜정책이 발표되면서 도시숲 조성이 증가함에 따라 예산도 함께 증가하고 있음

2. 「도시숲법」은 국토부와 산림청의 협의하에 통과되고 제정되었으나 여전히 조경산업과 충돌 여지가 많이 남아 있는 상황임

3. 「도시숲법」과 조경산업과의 충돌내용을 기술하고 「산림기술법」 등과 연계하여 조경산업에 대한 대책방안을 설명하고자 함

Ⅱ. 「도시숲 등의 조성 및 관리에 관한 법률」 제정과 이후 경과

1. 제정

1) 2007년 산림자원법 시행령 개정으로 시행
   도시숲 등의 조성을 시작

2) 2020년 「도시숲법」 제정
   국토부와 산림청의 합의로 통과

2. 이후 경과

1) 2019년부터 미세먼지 저감 도시숲 조성관리 사업 실시
   국비＋지방비 최대 50% 매칭 사업

2) 2020년 정부 한국판 뉴딜정책 발표
   • 그린뉴딜 추진과제 중 도시숲이 포함
   • 도시숲 조성 폭발적 증가, 예산도 함께 증가

3) 미세먼지 저감 도시 조성관리 사업 내 세부사업
   • 미세먼지저감 실내 식물전문가 양성 프로그램 실시
   • 일자리 창출까지 연계, 산림청의 적극적 지원

4) 지방자치단체의 관련 부서별 사업과 예산의 변화
   • 공원녹지예산의 축소

- 도시숲 사업을 산림 관련 부서로 이관
- 부산광역시 : 공원 관련 부서 276억 원(2020년) → 84억 원(2021년), 산림 관련 부서 20억 원(2020년) → 269억 원(2021년)

III. 「도시숲 등의 조성 및 관리에 관한 법률」의 조성산업과 충돌내용

1. 현황

1) 2020년 5월 국토교통부와 산림청의 공동협약 체결
   - 조경분야와 산림분야의 공정경쟁 목적
   - 도시숲법률안 제정만 합의한 것이 아님
   - 산림기술법령과 산림자원법령의 제도개선도 포함

2) 「도시숲법」 내 제15조 시공분야의 참여만 규정
   국토교통부에서 도시숲 설계·감리 등 용역분야의 참여 보장 요구

3) 「산림기술법」 제15조와 관련 법령 개정 요구와 수용
   - 개정안은 현재 법제사법위원회에 계류 중
   - 개정안 내용 : 제15조 산림기술용역업의 등록 등 산림전문분야 엔지니어링사업자
   - 개정 및 시행(공포 후 6개월)될 때까지는 시간이 걸림

4) 「산림기술법」 통과 후 시행령 개정 필요
   조경기술사사무소와 엔지니어링 기술요건의 명확화

2. 조경산업과 충돌내용

1) 「산림기술법」의 최소 범위로 법령 개정의 경우
   - 녹지조경용역업 기술요건인 기술사 3인을 별도로 채용
   - 현재 조경 엔지니어링 평균 인력이 약 3.5명
   - 녹지조경기술자 추가채용으로 녹지조경용역업 등록은 불가능
   - 이는 조경용역업 참여의 원천적 차단

2) 한국산림기술인회의 기술자 자격요건의 강화
   조경기술자와 녹지조경기술자의 중복인정, 경력, 교육의 제한을 더욱 강화

3) 「산림기술법 시행령」 기술자 중복인정 관련 내용
   - 산림기술용역업의 등록요건 및 업무범위

- 기술인력은 산림기술용역업체에 상시 근무하면서 해당 사업의 업무를 전담해야 한다는 내용
- 조경기술자는 도시숲 사업만을 전담할 수 없는 상황
- 그럼에도 조경기술자의 중복인정을 거부하고 있음

4) 2020년 6월 '산림기술자 경력 인정 세부 기준' 제정
- 조경 관련 사업경력이 산림기술자 경력으로 100% 인정됨
- 그럼에도 불구하고 한국산림기술인회는 기존 방식을 유지

5) 조경기술자 법정교육과 산림기술자 법정교육의 별개 이수
- 두 개의 법정교육이 별개로 구분할 수 없음에도 별개로 이수
- 이는 조경분야에 대한 차단으로 인식
- 중복 예산 등 국가적 낭비

6) 기술자 중복인정, 경력인정, 교육인정은 불가능
기술자가 산림기술용역업체에 상시 근무하면서 해당 사업의 업무를 전담할 수 없거나, 건설기술자이기 때문

7) 향후 실적관리, 벌점관리에서 문제발생 소지가 있음
- 조경공사업 등에도 크게 영향을 미칠 것으로 예상
- 산림분야의 대응은 더 거세질 전망
- 최근 나주시 도시바람길숲 조성사업의 사례가 해당
- 산림 관련 법령으로 제어하기 위해 제도 도입으로 장벽 강화 가능

Ⅳ. 「산림기술 진흥 및 관리에 관한 법률」과 연계한 조경산업 대책방안

1. 「산림기술법」 법령 개정의 충실한 이행

1) 국토교통부와의 협약, 조경분야의 요구대로 이행 추진
이행을 위해 조경계의 추진력 필요

2) 도시숲 설계·감리 용역분야의 참여 보장
실행 여부 감시와 모니터링, 빠른 대처

2. 「산림기술법 시행령」 기술자 중복인정

1) 조경기술사사무소와 엔지니어링 기술요건의 명확화
기술자 중복인정에 대한 조항 요구

2) 조경기술자와 녹지조경기술자의 중복 경력인정과 교육인정
- 도시숲 등 사업은 중복 인정 필수
- 법정교육의 중복 인정 요구

3. 한국산림기술인회의 기술자 자격요건 개정

1) 조경기술자와 녹지조경기술자의 중복인정
- 산림청과 국토교통부에 요구
- 중복인정이 없으면 공정경쟁이 될 수 없음

2) 조경기술자와 녹지조경기술자의 경력, 교육의 중복인정
- 산림청과 국토교통부에 요구
- 이 또한 중복인정이 없으면 공정경쟁이 될 수 없음

3) 산림기술용역업의 등록요건 및 업무범위
기술인력의 중복인정으로 개정

QUESTION 45 | 국토교통부에서 추진하는 스마트시티의 개념과 사업 추진전략에 대하여 설명

Ⅰ. 서론

1. 국토교통부에서 추진하는 스마트시티란 도시의 경쟁력과 삶의 질 향상을 위해 정보통신 기술을 융복합해 건설된 도시기반시설을 바탕으로 한 지속가능한 도시임
2. 사업추진전략은 국가시범도시, 스마트챌린지, 스마트도시형 도시재생, 스마트도시 통합 플랫폼으로 구분하여 제시함

Ⅱ. 국토교통부 추진 스마트시티의 개념

1. 정의

1) 「스마트도시 조성 및 산업진흥 등에 관한 법률」 근거

도시의 경쟁력과 삶의 질 향상을 위해 건설·정보통신기술 등을 융·복합하여 건설된 도시기반시설을 바탕으로 다양한 도시서비스를 제공하는 지속가능한 도시

2) 범용적 정의

4차 산업혁명시대의 혁신기술을 활용하여 시민들의 삶의 질을 높이고 도시의 지속가능성을 제고하며 새로운 산업을 육성하기 위한 플랫폼

2. 추진경위

1) 2008년 3월 U-City법 제정 : 유비쿼터스도시의 건설 등에 관한 법률
2) 2009년 11월 제1차 U-City 종합계획 수립
3) 2013년 2월 제2차 U-City 종합계획 수립
4) 2017년 3월 스마트도시법 개정
   - 스마트도시 조성 및 산업진흥 등에 관한 법률
   - 유비쿼터스라는 용어를 스마트로 변경
5) 2018년 1월 스마트시티 추진전략 발표
6) 2019년 7월 제3차 스마트도시 종합계획 수립

Ⅲ. 스마트시티의 사업추진전략

1. 국가시범도시

1) 조성목적
- 4차 산업혁명 관련 기술을 개발계획이 없는 부지에 자유롭게 실증 · 접목을 조성하기 위해 실행
- 창의적인 비즈니스 모델을 구현할 수 있는 혁신산업 생태계를 조성하여 미래 스마트 시티 선도모델을 제시하는 것을 목표로 추진

2) 사례
- 세종 5−1 생활권 스마트시티 : AI · 데이터허브, 스마트IoT, 디지털트윈, 스마트교통, 헬스 케어, 스마트교육, 스마트에너지, 스마트안전 · 생활, 리빙랩형 교통 종합실증사업
- 부산 에코델타 스마트시티 : AI · 데이터허브, 스마트IoT, 디지털트윈, 스마트교통, 헬스 케어, 스마트교육, 스마트에너지, 스마트안전 · 생활, 로봇

2. 스마트챌린지

1) 개념
2016년 미국에서 진행한 '챌린지 사업'에 착안해 도입한 경쟁방식의 공모사업, 한국의 여건에 맞게 보완

2) 내용
- 시티 챌린지, 타운 챌린지, 캠퍼스 챌린지, 스마트솔루션 확산사업으로 세분화되어 추진
- 시티 챌린지 : 기업과 지방자치단체가 컨소시엄을 구성하여 도시 전역의 문제를 해결하기 위한 종합적인 솔루션을 개발하는 사업
- 타운 챌린지 : 중소도시 규모에 최적화된 특화 솔루션을 제안하고 적용하는 것에 중점을 둔 사업
- 캠퍼스 챌린지 : 대학을 중심으로 기업과 지방자치단체가 같이 지역에서 스마트 서비스를 실험하고 사업화하는 사업
- 스마트 솔루션 확산사업 : 효과성이 검증된 스마트 솔루션을 전국적으로 골고루 보급하여 국민들이 스마트시티 서비스를 체감할 수 있도록 대폭 확대

3. 스마트도시형 도시재생

1) 개념

현재 정부에서 도시재생사업과 연계하여 스마트 기술이 접목될 수 있도록 진행하고 있는 사업

2) 내용

- 드론을 활용해 야간 및 등하굣길 등을 감시
- 스마트 주차장을 조성하여 주민교통편의를 제공
- 이와 같이 도시재생지역에도 스마트기술이 도입되도록 추진

3) 사례

- 경기도 남양주시 : Slow & Smart City, 함께하는 삶이 있는 금곡동, 홍유릉 등의 역사 문화자원 활용과 도시재생활성화계획, 스마트 인프라 구축
- 전남 순천시 : 꿈(정원문화), 맛(생태미식), 즐거움(만가지로)이 넘치는 문화터미널, 도시재생뉴딜사업과 스마트재생사업 함께 추진

4. 스마트도시 통합플랫폼

다양한 도시상황 관리 및 스마트도시 통합운영센터 운영을 위한 핵심기술로 방범·방재, 교통 등 정보시스템을 연계·활용하기 위해 정부 R&D로 개발, 지방자치단체 보급을 2015년도에 착수

5. 스마트도시 혁신인재 육성

- 석박사과정 지원, 특성화 교육 등을 통해 도시건설과 ICT가 융·복합된 스마트시티 수요에 대응하는 전문인력 양성을 지원
- 4차 산업혁명에 따른 산업구조 변화와 국내외 스마트시티 확산에 능동적으로 대처

6. 스마트시티 혁신생태계 조성

1) 규제 샌드박스 도입 추진

- 지방자치단체·기업의 수요가 있는 규제는 범부처 협업으로 적극 개선
- 스마트시티 관련 규제를 일괄 해소하는 혁신적 규제개혁방식으로 '스마트시티형 규제 샌드박스' 도입을 추진

2) 민관 협력 거버넌스 활성화

스마트시티를 플랫폼으로 4차 산업혁명 기술·서비스의 융·복합 및 신산업 육성을 위해 다양한 주체가 참여하는 거버넌스 활성화

QUESTION 46

산림청에서 도시숲 조성을 위해 '도시림기본계획'으로 추진 중인 도시숲의 개념 및 법적 근거와 양적 확대방안에 대하여 설명

Ⅰ. 서론

1. 도시숲이란 도시에서 국민 보건과 휴양 증진, 정서함양, 체험활동 등을 위해 조성 관리하는 산림 및 수목임

2. 도시숲의 법적 근거는 「산림기본법」, 「산림자원의 조성 및 관리에 관한 법률」, 「도시숲 등의 조성 및 관리에 관한 법률」임

3. 도시숲의 개념과 법적 근거, 양적 확대방안에 대해 설명하고자 함

Ⅱ. 도시숲의 개념 및 법적 근거

1. 개념

1) 도시에서 국민의 보건 · 휴양 증진 및 정서 함양과 체험활동 등을 위하여 조성 · 관리하는 산림 및 수목

2) 생활숲과 가로수가 있으며, 생활숲에는 마을숲, 경관숲, 학교숲이 있음

2. 법적 근거

1) 산림기본법

도지지역 산림의 조성 · 관리

2) 산림자원의 조성 및 관리에 관한 법률

도시림 등에 관한 기본계획의 수립 · 시행 등

3) 도시숲 등의 조성 및 관리에 관한 법률

- 2021년 6월 제정
- 도시숲 등의 조성 · 관리에 관한 사항을 정하여 국민의 보건 · 휴양 증진 및 정서함양에 기여하고, 미세먼지 저감 및 폭염 완화 등으로 생활환경을 개선하는 등 국민의 삶의 질 향상에 이바지함

III. 도시숲의 유형과 현황, 효과

1. 도시숲의 유형

1) 생활숲

- 마을숲 등 생활권 및 학교와 그 주변지역에서 국민들에게 쾌적한 생활환경과 아름다운 경관의 제공 및 자연학습교육 등을 위해 조성·관리하는 산림 및 수목
- 마을숲 : 산림문화의 보전과 지역주민의 생활환경 개선 등을 위하여 마을 주변에 조성·관리하는 산림 및 수목
- 경관숲 : 우수한 산림의 경관자원 보존과 자연학습교육 등을 위하여 조성·관리하는 산림 및 수목
- 학교숲 : 학교와 그 주변지역에서 학습환경 개선과 자연학습교육 등을 위하여 조성·관리하는 산림 및 수목

2) 가로수

도로의 도로구역 안 또는 그 주변지역에 조성·관리하는 수목

2. 도시숲의 현황

1) 1인당 생활권 도시숲 현황

- 2015년 기준 도시인구 1인당 생활권 도시숲 면적은 2007년 대비 14.2% 증가
- WHO 권고기준인 9m²를 넘어서는 성과를 달성
- 도시 생활환경을 개선하고 국민수요의 부응에는 아직 미흡
- 주요 선진도시 : 런던 27m², 뉴욕 23m²(2012년 기준)

3. 도시숲의 효과

1) 기후완화, 열섬완화

여름 한낮 평균기온 3~7℃ 완화, 습도 9~23% 상승

2) 대기정화, 미세먼지 저감

- 나무 1그루＝연간 이산화탄소 2.5톤 흡수
- 산소 1.8톤 방출, 미세먼지흡수량 35.7g/연

3) 휴식·정서 함양

휴식공간 제공 및 심리적인 안정효과

4) 소음 감소

도로에 침엽수 조성 시 자동차 소음 75% 감소

Ⅳ. 도시숲의 양적 확대방안

1. 목적형 도시숲 조성 모델 개발 · 보급

1) 환경개선에 특화된 숲 조성
- 도시 규모 및 특성을 고려한 조성 및 관리기술 개발
- 성장과 쇠퇴단계를 고려해 적합한 도시숲 조성

2) 목적형 도시숲 조성
- 미세먼지 저감, 도시열섬 완화, 방재형 등 목적 반영
- 바람길 숲 : 찬바람을 끌어들여 대기정체 해소
- 미세먼지 저감숲 : 미세먼지발생원 및 도로 주변에 미세먼지를 흡착 · 흡수 · 차단할 수 있는 숲
- 개방형 숲 : 지진, 산사태, 폭염 등 재해 발생 시 시민들의 대피소 기능

2. 도시숲 조성 대상지 적극 확보

1) 도시 내 미활용 산림 및 녹지 확보
- 실효된 미집행 도시공원을 도시숲으로 조성
- 산업단지 내의 방치된 숲을 활용해 미세먼지 차단숲 조성

2) 도시 내 유휴부지 등을 도시숲으로 조성
- 도시재생사업과 연계
- 폐기된 철도, 역사부지 등에 숲 조성
- 도심 내 자투리 공간, 폐가, 옥상 등 활용

3. 가로수 조성 확대

1) 가로수의 순기능 및 녹색 네트워크 기능 강화
- 다열 · 복층 가로수, 연결형 가로숲 조성
- 도로환경 및 주변여건을 고려
  - 대로변 : 큰 나무 식재로 녹음 제공
  - 상가주변 : 키가 작은 나무 식재
  - 주택지역 : 화목류 위주 식재

2) 도시환경개선을 위한 가로수 조성 확대
- 미세먼지 저감 수종(상록수, 엽면적 큰 수종, 잎 표면 거친 수종)으로 식재
- 수직(복층 · 터널), 수평(지그재그형)으로 구조 개선(1열 · 단층 → 다열 · 복층)
- 조류나 곤충 먹이가 되는 열매식물 식재

3) 지역별 특성화된 가로경관 창출
- 주변환경 및 보행자를 고려
- 지역별 특성화로 관광자원화
- 담양 메타세콰이어길, 청주 플라타너스길

4. 학교숲의 조성 확대

1) 학교 특성을 고려한 학교숲 조성 확대
학교 구성원이 주인이 되는 학교숲 조성

2) 조성 유형 다양화
- 기업, 민간 참여 확대로 다양한 주체 참여
- 조성 위치 및 활용계획 등에 따라 숲 유형 다양화

3) 체계화 및 지속적 활용·관리
- 생태적 건강성 확보 및 지속성 유지를 위한 사후관리 강화
- 체험활동 등으로 학교구성원 생태감성 증진

5. 마을숲의 조성 확대

1) 전통마을숲 발굴 및 복원 확대
- 역사문화적 가치가 높은 마을숲을 지속적으로 발굴
- 사회·문화·환경기능을 회복할 수 있도록 복원 확대

2) 전통마을숲 활용 및 관리체계 마련
- 지역 내 주변 관광지 연계
- 지역주민이 직접 참여하는 관리

6. 경관숲의 확대 및 관리 보전

1) 지역 특화 경관숲 조성
다양한 소재 활용으로 지역 특화숲 조성

2) 가이드라인 마련으로 관리
관리기술 개발 및 보급

QUESTION 47

최근에 여러 시·도 등 지방자치단체에서 시행하고 있는 공동주택 품질검수제도의 의의를 설명하고, 일반적으로 공동주택의 조경공사 준공 전에 검토되어야 할 품질 검수 항목과 조경분야에서 품질을 제고할 수 있는 방안에 대하여 설명

I. 서론

1. 공동주택 품질검수제도란 공동주택 품질과 관련된 분쟁을 사전에 예방하고 건실한 주택건설을 유도하여 공동주택 품질 향상을 도모하는 제도임

2. 일반적으로 공동주택 조경공사 준공 전에 검토되어야 할 품질검수항목은 식재, 시설, 포장, 기타사항 등임

3. 공동주택 품질검수제도의 의의를 설명하고 일반적인 공동주택 조경공사 준공 전 검토 품질검수항목과 조경분야에서 품질 제고방안을 기술하고자 함

II. 공동주택 품질검수제도의 개념과 의의

1. 개념

1) 공동주택 품질과 관련된 분쟁을 사전에 예방

2) 건실한 주택건설을 유도하여 공동주택 품질 향상을 도모하는 제도

3) 검수시기
골조공사 중(1차), 골조완료 후(2차), 사용검사 전(3차), 사후점검(4차)

4) 검수반 구성
분야별 품질검수위원 15명 이내

5) 현장 품질검수 절차

품질 검수 시작 → 현장 품질 검수 → 현장 검수결과 총평 → 입주자 의견 발표 → 시공, 감리자 의견발표 및 품질검수 종료

2. 의의

1) 품질검수 중립과 공정성 확보
공동주택 품질과 관련된 분쟁을 사전에 예방

2) 주택 품질 향상

　입주자 생활편의 개선

3) 건실한 공동주택 건설

　고품격 주거문화 향상

Ⅲ. 공동주택 조경공사 준공 전 검토 품질검수항목

1. 검토 품질검수항목

식재	• 교목, 아교목, 관목, 지피 초화, 잔디, 만경류 • 벽면녹화, 옥상녹화 • 멀칭, 동해방지, 에코파이프
시설	• 놀이, 휴게, 편의, 복합운동 • 자전거보관소, 파고라, 정자, 앉음벽 • 가벽, 트렐리스, 재활용분리수거장, 음식물처리장
포장	• 단지 내 바닥포장 • 오솔길 • 경계엣지
기타	• 미술장식품, 문주, 조형물 • 생태연못, 계류, 폭포, 석가산 • 특화시설(주민참여시설, 잔디원, 텃밭 등)

2. Check Point

기획	생태환경과 경관을 중심으로
재료	우수자재, 품질 검정
시공	품질, 규격, 기본사항 준수
연출	작품성(고품격 : 조화, 입체구성, 배려공간)

Ⅳ. 조경분야에서 품질 제고방안

1. 계획 및 설계단계

1) 수목 식재 및 관리계획

　• 수목 선정 시 적지적수 고려

　• 고사율 높은 수종 식재 지양

- 종모비산수목(수양버들 등) 지양
- 사계절 변화가 많은 화목류 식재 검토
- 동절기 공사 시 조경공정을 고려한 선행공종계획 수립 및 추진필요

2) 현장 시공 상황과 준공승인신청 도시 일치
- 조경특화설계는 경미한 설계변경 내에 해당되고 있으나 외부공간배식계획 전체와 수종, 규격 등이 변경되는 중대한 설계변경으로 볼 수 있음
- 기본계획수준인 사업계획승인도서를 기준으로 특화설계(실시설계)를 진행하여 발생하므로, 조경공사 착공 전 사업계획승인도서를 바탕으로 실시설계를 조기에 확정하여 실시설계도서에 의한 시공 및 감리업무를 수행하여야 함

3) 방근시트 시공 권장
- 지하주차장 상부, 옥상조경부에 방근시트 시공 권장
- 방수층 외에 별도로 방근시트를 시공하지 않으면 하자에 해당하는지 여부가 쟁점

4) 배수설계
- 인공지반이 대부분이므로 단위녹지마다 수직드레인 설치
- 전면배수를 원칙으로 시공해야 배수불량으로 인한 하자예방 가능

2. 시공단계

1) 수경시설 설치 운영신고 및 관리매뉴얼 인계
- 「물환경보전법」에 따른 수경시설 설치 운영신고 및 관리
- 물놀이용 수경시설 운영·관리 가이드라인에 따른 매뉴얼 인계

2) 수목식재 및 관리계획
- 대경목, 특수목 등 식재 시 조경기준이 아닌 최대 토심 확보
- 하자 예방을 위한 토양개량재 사용을 권장

3) 수목 외의 재료로 차폐
- 외부 드라이 에어리어 등 전면부 차폐 수목 지양
- 전면부 식재 시 고사 우려가 높으며 하자발생 원인이 됨
- 보도 인접 등 불가피한 경우는 수목 이외의 재료로 차폐

QUESTION 48 | 「건축기본법」의 주요 내용과 문제점, 해결방안에 대하여 설명

Ⅰ. 서언

1. 「건축기본법」은 건축물의 영역범위를 건축물의 주변환경까지 확대하여 조경 고유영역과의 중복으로 논란의 소지가 많음

2. 따라서 「건축기본법」의 주요 내용과 문제점 그리고 해결방안에 대해 조경기술자 입장에서 설명해 보고자 함

Ⅱ. 「건축기본법」의 주요 내용

1. 공간환경에 대한 정의

1) 건축물이 이루는 공간
   공간구조, 공공공간, 경관

2) 공공공간의 범위
   - 가로, 공원, 광장
   - 공중이 이용하는 시설

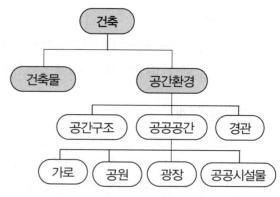

‖ 「건축기본법」의 주요 내용 ‖

2. 건축에 대한 정의

1) 건축물과 공간환경을 대상으로 함
2) 기획, 설계, 시공, 유지관리하는 것

3. 건축정책의 방향

1) 생활공간의 공공성 구현
2) 사회적 공공성 확보
3) 문화적 공공성 실현

III. 「건축기본법」 내용상의 문제점

1. 건축물 중심의 경관설계

1) 「도시공원 및 녹지 등에 관한 법률」과 상충
- 공원, 광장, 보도 대상
- 녹지로서 공원법 정의 명시

2) 「경관법」과 상충
건축의 범위에 경관을 포함시킴

2. 조경 전문성 불인정

1) 대지의 조경, 공개공지의 건축수행 우려
조경업 영역 축소 가능성 심화

2) 건축물 중심의 경관 형성 우려
도시 쾌적성 저하

3) 배타적 설계 우려
협업에 대한 거부

3. 도시경관의 질 저하

1) 건축의 비전문적 계획
건축물 중심적 계획 시행

2) 녹색 인프라 구축의 어려움
건축의 친환경분야 전문성 부족

IV. 조경기술자로서 해결방안

1. 조경기본법 제정

1) 조경 정의와 조경영역의 명문화
조경의 전문성을 확고히 자리매김

2) 조경의 전문분야로서 법적 지위 확립
모법의 제정으로 체계적 조경업무 수행

2. 관련법 개정에 적극적으로 대응

1) 조경기술자로서 의견 표명
   불합리한 내용에 대한 개선

2) 관련법 개정에 따른 영역 확보
   조경 관련법 제 · 개정 시 적극적으로 대응

3. 조경에 대한 홍보

1) 타 분야와의 학술 · 기술적 교류 활성화
   조경의 중요성과 필요성 홍보

2) 대국민 · 정부 대상 홍보
   • 조경박람회, 전시회의 지속적 개최
   • 조경아카데미 활성화

3) 조경에 대한 인식 강화
   • 매스컴, 인터넷 매체 활용
   • 조경기술자의 대외적 활동 확대

「도시공원 및 녹지 등에 관한 법률」의 주요 내용과
효과, 문제점 및 개선방안을 서술

Ⅰ. 서언

1. 「도시공원 및 녹지 등에 관한 법률」은 도시의 녹색 인프라 구축을 위한 근거법이며 조경 분야의 유일한 법에 해당함
2. 최근 지속적으로 조경 관련법들이 제·개정되고 있으며 이에 조경의 업역은 축소될 위기의 순간에 처하게 되었음
3. 현 시점에서 「도시공원 및 녹지 등에 관한 법률」의 주요 내용과 문제점을 진단해보고 개선방안에 대해 서술해 보고자 함

Ⅱ. 「도시공원 및 녹지 등에 관한 법률」의 효과

1. 쾌적한 도시환경 조성

1) 도시의 공원·녹지 확충
   - 개발에 따른 녹지 확보의 중요성
   - 녹지 간의 축과 망의 형성
2) 도시녹화의 확대 : 질적·양적 녹지의 증대

2. 도시민의 문화생활 향상

1) 지역주민 간의 커뮤니티 확대 : 여가증진과 소통기회 확대
2) 공공복리 증진
   - 사회구성원 간의 통합
   - 휴식 및 정서함양

Ⅲ. 「도시공원 및 녹지 등에 관한 법률」의 주요 내용과 문제점

주요 내용	문제점

1. 공원녹지기본계획
  1) 10만 이상 인구 도시의 의무화
  2) 10년 단위 법정계획
  3) 도시·군기본계획에 준함
	• 10만 이하 도시계획의 전무
	• 10년 이후 실효 가능성
	• 상위계획과 상충

2. 공원·녹지의 확충 　1) 녹지활용계약, 녹화계약 　2) 개발계획 시 녹지확보 : 3m²/1인당	• 사유지로 소유자 재량 • 단순한 인구단위방식 • 공간배치기준의 전무
3. 실효제도 　1) 도시·군관리계획 후 10년경과 시 실효	도시의 환경질 하락
4. 도시자연공원구역 　1) 20호 이상 가구 거주 시 : 취락지구 개발 가능	• 자연훼손 가속화 • 난개발 발생
5. 민간인 공원조성 　1) 공원일부면적 사용허가 : 20~30% 　2) 부대사업 시행 가능 　　• 주택건설, 근린생활시설 　　• 수익사업 시행	공원기능 축소 우려

Ⅳ. 개선방안

1. 공원녹지기본계획의 지위 확립

　1) 도시·군기본계획과 분리 시행 : 녹지기본계획으로 실행

　2) 조경기본계획으로 시행

　3) 도시·군기본계획 시 조경분야 참여 보장

2. 재원 확보

　1) 장기 미집행공원 시행 : 부족한 지방자치단체 재원에 대한 정부지원

　2) 사기업의 사회적 환원 독려 : 1사 1공원 조성 확대

　3) 기부문화의 활성화 : 국민신탁, 그린트러스트의 연계

3. 도시공원위원회 기능 강화

　1) 민간조성 시 견제·조정 : 공원기능 축소 방지

　2) 취락지구 난개발 방지 : 가구수기준에서 비오톱평가기준으로

4. 공원·녹지 확보기준의 개선

　1) 생태·환경적 기준의 도입 : 탄소배출량, 1인당 산소호흡 기준

　2) 인구단위방식 개선

QUESTION 50 | 「경관법」상 기본경관계획을 수립할 때 구성요소별 경관설계지침에 대하여 설명

Ⅰ. 서언

1. 최근 들어 지방자치단체별로 관할구역에 대한 경관의 방향과 목표를 설정하는 기본경관 계획을 시행하고 있음
2. 「경관법」상 기본경관계획은 권역, 축, 거점을 설정하고, 경관 구성요소의 기본방향을 수립하는 계획임
3. 「경관법」상의 경관계획에 대해 간단히 서술하고 기본경관계획 수립 시 구성 요소별 경관설계지침에 대해 설명해 보고자 함

Ⅱ. 「경관법」상의 경관계획

1. 경관계획의 기본방향

1) 양호한 경관의 보전
2) 훼손 경관의 복원
3) 도시의 미래상 제시

2. 경관계획의 종류

구분	기본경관계획	특정경관계획
기본내용	• 권역, 축, 거점 설정 • 경관의 기본방향성 제시	• 특정경관요소에 대한 계획 • 기본경관계획의 세부내용
세부내용	• 건축물의 조화성 • 공공시설물의 통합성 • 옥외조명의 질적 쾌적성 • 공공공간의 연결성	• 색채, 높이, 형태, 설비 • 배치, 규모, 디자인 • 조도, 휘도, 연색성 • 조망축, 통경축, 조화성

Ⅲ. 기본경관계획 수립 시 구성요소별 경관설계지침

1. 건축물

1) 건축물군의 조화 : 시각적 통일감 확보

2) 스카이라인 형성
- 주변 자연과의 조화
- 건물높이의 다양한 변화

3) 통경축 확보 : 고층 · 고밀의 완화

2. 공공시설물

1) 공공디자인 적용
- 도시의 통합경관 고려
- 시설물별 통일성 확보

2) 통합경관적 접근
- 요소, 시설물 개별적 접근 지양
- 공공환경적 접근

3) 도시경관의 일관성 기여
- 건축물, 문화재, 녹지의 조화
- 도시지역의 브랜드 창출
- 스페이스 마케팅 활용

3. 옥외 조명

1) 친환경 · 생태 조명
- 탄소배출의 저감
- 동식물 생장방해 지양

2) 빛공해 방지 : 야간 고유경관 보전
3) 근 · 중 · 원경에 빛의 문화 창출 : 야간경관의 도시 브랜드 창출

4. 문화재 보전

1) 문화재 조망권 확보
- 건축물 용적률 제한
- 주변 건물 한계선 조절

2) 녹지대의 조화 배치
- 문화재는 도형, 녹지대는 배경이 됨
- 문화재 도형의 부각

QUESTION 51 | 현행 실적 공사비 적산제도 시행에 따른 문제점 및 대책에 대하여 설명

Ⅰ. 서언

1. 공사비는 주로 표준품셈에 의한 일위대가나 단가산출방식에 따라 공사비를 산정, 발주하였음

2. 공사비의 적정성 확보와 내역서 작성의 편의성, 공정성 확보 측면에서 실적 공사비를 시행하고 있음

3. 표준품셈에 의한 공사비 산정과 실적공사비 적산을 비교하고 그 문제점 및 대책에 대해 조경과 관련하여 설명해 보고자 함

Ⅱ. 공사비 산정방식

1. 표준품셈에 의한 방식

1) 일위대가 구성
  - 단위공사비가 필요한 공사비 산정
  - 재료, 인원의 수량을 명시

2) 작성자에 따라 품 조정
  - 품 조정에 따른 공사비 조율
  - 공사비 하향에 따라 하자 발생 우려

2. 실적공사비에 의한 방식

1) 실제 공사비의 적용 : 공사비 적용기준 사용
2) 현실적 공사비 산정 : 공사비의 경제성 확보
3) 100억 이상만 적용 : 대규모공사에만 사용

Ⅲ. 조경공사와 실적 공사비 적산제도

1. 기준 부재

1) 조경전용 실적공사비 전무 : 종합공사 시 타 분야 공사비 적용
2) 토목, 건축용 실적공사비 적용 : 조경의 특수성 불인정

2. 표준품셈과 혼용

1) 부재기준은 일위대가 작성 : 수목식재공, 포장공
2) 소규모 공사 시 표준품셈 적용 : 공사비 산정의 혼란

Ⅳ. 조경공사에 실적공사비 시행에 따른 문제점 및 대책

1. 문제점

1) 조경공사의 특수성 무시
- 소규모공사, 인력공사
- 살아 있는 재료 취급
- 재료의 다양성, 지역수급

2) 공사비 산정의 불합리
- 저가 공사비 산출
- 기계시공에 따른 인력시공 부재

3) 조경공사 하자 발생 우려
- 저가공사비 산정에 따른 하도 발생
- 하도공사에 의한 하자 발생

2. 대책

1) 조경전용 실적공사비 마련
- 별도공종으로서 기준 책정
- 현실적 적용 가능한 기준 마련

2) 특수성을 고려한 기준 책정
- 소규모성, 인력공사
- 공사의 계절별 차이성

QUESTION 52 | 조경공사의 하자담보책임을 규정하는 법규에 대하여 설명

Ⅰ. 서언

1. 하자담보책임이란 건설공사 목적물의 안전을 확보하기 위한 사후관리의 제도적 방법으로

2. 조경공사의 하자담보책임을 규정하는 법규로는 「국가를 당사자로 하는 계약에 관한 법률」 (이하 「국가계약법」), 「건설산업기본법」, 「주택법」, 「집합건물의 소유 및 관리에 관한 법률」(이하 「집합건물법」) 등이 있음

3. 법령 간 하자담보 책임기간이 서로 상이하며 조경분야의 책임과 경제적 부담가중의 우려가 있음

Ⅱ. 하자 및 하자담보 책임의 개념

1. 하자의 개념

1) 공사상 잘못으로 인한 균열, 파손, 고사 등이 발생하여 목적물의 기능, 미관, 안전에 지장이 있는 것

2) 조경공사는 살아 있는 식물을 주재료로 사용하므로 준공 후 다양한 하자가 발생함

2. 하자담보책임의 개념

1) 건설공사 계약에서 도급인에게 인도한 목적물에 하자가 발생할 경우 수급인이 보수해야 하는 책임

2) 건설공사 목적물의 안전확보를 위한 사후관리 제도적 방법

3) 건설공사 완공 후 일정기간 동안 책임 유지(하자담보 책임기간)

4) 인수 · 사용과정상 하자책임소재 분쟁이 많이 발생

Ⅲ. 조경공사의 하자담보 책임 규정 법규

1. 하자담보 책임의 법규체계

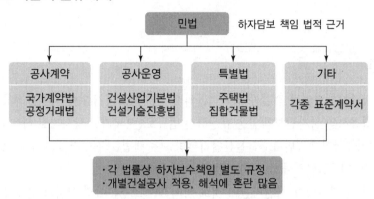

2. 조경공사의 하자담보 책임 규정 법규

법규	내용	조경공종	기간
민법	수급인의 일반적 하자담보 책임 규정	토지, 건물, 기타공사	5년
국가를 당사자로 하는 계약에 관한 법률	• 민법규정 하자책임기간 초과금지 • 관급공사에 적용	조경식재, 시설물	2년
건설산업기본법	• 수급인의 하자담보책임 규정 • 일반건축물, 민간공사, 복합공종	조경식재, 시설물	2년
주택법	공동주택 하자 규정	식재, 시설물 등 잔디심기공사	2년 1년
집합건물의 소유 및 관리에 관한 법률	담보책임의 존속기간 규정 (이의제기, 소송제기 기간)	조경식재, 시설물	3년

3. 법령 간 하자담보 책임기간 효력관계

1) 적용순위

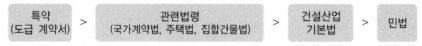

2) 공동주택의 경우에는 「주택법」을 최우선으로 적용

4. 기타 법적 근거 : 조경공사 표준시방서(국토교통부)

1) 하자기준 : 수목 수관부 가지 2/3 이상 고사 시 고사목으로 판정
2) 하자보수 면제
   - 전쟁, 내란, 폭풍, 천재지변
   - 화재, 낙뢰, 파열 등에 의한 고사
   - 준공 후 유지관리 지급하지 않은 상태에서 이상기후 원인 고사
   - 인위적 원인(교통사고, 동물 침입)에 의한 고사

Ⅳ. 하자담보 책임의 법적 문제 및 해결방안

1. 문제점

1) 법률별 하자보수 책임기간 상이
   - 「주택법」, 「건설산업기본법」, 「국가계약법」은 2년
   - 「집합건물법」은 조경하자보수 책임기간 3년

2) 조경하자의 명확한 법률 부재, 기준 부족 : 건축 관련 법률로 규정, 조경공사 특성 반영 미흡
3) 하자 분쟁 발생 빈번
   - 하자발생 원인 및 책임소재 불분명
   - 이상기후 고사, 인공지반 식재, 부적기식재 고사 등 기준 부족

2. 해결방안

1) 조경하자 법률 제정
   - 조경 특성 반영한 하자담보 책임의 명확한 기준 제시
   - 「건설산업기본법」 등에 필요내용 명시
   - 하자유형별, 공종별 판장 및 처리기준 마련

2) 관련 법률의 하자보수 책임기간 조정
   - 「집합건물법」의 담보책임 존속기간 하향조정
   - 「주택법」, 「건설산업기본법」 등과 기간동일화

3) 하자 관련 분쟁 조정 시스템 정비 및 확충
   - 조경하자 심사 분쟁위원회 설치
   - 조경분야 하자분쟁 조정기능 강화
   - 효율적 분쟁처리, 합리적 조경하자 감정 도모
   - 효율적 분쟁처리, 합리적 조경하자 감정 도모

QUESTION 53 | 「어린이놀이시설 안전관리법」에서 규정한 어린이놀이시설 안전점검의 항목 및 방법에 대하여 설명

Ⅰ. 서언

1. 「어린이놀이시설 안전관리법」은 어린이들이 안전하고 편안하게 놀이기구를 이용할 수 있도록 어린이 놀이시설의 설치, 유지 및 기본사항을 정함
2. 어린이 놀이시설의 안전점검은 관리주체가 어린이 놀이시설 및 부대시설을 육안 또는 점검기구 등으로 위험요인을 조사하는 것임

Ⅱ. 어린이 놀이시설 안전관리 제도

1. 근거법 : 어린이놀이시설 안전관리법

2. 목적

1) 어린이 놀이시설의 안전 도모 : 안전하고 편안한 놀이기구 이용
2) 어린이 놀이시설의 안전관리
   - 효율적인 안전관리 체계 구축
   - 어린이 안전사고 방지

3. 안전관리 절차

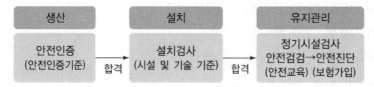

Ⅲ. 어린이 놀이시설 안전점검의 항목 및 방법

1. 안전점검의 항목

1) 어린이 놀이시설
   - 연결상태, 노후 정도
   - 변형상태, 청결상태
   - 안전수칙 등의 표시상태

2) 부대시설
- 파손상태
- 위험물질의 존재 여부

2. 안전점검의 방법

구분	안전점검의 방법
양호	이용자에게 위해·위험을 발생시킬 요소가 없는 경우
요주의	위해·위험 발생요소는 없으나 놀이기구와 그 부속품의 사용연한이 지난 경우
요수리	• 위해·위험 발생요소가 생길 가능성이 있는 경우 : 틈, 헐거움, 날카로움 등의 가능성 • 더럽거나 안전관리 표시 훼손
이용금지	위해·위험요소가 발생 : 틈, 헐거움, 날카로움 등이 발생

Ⅳ. 어린이 놀이시설 안전점검의 개요

1. 목적

어린이 놀이시설의 기능 및 안전성 유지

2. 점검자 및 점검주기

1) 관리주체 또는 안전관리를 위임 받은 자
2) 월 1회 이상

3. 안전점검 결과조치

1) 위험 우려 시 이용 금지
2) 1개월 이내 안전진단 신청

4. 안전점검 결과 기록 · 보관

1) 안전점검 결과 기록 : 안전점검 실시대장 작성
2) 안전점검 결과 보관 : 3년간 보관

Memo

CHAPTER

05

조경계획론

QUESTION

01 │ 녹지율, 녹피율, 녹시율의 의미

Ⅰ. 개요

1. 녹지율은 총 면적 중 녹지공간이 차지하는 비율임
2. 녹피율은 일정한 토지를 덮고 있는 녹의 점유비율임
3. 녹시율은 일정지점에 서 있는 사람의 시계 내에서 식물의 잎이 점유하고 있는 비율임
4. 녹지율, 녹피율, 녹시율은 녹지공간의 질을 평가하기 위한 방법들이며, 녹지율과 녹피율은 평면적이고 수평적인 데 반해 녹시율은 3차원적 개념임

Ⅱ. 녹지율, 녹피율, 녹시율의 의미

구분	녹지율	녹피율	녹시율
개념	• 도시면적 중 녹지공간이 차지하는 비율 • 도시면적 중 오픈스페이스 면적비율	일정한 토지를 덮고 있는 수림지, 농지, 초지, 공원녹지 등의 녹의 점유비율	일정지점에 서 있는 사람의 시계 내에서 식물의 잎이 점유하고 있는 비율
특징	• 2차원적 개념 • 평면적, 수평적 • 녹지율로 도시의 건강성 판단 가능	• 식피율, 피복상태 • 2차원적 개념 • 도시의 자연적 지표 • 도시계획, 녹지계획의 기초조사	• 3차원적 개념 • 수목의 녹량을 육면체로 표현하여 모델화 • 푸르름을 느끼는 대상은 운전자, 보행자, 근린주민
산출방법	녹지면적/도시면적 ×100(%)	녹의 면적/토지면적 ×100(%)	사진에서 식물잎의 면적/경관사진 전체면적 ×100(%)
관계	녹지공간의 질을 평가하기 위한 방법들		

QUESTION 02 | 도시경관관리상 녹피율, 녹시율, 녹적률의 차이점

Ⅰ. 개요

1. 도시경관관리란 도시 고유의 자연적, 역사 문화적 특성을 반영, 다양하게 세분화하여, 효율적이고 자율적인 경관관리방안을 운용하여 우수한 경관자원이 보존되고 새롭게 창출될 수 있도록 하는 것임

2. 도시경관관리에서 녹피율, 녹시율, 녹적률은 도시 내 녹지공간의 질을 평가하기 위한 여러 가지 방법들임

3. 녹피율은 평면적이고 수평적인 개념이며 도시계획 시 자연적 지표로 이용되고 녹시율과 녹적률은 녹피율 개념을 보완한 3차원적 개념임

Ⅱ. 도시경관관리상 녹피율, 녹시율, 녹적률의 차이점

구분	녹피율	녹시율	녹적률
개념	일정한 토지를 덮고 있는 수림지, 농지, 초지, 공원녹지 등의 녹의 점유비율	일정지점에 서 있는 사람의 시계 내에서 식물의 잎이 점하고 있는 비율	식재공간의 다층식재 등에 의한 녹지가 차지하는 면적의 비율
특징	• 식피율, 피복상태 • 2차원적 개념 • 도시의 자연적 지표 • 도시계획, 녹지계획의 기초조사	• 3차원적 개념 • 수목의 녹량을 육면체로 표현하여 모델화 • 푸르름을 느끼는 대상은 운전자, 보행자, 근린주민	• 3차원적 개념 • 도시의 건강성과 쾌적성 정도 파악
산출방법	녹의 면적/토지면적 ×100(%)	사진에서 식물잎의 면적/ 경관사진 전체면적 ×100(%)	수목의 투영면적/도시면적 ×100(%)
도시경관 관리상 의미	• 도시의 건강성과 쾌적성 정도를 파악가능 • 도시의 녹지공간의 질을 평가하기 위한 방법들		

Ⅰ. 개요

1. 개인적 거리란 개인과 개인 사이에 유지되는 간격을 말하며, 개인 주변에 형성되어 개인이 점유하고 있는 공간인 개인적 공간의 하나임
2. 개인적 공간의 거리 구분에는 친밀한 거리, 개인적 거리, 사회적 거리, 공적 거리가 있음
3. 환경설계에의 응용은 주로 개인적 접촉이 이루어지는 공간설계에 응용됨

Ⅱ. 개인적 거리

1. 정의

1) 개인과 개인 사이에 유지되는 간격
2) Hall의 개인적 공간의 거리 중 하나

2. Hall의 개인적 공간의 거리 및 기능

개인적 공간의 거리 및 기능(Hall, 1966)

구분	거리	기능
친밀한 거리 (Intimate Distance)	0~1.5피트 (0~45cm)	아기를 안아 준다거나 이성 간의 교제 등 아주 가까운 사람들 사이에, 혹은 레슬링, 씨름 등 스포츠 시에 유지되는 거리
개인적 거리 (Personal Distance)	1.5~4피트 (45cm~1.2m)	친한 친구 혹은 잘 아는 사람들 간의 일상적 대화에서 유지되는 간격
사회적 거리 (Social Distance)	4~12피트 (1.2~3.6m)	주로 업무상의 대화에서 유지되는 거리
공적 거리 (Public Distance)	2피트(3.6m) 이상	배우, 연사 등의 개인과 청중 사이에 유지되는 보다 공적인 모임에서 유지되는 거리

3. 개인적 거리의 환경설계에의 응용

1) 주로 개인적 접촉이 이루어지는 공간설계에 응용

2) 거실, 사무실 의자, 공원 벤치 등의 배치에 응용

- 배치 여하에 따라서 개인적 접촉의 양 및 질이 달라짐
- 한쪽 방향으로 평행하게 배치되면 최소의 대화 **예** 지하철역, 버스정류장
- 마주보거나 90도의 각도를 유지하게 배치되면 자연스러운 대화
- 보다 안락한 대화분위기 조성을 위해서는 마주보는 거리, 옆 사람과의 거리 등이 너무 가깝거나 너무 멀지 않도록 해야 함
- 이와 같은 적절한 거리의 기준은 상황적 · 개인적 · 물리적 변수에 따라 변하게 됨
- 상황적 변수 : 매력도, 유사성, 접촉 분위기
- 개인적 변수 : 인종, 문화, 나이, 성격, 성별
- 물리적 변수 : 공간의 규모

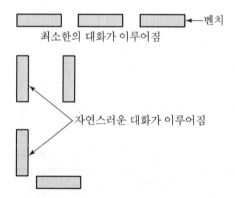

‖ 대화의 정도에 따른 의자배치 ‖

QUESTION 04 | 영역성(Territoriality)

Ⅰ. 개요

1. 영역성이란 개인 혹은 일정 그룹의 사람들이 사용하며, 실질적인 혹은 심리적인 소유권을 행사하는 일정지역을 말함

2. 영역성의 분류는 Altman에 의해 사회적 단위의 측면에서 1차적 영역, 2차적 영역, 공적 영역의 세 가지로 분류해 볼 수 있음

3. 환경설계에의 응용은 주거커뮤니티계획에 필수적 사항으로 아파트 주변의 공간에 귀속감을 주는 디자인 기법을 들 수 있음

Ⅱ. 영역성(Territoriality)

1. 정의

1) 개인 혹은 일정 그룹의 사람들이 사용

2) 실질적인 혹은 심리적인 소유권을 행사하는 일정지역

3) 이러한 영역성은 표시물의 배치 등을 통한 개인화, 그룹화된 공간

4) 인간사회에 있어서 영역성은 인간에게 일정영역에 대한 귀속감을 줌

5) 심리적 안정감을 주며, 외부와의 사회적 작용을 함에 있어 구심적 역할

6) 이러한 구심점이 결여된다면 심리적 · 사회적 불안정 초래

2. 영역성의 분류

1) Altman에 의해 사회적 단위의 측면에서 분류

2) 1차적 영역, 2차적 영역, 공적 영역의 세 가지로 분류

영역성의 3가지 분류(Altman, 1975)

구분	내용
1차적 영역	• 일상생활의 중심이 되는 반영구적으로 점유되는 지역, 혹은 공간 • 가정, 사무실 등이 대표적인 예 • 높은 프라이버시가 요구되는 공간, 외부로부터의 침입에 대한 배타성이 높음
2차적 영역	• 1차적 영역보다는 배타성이 낮으며 사회적 특정 그룹 소속원들이 점유하는 공간 • 교실, 기숙사식당, 교회 등이 대표적인 예 • 어느 정도까지는 공간을 개인화시킬 수 있으며 1차적 영역보다는 덜 영구적
공적 영역	• 배타성이 가장 낮으며 일정시의 이용자는 잠재적인 여러 이용자 가운데의 한 사람일 뿐임 • 광장, 해변 등이 대표적인 예 • 거의 모든 사람의 접근이 허용되므로 프라이버시 유지도는 가장 낮음

3. 영역성의 환경설계에의 응용

1) 영역성은 주거커뮤니티계획에 필수적 사항 : 다양한 사회적 그룹의 행태와 직접적인 관련

2) Newman의 범죄 발생률이 높은 아파트 지역에 대한 사례

   • 1차적 영역만 존재하고 2차적, 공적 영역의 구분이 없음

   • 이러한 원인이 범죄 발생을 유발함

3) 아파트 주변의 공간에 주민에게 귀속감을 주도록 디자인 기법을 이용

   • 중정, 벽, 식재 등의 디자인 기법을 이용

   • 2차적 영역과 공적 영역의 구분을 보다 명확히 해 범죄 발생을 줄임

   • 아파트 주변 공간에 대해 주민들이 높은 소유감을 갖게 됨

   • 관심을 갖고 아끼게 되어 외부인의 침입을 어렵게 만듦

4) 아파트 단지 입구의 문주 : 문주는 영역의 경계를 나타내는 상징적 의미

5) 아파트 단지의 경계에 담장

   • 단지 내의 프라이버시와 안전관리를 위함

   • 대개의 경우 상징적 영역의 경계표시 역할을 함

QUESTION 05 | 혼잡(Crowding)

Ⅰ. 개요

1. 혼잡이란 기본적으로 밀도와 관계되는 개념으로 여러 유형의 밀도에 따라서 달리 느껴지는 정도를 말함
2. 혼잡을 결정하는 밀도의 유형에는 물리적 밀도, 사회적 밀도, 지각된 밀도로 볼 수 있음
3. 환경설계에의 응용은 개인에게 할당된 물리적 공간의 크기를 조사, 혼잡의 정도를 파악, 완화대책을 수립할 수 있으며 실내공간, 옥외공간에 적용 가능

Ⅱ. 혼잡(Crowding)

1. 정의

1) 혼잡은 기본적으로 밀도와 관계되는 개념
2) 도시화가 진행됨에 따라 과밀로 인한 문제점이 늘어나 혼잡에 관심
3) 인간사회에서의 밀도는 보통 물리적 밀도와 사회적 밀도의 두 가지로 구분. 이 밖에도 지각된 밀도를 구분할 수 있음
4) 밀도가 높다고 하여 반드시 혼잡하다고 느끼는 것은 아님
5) 축제 때의 길거리 혹은 상가는 물리적 밀도가 매우 높으나 혼잡하지 않고 오히려 즐거운 분위기로 느껴질 수 있음

2. 밀도의 유형

밀도 유형	내용
물리적 밀도	일정면적에 얼마나 많은 사람이 거주하는가 혹은 모여 있는가 하는 것
사회적 밀도	• 사람 수에 관계없이 얼마나 많은 사회적 접촉이 일어나는가 하는 것 • 예를 들면 우리나라 아파트의 경우 물리적 주거밀도는 매우 높으나 사회적 밀도, 즉 아파트 주민 간의 대화 혹은 접촉의 정도는 매우 낮음
지각된 밀도	• 물리적 밀도의 고저에 관계없이 개인이 느끼는 혼잡의 정도 • 예를 들어 야구장에서는 밀도에 비해 느끼는 혼잡의 정도가 상대적으로 낮은데 이는 관람객이 고밀도를 예측하고 야구장에 왔다는 점과 야구경기에 주의를 집중하게 되므로 혼잡을 느끼는 정도가 낮다고 설명될 수 있음

3. 환경설계에의 응용

1) 개인에게 할당된 물리적 공간의 크기를 조사

2) 개인적 · 상황적 · 사회적 여건에 비추어 보아 혼잡 정도를 파악

- 개인적 여건 : 성별, 성격, 연령
- 상황적 여건 : 분위기, 행위의 종류
- 사회적 여건 : 사람 간의 관계성, 접촉의 밀도

3) 혼잡을 완화할 수 있는 대책 수립

- 천장이 높은 곳은 낮은 곳보다 덜 혼잡
- 장방형의 방은 정방형의 방보다 덜 혼잡
- 외부로의 시야가 열려 있는 방은 시야가 닫혀 있는 방보다 덜 혼잡
- 밝은 곳은 어두운 곳보다 덜 혼잡
- 적절한 칸막이가 있는 곳은 없는 곳보다 덜 혼잡

QUESTION 06 | 환경지각(Perception) 및 인지(Cognition)

I. 개요

1. 환경지각은 감각기관의 생리적 자극을 통하여 외부의 환경적 사물(Stimuli)을 받아들이는 과정 혹은 행위를 말함
2. 환경인지는 과거 및 현재의 외부적 환경과 현재 및 미래의 인간행태를 연결지어주는 앎 (Awareness) 혹은 지식(Knowing)을 얻는 다양한 수단임
3. 이러한 측면에서 볼 때 지각은 넓은 의미의 인지의 한 부분적 과정이고, 지각과 인지는 별 개의 과정이라기보다는 거의 동시에 일어나는 상호 융합된 하나의 과정이라고 할 수 있음

II. 환경지각(Perception) 및 인지(Cognition)

1. 정의

1) 환경지각(Perception)
   - 감각기관의 생리적 자극을 통하여 외부의 환경적 사물(Stimuli)을 받아들이는 과정 혹은 행위
   - 환경적 사물을 받아들이는(Receive) 과정을 강조

2) 환경인지(Cognition)
   - 과거 및 현재의 외부의 환경과 현재 및 미래의 인간행태를 연결지어주는 앎(Awareness) 혹은 지식(Knowing)을 얻는 다양한 수단
   - 개인의 환경에 관한 지식이 증가되거나 수정되는 과정

2. 환경지각과 인지의 관계

1) 지각은 환경적 사물을 받아들이는(Receive) 과정을 강조
2) 인지는 아는(Know) 과정을 강조
3) 지각은 넓은 의미의 인지의 한 부분적 과정
4) 따라서 지각과 인지는 별개의 과정이라기보다는 거의 동시에 일어나는 상호 융합된 하 나의 과정

3. 자극 – 반응의 과정에서 지각과 인지 관계

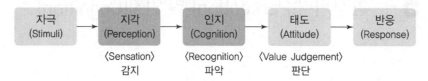

자극 (Stimuli)	지각 (Perception)	인지 (Cognition)	태도 (Attitude)	반응 (Response)
	〈Sensation〉 감지	〈Recognition〉 파악	〈Value Judgement〉 판단	

4. 환경지각과 인지의 독립된 과정

1) 한편 환경지각과 인지를 연속된 전후의 과정으로만 볼 것이 아니라 별개의 과정으로 이해할 수도 있음

2) 즉, 불을 보고 "불이야" 소리를 지를 경우에는 환경적 자극을 지각하고 곧바로 반응으로 이어진다고 볼 수 있음

3) 또한 눈을 감고 추억 속의 장소 혹은 도시의 가로망을 회상하며 예전의 느낌을 되살리거나 길을 찾아가는(반응) 과정은 직접적인 지각과정을 거치지 않고 인지과정을 거쳐 반응으로 연결되는 것으로 볼 수 있음

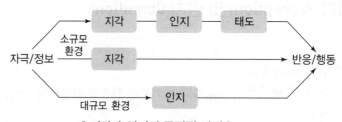

┃ 지각과 인지의 독립된 과정 ┃

4) 소규모(부분적) 환경 : 예를 들어, 가시권, 가청권
5) 대규모(전체) 환경 : 예를 들어, 국가, 지역, 도시

QUESTION 07 | 심리학, 환경심리학, 생태심리학

Ⅰ. 개요

1. 심리학은 개인의 내적 심리에 관심을 갖고 개인의 지각과 인지, 반응에 대한 관계성을 연구하는 학문임

2. 환경심리학은 심리와 행태에 관심을 갖고 환경과 인간의 관계성을 연구하는 학문임

3. 생태심리학은 환경심리학의 한 분야로서 심리와 행태에 관심을 갖지만 프로그램적 측면에 대한 연구에 더 집중된 학문임. 생태라는 용어는 자연과학으로서의 생태학과는 구별되는 종합, 통합, 혹은 집합적 사회·물리환경의 의미한다고 보아야 할 것임. 지속가능성 및 생태환경에 관심을 갖는 녹색심리학(green psychology)과는 구별되는 개념임

Ⅱ. 심리학, 환경심리학, 생태심리학

항목	심리학	환경심리학	생태심리학
관심사항	• 개인의 내적 심리에 관심 • 개인의 지각, 인지, 반응	• 심리와 행태에 관심(사회·물리적 환경) • 환경과 인간의 관계성	• 심리와 행태에 관심(사회·물리적 환경) • 프로그램적 측면 고려
연구내용	• 자극과 반응의 관계성 연구(내적 심리과정 연구) • 실험실의 실험	심리·행태와 환경의 관계성(인공 및 생태환경포함) ※ 경계는 설정하지 않음	• 행태적 장에서의 심리·행태 연구, 장의 운영 프로그램 연구(주로 인공환경 대상) • behavior setting(시공간적 경계가 있는 환경)
환경에 대한 생각	환경은 임의성이 있다고 생각(모든 사람이 서로 다르게 지각하며 환경의 위계를 구별하지 않음)	환경은 임의성이 있다고 생각함(모든 사람이 서로 다르게 지각하며 환경의 위계를 구별하지 않음)	환경은 양파처럼 잘 짜여져 있다고 생각함
인간·환경의 관계	환경에 대한 관심이 상대적으로 낮음	인간과 환경은 상호의존적임	인간과 환경은 상호의존적임

QUESTION
08 | 기후변화와 녹색디자인

I. 개요

1. 기후변화는 전 지구적이며 지역적인 어젠다로서 우리가 일상생활 속에서도 이전과는 달라진 기상조건의 변화를 체감할 정도이며, 대응을 위한 새로운 지식과 기술이 필요한 시점임
2. 녹색디자인은 기후변화에 대응하는 다양한 계획 및 설계를 말하며 도시와 지역, 가로와 단지 등 여러 스케일에서 수행되고 있는 디자인임
3. 기후변화에 대응하는 녹색디자인의 대표적 사례로서 네덜란드의 땅과 물을 통합하는 공간계획, 캐나다 온타리오주의 녹색가로 디테일, 시애틀의 주택단지의 친환경 설계기술이 있음

II. 기후변화와 녹색디자인

1. 기후변화

1) 전 지구적이며 지역적인 어젠다
2) 대응을 위한 새로운 지식과 기술이 필요

2. 기후변화대응 녹색디자인

1) 녹색디자인 개념
   - 기후변화에 대응하는 다양한 계획 및 설계
   - 도시와 지역, 가로와 단지 등 여러 스케일에서 수행

2) 네덜란드의 땅과 물을 통합하는 공간계획
   - 강과 바다의 가장에서 발생하게 될 수위상승에 대비
   - 치수위주의 토목방식이 아닌 친환경적인 조경방식을 적용
   - Room for the River
     - 강에 여유공간을 주어 통수능력을 높이는 방식으로 전환
     - 홍수 소통능력 향상, 하천생태계 배려, 공간이용의 확장
     - 물과 땅을 통합하는 공간계획 : 습지와 같은 생태적 복원, 다양한 공간적 이용으로 조경적 실행을 확장

- Zandmotor
  - 영어로는 모래엔진(Sand Engine)으로 불리는 사업, 해안사업
  - 모래를 해안으로 옮겨와 재퇴적시킨 것
  - 모래엔진은 기존의 사빈, 사구와 이어지면서 낮고 넓은 사빈, 사구를 형성
  - 이는 강한 풍속과 높은 파고의 에너지를 자연적으로 흡수
  - 해안의 자연적이며 유연한 방호책

3) 캐나다 온타리오주의 녹색가로 디테일
- 캐나다 온타리오주 키치너시의 녹색가로설계
- 다운타운의 중심가로인 킹 스트리트의 가로경관개선 프로젝트
- 보도부의 확장, 접근성 향상 및 노후 포장재 개선+친환경적 가로조성
- 기후변화에 대응하는 다양한 녹색디자인 요소들을 반영
- 보행환경의 개선+우수 관리 및 활용
  - 우수저장플랜터로 지표수 처리
  - 수로와 플랜터 연결부에 게이트 설치로 겨울철 제설제 유입 방지
  - 식재 트렌치 도입, 투수성 포장재 활용, 재활용소재 시설물 설치

4) 시애틀의 주택단지의 친환경 설계기술
- 시애틀시 하이포인트 주택단지의 도시빗물관리사업
- 자연형 배수시스템사업으로 저영향개발(LID)기법을 이용
- 단지 전체에 걸쳐 수로, 빗물정원, 습지연못, 다기능 오픈스페이스 등의 네트워크를 형성
- 대규모 저류지를 어메니티로 활용
- 전체 불투수면은 60% 미만
- 녹색인증건물로 고효율 환기시스템을 갖춘 주택 제공
- 표토층 보존 및 활용, 기존수목 보존

QUESTION
09 | 생활조경과 녹색환경복지

I. 개요

1. 생활조경은 시민들의 생활 곳곳에 가까운 장소인 동네자투리 공간, 길, 옥상, 도로변녹지 등에 시행하는 조경임
2. 녹색환경복지는 유아부터 노년까지 녹색서비스를 누릴 권리를 지닌다는 개념의 복지로서 누구나 일상생활에서 녹색을 누릴 수 있게 한다는 녹색기본권의 관점에 근거함
3. 녹색은 더 이상 장식이 아니고 생존의 필수 조건으로서 공원녹지를 통하여 공동체의 문제를 해결하고 삶의 조건을 개선하는 사회적 가치를 창출해야 하므로 조경가들의 생각의 전환, 실천의 변화가 요구됨

II. 생활조경과 녹색환경복지

1. 생활조경

시민들의 생활 곳곳에 가까운 장소인 동네자투리 공간, 길, 옥상, 도로변 녹지 등에 시행하는 조경

2. 녹색환경복지

1) 유아부터 노년까지 녹색서비스를 누릴 권리를 지닌다는 개념의 복지
2) 누구나 일상생활에서 녹색을 누릴 수 있게 한다는 녹색기본권의 관점
3) 최근 도시정책의 중요한 화두

3. 생활조경으로 녹색환경복지 구현

1) 녹색은 더 이상 장식이 아니고 생존의 필수조건
2) 공원녹지를 통하여 공동체 문제를 해결
3) 공원녹지를 통하여 삶의 조건을 개선하는 사회적 가치를 창출
4) 대규모 공공프로젝트보다는 골목길, 텃밭 등 소외계층의 주거환경개선에 초점
5) 시민들의 자발적 참여의 상향식 환경복지사업 수행

4. 서울시의 푸른도시 선언 사례

1) 기존 공원녹지정책의 중심을 공간차원에서 사람으로, 하드웨어를 소프트웨어로, 행정 주도를 시민참여로 바꾸는 것
2) 화花 목木한 서울! 골목골목 꽃밭, 동네방네 숲길
3) 공원은 시민이 주인, 공원이 공동체생활의 거점역할
4) 푸른도시 만들기의 공감대 확산
5) '서울, 꽃으로 피다' 캠페인 실시
   - 도시를 꽃과 나무로 채우는 캠페인
   - 시민들이 주도적으로 꽃과 나무를 심도록 독려
   - 아파트, 상가, 학교, 골목길, 동네, 가로변 띠녹지 중점구역부터 꽃이나 나무를 심는 녹색 가꾸기 운동을 진행 예정

5. 영국의 마을환경정비 '브리테인 인 블룸'

1) 영국 왕립원예협회가 주관하는 영국 내의 가장 큰 원예 캠페인
2) 내가 사는 마을 환경을 정비하는 사업
3) 지역사회, 마을, 소도시, 대도시, 해안마을로 구분하여 진행
4) 2년간의 심사과정을 거쳐 최고로 잘 가꾼 마을을 선정
5) 지역주민이 직접 가꾸어 나가는 공동체 꾸미기 프로그램
6) 지역민이 참여하여 청소, 녹화, 주변환경을 정비
7) 생활 속의 조경을 실천

6. 환경조경나눔연구원의 활동

1) 조경나눔은 미래세대를 위한 따뜻한 투자
2) 조경나눔은 소외계층에게 평등한 생활환경 제공
3) 조경에 대한 시민인식을 긍정적으로 변화
4) 조경분야의 외연을 확대, 조경의 저변 확장
5) 지속가능한 사회발전과 환경조경복지를 위한 조경계의 봉사활동
6) 이화동 골목길 가꾸기, 복지시설 조경, 시민조경아카데미 등 활동

QUESTION
10 | 도시공원과 시민참여

Ⅰ. 개요

1. 도시공원은 녹색서비스와 사회적 가치를 생산하는 중요한 거점으로 서비스와 사회적 가치를 어떻게 생산할 것인가가 중요함
2. 여기서 시민은 가치생산자이면서 가치소비자이므로 도시공원의 생태적·문화적 다양성과 가치 생산성을 높이기 위하여 시민참여는 필수조건임
3. 앞으로 도시공원이 가지고 있는 다양한 녹색서비스를 시민들에게 전달될 수 있도록 질 높은 운영관리가 요구되고 있음

Ⅱ. 도시공원과 시민참여

1. 도시공원의 녹색서비스

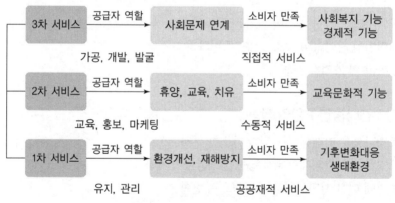

┃ 통합형 도시공원 녹색서비스 ┃

2. 도시공원의 시민참여 필요성

1) 정부 또는 지방자치단체의 제정압박 및 운영 효율화
2) 질 높은 서비스제공과 연계
3) 사회문제 해결방안 모색
4) 지역공동체문화 활성화에 기여
5) 계획단계부터 운영관리까지 시민의 주도적 참여
6) 도시공원은 시민참여를 통한 관리에서 경영의 시대 도래

3. 도시공원의 시민참여 사례

1) 북미의 컨서번시 또는 프렌드십
- 뉴욕의 도시공원재단(city park foundation)
  - 뉴욕시 750여 개 공원의 다양한 프로그램을 기획, 운영하는 비영리 단체
  - 민간기업과 공익재단, 시민들이 후원
  - 예술프로그램, 스포츠프로그램, 야외현장학습 프로그램 등 진행
  - 파트너십 아카데미 교육운영으로 시민들의 참여 역량 강화
- 브루클린 브리지 공원 컨서번시
  - 지역사회리더, 전문가, 환경단체 등 참여 비영리단체
  - 시정부와 파트너십을 통해 공원조성 기금 확보
  - 공원조성, 관리운영, 시민참여, 시민이용 활성화 등 주도적 활동
  - 공원운영관리 예산은 공원 일대 부동산개발의 수익과 수수료에서 충당

2) 일본의 자원봉사활동과 지정관리자제도
- 일본 사야마구릉 도립공원
  - 시민과 협동하여 공원 조성, 공원 운영
  - 관민협동에 의한 공원경영 시행
  - 지역주민에 의한 숲 관리, 논밭 경작 등
  - 민간의 힘을 활용한 지정관리자제도를 도입
  - 지정관리자제도는 지방공공서비스 관리운영에 민간 기술, 자본, 시민단체에 법적 위임을 가능하게 한 제도
  - 공원관리에 필요한 5개 전문단체의 연합체로 구성

QUESTION
11 | 형태심리학의 도형과 배경(Figure and Ground) 원리

Ⅰ. 개요

1. 형태심리학에서 도형(Figure)이란 일정한 시계 내에서 특정한 형태 혹은 사물이 돋보이게 되는데 이때의 돋보이는 형태를 말함
2. 형태심리학에서 배경(Ground)이란 주의를 끌지 못하는 그 밖의 것들을 말함
3. 도형과 배경의 구분은 덴마크 심리학자 루빈(E. Rubin)에 의해서 시작되었으며 루빈은 도형과 배경의 차이점을 설명하고 있음

Ⅱ. 형태심리학의 도형과 배경 원리

1. 도형과 배경 개념

1) 도형(Figure) : 일정한 시계 내에서 특정한 형태 혹은 사물이 돋보이게 되는데 이때의 돋보이는 형태
2) 배경(Ground) : 주의를 끌지 못하는 그 밖의 것들을 말함

2. 루빈에 의한 도형과 배경의 차이점

도형(Figure)	배경(Ground)
• 물건(Thing)과 같은 성질 • 도형의 외곽부분에는 뚜렷한 윤곽이 있어서 일정한 형태를 지님 • 관찰자에게 보다 가깝게 느껴지며 배경보다 앞에 있는 것처럼 느껴짐 • 인상적 · 지배적, 잘 기억됨 • 더욱 의미 있는 형태로 연상됨	• 물질(Substance)과 같은 성질 • 형태가 없는 것처럼 보임 • 도형의 뒤에서 연속적으로 펼쳐져 있는 것으로 느껴짐

3. 도형과 배경의 역전

1) 일정 시계 내에서는 도형과 배경이 확연히 구별되는 경우가 보통이나 불분명한 경우도 많이 있음

2) 도형과 배경이 불분명한 경우에는 보는 사람이 주의를 어디에 집중하느냐에 따라 도형과 배경이 결정됨

3) 주의집중 여부 및 크기 변화에 따라 도형과 배경이 역전될 가능성이 있음

4. 도형과 배경의 전이

1) 실제환경 내에서 인간은 끊임없이 움직이며 움직임에 따라서 도형과 배경의 관계는 변하게 됨

2) 도형과 배경의 전이현상은 선적인 공간의 설계에서 혹은 다양한 공간의 연결을 위하여 이용되고 있음

3) 우리나라 사찰 진입로의 일주문, 사천왕문 사례

  • 멀리서 보면 이들 문은 하나의 도형으로 지각됨

  • 가까이에 서면 사진틀과 같은 구성을 갖게 되어 문 너머의 공간이 도형(그림)으로, 문이 배경(사진틀)으로 지각

  • 대웅전에 이르기까지 이와 같은 문을 여러 개 지나면서 도형-배경의 전이를 반복해서 경험

  • 이들 도형은 사람의 주의를 끌며, 새로운 도형의 연속적 출현으로 인하여 사람의 진행을 유도, 공간적 흥미를 유발

QUESTION 12 | 인간적 척도(Human Scale)

I. 개요

1. 척도(Scale)라 함은 상대적인 크기를 말하는 것이며, 인간적 척도라 함은 인간의 크기에 비하여 너무 적거나 너무 크지 않은 것을 말함

2. 인간적 척도의 요건은 너무 크지 않을 것, 너무 멀리 떨어져 있지 않을 것, 익숙한 크기의 사물을 함께 배치할 것, 균형있는 비례를 지닐 것 등임

3. 휴먼 스케일이 적용된 단위공간의 계획은 각종 공간의 이용목적 혹은 기능에 따라 원단위 규모가 변하고, 인간행태의 유형에 따른 기준치수가 정해짐

II. 인간적 척도(Human Scale)

1. 인간적 척도 개념

1) 척도(Scale) : 상대적인 크기

2) 인간적 척도(Human Scale)
- 인간의 크기에 비하여 너무 적거나 너무 크지 않은 것
- 친근감을 느낄 수 있는 규모

2. 인간적 척도의 요건

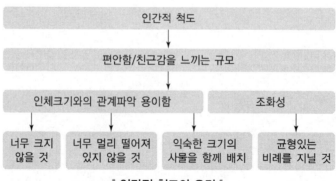

| 인간적 척도의 요건 |

3. 인간적 척도에 따른 단위공간계획

1) 높이와 인간행태
- 의자와 탁자 : 이용목적에 따라 나뉨. 보다 높은 활동성이 요구될수록 높은 치수를 지니게 됨 **예** 안락의자는 35cm, 사무용 의자는 45cm
- 담장 : 60cm 이하(상징적 담장), 1.2m(시선개방과 프라이버시 제공), 1.8m(시선차단과 높은 프라이버시 제공), 2.4m 이상(침입 방어)

2) 폭과 인간행태
- 보도의 최소폭은 60cm, 두 사람 왕복 시 1.2m
- 도로의 폭은 제한속도와 관계(공원도로 한 차선 3m, 고속도로 3~4m)

3) 면적과 인간행태
- 사람이 앉았을 때 차지하는 면적은 직경 60cm 정도 원
- 보통 4인 그룹이면 직경 2m의 원이 필요. 짐 놓은 자리와 취사면적 추가하면 2.8m 크기 필요
- 1인당 면적은 1.5m^{2}으로 단위 피크닉장 소요면적

4) 볼륨과 인간행태
- 내부공간의 볼륨 : 1인용 방 보통 3평(2.7m × 3.6m), 방높이 2.4m
- 단위볼륨을 수직적 · 수평적으로 확대했을 경우 무도회장, 대회의장 같은 대규모 공간 형성
- 외부공간의 볼륨 : 주택의 중정 혹은 테라스 예(주택높이의 1.5배 이상, 집 높이는 3.6m, 중정폭은 5.4m), 9평 크기가 최소 외부공간 볼륨
- 단위볼륨의 일방향으로의 수직적 혹은 수평적 확장은 도시 뒷골목 같은 비인간적 규모, 지루함 등 현대도시구조의 문제점 야기
- 자유공간의 볼륨 : 퍼골라 혹은 오솔길 예(높이 2.4m, 폭은 1.8m 이상), 수직적 확대는 가로수 식재된 지방도, 국도(낮고 넓은 공간 형성)
- 수직적 · 평면적 확대는 운동장, 잔디광장(공간볼륨 최대, 개방감 절정)

QUESTION

13 | 명목척, 순서척, 등간척, 비례척

Ⅰ. 개요

1. 명목척은 사물 혹은 사물의 특성에 고유번호를 부여하는 것을 말하며, 순서척은 일정 특성의 크고 작음을 비교하여 크기의 순서에 따라 숫자를 부여하는 것을 말함

2. 등간척은 순서척과 마찬가지로 일정 특성의 상대적인 비교를 할 수 있을 뿐더러 상대적인 차이의 크기도 비교할 수 있고, 비례척은 등간척에서 불가능했던 직접적인 비례계산이 가능함

3. 명목척, 순서척, 등간척, 비례척은 일정개념 혹은 사물의 특성을 측정할 때 특성에 맞게 체계적으로 숫자를 부여하기 위해 선택하는 척도의 유형임

Ⅱ. 명목척, 순서척, 등간척, 비례척

1. 명목척(Nominal Scale)

1) 사물 혹은 사물의 특성에 고유번호를 부여하는 것
2) 숫자의 크고 작음이 일정 특성의 크고 작음을 나타내는 것이 아니고 특성 자체를 대표, 상호 구별을 목적으로 하는 척도
3) 예 : 운동선수의 유니폼에 쓰인 번호

2. 순서척(Ordinal Scale)

1) 일정 특성의 크고 작음을 비교하여 크기의 순서에 따라 숫자를 부여
2) 숫자를 보고 일정 특성의 상대적인 크기를 비교할 수 있음
3) 단순한 상대적 비교만 가능하지 차이의 크기를 알 수는 없음
4) 예 : 성적순에 따라 학생번호 부여, 키 순서에 따라 번호 부여
5) 예 : 10장의 경관사진을 놓고 피험자가 좋아하는 순서대로 늘어놓았을 경우에 이는 순서척 이용

3. 등간척(Interval Scale)

1) 순서척과 마찬가지로 일정 특성의 상대적인 비교를 할 수 있을 뿐더러 상대적인 차이의 크기도 비교할 수 있음

2) 두 크기의 단순한 비교는 물론 두 크기의 차이 정도를 알 수 있음

3) 비례의 개념은 도입될 수 없음

4) 예 : 섭씨 5도, 10도, 20도

5) 예 : 리커드척도, 어의구별척 등은 등간척에 해당

4. 비례척(Ratio Scale)

1) 등간척에서 불가능했던 직접적인 비례계산이 가능함

2) 길이, 무게, 부피, 속도 등과 같이 물리적 사물의 특성에 대한 크기를 측정할 때 이용됨

3) 예 : 5cm, 10cm 길이의 두 연필에서 10cm 연필은 5cm 연필의 두 배의 길이

5. 척도의 유형 선택

1) 설계연구를 위하여 측정방법을 채택할 때는 측정하고자 하는 혹은 조사하고자 하는 내용의 특성에 따라서 적절한 척도의 유형을 선택

2) 명목척, 순서척, 등간척, 비례척은 일정개념 혹은 사물의 특성을 측정할 때 특성에 맞게 체계적으로 숫자를 부여하기 위해 선택하는 척도의 유형

QUESTION

14 | 게슈탈트심리학의 도형조직의 원리

Ⅰ. 개요

1. 게슈탈트심리학에서 도형으로 지각되는 시각요소의 조직 원리에 관해 연구되었고, 도형 조직의 원리에는 근접성, 유사성, 연속성, 방향성, 완결성, 대칭성이 있음

2. 근접성은 시각요소 간의 거리에 따라 시각요소 그룹이 결정되는 것이고, 유사성은 시각요소 간의 거리가 동일한 경우 유사한 물리적 특성을 지닌 요소들끼리 하나의 그룹으로 느껴지는 원리임

3. 연속성은 직선 혹은 단순한 곡선을 따라 같은 방향으로 연결된 것처럼 보이는 요소들은 동일한 그룹으로 느껴지며, 방향성은 동일한 방향으로 움직이는 요소들은 동일한 그룹으로 보이는 것임

Ⅱ. 게슈탈트심리학(Gestalt Psychology)의 도형조직의 원리

1. 근접성(Nearness Or Proximity)

1) 시각요소 간의 거리에 따라 시각요소 그룹이 결정됨

2) 가까이 있는 요소들은 하나의 그룹으로 느껴지며 멀리 떨어진 요소는 별개의 그룹으로 느껴짐

2. 유사성(Similarity)

1) 시각요소 간의 거리가 동일한 경우에는 유사한 물리적 특성을 지닌 요소들끼리 하나의 그룹으로 느껴짐

2) 검은 점과 작은 원들은 서로 별개의 그룹으로 보임

3. 연속성(Continuation)

1) 직선 혹은 단순한 곡선을 따라 같은 방향으로 연결된 것처럼 보이는 요소들은 동일한 그룹으로 느껴짐

2) 곡선과 요철을 이루는 직선은 각각 별개의 두 그룹을 형성

4. 방향성(Common Fate)

1) 동일한 방향으로 움직이는 요소들은 동일한 그룹으로 보임
2) 이 원리는 유사성의 원리에 기초하며, 움직이는 요소에 적용되는 것이 따를 뿐임

5. 완결성(Closure)

1) 시각요소를 지각함에 있어서 더욱 위요된 혹은 더욱 완전한 도형을 선호하는 방향으로 그룹을 형성
2) 그림 (a)에서는 세 개의 위요된 도형으로 구성되어 있으나 더욱 완전한 도형인 타원과 직사각형의 두 도형이 겹쳐 있는 것처럼 보임
3) 그림 (b)의 경우에는 완결성의 원리가 근접성의 원리보다 우선함

6. 대칭성

1) 시각요소들은 비대칭적인 것보다는 자연스럽고, 균형이 있으며, 대칭적 구성을 이루는 방향으로 그룹을 형성
2) 그림 (c)에서 보는 바와 같이 좌측에서는 하얀 기둥을 우측에서는 검은 기둥을 지각하게 됨

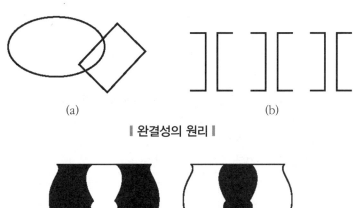

(a)   (b)

▮ 완결성의 원리 ▮

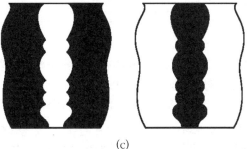

(c)

▮ 대칭성의 원리 ▮

QUESTION
15 케빈 린치의 도시경관 구성요소

Ⅰ. 개요

1. 케빈 린치는 도시의 이미지 형성에 기여하는 도시경관 구성요소로서 통로(paths), 모서리(edges), 지역(districs), 결절점(nodes) 및 랜드마크(landmarks)의 다섯 가지를 제시하였음

2. 이 다섯 가지 구성요소를 상호 관련시켜 공간계획에 이용하면 도시의 긍정적 이미지를 강화시킬 수 있음

Ⅱ. 케빈 린치의 도시경관 구성요소

구분	도시경관 구성요소
통로(paths)	• 관찰자가 이동하는 경로로서 통로는 관찰자가 일상적으로 혹은 가끔 지나가는 길 • 가로, 보도, 운하, 철도, 고속도로 등으로 도시의 지배적인 이미지 요소
테두리(edges)	• 두 개의 다른 지역 간 경계를 나타내는 선형의 도시 이미지 요소임 • 해안, 철도, 벽, 하천, 옹벽, 우거진 숲 등 두 가지 형질의 경계이며, 연결상태가 끝나는 선형의 경계를 말함 • 하나의 영역과 다른 영역을 구분하는 장벽이기도 하고 두 영역을 상호 관련시키는 이음새가 되기도 함
지구(districts)	• 독자적인 특성이 인식되는 도시의 일정 구획으로서 관찰자가 그 속에 들어가 있기도 하고, 어떤 독자적인 특징이 보이거나 인식되는 2차원적인 일정 크기를 가진 도시의 한 부분 • 중심업무지역, 공업지역, 공원 등
결절(nodes)	• 접합과 집중의 성격을 갖는 초점으로서 접합과 집중의 성격을 동시에 가짐 • 접합성 결절은 교통조건이 바뀌는 지점, 교차점, 집합점 등이고, 집중성 결절은 길모퉁이의 모이는 곳이라든가 무엇에 둘러싸인 광장처럼 어떤 용도 또는 물리적인 성격이 그곳에 응축되어 있는 곳 • 결절은 도시의 핵이며 통로의 개념과 맞물려 있음
지형지물 (landmarks)	• 다양한 규모의 물리적 요소로서 관찰자에게 중요한 것으로 지형지물이 통로의 교차점에 위치할 경우보다 강한 이미지가 됨. 관찰자들은 종종 도시의 여행안내에 유용한 길잡이로 이용 • 다른 요소들보다 돌출되어 있어서 원거리에서 보이거나 어느 방향에서 보더라도 보임 • 건물, 간판, 상점, 산 등

QUESTION
16 | 시각적 흡수능력(Visual Absorption)

Ⅰ. 개요

1. 시각적 흡수능력이란 제이콥스와 웨이(Jacobs and Way)에 의해 연구된 여러 형태의 경관이 토지이용활동을 흡수할 수 있는 정도를 말함
2. 시각적 흡수능력은 시각적 투과성(visual transparency)과 시각적 복잡성(visual complexity)의 함수로써 나타난다고 하였음

Ⅱ. 시각적 흡수능력(Visual Absorption)

1. 개념

1) 제이콥스와 웨이(Jacobs and Way)에 의한 연구
2) 여러 형태의 경관이 토지이용활동을 흡수할 수 있는 정도
3) 토지이용이 시각적 환경에 미치는 영향에 관하여 연구
4) 물리적 환경이 지닌 시각적 흡수능력은 시각적 투과성(visual transparency)과 시각적 복잡성(visual complexity)의 함수로써 나타냄

2. 특징

1) 시각적 투과성 : 식생의 밀집 정도 및 지형적 위요 정도에 따라 결정
2) 시각적 복잡성 : 상호 구별될 수 있는 시각적 요소의 수에 따라 결정
3) 시각적 투과성이 높고 시각적 복잡성이 낮은 곳은 시각적 흡수능력이 낮게 됨. 더 나아가서 시각적 흡수력이 낮은 곳은 개발에 다른 시각적 영향이 큰 곳이 됨
4) 시각적 흡수성은 물리적 환경이 지닌 시각적 특성이라고 할 수 있으며 시각적 영향은 토지이용에 물리적 환경에 미치는 영향이라고 볼 수 있음
5) 시각적 흡수성과 영향은 상호 역비례의 관계에 있음
6) 시각적 흡수능력이 높으면 시각적 영향은 낮으며, 시각적 흡수능력이 낮으면 시각적 영향은 크게 됨

QUESTION

17 | View와 Vista의 상이점과 경관설계 시 적용기법

I. 개요

1. View(전망)는 관찰된 한 장면으로 인간의 시계범위 내에서 지각되며 그 자체로서는 고정적인 단순한 모습임

2. Vista(조망)는 틀 속의 한 부분의 전망으로서 관찰자와 대상경관 사이에 제3의 장치물이 개입될 때 전망은 Vista(조망)로 발전하게 됨

II. View와 Vista의 상이점과 경관설계 시 적용기법

1. View와 Vista의 상이점

View(전망)	Vista(조망)
• 하나의 풍경화, 한 컷 • 시계 내의 시각 장면(scene) • 관찰된 한 장면 • 경관의 범위가 넓고 윤곽으로 한정하지 않음 • 자연경관과 인공경관의 다양한 요소를 포함함	• 관찰자와 대상경관 사이에 제3의 장치물이 개입될 때 조망 • 경관과 관찰자 사이에 일정한 틀이 존재함 • 시선 유도, 시야의 부분적 제한 • 빛의 작용에 의한 시선의 조절 • 부분적 차폐로 인한 신비감 조성

2. 경관설계 시 적용기법 : View(전망)에서 Vista(조망)로

1) 넓은 뜻으로 경관설계는 조망(vista)의 고안

2) 특정 장치를 통해 보다 전망을 통제해서 전망(view)이 조망(vista)으로 됨

3) 전망의 조망화 사례

- 실내에서 보이는 창틀 밖의 풍경
- 망원경을 통해 보는 경관
- 일주문을 지나 보이는 먼 사찰의 모습
- 나무숲 그늘에서 보이는 평야의 경관

4) 전망 · 은신이론(prospect and refuge theory)
- 인간은 무의식적으로 자신을 노출하지 않으면서 남을 쉽게 알아보려는 경관행동을 보인다는 이론
- 예 나무 그늘 아래서 바깥 풍경을 조망, 별서정원의 정자에서 머물러 쉬며 근경, 중경, 원경을 조망

5) 옆배경(coulisse) 효과
- 옆배경이란 시선의 가장자리에 설치된 시각조절장치
- 경관 속의 일종의 수평조망 제한장치
- 옆배경은 한 시점의 관찰자에게 공간의 깊이감과 면적의 확대감을 주며, 미지의 것에 대한 신비감과 호기심을 불러일으킴
- 예 호안의 언덕지형이 주는 옆배경 효과 때문에 어느 한 시점에서 전체 안압지를 조망할 수 없음. 그 결과 수면은 실제보다 더 넓어 보이며, 보이지 않는 피안부분에 대하여 상상의 효과를 줌
- 예 영국의 스토우헤드(stouhead) 풍경정원의 호수경관도 유사한 사례임

QUESTION
18 | 매슬로(Maslow)의 인간 욕구발달단계

Ⅰ. 개요

1. 매슬로의 인간 욕구발달단계 이론은 인간에게 있어 의식주와 같은 생리적 욕구가 우선적으로 충족되어야 다음 단계의 욕구로 진행할 수 있다는 심리학 이론임
2. 인간 욕구발달의 단계는 기본적인 생리적 욕구, 안정 및 질서를 추구하려는 안전 욕구, 소속 욕구, 자존 욕구, 자아실현 욕구 5단계로 구분됨

Ⅱ. 매슬로(Maslow)의 욕구발달 단계

1. 단계 구분과 내용

┃ 인간 욕구발달단계 ┃

2. 매슬로의 욕구위계와 동기

욕구단계	동기
1단계 : 생리적인 욕구	현실로부터의 탈출, 레크리에이션/휴식, 일광욕, 신체적 긴장의 이완, 정신적 긴장의 이완
2단계 : 안전 욕구	건강, 재충전, 자신의 일을 유지하려는 것과 미래를 위한 건강
3단계 : 소속 욕구	가족 간의 단란함, 친척 간의 관계를 강화함, 동료/동반자, 사회적 상호작용의 촉진, 사적인 관계의 유지, 대인관계, 가족 구성원에 대한 애정을 보여줌, 사회적 접촉의 유지
4단계 : 자존 욕구	자신의 업적을 스스로 입증, 지위, 위신/명성, 사회적 인식, 타인에게 있어서 자신의 중요성을 보여줌, 자아(자존심)의 향상/강화, 전문가적인 것/업무, 지위와 위신
5단계 : 자아실현 욕구	인간 본연에 대한(인간성) 탐구와 평가, 자기발견, 내면적 욕구에 대한 만족

QUESTION
19 | 벌라인(Berlyne)의 미적반응과정

Ⅰ. 개요

1. 벌라인의 미적반응과정은 네 단계로 나누어 설명될 수 있는데, 다양한 동기에 의하여 자극을 찾게 되는 자극탐구, 일정 환경적 자극이 전개될 때 특정한 자극을 선택하는 자극선택과

2. 선택된 자극을 지각하여 인지하게 되는 자극해석, 그리고 최종적으로 육체적 혹은 심리적 형태로 나타나는 자극에 대한 반응의 순서로 구분됨

Ⅱ. 벌라인(Berlyne)의 미적반응과정

1. 자극탐구(stimuli seeking)

1) 호기심 혹은 지루함 등의 다양한 동기에 의하여 자극을 찾게 되는 자극탐구

2) 자극탐구 행위는 크게 두 가지 동기에 의해 이루어짐

3) 먹이 혹은 짝을 찾는 것과 같이 생물적 본능과 관계있는 행위

4) 음악 혹은 영화감상과 같이 생물적 본능과 관계없는 행위, 미적행위

5) 미적탐구행위는 호기심에 의하여 일어나기보다는 다양성 추구의 동기

2. 자극선택(stimuli selection)

1) 일정 환경적 자극이 전개될 때 특정한 자극을 선택

2) 인간의 감각기관은 다양한 자극을 받게 되나 특정한 자극만을 선택, 정보를 받아들이고 반응함

3) 이와 같은 자극선택은 '선택적 주의집중'에 의하여 이루어짐

3. 자극해석(stimuli processing)

1) 선택된 자극을 지각하여 인식하게 되는 자극해석

2) 인간은 자극요소 각각보다는 자극의 패턴을 받아들임

3) 즉, 인간은 자극요소 상호 간의 관계성을 지각하게 됨

4. 반응(response)

1) 최종적으로 육체적 혹은 심리적 형태로 나타나는 자극에 대한 반응

2) 미적 반응은 인간의 이상생활에서의 반응과 유사한 형태로 나타남

3) 감정적, 행동적, 구술적, 정신생리적 반응이 있음

4) 미적반응과정을 편의상 네 단계로 나누어 살펴보았으나 실제에 있어서는 이들 단계들이 거의 동시에 일어남

5) 탐구, 선택, 해석, 반응의 각 단계 사이의 시간적 경계를 명확히 긋는다는 것은 거의 불가능. 이들 일련의 과정은 반복적 · 복합적으로 일어남

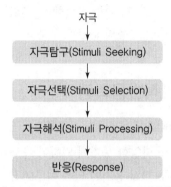

Berlyne의 미적반응과정 4단계

| 도시광장의 건물 높이와 광장 폭 관계이론

Ⅰ. 개요

1. 도시광장은 여러 건축물로 둘러싸인 출입이 자유로운 개방공간으로서 공간조성 시 건물 높이와 폭의 관계에 관한 H : D 이론이 있음
2. 건물 높이와 광장 폭에 관계된 이론은 지테, 메르텐스, 린치, 스프라이레겐 이론가가 주장 했으며 건물 높이와 광장 폭의 변화로 휴먼스케일의 변화를 줄 수 있음

Ⅱ. 도시광장의 건물 높이와 광장 폭 관계이론

1. 지테(C. Sitte)

1) H : D = 1 : 1 또는 1 : 2가 적합
2) 2H > D의 경우 건축물 전체를 조망할 수 없음

2. 메르텐스

1) 2H = D는 앙각 27도로 건물의 전체를 관찰 가능
2) 높이와 거리가 같을 경우 세부적 관찰이 가능
3) 건물군일 경우 3H = D가 필요하다고 주장

3. 린치(K. Lynch)

1) H : D = 1 : 2 또는 1 : 3이 적절함
2) H : D = 1 : 4의 공간은 폐쇄감 완전히 상실

4. 스프라이레겐(P.D. Spreiregen)

1) 관찰시점을 광장에 두고 완전한 위요는 1 : 2
2) 단순한 폐쇄는 1 : 4, 폐쇄감 소멸은 1 : 8

Ⅲ. 도시광장과 비교한 주거단지, 캠퍼스 중정의 적정비례

1. 도시광장 H : D와 주거단지 H : D 차이점

1) 도시광장은 1 : 2~3일 때 최대 시각적 선호

2) 그러나 주기단지, 캠퍼스 H : D는 1 : 5~9일 때 최대 시각적 신호

3) 도시광장은 건축물이 지배적이나 주거단지, 캠퍼스는 더 넓은 옥외공간을 기대하기 때문임

4) 따라서 주거단지, 캠퍼스에서는 도심지에서보다는 한층 여유있는 옥외공간의 확보가 바람직함

2. 주거단지, 캠퍼스 중정의 H : D에 따른 공간적 특성

공간구성의 측면	높이 비 H : D		
	1 : 0~4	1 : 5~9	1 : 10 이상
공간구성요소	인공적 요소(건물)가 지배적	인공적 요소와 자연적 요소가 균형을 이룸	자연적 요소(잔디, 하늘)가 지배적
위요감	높다.	중간	낮다.
공간의 규모	친근감을 주는 규모 (인간적 규모)	중간 규모	대규모 (비인간적 규모)
시각적 선호	증가 →	최대	감소 →

QUESTION 21 | 레크리에이션 기회 스펙트럼 (ROS : Recreation Opportunity Spectrum)

I. 개요

1. 레크리에이션 기회 스펙트럼(ROS)이란 추구하는 레크리에이션 경험을 얻기 위하여 특정 환경에서 특정활동에 참여할 수 있는 기회임
2. 구체적으로 ROS는 이용자가 원하는 레크리에이션 경험을 제공할 수 있는 정도(기회)를 기준으로 토지를 분류한 후, 그 환경에 적절한 레크리에이션 경험의 제공을 목표로 함

II. 레크리에이션 기회 스펙트럼(ROS)

1. 기회 분류에 따른 특성

기회 분류	경험기회	물리적 · 사회적 · 관리적 특성
원시지역 (primitive)	• 다른 사람들이 보이지 않고 소리가 들리지 않아 고적감을 느낌 • 자연과 일부가 된 느낌 • 위험과 도전의 기회가 크고 고도의 기술 요구	• 비교적 큰 규모의 변형되지 않은 자연환경 • 이용의 집중이 적고 규제가 적음 • 필수적인 도구와 장비만 사용하며 편의시설이 없음 • 다른 이용객과의 조우 기회가 낮음 • 기계화된 장비의 사용이 금지됨
차량이용 불가 준원시지역 (semi-primitive non-motorized)	• 어느 정도의 고적감을 느낌 • 자연과의 교감이 높음 • 적당한 수준의 위험과 도전의 기회	• 자연적 환경의 많은 부분이 변형되지 않음 • 이용 집중이 적으나 종종 다른 지역의 이용이 감지됨 • 최소한의 규제가 적용됨 • 자원 또는 이용객 보호를 위한 시설이 제공됨 • 기계화된 장비 사용이 금지됨
차량이용 가능 준원시지역 (semi-primitive motorized)	• 어느 정도의 고적감을 느낌 • 자연과의 교감이 높음 • 적당한 수준의 위험과 도전의 기회	• 자연적 환경의 많은 부분이 변형되지 않음 • 이용의 집중이 적으나 종종 다른 지역의 이용이 감지됨 • 최소한의 규제만 적용됨 • 자원 또는 이용객 보호를 위한 시설이 제공됨 • 기계화된 장비사용이 허용됨

도로가 있는 자연지역 (roaded natural)	• 다른 사람의 이용이 적당히 감지됨 • 위험과 도전의 기회가 중요치 않음	• 자연의 변형과 개발이 눈에 띌 정도이나 자연환경과 조화를 이룸 • 다른 이용객과의 조우 기회가 중간 정도임 • 규제와 규율이 적용됨 • 적당한 편의시설이 제공됨
농촌지역 (rural)	• 동반객 또는 다른 이용객과의 사회적 교류가 빈번함 • 위험과 도전의 기회가 중요치 않음	• 자연환경의 변형이 눈에 띔 • 가까이에 다른 사람이 있거나 소리가 들림 • 이용의 집중이 적당하거나 높음 • 특별한 활동을 위한 시설이 있음 • 자동차를 위한 도로나 주차시설이 있음
도시지역 (urban)	• 동반객 또는 다른 이용객과의 교류가 자연과의 교감보다 중요함 • 위험과 도전의 기회가 중요치 않음	• 배경은 자연적이지만 개발된 도시형 환경으로 구성됨 • 인위적 식생으로 구성되며, 인위적 방법으로 토양 답압을 방지함 • 대규모 이용이 주를 이루며, 전기시설과 수세식 변소가 준비됨 • 규제와 규율의 적용이 심함

2. ROS 적용효과

1) ROS는 구체적인 환경적 조건을 제시하고 있어 토지이용계획이나 자원관리에 활용될 수 있음
2) 이용자들은 원하는 경험이 가능한 곳을 스스로 선택할 수 있어 이용자 간 또는 이용자와 환경 간의 갈등에서 야기되는 경험의 질적 저하와 자원훼손의 가능성을 낮출 수 있고 관리자는 바람직한 이용을 유도할 수 있음

QUESTION 22 | 레크리에이션지역의 계획에서 허용한계 설정 (LAC : Limits of Acceptable Change)

Ⅰ. 개요

1. 레크리에이션지역의 계획에서 허용한계설정(LAC)이란 이용을 통한 변화의 한계를 설정하기 위해 가장 바람직한 조건이 무엇이냐 하는 것임

2. 레크리에이션지역에서 자연 고유성의 질을 인간의 다양한 욕구에 의해 위협받지 않게 하기 위해서, LAC과정은 허용될 수 있는 변화의 한계를 결정하는 것임

Ⅱ. 레크리에이션지역의 계획에서 허용한계설정(LAC)

1. 허용한계설정(LAC) 과정상의 중요한 구성요소

1) 어느 정도의 변화를 받아들일 수 있고 성취될 수 있는지, 자원과 사회적 조건들에 대한 상세한 기술

2) 현재의 조건과 1)에서 판단되어 받아들일 수 있는 조건들과의 관계 분석

3) 1), 2)에서의 조건들을 성취하기 위해 필요한 관리행위 명시

4) 관리의 융통성을 조사하고 평가하기 위한 프로그램 구축

2. 허용한계설정(LAC : Limits of Acceptable Change)의 과정

단계	주 내용	구체적 내용	기타
1단계	지역특성과 이슈에 대한 확인 절차(대상지 문제제기)	• 대중에게서 발생한 문제점 정의 • 자원관리자, 계획자, 정책수립자에 의한 문제점 정의 • 지역적 수요와 공급의 분석 • 지역적·국가적 수준에서 평가될 수 있는 역할과 가치 파악 • 지역의 정확한 특성을 나타내기 위해 요구되는 관리	• 법률적 지침 고찰 • 현 정책 고찰 • 과제 : 각 계층에서 발생한 문제점 중에서 특별한 관심이 요구되는 문제점 파악
2단계	기회자원 등급화 : opportunity class	• 1단계에서 수집된 지역문제들을 검토하고 기회등급의 이름, 수(종류)를 선별 • 공급되기를 바라는 범위의 기회등급 설정(참조 : ROS와 관련됨)	방법 : 관리자가 각 기회등급이 허용되고 적합하도록 자원, 사회, 관리상태의 이야기식 서술

3단계	자원과 사회적 조건의 지표제시	• 관리하고자 하는 자원, 사회적 조건을 나타냄 • 양적인 척도로 나타낼 수 있는 지표 사용	방법 : 측정 가능한 자원적 지표와 사회적 지표의 나열
4단계	현 사회적, 자연자원 조건의 목록화	• 데이터는 도면화, 기록 • 기회등급의 분석과 지표를 표준화하는데 기존자료로서 제공	방법 : 3단계에서의 지표에 의해 현 자원이 갖고 있는 조건으로 분석
5단계	기회등급의 자원에 대한 표준지표	목록화된 데이터를 기준으로 하여 바람직한 표준을 설정	방법 : 지표가 양적이어야 하고, 구체적인 수치 필요
6단계	기회등급에 의한 지표와 표준지표가 설정된 후 허용 가능한 한계설정	대상지의 전체적인 문제를 해결하고 바람직한 기회등급을 이루기 위해 대안적으로 허용 가능한 한계를 설정	방법 : 대안적 허용한계설정을 위해 2단계의 ROS등급 재분류 가능
7단계	실천적 관리수단 제시	각 대안에 대한 관리수단 결정	방법 : 현재의 조건과 바람직한 지표들 간의 차이 확인. 문제있는 부분과 요구되는 관리활동 파악
8단계	각 대안의 비용편익 분석 평가, 최종대안선택	최종선택은 대상지의 문제제기(1단계)에 준한 대상지의 특성과 이슈에 대한 결과로서 관리는 7단계에서 입증된 것이 요구됨	기회등급과 관리프로그램의 최종선택
9단계	선택된 대안실행과 모니터링 프로그램 구축	모니터링은 효율적인 관리행위를 위해 피드백과정을 제공하고, 다른 기준이나 더욱 엄격한 적용이 요구될 때 관리자가 교체되므로 중요	피드백 과정은 전 단계로 가서 반복

QUESTION 23

William Whyte 저서 《The Social of Small Urban Spaces》에서 광장이용률에 영향을 미치는 7가지 요소

I. 개요

1. William Whyte의 광장 이용률에 영향을 미치는 7가지 요소는 사람들, 앉을 공간, 자연요소, 음식, 길, 수용능력, 프로그램임
2. 사람들 요소는 사람들을 모이게 하는 것은 다른 사람들임을 강조, 앉을 공간요소는 이동 가능한 의자가 좋고 전체면적의 10% 확보가 좋다고 함
3. 자연요소는 햇살, 바람, 나무, 물 요소를 언급했고 음식 요소는 음식구매를 위해 사람들이 광장을 이용하게 됨을 설명하고 있음

II. 광장 이용률에 영향을 미치는 7가지 요소

영향요소	내용
1. 사람들	• 광장의 이용범위는 3블록, 여성방문자가 대부분 • 사람들을 모이게 하는 것은 다른 사람들임
2. 앉을 공간	• Setting Spaces가 중요, 전체면적의 10% 확보 • 의자높이는 43cm, 이동 가능한 의자가 좋음
3. 자연요소	• 햇살, 바람, 나무, 물 • 덥고 습한 날씨에도 광장으로 나옴 • 물소리는 외부소음 차단역할을 함
4. 음식	• 스낵바, 커피트레이에서 음식을 구매하기 위해 광장을 이용함 • 전체공간 중 20% 면적이 적당함 • 편의시설의 적정배치가 필요
5. 길	• 인접 보행로와의 연계성이 좋아야 함 • 길을 걷다가 광장의 사람들, 자연요소를 보고 들어가 이용
6. 수용능력	• 광장의 수용능력으로 외부통제가 없이 자율통제가 가능 • 클러스터 형식의 모이는 형태로 나타남
7. 프로그램	• 광대, 거리조각, 거리악사, 거리 퍼포먼스 등 • 흥미를 유발하며 광장이용을 활성화시키는 프로그램

QUESTION
24 경관형성의 우세원칙

Ⅰ. 개요

1. 경관형성의 우세원칙이란 우세요소를 미학적으로 부각시키고 주변대상과 비교되는 원칙으로서 대조, 연속성, 축, 집중, 상대성, 조형이 있음
2. 이 우세원칙은 Litton의 산림경관 유형을 구분하고 이 유형을 지배하는 형태, 선, 색채, 질감 4가지 우세요소에 대한 우세원칙임

Ⅱ. 경관형성의 우세원칙

1. 개념

1) 우세요소를 미학적으로 부각시키고 주변대상과 비교되는 원칙
2) 대조, 연속성, 축, 집중, 상대성, 조형이 있음
3) 우세원칙은 Litton의 산림경관 유형을 구분하고 이 유형을 지배하는 형태, 선, 색채, 질감 4가지 우세요소에 대한 우세원칙임

2. 우세원칙

1) 대조(contrast)
   - 상이한 크기, 형태, 색채, 질감을 서로 대조시킴으로써 두드러지게 보이도록 하는 것
   - 대조는 이질적 요소를 함께 배치하는 것이므로 잘못하면 산만하고 어색한 구성이 되기 쉬움
   - 특정요소를 더욱 부각시키거나 단조로움을 없애고자 할 때 선별적으로 이용하면 바람직함

2) 연속성(sequence)
   - 연속성은 단순한 장면의 모음이 아니라 의도적인 순서의 연결
   - 시작과 끝, 앞과 뒤, 전과 후 등 시차에 의한 대상의 변화와 차이에 의해 나타남
   - 장면의 순서와 구성에 따라서 새로움을 주거나 부각시킬 수 있음

3) 축(axis)
- 시점과 종점을 지닌 일정 폭의 선형의 공간
- 거시적 관점에 주요 경관거점과 거점을 상호연결하여 경관전체적인 차원에서 선형으로 연속된 가시영역
- 경관축 : 조망경관의 보존 및 개방감 확보를 위해 공원녹지, 하천, 도로, 광장, 공개대지, 농경지, 건물 사이 개방공간 등에 의해 설정된 일정 폭을 지닌 선형의 공간축, 개념적으로 통경축과 조망축으로 구분
- 통경축 : 일반적으로 인공시설이 밀집되어 일정 거리의 개방 가시권 확보가 어려운 지역에서 개방감을 높이기 위해 설정한 선형의 개방공간
- 조망축 : 산림, 하천, 특이지형, 역사건조물, 랜드마크, 조형적 건축 · 구조물 등 조망가치가 있는 특정 경관에 대한 가시권을 보호하기 위해 설정한 직선형태의 개방공간

4) 집중(convergence)
- 관찰자의 시선이 경관 안의 어느 한 점으로 유도되도록 구성된 것
- 즉, 초점, 결절점으로 유도
- 초점이 되는 경관요소로는 특이한 형태를 지닌 폭포, 수목, 암석 등의 자연적인 지형지물, 인공적인 경관 조성 시에는 분수, 조각, 기념탑 등이 초점의 역할

5) 상대성(codominance)
- 경관은 보는 사람과 보이는 경관의 이원적 구조 속에서 이루어짐. 같은 경관일지라고 그 구도는 시점에 따라 다름
- 동일한 크기도 가까운 곳에서 볼 때는 대규모 경관장면이 되나, 멀리서 보면 작은 점으로 보임
- 경관은 여러 물리적 조건에 따라 좌우되며 상대적인 판단이 됨

6) 조형(enframement)
- 암벽이나 수목 가장자리와 같은 수직축이 계곡, 길 또는 호수와 같은 평평한 곳과 마주치면서 만들어지는 틀형성, 틀짜기임
- 창을 통해 바깥경관을 바라보는 구도나 동양조경에서 자주 이용되는 차경의 원리도 '조형(enframement)'을 이용한 것임
- vista도 액자효과를 내는 '조형(enframement)'이 있고 한정된 경관을 형성함

QUESTION 25 | 행동유도성(Affordance)

I. 개요

1. 행동유도성이란 인지심리학자 제임스 깁슨이 주창한 개념으로 어떤 상황과 사물의 인상이 자연스럽게 특정 행동으로 이어질 수 있다는 것을 의미함

2. 내용은 이후 도널드 노먼이 지각된 어포던스라는 용어를 사용했는데, 사물의 인지된 속성이 어포던스이고, 이것이 바로 사물이 어떻게 사용되는지 결정한다고 봄

3. 활용과 사례로는 산업디자인, 환경디자인, 건축, 조경 등의 분야에서 활용되고 있으며 문을 여는 방식에 따라 손잡이를 다르게 디자인, 휴식을 유도하게 하는 의자 디자인 등임

II. 행동유도성(Affordance)

1. 개념

1) 인지심리학자 제임스 깁슨(James J. Gibson)이 주창한 개념

2) '공급하다', '가져오다'라는 뜻을 지닌 어포드(Afford)를 명사화한 단어

3) 어떤 상황과 사물의 인상이 자연스럽게 특정 행동으로 이어질 수 있다는 것을 의미

2. 내용

1) 도널드 노먼(Donald A. Norman)은 깁슨의 개념을 유용성의 관점에서 확장해 지각된 어포던스(perceived affordance)라는 용어를 사용했음

2) '지각된'이라는 의미를 강조해 사용자가 깨닫게 되는 과정을 강조하며 깁슨의 개념과 차별화를 두었음

3) 노먼은 사물의 인지된 속성이나 실질적 특성이 곧 어포던스이며, 이것이 바로 사물이 어떻게 사용되는지 결정한다고 보았음

4) 행동유도성 디자인은 어떤 서비스와 시스템을 만들 때 사용자가 디자인된 물건을 직관적으로 보기만 해도 어떻게 사용할지 대략 짐작해 사용할 수 있게 하는 것임

5) 행동유도성 디자인은 물건을 쉽게 쓰도록 인도해주는 장치임

3. 활용과 사례

1) 산업디자인, 환경디자인, 건축, 조경 등에 활용되고 있음

2) 손잡이 디자인
- 문을 여는 방식에 따라 다르게 디자인하는 손잡이
- 문을 밀거나 당기거나, 손잡이을 돌려서 밀거나 등의 다양한 방식

3) 웹 디자인
- 메뉴, 버튼, 아이콘 등이 사용자 눈에 잘 띄도록 배치
- 다음 행동을 유도하게 하는 배치를 적용

3) 경관계획
- 경관에 내재된 어포던스는 경관의 공간구성과 조망거리에 따라 다르게 지각됨
- 지각자의 개인적 특성인 연령에 따라 다르게 지각됨
- 경관을 계획할 때 어포던스를 계획 지표로서 적용 가능
- 사용자 특성에 맞는 시설물을 선정할 때에도 활용
- 어포던스는 근경에서 높게 지각됨
- 고령일 때 자연 경관에서 어포던스를 높게 지각함

QUESTION 26 | 퍼실리테이션(Facilitation)

Ⅰ. 개요

1. 퍼실리테이션이란 집단에 의한 문제해결, 아이디어 창출, 합의형성, 교육학습, 변혁, 자기 표현 등의 모든 지식창조활동을 지원하고 촉진하는 활동임
2. 퍼실리테이터의 역할은 회의를 진행, 커뮤니케이션 장을 형성, 연결고리 역할, 문제해결 촉진 등임
3. 4가지 기법은 프로세스 디자인, 커뮤니케이션, 구조화, 합의형성임

Ⅱ. 퍼실리테이션(Facilitation)

1. 개념

1) 집단에 의한 문제해결, 아이디어 창출, 합의형성, 교육학습, 자기표현 등의 모든 지식창 조활동을 지원하고 촉진하는 활동임
2) 넓은 의미로는 집단에 의한 지적 상호작용을 촉진시켜 바람직하고 창조적인 성과를 끌어내는 행위
3) 구체적으로 설명하면 중립적인 입장에서 팀의 프로세스를 관리하고 팀워크를 이끌어내어 그 팀이 최대한의 성과를 얻을 수 있도록 지원하는 것
4) 그러한 역할을 담당하는 사람을 퍼실리테이터라고 부름

2. 퍼실리테이터의 역할

1) 회의를 진행
   의장이 아닌 퍼실리테이터가 회의를 진행

2) 커뮤니케이션의 장을 형성
   • 사람과 사람을 연결해 팀의 역량을 이끌어냄
   • 사람들의 주체성을 살리고 합리적인 합의를 도출

3) 연결고리 역할
   • 논의가 대립되면 주장이 바르게 전개되도록 유도
   • 문제해결을 촉진, 합의의 질을 고양

3. 4가지 기법(스킬)

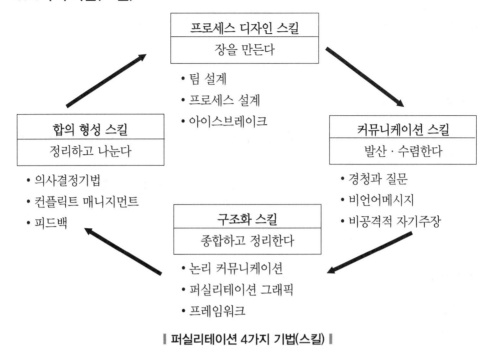

프로세스 디자인 스킬

장을 만든다

- 팀 설계
- 프로세스 설계
- 아이스브레이크

합의 형성 스킬

정리하고 나눈다

- 의사결정기법
- 컨플릭트 매니지먼트
- 피드백

커뮤니케이션 스킬

발산 · 수렴한다

- 경청과 질문
- 비언어메시지
- 비공격적 자기주장

구조화 스킬

종합하고 정리한다

- 논리 커뮤니케이션
- 퍼실리테이션 그래픽
- 프레임워크

‖ 퍼실리테이션 4가지 기법(스킬) ‖

QUESTION 27 | 패럴랙스 효과(Parallax Effect)

Ⅰ. 개요

1. 패럴랙스 효과란 매개요소를 통하여 배경과 전경이 분리되어 발생하는 입체적 효과를 의미함

2. 활용으로 산림과 도시를 대상으로 연구가 진행, 주요 적용사례로 해안림의 경관관리를 들 수 있음

Ⅱ. 패럴랙스 효과(Parallax Effect)

1. 개념

1) 매개요소를 통하여 배경과 전경이 분리되어 발생하는 입체적 효과를 의미함

2) 해안림의 경우 농경지와 주거지, 바다 등이 배경과 전경이 되는 곳에 매개요소가 되므로 경관을 체험하고 관리하는 데 중요한 요소가 됨

2. 활용

1) 산림과 도시를 대상으로 연구 진행

2) 산림경관의 패럴랙스 효과
   패럴랙스 요소의 유무에 따라 열린 경관과 가려진 경관에 대한 인식의 차이가 발생

3) 도시경관의 패럴랙스 효과
   건물과 도로의 외곽선이 형성하는 선의 기울기를 측정하여 도시경관의 시각적 깊이감과 입체감을 형성하는 효과가 발생

3. 주요 적용사례 : 해안림의 경관관리

1) 해안림은 패럴랙스 효과의 매개요소
   • 해안림은 해수욕장, 배후 마을, 경작지의 중간에 위치
   • 해안경관에서 패럴랙스를 형성하는 매개요소가 됨

2) 해안림은 경관 체험과 관리에서 중요 요소
  • 해안림은 농경지, 바다 등 배경과 전경이 되는 곳에 매개요소
  • 해안림에 식재된 곰솔의 솎아베기에 활용

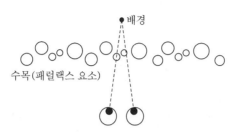

‖ 양안시차를 형성하는 해안림 ‖

젠트리피케이션(Gentrification)의 의미와 사례, 부작용 및 해결방안

I. 개요

1. 젠트리피케이션이란 구도심이 번성해 중산층 이상의 사람들이 몰리면서 임대료가 오르고 원주민이 내몰리는 현상임

2. 사례는 홍대, 삼청동, 신사동 가로수길, 경복궁 옆 서촌, 경리단길, 성수동, 제주 바오젠 거리 등 이른바 핫 플레이스에서 발견되고 있음

3. 부작용은 이 지역에서만 누릴 수 있었던 고유특성을 만들어내던 상점 등으로 인해 유동인구가 늘어나자 기업형 자본들이 들어와 임대료를 높여 가난한 예술가, 기존 거주자들을 몰아내고 있음

4. 해결방안은 젠트리피케이션 공론화, 상생협약 체결 유도, 조례 제정 및 지원강화, 전담 법률지원단 지원, 장기안심상가 운영, 장기저리융자 자산화 전략 등임

II. 젠트리피케이션(Gentrification)의 의미와 사례, 부작용 및 해결방안

1. 의미

1) 구도심이 번성해 중산층 이상의 사람들이 몰리면서 임대료가 오르고 원주민이 내몰리는 현상

2) 지주계급 또는 신사계급을 뜻하는 젠트리(Gentry)에서 피생된 용어로 1964년 영국의 사회학자 루스 글래스가 처음 사용

2. 사례 : 서울시

1) 문화자산지역

대학로, 인사동, 신촌 · 홍대 · 합정지역

2) 전통전승지역

북촌, 서촌

3) 도시재생지역

해방촌, 세운상가, 성수동

4) 마을공동체

성미산마을

3. 부작용

1) 독특한 분위기의 갤러리, 공방, 카페 등의 공간이 생기면서 유명해지면 대규모 프랜차이즈점들도 입점하기 시작해 대규모 상업지구로 변모, 임대료가 오르고 소규모 상인, 주민들은 치솟는 집값, 임대료를 감당하지 못해 떠나게 됨

2) 미래로 갈수록 사람과 문화, 창조력이 중요해지는데 젠트리피케이션은 사람과 문화가 어울려 성장할 수 있는 가능성을 단기적으로 막아버리는 것으로 내실 있는 경제적 번영을 기대할 수 없음

4. 해결방안 : 서울시 젠트리피케이션 종합대책

1) 총괄 대책
   - 젠트리피케이션 공론화
   - 건물주와 세입자 간 상생협약 체결 유도
   - 조례 제정 및 지원 강화
   - 전담 법률 지원단 지원
   - 지역정체성 보존을 위한 앵커시설 확보 · 운영
   - 서울형 장기안심상가 운영
   - 장기저리융자 자산화 전략

2) 지역별 대응방안
   총괄대책을 지역별 특성에 맞게 재구성 추진

3) 도시계획적 수단을 통한 관리방안
   - 도시계획사업계획 수립 시 예방대책 수립
   - 지구단위계획 가이드라인 마련

4) 법령 등 제도개선
   - 상가건물임대차보호법 개정 건의
   - 젠트리피케이션 특별법 제정 건의 및 조례 제정 추진

QUESTION
29 | 스카이사이클(Skycycle)

Ⅰ. 개요

1. 스카이사이클이란 자전거전용 고가도로이며 건축가 노먼 포스터가 제안한 런던의 새로운 교통체계임

2. 스카이사이클의 주요 내용은 런던 외곽의 인구밀집지대와 시내 도심을 연결하는 철로들을 따라 놓으며, 런던 외곽에서 출발해 약 15㎞ 속도로 달릴 경우 30분 이내로 시내 중심가에 도착한다고 함

3. 조성을 위한 선결과제는 막대한 건설비용의 해결, 안전성의 우선적 확보 등이며, 조성효과는 자동차중심의 교통체계에서 친환경적인 새로운 교통체계 도입이 가능함

Ⅱ. 스카이사이클(Skycycle)

1. 개념

1) 자전거전용 고가도로
2) 건축가 노먼 포스터가 제안한 런던의 새로운 교통체계수단

2. 주요 내용

1) 런던 외곽의 인구 밀집지대와 시내 도심을 연결
  - 철로들을 따라 약 10개 구간에 놓임
  - 총길이는 221㎞, 209개 출입지점이 있음

2) 교통 체증을 해결하는 수단
  - 외곽에서 출발해 시속 약 15㎞ 속도로 달릴 경우 30분 이내로 시내 중심가에 도착
  - 구간별 수용인원은 시간당 약 1만 2천 명

3. 조성효과

1) 자동차중심 교통체계에서 친환경 교통체계로 전환
  - 자동차중심의 교통은 배기가스로 인한 대기오염을 유발
  - 친환경 교통체계인 자전거 이용을 촉진

2) 자전거 이용자의 안전성 확보
- 자동차와 자전거 충돌사고 빈번
- 별도의 자전거전용 도로의 필요성 증대

4. 선결과제

1) 막대한 건설비용의 문제

포스터 측은 1차 구간 건설비용으로 약 2억 2천만 파운드를 예상

2) 안전성의 우선적 확보

런던 기후조건에 맞는 안전성 확보가 필수

QUESTION
30 | 일시적 경관

Ⅰ. 개요

1. 일시적 경관이란 대기권의 상황변화에 따라 경관의 모습이 달라지는 경우를 말하며, 설경이나 수면에 투영된 영상 등이 이에 속함

2. 일시적 경관에 관한 이론은 현대적 조경계획에서 Litton의 산림경관 유형분류와 전통적 조경계획에서 차경 유형분류로 볼 수 있음

Ⅱ. 일시적 경관

1. 개념

1) 대기권의 상황변화에 따라 경관의 모습이 달라지는 경우를 말함

2) 설경이나 수면에 투영된 영상 등이 이에 속함

2. 이론

1) 현대적 조경계획 : Litton의 산림경관 유형분류

- "일시적 경관", 세부경관, 관개경관, 초점경관
- 위요경관, 지형경관, 전경관

2) 전통적 조경계획 : 이계성 원야의 차경 유형분류

원차, 인차, 앙차, 부차, "응시이차"

3. 사례

1) 서서울 호수공원

- 비행 소음에 반응하는 호수 내의 분수
- 겨울 설경에 드러나는 수목과 수경관 실루엣
- 수면에 투영된 수목의 영상

2) 담양 소쇄원

- 입구부 대나무숲의 잎이 부딪치는 소리
- 계류의 청량한 물소리, 공감각적인 경관처리
- 겨울 설경의 광풍각, 제월당, 계류, 암반, 수목의 실루엣
- 사계절 변화하는 수목 : 봄(새순, 개화), 여름(신록), 가을(단풍, 낙엽), 겨울(가지의 선, 눈꽃)

옥외에 설치되는 주차장의 유형

Ⅰ. 개요

1. 주차장이란 모든 건설사업의 필수적인 시설물로서 전체 단지계획 차원에서 그 위치와 형태가 결정되도록 설계기준이 규정되어 있음
2. 주차장의 유형은 주차의 위치와 형태에 따라 분류할 수 있으며, 노상주차장, 노외주차장, 부설주차장으로 구분됨
3. 옥외에 설치되는 주차장의 유형은 노상주차장과 노외주차장이 해당됨

Ⅱ. 주차장의 개념과 유형

1. 개념

1) 주차장은 모든 건설사업의 필수적인 요소
2) 전체 단지계획의 차원에서 그 위치와 형태가 결정되어야 함
3) 주차장 계획을 위해서는 법규와 설계기준을 준수
4) 이용자들에게 안전, 편리하며 경관과 환경과 조화되는 설계

2. 유형

1) 노상주차장
   도로의 노면 또는 교통광장의 일정한 구역에 설치

2) 노외주차장
   도로의 노면 및 교통광장 이외의 장소에 설치

3) 부설주차장
   건축물 · 골프연습장 등의 주차수요를 유발하는 건물 내에 설치

Ⅲ. 옥외에 설치되는 주차장의 유형

1. 노상주차장

1) 사무소 · 상점가 · 번화가 등 주차수요가 많은 지역에 설치

2) 노외주차장 및 부설주차장과의 연관성을 고려해 적정하게 분포되도록 함

3) 이용시설에 가까운 근거리에 자동차를 주차함

4) 자주 교통혼잡을 초래, 주차에 어려움이 있으므로 가급적 설치 감소

2. 노외주차장

1) 노상주차장만으로 주차수요를 만족시키지 못할 때에 별도로 설치

2) 가로 이외의 공간에 주변지역의 토지이용현황, 이용자 보행거리 및 보행자 도로상황 등을 고려하여 노외주차장을 설치

3) 유치권 이내의 전반적인 주차수요를 고려

4) 주차대수 50면마다 1면의 장애인 전용주차구획을 설치

5) 주차장의 출입구는 가로교통의 마찰을 피하여 설치

6) 자동차 교통에 미치는 영향이 적은 도로에 출구와 입구를 설치

QUESTION
32 | 정원치유

Ⅰ. 개요

1. 정원치유란 Garden+Healing의 개념으로 정원을 조성하여 치료, 스트레스 완화 등의 치유 기능을 도모하는 행위를 말함
2. 정원치유의 도입은 실내조경, 실외조경, 실외정원에서 원예치료활동을 위해 계획된 공간 으로서 치유정원이었으나, 최근에는 공원조성의 테마가 되고 주거단지조경에 커뮤니티정 원으로 확대되고 있음
3. 활용사례는 병원, 요양원의 실내외정원과 용산국가공원의 치유개념 적용, 가재울 뉴타운 의 팜가든을 들 수 있음

Ⅱ. 정원치유

1. 정원치유의 개념

1) Garden(정원) + Healing(치유)
2) 정원을 조성하여 치료, 스트레스 완화, 정신건강을 유지하려는 치유행위

2. 정원치유의 도입

1) 실내조경, 소규모 실외정원
   - 원예치료활동을 위해 계획된 공간
   - 자연을 이용한 직·간접적 치료와 회복을 돕는 정원
   - 병원, 요양원 등의 공간에 주로 조성됨

2) 공원조성의 테마 : 최근 경향
   - 치료보다 현대인들의 스트레스 완화와 정서적 안정에 집중
   - 자연을 이용한 오감 만족, 웰빙에 대한 관심
   - 산책, 휴식, 자연감상, 가벼운 운동 등의 행위 수용

3) 주거단지의 커뮤니티 정원
   - 공동체문화의 회복
   - 세대 간, 이웃 간의 소통과 교감

3. 정원치유의 활용사례

1) 병원, 요양원의 실내외정원
   - 육체적, 정신적 질병의 치료효과
   - 고령자의 육체적 능력 향상
   - 오감자극 식물 선정, 접근성 증대 포장재
   - 원예치료 시설물 조성

2) 용산국가공원의 '미래를 지향하는 치유의 공원'
   - 미군부대 주둔이라는 역사적 상처의 치유
   - 생태적 치유와 사회적 치유
   - 환경을 회복하고 다양한 문화를 수용

3) 가재울 뉴타운의 팜가든
   - 소규모 팜가든을 단지별로 조성
   - 거주민의 도시농업활동으로 커뮤니티 형성

QUESTION 33 | 로렌스 헬프린(L. Helprin)의 모테이션(Motation) 개념

I. 개요

1. 로렌스 헬프린의 모테이션 개념은 모테이션 심벌이라 불리는 인간행동의 움직임의 표시 법을 고안하여 인간 움직임을 기록하고 동시에 설계할 수 있는 개념임
2. 모테이션 개념은 환경설계에서 연속적 경험의 중요성을 움직임의 표시법으로 주장한 것임

II. 로렌스 헬프린(L. Helprin)의 모테이션(Motation) 개념과 적용사례

1. 모테이션의 개념

1) 모테이션 심벌이라 불리는 인간행동의 움직임의 표시법을 고안
2) 모테이션은 움직임(movement)과 부호(notation)를 합친 일종의 합성어
3) 인간 움직임을 기록하고 동시에 설계할 수 있는 도구
4) 환경설계에서 연속적 경험의 중요성을 움직임의 표시법으로 주장
5) 건물, 수목, 지형 등의 환경적 요소를 부호화하고 진행에 따라서 변화하는 이들 요소를 평면적, 수직적 두 측면에서 기록하고 여기에 시간적 요소를 첨가
6) 진행중심적인 기록방법
7) 비교적 폐쇄성이 낮은 공간(교외, 캠퍼스 등)에 적용이 용이

2. 모테이션 개념 적용사례 : 고속도로 통행의 기록

1) 좌측 하단에 통과로 혹은 전체 배치를 나타내는 도면을 그림
2) 그 상부에 진행(움직임)에 따른 평면도상의 변화를 연속적으로 나타냄
3) 우측에는 진행에 따른 수직적 공간의 변화를 연속적으로 보여줌
4) 그 우측에는 시간경과를 보호로써 기록하였음
5) 이는 무용가인 그의 부인과의 공동연구의 결과로 제안된 것으로서 음악 및 무용의 기록 방법에서 많은 영향을 받았음

34 시각자원 평가방법인 VRM (Visual Resource Management)

Ⅰ. 개요

1. 시각자원 평가방법인 VRM이란 개발행위에 대한 시각적 영향을 최소화하고 미래를 위한 경관적 가치를 유지시키기 위한 시스템임

2. VRM의 단계는 2가지로 분류되며 Inventory(시각자원의 목록화)와 Analysis(시각자원의 대조정도—Contrast Rating)임

Ⅱ. 시각자원 평가방법인 VRM의 개념과 단계

1. VRM의 개념

1) 개발행위에 대한 시각적 영향을 최소화하고 미래를 위한 경관적 가치를 유지시키기 위한 시스템

2) 적절한 단계의 관리를 결정하기 위해 경관적 가치를 평가하고 확인하는 방법을 제공하는 시스템

2. VRM의 2가지 단계

1) Inventory(시각자원의 목록화)

- 목록화 단계는 한 지역의 시각적 자원을 확인하고 그것들을 시각적 자원 목록화 과정에서 사용하는 목록등급에 따라 분류하는 것
- 목록화과정은 일정한 토지의 시각적 매력의 비율과 관계가 있음
- 경관의 질에 있어서의 공공의 관심을 평가하고, 일정한 토지가 여행경로 또는 관찰지점으로부터 보이는지 어떤지를 규정
- 자세한 과정은 'BLM Handbook, Visual Resource Inventory'에서 볼 수 있음

구분	내용
Class Ⅰ Objective (1등급 대상)	• 경관이 가지고 있는 특성을 보존하기 위함 • 특성 있는 경관을 위한 변화의 단계는 매우 낮아야 하며 주의를 끌지 말 것
Class Ⅱ Objective (2등급 대상)	• 존재하는 경관의 특성을 계속 유지시키기 위함 • 특징적인 경관을 위한 변화의 단계는 낮아야 함
Class Ⅲ Objective (3등급 대상)	• 존재하는 경관의 특성을 부분적으로 유지하기 위함 • 특징적인 경관을 위한 변화의 단계는 보통 정도로 적절해야 함
Class Ⅳ Objective (4등급 대상)	• 존재하는 경관특성의 대대적인 변경이 요구되는 관리활동이 필요함 • 특징적인 경관을 위한 변화의 단계는 높음

2) Analysis(시각자원의 대조정도-Contrast Rating)
- 분석에는 시각적인 Contrast Rating 과정이 사용됨
- 형태, 선, 컬러, 텍스처 등의 기본적인 디자인 요소로 표현된 존재하는 경관 속의 주 특징들과 계획안의 특징들을 비교하는 것
- 자세한 과정은 'BLM Handbook, Visual Resource Contrast Rating'에서 확인할 수 있음
- 이러한 분석은 시각적인 영향을 해결하는 데 지침으로 이용될 수 있음
- 단순히 시각적 영향을 감소하는 목적이 아니라 어느 정도 받아들이고 부정할 것인가에 대한 지침이 될 수 있으며, 제안을 수용하기 위한 추가적인 완화조항을 덧붙이는 선택을 할 수도 있음

QUESTION 35 | 리인벤터 파리(Reinventer Paris)

Ⅰ. 개요

1. 리인벤터 파리란 파리시가 소규모 공지, 도로상부 등 저이용되는 시 소유 유휴공간을 활용하여 혁신적 건축물을 조성하는 사업임
2. 주요 내용은 2014년 리인벤터 파리 설계 공모전 진행, 22개 당선작 선정 후 공사 진행 중이며, 저이용되는 시 소유 유휴공간을 활용한 혁신적 도시개발사업이라는 점임

Ⅱ. 리인벤터 파리(Reinventer Paris)

1. 개념

파리시가 소규모 공지, 도로상부 등 저이용되는 시 소유 유휴공간을 활용하여 혁신적 건축물을 조성하는 사업

2. 목적

도시 유휴부지를 활용하여 주거, 도시밀도, 도시양극화, 친환경 등을 고려한 혁신적인 도시 조성

3. 의의

1) 민간기업과 건축가가 협력하여 시 유휴자산에 새로운 가치 부여
2) 건축가가 주축이 된 팀이 프로젝트의 프로그램, 운영 등 제반사항을 직접 제안
3) 오래된 이미지를 탈피하고 현대사회의 변화를 반영
4) 시장이 중요시하던 연대, 지속가능성 등의 가치 반영

4. 주요 내용

1) 리인벤터 파리 설계공모 진행
   2014.11.~2016.2.

2) 23개 대상지로 동시 공모전 추진
   22개 당선작을 선정하여 인허가 및 공사 진행 중

3) 당선작 중 '천 그루의 나무', '다층도시' 사례
- 도로상부에 입체적 복합단지를 지어 활용
- 지역 간 단절을 극복한 사례

4) 준공작은 '철길농장'
폐선된 철로의 인접 유휴부지를 활용

5. 시사점

1) 리인벤터 서울(서울형 저이용 도시공간 혁신사업) 실행
- 서울형 저이용 도시공간 혁신사업 2018년 12월에 발표
- 시범사업 2곳(서대문구 연희동, 은평구 증산동) 설계 착수
- 경의선숲길 끝의 교통섬 유휴부지, 증산동 빗물펌프장 유휴부지
- 시범사업지 외에도 추가적 전략 대상지 확보
- 장기적으로 대규모 민간투자사업으로 확대할 구상

2) 서울이 직면한 도시개발 문제점 해결
서울시는 기존 공간을 활용한 입체개발을 통해 서울이 직면한 가용 토지 부족과 평면적 도시개발의 문제점을 해결

3) 도시 단절의 회복, 도시공간의 재창조
- 도로 · 철도 같은 시설로 인한 도시의 지역 간 단절을 회복
- 도시공간을 재창조해나간다는 목표

역공간(Liminal Space)

Ⅰ. 개요

1. 역공간이란 공적인 것과 사적인 것, 문화와 경제, 시장과 장소 등이 가로지르고 결합하는 공간으로 모호성, 경계성, 역전성을 지님

2. 역공간은 역치성이 핵심 개념이며, 현대 도시공간에서 자연과 인공, 공적 가치와 사적 이용 등 둘의 영역이 혼재되면서 역치성을 지님

3. 역공간의 개념은 현대도시 공공공간의 활성화에 기여하고 있으며, 뉴욕의 브라이언트파크, 트럼프타워, 타임스퀘어 등을 대표적 사례로 설명할 수 있음

Ⅱ. 역공간(Liminal Space)

1. 역공간의 개념

1) 문화인류학의 개념으로 혼성적 특성과 다층성을 지님

2) 샤론 쥬킨(Sharon Zukin)은 역공간은 '공적인 것과 사적인 것, 문화와 경제, 시장과 장소 등을 가로지르고 결합하는 공간'이라고 표현

3) 역공간의 특징은 모호성, 경계성, 역전성

2. 역공간의 특성

1) 사적 공간과 공적 공간의 경계가 허물어진 상태
   공적 영역이나 사적 영역으로 구분될 수 없는 애매한 중간 상태가 존재한다는 점을 강조

2) 역치성(Liminality)이 핵심
   - 인류학자 빅터 터너(Victor Turner)가 고안
   - 현 위치를 버리고 다른 위치를 취하기 이전의 중간 상태
   - 문턱이나 변화하는 상황을 지칭하는 용어
   - 현대 도시공간은 자연과 인공, 공적 가치와 사적 이용, 범세계적 시장과 지역적 장소 사이로 스며들어가 이 둘의 영역이 혼재되면서 역치성을 지니게 됨
   - 역치성은 현대의 공공공간을 설명하는 유용한 개념

3) 역공간은 공공공간을 활성화
- 시민들이 상호소통하고 만나고 삶을 즐기는 공간으로 활성화
- 역공간은 공공공간을 사유화시키는 측면도 지님
- 쇼핑장소는 역공간의 시장이 현대적으로 변환한 예
- 파리의 상젤리제 가로 사례 : 공적 영역과 사적 영역이 긴밀하게 공생하도록 공간 기획, 카페와 같은 상업적 공간이 공적 거리를 점유하면서 가로의 활성화에 기여

3. 역공간의 개념 적용 : 뉴욕 공공공간 사례

1) 공원 : 브라이언트 파크(Bryant Park)
- 1990~1992년 사이 재조성
- 뉴욕시의 재정위기와 운영관리 예산부족으로 만간단체인 '브라이언트 공원 복원협회'가 재조성 주체
- 물리적 디자인을 리모델링+이벤트 중심의 프로그램을 마련
- 음악 콘서트, 패션쇼, 예술 공예품 전시회 등 유치, 옥외 카페
- 프로그램들은 주변 기업들과 연계, 파트너십 구축
  예 무선인터넷(Google), 책 읽는 공간(HSBC), 파라솔(Evian)
- 시민들의 취향을 민간부문의 개입으로 충족, 공동체적 공유를 하는 역치성이 존재
- 이동식 의자들은 개인적 자유로움이 보장되면서 개인과 공공이 혼재하는 역공간의 대표적인 사례

2) 건축물 내부 매개공간 : 트럼프타워
- 복합주거 상업공간으로 실내형 아트리움 공간
- 사유화된 공공공간이 공공에게 제공되면서 인센티브로 용적률을 향상시켜 조정하게 됨
- 매일 오전 8시부터 오후 10시까지 시민들에게 무료로 개방
- 실내에 식물과 휴게를 위한 벤치, 카페 등을 조성
- 관리를 위한 사용시간 제한, 행위 제한으로 역공간 특성을 지님

3) 가로광장 : 타임스퀘어
- 건축물의 집합체와 가로, 도로, 광장 등이 포함
- 상업광고물이 밀집, 디지털전광판이 도시의 스펙터클을 형성
- 1월 1일에 대규모 인파가 군집한 카운트다운
- 티켓부스 리모델링으로 사람들이 쉴 수 있는 전망공간 조성
- 하나의 이미지 중심의 공공공간
- 사적 영역이 집합적으로 형성된 경관에서 공공적인 소통의 가능성을 찾아야 하는 역공간의 하나의 사례

37 | 노인주거환경의 외부공간디자인 체크리스트

Ⅰ. 개요

1. 노인주거환경이란 노인의 신체적 · 사회적 · 심리적 특성을 고려하여 조성된 주거환경으로서
2. 노인주거환경의 외부공간디자인 체크리스트는 입지여건, 시설의 안전성, 기후조건, 사회심리적 환경, 무장애디자인, 길찾기, 정원만들기, 운동 및 산책, 주차 및 서비스로 구분해서 설명함

Ⅱ. 노인주거환경의 외부공간디자인 체크리스트

1. 노인주거환경의 개념

1) 노인의 신체적 · 사회적 · 심리적 특성을 고려하여 조성된 주거환경
2) 노인주거건축 조성 시 외부공간디자인이 중요

2. 노인주거환경의 외부공간디자인 체크리스트

구분	체크리스트
입지여건	• 입지여건에 따라서 시설 유형을 반영 • 입지 선정 시 대지의 형태, 지형, 주거기반시설의 공급 여부, 자연환경 등의 여건을 고려 • 입주자가 생활에 불편함이 없도록 생활편의기능을 최대한 반영 • 시설과 병원 간의 거리는 응급 시 3~5분, 교통체증 시 15분 이내 접근 가능하도록 함 • 대중교통과의 연계가 가능하도록 입지선정
시설의 안전성	• 시설 외부로부터의 안전을 확보 • 시설의 출입구 단일화, 입주자전용 출입구 설치, 입주자의 안전을 확보 • 시설의 안전을 위해 24시간 단지 순찰 서비스나 야간 경비요원을 상주시킴 • 시설입지의 성격에 따라 안정성 확보를 디자인에 반영 • 단지 내에서 입주자끼리 서로 감시할 수 있도록 공간을 계획 • 주거 유닛의 창문을 통해 단지를 시각적으로 감시할 수 있도록 함
기후조건	• 노인은 기후에 민감하므로 디자인 계획 시 시설입지의 기후를 반영 • 외부와 내부가 만나는 곳에 전이공간을 계획 • 건물 입구에는 캐노피나 차양을 설치하여 그늘이 지도록 계획 • 자연적 재료를 사용하여 벤치나 외부휴식공간을 조성 • 외부공간은 자연과 최대한 유기적으로 연결시켜 디자인

구분	체크리스트
사회심리적 환경	• 노인의 사회심리적 욕구를 반영할 수 있는 사회적 공간을 계획 • 심리적으로 안정감을 줄 수 있는 자연친화적인 외부공간을 계획 • 휴먼스케일에 입각한 친밀한 외부공간을 구성 • 외부공간에서 사회적 모임을 가질 수 있는 장소를 계획 • 주거 유닛마다 발코니를 설치하여 외부공간을 접할 수 있도록 배려 • 날씨 변화에 대응할 수 있도록 발코니에 블라인드나 스크린을 설치
무장애 디자인	• 외부공간 계획 시 무장애(Barrier−Free)디자인을 실현 • 경사로는 최대한 1 : 12 비율이나 1 : 20으로 계획하는 것이 노인의 신체적 특성상 바람직 • 미끄러짐을 방지할 수 있는 건축재료를 선정 • 경사로나 계단에는 핸드레일을 설치 • 대규모단지에서 건물과 건물 사이를 연결시켜주는 지붕이 설치된 보행로를 계획 • 휠체어를 탄 노인이 외부공간을 이용할 수 있도록 완만한 경사로와 단차가 없는 동선을 계획 • 노인의 신체적 특성을 반영한 안내표지판을 계획
길찾기	• 시설 외부에서 길을 잃지 않도록 안내표지판을 설치 • 외부공간의 위계적 디자인으로 공간을 인지하기 쉽도록 함 • 안내표지판의 글씨는 노인이 읽기 쉽도록 색채계획과 크기계획을 함 • 외부공간에 랜드마크적 요소를 둠으로써 길잃기를 방지 • 시각적인 초점이 될 수 있는 수직적 요소를 계획하여 길찾기의 중심역할을 할 수 있도록 함 • 외부공간의 성격에 따라 바닥의 포장재료나 패턴을 달리하여 자신의 위치를 기억하기 쉽게 함 • 조각상이나 의자, 그리고 가로등과 같은 물리적인 디자인요소를 적절히 배치하여 길잃기를 방지
정원 만들기	• 시설 외부에 정원을 계획하여 자연을 접할 수 있게 함 • 입주자마다 정원을 꾸밀 수 있도록 정원 만들기 프로그램을 계획하여 정원을 개인마다 할당 • 채소 기르기와 같은 여가생활을 할 수 있도록 생활정원을 계획 • 정원에서 쉴 수 있도록 벤치를 계획 • 밤에 정원에 나가 쉴 수 있도록 안전을 고려하고 가로등을 설치 • 시설의 유형과 입지여건에 따라 정원의 기능과 디자인은 달라지므로 입주자의 건강상태에 따라 정원을 계획 • 도심형의 시설은 시설옥상에 정원을 계획할 수 있음 • 치매노인시설의 경우 노인이 거닐 수 있는 외부정원을 만들고 내부에서 환자의 행동을 관찰할 수 있도록 계획

구분	체크리스트
	• 정원은 입주자가 편하게 쉬고 심리적으로 안정을 가질 수 있도록 조경계획에 신경을 씀 • 가족 방문 시 입주자와 함께 정원에 나가 쉴 수 있는 공간을 계획
운동 및 산책	• 어린이 방문자를 위한 외부공간을 시설의 성격에 따라 계획 • 어린이 놀이공간과 입주자의 외부공간은 물리적으로 분리하도록 함 • 입주자의 건강을 위해 운동할 수 있는 외부공간을 조성 • 단지 내 산책로를 계획하여 안전하게 운동할 수 있도록 함 • 산책로를 순환형으로 만들어 길잃기를 방지 • 산책로 중간에 쉴 수 있는 휴식공간이나 벤치를 계획 • 산책로 도중에서 시설로 돌아올 수 있도록 우회로를 계획 • 산책로가 시작되는 지점에 조그마한 파빌리온 같은 물리적 공간을 계획 • 산책로에는 요철구간이 없어야 하며 보행감이 좋은 재료로 평탄하게 함 • 산책로는 시설건물의 외벽으로부터 어느 정도 떨어진 곳에 계획하여 입주자의 프라이버시를 배려 • 산책로상에서 자연환경을 쉽게 접할 수 있도록 외부정원과 적절한 연계를 가질 수 있도록 함 • 산책로상에 야간조명을 위한 가로등을 설치하여 안전을 확보 • 산책로상에서 입주자가 심리적인 안정감을 가질 수 있도록 시설이 보일 수 있는 조경계획을 고려
주차 및 서비스	• 단지 내 동선은 보행동선과 차량동선을 분리계획 • 응급 시 차량이 현관 입구까지 접근할 수 있도록 함 • 주차장과 시설과는 접근이 편리하도록 함 • 단지 내 주차동선은 순환할 수 있도록 함 • 거주 유닛이나 시설의 공용공간에서 주차장을 감시할 수 있도록 함 • 주차장계획은 조경계획과 동시에 이루어지도록 하여 외부공간이 너무 딱딱한 분위기가 나지 않도록 함 • 시설 입구 쪽에는 최소한의 주차계획을 하여 장애인용 주차공간을 배치 • 시설의 성격에 따라 주차장에 지붕을 설치하여 기후에 대응하도록 함 • 방문자를 위한 단기간용 주차대수는 100세대까지 6대, 101~200세대까지는 10대, 201~300세대까지는 12대의 주차공간을 확보 • 서비스동선은 시설배면에 위치시켜 입주자의 시각에서 벗어나도록 함

QUESTION 38 | 적지분석과정

I. 개요

1. 적지분석이란 일정한 지역을 계획목적에 맞게 사용하기 위해, 그 지역의 고유한 생태적 특성을 바탕으로 다양한 후보지역을 비교 · 분석하고 도면화하여 적지를 찾아내는 체계적 분석기법임

2. 적지분석의 특징은 계획이 시작되기 전에 수행, 분석대상이 자연요소와 인문 · 사회적 요소를 포함, 용도를 미리 설정한 후 지역을 설정 가능함

3. 적지분석과정은 사회적 가치파악, 기존 토지이용분류, 기회가치 파악과 제한가치 파악, 관련 자연요소 분석, 도면화, 적지 도출 순서임

II. 적지분석과정

1. 적지분석의 개념

1) 적지분석이란 일정한 지역을 계획목적에 알맞은 용도로 사용하기 위하여 그 지역의 고유한 생태적 특성에 미칠 영향을 바탕으로 함

2) 다양한 후보지역들의 상대적 가치를 비교 · 분석하고, 그 지역들이 갖는 잠재적 가능성와 위험성을 도면으로 나타냄

3) 이로써 토지이용계획을 합리적으로 수립하고, 설계나 토지이용의 규제를 위한 지침을 제시함

4) 특별한 환경취약지구에 대한 공공투자를 유도하는 등의 기능을 갖는, 지역의 용도 설정에 관한 체계적 분석기법임

2. 적지분석의 특징

1) 그 과정이 환경영향평가와는 대조적으로 계획이 시작되기 전에 행해지게 되고, 계획을 위한 의사결정에 초점이 주어짐

2) 국토지리정보체계와 비교하여 분석대상이 자연적인 현상에만 국한되지 않고 인문 · 사회적 요소까지도 포함함

3) 용도를 미리 설정한 후, 그에 따라 지역을 설정할 수도 있는 융통성을 갖음

3. 적지분석과정

1) 가치의 파악
사회형성과정 조사를 통해 기존의 토지이용 및 이용자들의 가치, 즉 이용자들이 필요로
하는 바를 분석 · 파악

2) 가치와 자연요소의 관련성 분석
일정토지이용에 대해 이용자가 필요로 하는 사항(**예** 전망, 일조 등)들이 어떤 자연요소
와 관련을 맺는가를 분석(기회성 분석)

3) 바람직한 자연요소의 추출과 도면화
바람직한 요소들만을 모아서 도면중첩법(Overlay Method) 등을 통해 도면화하고 어느
지역이 일정토지이용에 대하여 바람직한 인자를 많이 지니고 있는가를 파악

4) 제한성과 자연요소의 관련성 분석
일정토지이용에 대하여 본질적으로 나쁜 영향을 미치는 자연요소
예 홍수위험, 배수불량 등)의 파악(제한성 분석)

5) 제한요소의 추출과 도면화
제한요소들만을 모아서 역시 도면중첩법 등을 통하여 도면화하고 어느 지역이 일정토
지이용에 대하여 제한성을 많이 지니고 있는가를 파악

6) 기회성과 제한성의 종합
기회성 도면과 제한성 도면을 작성하고 이를 중첩하여 토지이용의 적합도를 산출

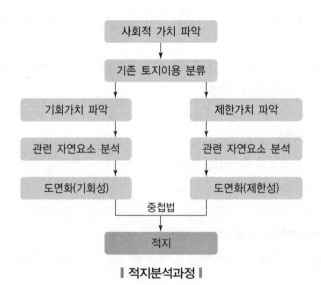

┃ 적지분석과정 ┃

QUESTION 39 | 행태적 분석모델(PEQI 모델, 순환모델, 3원적 모델)

Ⅰ. 개요

1. 행태적 분석이란 이용자들의 행태에 기초한 환경설계를 수행하는 것으로, 행태적 분석과정은 필요성의 파악, 행태기준 설정, 대안연구, 설계안 발전의 단계로 진행됨
2. 행태적 분석모델에는 PEQI 모델, 순환모델, 3원적 모델이 있음
3. PEQI 모델은 환경의 질에 대한 이용자들의 반응을 환경설계에 적용시킨 것, 순환모델은 설계 프로젝트가 끝난 후에 이용 상태에 대한 평가를 하는 것, 3원적 모델은 설계과정을 하나의 차원으로 놓고 장소 및 환경적 현상을 다른 두 개의 차원으로 놓아 상호 비교하는 모델임

Ⅱ. 행태적 분석모델(PEQI 모델, 순환모델, 3원적 모델)

1. 행태적 분석의 개념 및 과정

1) 개념
- 이용자들의 행태에 기초한 환경설계를 수행하는 것
- 인간행태를 보다 효과적으로 수행하기 위한 환경설계

2) 과정
필요성의 파악, 행태기준 설정, 대안연구, 설계안 발전의 네 단계

- 필요성 파악
  - 필요성은 곧 문제점임
  - 문제점의 파악이 환경설계의 출발점
  - 필요성 및 욕구의 파악은 이용자에 대한 조사 및 연구, 이용자의 설계과정에의 참여를 통해 이루어짐
- 행태기준 설정
  - 문제점 파악에 따른 목표설정단계
  - 이용자 행태를 적절하게 수용하기 위한 기준들을 기술
  - 이 기준은 기능적 · 생리적 · 지각적 · 사회적 측면으로 분류
- 대안연구 : 전 단계에서 설정된 행태기준에 따라 여러 대안의 가능성을 검토, 상호 비교연구, 평가를 통해 이용자 행태에 적합한 안을 설정

• 설계안 발전 : 선정된 대안을 구체적으로 발전시켜 시공이 가능한 안을 완성시키는 단계

2. 행태적 분석모델

1) PEQI 모델

• PEQI(Perceived Environmental Quality Index) 모델은 지각된 환경의 질에 대한 지표를 의미
• 환경의 질에 대한 이용자들의 반응을 환경설계에 적용시킨 것임
• 주로 제한응답설문을 사용하며, 생리적 · 사회적 · 시각적 환경에 관련된 항목을 포함
• 환경의 질에 대한 측정기준을 설정하여 체계적 · 객관적인 환경설계를 수행할 수 있는 기반을 조성하기 위한 것

2) 순환모델

• 설계 프로젝트가 독립된 과제로서 처리되어 끝나지 않고 프로젝트가 끝난 후에 이용 상태에 대한 평가를 하여 다른 프로젝트에서보다 개선된 설계안을 만드는 데 기여하도록 하는 제안
• 순환모델은 설계과정을 프로그램, 디자인, 시공, 이용, 평가의 다섯 단계로 나누고 이러한 단계가 프로젝트를 통해 순환적으로 일어난다고 봄

3) 3원적 모델

• 설계과정을 하나의 차원으로 놓고 장소 및 환경적 현상(혹은 행태적 과정)을 다른 두 개의 차원으로 놓아, 상호 비교함으로써 설계자와 행태과학자의 특성을 구분하여 동시에 설계과정을 설명하고자 하는 것임
• 장소의 차원 : 가정, 근린주구, 커뮤니티, 도시 등과 같이 다양한 규모의 지역적 · 사회적 단위를 포함
• 행태적 과정의 차원 : 프라이버시, 개인적 공간, 영역 등을 포함
• 설계과정의 차원 : 앞서의 순환모델과 같은 프로그램, 디자인, 시공, 이용, 평가의 단계를 포함

QUESTION
40 | 야간경관계획의 목표

Ⅰ. 개요

1. 야간경관계획이란 「경관법」에 따라 수립되는 경관계획의 하나로서, 도시의 주간경관계획과의 연계 고려, 「인공조명에 의한 빛공해 방지법」과 연계한 환경친화적 야간경관조성계획, 지역적·환경적 가치 보전 및 관리의 효율성 도모를 위해 수립하는 계획임
2. 야간경관계획의 목표는 안전성, 쾌적성, 지역성, 정체성, 환경친화성 등임
3. 내용은 야간경관권역계획과 야간경관지역별 계획을 제시하며, 야간경관권역계획은 경관계획의 경관권역을 반영, 야간경관지역별 계획은 도로축, 수변축, 시가지축에 대한 색온도계획 및 빛의 레벨계획을 수립함

Ⅱ. 야간경관계획의 개념 및 목표

1. 개념

1) 「경관법」에 따라 수립되는 경관계획의 하나
2) 도시의 주간경관계획과의 연계 고려, 「인공조명에 의한 빛공해 방지법」과 연계한 환경친화적 야간경관 조성계획, 지역적·환경적 가치 보전 및 관리의 효율성 도모를 위해 수립하는 계획

2. 목표

1) 안전성
   - 범죄예방, 시민보호 방지대책
   - 보행자들이 안전하게 생활할 수 있는 조명환경 조성

2) 쾌적성
   - 쾌적한 야간경관 조성
   - 시민과 관광객을 위한 편안하고 안전한 조명

3) 지역성
   - 도시의 특색 있는 공간을 창출
   - 건축물조명, 도로조명, 오픈스페이스조명, 토목구조물조명, 발광광고물에 해당하는 요소별 계획을 실시

- 경관권역별, 지역별 특성에 맞는 관리
- 도시의 자연경관과 역사문화경관을 중심으로 새로운 미래가치를 창출
- 야간경관 연출의 실행력 강화를 위해 야간경관 가이드라인 마련

4) 정체성
- 주간경관과 연계된 빛을 조성
- 경관 특화대상지와 연계된 야간 프로그램을 활성화
- 야간경관을 브랜드화, 경제적 가치를 창출
- 특정지역별로 야간경관 연출을 하여 지역성을 고양

5) 환경친화성
- 「인공조명에 의한 빛공해 방지법」에 따른 경관계획
- 자연경관권역에 해당하는 지역의 생태계를 고려한 빛환경 조성

Ⅲ. 야간경관계획의 내용

1. 야간경관권역계획

1) 야간경관자원특성, 행정구역, 상위계획 등에 대한 검토를 통해 야간경관권역을 설정
2) 야간경관권역은 산림경관권역, 전원경관권역, 중심시가지경관권역, 산업경관권역, 해안경관권역 등으로 구분

야간경관권역의 구분

구분	계획내용
산림 경관권역	보전녹지, 자연경관보전지역, 생태가치가 높은 자연녹지 및 관리지역이 위치한 산지경관으로 자연을 배려한 절제된 빛을 조성
전원 경관권역	주로 전원녹지지역이 위치하는 곳으로 생태계를 고려한 편안한 빛환경을 조성
중심시가지 경관권역	전용주거지역, 일반주거지역, 준주거지역, 일반상업지역 등이 위치한 시민들의 주거공간으로 주로 밝고 안전하며 쾌적한 거리를 위한 시가지야간경관 조성
산업 경관권역	산업단지만의 야간경관으로 특화 조성, 단지 내의 우범화 방지를 위한 가로조명 연출
해안 경관권역	해안 생태환경을 고려한 빛공해 방지 및 야간경관관리, 다양한 야간경관 조망권 확보와 친환경적인 야간경관 형성

2. 지역별 야간경관계획

1) 색온도계획
- 도시의 야간경관 정체성을 확립하기 위해 색온도계획이 중요
- 도로조경, 건축물조명, 오픈스페이스, 토목구조물, 문화재에 따른 색온도계획
- 주요 도로는 4,000~5,000K, 수변가로는 3,000~4,000K, 오픈스페이스 3,000~5,000K, 토목구조물 3,000~4,300K, 문화재 2,000~3,000K을 적용

2) 지역별 빛의 레벨계획
- 향후 조명환경관리구역 지정을 고려하여 모든 지역의 빛환경 측면에서 관리수준의 등급을 시각적으로 표현
- LEVEL 1지역 : 제1종 조명환경관리구역 예정지역, 보전녹지 및 자연환경 보전지역, 생태가치가 높은 자연녹지 및 관리지역, 제1종으로 지정
- LEVEL 2지역 : 제2종 조명환경관리구역 예정지역, 기타 녹지역 및 관리지역이 해당
- LEVEL 3지역 : 제3종 조명환경관리구역 예정지역, 전용주거지역, 일반주거지역, 준주거지역 등 시민들의 주거공간이 해당
- LEVEL 4지역 : 제4종 조명환경관리구역 예정지역, 상업 및 공업 활동을 위해 일정수준 이상의 인공조명이 필요한 곳으로 상업지역과 공업지역이 해당

QUESTION 41 | 공동체 정원조성사업

Ⅰ. 개요

1. 공동체 정원조성사업이란 주민 제안을 통해 공동체에 녹화재료 또는 보조금을 지원하여 시민들이 스스로 일상생활 속에서 꽃과 나무를 심고 가꾸는 문화를 정착하기 위한 사업임

2. 공동체 정원조성사업의 내용은 서울시의 공동체 정원조성 주민제안사업이 대표적 사례이며, 지원은 총 2개 분야로서 녹화재료 지원과 보조금 지원임

Ⅱ. 공동체 정원조성사업

1. 개념

1) 주민 제안을 통해 공동체에 녹화재료 또는 보조금을 지원하여 시민들이 스스로 일상생활 속에서 꽃과 나무를 심고 가꾸는 문화를 정착하기 위한 사업임

2) 서울시의 공동체 정원조성 주민제안사업이 대표적 사례

3) 서울시는 '서울, 꽃으로 피다' 캠페인의 일환으로 실행

4) 2014년부터 시행한 사업

2. 내용

1) 지원 분야
   - 녹화재료 지원 : 꽃, 나무, 비료 등 지원, 총 400개소에 최대 200만 원 지원
   - 보조금 지원 : 총 50개소에 재료비, 사업진행비 등 개소당 최소 500만 원에서 2천만 원을 지원, 자부담비율 10%

2) 지원 예산
   약 13억 원

3) 지원 대상
   - 5인 이상의 공동체(주민, 조직)
   - 서울시민, 생활권이 서울인 사람, 서울지역 내 사업대상지 소재

4) 사업 선정
   - 제출서류 중심으로 1차 자치구 현장방문 실시 → 2차 서울시 공동체 정원조성 주민제안사업 선정 심사위원회에서 자치구 의견과 서류 등 종합 검토 후 선정
   - 선정기준 : 경관성, 지속성, 공공성, 공동체성 등

QUESTION 42 | 녹색깃발상(Green Flag Award)

I. 개요

1. 녹색깃발상(Green Flag Award)이란 1996년 영국에서 처음 출시된 녹지평가 도구로서 현재까지도 시행되고 있음

2. 녹색깃발상은 데스크평가와 현장평가로 나누어지며 데스크평가는 9가지 평가지표를, 현장평가는 8가지 중요 평가지표와 더불어 총 27가지 세부항목으로 구분됨

II. 녹색깃발상(Green Flag Award)

1. 개념 및 목적

1) 개념
- 1996년 영국에서 처음 출시된 녹지평가도구로서 현재까지도 시행되고 있음
- 점수화된 지표로 평가하고 시상을 진행
- 1996년 잉글랜드에서 최초 시행 이후 웨일즈, 스코틀랜드, 북아일랜드까지 영국 전 지역으로 확대
- GFA평가를 통해 수상된 녹지공간의 수는 1997년 7개의 수상을 시작으로 2016년 1,686개의 녹지공간이 수상함

2) 목적
- 녹지평가를 통해 공원과 녹지공간의 질을 향상
- 더 좋은 공원을 만들기 위한 촉진제
- 질 높은 공원과 녹지공간의 제공으로 이용자들의 기대에 부응

2. 내용

1) 평가방법
- 크게 데스크평가와 현장평가로 나누어짐
- 데스크평가는 8가지의 중요 평가지표
- 현장평가는 8가지 중요 평가지표와 함께 총 27가지 세부항목으로 구성
- 주요 특징은 커뮤니티 참여의 강조에 있음
- 커뮤니티 참여는 녹지공간의 질적 향상을 주도하는 주체가 됨

- 또한, 자치단체와의 협력을 통해 녹지공간에 대한 주인의식 고취
- 비용 절감에 큰 역할, 전략적 녹지경영에 이바지

2) 평가 사례

- 에든버러
  - 에든버러는 영국 스코틀랜드의 수도
  - 2007년 처음으로 GFA에 참가, 2개의 녹지공간에서 수상
  - 2010년 13개의 공간에서 수상
  - 계속하여 GFA를 바탕으로 하는 녹지평가 및 경영으로 변화
  - 녹지평가를 통해 저하되는 공원의 질을 효과적으로 관리
  - 자치단체와 커뮤니티의 참여를 통해 공원 발전에 이바지
- 세필드
  - 세필드는 영국 잉글랜드의 대도시
  - 2016년 14개의 녹지공간에서 GFA를 수상
  - 녹지관리 및 향상에 대해 관심이 높은 도시
  - 공원, 정원, 레크리에이션 그라운드, 공동묘지, 주말농장과 같은 다양한 녹지공간을 평가
  - 커뮤니티의 적극적인 참여를 공원관리단계부터 평가까지 확대, 녹지경영을 종합적, 체계적으로 이해함과 동시에 책임참여의 중요성을 강조

QUESTION 43 | 조경계획에서 사회·행태적 분석의 도구로 이용되는 설문 조사의 특성과 설문조사방식을 3가지 이상 구분하여 설명

Ⅰ. 서론

1. 조경계획에서 사회·행태적 분석은 전통적 환경설계가 대부분 설계자의 주관에 의지함으로써 발생되는 문제점을 극복하고, 이용자들의 행태에 기초한 환경설계를 수행하자는 데 목적이 있음
2. 조경계획에서 사회·행태적 분석의 도구로 이용되는 설문조사의 특성은 사전에 설문을 치밀하게 작성, 설문 작성을 위해 예비조사를 하는 것이 바람직함
3. 설문조사의 특성에 대해 먼저 설명하고, 설문조사방식인 자유응답설문, 제한응답설문인 리커드척도, 쌍체비교법 등에 대해 기술하고자 함

Ⅱ. 조경계획에서 사회·행태적 분석의 개요

1. 개념

전통적인 환경설계가 대부분 설계자의 주관 및 직관에 의지함으로써 발생되는 문제점을 극복하고, 이용자들의 행태에 기초한 환경설계를 수행하자는 데 목적이 있음

2. 사회·행태적 분석과정

1) 인간행태를 보다 효과적으로 수용하기 위한 환경설계과정은 일반적 환경설계과정의 테두리 안에 포함되나 행태적 고려를 할 수 있도록 다음과 같은 단계로 구분
2) 필요성의 파악, 행태기준 설정, 대안연구, 설계안 발전의 네 단계로 구분

3. 분석과정 4단계

1) 필요성 파악
   - 필요성은 문제점이라고 할 수 있음
   - 문제점 파악이 환경설계의 출발

2) 행태기준 설정
   - 문제점 파악에 대한 목표설정단계
   - 여러 가지 기준을 명확히 기술
   - 이 기준은 기능적·생리적·지각적·사회적 측면으로 분류

3) 대안연구
- 행태기준에 따라 여러 가지 대안의 가능성을 검토
- 각 대안의 상호비교연구, 평가 등을 통해 이용자 행태에 적합한 안을 설정

4) 설계안 발전
- 선정된 대안을 보다 구체적으로 발전시켜 시공 가능한 안을 완성
- 실제 설계업무에 반영하여 설계안을 작성

Ⅲ. 사회 · 행태적 분석의 도구인 설문조사의 특성과 설문조사방식

1. 사회 · 행태적 분석의 도구인 설문조사의 특성

1) 설문 작성

설문조사를 위해서는 사전에 설문을 치밀하게 작성

2) 예비조사

설문 작성을 위해서는 인터뷰 혹은 현장관찰 등을 통한 예비조사를 함이 바람직함

3) 설문조사결과
- 통계적 처리를 통해 계량적 결론을 얻을 수 있음
- 조사결과를 설득시키는 힘이 비계량적인 결과보다 큼

2. 설문조사 방식 3가지 이상

1) 자유응답설문
- 응답자가 특정한 형식에 구애받지 않고 질문에 자유롭게 대답할 수 있는 설문형식
- 자유응답설문은 제한응답설문에 비해 설문 작성이 용이
- 하지만 자료를 체계적으로 정리하는 데 어려움이 많음
- 기술을 요하는 설문

  예 귀하가 살고 계신 아파트단지에서 가장 불편한 점은 무엇입니까?

  → 응답자가 아무 구애를 받지 않고 자신의 생각을 기록할 수 있는 설문
- 네, 아니오로 단순하게 응답할 수 있는 설문

  예 귀하는 골프를 치러갈 때 가족과 함께 가십니까?

2) 제한응답설문
- 응답자의 응답범위를 표준화시켜 일정한 체계를 만들고 이 체계를 따라서 응답하도록 하는 방법
- 이 방법은 통계적 처리를 통해 계량적인 결과를 얻을 수 있음
- 단순응답, 리커드 척도, 쌍체비교법, 순위조사

3) 단순응답

　나이, 종교, 학력 등 응답자가 깊이 생각함이 없이 기계적으로 응답할 수 있는 설문

4) 리커드 척도

- 일정한 상황, 사람, 환경에 대한 응답자의 태도를 조사하는 데 있어서 몇 단계로 나누어 제시하여 응답자가 이 가운데에서 선택하도록 하는 방법
- **예** 매우 동의, 동의, 잘 모름, 부동의, 매우 부동의
　　매우 불편, 불편, 잘 모름, 편리, 매우 편리

5) 쌍체비교법

- 두 개씩 짝을 지어 제시하여 응답자가 둘 중에서 더 중요한 것 혹은 더 아름다운 것을 선택하도록 하는 것
- 응답자의 성격이 쉽고 단순하게 이루어질 수 있다는 장점이 있음
- 그러나 비교사항이 많을 경우에는 너무 많은 쌍이 나온다는 결점이 있음

6) 순위조사

- 여러 관련 사항들 간의 상대적 중요성을 조사하는 데 이용됨
- 여러 사항들이 기록된 목록을 제시하고, 이들 사항들을 일정 특성(중요성, 아름다움, 유용성, 바람직함)에 기초하여 상대적 순위를 매기도록 하는 것
- **예** 다음에 열거된 공간 중 주택에 포함되어야 할 가장 중요한 것은 무엇입니까?

대규모 민간공원 조성사업 등에 수반되는 타당성조사의 조사내용을 경제성 분석, 정책적 분석, 기술적 분석, 종합 평가로 구분하여 설명

I. 개요

1. 대규모 민간공원 조성사업은 장기 미집행 도시계획시설 실효에 따른 난개발을 방지하기 위해 「도시공원 및 녹지 등에 관한 법률」에 의한 민간공원조성 특례사업으로 시행함
2. 이에 수반되는 타당성조사의 조사내용을 경제성 분석, 정책적 분석, 기술적 분석, 종합평 가로 구분하여 설명하고자 함

II. 대규모 민간공원 조성사업의 개요

1. 대규모 민간공원 조성사업

1) 장기 미집행 도시계획시설 실효에 따른 난개발을 방지하고 도심녹화 축소 방지를 위해 추진하는 사업
2) 「도시공원 및 녹지 등에 관한 법률」에 의한 민간공원조성 특례사업으로 시행함

2. 민간공원조성 특례사업

1) 공원시설로 오랫동안 지정되었으나 사업성 등을 이유로 진전되지 않은 곳을 지방자치 단체가 민간사업자와 함께 공원으로 공동 개발하는 제도
2) 민간이 도시공원 내 사유지를 매입해 개발하고, 이 중 30% 내에 아파트 같은 비공원시 설을 짓고 나머지 70%를 공원으로 조성해 지방자치단체에 기부체납하게 됨

III. 타당성조사의 조사내용

1. 경제성 분석

1) 총편익, 총비용 산정
   사업 시행으로 인한 총편익과 총비용을 계산

2) 순편익 계산
   총비용−총편익=순편익

3) 순현재가치, 편익비용비, 내부수익률
   • 이를 고려하여 경제적 타당성 분석

- 순현재가치 : 사업추진으로 발생하는 총편익의 현재가치에서 사업에 투입되는 총비용의 현재가치를 차감한 값으로 "0"보다 클 경우 경제적 타당성이 있는 것으로 평가함(타당성 확보기준 > 0)
- 편익비용비 : 현재가치로 할인된 편익을 현재가치로 할인된 비용으로 나누어 평가하며, "1"보다 클 경우 경제적 타당성이 있는 것으로 평가함(타당성 확보기준 > 1)
- 내부수익률 : 총비용의 현재가치와 총편익의 현재가치가 일치하는 할인율을 의미하며, 내부수익률이 높을수록 경제적 타당성이 있는것으로 평가함(내부수익률 > 할인율)

2. 정책적 분석

1) 난개발 및 도심녹화 축소방지
   장기 미집행 도시공원 실표에 대비

2) 공익적 목적 수행성
   주변 자원의 연계와 복원 등

3) 정부 정책방향과 부합성
   공공임대주택공급은 정부의 주거복지정책방향에 부합

3. 기술적 분석

1) 공원 입지 타당성
   도시공원 조성 후 접근성과 활용성 검토

2) 개발제한구역 등 훼손 최소화
   난개발 방지로 1 · 2등급지 훼손 방지

3) 주변 역사문화자원과의 연계성
   주변자원과 연계로 관광산업발전의 시너지 효과

4. 종합평가

1) 파급효과 측면
   - 지역경제 파급효과를 종합적으로 고려해 평가
   - 생산유발, 부가가치유발, 소득유발, 고용유발효과를 고려해 긍정적 효과가 있는지 판단함

2) 재원조달 측면
   - 총사업비 중 기금, 공동주택 분양금, 자체 재원을 파악 분석

- 분양가 하락, 투자비 증가, 계획기간 내 분양률 하락 등 사업환경 변화에 민감할 수 있으므로 종합적 고려

3) 부채영향 측면
- 사업자의 부채비율이 관리 가능한지 분석
- 상기 사업의 투자비 회수를 위한 고려

4) 종합의견 제시
- 본 사업의 필요성 파악과 사업의 효율성 및 공공성에 유리한 점을 판단하여 종합의견을 제시
- 파급효과, 재원조달, 부채영향 측면을 모두 고려하여 의견 제시

QUESTION 45 | 마을 만들기 등 조경정책 수행 시 필요한 주민참여의 유형 및 참여단계에 대하여 설명

I. 개요

1. 주민참여란 지역주민들이 정책결정이나 집행과정에 참여하여 영향력을 행사하는 일련의 행위를 말함
2. 마을 만들기 등 조경정책 수행 시 주민참여는 관리비용의 절감과 지역주민의 자주관리, 지역에 대한 애착심 고취를 위해 필수적임
3. 마을 만들기 등 조경정책 수행 시 필요한 주민참여의 개념과 유형 및 참여단계에 대해 설명하고자 함

II. 조경정책 수행 시 주민참여의 개념과 필요성

1. 주민참여 개념

1) 지역주민들이 정책결정이나 집행과정에 참여하여 영향력을 행사하는 일련의 행위를 말함
2) 한정적 부분은 있으나 의사결정과정에 주민이 책임 있게 참가하는 것
3) 참가의 성격이나 정도, 단계에 따라 기능의 분류가 가능하지만 바꿔 말하면 주민 자신과 관리행정당국과의 공동화인 민관파트너십에 있다고 할 수 있음

2. 주민참여 필요성

1) 관리비용의 절감
   지방자치단체의 한정적 예산

2) 지역주민의 자주관리
   • 마을과 공원 등을 스스로 관리
   • 주민의 주체성 확보

3) 지역 자산을 애호
   • 마을과 공원 등 지역의 자산에 애착
   • 사회적 상호 부응

3. 조경정책 수행과 주민참여

1) 조경정책 수행

마을 만들기, 경관협정, 공원녹지 등

2) 조경정책 수행에서 주민참여의 중요성 강화
- 주민단체들에 의한 공원관리(협력형)로의 변화
- 이용관리협력형(협치)인 서울숲 공원관리 사례
- 공원 조성단계에서부터 주민의 계획, 시공과 조성 후 관리 참여
- 주민이 주도하는 마을 만들기

Ⅲ. 주민참여 유형 및 참여단계

1. 유형

1) 시민과의 대화(요구형 → 토의형)
- 요구 파악 : 애로사항 · 요구사항 처리, 공청회
- 상호 이해 : 주민조직과의 대화 · 각종 간담회, 시장과 담화하는 날 결정, 현지 시찰

2) 행정에의 참가(대결형 → 협력형)
- 실시에의 협력 : 민간위원, 공원관리회, 학교공원운영협의회, 생활정보센터 운영
- 실행에의 대화 : 물가안정시민회의, 주민연락협의회

3) 정책에의 참가(주민참가의 정책형성)
- 제언과 선택 : 전세대 설문조사 · 시정 모니터, 시민제언
- 문제 토의 : 내일의 도시를 생각하는 시민회의, 구민회의, 시민심포지엄, 교통심의회, 그린 시민회의

4) 기반 만들기(활동의 기반 만들기)
- 의식 형성 : 주민자치조직 실태조사, 시민대학, 시정백서, 커뮤니티 상담센터 설립
- 시설 만들기 : 집회시설 설치, 운영 조정, 지역집회소 신축의 보조제도
- 시 조직 만들기 : 시민상담, 종합패트롤, 조정위원회, 주택환경과

2. 참여단계

1) Sherry Arnstein의 3단계 발전과정

비참가 → 형식적 참가 → 시민권력의 단계

주민참가의 단계

시민권력(Citizen Power)의 단계	자치관리(Citizen Control) : 스스로 통제와 자치권을 가져 조정
	권한위임(Delegated Power) : 시민 측이 지배적 의사결정권을 행사
	공동협력(Partnership) : 기획, 의사결정과정의 책임을 공동으로 공유
형식참가(Tokenism)의 단계	유화(Placation) : 취약계층의 일부 이해자를 위원회에 등록하여 참여
	의견조사(Consultation) : 의식조사, 반상회, 공청회를 통한 의견 수렴
	정보제공(Informing) : 시민의 권리, 책임, 선택사항 등의 정보제공
비참가(Non-Participation)의 단계	치유(Theraphy) : 행정의 문제해결보다는 사회적 약자의 문제를 치유하려 함
	조작(Manipulation) : 자문위원을 활용한 조작

QUESTION 46

국토계획 표준품셈의 조경특화계획 중 '단지조경계획'의 정의와 주요 업무내용을 단계별로 설명

Ⅰ. 서론

1. 국토계획 표준품셈의 조경특화계획은 도로조경계획, 시가지광장과 건축 관련 공간계획, 단지조경계획, 환경·생태복원계획, 개발제한구역 조경설계검토 도서 작성이 있음
2. 조경특화계획 중 단지조경계획은 도시재생사업 등 포괄적 계획에 따라 지정개발되는 토지개발사업에 대한 공원 녹지 전반에 관한 계획임
3. 국토계획 표준품셈의 조경특화계획 중 단지조경계획의 정의와 주요 업무내용을 단계별로 설명하고자 함

Ⅱ. 국토계획 표준품셈의 조경특화계획 중 단지조경계획의 정의

1. 조경특화계획

1) 도로조경계획, 시가지광장과 건축 관련 공간계획
2) 단지조경계획, 환경·생태복원계획
3) 개발제한구역 조경설계검토 도서 작성

2. 조경특화계획 중 단지조경계획의 정의

1) 「도시 및 주거환경정비법」에 의한 도시재생사업, 「도시개발법」에 의한 도시개발사업, 「산업입지 및 개발에 관한 법률」에 의한 국가산업단지·일반산업단지·농공단지·첨단산업단지·준산업단지 등을 포함하며
2) 포괄적인 계획에 따라 지정·개발되는 일단의 토지에 대한 지목 또는 토지의 형질변경이나 공공시설의 설치변경 등 주거환경 또는 산업입지에 관련된 토지개발사업에 대하여 공원·녹지 전반에 관한 계획을 말함

III. 단지조경계획의 단계별 주요 업무내용

단계	업무내용	내용
1. 개발여건분석	자연환경조사	• 수계, 토양 및 지질, 지형, 지세 등의 조사 • 기온, 강수량, 풍향, 풍속, 천기일수 등의 조사 • 기타 식생 등 경관조사
	인문환경조사	• 배후지의 인구 변화 • 관련 법규 및 계획 검토 • 토지이용현황, 교통시설, 기반시설 조사 • 역사성 등 지역성격 조사
	종합분석	• 제반현황의 종합적 분석 • 개발잠재력 및 문제점 검토
2. 기본구상	개발방향 설정	개발잠재력에 의한 개발방향 설정
	계획개념 설정	• 계획개념 도출 • 주제 및 특화전략 수립
	토지이용체계 구상	• 공간구성체계 설정 • 토지이용구상안 작성
	동선체계 구상	• 이용자의 공원 이용체계 구상 • 토지이용에 따른 기능별 동선 구상
	유치시설 종류 및 규모 설정	• 직정수용능력 판단 • 시설 종류 및 규모 설정
3. 기본계획 (시설지별)	토지이용계획	• 공간구성체계 설정 • 토지이용종합계획 수립
	교통동선계획	• 공간별 동선체계 설정 • 동선계획
	시설물배치계획	주요 시설물의 배치계획
	식재계획	식재계획
	공급처리시설계획	상하수도, 전기통신 등 공급처리방안
4. 사업계획	사업투자계획	• 개략공사비 산정 • 공종별, 재원별, 단계별, 연차별 투자계획
	관리운영계획	• 환경보전방안 제시 • 관리체계 및 대책 제시 • 운영방안 제시

자연휴양림 내 오토캠핑장 계획 시 계획방향, 고려사항
및 구체적인 조성방안을 설명

Ⅰ. 서론

1. 자연휴양림 내 오토캠핑장 계획이란 자연휴양림 내에 자동차의 주차 및 야영객의 야영활
   동공간을 제공하는 장소에 대한 계획임
2. 자연휴양림 내 오토캠핑장 계획 시 계획방향, 고려사항 및 구체적인 조성방안을 설명하고
   자 함

Ⅱ. 자연휴양림 내 오토캠핑장 계획의 개요

1. 개념

1) 자연휴양림 내 일정 장소에 자동차(캠핑카)의 주차 및 야영객의 야영활동공간을 제공
   하는 장소에 대한 계획
2) 차량 중심의 동선, 주차공간 및 텐트장소를 포함한 계획

2. 오토캠핑장의 구분

방문객 이용행태별 야영장의 구분

구분	이용 특성
임시야영장	• 임시이용객을 위한 시설 • 다음 여행을 위한 준비단계의 야영장으로 이용
중추야영장	야영객에게 최대한의 서비스를 제공할 수 있는 야영장
장기체류야영장	장기체류자를 위한 캠프장으로써 최대한의 서비스와 레저 프로그램이 제공되도록 설계
단기체류야영장	• 심야방문객을 위해 설계된 야영장 • 다음 여행을 위한 경유지로서 이용
자연야영장	최소한의 서비스만 제공하고 자연보호를 위해 가급적 인공적 개발을 하지 않은 캠프장
저시설형 야영장	• 환경보호를 위해 최소한의 시설을 배치한 캠프장 • 하이킹 등 레저스포츠를 원하는 야영객을 위한 캠프장
원시야영장	개발되지 않은 자연 그대로의 캠프장

III. 자연휴양림 내 오토캠핑장의 계획방향, 고려사항

1. 계획방향

1) 레저 · 휴양의 양적 확충
- 지역의 관광명소 등과 네트워크화
- 청소년 및 가족별 휴양 활성화
- 홍보전략을 통한 지역이미지 개선

2) 레저 · 휴양의 질적 개선
- 레저 · 휴양의 다양성 및 쾌적성 증진
- 휴양문화의 건전성 증진
- 시설운영의 합리화

3) 자연환경에 대한 인식 제고
- 실제적 자연체험을 통한 자연환경의 중요성 인식
- 지역의 양호한 자연환경의 홍보 및 소개

2. 계획 시 고려사항

1) 규모

차량 1대당 80m² 이상의 주차 및 휴식공간을 확보

2) 편의시설

주차야영에 불편이 없도록 수용인원에 적합한 상 · 하수도시설, 전기시설, 통신시설, 공중화장실, 공중취사시설 등을 구비

3) 진입로

야영장의 진입로는 2차선 이상일 것

IV. 오토캠핑장의 구체적인 조성방안

1. 도로체계

1) 접근로, 내부도로, 캠프 내 도로의 단위체계
2) 내부도로는 캠프 사이트와 인접하도록 설계
3) 일방통행이나 일방순환도로가 바람직함(지형변화와 대지특성에 적합)
4) 최소도로의 폭은 3m로 하고 주차공간을 포함하여 일방통행로 폭은 약 6m 확보

5) 동선계획

회전, 정지, 가동성을 검토

6) 도로노면

포장, 배수양호, 표면침식, 먼지로부터 해방

7) 도로구배

경사도 12%를 초과하여 캠프 사이트를 입지시켜서는 안 됨

8) 출입구, 비상구
- 인접토지이용과 상충되어서는 안 됨
- 차량이동의 용이성을 고려하여 주간선도로로부터 약 50m 이상 격리시킴

2. 주차공간

1) 직각주차는 바람직하지 못하며, 노면의 식별성을 위해 잔디피복을 사용

2) 주차숙영방식

식물재료와 자연요소를 사용한 Landscape Clustering(자연경관 속의 개별주차 및 숙영방식)이 바람직

3) 야영부지
- 약 7% 이내의 경사지가 적합(좋은 일사량, 배수양호, 접근용이, 경관변화 등의 효과)
- 자연경관, 접근성, 개발확장 가능성, 용수 공급, 미기후 등을 고려
- 야영장은 최소한 50개의 캠프 유닛으로 구성
- 면적은 보통 12,000∼16,000m²

4) 야영지구
- 각 지구 간에 차폐, 공간이격, 완충 요구, 지형특성에 따라 단차가 지는 것이 좋음
- 캠프 사이트는 다른 구조물로부터 최소 12∼24m 격리
- 1개 캠프 사이트(25개 유닛, 100명으로 구성)

5) 야영단위
- 최소면적 80m²
- 필요공간 : 주차공간, 피크닉공간, 숙영공간, 휴식공간
- 피크닉 테이블은 중요한 요소로 주차장에 인접
- 캠프파이어장의 위치 고려

QUESTION 48 | 주거단지계획의 고층화, 고밀화에 따른 외부공간 구성방안을 제시하고 인간척도에 적합한 외부활동 공간체계를 설명

Ⅰ. 개요

1. 주거단지계획이란 주거동의 배치 및 형상과 외부공간 구성에 대한 계획으로서 도시 주택 수요의 부족으로 주거단지는 고층화, 고밀화로 개발되고 있음

2. 주거단지계획의 고층화, 고밀화에 따라 외부공간의 구성은 주변 여건과 환경, 주민 간 커뮤니케이션을 더 세심하게 고려해야 함

3. 주거단지계획의 고층화, 고밀화에 따른 외부공간 구성방안을 제시하고, 인간척도에 적합한 외부활동 공간체계를 기술하고자 함

Ⅱ. 주거단지계획의 개요

1. 주거단지계획의 개념

1) 주거동의 배치와 형상, 외부공간 구성에 대한 계획

2) 외부공간의 성격에 부합하는 주거동의 배치와 형상이 되어야 함

3) 외부공간이 가지는 위치적인 잠재력과 그 안에 담길 생활의 모습이 물적인 형태조건으로 재구성되어야 함

2. 주거단지계획에서 외부공간 구성의 중요성

1) 외부공간은 반 공공적 공간으로 인식
   - 단지주민의 프라이버시 확보
   - 블특정 다수의 옥외생활환경을 동시에 제공

2) 삶의 쾌적성 요구 증가
   - 주거동 계획보다 외부공간 구성에 관심 폭발
   - 조경특화, 단지의 녹지율 상승

3) 친환경과 건강에 관심 집중
   - 자연과 관계성 중시, 자연환경이 좋은 곳에 입지
   - 녹지공간과 휴식공간의 대규모화, 다양화

4) 공동체의 삶을 회복
   - 좋은 이웃 간의 관계 회복이 중요

• 외부공간의 커뮤니티디자인 기법 적용

Ⅲ. 주거단지계획의 고층화, 고밀화에 따른 외부공간 구성방안

1. 고층화, 고밀화에 따른 외부공간 구성의 한계

1) 주민들의 휴식 · 놀이 · 소통공간 배치의 어려움
• 차량으로부터 안전문제
• 주민들의 이용에 적합한 장소 선정
• 적정 규모 설치의 어려움

2) 한정된 단지 내 외부공간의 효율적 이용을 위한 대안 찾기
• 외부시설과 공간의 접점화 · 연계화가 필요
• 방안 중의 하나로 보행자전용로 구축이 있음
• 인간척도에 적합한 외부공간의 구성 필요

2. 고층화, 고밀화에 따른 외부공간 구성방안

1) 보행자전용로의 구축
• 그 자체가 훌륭한 외부공간으로 기능
• 동시에 여러 시설들을 연계
• 시설이용도를 향상, 보행자 안전을 확보

2) 인접 공원, 녹지, 보행로와 연계
• 주변과 단지 내 보행자전용로와의 연결
• 생활동선공간으로 기능
• 수림대 조성 등으로 단지 외곽과의 연계를 도모

3) 공동체 삶을 위한 공유공간의 양적 확충
• 주거환경의 질은 공유공간의 다양성과 풍부함에 있음
• 풍요로운 생활환경을 창출, 공동체 의식을 고양
• 근린 커뮤니티는 보행생활을 매개체로 형성

4) 친환경계획으로 녹지율 향상
• 단지 전체를 녹지공간화
• 녹지공간의 대규모 확보
• 주민 휴식공간, 커뮤니티시설 제공

Ⅳ. 인간척도에 적합한 외부활동 공간체계 : 보행로체계와 녹지체계의 일체화

1. 생활가로의 조성

1) 거주자의 일상생활 동선의 보행전용공간화를 도모
- 편리하고 쾌적한 보행생활공간의 조성
- 보행생활 의존도가 높은 어린이 · 노인들의 배려
- 거주민 간의 커뮤니티 형성 및 교류를 추구

2) 주거동－단지 내 외부공간－주변도시공간으로의 연계
- 단지와 주변도시로 이어지는 일상생활 동선의 연계
- 보행로의 쾌적성 및 장소성이 요구됨
- 보행로는 인간 척도에 적합한 환경

2. 단지 전체를 녹지공간화

1) 단지 주변의 녹지공간을 단지 내부로 연결
- 녹지체계를 우선하고 주거동을 배치
- 단지 주변의 수림대, 하천 등과 연계된 녹지축
2) 단지 내에 녹지 및 휴식공간의 대규모화
- 정원, 마당, 광장, 분수, 실개울, 연못 등
- 녹지 및 휴식공간을 보행로로 모두 연결
- 단지 전체가 하나의 휴식공간의 기능을 수행
3) 단위주거건물 외피의 녹화
- 베란다가 아닌 테라스 설치
- 테라스에 화분을 설치하고 Hanging Garden이 1층 화단과 연결
- 일체화된 녹지공간을 형성, 수직정원 조성

Ⅴ. 결론

1. 주거단지계획의 고층화, 고밀화에 따라 외부공간의 구성이 어려워지고 있으나 환경적 이슈, 사회적 이슈 등이 부각되면서 더욱더 중요성이 강조되고 있음
2. 외부공간 구성은 인간을 최우선으로 고려한다는 점과 자연공간을 주거공간 안으로 최대한 끌어들여 인간과 자연이 어우러져 공생하는 공간을 만들어야 함
3. 인간을 우선 고려한다는 점은 도시에서 잃어버린 이웃관계를 회복시키는 개념을 포함하는 것으로 이는 물리적 측면의 인간척도뿐만 아니라 사회적 측면의 인간척도도 고려한 주거단지계획의 외부활동 공간체계를 구성해야 함을 의미함

QUESTION 49 | 녹색인프라의 개념과 기능을 설명하고 국내 녹색인프라의 구축방안에 대해 구체적으로 논술

Ⅰ. 서언

1. 녹색인프라란 현 세대와 미래 세대가 함께 누릴 수 있는 국민의 환경복지를 위한 필수적 기반시설로서 생활권공원, 대규모공원, 녹지, 하천, 습지, 농업지역, 그린웨이 등이 있음
2. 녹색인프라의 기능은 건강증진, 자연재해완화, 생물다양성 증진, 건전한 도시성장틀 제공, 삶의 질과 환경복지 제공 등이 있음
3. 국내에 녹색인프라 구축방안으로 대규모공원으로서 국가도시공원 조성과 이의 실현을 위한 민관파트너십 형성을 제안하고자 하며, 이의 조속한 구현을 위해 법 개정이 절실히 필요한 시점임

Ⅱ. 녹색인프라 개념과 기능

1. 녹색인프라 개념

1) 현 세대와 미래 세대가 함께 누릴 수 있는 국민의 환경복지
2) 필수적인 기반시설로서 Green Infrastructure
3) 생활권공원, 대규모공원, 녹지, 하천, 습지, 농업지역, 그린웨이
   → 녹색인프라 구축은 진정한 녹색복지구현을 위한 핵심적 방법론

2. 녹색인프라 기능

1) 산책과 운동을 통한 건강증진
2) 도시 생태환경의 기능 회복
3) 홍수 등 자연재해완화
4) 생물다양성 증진, 기후온난화방지
5) 건전한 도시성장 특성의 제공, 경제적 이익 창출
6) 삶의 질과 환경복지, 녹색복지 제공

녹색인프라	사회인프라	회색인프라
생활권공원, 대규모공원, 녹지, 하천, 습지, 농업지역, 그린웨이	도로, 철도, 교량 등	학교, 병원, 우체국, 소방서, 도서관 등

Ⅲ. 국내 녹색인프라 구축 현황

1. 정부의 복지정책과 녹색인프라 대책

1) 현 정부의 정책 우선순위 : 복지 > 회색인프라, 녹색인프라

2) 공원조성비용 지방 지원 방침 : 생활권공원 조성비 지방지원(국토부 녹색도시과)

3) 현정부 공약사항인 생활권공원 조성비용 예산편성 : 연간 500억 원 정도의 규모(추가예
산편성 필요)

4) 정부는 녹색인프라에 대해 복지라는 차원에서 접근 : 보다 적극적인 녹색인프라 투자정
책 제시 필요

2. 국토부의 대규모공원 추진방향

1) 국가도시공원의 추진방향 설정
- 국가공원 설치기준의 마련(국토부)
- 도시공원의 종류에 국가공원 신설
- 국가공원 설치 및 규모의 기준설정

2) 용산국가공원 추진(용산공원특별법 제정 : 2010년)
- 용산 미군기지를 국가공원으로 조성
- 주변지역을 용산공원정비구역으로 지정고시
- 민족성, 역사성, 문화성을 가진 국가공원 조성

3) DMZ내 평화공원 조성 구상(2013. 8)
- DMZ세계평화공원 제시
- 녹색복지 향상을 위한 녹색인프라
- 국가도시공원법 체계에서 접근이 바람직

3. 녹색인프라로서 대규모공원 조성 현황과 과제

1) 대규모공원 조성 현황
- 서울 : 월드컵공원, 올림픽공원(지방자치단체＋국가조성), 용산공원(국가조성)
- 울산 : 울산대공원(부지매입 울산시, 조성은 SK그룹)
- 인천 : 인천대공원(지방자치단체 조성)

2) 지방의 대규모공원 조성 여건 : 예산여건상 실현이 대단히 어려움

3) 공원 일몰제에 따른 미집행공원의 공원조성 불투명 : 향후 확보해야 할 복지시설로서의
녹색인프라

Ⅳ. 국내 녹색인프라 구축방안

1. 민관파트너십에 의한 녹색인프라 구축

1) 대표적 민관파트너십 활동
- 그린트러스트(서울, 부산, 수원)
- 나눔재단(환경조경나눔재단)
- 시민단체(100만평문화공원)

2) 녹색인프라 구축의 민관파트너십 사례

100만평문화공원/부산그린트러스트/행정의 협력 : 장림효공원, 잔디가 있는 푸른 광복로, 당리쌈지공원, 광복동커뮤니티파크, 도심속 보리밭길, 100만평공원, 신평커뮤니티파크

2. 국가적 녹색인프라로서 국가도시공원 추진

1) 국가도시공원의 개념
- 국가적 기념사업 추진, 자연·역사·문화 보전, 도시공원의 광역적 이용을 위해 국가가 특별히 조성이 필요하다고 판단하여 국토부장관이 지정하는 대규모공원, 60만 평 이상 규모
- 국민의 녹색복지 향상 및 치유, 국민의 삶의 질 향상, 지역균형발전, 저탄소녹색성장을 위하여 국가가 지방에 만드는 고아역권 대규모공원

2) 국가도시공원의 필요성
- 국가적 녹색복지 향상 및 지역균형발전
- 상징적 녹색거점공간 조성으로 지역경제 활성화
- 녹색인프라 구축의 핵심요소 및 국격 향상
- 생태적으로 건강한 환경조성 기반시설
- 공원 일몰제에 대비한 대책방안

3) 국가도시공원에 대한 사회적 합의 및 파트너십 형성
- 사회적 합의(지방과 중앙정부, 시민, 인접분야, 지역, 정치)
- 파트너십 형성(민과 관, 민과 기업, 지역과 지역, 지방과 국가)

4) 국가도시공원 민관네트워크의 활성화
- 전국, 광역시, 도, 시군단위
- 지속적이고 범국민적인 국가도시공원운동의 전개

5) 시민과 기업 참여 전략
- 대상지선정, 공원조성과정, 운영과정의 참여
- 기업 사회공헌 및 기부금 모금
- 민간 공익사업기관 유치(사례 : 미국 Great Park)

6) 관련법 개정안 통과
- 도시공원 및 녹지 등에 관한 법률 개정 : 국가공원 삽입
- DMZ평화공원은 국가도시공원법을 바탕으로 계획수립

QUESTION 50 | 도시공원을 개발할 때 마케팅 개념이 도입되어야 할 이유와 적용방법을 설명

I. 서언

1. 도시공원 이용자들의 욕구는 끊임없이 변화하고 있는데도 도시공원들의 설계 및 관리에는 이러한 이용자들의 변화하는 욕구 반영이 미흡한 실정임
2. 도시공원을 개발할 때 잠재적 이용자의 평균적 욕구충족만 고려할 것이 아니라 마케팅 개념의 도입으로 변화하는 시대상에 선제적 대응이 필요함
3. 도시공원의 개발 시 마케팅 개념이 도입되어야 할 이유는 이용자들의 욕구가 공원에서 충족되지 못하면 공원 지원은 약화되고 공원 이용률도 낮아지기 때문임
4. 이에 도시공원에 마케팅 개념 적용방법에 대한 이론과 구체적 실행방안에 대해 서술하고자 함

II. 도시공원개발 시 마케팅개념 도입의 이유

1. 도시공원과 마케팅

1) 공원이란 하나의 상품으로 간주
2) 공원의 종류는 특정상품의 상표에 해당
3) 공원이용이란 상품구매에 해당
4) 따라서 마케팅 개념을 도입한 공원의 설계와 관리가 가능

2. 도시공원에 마케팅개념 도입의 이유

1) 이용자들은 도시공원의 설계, 관리비용, 기회비용 등을 제공
2) 공원에서 그들의 레크리에이션 욕구 충족을 기대
3) 따라서 이용자들의 욕구를 적절히 충족하지 못한다면 공원에 대한 지원은 약화될 것임
4) 결과적으로 공원 이용률은 낮아질 것임
5) 낮은 이용률은 낮은 수준의 서비스로 나타나는 악순환을 초래

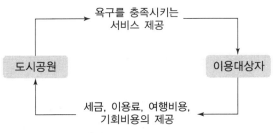

‖ 공원과 이용자들 간의 교환관계 ‖

Ⅲ. 도시공원에 마케팅 개념 적용방법

1. 마케팅 체계

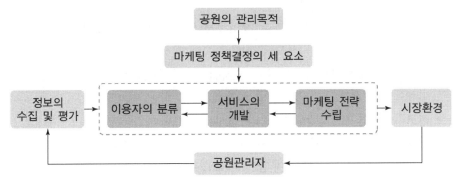

‖ 도시공원 개발 시 마케팅 체계 ‖

2. 적용방법

1) 정보의 수집과 평가
- 이용대상자들의 공원이용에 대한 욕구 파악하고 평가
- 이용대상자들에게 어떤 서비스를 제공할 것인지 발견
- 욕구 미충족 공원은 이용률이 낮아짐
- 이용자 욕구 파악방법 : 설문조사법, 직접관찰법, 자문, 공청회, workshop

2) 이용자의 분류
- 한정된 가용자원으로 모두를 만족시킬 수 없기 때문에 이용자 분류
- 시장세분화와 포지셔닝 기법 사용
- 시장세분화 : 공원이용성향이 비슷한 몇 개 그룹으로 분류
- 포지셔닝 : 표적시장을 선정한 후 우선순위에 따라 이용자 욕구 충족방법을 강구

3) 서비스의 개발
- 도시공원 서비스는 물리적인 시설들 + 레크리에이션 프로그램
- 서비스의 개발은 수요추정에서 시작
- 잠재수요가 확인되면 새로운 서비스 개발을 시작
- hardware 시설물만으로 이용대상자들의 유인에 한계
- software 프로그램 제공이 경제적이면서 신속히 대응 가능
- 개개의 공원은 그 공원만이 제공하는 특이한 서비스 개발에 집중투자
- 타 도시공원들과 차별화하는 것이 바람직
- 각 공원이 특화되면 질 높은 다양한 서비스가 도시 전체 스케일에서 이루어져 시민들은 그들의 욕구에 맞는 도시공원을 선택할 수 있음

4) 마케팅 전략의 수립 및 평가
- 도시공원은 입장료 징수가 곤란, 상업적 시설 도입으로 서비스 제공 및 유지관리 경비를 충당
- 어린이공원에 탁아소, 근린공원에 유치원, 중앙공원에 수영장이나 볼링센터 등 민간단체에 임대 운영
- 레크리에이션 프로그램을 이용자 가용시간대에 제공
- 광고와 홍보로 공원제공서비스와 위치 등을 알림으로써 촉진
- 마케팅 전략 실행 후 평가해야 함(중요도-성취도 분석)

5) 시장환경
- 위의 내용들은 공원관리자가 통제 가능
- 하지만 시장환경은 공원관리자가 통제할 수 없는 요인들로써 적응해야만 하는 변수들임
- 따라서 정기적 조사로 변화를 추적해 새로운 정보로써 이용자 욕구를 새로운 서비스에 반영

QUESTION 51 │ 도시브랜드의 개념과 성공적인 사례를 구체적인 사례를 들어 설명하고 앞으로의 조경가로서의 패러다임을 제시

Ⅰ. 서언

1. 도시의 경쟁력 창출의 한 방법으로서 도시브랜드화가 등장하였고 이것은 성장 동력으로 작용한 계획방법임

2. 서울은 창의도시로 지정, 디자인서울을 내걸고 있으며 경주는 고도로서 도시 브랜드화를 계획하고 있음

3. 도시브랜드의 개념과 성공적인 선진사례를 살펴보고 앞으로의 조경가로서의 패러다임을 제시해 보고자 함

Ⅱ. 도시 브랜드의 개념

1. 가고 싶은 도시

1) 도시의 인지도 형성 : 사람들에게 기억되는 도시의 이미지
2) 'only 1'이 되는 지역고유성 : 그 도시에 가야만 보고 느낄 수 있는 특성

2. 관광수익 도시

1) 도시 경쟁력 확보
- 스페이스 마케팅, 경제 활성화
- 집객을 통한 경제성 창출

2) 지역고유성을 살린 관광체계화
- 지역의 자연과 문화 보전으로 관광자원 활용
- 재방문 욕구 극대화

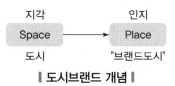

┃ 도시브랜드 개념 ┃

III. 성공적인 선진사례

1. 문화도시 '빌바오'

1) 빌바오 구겐하임 미술관 건립
- 도시의 랜드마크적 요소
- '빌바오 효과' 구현, 아방가르드한 외관
- 건축이 아이콘이 되어 도시를 구함

2) 네르비온강의 워터프론트 개발
- 수변의 문화공간 창출
- 다양한 문화시설의 입지
- 방문객이 도시이미지로 인지함

3) 공업도시를 문화도시로
- 회색의 도시를 미술의 도시로 탈바꿈
- 도시 전체를 또 하나의 미술작품으로 승화
- 도시브랜드로 성공, 관광도시로 급부상

4) 도시경제의 활성화
- 관광으로 도시 지역주민의 소득 창출
- 도시의 운명을 바꾸는 건축의 힘

2. 태양의 도시 '프라이부르크'

1) 도시 전체가 태양에너지 최대 활용
- 풍부한 태양광을 활용해 에너지 자립 100%
- 건물마다 부착된 태양열 집열판으로 전기 사용
- 인상적 경관 창출, 긍정적 선호도로 작용
- 청정도시라는 이미지로 인식, 방문욕구 자극

2) 오랜 역사를 지닌 수로인 베히레
- 지역 역사자원을 특화시킴
- 여름에는 냉각효과, 겨울에는 습도조절
- 물놀이시설, 화재예방시설로도 활용

3) 시민과 함께 한 '솔라시티' 만들기 추진
- 원전반대운동으로 시작해 시민과 시당국의 협력
- 에너지 절감, 교통대책 등 종합대책 수립

- 솔라주식회사, 솔라가든, 솔라빌딩
- 보봉생태주거단지, 헬리오트롭

4) 친환경도시가 관광도시로 급부상
- 도시 브랜드로서 성공
- 환경수도로서 세계적인 주목

IV. 향후 조경가로서 패러다임

1. 도시의 지역고유성 부각

1) 자연자원의 보전
- 프라이부르크의 숲과 포도밭
- 빌바오의 네르비온강
- 서울의 외사산, 내사산과 한강, 청계천

2) 인문자원의 보전과 창출
- 프라이부르크의 수로 베히레
- 빌바오의 구겐하임 미술관
- 서울의 궁궐과 성곽

3) 자연·인문자원을 특화해 관광체계화
- 고유경관 형성과 장소성 표현
- Only 1이 되는 경관을 보기 위해 방문객 급증

2. 도시의 브랜드 창출과 운영관리

1) 도시만의 Identity가 형성
- 태양의 도시 '프라이부르크'
- 문화도시 '빌바오'
- 창의도시 디자인 서울

2) 지속가능한 운영관리 프로그램
- 시당국과 시민의 협력을 주도
- 협의체의 리더로서 역할
- 과거＋현재＋미래가 공존하는 도시로 운영

CIP의 개념과 사업지 내 적용 시 예견되는 기대효과에
대하여 설명

Ⅰ. 서언

1. 20세기가 산업경제의 시대였다면 21세기는 창조경제의 시대로서 디자인·문화·콘텐츠 산업이 주요 산업으로 자리하고 있음

2. 창조경제시대에 있어서 CIP는 사람의 감성을 자극하여 수익창출로 연결되며 이는 스페이스 마케팅으로 볼 수 있음

3. CIP의 개념과 사업지 내 적용 시 예견되는 기대효과를 설명하고 도시와 가로공간 CIP 사례를 통해 기대효과를 서술해보고자 함

Ⅱ. CIP의 개념과 구조

1. CIP의 개념

1) Corporation Identity Program

2) 기업이나 도시의 이미지를 시각적으로 동질화하여 대중들에게 일관성 있는 이미지를 제공하여 차별화하는 것

2. CIP의 구조

1) MI(Mind Identity) : 존재의 의의, 목표, 이념

2) BI(Behavior Identity) : 이념을 구현, 객관화, 행동 변화

3) VI(Visual Identity) : MI, BI의 시각화

Ⅲ. CIP 적용 시 예견되는 기대효과

1. MI 측면

1) 브랜드 창출, 이미지 제고 : 목표하는 이념과 미래상을 표현

2) 정책 일관성에 기여 : 통일성 있는 비전 제시 가능

3) 사업지 정체성의 제고 : 사업지 특성을 구체화

2. BI 측면

1) 이용자, 주민의 참여 도모 : 대중의 행동 변화를 유도

2) 구성원의 소속감 증대 : 애향심, 자긍심의 고취

3) 정책의 효율적 홍보 도구 : 홍보효과 향상, 경쟁력 제고

3. VI 측면

1) 경관관리의 효율성 증대 : 통일된 사업지 경관 창출

2) 식별성의 제고 : 타 지역과 차별화 가능

3) CPTED 측면에서 유리 : 영역성을 형성, 안전 도모

Ⅳ. CIP가 적용된 도시와 가로공간 사례

1. 문화도시 '빌바오'의 CIP

1) '문화도시' 이미지 통합계획 : 낙후된 공업도시 이미지 탈피

2) 리아(Ria) 2000 문화도시 프로젝트

- 구겐하임 미술관 유치, 지역 랜드마크화
- 네르비온강 주변의 워터프론트와 공원 정비
- 산업지역 폐부지를 활용한 위락산업 활성화

3) 스페인의 문화도시로 탈바꿈 : 문화예술을 기반으로 한 관광산업 활성화

4) CIP계획으로 도시 재생을 성공

- 쇠퇴한 공업도시를 유럽문화 핵심도시로
- MI, BI, VI의 균형으로 성공

2. '강남대로 디자인 서울거리'의 CIP

1) '젊음의 거리' 이미지 통합계획 : 문화적 활기를 부여, 세계적인 명품거리로 발전

2) 디지털 · 문화 콘텐츠 제공에 중점

- 강남거리의 새로운 VI와 미디어문화 조성
- 미디어폴을 22개 설치
- IT와 디자인이 접목된 디지털문화
- 시민참여공간으로 탈바꿈

3) 토털디자인 개념으로 시설물 정비

- 펜스, 볼라드, 맨홀 등 정비
- 주민자율협정에 의한 간판 정비, BI 실현

4) 걷고 싶고, 머물고 싶고, 다시 찾고 싶은 거리

- 거리조성 이후에도 거리미관 유지
- 보행, 휴식 등의 기능을 유지하도록 관리

QUESTION
53

경관계획 수립 시 주요 조망점(주요 관찰지점)을 정하고 이를 기준으로 계획을 수립하는 것이 효율적이다. 객관적이고 합리적인 조망점 선정과정에 대해 설명

Ⅰ. 서언

1. 경관계획 수립과정은 경관현황의 파악, 기본구상, 경관기본계획 수립, 지구단위 경관지침의 순서로 진행됨
2. 객관적 · 합리적인 조망점 선정과정은 조망대상 선정, 가시권 분석, 조망거리 기준설정, 동서남북방향 기준설정, 조망기회분석 및 최종선정, 경관미 · 상징성 분석, 조망점의 활용의 순으로 진행됨

Ⅱ. 경관계획 수립과정

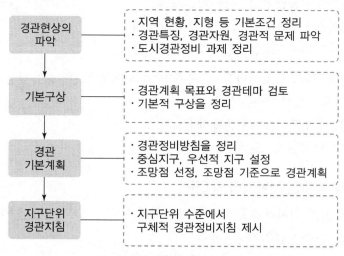

| 경관현상의 파악 | · 지역 현황, 지형 등 기본조건 정리
· 경관특징, 경관자원, 경관적 문제 파악
· 도시경관정비 과제 정리 |

| 기본구상 | · 경관계획 목표와 경관테마 검토
· 기본적 구상을 정리 |

| 경관 기본계획 | · 경관정비방침을 정리
· 중심지구, 우선적 지구 설정
· 조망점 선정, 조망점 기준으로 경관계획 |

| 지구단위 경관지침 | · 지구단위 수준에서 구체적 경관정비지침 제시 |

‖ 경관계획 수립과정 ‖

Ⅲ. 객관적 · 합리적인 조망점 선정과정

1. 조망대상 선정

1) 경관영향평가 목적
   • 주로 인공구조물
   • 건물, 교량, 철탑 등

2) 자연경관 보전 목적
   • 주로 자연경관요소
   • 구릉지, 하천, 폭포 등

2. 가시권 분석

1) 조망대상의 가시범위 분석 : 유형에 따른 범위 설정

2) 유형별 가시범위 기준
- 단일구조물 : 구조물의 최고점
- 복합구조물 : 각 모서리 복수의 최고점
- 구릉지 : 7부 또는 5부 능선
- 하천 : 평수위 하천폭의 중앙선

3. 조망거리 기준설정

1) 근경 · 중경 · 원경으로 구분 : 각각 100m 내외, 500m 내외, 1,000m 이상 거리기준

2) 조망대상을 중심으로 동심원을 그림
- 도심지는 비교적 짧게 설정
- 시야가 트인 자연은 길게 설정

4. 동서남북 방향 기준설정

1) 모든 방향의 조망을 고려

2) 4방향 : 동서남북 4방향 원칙

3) 방향축
- 4방향을 나누는 직교축
- 가시권이 짧은 방향으로 설정

5. 조망기회(이용빈도) 분석 및 최종 선정

1) 조망기회가 높은 곳을 조망점으로 선정
- 사람이 많이 다니는 곳
- 도로의 교차점, 광장, 공원 등

2) 최종 선정
- 예비 조망점을 다수 선정 후
- 현장 확인을 거쳐 최종 조망점 선정

6. 경관미(선호도), 상징성 분석

1) 경관미 분석 : 우수경관, 주요 봉우리

2) 상징성 분석
- 상징적 · 역사적 의미를 지닌 산, 건물
- 서울의 남산, 런던의 세인트 폴 성당

7. 조망점 활용

1) 시뮬레이션

- 주요 조망점을 활용
- 경관영향심의의 객관성을 도모

2) 표준 전망

- 주요 조망점을 표준전망으로 활용
- 표준전망에 대한 침해정도를 검토 후 허가 여부 결정
- 경관보전 및 관리에 효율적

조망점 선정 과정

선정 과정	모식도
1. 조망대상 선정(인공물, 자연물)	
2. 가시권 분석 　구조물인 경우 최고점 　구릉지인 경우 7부 혹은 5부 능선 기준	가시범위
3. 거리기준 설정(근경, 중경, 원경)	
4. 방향기준 설정(동서남북 4방향)	N / W — E / S
5. 조망기회분석 및 예비조망점 선정 　(도로교차점, 광장, 공원 등)	N / 도로망 / W — E / S
6. 현장 확인 및 최종 주요 조망점 선정 　(● 주요 조망점, ○ 보조 조망점)	

QUESTION 54 │ 매슬로의 인간욕구 발달단계를 설명하고 조경공간이 지향하는 궁극적 목적에 관하여 논술

I. 서언

1. 매슬로는 인간욕구 발달단계를 기본욕구단계에서 상위욕구단계까지 5단계로 구분함
2. 조경공간은 기반시설로서 이러한 매슬로의 인간욕구의 발달단계와 정합성을 이루어야 함
3. 매슬로의 인간욕구 발달단계를 우선 설명하고 조경공간이 지향하는 궁극적인 목적에 관해 서술해 보고자 함

II. 매슬로의 인간욕구 발달단계

1. 1단계 : 생리적 욕구

1) 생명을 유지하기 위한 기본적 욕구
2) 호흡 · 순환 · 수면 등 육체적 필요
3) 의식주에 대한 욕구

2. 2단계 : 안전의 욕구

1) 신체적 · 감정적 안전을 추구
2) 생명의 위협 등으로부터 해방욕구
3) 자신을 보호하고자 하는 욕구

3. 3단계 : 사회적 욕구

1) 소속의 욕구
2) 친분, 애정, 우정, 소속감 등
3) 어떤 단체에 소속되어 상호작용을 하고자 함

4. 4단계 : 존중의 욕구

1) 소속단체 구성원으로서 명예, 권력 추구
2) 내부적 : 자아존중감 인정
3) 외부적 : 지위, 신분, 관심의 대상

5. 5단계 : 자아실현의 욕구

1) 자신의 재능과 잠재력을 발휘
2) 최상위 욕구단계
3) 성장욕구, 자기완성 욕구

Ⅲ. 인간욕구 발달단계와 조경공간의 궁극적 목적

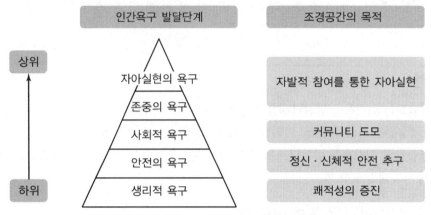

┃ 인간욕구 발달단계와 조경공간의 궁극적 목적의 관계 ┃

1. 1단계 : 쾌적성 증진을 통한 생리적 욕구 충족

1) 호흡 · 순환 등 생리적 기능 도모
- 녹지조성으로 오염저감, 대기정화
- 바람통로 형성, 미기후 조절

2) 그린 인프라 구축
- 쾌적성 증진 기반의 완성
- 녹색복지 실현, 생태계 서비스 제공

2. 2단계 : 정신 · 신체적 안전추구로 안전욕구 충족

1) CPTED의 적용 : 범죄예방 환경설계로 안전성 확보
2) 완충녹지의 조성 : 재해 등의 방지를 위한 녹지

3. 3단계 : 커뮤니티 도모를 통한 사회적 욕구 충족

1) 커뮤니티를 도모하는 공간구성 : 소통과 집객의 증진
2) 주민 커뮤니티 장소 제공 : 지역 주민공동체 형성에 기여
3) CIP 도입으로 소속감 증대 : 영역성, 정체성 제고

4. 4, 5단계 : 참여를 통한 존중과 자아실현 욕구 충족

1) 계획초기단계부터 주민참여 : 참여기회 확대, 다양한 의견 수렴
2) 탄력적 참여 프로그램의 운영 : 참여에 의한 지속적 프로그램
3) 유지관리에서 자원봉사 활성화 : 자발적 참여를 통한 자아실현
4) 주민주도의 거버넌스 구축 : 그린트러스트, 주민협의체 등

QUESTION 55 | 공원녹지의 수요분석 방법에 대하여 구체적으로 설명

Ⅰ. 서언

1. 공원녹지란 쾌적한 도시환경을 조성하고 시민의 휴식과 정서함양에 이바지하는 공간 및 시설로서 공원녹지 수요는 공원녹지의 질적인 면과 양적인 면으로 나누어 분석·산정해야 함

2. 위치, 면적, 기능이 분명한 특정의 공원녹지는 질적·양적 수요 분석과 산정이 용이하나, 도시 전체의 공원녹지에 대한 수요는 분석·산정이 어려우므로 여러 가지 방식이 필요함

Ⅱ. 공원녹지 수요분석 목적 및 구분

1. 수요분석 목적

1) 도시공원 녹지정책의 공급지표 설정을 위함

2) 질적·양적 측면으로 나누어 혼잡·과밀과 공간기능 배분을 분석

2. 구분

1) 질적 수요분석

- 공원녹지가 제공하는 체험의 기회, 활동의 종류, 서비스 수준에 관한 이용자의 희망·욕구 파악
- 계층 구분하여 분석, 이용자의 행태, 의식파악 판단
- 실제 이용자 : 특정 공원녹지 조성, 개선의 준거
- 잠재 이용자 : 도시 전체 광역적 공원녹지체계 조성 준거

2) 양적 수요분석

- 공원녹지의 공간적 측면에 대한 것
- 특정 공원녹지는 수요·공급이 결정되었으므로 사례별로 분석
- 도시전체 공원녹지 체계는 여러 방식을 복합적으로 적용

Ⅲ. 공원녹지의 수요분석 방법

구분	개념	내용	산정식
양적 수요분석			
녹피율 분석	녹피율이란 도시 전체의 면적에 대하여 하늘에서 볼 때 나무와 풀 등 녹지로 피복된 면적(수관투영면적)의 비율을 말함	• 도시에서 식물피복지의 양을 평가하는 기준이 됨 • 녹피율에는 공원 내에서 광장과 같이 녹지로 피복되지 않은 면적과 하천에서 수면의 면적이 포함되지 않는다는 점이 녹지율과 다름	녹피율(%)=녹피면적(㎡)/도시지역면적(㎡) × 100 (공원의 양적 수요분석방법)
공원 녹지율 분석	공원녹지율은 공원과 녹지 면적의 크기를 평가하는 기준으로, 도시 전체의 면적에 대한 공원과 녹지의 비율 및 시가화지역의 면적에 대한 공원과 녹지의 비율을 말함	공원과 녹지는 『국토의 계획 및 이용에 관한 법률』에 따른 공원과 녹지로서 도시·군관리계획으로 결정된 것을 말함	• 도시 전체 공원녹지율(%)=공원녹지면적(㎡)/도시지역면적(㎡) × 100 • 시가화지역 공원녹지율(%)=공원녹지면적(㎡)/시가화지역면적(㎡) × 100 (공원의 양적 수요분석방법)
1인당 공원 면적	도시 전체 및 계획단위(생활권)별 공원 면적 비율을 산정	인구에 따른 정량적 규모로 설정하고 계획연도별 녹지 수준의 결정 시 유용함	1인당 공원면적(㎡)=공원면적(㎡)/인구수
질적 수요분석			
공원의 서비스 수준 분석	공원의 서비스 수준은 공원의 접근성, 분포 등을 평가하는 기준임	지역 내 공원의 위치, 접근성, 이용수준, 이용상황 등을 조사하고, 최신의 분석방법을 활용하여 공원 서비스 수준을 분석하고, 생활권별 서비스 수준을 도면 및 표로 제시함	도면 및 표로 제시 (공원의 질적 수요분석방법)
이용자의 수요 분석	이용자의 수요 분석은 공원녹지에 대한 주민들의 성향 및 요구에 대한 분석임	설문지, 전화설문, 공청회, 인터넷 등에 의하여 주민들의 성향, 요구사항 등을 분석하여 도표로 제시함	도표로 제시 (공원의 질적 수요분석방법)
레크리에이션의 추세 분석 및 수요시설과 프로그램	전국적, 지역적 해당 도시의 과거 레크리에이션 추세와 미래의 수요 예측과 이에 따른 옥외 레크리에이션 시설 및 프로그램을 제시함	각종 통계자료 및 주민 선호도에 따른 주요 옥외 레크리에이션 시설의 추세를 기술하고, 미래의 레크리에이션 수요, 시설 및 프로그램을 표로 제시	표로 제시 (공원의 질적 수요분석방법)

Ⅳ. 공원녹지 수요 분석과 공급지표 설정과정

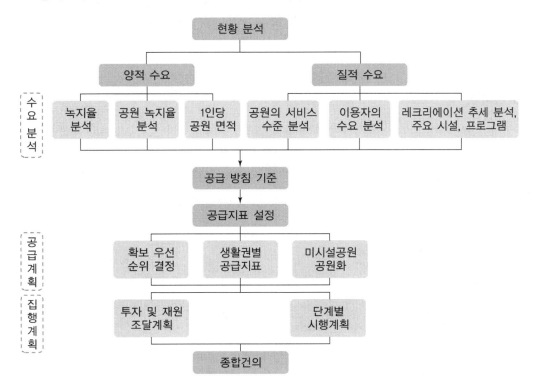

| 도시재생의 개념 및 필요성을 정의하고 도시재생을
효율적으로 달성할 수 있는 전략과제를 설명

Ⅰ. 서언

1. "도시재생 활성화 및 지원에 관한 특별법"상 도시재생이란 도시구조변화 등의 쇠퇴원인
   을 도시재생사업을 통해 치유, 도시기능을 향상시키는 것임
2. 도시재생의 필요성은 자생기반 마련, 지역공동체 강화, 도시 경쟁력 강화 등이고, 전략과
   제로는 그린인프라 구축, 도시경관의 개선, 지역자원의 활용 등이 있음

Ⅱ. 도시재생의 개념

1. 도시화 진행과정

산업구조 변화 / 도시의 확장   +   인구증가 / 주거환경 노후화   →   도시기능의 쇠퇴

2. 도시재생 개념의 대두

1) 도시재생 관련법 제정
2) 국가정책의 패러다임 변화

3. 「도시재생 활성화 및 지원에 관한 특별법」상 도시재생 개념

1) 도시재생사업 → 도시자생기반 마련
2) 경제 · 사회 · 문화 활력 회복
3) 지역 경쟁력 강화

Ⅲ. 도시재생의 필요성

1. 자생기반 마련

1) 그린 인프라 구축 : 점적 · 선적 녹지대 확충
2) 수체계 건전성 확립 : LID 활성화
3) 도심 자생 능력 향상 : 도시 생태적 건전성 확립

2. 지역공동체 활성화

1) 주민참여 재생사업 실시 : 마을 공동체 결성

2) 커뮤니티 공간 조성 : 소공원 및 정원 확보

3) 지역관리체계 확립 : 협의체 중심의 자발적 관리체계

3. 도심 경쟁력 강화

1) 지역 명소화 전략 수립 : 마을자원 발굴

2) 활성화 시스템 구축 : 지역단위 공동체 형성

3) 도시 브랜드화 : 스페이스 마케팅 전략

IV. 도시재생 효율적 달성 전략과제

1. 그린 인프라 구축 전략

1) 공원녹지기본계획 의무화 : 도시녹지 확충 기반의 마련

2) LID 전략적 수행 : 수체계 건전성 확보

3) 생태마을 활성화 : 소규모 거점 마을 조성과 네트워크화

2. 도시 경관 개선 활성화 전략

1) 입체적 토지이용 제고 : 지표면부터 옥상까지 녹색경관 형성

2) 마을길 경관사업 실시 : 서울시 골목길 가꾸기 사업

3) 주민참여 녹색공간의 조성 : 서울 '꽃으로 피다' 생활권 녹화사업

3. 문화 · 예술 · 역사체험 인프라 구축 전략

1) 지역자원 발굴과 개발 : 지역 명소화 추진

2) 문화 · 예술 체험기회 제공 : 문화공간, 예술적 체험공간의 확보

3) 문화도시 '빌바오' 사례 : 문화예술 인프라로 도시재생의 성공사례

V. 도시재생 활성화 방안

1. 제도적 지원

1) 지방자치단체 예산 지원과 홍보

2) 사회적 분위기 형성

2. 참여성 강화

1) 지역 전문가의 재능 활용

2) 공동체 형성, 지속가능한 체계 확립

QUESTION 57 | 물재생시설(하수처리장) 부지를 주민친화적 공간으로 조성코자 한다. 계획방향과 주요 고려사항, 구체적 공간 활용계획에 대하여 설명

I. 서언

1. 물재생시설은 과거 혐오시설로서 차폐 중심의 계획이었으나 최근 토지이용적 활용 측면에서 잠재력이 우수한 곳으로 인식되고 있음

2. 계획방향 및 주요 고려사항은 기존 시설의 유지 및 연계, 주민친화시설 확보, 지속가능한 친환경공간 조성 등임

3. 구체적 공간활용계획은 공간별 특성에 따른 이용방안으로 설명하고자 함

II. 물재생시설(하수처리장) 부지 특성

1. 규모 및 접근성

1) 시설별 기능 유지, 부지 규모 거대 : 진입, 침전 · 처리시설, 정화시설 등

2) 주민 접근성 제고 : 주거단지와 접근 전략 필요

2. 시설 구성

1) 진입공간 및 관리동 : 진입부 특성과 편익시설 도입 가능

2) 침전 및 처리시설 : 냄새 발생, 차폐방안 제고

3) 처리수 유출시설, 정화처리수 이용가능 : 산업부지 재활용

III. 계획방향 및 주요 고려사항

1. 계획방향

1) 기존시설과의 연계성 확보 : 기존시설 잠재력 최대 활용

2) 수처리 교육공간 이용 : 정화 처리단계 등

3) 주민친화시설 도입 : 체육, 휴게, 산책공간 등

4) 지속가능한 친환경시설 인식 제고 : 주변과 소통 및 물관리 이미지

2. 주요 고려사항

1) 친수시설 수질기준 준수 : 처리수 수질기준 및 관리방안

2) 순환형 관람 · 교육동선 확보 : 부지규모를 고려한 순환동선

3) 인공지반 조성 시 활용계획 제시

- 상부식재 하중 제고
- 구조적 안전성 확보

4) 주변시설과 소통 가능한 공간계획 : 접근성 및 개방성 확보

5) 안전성 및 친환경성 제고 : CPTED 계획

Ⅳ. 구체적 공간 활용계획

1. 진입공간 및 관리동 주변

1) 주민 친수공간 조성
- 수질 BOD 3ppm 유지
- 어린이용 물놀이 시설 도입

2) 장소성 확보
- 랜드마크 조형물 설치
- 휴게공간으로 이용

2. 침전 및 정화처리시설 주변

1) 시설 지하화 계획 : 냄새 최소화 고려

2) 상부녹화 및 체육·휴게공간 조성 : 구조적 안전 및 체력단련시설 도입

3) 수직 벽면 녹화
- 구조체 발생부분 벽면녹화
- 경관성 확보

3. 처리수 유출시설 주변

1) 인공습지 도입 : 처리수 재활용, 교육공간

2) 학습안내시설
- 처리수 과정 학습
- 수생식물 교육공간 확보

4. 순환동선 및 경계부 주변

1) 순환형 관람·교육동선 : 탄성포장재 포설, 주민 조깅코스 이용

2) 경계부 개방성 확보
- 펜스 설치 지양, 친화공간 이미지 확보
- 주요부 생울타리 조성

5. 기타

1) 범죄예방 식재계획

2) 안전성 제고 CCTV 설치

3) 시간대별 탄력적 운영

Memo

CHAPTER

06

조경설계론

QUESTION
01 | 측백나무, 편백, 화백 비교

Ⅰ. 개요

1. 측백나무의 원산지는 우리나라이고 편백과 화백의 원산지가 일본임. 측백나무와 화백은 울타리용으로 많이 심으며, 편백은 목재 생산용으로 산지에 많이 심음

2. 측백나무, 편백, 화백은 나무의 모습은 비슷하나 잎의 모양이 서로 다른데, 측백나무 잎은 녹색으로 앞면과 뒷면의 색깔과 모양이 서로 같음

3. 편백과 화백의 잎은 매우 비슷한데, 잎 끝이 둔하고 뒷면의 흰색 기공조선이 Y자 모양이면 편백, 잎 끝이 뾰족하고 뒷면의 흰색 기공조선이 대체로 X자 모양이면 화백임

Ⅱ. 측백나무, 편백, 화백 비교

식물명	형태적 특성	생태적 특성 및 용도
측백나무 (Thuja orientalis)	1) 잎 : W자형, 앞면과 뒷면의 모양이 같음. 녹색. 만지면 부드러움 2) 나무껍질 : 회갈색 3) 열매 : 날개 없음, 8개, 길이 1.5~2cm, 열매조각은 겹쳐져 있음	1) 원산지 및 서식 : 우리나라 전역, 바닷가에서 방풍림, 석회암지대에서 잘 자람, 추위와 가뭄, 공기오염에 잘 견딤 2) 용도 : 조경수나 울타리용으로 많이 심음
편백 (Chamae—cyparis obtusa Endlicher)	1) 잎 : Y자형, 뒷면에 Y자 모양의 흰색 선이 있음. 만지면 부드러움 2) 나무껍질 : 적갈색 3) 열매 : 좁은 날개, 8~10개, 지름 1~1.2cm, 열매조각은 맞닿아 있음	1) 원산지 및 서식 : 일본, 우리나라 남부산지에 목재 생산용으로 심음 2) 용도 : 독립수, 울타리용으로 심음
화백 (Chamae—cyparis pisifera Endlicher)	1) 잎 : X자형, 뒷면은 흰 가루를 뿌린 듯함. 만지면 꺼끌꺼끌함 2) 나무껍질 : 적갈색 3) 열매 : 넓은 날개, 8~12개, 지름 0.6cm, 열매조각은 맞닿아 있음	1) 원산지 및 서식 : 일본, 우리나라 전역에서 울타리용으로 심음 2) 용도 : 독립수, 울타리용으로 많이 심음

QUESTION
02 | 갈대, 달뿌리풀, 억새 비교

I. 개요

1. 갈대, 달뿌리풀, 억새는 우리 주변에서 흔히 볼 수 있는 볏과 식물로 여러해살이풀임
2. 갈대와 달뿌리풀은 갈대속에 속하고 물가나 습지에 살며, 억새는 억새속에 속하고 낮은 들이나 높은 산 등 주로 마른 곳에서 삶
3. 갈대는 잎혀에 털이 있고 원추꽃차례이고 열매는 영과이고 뿌리에는 잔뿌리가 많음. 달뿌리풀은 잎혀에 털이 있고 원추꽃차례이고 열매는 영과이고 뿌리줄기가 땅위로 뻗음. 억새는 잎혀에 털이 없고 산방꽃차례이고 열매는 수과이며 뿌리는 굵고 옆으로 뻗음

II. 갈대, 달뿌리풀, 억새 비교

식물명	서식장소	높이	잎	꽃	열매	특징
갈대 볏과 갈대속	냇가 습지	1~2m	• 길이 20~50cm • 너비 2~4cm • 잎혀에 털이 있음	• 원추꽃차례 • 9월 자주색에서 자갈색으로 변함	영과 10월	뿌리줄기가 땅속으로 뻗음
달뿌리풀 볏과 갈대속	냇가 습지	1.5~3m	• 길이 10~30cm • 너비 1~3cm • 잎혀에 털이 있음 • 잎맥이 희미함	• 원추꽃차례 • 8~9월 갈색	영과 10월	뿌리줄기가 땅 위로 뻗음
억새 볏과 억새속	산과 들	1~2m	• 길이 100cm • 너비 1~2cm • 잎혀에 털이 없음 • 중심맥은 흰색임	• 산방꽃차례 • 9월 은빛이 도는 흰색	수과 10월	뿌리줄기가 땅속으로 뻗음

QUESTION 03 | 창포, 붓꽃, 꽃창포 비교

Ⅰ. 개요

1. 창포는 천남성과이며 붓꽃과 꽃창포는 붓꽃과임. 창포와 꽃창포는 개울가, 연못, 호숫가처럼 물기가 많은 곳에서 자라는 여러해살이풀임

2. 붓꽃은 낮은 산의 어귀나 햇빛이 잘 드는 들에서 저절로 자라는 여러해살이풀임

3. 창포는 잎이 모여 나고 곧게 서며 중심맥이 뚜렷하고, 붓꽃은 잎이 어긋나며 늘어지고 줄기 밑동에서 2줄로 나오며 중심맥이 없음. 꽃창포는 잎이 어긋나고 늘어지며 줄기 밑동에서 2줄로 나오고 중심맥이 뚜렷함

Ⅱ. 창포, 붓꽃, 꽃창포 비교

식물명	높이	잎	꽃	열매
창포 천남성과	60~90cm	• 긴 창꼴 • 너비 0.5~1.5cm • 중심맥이 있음	• 6~8월, 옅은 황록색 • 원기둥 모양으로 줄기의 중간에 달림	• 장과 • 7~8월, • 긴 타원형 • 붉은색
붓꽃 붓꽃과	30~60cm	• 긴 창꼴 • 너비 0.4~1cm • 중심맥이 없음	• 5~6월, 보라색 • 외화피의 밑부분에 노란색과 검은 자색의 무늬	• 삭과 • 7~8월, 방추꼴 • 3개의 능선이 있음
꽃창포 붓꽃과	60~120cm	• 긴 창꼴 • 너비 0.5~1.2cm • 중심맥이 있음	• 6~8월, 적자색 • 외화피의 밑부분에 노란색의 무늬	• 삭과 • 9월, 세모진 방추꼴 • 3개의 능선이 있음

QUESTION 04 | 비비추, 옥잠화 비교

Ⅰ. 개요

1. 비비추와 옥잠화는 백합과의 여러해살이 풀로, 비비추는 우리나라 중부 이남의 산골짜기에서 저절로 자라며, 옥잠화는 원산지가 중국임

2. 요즘에는 비비추와 옥잠화의 단정한 잎과 긴 꽃자루에서 위쪽으로 향해 피는 아름다운 꽃을 보려고 화단이나 공원에 많이 심어 가꿈

3. 비비추와 옥잠화는 여러해살이풀로 모습이 비슷하나 대개 비비추는 옥잠화보다 잎이나 꽃의 크기가 작고, 비비추는 잎이 긴 달걀꼴이며 7~8월에 옅은 보라색 꽃이 핌. 반면 옥잠화는 잎이 심장모양의 긴 타원꼴이며 8~9월에 흰색이나 자주색 꽃이 핌

Ⅱ. 비비추, 옥잠화 비교

식물명	높이	잎	꽃	열매
비비추	40cm	• 긴 달걀꼴이나 심장꼴, 길이 12~13cm • 너비 8~9cm • 잎자루 20cm	• 총상꽃차례 • 7~8월, 길이 4cm • 옅은 보라색, 나팔 모양 한쪽으로 치우쳐서 달림	• 삭과, 9월 • 긴 타원꼴 • 비스듬히 달림
옥잠화	40~56cm	• 심장모양의 긴 타원꼴, 길이 15~22cm • 너비 10~17cm • 잎자루 15~22cm	• 총상꽃차례 • 8~9월, 길이 11.5cm • 옅은 자주색이나 흰색 • 깔때기 모양	• 삭과, 10월 • 원기둥꼴 • 밑으로 처지고 날개가 있음

QUESTION 05 | 지속가능한 생태녹지 조성설계

Ⅰ. 개요

1. 지속가능한 생태녹지 조성설계는 생태성 확보가 어려운 잔디 도입을 최소화하고 다층구조(multilayer)의 숲을 모델로 하여 관리비 절감, 생물서식처 기능을 확보할 수 있는 녹지 조성설계임

2. 기존 도시공원과 시설녹지, 중앙분리대 등의 녹지 조성설계는 잔디중심 녹지가 많아 유지관리비 부담 가중, 녹지 일부의 잔디소멸로 인한 토사유실과 추가비용 발생 등 생태성 확보가 어려웠음

3. 이에 따라 수원시 등 지방자치단체에서는 지속가능한 생태녹지 조성설계를 위한 시범조성을 하고 있으며 창조적 녹지정책을 개발, 추진하고 있음

Ⅱ. 지속가능한 생태녹지 조성설계

1. 도입배경

1) 잔디 중심의 녹지의 문제
- 집중적 관리가 필요, 유지관리비 부담 가중
- 녹지 일부의 잔디소멸로 인한 토사유실과 추가비용 발생
- 제초제로 인한 녹지 내 소생물 소멸

2) 생태적으로 취약한 녹지
- 생물서식처 기능의 저하
- 녹지 내 빗물 침투의 어려움

2. 설계개념 및 조성방법

1) 다층구조(multi layer)의 숲을 모델
- 산림 내 식물과 같이 상·중·하층의 나무와 지피식물이 어우러진 식물구조
- 생물종이 다양하고 탄소와 빗물 흡수 촉진
- 에너지 순환을 통한 지속가능한 생태계 유지

2) 잔디 중심 지피식물 대신 산림 지피식물 도입
- 잔디 도입을 최소화
- 기존 잔디녹지는 유지관리비 부담 가중
- 잔디녹지 관리비의 30% 수준으로 유지관리가 가능

3) 녹지 내 빗물의 지하수 유입 촉진 : 유공관과 침투시설을 설치

4) 생물서식처를 도입 : 곤충서식처, 다공질 돌무덤 등 도입

5) 중앙분리대를 관리가 용이한 녹지 조성
- 억새와 수크령, 토끼풀 녹지 등 조성
- 관리비 절감과 도시에 변화를 유도

골프코스의 홀 구성요소와 미들홀(Middle Hole, Par4)
의 표준평면도

Ⅰ. 개요

1. 골프코스의 홀 구성요소는 처음 티샷하여 내보내는 티그라운드, 티샷한 공이 떨어지는 페어웨이 혹은 러프 및 해저드, 그리고 볼을 넣는 홀이 있는 그린이 있음
2. 각 홀은 다양한 환경과 길이를 가지고 있는데 보통 Par5, Par4, Par3로 정해진 18개 홀을 가지고 파72를 기본으로 함
3. 미들홀 Par4의 표준평면도는 길이가 300~440m 내외이고 폭은 50~80m 정도이며 일반적인 홀 구성요소인 티그라운드, 페어웨이, 러프, 해저드, 그린을 포함함

Ⅱ. 골프코스의 홀 구성요소와 미들홀(Middle Hole, Par4)의 표준평면도

1. 골프코스의 홀 구성요소

1) 티잉 그라운드(Teeing ground)
- 흔히 티라고 부르는 것은 티잉 그라운드의 줄임말
- 홀의 처음 샷을 해서 출발하는 곳
- 티는 주변보다 약간 높으며 사각형 또는 원형 모양
- 그린과의 떨어진 거리 차이에 따라 챔피언 티, 레귤러 티, 프론트 티 등으로 구분
- 4~5개의 티를 지형적 조건과 경기자가 자기 기량에 맞게 티샷의 위치를 정할 수 있도록 거리조건에 맞게 배치
- 모양과 형상은 주변지형과 조화되도록 부정형, 장방형 타원
- 면적은 350~800m²(평균 500m²) 범위 내에서 적절히 기능별·형태별로 조성
- 구배는 원활한 배수를 목적으로 종구배를 1~1.5%, 횡구배는 수평

2) 페어웨이 및 러프(Fairway & Rough)
- 티에서 그린 사이의 잔디를 1.5~2cm 정도로 짧게 깎은 지역
- 제2타, 제3타를 원활하게 하기 위해 잔디밀도가 매우 높음
- 러프는 페어웨이 바깥쪽에 있는 비관리지역
- 러프는 페어웨이보다 긴 잔디, 잡초, 관목, 수림 등으로 이루어짐

- 페어웨이는 배수를 위한 할로우와 시각적 효과를 주는 마운딩을 적절히 조성, 자연지형 및 수목과 조화
- 사면에 접한 러프지역은 사면경사를 최대한 완화, 플레이지역이 넓게 보이도록 함

3) 벙커(Bunker)

- 벙커는 골프코스 구성요소에서 해저드 중 하나
- 보통 모래로 이루어짐, 잔디, 풀로 덮여져 있는 잔디벙커도 있음
- 배치된 위치에 따라 페어웨이 벙커, 어프로치 벙커, 그린사이드 벙커
- 설치목적은 전략성, 보존성, 안전성, 방향성, 심미성
- 벙커조성은 마운드와 함께 주변시설과 조화
- 외부 우수가 유입되지 않도록 벙커둘레를 높게 조성
- 페어웨이 벙커는 30~50cm, 그린벙커는 50~120cm 깊이로 조성

4) 워터 해저드(Water Hazard)

- 경관형성의 미적 측면과 전략적 측면에서 중요한 구성요소
- 플레이어를 감동시킴, 수질정화, 수원제공 기능
- 종류는 인공연못, 유수지, 조정지, 자연연못, 바다, 호수, 늪, 계류
- 홀에 병행되어 있는 래터럴 워터 해저드(Lateral water hazard)와 비가 온다거나 물이 고이면 웅덩이 형태로 되는 해저드도 있음

5) 그린(Green)

- 골프코스의 구성에 있어 가장 중요한 위치를 차지
- 경기의 50% 이상이 그린에서 이루어지기 때문임
- 그린은 4.25인치의 홀과 일정 면적(보통 $600 \sim 800m^2$)을 가지고 있음
- 에이프런(Apron), 그린에지(Green edge), 그린칼라(Green collar)로 구성
- 면적, 기복, 입구, 주변의 구성 등이 중요
- 원그린으로 조성, 모양은 부정형, 각 홀마다 변화를 주도록 계획
- 구배는 페어웨이 쪽에서 잘 보일 수 있도록 5% 정도, 배수를 고려
- 그린 면은 페어웨이 면보다 약 50cm 정도 높게 하여 배수 및 통풍이 원활하도록 계획, 공략의 묘미도 가미토록 설계

2. 미들홀(Middle Hole, Par4) 표준평면도

홀의 구성

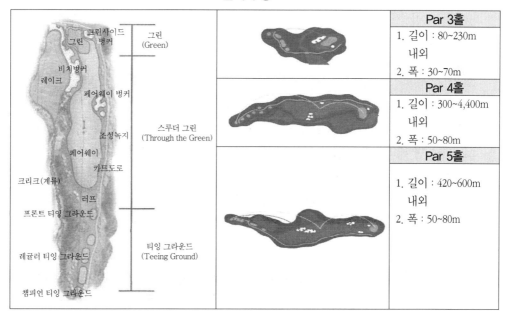

	Par 3홀
	1. 길이 : 80~230m 내외
	2. 폭 : 30~70m
	Par 4홀
	1. 길이 : 300~4,400m 내외
	2. 폭 : 50~80m
	Par 5홀
	1. 길이 : 420~600m 내외
	2. 폭 : 50~80m

QUESTION
07 녹지공간의 배리어프리(Barrier-Free)화를 위한 공간별 설계원칙

Ⅰ. 개요

1. 녹지공간의 배리어프리화란 노약자나 장애인 등 모든 사람들이 함께 삶을 영위하는 노멀 라이제이션의 사고 기반으로 기능 면, 생활목적 면 둘 다의 녹지공간 배리어프리화임
2. 기능 면 배리어프리화는 장치에 의하고 통행 등에서의 기능성, 안전성 확보에 있고, 생활 목적 면 배리어프리화는 레크리에이션 활동, 쾌적성, 건강의 유지증진 등에 있음
3. 녹지공간의 배리어프리화를 위한 공간별 설계원칙은 일반시가지녹지, 도시공원, 자연공 원 공간으로 구분하여 설명가능함

Ⅱ. 녹지공간의 배리어프리(Barrier-Free)화를 위한 공간별 설계원칙

1. 녹지공간과 배리어프리의 관계

1) 기능 면
  - 장치적인 배리어프리
  - 통행 등에서의 기능성, 안전성 확보
  - 엘리베이터 설치, 단차의 해소, 경사로 설치 등

2) 생활목적 면
  - 레크리에이션 활동, 쾌적성, 건강의 유지증진
  - 다양한 선택의 제공, 자연의 즐거움

> ✱ 노멀라이제이션(Normalization)
> 노약자, 장애인을 구별하지 않고 모든 사람들과 함께 삶을 영위하는 사회가 정상이다라는 생각, 국제 적 사회복지 기본이념

2. 공간별 설계원칙

일반시가지녹지, 도시공원, 자연공원에서의 배리어프리화

일반시가지녹지	도시공원	자연공원
• 장치에 의한 배리어프리화, 통행 등에서의 기능성, 안전성, 쾌적성 확보 - 경사로, 소리, 조명 등을 이용한 물리적인 환경개선 - 엘리베이터, 리프트 등의 장치류를 이용한 환경개선 • 강렬한 외부 기상환경 하에서의 물리적인 보호대책, 외부 기상환경의 완화 - 여름의 일사, 열로부터의 보호 - 겨울의 강풍이나 한기 - 강우, 강설로부터의 보호	• 공원녹지 등에 대한 접근성 담보 • 자연감의 향수 - 여름의 양풍(凉風)이나 녹음 - 겨울의 일사나 석양으로부터의 보호 - 새나 벌레 울음소리 - 식물의 향기나 색 등	• 다양한 선택의 제공과 오감을 통한 자연의 즐거움의 부활 - 다양한 행동루트나 체험환경의 제공 - 선택적인 즐거움, 새나 곤충 등의 울음소리, 식물 향과 색 등 생물과의 접촉, 석양 등의 기상의 즐거움

3. 캘리포니아 플러드공원(Flood Park) 사례

1) 위치 : 캘리포니아주 샨마데오에 위치

2) 설계원칙

  • 모든 사람에게 있어서 접근하기 쉬울 것

  • 건강한 사람, 노약자, 장애인 모든 사람에게 접근하기 쉬움

3) 설계원칙에 따른 세부기준

  • 모든 이용자가 물적으로 접근하여 프로그램에 참가 가능

  • 물리적 · 의료적으로 안전성과 지원을 제공

  • 모든 이용자에게 최대한의 독자성을 제공

  • 자연적 경험이 가능한 접근로

4) 조성과정

  • 커뮤니티 토론회 개최로 검토과제를 도출

  • 여러 이용자의 그룹별로 토론회 개최

  • 이용분석, 접근성 조사 시행

  • 토론회, 조사 후 디자인 대체안 작성

  • 그 검토결과 최종적 마스터플랜화됨

QUESTION 08 | 화단조성방식의 종류별 특징

I. 개요

1. 화단조성방식의 종류는 크게 입체화단, 평면화단, 특수화단으로 구분할 수 있음
2. 입체화단에는 기식화단, 경재화단, 노단화단이 있고 평면화단에는 모전화단, 리본화단, 포석화단이 있음
3. 특수화단에는 침상화단, 수재화단, 암석화단이 있고 각각의 화단조성방식에 따라 고유한 특징을 지님

II. 화단조성방식의 종류별 특징

1. 입체화단

1) 기식화단(Assorted flower bed)
- 사방에서 감상할 수 있도록 정원이나 광장의 중심부에 마련된 화단
- 중심에서 외주부로 갈수록 차례로 키가 작은 초화를 심음
- 작은 동산을 이루는 것으로 모둠화단이라고도 함

2) 경재화단(Board flower bed)
- 건물의 담장, 울타리 등을 배경으로 그 앞쪽에 장방형으로 길게 만들어진 화단
- 원로에서 앞쪽으로는 키가 작은 화초에서 큰 화초로 식재
- 한쪽에서만 감상하게 됨

3) 노단화단(Terrace flower bed)
- 경사지에 계단상으로 여러 층의 노단을 만들고 그 위에 화단을 만드는 것으로 테라스화단이라고도 함
- 멀리서 보면 계단모양으로 보이며 초화류, 관목류를 식재

2. 평면화단

1) 모전화단(Carpet flower bed)
   - 카펫화단, 화문화단이라고도 함
   - 주로 넓은 잔디밭이나 광장, 원로의 교차점 한가운데 설치됨
   - 키가 작은 초화를 사용하여 꽃무늬를 나타냄
   - 개화기간이 긴 초화를 선택하고 땅이 보이지 않도록 밀식

2) 리본화단(Ribbon flower bed) : 공원, 학교, 병원, 광장 등의 넓은 부지의 원로, 보행로 등과 건물, 연못을 따라서 설치된 너비가 좁고 긴 화단, 대상화단이라고도 함

3) 포석화단 : 정원이나 잔디밭의 통로, 연못 주변, 분수나 조각물의 주변에 디딤돌 크기의 편평한 돌을 깔고 돌과 돌 사이에 키가 작은 화초를 심는 화단

3. 특수화단

1) 침상화단(Sunken garden) : 보도에서 1m 정도 낮은 평면에 기하학적 모양의 아름다운 화단을 설계한 것으로 관상가치가 높은 화단

2) 수재화단(Water garden) : 물을 이용하여 수생식물이나 수중식물을 식재하는 것으로 연, 수련, 물옥잠 등이 식재

3) 암석화단(Rock garden) : 바위를 쌓아올리고 식물을 심을 수 있는 노상을 만들어 여러 해살이 식물을 식재

4) 석벽화단(Wall rock garden) : 경사지에 자연석이나 괴석을 이용하여 수직으로 축대를 쌓고 돌과 돌 사이에는 꽃을 끼워 심거나 회양목, 철쭉, 눈향나무 등의 관목류나 반덩굴 성식물을 심어 벽면을 아름답게 가꾸는 화단

QUESTION
09 | M.A(Master Architect) 설계방식을 설명

Ⅰ. 개요

1. M.A란 도시개발, 도시재생을 위한 각종 계획수립과정에서 프랑스의 지구건축가제도를 차용한 일본 도시재생기구의 전문가 협력방식을 말함
2. 국내는 2000년 용인 신갈 새천년단지에 처음 도입되어 수도권 택지개발지구, 그린벨트 해제지구의 국민임대주택단지, 서울시의 뉴타운개발에 본격 도입되고 있음
3. M.A 설계방식은 개발계획 수립시점부터 실시계획승인은 물론 주택건설사업 계획수립이 끝날 때까지 전문가협력방식으로 진행됨

Ⅱ. M.A(Master Architect) 설계방식

1. 도입 배경

1) 일본 도시재생기구의 M.A 설계방식을 벤치마킹 : 프랑스의 지구건축가제도를 차용
2) 국내는 2000년 용인 신갈 새천년단지에 처음 도입 : 수도권 택지개발지구 등에 본격 도입
3) '도시재정비촉진을 위한 특별법'에 M.P 위촉 근거 : M.A 제도에 대한 법적 근거가 처음 마련
4) 조경분야에도 본격 도입
    - 성남판교신도시 공원녹지 현상설계공모당선작
    - 실무경험과 설계조정능력이 뛰어난 총괄조경가(MLA) 임명, 운영

2. M.A 설계방식

개발계획 수립시점부터 실시계획 승인은 물론 주택건설사업 계획수립이 끝날 때까지 전문가협력방식으로 진행

3. 안산 신길지구 사례 M.A 설계방식

1) 개요
    - 경관생태계획을 전제로 주거단지 개발계획수립
    - 경관생태계획에 의거한 지구단위계획
    - 개발계획 수립시점부터 사업계획 수립이 끝날 때까지 M.A방식으로 진행
2) 사업과정
    - 생태자원 조사 및 분석
    - 비오톱 유형 평가 및 경관생태계획 수립
    - 개발계획안 수립

QUESTION 10 | 보차공존도로의 개념과 유형, 주요 기법

I. 개요

1. 보차공존도로란 주거지역, 상가지역, 뉴타운 등에서 도로를 보행자와 차량이 동시에 이용할 수 있는 도로이며, 보행자와 차량의 공존을 넘어 보행자 우선의 도로임
2. 유형은 차량통행이 많은 도로에 적용되는 분리형과 차량의 통행이 비교적 적은 곳에 적용되는 융합형이 있음
3. 주요 기법은 주행속도 억제기법으로 차도굴절, 차도굴곡, 험프 및 요철 이용 등이 있고, 교통량 억제기법으로 차도 차단, 교통량 규제 등이 있으며, 노상주차억제기법으로 볼라드 설치 등이 있음

II. 보차공존도로의 개념과 유형, 사례

1. 개념

1) 보행자와 차량이 동시이용 도로 : 주거지역, 상가지역, 뉴타운 등에 적용
2) 보행자 우선의 도로
   - 차량속도 규제와 보행자 안전 장치
   - 생활환경의 질 확보, 도시경관개선 추구

2. 유형

1) 분리형
   - 차량통행이 많은 도로에 적용
   - 차도와 보도의 단차를 구분
   - 보행안전과 쾌적성 증가

2) 융합형
   - 차량의 통행이 비교적 적은 곳에 적용
   - 차도와 보도의 높이 차이가 없음
   - 차량속도를 최대한 감속, 도로 전체를 보행자가 우선적 이용

3. 주요 기법

1) 주행속도의 억제기법
- 차도굴절 : 차도를 지그재그형태, 측면에 포켓 식재대 설치
- 차도굴곡 : S자형 차선, 수목식재로 선형 암시
- 험프 및 요철 : 사괴석포장, 바닥패턴 조정, 과속방지턱
- 미니로터리 : 교차로에 배치로 서행유도

2) 교통량 억제기법
- 차도 차단 : 차량 진입방지시설 설치
- 교통량 규제 : 표지판 및 분리대 설치, 차도폭 좁힘

3) 노상주차억제기법 : 볼라드 설치, 교차 주차대 설치

4. 주요 사례

1) 네덜란드의 본엘프(Woonerf)
- 본엘프를 직역하면 '생활의 정원'
- 1970년대부터 네덜란드에서 시작
- 사람과 차량의 공존을 기본개념으로 한 생활도로개선사업
- 주거지역, 상가지역, 뉴타운 등에 적용
- 보도와 차도를 분리하지 않으면서 차도선형을 꺾음
- 도로폭을 좁히고 물리적 단차를 두어 차량주행을 감속
- 주민을 위한 노상주차공간을 엇갈리게 배치
- 보행자안전, 주거환경의 질, 놀이공간 확보, 도시경관개선 추구

2) 걷고 싶은 길 1호 덕수궁길
- 차량감속으로 가로 전체를 보행자 우선 이용
- S형 가로구조, 볼라드, 사괴석, 험프, 바닥패턴 등
- 물리적 · 심리적으로 차량감속기법 도입
- 최근 덕수궁길을 보행자 우선 가로에서 차량 위주 차도로 정비해 유감
- 볼라드 대량 설치로 차도와 보도 분리의 문제
- 보행자 중심의 보차공존도로로 재정비 필요
- 미완성 구간인 정동교회로부터 경향신문사까지도 걷고 싶은 거리 완성
- 우리나라 '걷고 싶은 거리 제1호', '우리나라에서 가장 아름다운 길'의 명성을 회복

난지형 잔디와 한지형 잔디의 종류 및 특성

Ⅰ. 개요

1. 잔디란 화본과 여러해살이풀로 재생력이 강하고 답압에 견디는 능력이 뛰어나서 조경의 목적으로 이용되는 피복성 식물임
2. 잔디의 기능에는 토양오염방지, 토양침식방지 등의 공학적 기능과 산소공급, 수분보유능력 향상 등 생태적 기능, 녹색환경조성, 스포츠공간제공 생활적 기능이 있음
3. 잔디의 종류는 난지형에 한국잔디류, 버뮤다그래스 등이 있고 한지형에 페스큐, 벤트그래스 등이 있음

Ⅱ. 난지형 잔디와 한지형 잔디의 종류 및 특성

1. 잔디의 기능

- 토양오염방지
- 토양침식방지
- 먼지발생감소

- 산소 공급
- 수분보유능력 향상
- 조류 서식방지

잔디의 기능

- 쾌적한 녹색환경 조성
- 스포츠 및 레크리에이션
- 공간제공
- 운동경기 시 부상방지

- 기상조절
- 대기정화
- 소음완화

2. 난지형 잔디와 한지형 잔디의 종류

난지형 잔디와 한지형 잔디의 종류

구분	난지형 잔디	한지형 잔디
주요 잔디 종류	• 한국잔디류(Zoyisia grass) - 들잔디(Z. japonica) - 금잔디(Z. matrella) - 비로도잔디(Z. tenuifolia) - 갯잔디(Z. sinica) - 왕잔디(Z. macrostachya) • 버뮤다그래스 • 버팔로그래스	• 페스큐 - 광엽페스큐 ‣ 톨페스큐 - 세엽페스큐 ‣ 크리핑레드페스큐 • 벤트그래스 - 크리핑벤트그래스 - 코로니얼벤트그래스 • 켄터키블루그래스

3. 난지형 잔디와 한지형 잔디의 특성

난지형 잔디와 한지형 잔디의 특성

구분	난지형 잔디	한지형 잔디
일반적 특성	• 생육적온 : 25~30℃ • 뿌리생육에 적합한 토양온도 : 24~29℃ • 낮게 자람 • 낮은 잔디깎기에 잘 견딤 • 뿌리신장이 깊고 건조에 강함 • 고온에 잘 견딤 • 조직이 치밀하여 내답압성 • 저온에 엽색이 황변하고 동사 위험이 있음 • 병해보다는 충해에 약함 • 내음성이 약함 • 포복경, 지하경이 매우 강함	• 생육적온 : 15~20℃ • 뿌리생육에 적합한 토양온도 : 10~18℃ • 녹색이 진하고 녹색기간이 김 • 25℃ 이상 시 하고현상 발생 • 내예지성에 약함 • 뿌리깊이가 • 내한성이 강함 • 내건조성이 약함 • 내답압성이 약함 • 종자로 주로 번식 • 충해보다 병해가 큰 문제점
분포	• 온난, 습윤, 온난 아습윤 온난 반건조 기후 • 전이지대	• 한랭습윤기후 전이지대(한지와 난지 가 함께하는 지역) • 온대~아한대
국내 녹색기간 (중부지방 기준)	5개월(5~9월)	9개월(3월 중순~12월 중순)
원산지	아프리카, 남미, 아시아지역	대부분 유럽지역

QUESTION 12 | 수경시설 계획 시 고려사항

I. 개요

1. 수경시설 계획이란 물의 물리적 특성과 수경이 설치될 공간의 구조와 특성에 대한 지식을 바탕으로 적절한 수경관을 연출하는 계획임

2. 수경시설 계획 시 고려사항은 물의 속성에 대한 이해, 물을 담는 용기인 수조에 대한 지식이 필요, 물과 수조를 포함한 환경으로서 공간에 대한 이해와 지식임

3. 수경시설 계획 · 설계과정은 목적 · 목표의 설정, 환경분석, 연출방향의 설정, 수자와 수조 계획 · 설계임

II. 수경시설 계획의 개념 및 계획 시 고려사항

1. 개념

1) 물의 물리적 특성과 수경이 설치될 공간의 구조와 특성에 대한 지식을 바탕으로 적절한 수경관을 연출하는 계획

2) 오브제로서의 시설과 공간은 물이라는 주제의 연출과 통합되어 수경관을 연출, 결국 장소성을 형성하게 됨

2. 계획 시 고려사항

1) 물이 지니는 속성에 대한 이해 : 물의 물리적 성질과 심리적 성질까지 고려한 속성

2) 물을 담는 용기인 수조에 대한 지식이 필요
   • 물은 스스로 특정 형태를 유지할 수 없음
   • 따라서 수경계획 및 설계는 물을 담는 그릇을 계획 · 설계

3) 물과 수조를 포함한 환경으로서의 공간에 대한 이해와 지식이 필요 : 수조가 오브제로서의 역할을 수행하지만 근본적으로 둘러싸고 있는 공간과의 관계가 중요

Ⅲ. 수경시설 계획 · 설계 과정

1. 목적/목표의 설정

1) 경관성
2) 쾌적성
3) 친수성

2. 환경 분석

1) 공간 및 경관의 성격과 구조
2) 자연환경분석
3) 이용행태분석
4) 시설분석

3. 연출방향의 설정

1) 공간의 구성 : 세팅, 골격, 배경, 연결, 참여
2) 오브제의 구성 : 초점, 상징, 반영

4. 수자와 수조 계획 · 설계

1) 수자패턴 : 낙수형, 분출형, 유수형, 평정수형
2) 수조설계 : 연못, 분수, 유수 및 폭포, 벽천, 풀

주차장의 설계과정과 주차 배치방식

Ⅰ. 개요

1. 주차장의 설계는 모든 사업의 필수적인 요소로서 전체 단지계획의 차원에서 그 위치와 형태가 결정되어야 하며, 설계 시 고려사항은 이용자의 특성, 기존 지형, 토지이용 특성, 공간수요, 경관미 등임

2. 주차장의 설계과정은 소요되는 주차장의 수요와 공급조건 검토, 예상 주차장 부지의 폭과 길이, 진입로를 고려, 주변 여건 검토 후 주차배치방법을 결정, 단위 주차구획의 너비와 길이 등을 결정하는 순임

3. 주차 배치방식은 주차각도에 따라 직각주차, 60° 주차, 45° 주차, 평행 주차방식으로 구분함

Ⅱ. 주차장의 계획 시 고려사항

1. 이용자의 특성 고려

1) 주차장은 이용자들에게 차량이용의 편익을 제공하기 위한 것

2) 이용시설의 출입구에 인접하여 주차시설을 위치시키는 것이 효과적

2. 기존 지형의 고려

1) 주차장은 평탄하고 넓은 면적을 차지하기 때문에 급경사에 설치될 경우 본래의 자연지형을 파괴시키기도 함

2) 따라서 기존 지형과 조화롭게 주차장을 배치하고 형태를 결정

3. 토지이용 특성의 고려

1) 토지이용 형태는 주차장의 배치와 규모에 영향을 주게 됨

2) 즉, 아파트단지는 주차용량이 커지게 되므로 주거공간의 환경에 큰 영향을 주게 됨

3) 보행동선과 마찰을 최소화, 주차의 안전성 확보, 단지 내 경관 고려

4. 공간수요의 고려

1) 대부분 지역에서 주차공간이 부족하여 많은 문제가 발생, 사회적 문제로 부각됨

2) 주택건설 등에 관한 규정, 지방자치단체 조례나 시설지침을 고려

5. 경관미 고려

1) 주차장 규모가 커지면 경관을 지배하게 되어 미관상 바람직하지 못함

2) 경관 질을 향상시키기 위한 주차장 규모와 형태를 조정, 시각상 은폐하기 위한 조치가 필요

III. 주차장의 설계과정과 주차 배치방식

1. 주차장의 설계과정

1) 소요되는 주차장의 수요와 개괄적인 공급조건을 검토
2) 예상되는 주차장 부지의 폭과 길이, 진입로를 고려, 주변 여건을 검토하여 적합한 주차 배치방법을 결정
3) 단위 주차구획의 너비와 길이, 차로의 너비를 결정하고, 이 기준치수를 적용하여 전체 부지를 주차공간, 차로 및 주변 녹지대로 구획
4) 주차장 진입부에 차량의 진출입이 용이하도록 회전 반지름 기준을 적용하여 곡선화
5) 개괄적으로 설계된 주차장의 규모가 주차장의 수요와 일치하는지 비교하여 주차용량의 과부족을 조정하도록 함
6) 주차장의 형태를 확정하고 주차블록 등 주차장의 부속시설을 설치

2. 주차 배치방식

1) 직각주차(90° 주차)
   - 동일 면적에 가장 많은 주차대수의 확보가 가능
   - 고밀도 토지이용이 요구되는 곳에서 많이 사용
   - 주차구획으로 차량출입이 어려워 운전자에게 많은 부담을 줌

2) 60° 주차
   - 경사지게 배치되므로 직각주차보다 더 많은 면적이 필요
   - 주차하기가 비교적 용이함
   - 토지이용의 효율성 향상을 위해 주차구획을 등지게 하여 어골형으로 주행방향에 따라 배치하는 것이 바람직

3) 45° 주차
   - 주차공간으로 주차시킬 때 변화가 작고 교통통로의 폭이 감소됨
   - 토지이용 측면에서 가장 비효율적인 주차방식
   - 개선을 위해 주차구획을 서로 등지게 하여 배치

4) 평행주차
   - 도로의 연석과 나란하게 주차하는 배치방법
   - 주차장 부지의 폭이 가장 작아서 도로변의 노상주차에 많이 사용
   - 주차단위구획은 주차대수 1대에 대하여 너비 2m 이상, 길이 6m 이상으로 함

QUESTION 14 | 설계도면(Engineering Drawing)과 시공상세도(Shop Drawing)

Ⅰ. 개요

1. 설계도면(Engineering Drawing)이란 과업계획에 의해 제시된 목적물의 형상과 규격 등을 표현하기 위해 설계단계에 설계자에 의해 작성된 도면임

2. 시공상세도(Shop Drawing)란 시공단계에서 시공자가 목적물의 품질확보, 안전 시공을 할 수 있도록 시공방법과 순서, 목적물을 시공하기 위하여 설계도면에 근거하여 작성하는 상세도면임

Ⅱ. 설계도면(Engineering Drawing)과 시공상세도(Shop Drawing)

1. 개념 비교

1) 설계도면

- 과업계획에 의해 제시된 목적물의 형상과 규격 등을 표현하기 위해 설계단계에 설계자에 의해 작성된 도면
- 물량산출 및 내역산출의 기초가 되며 시공도면을 작성할 수 있도록 모든 지침이 표현된 도면

2) 시공상세도

- 시공단계에서 시공자가 목적물의 품질확보, 안전 시공을 할 수 있도록 시공방법과 순서, 목적물을 시공하기 위하여 설계도면에 근거하여 작성하는 상세도면
- 감리원의 검토·승인이 요구되며 가시설물의 설치, 변경에 따른 제반도면을 포함
- 건설기술진흥법(설계도서의 작성 등)
  → 건설공사의 진행단계별로 요구되는 시공상세도에 대하여 감리원 또는 공사감독자의 검토, 확인을 받은 후 시공하여야 함

2. 작성 비교

1) 설계도면 작성 절차도

계획 목표 및 방향 설정 → 자료 수집 및 현지 조사 → 자연 및 인문 환경 분석 → 기본 계획 → 기본 설계 → 기본 설계 도서 납품 → 실시 설계 → 실시 설계 도서 납품

2) 시공상세도의 작성

- 시공상세도의 작성은 실시설계도면을 기준으로 함
- 각 공종별 · 형식별 세부사항들이 표현되도록 현장 여건과 공종별 시공계획을 최대한 반영하여 시공 시 문제점이 발생하지 않도록 함
- 기술자나 기능공이 이해하도록 시공방법과 순서 등을 표현

3) 시공상세도의 승인 절차

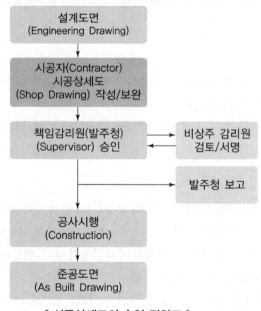

| 시공상세도의 승인 절차도 |

QUESTION
15 | 조경공사 설계변경 조건

I. 개요

1. 조경공사 설계변경 조건은 공사계약 일반조건에 근거해서 공사시행과정에서 예기치 못한 상황 발생이나 공사물량의 증감 등으로 당초의 설계내용을 변경시키는 것에 대한 내용임
2. 조경공사 설계변경 조건의 내용은 설계서의 불분명, 누락, 오류, 상호모순과 공사현장의 상태가 설계서와 다른 경우 등임

II. 조경공사 설계변경 조건

1. 조경공사 설계변경의 개념

1) 근거 : "공사계약 일반조건"
2) 공사시행과정에서 예기치 못한 상황 발생이나 공사물량의 증감, 계획의 변경 등으로 당초의 설계내용을 변경시키는 것

2. 조경공사 설계변경 조건

1) 설계의 불분명, 누락, 오류, 상호모순
   설계서 오류를 조정으로 완성도 향상

2) 공사현장의 상태가 설계서와 다른 경우
   현장여건에 적합한 시공으로 유도

3) 신기술, 신공법으로 효과가 현저할 경우
   공사비 저감과 작업효율 증진

4) 기타 발주기관의 필요와 인정
   경관성 향상과 이용자 고려

3. 조경공사 설계변경의 장단점

1) 장점
   • 목적물의 품질 향상
   • 설계서 오류 조정

- 대상지 적합성 증대

2) 단점
- 부실시공 발생 및 공사비 증가
- 선시공 후설계 변경의 관행
- 책임소재 불명확

Professional Engineer Landscape Architecture

QUESTION 16 | 플러드 공원(Flood Park)

Ⅰ. 개요

1. 플러드 공원은 캘리포니아주에 위치한 건강한 사람, 노약자, 장애인 등 모든 사람에게 있어서 접근하기 쉬운 것을 테마로 계획 · 설계된 공원임

2. 플러드 공원의 개념은 모든 것에 가깝게 접근하는 환경조성을 위해 4가지 주요원칙을 정하고 있으며, 이의 실현을 위해 조사 · 분석과 토론회를 수행함

3. 설계내용은 놀이구역 입구, 비지터센터에서의 모임, 회합, 작업을 위한 배치, 가족피크닉을 위한 다목적적인 배치로 설명할 수 있음

Ⅱ. 플러드 공원(Flood Park)

1. 개념

1) 위치 : 캘리포니아주 샨마데오

2) 테마

건강한 사람, 노약자, 장애인 모든 사람에게 있어서 접근하기 쉬운 것을 테마로 계획 · 설계

3) 모든 것에 가깝게 접근하는 환경조성원칙 4가지
- 모든 이용자가 접근하여 프로그램에 참가 가능
- 물리적, 의료적으로 안정성과 지원을 제공
- 모든 이용자에게 최대한의 독자성을 제공
- 자연적인 경험이 가능한 접근로를 둘 것

2. 주요 설계과정

1) 조사 · 분석
- 이용분석 : 부지식생 등의 현황과 현재 이용상황 등
- 접근성 조사 : 장애에 대한 접근성 조사 수행

제6장 조경설계론 | 655

2) 커뮤니티 토론회
- 커뮤니티 토론회를 여러 이용자 그룹별로 개최
- 아래와 같은 검토과제 도출
  - 물리적 접근이 쉬움
  - 프로그램 참가가 쉬움
  - 커뮤니케이션 참가가 쉬움

3) 종합분석으로 디자인 대체안 작성

4) 검토결과 최종적인 마스터플랜화

3. 설계내용

1) 놀이구역 입구의 배치
- 도착감을 강조한 랜드마크
- 걸터앉을 수 있는 옹벽은 집합장소가 됨
- 입구부의 공원안내와 이용안내
- 시각장애인을 위한 주차장
- 보도에서 공원으로 변화를 시사하는 포장

2) 비지터센터에서의 모임, 회합, 작업을 위한 배치
- 사회적 교류에 사용되는 테이블
- 수목수관으로 친밀감 있는 공간조성
- 초지나 보도 가장자리에 앉을 수 있는 옹벽
- 놀이프로그램을 위한 소도구 수납공간
- 프로그램이나 이벤트 정보제공

3) 가족 피크닉을 위한 다목적인 배치
- 지형변화를 준 경사가 있는 마운드
- 접근하기 쉬운 피크닉이나 바비큐테이블
- 물을 바라보는 위치에 앉는 장치
- 옹벽을 이용해 높게 한 접근하기 쉬운 잔디밭

QUESTION
17 | 회전교차로(Round-about)의 구조형식과 원형녹지대의 조경기법

I. 개요

1. 회전교차로(Roundabout)란 교차로 중앙에 원형교통섬을 두고 교차로를 통과하는 자동차가 이 원형 교통섬을 반시계방향으로 회전하는 평면교차로임

2. 회전교차로의 구조형식은 양보로 진입회전차량 우선, 회전차로 저속운행, 진입속도 제한에 부합한 형식으로 1차로, 2차로에 따라 구분됨

3. 회전교차로에서 원형녹지대의 조경기법은 중앙교통섬 내부구역에 미관을 위해 설치되므로 안전을 위해 시야를 가리는 시설은 최소화

II. 회전교차로의 개념과 구조형식

1. 개념

1) 교차로 중앙에 원형교통섬을 두고 교차로를 통과하는 자동차가 이 원형 교통섬을 반시계방향으로 회전하는 평면교차로

2) 회전하는 차량에 통행우선권을 부여하고 회전교차로에 진입하는 차량에는 양보의무 부과

2. 특징

1) 안전성 향상
   일반적 평면교차로보다 상충횟수가 적음

2) 지체 감소 및 환경오염 감소
   • 신호교차로의 대기시간의 대폭 감소
   • 대기오염 배출량 및 소음 감소

3) 중앙교통섬을 이용한 도시미관 개선
   중앙교통섬의 조경기법의 차별화

3. 구조형식

구분	1차로 기준	2차로 기준
1일 서비스 교통량	2만대/일 이하	4만대/일 이하
내접원 직경	30~40m(교차로 크기)	도시 45~55m 지방 55~60m(교차로 크기)
회전차로 폭	4~6m(회전차로 내 저속주행)	9~10m(2차로 회전차로 설치, 회전차로 내 저속주행)
중앙교통섬 직경	18~32m(화물차턱 및 조경 설치)	도시 25~37m 지방 35~42m(화물차턱 및 조경 설치)
연석형 분리교통섬 설치	물리적 감속유도시설	물리적 감속유도시설

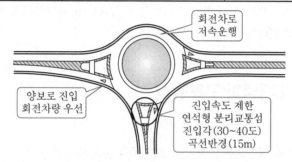

‖ 회전교차로 구조형식 개념도 ‖

III. 회전교차로에서 원형녹지대의 조경기법

1. 원형녹지대 설치위치

회전교차로의 중앙교통섬 내부구역에 원형녹지대 설치

2. 원형녹지대의 조경기법

1) 회전교차로의 미관을 위해 설치
2) 안전을 위해 시야를 가리는 시설을 최소화
3) 유지관리가 용이하도록 함
4) 산만하고 자극적인 시설, 문자가 적힌 기념탑, 벤치 등 보행자 유인시설의 설치는 배제
5) 시거를 위한 적정거리 확보

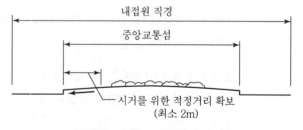

‖ 원형녹지대 조경기법 모식도 ‖

QUESTION 18 | 도시공원의 야영장 유형과 조성 시 고려사항

Ⅰ. 개요

1. 도시공원의 야영장은 『도시공원 및 녹지 등에 관한 법률』에 의해 공원시설 중 휴양시설로서 자연공간과 어울려 도시민에게 휴식공간을 제공하기 위한 시설임

2. 도시공원의 야영장의 유형은 일반야영장과 자동차야영장, 이 두 가지가 복합된 형태도 있음

3. 도시공원의 야영장 조성 시 고려사항은 유형에 따라서 적절한 공간규모 확보, 상하수도시설, 취사시설 등의 기반시설 구비, 야영장 입구까지 차로 확보, 영역성을 고려한 공간조성, 장소성 확보 등임

Ⅱ. 도시공원의 야영장 유형과 조성 시 고려사항

1. 도시공원의 야영장 개념

1) 『도시공원 및 녹지 등에 관한 법률』에 의한 공원시설

2) 공원시설 중 휴양시설로서 자연공간과 어울려 도시민에게 후식공간을 제공하기 위한 시설

2. 도시공원의 야영장 유형

1) 일반야영장

야영장비 등을 설치할 수 있는 공간을 갖추고 야영에 적합한 시설을 함께 갖추어 도시민에게 이용하게 하는 시설

2) 자동차야영장

자동차를 주차하고 그 옆에 야영장비 등을 설치할 수 있는 공간을 갖추고 취사 등에 적합한 시설을 함께 갖추어 자동차를 이용하는 도시민에게 제공하는 시설

3) 복합형

일정 부지 안에 일반야영장과 자동차야영장을 동시에 갖추어 도시민에게 이용하게 하는 시설

3. 도시공원 야영장 조성 시 고려사항

1) 유형에 따른 적절한 공간규모 확보
- 일반야영장은 천막 1개당 15제곱미터 이상 확보
- 자동차야영장은 차량 1대당 50제곱미터 이상의 공간 확보

2) 이용객 편의를 위한 기반시설의 구비
상하수도시설, 전기시설, 화장실 및 취사시설을 갖춤

3) 야양장 입구까지 차로 확보
- 긴급 상황 발생 시 이용객 이송가능한 차로 확보
- 자동차야영장은 야영장 입구까지 1차선 이상 차로 확보
- 차량 교행 가능한 공간을 확보

4) 영역성을 고려한 공간 조성
- 각 unit의 프라이버시 보장, 위요된 공간감 연출
- 1차, 2차, 공적 영역을 구분한 공간계획이 필요

5) 차별화된 장소성 확보
- 완충공간 확보 및 수목식재로 차별성 부각
- 장소성과 주변의 차별성 확보

6) 자연친화적 시설물 도입
친환경포장재 등의 사용으로 자연파괴 최소화

QUESTION
19 | 지하도로 상부의 공원화 목적 및 고려사항

Ⅰ. 개요

1. 지하도로 상부의 공원화는 도시의 그레이인프라를 그린인프라로 바꾸는 개념으로 서울시를 비롯하여 부산시 등 지방자치단체에서 최근 추진하고 있는 사업임

2. 지하도로 상부의 공원화 목적은 도시의 토지이용 효율성을 높이고 도시의 환경문제 해결, 부족한 녹지공간 확보, 단절된 생태네트워크 연결, 참여와 소통의 공간조성 등임

3. 지하도로 상부의 공원화 조성 시 고려사항은 공원전문가인 조경가가 MA, 도시전체 차원 환경생태계획 수립 후 지하도로의 계획방향 설정, 조경·토목 등 분야 간 협업에 의한 사업추진, 사업 전 단계에 걸쳐 주민참여 유도 등임

Ⅱ. 지하도로 상부의 공원화 목적 및 고려사항

1. 지하도로 상부의 공원화 개념

1) 도시의 그레이인프라를 그린인프라로 전환
    개발시대의 구조물을 생태중심공간으로 탈바꿈

2) 입체공원으로 토지이용 효율성 도모와 환경생태거점 동시 충족
    부족한 공원·녹지 확충, 도시생태계 건전성 향상

2. 지하도로 상부의 공원화 현황

1) 2000년대 부산시 수영강변 지하도로 상부공원화

2) 2014년 서울시 도시고속도로 지하화, 상부공원화 추진
    서부간선도로, 국회대로, 동부간선도로

3) 2014년 성남시 분당 − 수서로 상부공원화 추진

3. 지하도로 상부의 공원화 목적

1) 도시환경 개선
    도시열섬 완화, 기후변화 적응능력 향상

2) 부족한 녹지공간 확보

녹지의 양적, 질적 확충

3) 단절된 생태네트워크 연결

생태거점 조성으로 주변 자연과 연계성 확보

4) 참여와 소통의 공간 조성

거버넌스체계로 커뮤니티 형성

4. 지하도로 상부의 공원화 조성 시 고려사항

1) 공원전문가인 조경가 MA

조경가가 총괄하는 공원도시 계획설정

2) 도시전체차원 환경생태계획 선 수립

거시적, 통합적 계획 하에 지하도로 계획방향 설정

3) 분야 간 협업 · 융합에 의한 사업 추진

조경, 토목, 건축 등 협업으로 사업 완성도 고양

4) 사업 전 단계에 걸쳐 주민참여 유도

협의체 구성으로 기획부터 사업 완료 후 유지관리까지 주민참여

QUESTION 20 | 조경설계기준의 인공지반에 식재된 식물과 생육에 필요한 식재토심(자연토양, 인공토양)

Ⅰ. 개요

1. 조경설계기준에서 인공지반에 식재란 인공적으로 구축된 건축물이나 구조물 등의 식물생육이 부적합한 불투수층의 구조물 위에 조성되는 식재기반인 인공지반의 조경 식재를 말함
2. 조경설계기준의 인공지반에 식재된 식물의 일반사항은 인공지반의 생물환경에 적합, 외래종 가급적 지양, 환경적성이 뛰어난 식물 선정, 하중과 시각적 특성 고려 등임
3. 생육에 필요한 식재토심은 잔디/초본류, 소관목, 대관목, 교목에 따라 자연토양과 인공토양의 토심기준이 상이함

Ⅱ. 조경설계기준의 인공지반에 식재된 식물과 생육에 필요한 식재토심 (자연토양, 인공토양)

1. 조경설계기준의 인공지반에 식재 개념

인공적으로 구축된 건축물이나 구조물 등의 식물생육이 부적합한 불투수층의 구조물 위에 조성되는 식재기반인 인공지반의 조경(옥상, 지하구조물 상부 및 썬큰 등의 조경을 포함) 식재

2. 식물 선정의 일반사항

1) 식물재료는 일공지반의 기후, 토양 등 생물환경에 적합
2) 주변 식생을 교란하는 외래종 가급적 지양
3) 환경적성이 뛰어난 식물을 우선 선정
4) 식물재료의 계절 특성, 수형 및 크기변화 등의 하중과 시각적 특성을 고려, 다른 수목과 인공구조물과의 조화성 검토
5) 건조, 공해, 병충해에 강하고, 유지관리가 용이
6) 특히 환경적성, 관리성, 생육특성을 고려하여 선정

3. 인공지반에 식재된 식물과 생육에 필요한 식재토심

(배수구배 : 1.5~2.0%)

형태상 분류	자연토양 사용 시(cm 이상)	인공토양 사용 시(cm 이상)
잔디/초본류	15	10
소관목	30	20
대관목	45	30
교목	70	60

QUESTION 21 | Inclusive Design

Ⅰ. 개요

1. Inclusive design이란 성별, 연령, 국적, 문화적 배경, 장애의 유무에 상관없이 누구나 손쉽게 쓸 수 있는 제품 및 사용 환경을 만드는 디자인

2. 내용은 광범위한 사용자들에게 제품 경험의 기회 제공, 제품 개발 과정 안에 디자인이 내포, 최대한 많은 사람들이 접근하고 사용 가능, Universal design의 확장 등임

Ⅱ. Inclusive Design

1. 개념

1) 성별, 연령, 국적, 문화적 배경, 장애의 유무에 상관없이 누구나 손쉽게 쓸 수 있는 제품 및 사용환경을 만드는 디자인

2) '모든 사람을 위한 디자인(Design for ALL)', 범용 디자인이라고 부름

3) Inclusive Design된 도구, 시설, 설비 등은 장애가 있는 사람뿐만 아니라 보통 사람들에게도 유용한 것

4) 특별한 적응 혹은 전문적인 디자인의 필요 없이 최대한 많은 사람들이 접근할 수 있고 사용가능하게 해주는 주된 제품과 서비스에 대한 디자인

5) 북미에서 주로 사용되는 Universal design이 제품이나 건물 등에 치중한다면 유럽에서 사용되는 Inclusive Design은 커뮤니케이션, 서비스 등의 디자인까지 아우르는 좀더 확장된 개념

2. 내용

1) 제품 사용으로부터 제외된 사람들이 요구를 충족함으로써 Inclusive Design은 광범위한 사용자들에게 제품 경험의 기회를 제공

2) Inclusive Design은 자체적인 요구사항과 사용 만족감이 있는 제품의 더 좋은 결과를 위해서 개발 과정 안에 디자인이 내포

3) 사회적 약자를 배려하는 디자인인 동시에 일반인들에게도 유용하게 적용될 수 있는, 만인에게 적용되는 착한 디자인

3. 정신

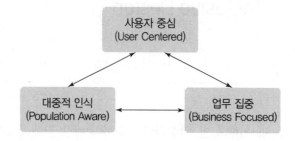

4. 사례

1) 활용과 재활용 디자인

- 쓸모없는 것을 활용하거나 이미 있는 것을 더 좋게 활용하는 것
- 영국에서는 계단을 계단 형상 그대로가 아닌 벤치 형상으로 지나가는 사람이 쉴 수 있도록 벤치로 만듦
- 다른 사례로는 도시에 오랫동안 살아온 주민들과 시각장애인들은 도시의 오랜 상징물을 기억하고 있으므로 도시의 오랜 상징물을 활용하여 장애인에게 도시의 내비게이션 역할을 할 수 있음
- 이에 반해 우리나라는 오래된 것들을 다시 이용하기보다는 허물고 다시 만드는 경우가 많음

2) 미래의 노인층을 위한 디자인

- 앞으로는 요요(Yo Yos: 몸은 늙었지만 생각은 젊은 층)가 늘어날 것으로 예상됨
- 따라서 세상의 트렌드는 노인을 중심으로 움직이게 될 것임
- 미래의 콘텐츠는 노인들에 의해 주도될 가능성이 높음
- 미래의 디자인은 이러한 트렌드를 반영해야 함
- 요요(Yo Yos)들은 기능은 물론이고 세련미(젊은 사람들이 보기에 나이 들어 보이지 않는) 넘치는 제품을 좋아할 것임

QUESTION 22 | 「조경설계기준」의 라운딩(Rounding)

Ⅰ. 개요

1. 라운딩이란 경관상 특히 두드러지면 평지에서 구릉지로 들어서는 지점과 같이 먼 곳에서도 조망이 되는 곳 등의 땅깎기 · 흙쌓기 비탈면을 곡선으로 처리하는 기법임
2. 라운딩의 처리는 땅깎기 비탈면은 경사 상부에 처리하고 흙쌓기 비탈면은 비탈 하부와 비탈 상부에 처리함

Ⅱ. 「조경설계기준」의 라운딩(Rounding)

1. 라운딩의 개념

1) 경관상 특히 두드러지며 평지에서 구릉지로 들어서는 지점에 처리
2) 먼 곳에서도 조망이 되는 곳 등의 땅깎기 · 흙쌓기 비탈면을 곡선으로 처리하는 기법
3) 지형변경의 방법

2. 라운딩의 처리

1) 땅깎기 비탈면의 라운딩 처리
2) 흙쌓기 비탈면의 라운딩 처리

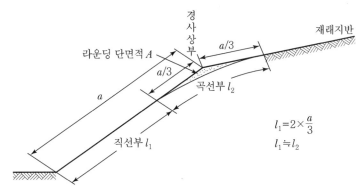

∥ 땅깎기 비탈면의 라운딩 처리 ∥

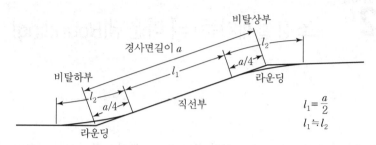

비탈상부

경사면길이 a

l_2

비탈하부

l_1

$a/4$

라운딩

l_2

$a/4$

직선부

라운딩

$l_1 = \dfrac{a}{2}$

$l_1 \fallingdotseq l_2$

라운딩

┃ 흙쌓기 비탈면의 라운딩 처리 ┃

QUESTION 23 | 가로시설물에서 통합적 설계(Integrated Design)의 의의와 지향점

Ⅰ. 개요

1. 가로시설물이란 도로 및 도로변에 설치하는 인공시설물로서 그 구조 및 배치, 재질, 형태에 따라 도시의 질을 결정함
2. 가로시설물의 통합적 설계의 의의는 통합디자인으로 도시이미지 제고, 지역성 향상 등임
3. 지향점은 쾌적한 가로환경 조성, 통일된 가로경관 연출, 도시정체성 확립, 지속가능한 디자인 창출 등임

Ⅱ. 가로시설물에서 통합적 설계(Integrated Design)의 의의와 지향점

1. 가로시설물의 개념 및 종류

1) 개념

가로시설물이란 도로 및 도로변에 설치하는 인공시설물로서 그 구조 및 배치, 재질, 형태에 따라 도시의 질을 결정함

2) 종류

가로등, 보행등, 신호등, 배전함, 판매대, 공중전화부스, 자전거보관함, 교통신호제어 등

2. 가로시설물의 통합적 설계의 의의와 지향점

1) 통합적 설계의 의의
   - 가로시설물의 재질 및 형태, 색채, 이용성 등을 고려하여 통합적 디자인 개념을 도입하여 도시의 이미지를 제고
   - 지역 특성을 살린 시설을 설치함으로써 지역사회의 문화와 지역자산을 개발할 수 있음
   - 주변환경과 조화로운 통합된 디자인

2) 지향점
   - 쾌적한 가로 환경의 조성
   - 통일된 가로경관의 연출
   - 도시의 정체성 확립
   - 연속되고 지속 가능한 디자인의 창출

• 장애물 없는 도시구현
• 걷고 싶은 보행환경 조성

3. 세종시 가로시설물 통합디자인 사례

1) 의의 및 지향점

• 주변환경과 조화로운 가로공간 통합적 고려
• 장애물 없는 도시 구현
• 걷고 싶은 보행환경 조성

2) 설계내용

• 자유로운 보행에 지장을 주었던 장애물 등을 장애물존 및 주변지등에 일괄 설치
• 도로별 특성에 따라 통합화 및 차별화전략을 채택
• 외곽순환도로, 대중교통중심도로를 환상형 도로로 인식하도록 가로 시설물 디자인을 통합
• 생활권도로 및 특화가로는 권역 간 차별화를 위해 도시형, 순환도로형, 특화가로형의 3개의 기본형으로 구분

QUESTION
24 「조경설계기준(KDS)」의 '폐도복원공법'에 대하여 설명

Ⅰ. 서론

1. 폐도란 자체 활용계획이 없고 지방자치단체에 이관하더라도 도로로 존치할 필요가 없는 구간으로서 지방자치단체에 이관하여야 할 구 국도를 통칭함
2. 조경설계기준의 폐도복원공원은 폐국도 또는 폐고속도로의 복구 또는 복원에 적용하는 것으로 본서에서 폐도복원공법에 대해 설명하고자 함

Ⅱ. 「조경설계기준(KDS)」의 '폐도복원공법' 개요

1. 일반사항 : 적용범위

1) 폐국도 또는 폐고속도로의 복구 또는 복원에 적용함
2) 단, 폐도 주변이 농경지나 임업생산지일 경우 별도의 기준을 적용함

2. 일반사항 : 전제조건

1) 폐도의 안정성에 대한 평가는 끝난 것으로 함
2) 복원대상지역의 생태기반환경조사와 분석을 함
3) 대상지역의 토양조건이 식생생육에 부적합할 경우 식생기반으로 활용하기 위한 기준과 대책을 마련함
4) 복원계획 초기단계부터 복원계획에 대해 토공설계자와 협의가 이루어진 것으로 함

Ⅲ. 「조경설계기준(KDS)」의 '폐도복원공법' 내용

1. 재료

1) 재료 선정기준
   - 주변지역의 토질상태와 식생상태를 기준으로 함
   - 사용하는 식물은 가급적 자생종이고, 주변 환경에 영향을 줄 수 있는 교란종은 사용하지 않도록 함
   - 초기 정착식물이 자연식생천이를 방해하지 않고 촉진시킬 수 있어야 함
   - 우수한 종자발아율과 폭넓은 생육적응성을 구비

- 재래초본류는 내건성이 강하고, 뿌리발달이 좋으며 지표면을 빠르게 피복하는 것으로서 종자발아력이 우수함
- 생태복원용 목본류는 지역고유수종 사용을 원칙으로 하고, 종자파종 혹은 묘목식재에 의한 조성이 가능
- 복원에 사용되는 식물은 대상지 주변에서 직접 채취한 종자나, 이를 이용해서 만든 묘목을 이용하는 것이 바람직

2) 재료 품질기준
- 재래초종 종자는 발아율 30% 이상, 순량률 50% 이상이어야 함
- 외래도입초종은 최소 2년 이내에 채취한 종자로써 발아율 70% 이상, 순량률 95% 이상이어야 하며, 되도록 사용을 억제해야 함
- 자생종(재래목본)
  - 시간 경과 후 복원대상지에서 기본 식생군락을 구성하는 종으로서 주변식생상태를 고려하여 선정
  - 재래목본류는 관목류와 교목류, 아교목류로 구분하여 대상지 특성에 따라서 선정
  - 척박지에는 적응력이 우수한 콩과식물을 기본으로 선정
  - 재래목본류 종자는 발아율 20%, 순량률 50% 이상
- 자생종(재래초본)
  - 적응력이 우수한 초종으로 척박지에 생육이 우수한 품종 중에서 발아율과 초기 생장력이 우수한 종을 선정
  - 재래초본류 종자는 발아율 30% 이상, 순량률 60% 이상
- 외래초종
  - 가급적 외래초종은 사용하지 않는 것을 원칙
  - 그러나 현장여건상 조기녹화가 필요하거나 특별한 이유가 있을 경우에 부분적으로 사용

2. 설계일반

1) 복원목표
- 주변 생태계와의 연계성을 고려한 생태 네트워크 구축, 생물서식공간, 생태숲, 생태습지 조성, 경관미 향상이 폐도복원의 설계목표
- 생물다양성 보존, 이산화탄소 저감 등 기후변화 대비 계획을 제시, 환경적 측면에서 폐도 활용방안을 제시
- 영속적, 안정적, 지속적인 생태적 천이를 고려한 식물군락을 조성하며, 지역별로 다음 기준을 적용
  - 삼림이 많은 산악지 : 시간이 지나면서 삼림으로 이행하는 군락

    − 농지나 목장주변 : 관목이나 초본류 위주의 식물군락 조성
    − 시가지 : 기존 녹지와의 연계성 확보, 종 다양성 증진에 기여하는 식물군락 조성
  • 식물군락은 키가 큰 수림형, 키가 작은 관목형 수림형, 초본주도형 군락 중 하나 혹은 이들의 조합으로 함
  • 이산화탄소 흡수량이 높은 참나무류의 식생을 통한 숲 조성을 적극적으로 적용

2) 현황조사

  • 역사적 자료, 관련 도면, 문헌자료 수집 등을 활용해 10년 단위의 토지이용 변화 및 주변 환경에 대해 조사
  • 기후, 지형, 수리 · 수문, 토양, 서식처, 생물상 등은 현지조사
  • 토양기반환경조사 시 폐도의 포장두께, 기반층의 토질 및 토양경도, 토양오염 정도를 조사
  • 수리 · 수문 조사 시 대상지 내 수로, 우수 및 배수로 유무를 조사
  • 생물상 조사 시 전국자연환경조사지침에 준해 식물상 및 식생, 곤충류, 어류, 양서파충류, 조류, 포유류, 주변경관 등을 조사
  • 조사한 모든 사항에 대한 종합분석도를 작성

3) 식생기반 조성

  • 식생기반의 토질, 토양 등이 식물생육에 적합하지 못하면 생육기반환경을 개선
  • 도로개설로 인한 하부보조기층 및 주변 토양의 오염 여부를 평가하여 오염발생의 경우 오염처리대책을 수립
  • 부분적 식생기반 조성방법으로는 식혈공법, 포장면 분쇄공법, 개척화공법 등을 적용

4) 식생복원

  • 주변 자연환경과 유사한 식생복원이 목표
  • 식생도입방법으로 종자 파종과 수목 식재방법을 적용

3. 생태복원공사

1) 공법과 사용재료

  • 식생기반이 조성된 상태에서는 적용하려는 녹화공사 종류에 따라서 토양기반을 개량할 필요가 있음
  • 토양개량재는 이탄토, 피트모스, 유기질비료, 펄라이트, 버미큘라이트, 제오라이트 등을 사용
  • 유기질비료는 완전하게 부숙되고, 유해물질이 혼합되지 않아야 함

2) 표토 활용
- 폐도부지의 복원을 위해 인근 표토를 채집 · 활용할 수 있으며, 2차 훼손이 발생하지 않도록 감독자와 협의하여 채취
- 표토 채취 두께는 토양분석결과에 따라 식재용토 적합성 판단기준 및 사용기계 작업 능력과 안전 등 현장여건을 고려하여 감독자와 협의하여 결정
- 표토활용이 불가능한 지역에서는 식재용토의 적합성 판단기준의 시방에 따라 토양개 량대책을 수립

3) 종자파종
- 종자를 파종할 때 같이 뿜어 붙여주는 기반 두께로 구분하며, 얇은 층 뿜어 붙이기와 두터운 층 뿜어 붙이기 공법을 사용
- 종자는 식생녹화 목표를 달성하기 위해 단일종의 파종보다는 가급적 혼합하여 파종

4) 식재방법
- 수목이나 초화류를 식재하는 방법으로 묘목의 식재방법과 성목의 식재방법을 사용할 수 있음
- 수목 식재의 경우 시간이 경과함에 따라 목표하는 산림군락이 조성될 수 있도록 하기 위해 시공 후의 변화를 예측하여 식재설계를 하도록 함

5) 복원계획
- 폐도부지에는 다양한 형태의 생태복원계획을 수립하여 시행
- 복원 형태는 생물서식처 조성, 습지 조성, 주변 생태계와의 연계성을 고려한 생태 네트워크의 구축을 통한 다양한 형태의 생태숲의 조성을 적극적으로 검토하여 시행
- 생태복원계획 수립 시 목표종 선정을 통한 구체적인 계획을 수립하여 시행
- 기존 지형을 가급적 유지하고 아스콘, 콘크리트의 깨기 지역은 환경의 잠재성을 유지하도록 하며 단절된 생물서식처를 복원
- 식재계획은 이식이 용이하고 활착과 생장이 용이한 수종을 선정하여 다층구조가 이루어지도록 군집식재계획을 수립
- 밀원식물과 먹이식물, 토질향상을 위한 비료목 식재를 적극적으로 검토하여 가급적 인공적 조경수 느낌이 강한 수종을 배제
- 이산화탄소 흡수, 환경저감에 효과적인 수종을 선정하여 복원계획을 수립

QUESTION 25

소리효과가 탁월한 정원식물 3가지와 식물이 가지는 청각적 특징을 쓰고, 시문(時文)이나 정원 등에 나타나는 소리경관(Soundscape)의 표현사례를 설명

Ⅰ. 서론

1. 소리경관이란 1969년 캐나다의 작곡가 R. M. Schafer에 의해 제창된 개념으로 근대 이후 시각환경의 강조와 그에 따른 소리환경에 대한 무관심으로부터 자연성, 쾌적성을 고려하기 위한 개념으로서 정의함

2. 소리경관의 이론을 우선 설명하고 소리효과가 탁월한 정원식물과 식물이 가지는 청각적 특징을 기술하며 시문, 정원에 나타난 소리경관 표현사례를 설명하고자 함

Ⅱ. 소리경관(Soundscape)과 정원식물

1. 소리경관의 개념

1) 1969년 캐다나의 작곡가 R. M. Schafer에 의해 제창된 개념

2) 근대 이후 시각환경의 강조와 그에 따른 소리환경에 대한 무관심으로부터 자연성, 쾌적성을 고려하기 위한 개념으로서 소리경관(Soundscape)을 정의함

2. 소리경관 이론

1) 그는 시각편중의 디자인 경향이 청각을 포함한 기타 감각의 고른 발달을 억제시켰기 때문에 인간 감각의 불균형을 초래하였다고 봄

2) 그는 이를 타개하기 위해 사운드스케이프의 회복을 주장함

3) 그의 사상은 현대음악에 영향을 미친 것은 물론 환경디자인 영역에 더 큰 영향을 미치게 되었음

4) 소리경관 디자인에서 고려하는 소리의 종류
   - 인공음 : 음악, 기계와 음향미디어 소리
   - 자연음 : 비, 바람, 생물의 울음

3. 소리경관과 정원식물의 관계

1) 바람소리와 정원식물
   - 대나무, 소나무, 버드나무, 오동나무, 느티나무 등
   - 바람이 불면 식물의 잎들이 부딪혀서 소리가 남

2) 빗소리와 정원식물
- 연꽃, 파초 등
- 비가 내리면 빗물이 식물의 넓은 잎에 떨어져서 소리가 남

4. 전통 별서원림과 소리경관

1) 소리경관 표현사례
- 원림의 조영기록, 시, 그림 등의 사료와 현존하는 원림에서 찾아볼 수 있음
- 소쇄원 48영, 보길도지, 부용팔경, 명옥헌기 등

2) 소리경관의 요소
- 자연의 소리 : 물소리, 바람소리, 빗소리, 새소리 등
- 악기의 소리 : 거문고, 가야금, 피리, 비파 등

Ⅲ. 소리효과가 탁월한 정원식물 3가지와 식물이 가지는 청각적 특징

소리효과 있는 정원식물	식물이 가지는 청각적 특징
대나무	• 대나무 잎이 바람에 흔들리면서 내는 소리 • 쐐쐐하며 서로 부딪히는 대나무 잎의 소리 • 대나무가 숲을 이루면 그 소리가 더 돋보임 • 대밭에 부는 바람 비파소리 같다고 함(상촌집) • 예부터 대나무 소리를 표현해 시문을 많이 지었음
소나무	• 솔잎 사이를 가르는 바람소리 • 시성 두보가 이 세상에서 가장 장중한 소리라고 말함 • 솔바람 소리의 중량으로 산란한 마음을 눌러 가라앉히곤 했음 • 쐐쐐 비파를 타는 듯한 솔바람 소리가 날마다 내 귀에 들어온다(석암유고)
연꽃	• 연꽃 잎 위로 떨어지는 빗소리 • 연잎에 떨어지는 빗소리를 즐겼음(오곡연당기) • 바람이 불면 춤을 추고 빗줄기가 때리면 소리를 내어 한가로이 마치 스스로 즐기는 듯하니
파초	• 파초 잎 위에 떨어지는 빗소리 • 잎이 넓고 평평하여 파초 잎에 떨어지는 빗방울 소리 • 빗소리를 듣자고 파초를 심어둔다(평생지) • 파초잎의 흔들림을 푸른 비단 춤으로 비유, 사향의 소리로 비유(소쇄원 48영중 43영)

Ⅳ. 시문(時文)이나 정원 등에 나타난 소리경관(Soundscape)의 표현사례

1. 담양 소쇄원

1) 개요
- 소리의 정원이라 불림
- 물소리, 바람소리, 새소리, 즉 하늘과 생물의 소리의 조화

2) 대나무숲에 부는 바람소리
- 소쇄원 입구와 제월당 뒤편 대나무숲에서 바람의 소리
- 대나무 잎의 흔들림으로 바람의 모습을 봄
- 쏴쏴 하며 서로 부딪히는 대나무 잎의 소리

3) 파초잎에 떨어지는 빗방울 소리
- 제월당의 앞마당에 심어져 있음
- 파초잎에 떨어지는 빗방울 소리를 노래

3) 김인후의 '소쇄원을 위한 즉흥시'
대숲 너머 부는 바람은 귀를 맑게 하고

4) 김인후의 소쇄원 48영시
- 제10영 대숲에서 들여오는 바람소리[천간풍음(千竿風響)]
  바람과 대나무 본래 정이 없다지만 밤낮으로 울려대는 대피리 소리
- 제11열 못가 언덕에서 더위를 식히며[지대납량(池臺納凉)]
  바람은 언덕가의 대숲에 일고
- 제29영 다리 너머의 두 그루 소나무[협로수황(夾路脩篁)]
  구름에 싸인 대 끝 솔솔바람에 간드러지네
- 제43영 빗방울 떨어지는 파초잎[적우파초(滴雨芭蕉)]
  푸른 비단 파초잎 높낮이로 춤을 추네, 같지는 않으나 사향의 소리인가, 되레 사랑스러워라

2. 보길도 부용동원림

1) 개요
- 윤선도는 낙서재를 짓고 연못을 파서 연꽃을 심음
- 맞은편 산 중턱에는 동천석실을 꾸며 놓음
- 마을 입구 계천가에 넓은 못을 파고 정자를 지어 세연정이라 함

2) 연꽃에 떨어지는 빗방울 소리

    곡수당의 연못에 핀 연꽃은 비가 오면 잎에 부딪히는 빗방울 소리가 남

3) 대나무, 소나무의 나뭇잎이 부딪히는 소리

    세연정 주변의 대나무, 소나무는 바람이 불면 나뭇잎 부딪히는 소리가 남

4) 부영팔경

- 제1경 곡수당의 연꽃[연당곡수(蓮塘曲水)]
- 제2경 은병 석벽에 부는 맑은 바람[은병청풍(銀甁淸風)]
- 제3경 세연정의 홀로 선 소나무[연정고정(然亭孤亭)]

5) 보길도지

- 물을 끌어들여 구멍을 통하여 못 속으로 물이 쏟아지게 하고 이를 비래폭이라 부름
- 이 연못에 물이 차면 수통을 가산 뒤로 옮겨 작은 언덕에 대는데, 그 언덕에는 단풍나무, 산다(山茶 : 동백)나무, 소나무들이 서 있음

3. 담양 명옥헌

1) 개요

- 오이도는 정자를 짓고, 정자 전면에 연못을 파서 주변에 배롱나무와 적송 등을 심음
- 시냇물이 흘러 윗 연못을 채우고 넘치면 그 물이 다시 아래의 연못으로 흘러감
- 원림의 자연스런 기단과 지형적 특성으로 인해 산 아래에서 불어오는 바람과 산 위에서 불어 내려오는 바람을 느낄 수 있음

2) 연못 주변 버드나무, 배롱나무 나뭇잎 소리

    바람이 불어오면 연못 주변에 식재된 버드나무와 배롱나무들의 나뭇잎이 부딪혀 소리가 남

3) 물소리, 나뭇잎 흔들리는 소리, 산새들의 소리가 조화

    지형적 특성으로 인해 흘러내리는 물소리와 바람에 사각대는 배롱나무, 느티나무의 나뭇잎 흔들리는 소리, 산새들의 지저귐 소리가 현재에도 조화를 이룸

4) 명옥헌기

    '흐르는 물소리는 마치 옥이 부서지는 소리 같아서 듣는 이로 하여금 자신도 모르게 더러움이 사라지고 청명한 기운이 스며들어온다'하여 명옥헌(鳴玉軒)이라 이름하였다고 함

V. 결론

1. 현대의 공원이나 정원공간에 식재를 할 때 시각적 특징에만 의존하지 않고 식물의 청각적 특징을 활용해 구성할 필요가 있음

2. 또한 전통조경공간을 복원할 때도 선조들의 소리경관을 표현하는 방식을 이해하고 조성 당시와 현재의 소리경관을 비교하여 방해가 되는 소음을 파악하고 개선할 필요가 있음

QUESTION 26 | 통합놀이터의 의미, 가치 및 참여디자인의 프로세스와 모니터링에 대하여 설명하고 대표사례를 서술

I. 서론

1. 통합놀이터는 장애어린이와 비장애어린이가 함께 놀고 즐기며, 어린이뿐 아니라 동반 가족도 함께 즐길 수 있는 놀이터임
2. 통합놀이터의 의미, 가치와 참여디자인의 프로세스와 모니터링에 대해 설명하고 대표사례로 서울어린이대공원의 첫 통합놀이터인 꿈틀꿈틀놀이터에 대해 기술하고자 함

II. 통합놀이터의 의미와 가치

1. 의미

1) 장애인용 놀이터가 아닌 장애어린이와 비장애어린이가 함께 놀고 즐길 수 있는 놀이터
2) 어린이뿐 아니라 장애어린이와 동행한 가족, 비장애어린이와 동행한 장애인 가족이 함께 즐길 수 있는 놀이터
3) 저학년 어린이와 유아가 함께 놀 수 있는 놀이터
4) 놀이터의 놀이기구, 놀이시설뿐 아니라 전체 놀이터 공간에 대한 접근 보장을 지향
5) 놀이터의 가장 중요한 기능인 재미, 호기심, 모험심, 다양한 참여활동을 할 수 있는 놀이터

2. 가치 : 사회적 통합

1) 장애인의 주류화를 지향
2) 장애인의 완전한 참여와 평등을 지향
3) 질적인 통합을 지향
4) 모두가 활동하고 참여할 수 있는 환경과 태도를 지향

III. 참여디자인의 프로세스와 모니터링

구분	내용	세부내용
개념설정 단계	심층면접조사	• 놀이공간에서의 차별 등의 문제점 파악과 통합의 의미가 놀이공간에 어떻게 정립되어야 하는지를 파악 • 장애어린이 부모, 통합학교 교사, 특수학교 교사를 구분해서 심층면접조사를 진행
	공원 이동경로 조사	• 통합놀이터는 놀이터 내부시설만의 통합을 의미하는 것이 아니라 놀이터에 접근하는 과정까지도 통합의 의미가 확대 • 놀이터로 이어지는 경사로, 나아가 공원 전체로 확대되어야 함을 재인식 • 통합놀이터까지의 이동경로와 개선사항을 파악
	↓	
기본구상 단계	유사사례 장애놀이터 답사	• 놀이터를 이용하는 주체인 어린이의 놀이행태와 통합놀이터에 대한 의견수렴을 위해 체험 및 관찰 프로그램을 기획 • 사전답사 역시 참여디자인의 일환으로 실시
	유사사례 장애놀이터 체험 및 관찰	• 놀이터 설계는 실제 이용자인 어린이의 관점과 참여에서부터 출발 • 놀이터에서의 행태를 관찰하고 파악하는 과정과 이를 기록, 분석하는 작업을 통해 이용자 관점의 놀이터 설계가 이루어짐 • 이 과정에서 도출된 자료를 토대로 통합놀이터 기본구상안을 작성
	↓	
설계 단계	참여디자인 워크숍 1	• 기본구상안을 토대로 통합놀이터 설계가 진행되고 설계단계는 놀이터 및 놀이시설에 대한 구체적인 디자인 설정 • 기본 설계안 및 모형을 중심으로 참여디자인 워크숍을 실시 • 설계모형 중심으로 기본구상안을 공유하고, 각 놀이시설의 개선점과 시설물 배치의 타당성 등을 검토하는 순으로 진행 • 이 과정에서 도출된 의견은 설계안에 반영될 수 있도록 함
	참여디자인 워크숍 2	• 주 이용자인 어린이가 놀이터 디자인에 참여하여 의견을 반영함으로써 다양한 효과를 얻어내는 것이 중요 • 어린이들의 놀이터 경험을 토대로 참여디자인 워크숍을 진행하여 의견을 반영
	↓	
시공 단계	통합놀이터 모니터링	• 통합놀이터 1차 시공과정에서 공사가 진행되고 있는 통합놀이터를 방문하여 보완점을 확인하고 차후 놀이터의 유지관리방법을 모색하는 모니터링을 진행 • 이전까지는 가상의 통합놀이터를 상상하고 의견을 공유하는 방식이었다면 이 과정은 실제 바뀌어가는 현장을 눈으로 확인, 설치된 시설물을 직접 작동해보면서 참여디자인에서 논의한 의견이 실제로 반영되었는지를 살펴보는 방식으로 진행

구분	내용	세부내용
시공 단계	재활용한 시설물 보수	• 통합놀이터 완공을 앞두고 참여를 희망하는 시민을 모집하여 재활용 놀이시설물을 채색하고 통합놀이터를 꾸미는 참여디자인을 실시함 • 더 많은 시민에게 통합놀이터를 알리는 한편 시민의 참여의식을 고취시키고 예산의 한계를 보완

IV. 대표사례 : 서울어린이대공원 내 꿈틀꿈틀 놀이터

1. 개요

1) 2016년 1월 서울어린이대공원 내 오즈의 마법사 부지에 조성
2) 우리나라 최초의 무장애통합놀이터 조성

2. 조성 프로세스

구분		작업의 세부내용	작업의 성과물
기획	문헌분석	• 통합놀이터 개념 조사 • 무장애놀이터 국내사례 조사 • 통합놀이터 해외사례 조사 및 탐방	• 통합놀이터 개념의 재구성 • 통합놀이기구 가이드라인 설정 • 통합놀이터 개념 발표 및 공청회를 목적으로 공개 세미나 개최
	참여디자인	• 장애어린이 놀이터 접근성 파악 • 놀이터 재미요소 및 놀이행위 조사 • 놀이시설 장애요인 및 선호도 조사	
	대상지분석	• 통합놀이터 조성예정지 특성 파악 • 놀이시설 분석	
			↓
구상	디자인 기본구상	재구성된 통합놀이터 개념과 분석 데이터를 근거로 디자인 기본구상 초안 작성	디자인 기본구상 완료
	디자인 워크숍	• 통합놀이터 네트워크 전문가 대상 디자인 워크숍 개최 • 디자인 기본구상안 의견 교환	
			↓
설계	실시설계	디자인 기본구상을 바탕으로 놀이터 실시설계 초안 디자인	통합놀이터 실시설계 완료
	참여디자인	• 놀이터 사용자를 대상으로 디자인 기본구상 공유 • 놀이터 실시설계 초안에 대한 사용자 의견 반영	
			↓

구분		작업의 세부내용	작업의 성과물
시공	시공업체 선정	통합놀이터 개념에 대한 사회적 가치와 이해를 공유할 수 있는 시공업체 탐색 및 선정	통합놀이터 조성 완료
	참여디자인	• 통합놀이터 모니터링 • 통합놀이터 활용방안 제안	

중부지역의 공원, 주거단지 등 조경설계에 이용되는 주요 수종(산사나무, 왕벚나무, 마가목, 회화나무, 모감주나무)의 학명, 개화시기, 열매, 조경적 가치에 대하여 설명

Ⅰ. 서론

1. 중부지역의 조경설계에 이용되는 주요 수종은 수목의 생태적 특징과 형태적 특징을 고려해 대상지 여건에 적합한 수종이 선정됨
2. 주요 수종 가운데 산사나무, 왕벚나무, 마가목, 회화나무, 모감주나무의 특징과 조경적 가치에 대해서 설명하고자 함

Ⅱ. 중부지역의 조경설계 이용 주요 수종 개요

1. 개념

1) 중부지역의 기후환경에 생육이 적합한 수종 선정
2) 적용 대상지의 환경여건에 적합
3) 실현하고자 하는 조경설계 목적에 부합하는 수종을 선택

2. 수종의 조경적 가치

1) 경관적 가치
   - 꽃과 열매의 아름다움
   - 수형의 단정함, 잎의 질감

2) 생태적 가치
   - 조류의 먹이와 서식처 제공
   - 녹음, 도심열섬의 완화, 탄소 흡수

Ⅲ. 중부지역의 조경설계 이용 주요 수종 특징과 조경적 가치

수종 명칭	학명	개화시기	열매	조경적 가치
산사나무	Crataegus Pinnatifida	5월 개화, 백색	구형, 홍색, 9~10월 결실	• 홍색의 열매가 가득한 가을의 풍경 • 백색의 꽃
왕벚나무	Prunus Yedoensis	4월 개화, 백색	구형, 흑색, 9월 결실, 털이 있음	• 벚나무 중에서 꽃이 가장 아름답고 화려함 • 가을의 빨간 단풍
마가목	Sorbus Commixta	5월 개화, 황백색	구형, 홍색, 10월 결실	• 황백색 꽃이 아름다움 • 가을의 홍색 열매의 탐스러움 • 새들의 먹이
회화나무	Sophora Japonica	8월 개화, 황백색	염주모양, 10월 결실	• 학자풍의 나무 • 수형이 단정함 • 여름의 꽃이 많아 아름다움 • 구슬모양으로 달리는 열매의 아름다움
모감주나무	Koelreuteria Paniculata	6월 개화, 황색	꽈리형, 9월 결실	• 6~8월에 수수이삭 같은 황금색 꽃이 독특한 질감을 줌 • 황금색의 돈주머니 같은 꽈리열매가 달려 황실나무라고도 불림 • 가을의 단풍이 황색, 적색으로 아름다움

고속도로 나들목(Interchange)에서의 LID방향과
나들목 생태습지 조성 시 설계방법에 대해 설명

Ⅰ. 서언

1. 고속도로 나들목은 최근의 생태환경중심의 고속도로 조경방향에 따라 LID를 반영한 생태습지 조성이 활발하게 진행되고 있음
2. 나들목 생태습지 조성방향은 다기능형으로서 노면에서 발생하는 비점오염 정화기능뿐만 아니라 생물다양성 증진, 탄소저감, 경관향상 등의 기능을 수행하고 있음
3. 고속도로 나들목 LID방향과 생태습지 조성 시 설계방법에 대해 구체적으로 설명하고자 함

Ⅱ. 고속도로 나들목(Interchange)의 LID방향

1. 다기능형 습지의 개념

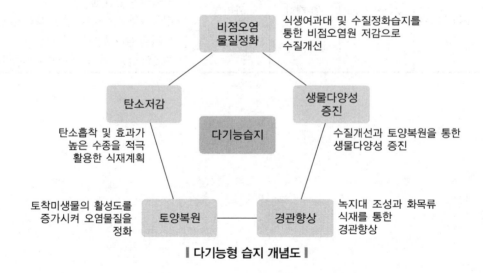

┃ 다기능형 습지 개념도 ┃

2. LID기법을 활용한 생태습지 조성 '3S' 전략

전략	Slow	Spread	Soak
과정	여과 생태수로(1단계)	정화 빗물정원(2단계)	정화/서식 생태습지(3단계)
효과	• 유속저하 → 우수지체 • SS, N, P, 중금속, 기름성분 정화	• 물의 저류 → 물순환 • N, P, 유기물의 정화	• 자연적 물순환 구축 • 정화 및 생물서식
개념	• 자연적 우수흐름 • 오염물질 제거	• 자연적 물순환 기법 • 미생물, 식물 이용한 수질 정화	• 자연생태 및 물순환 • 생태적 기법으로 오염물질 3차 정화 • 비오톱 기능
기법	• 식물 및 여과재 여과 • 침투 및 증산	여과재 및 습생식물 도입	• 자유흐름 및 지하흐름 습지기법 도입 • 수생, 습생식물 도입
3단계 공법 모식도			

‖ 3단계 수질정화 공법 모식도 ‖

Ⅲ. 나들목 생태습지 조성 시 설계방법

1. 기본 개념도

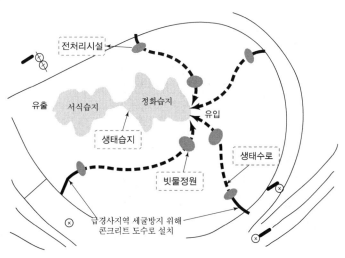

2. 생태수로

구분	개념	설계방법
구조	우수흐름 제어	• 길이 20m, 폭 1.5m, 깊이 0.3m 이상 • 바닥면(우수유출로) 폭 0.6m 이상 • 길이방향 경사는 0.5~2%를 표준 • 횡단경사는 1 : 3보다 완만하게
유입, 유출	침식방지	• 유입부(→ 전처리시설), 유출부(→ 도수로)는 완만하게 접속시킴 • 생태습지에 유출부 접속 시 월류보 설치
식생	식물정화	• 수로폭 전체면 평떼잔디 또는 적정한 수생식물 식재 • 토양유실방지 위해 지면피복률 100%
완충지	대기정화 경관향상	• 수로폭 끝에서 최소 5m 이상 확보 • IC 조경식재밀도기준 적용
유지관리	우수흐름 제어	• 하절기에 유수흐름에 장애가 되는 퇴적물 제거 • 동절기에 고사식생 제거 • 강우유출수 흐름 확보 위해 잔디초장 15cm 이하 유지
단면도		

3. 빗물정원

구분	개념	설계방법
구조	오염물질 제거 빗물저류 및 침투	• 길이 대 폭 최소비율 2 : 1 • 폭 8m 미만, 깊이 1.0~2.5m • 길이방향 경사는 0.5% 이상, 최대 6% 미만 • 횡단경사는 1 : 3보다 완만하게 • 우수흐름 바닥면 60cm 이상
유입, 유출	침식방지	유입부(→ 전처리시설), 유출부(→ 도수로)는 완만하게 접속시킴
식생	오염물질 제거 생물다양성 증진 경관향상	• 표면토양 유실방지 위해 녹비식물(클로버 등)로 100% 피복 • 갈대, 창포 등 정화식물 식재

유지관리	우수흐름 제어	동절기 고사식생 제거
단면도		

4. 정화습지

구분	개념	설계방법
구조	오염물질 제거 빗물저류 및 침투	• 길이 대 폭 최소비율 2 : 1 • 최소 폭 8m, 비점오염 수질처리용량에 따른 최소면적 산정 • 최대수심 0.7~0.8m, 수심은 다양하게 • 얕은 저습지 70%, 깊은 저습지 15%, 개방수면 15% • 개방수면지역 잔자갈 포설 • 유출부는 유입구 폭의 1/3 규모 • 호안은 자연석, 목재, 토양 등 다양한 재료 사용
습지 식생	오염물질제거 생물다양성 증진 경관향상	• 자생종 위주로 수심에 따른 다양한 식물종 도입 • 정수, 부엽, 침수식물 등 • 전체 면적의 50~85% 식재
완충지	대기정화 경관향상 생물다양성 증진	• 최고수위로부터 바깥쪽으로 최소 8m 이상 확보 • 녹비식물(클로버 등)로 100% 피복 • 토양조건에 맞는 식생 도입
유지 관리	오염물질 제거	• 동절기 고사식생 제거 • 5~7년마다 퇴적물 제거 • 식생 50% 이상 고사 시 보완식재
단면도		

5. 서식습지

구분	개념	설계방법
구조	오염물질 제거 빗물저류 및 침투 생물다양성 증진	• 길이 대 폭 최소비율 2 : 1 • 최소 폭 8m • 정화습지의 흐름이 가능하도록 용량 산정 • 얕은 저습지 40%, 모래·점토 등 10%, 개방수면 50% • 개방수면지역 잔자갈 포설 • 유출부는 유입구 폭의 1/3 규모 • 호안은 자연석, 목재, 토양 등 다양한 재료 사용
습지 식생	오염물질제거 생물다양성 증진 경관향상	• 자생종 위주로 수심에 따른 다양한 식물종 도입 • 정수, 부엽, 침수식물 등 • 전체 면적의 50% 식재
완충지	대기정화 경관향상 생물다양성 증진	• 최고수위로부터 바깥쪽으로 최소 5m 이상 확보 • 녹비식물(클로버 등)로 100% 피복 • 토양조건에 맞는 식생 도입 • 생물종다양성 증진 위한 생태복원시설 도입
유지 관리	오염물질 제거	• 동절기 고사식생 제거 • 5~7년마다 퇴적물 제거 • 식생 50% 이상 고사 시 보완식재
단면도		

| LID기법 참고자료 : 환경영향평가 시
LID기법 적용 매뉴얼

1. 전통적 빗물관리와 LID빗물관리 차이점

구분	전통적 빗물관리	새로운 빗물관리(LID)
명칭	중앙집중식 빗물관리	분산형 빗물관리
기본방향	빗물을 빠르게 집수하고 배제	빗물을 발생원에서 머금고 가두기
계획목표	개발 후 첨두유출량 증가의 감소	개발 후 총 유출량 증가의 감소
주요 시설	빗물펌프장, 저류지	소규모 침투 및 저류시설
한계	물순환 장애 및 건천화	집중 호우시 효과의 한계

2. 토지이용계획별 적용 가능한 저영향개발(LID) 기법

토지이용	저영향개발(LID) 기법 및 적용방안
자동차 도로	• 적용 가능 기법 　- 완충녹지가 있는 도로 : 식생수로, 침투도랑 　- 완충녹지가 없는 도로 : 침투통, 침투트렌치, 수목여과박스 • 적용방안 및 고려사항 　공동주택지 인근 등 사람의 동선이 많은 곳은 물고임 등 우려가 있는 경우에는 일정시간 경과 후 자연배수 또는 전량 침투되는 기능을 갖추도록 함
보행자 및 자전거 도로	• 적용 가능 기법 : 투수성 포장, 투수블록 • 적용방안 및 고려사항 　- 보행자도로 및 자전거도로에 적용하며, 차량 통행이 많지 않은 이면도로에도 적용이 가능함 　- 보행자 민원을 최소화하기 위하여 전면 투수포장보다는 부분포장을 우선 고려함
주차장	• 적용 가능 기법 : 투수성 포장, 투수블록 • 적용방안 및 고려사항 　- 주차장 부지는 투수성 포장 및 투수블록 등의 적용을 원칙으로 함 　- 보행자 민원을 최소화하기 위하여 전면 투수포장보다는 부분포장을 우선 고려함
공원	• 적용 가능 기법 　- 저류지, 침투저류지, 식생수로, 식생여과대 • 적용방안 및 고려사항 　공원 일부 지역에 저류지 등을 설치하여 공원에서의 우수유출수에 대한 저류기능 및 친수공간 조성 기능을 수행하도록 함

QUESTION
30
우리나라에서 조경수로 이용되고 있는 소나무과 종류를
속, 종 단계로 분류, 학명 또는 영명을 명기하고, 각 수종의
조경소재로서 용도와 형태적·생태적 특성을 설명

Ⅰ. 서언

1. 소나무는 우리 국민의 정서상 가장 친숙한 전통적인 수목으로 수형이 아름답고 한국적인
   경관을 조성하는 데 적합하여 조경수로 자주 이용되고 있음

2. 소나무과 종류에는 소나무속에 소나무, 곰솔, 백송, 방크스소나무, 잣나무, 스트로브잣나
   무 등이 있고, 전나무속에 전나무, 구상나무, 분비나무 등이 있으며 가문비나무속에 가문
   비나무, 독일가문비 등이 있고 솔송나무속에 솔송나무가 있음

Ⅱ. 소나무과 종류 분류 및 특성

1. 소나무속

<table>
<tr><th colspan="2">종류</th><th>형태적·생태적 특성</th><th>조경소재 용도</th></tr>
<tr>
<td rowspan="3">2엽송</td>
<td>소나무
• 학명 : Pinus densiflora S. et Z.
• 영명 : Japanese Red Pine</td>
<td>• 형태적 특성
 - 잎은 상록성 침형 2개씩 속생
 - 꽃은 5월 개화, 열매는 난형
 - 수피는 적갈색, 흑갈색
 - 뿌리는 심근성, 수형은 원추형, 원정형
• 생태적 특성
 - 양수, 내건성 강, 내공해성 약
 - 이식이 곤란</td>
<td>• 수형이 자연미를 지녀 독립수로 이용
• 군식하여 자연풍치적 효과</td>
</tr>
<tr>
<td>곰솔
• 학명 : Pinus thunbergiana Franco
• 영명 : Japanese Black Pine</td>
<td>• 형태적 특성
 - 잎은 상록성 침형 2개씩 속생
 - 꽃은 5월 개화, 열매 긴 타원형
 - 수피는 흑갈색
 - 성목부터 원추형
• 생태적 특성
 - 중용수, 내건성 강, 내공해성 강
 - 이식이 용이</td>
<td>• 해안지방이 많이 자생, 내염성 수종
• 해안의 조경용으로 적당</td>
</tr>
<tr>
<td>반송
• 학명 : Pinus densiflora 'Multicaulis'
• 영명 : Japanese Umbrella Pine, Japanese Pine</td>
<td>• 형태적 특성
 - 소나무와 동일, 지면에서 20~30개 줄기가 갈라짐
 - 수형은 하수형
• 생태적 특성
 - 중용수, 적윤지 토양, 내공해성 약
 - 이식이 보통</td>
<td>수형이 정형적이어서 주로 정원 독립수로 이용</td>
</tr>
</table>

3엽송	**리기다소나무** • 학명 : Pinus rigida Mill. • 영명 : Pitch Pine	• 형태적 특성 - 잎은 상록성 침형 3개씩 속생 - 꽃은 5월 개화, 열매 난생원추형 - 수피는 흑갈색, 맹아력 강함 - 수형은 불규칙하다가 원정형 • 생태적 특성 - 양수, 내건성 강, 내공해성 중 - 이식이 용이	• 조경용으로는 거의 이용하 고 있지 않음 • 척박한 장소에서 생육양호 • 녹지보전용 군식

	백송
	• 학명 : Pinus bungeana
	  Zucc.
	• 영명 : Lacebark Pine,
	  Whitebark Pine
		• 형태적 특성
		 - 잎은 상록성 침형 3개씩 속생
		 - 꽃은 5월 개화, 열매 난형
		 - 수피는 연한 녹색, 매끈
		 - 성목은 수피가 희고 큰 비늘조각이
		  떨어짐, 수형은 원추형, 원형에서 원
		  정형
		• 생태적 특성
		 - 양수, 적윤지 토양, 내공해성 중
		 - 이식이 곤란
			• 수피가 흰색, 회색, 녹색의
			 삼색을 띠는 특징을 가져
			 독립수 이용
			• 수피가 돋보이도록 강조

5엽송	**잣나무** • 학명 : Pinus koraiensis S. et Z. • 영명 : Korean Pine	• 형태적 특성 - 잎은 상록성 침형 5개씩 호생 - 꽃은 5월에 개화, 열매 긴 난형 - 수피는 흑갈색, 수형은 원추형 - 뿌리는 심근성 • 생태적 특성 - 음수, 적윤지 토양, 내공해성 중 - 이식이 용이	• 공원, 공공건물, 골프장, 캠퍼스 등에 군식 • 풍치 및 차폐효과를 제공 • 독립수로도 이용

	섬잣나무
	• 학명 : Pinus paviflora S.
	  et Z.
	• 영명 : Japanese White
	  Pine
		• 형태적 특성
		 - 잎은 상록성 선형 5개씩 속생
		 - 꽃은 6월에 개화, 열매 원통형
		 - 수피는 매끈한 회색, 성목은 비늘모
		  양껍질, 수형은 원추형
		• 생태적 특성
		 - 음수, 적윤지 토양, 내공해성 중
		 - 이식이 용이
			• 수형이 어릴 때는 원추형
			 이나 점차 자연형을 변화
			• 어린 것이 수형이 아름답
			 고 생육이 더디어 정원독
			 립수로 이용

	스트로브잣나무 • 학명 : Pinus strobus L. • 영명 : Eastern White Pine	• 형태적 특성 - 잎은 상록성 선형 5개씩 속생 - 꽃은 5월 개화, 열매 긴 원통형 - 수피는 밋밋함, 소지 녹갈색 - 수형은 원추형 • 생태적 특성 - 음수, 적윤지 토양, 내공해성 강 - 이식이 용이	• 초년기에는 수형이 원추형 이나 중장노년기로 갈수 록 자연형으로 변화 • 독립수 이용 • 생장속도 빨라 공원 등에 조경용 적합 • 생울타리용, 차폐용, 방풍용

2. 전나무속

종류	형태적 · 생태적 특성	조경소재 용도
전나무 • 학명 : Abies holophylla Max • 영명 : Manchurian Fir, Needle Fir	• 형태적 특성 - 잎은 상록성 선형 - 꽃은 4월 개화, 열매는 난형 - 수피는 흑갈색, 뿌리는 천근성 - 수형은 원추형에서 원정형 • 생태적 특성 - 음수, 적윤지 토양, 내공해성 극약 - 이식이 보통	• 고산지대 생육하여 고온건조 기후에는 생육이 불량 • 도시환경은 부적당 • 공원군식으로 자연미, 크리스마스트리용으로 이용
분비나무 • 학명 : Abies nephrolepis Max. • 영명 : Nephrolepis Fir	• 형태적 특성 - 잎은 상록성 선형 - 꽃은 5월 개화, 열매는 긴 난형 - 수피는 갈라지지 않음 - 수형은 원추형 • 생태적 특성 - 음수, 적윤지 토양, 내공해성 극약 - 이식이 보통	• 조경용으로 거의 이용 안 함 • 독립수, 차폐용, 군식용 가능
구상나무 • 학명 : Abies koreana Wilson • 영명 : Korean Fir	• 형태적 특성 - 잎은 상록성 선형 - 꽃은 6월 개화, 열매는 원통형 - 수피가 늙으면 백색이고 거칢 - 수형은 원추형에서 원정형 • 생태적 특성 - 음수, 적윤지 토양, 내공해성 극약 - 이식이 보통	• 조경용으로 거의 이용 안 함 • 독립수, 차폐용, 군식용 가능

QUESTION 31 | 우리나라에서 자생하는 참나무과 낙엽교목 6종의 형태적 · 생태적 특성을 비교 설명

Ⅰ. 서언

1. 참나무는 우리나라 산림에서 자생하는 식물로 원시적 야생미, 자연미를 주어 도시숲, 공원 등에 이용되기도 함
2. 참나무과 낙엽교목에는 갈참나무, 졸참나무, 떡갈나무, 신갈나무와 상수리나무, 굴참나무 6종이 대표적임
3. 이 수종들은 비슷해 보여 조경소재 활용 시 구분의 어려움이 있으나 형태적 · 생태적 특성 면에서 분명한 차이점을 갖고 있으므로 구분해보고자 함

Ⅱ. 참나무과 낙엽교목의 종류별 특성

종류	형태적 · 생태적 특성	조경소재 용도
갈참나무 학명 : Quercus aliena Blume 뒷면 털 有 물결모양 잎자루 有	• 형태적 특성 - 잎은 긴 달걀꼴, 가장자리가 물결처럼 구불거림, 잎자루는 1~3cm, 가을에 누런빛으로 단풍이 들고 늦게까지 달려 있음 - 수고는 25m, 나무껍질은 세로로 갈라짐 • 생태적 특성 내한성 강함, 적윤지 토양, 내공해성 중, 생장속도 빠름, 이식이 곤란	• 산야에서 잘 자람, 수형이 아름답고 열매는 식용식물 • 도시공원, 국립공원, 산간지역에 적당
졸참나무 학명 : Quercus serrata Thunb 뒷면 털 有 날카로운 거치 잎자루 有	• 형태적 특성 - 잎은 긴 달걀꼴, 아래쪽이 뾰족하고 가장자리에는 안으로 굽은 갈고리모양의 톱니가 있음 - 수고는 25m, 나무껍질은 잿빛 도는 회색이며 세로로 갈라짐 • 생태적 특성 내한성 강함, 적윤지 토양, 내공해성 중, 생장속도 빠름, 이식이 곤란	• 우리나라 전역에서 잘 자람 • 열매는 식용 • 도시공원, 국립공원, 산간지역에 적당

떡갈나무
학명 : Quercus dentata
Thunb
 	
	• 형태적 특성
	- 잎은 달걀꼴, 가장자리가 둥글고 깊게 파였
	  으며 밑부분은 귓불처럼 늘어짐
	- 잎자루는 굵고 아주 짧으며 길이 0.2~0.5cm
	- 수고는 25m 나무껍질은 회갈색이며 두꺼움
	• 생태적 특성
	내한성 강함, 적윤지~내건 토양, 내공해성 중,
	생장속도 빠름, 이식이 곤란
		• 우리나라 전역에서 잘
		  자람
		• 공원에 적당, 풍치수
		  로서 사용

신갈나무
학명 : Quercus mongolica
Fischer
 	
	• 형태적 특성
	- 잎은 달걀꼴, 가지 끝에 모여 달림
	- 잎몸 밑이 귓불처럼 늘어지고 가장자리가
	  물결처럼 구불거리며, 잎자루는 길이 0.1~1.3cm
	- 수고는 30m, 나무껍질은 아래로 갈라지며
	  회갈색을 띰
	• 생태적 특성
	내한성 강함, 적윤지~내건 토양, 내공해성 중,
	생장속도 빠름, 이식이 곤란
		• 우리나라 전역에서
		  잘 자람
		• 전체 숲면적 중 소나
		  무를 제외하면 가장
		  넓은 면적을 차지
		• 공원, 산간지역에 적당

상수리나무
학명 : Quercus acutissima
Carruth
 	
	• 형태적 특성
	- 잎은 긴 타원꼴, 잎 가장자리에 바늘모양의
	  날카로운 톱니가 있으며, 톱니에는 엽록소
	  가 없어서 희게 보임. 잎자루는 1~3cm
	- 수고는 20~25m, 나무껍질은 검의 회색이며
	  길게 갈라짐
	• 생태적 특성
	내한성 강함, 적윤지~내건 토양, 내공해성 중,
	생장속도 빠름, 이식이 곤란
		• 우리나라 평안도 이
		  남 지방에서 저절로
		  자람
		• 공원에 적당, 독립수,
		  경관수로 사용

굴참나무
학명 : Quercus variabilis
Blume
 	
	• 형태적 특성
	- 잎은 긴 타원꼴, 앞 가장자리에 바늘모양의
	  날카로운 톱니가 있으며, 뒤쪽에는 흰색의
	  털이 많아 희게 보임, 잎자루는 길이 1~3cm
	- 수고는 30m, 나무껍질은 코르크층이 두껍
	  게 발달하여 깊게 갈라짐
	• 생태적 특성
	내한성 강함, 적윤지~내건 토양, 내공해성 중,
	생장속도 빠름, 이식이 곤란
		• 우리나라 중부이남 지
		  방에서 저절로 자람
		• 공원, 산간지역에 적당

III. 참나무과 낙엽교목의 종류별 주요 특징 비교

식물명	잎	열매	깍정이	나무껍질
갈참나무	• 길이 10~20cm, 물결모양, 단풍잎은 오래 달려 있음 • 잎이 가장자리가 구불거려 신갈나무와 비슷하나 잎의 크기가 작고 잎자루가 긴 점이 다름	• 달걀꼴 • 길이 1.5~2cm • 지름 0.7~1.6cm	깍정이에 1/2쯤 싸임	세로로 얕게 갈라짐
졸참나무	• 길이 7~17cm • 안으로 굽은 갈고리 모양 • 참나무류 중에서 잎과 열매가 제일 작음	• 긴 타원꼴 • 길이 1.7~2cm • 지름 0.3~1.7cm 긴타원형 당해 성숙 포가 포개짐	깍정이에 1/3쯤 싸임	세로로 길게 갈라짐
떡갈나무	• 길이 10~30cm • 두껍고 뒷면에 갈색 털이 많고 둔한 물결 모양, • 잎자루는 아주 짧고 가장 큰 잎 • 참나무류 중에서 잎이 가장 크고 넓음	긴 타원꼴 길이 1.5~2.5cm 지름 0.7~1.9cm	• 깍정이에 1.2쯤 싸임 • 포린은 얇고 뒤로 젖혀짐	회갈색으로 아래로 깊게 갈라짐
신갈나무	• 길이 8~15cm 작은 물결모양 • 참나무 중 잎이 가장 먼저 피고 도토리가 일찍 열리고 많이 달림	• 긴 타원꼴 • 길이 1.5~2cm • 지름 0.6~2.1cm	• 깍정이에 조금 싸임 • 포린은 커서 우둘투둘함	회갈색으로 아래로 얕게 갈라짐
상수리 나무	길이 8~20cm 바늘 모양의 톱니에 엽록소가 없음	• 둥근 꼴 • 길이 1.5~2.5cm • 지름 1.5~2.0cm 둥근형 2년 성숙 포가 젖혀짐	깍정이에 1/2쯤 싸임	검은 회색으로 깊게 갈라짐
굴참나무	• 길이 8~15cm 바늘 모양의 톱니에 엽록소가 있음 • 잎 뒷면에 털이 많음	• 둥근 꼴 • 길이 1.5~2.3cm • 지름 1~1.5cm	깍정이에 2/3쯤 싸임	코르크층이 두껍게 발달

QUESTION
32
연결녹지(Greenway)와
보행자전용도로(Pedestrian Mall)의 차이점을 설명

Ⅰ. 서언

1. 연결녹지와 보행자전용도로는 선형의 녹지공간으로 도시 내 녹지네트워크 구축의 Corridor로 볼 수 있음

2. 연결녹지는 「도시공원 및 녹지 등에 관한 법률」에 명시되어 있고 보행자전용도로는 도로 법에 근거하고 있음

3. 연결녹지와 보행자전용도로의 차이점을 법적 근거와 세부기준, 형태와 기능 등으로 구분 하여 설명하고자 함

Ⅱ. 연결녹지(Greenway)

1. 「도시공원 및 녹지 등에 관한 법률」에 근거

1) 녹지의 한 유형 : 연결성 증진 목적의 녹지

2) 폭 10m 이상 확보 : 생태통로, 녹도로서의 기능을 수행

3) 녹지율 70% 이상 확보 : 최소한의 휴게시설을 설치

2. 도시공원 녹지의 유형별 세부기준 지침

1) 녹도형 연결녹지

- 보행자의 통행, 자전거의 통행이 가능
- 안전시거의 확보, 수목 지하고의 확보
- 경사 · 폭은 보행량에 따라 결정

2) 생태통로형 연결녹지

- 동식물의 서식처 연결
- 다층구조 식재, 천이를 고려
- 하천수계를 고려

Ⅲ. 보행자전용도로(Pedestrian Mall)

1.「국토의 계획 및 이용에 관한 법률」에 근거

1) 기반시설에서 교통시설의 일종 : 자동차 목적 이외의 이용도로

2) 폭 1.5m 이상 확보 : 교행이 가능한 폭

3) 보행자만 이용 가능 : 안전 · 편리한 통행 보장

2. 도시 · 군관리계획 수립지침의 기준

1) 상업형 · 도심형
- 폭 6m 이상 확보 가능
- mall의 성격, 집객분산이 용이한 형태

2) 주거형
- 통학과 통근용 3~4m
- 휴식과 놀이의 성격

3) 녹도형
- 자연경관의 감상과 체험형 3m 이상
- 고수부지, 자연녹지, 제방과 연계

Ⅳ. 연결녹지와 보행자전용도로의 차이점

구분	연결녹지	보행자전용도로
근거법	도시공원 및 녹지 등에 관한 법률	국토의 계획 및 이용에 관한 법률
형태	• 폭 10m 이상 • 녹지율 70% 이상	폭 1.5m 이상
기능	• 생태통로로서 동식물의 서식처를 연결 • 녹도로서 공원을 연결	보행자통행의 안전성 · 쾌적성 확보
세부기준	1) 식재 : 생태형 다층구조, 생태적 지위, 천이를 고려한 배식 2) 투수성포장 : 자연순환 기능의 증진 3) 최소시설의 설치 : 녹지의 최대 확보	1) 관상용 식재 • 경관수종, 가로수의 열식 • 계절감 향상 식재 2) 연성포장 : 보행의 안전성 확보 3) 적재적소의 시설 배치 : 보도기능의 증진
유형 모식도	공원 ↕ 녹도형 · 공원 / 공원 ↕ 생태통로형 · 자연녹지	주거지 ↕ 주거형 · 학교, 회사 / 상업시설 ↕ 도심형 · 상업시설

QUESTION
33 | 교통약자 통행을 위한 보도설계 시 반영해야 할 법적 근거를 제시하고 고려해야 할 설계요소에 대하여 설명

I. 서언

1. 도시의 쾌적성 증진과 녹색교통의 활성화를 위해 보행자 우선권 확립을 위한 도로설계가 최근 이슈가 되고 있음

2. 이는 도로설계 시 보행자의 안전성, 접근성, 편리성 증진을 위한 기본 설계요소와 더불어 생태성 향상을 추구하고 있으며, 특히 보행자 중에서 교통약자를 배려하는 설계요소가 반영되는 추세임

3. 교통약자 통행 보도설계시 반영하는 법적근거를 먼저 설명하고, 고려해야 할 설계요소에 대해 서술하고자 함

II. 교통약자 통행 보도설계 시 법적 근거

1. 교통약자의 이동편의 증진법

1) 목적
- 교통약자가 안전하고 편리하게 이동할 수 있도록 교통수단, 여객시설 및 도로에 이동편의시설을 확충하고 보행환경을 개선
- 사람 중심의 교통체계를 구축함으로써 교통약자의 사회 참여와 복지 증진에 이바지

2) 교통약자 정의 : "교통약자"란 장애인, 고령자, 임산부, 영유아를 동반한 사람, 어린이 등 일상생활에서 이동에 불편을 느끼는 사람

2. 장애인 · 노인 · 임산부 등의 편의증진보장에 관한 법률

1) 목적
- 장애인 · 노인 · 임산부 등이 생활을 영위함에 있어 안전하고 편리하게 시설 및 설비를 이용하고 정보에 접근하도록 보장
- 이들의 사회활동참여와 복지증진에 이바지

2) "장애인 등"이란 : 장애인 · 노인 · 임산부 등 생활을 영위함에 있어 이동과 시설이용 및 정보에의 접근 등에 불편을 느끼는 자

구분	교통약자의 이동 편의증진법	장애인 · 노인 · 임산부 등의 편의증진보장에 관한 법률
편의시설 설치대상	1) 교통수단 2) 여객시설 3) 도로	1) 공원 2) 공공건물 및 공중이용시설 3) 공동주택 4) 통신시설
편의시설 설치기준	1) 교통약자가 통행할 수 있는 보도 　• 보도의 유효폭, 포장, 기울기 　• 차도의 분리 및 보행안전지대 　• 차량 진출입부, 턱 낮추기 　• 점자블록	1) 장애인 등의 통행이 가능한 접근로 　• 유효폭 및 활동공간 　• 기울기, 경계 　• 재질과 마감 　• 보행장애물

III. 교통약자 보도설계 시 고려요소

1. 안전성 확보

1) 신체적 약점을 고려 : 보행 시 상해요소 제거
2) 안전한 기울기 확보
   - 천천히 걸을 수 있는 경사
   - 휠체어의 원활한 이동

3) 경계턱 제거 : 보행 시 넘어짐 방지
4) 연성포장 마감 : 신체적 무리 최소화

2. 편의성 증진

1) 이동 시 불편요소 제거 : 휠체어 · 유모차 이동을 고려
2) 휠체어 교행 가능 폭 확보 : 회전반경을 고려
3) 입체적 공간 확보 : 가로 · 세로 · 높이 무장애 공간화

3. 접근성 개선

1) 이동동선의 최소화 : 주차장에서 건물 접근성 증진
2) 적정거리에 휴게소 설치 : 보행 불편으로 인한 피로감 해소

Ⅳ. 교통약자 보도 상세설계기준

1. 보도의 구조

1) 1/12~1/18 기울기 유지 : 좌우기울기는 1/25 이하

2) 2cm 이하의 턱

- 보도와 차도의 경계구간
- 보도에서 공원진입 경계부

3) 유효폭 2m 이상 : 지형상 불가능할 경우 1.2m 이상

4) 1.5m × 1.5m의 교행구역을 설치 : 50m마다 설치

2. 보도의 재질 · 마감

1) 미끄럽지 않은 재질 : 강우 시 안전성 고려

2) 평탄하게 마감

- 틈새가 벌어지지 않게 함
- 바닥면을 평탄하게 시공

3. 차도의 분리 및 보행안전지대

1) 높이 2.1m 이하 보행안전지대 설치 : 보행자의 안전 · 원활한 통행 확보

2) 간판 등은 보행안전지대 밖에 설치 : 교통약자의 통행에 지장을 주지 않게 함

QUESTION 34

조경설계에 있어서 주제와 언어의 관련성에 대하여 설명하고 도시의 워터프론트(Water Front) 이용설계에 있어서 공간적 특성을 설명

Ⅰ. 서언

1. 조경설계란 총체적 환경 · 경관을 대상으로 그 대상의 가치증진을 위해 설계주제를 선정 · 실현하는 작업임

2. 조경설계에서 주제는 콘셉트 · 공간의 목표가 되며 설계언어는 주제를 나타내기 위한 도구로서 공간의 구분과 식재, 포장, 시설물계획에 표현됨

3. 조경설계에 있어서 주제와 언어의 관련성에 대하여 설명하고 도시의 워터프론트 이용설계에 있어 공간적 특성을 설명하고자 함

Ⅱ. 조경설계의 주제와 언어의 관련성

1. 주제

1) 공간의 테마, 콘셉트
2) 공간계획의 전략
3) 공간의 미래상

2. 언어

1) 주제의 실현, 해결수단
2) 공간의 특징을 표현하는 방법
3) 설계자의 개성과 철학

3. 주제와 언어의 관련성

1) 주제의 표현수단으로서 언어
2) 언어는 주제로의 일관성 유지
3) 공간의 가치 창출 수단

Ⅲ. 도시 워터프론트의 공간구성과 설계주제 및 언어

1. 공간구성

1) 강과 배경수림 공간 : 자연 그대로의 모습

2) 도시적 공간 : 인공경관, 인위적 경관

3) Edge 공간 : 강과 도시의 접합공간

2. 설계 주제 및 언어

1) 설계주제 : 건강하고 아름답고 즐거운 도시 미래상

2) 설계언어

① 건강한 도시 : "생태언어"로 표현
- 생태적 결정론, 풍수지리
- 생물다양성이 풍부한 녹색도시 구조와 기능
- 생태하천기법, 자연 친수공간 조성

② 아름다운 도시 : "시각언어"로 표현
- View와 Vista 형성
- 시각적 선호도 증진
- 예술적 경관 조성기법

③ 즐거운 도시 : "행태언어"로 표현
- 도시민의 집객과 소통의 장
- 다양한 문화 활동과 프로그램 조성

Ⅳ. 도시 워터프론트 이용설계에 있어 공간적 특성

1. 자연 친수공간

1) 하천의 자연고유 흐름을 복원 : 옛 물길의 복원, 과거 형태의 존중

2) 하천 고유경관의 보전 : 생태적 결정론을 수용

3) 최소한의 시설물과 프로그램 도입 : 인위적 시설물 배제, 자연재료 활용

2. 인공 친수공간

1) 적극적 참여 경관의 도입 : 수변무대, 수상스포츠시설 도입 가능

2) 하천을 조망하는 다양한 상업시설 : 수변카페와 레스토랑

3) 집객 프로그램과 축제 : 하천을 통한 도시재생

3. 도시와 하천의 완충공간

1) 하천과 도시의 오염원 정화 : 수변완충녹지대의 연속적 배치

2) 완충구역으로서 생물다양성 높음 : 다양한 생물서식처 보유, Ecotone 형성

3) 도시의 물순환체계 안정화 : 투수성재료, LID기법, 생태공학기술 반영

QUESTION 35 │ 도시지역에 설치한 우수저류시설의 기능과 설치 시 고려사항에 대하여 생태적 관점에서 설명

Ⅰ. 서언

1. 도시지역에 설치한 우수저류시설이란 유수지와 저류지이며 집중호우 시 강우를 일시적으로 모으기 위함임

2. 초기에는 방재기능이 우선시되었으나 최근 들어서는 녹지공간, 생태공간으로서의 기능도 동시에 고려되고 있음

3. 우수저류시설과 관련된 법이 무엇인지 살펴보고, 기능과 생태적 관점에서 설치 시 고려사항에 대하여 설명하고자 함

Ⅱ. 우수저류시설 관련법

1. 국토의 계획 및 이용에 관한 법률

1) 방재시설로서 유수지 : 유수지, 저류지 대상

2) 하천으로 빗물방류시설
   - 하천 주변에 설치 → 유수지
   - 공공시설, 공동주택단지 설치 → 저류지

3) 유수지 허용 가능 용도를 명시
   도로, 광장, 주차장, 체육시설, 녹지 가능

2. 도시공원 및 녹지 등에 관한 법률

1) 근린공원 내 중복지정 가능
   - 도시공원면적의 50% 이하 면적
   - 근린공원과의 연계시설

2) 상시저류시설, 일시저류시설의 구분
   - 녹지율 60%, 녹지율 40%
   - 녹지=조경시설+상시저류시설

3) 다목적공간으로 조성 : 잔디밭, 산책로, 운동시설, 광장, 자연학습장
4) 유지관리 용이성 : 침수피해 최소화

III. 우수저류시설의 기능

1. 방재기능

1) 홍수피해 저감
- 집중호우 시 빗물의 일시저장
- 하천으로의 방류량 조절

2) 기후변화대응
- 폭우, 폭염, 가뭄의 대비
- 도시의 미기후 조절

2. 생태기능

1) 생물 서식처 제공
- 물, 산란처, 은신처, 먹이 제공
- 도시 생물다양성 증진

2) stepping stone으로서 역할
- 조류의 이동 거점
- 철새의 휴식처, 먹이터 제공

3) 도시 생태네트워크 형성 : 도시 생태적 건전성 향상

3. 친수기능

1) 수변 생태공원 조성
- 도시민의 여가와 휴식장소
- 자연학습장, 녹색갈증의 해소

2) 도시 Amenity 향상 : 쾌적성과 경관성 증진

Ⅳ. 생태적 관점의 설치 시 고려사항

1. 기본방향

1) 도시 생태적 건전성 향상 : 도시 생물다양성 증진

2) 도시 생태네트워크 구현 : 생태적 거점 역할

3) 도시민의 건강성 보장 : 자연과 인간의 공존

2. 유역분석을 통한 위치 선정

1) 물길의 연결, 서식처 간 연결 : 자연의 지형 · 지세 존중

2) 지형변화의 최소화 : 자연순응형 개발, 토공의 최소

3. 친환경적 물리적 구조

1) 비대칭호안, 다양한 단면형태 : 서식처 조건의 다양성 확보

2) 생태연못 구조 지향

- 생태적 식재기법
- 수생식물 도입, 다공질환경 조성

4. 생물서식처로서 기능 확보

1) 먹이사슬 형성, 다양한 생태적 지위 : 다층구조 식재, 식이식물 식재

2) 수원 · 수질의 유지 : 수질정화시스템 반영, 정화식물 식재

도시 내 생태적 가로식재의 개념과 설계기법을
녹지체계, 수체계, 미기후 등의 측면에서 설명

Ⅰ. 서언

1. 도시 내 가로식재란 도로의 중앙분리대, 보도, 자전거도로 등 선형의 녹지구간에 수목을
   식재하는 것임

2. 가로식재는 도로와 함께 병행되어 조성되므로 도시 전체 구조에서 살펴보면 도로라는 회
   색인프라를 녹색인프라로 전환시킬 수 있는 중요한 설계요소가 됨

3. 도시 내 생태적 가로식재의 설계기법을 녹지네트워크 구축, 수순환체계 형성, 미기후개선
   측면에서 설명해 보고자 함

Ⅱ. 도시 내 생태적 가로식재의 개념과 효과

1. 개념

1) 도시의 녹지축으로서 가로식재 : 녹색인프라 형성의 중요한 요소

2) 생태적 코리더로서 가로식재 : 녹지와 서식처 간의 연결

3) 생물서식처로서 가로식재 : 도로의 비오톱화

4) 선형의 회색인프라의 녹화 : 도로변, 하천변 식재

2. 효과

1) 도시의 생태적 건전성 향상
   - 도시열섬 완화, 미기후개선
   - 수순환체계 형성, 도시생물다양성 증진

2) 도시 어메니티 향상
   - 특화된 생태공간으로 도시경쟁력 확보
   - 도시민의 녹색갈증 해소

Ⅲ. 생태적 가로식재의 설계기법

1. 녹지체계 : 녹지네트워크 구축

1) 선형의 면적 녹지 확보
- 점적 가로수의 띠녹지화
- Road Diet로 녹지공간 확보
- 가로변 인공구조물의 녹화

2) 생태거점 - 점 - 핵의 연결
- 공원 - 옥상정원 - 도시숲 연계
- 생태적 코리더로서 가로식재

3) 다층구조 생태식재, 식이식물 식재
- 다양한 층위형성으로 생물서식처 제공
- 동물의 유인으로 먹이사슬 형성

2. 수체계 : 수순환체계 형성

1) LID기법을 반영한 가로식재
- 미국 Green Street 사례
- Rain Garden의 도입, 식생수로, 침투도랑

2) 도시 수순환체계와 연결
- 도심 내부에서 하천까지의 첨두유출량 감소
- 생태적 가로식재기법으로 토양 내 침투 극대화

3. 미기후 : 도시 미기후 개선

1) 바람길 형성
- 도시 외곽부 녹지와 연결
- 1열보다 2~3열 식재, 냉각효과 향상

2) 환경정화수종의 식재
- 대기오염의 정화효과 탁월한 수종
- 탄소흡수와 탄소저감 극대화 수종 선정

3) 인공구조물의 녹화
- 중앙분리대, 벽면 등의 녹화
- 도시열섬 완화

QUESTION
37

강우유출계수가 높은 포장순부터 특징을 설명하고 지반생태학을 보존할 수 있는 우수흡수의 포장단면구조를 모식화하고, 이때 우수를 효과적으로 집수·저장하여 현실적 이용방안을 제시

Ⅰ. 서언

1. 강우유출계수란 5~10분 정도의 단시간에 내린 전강우량에 대하여 하수관거에 유입되는 우수유출량의 비로서, 불투수포장은 높고 투수포장은 낮음

2. 녹색성장의 시대에 강우는 지반생태학을 보존할 수 있는 녹색자원이 되며 이를 집수·저장하여 조경용수, 생활용수, 관리용수로 이용하고 있음

3. 효과적인 집수·저장을 위한 강우유출계수가 낮은 우수 흡수의 포장단면구조에 대해 설명하고 우수의 현실적 이용방안을 제시하고자 함

Ⅱ. 강우유출계수가 높은 포장의 특징

1. 콘크리트 포장(0.95)

1) 고속도로 주요 포장재 : 자동차의 속도유지에 필요

2) 일체형 무공극 포장
- 강우 침투 전면 불가
- 배수구배에 따른 관거 유입

3) 투수기능 전무

2. 아스팔트 포장(0.8)

1) 아스콘 골재의 다짐
- 미세공극 발생
- 골재와 골재 사이에 강우 고임

2) 불투수 포장 : 강우 토양 내 흡수 불가

3. 벽돌 포장(0.8)

1) 콘크리트로 성형한 벽돌 : 무공극이며 불투수성 재질

2) 강우가 포장구배에 따라 흐름 : 하수관거로 거의 모두 유입

3) 원지반과 강우를 차단시킴

Ⅲ. 지반생태학을 보존하는 우수흡수의 포장구조

1. 지반생태학을 보존하는 투수포장

1) 토양의 물리성과 화학성 개선
   - 전반적 토양기능 향상
   - 토양생물의 서식처 보존

2) 토양의 황폐화 방지 : 수분의 흡수와 증발산작용으로 생태계 유지

2. 우수흡수의 포장구조 특징과 모식도

구분	특징	모식도
전면투수 포장	1) 자연재료의 포장 100% 　마사토, 우드칩, 자갈포설 2) 자연상태의 강우흐름 유지 　• 수분침투와 증발산이 왕성 　• 유출은 거의 전무 3) 하부층은 골재 포설	
부분포장	1) 포장면 50% + 잔디면 50% 　공기와 물의 투수와 순환 2) 디딤돌, 잔디블록, 판석포장 　포장면이 일부만 차지 3) 하부 골재 포설 　다공질로서 강우 투수 가능	
틈새투수 포장	1) 다공성 블록 포장 100% 　화강석투수블록, 점토블록 2) 모래줄눈과 모래기층포설 3) 보조기층은 골재포설 4) 강우 일부가 관거로 유출 　집중호우 시, 지반포화 상태 시	

Ⅳ. 우수의 효과적 집수 · 저장과 현실적 이용방안

1. 집수

1) 불투수포장면이 강우의 최대집수 : 지하저류조, 우수저류지

2) 침투측구와 집수정의 설치 : 도로와 포장 면에서 발생하는 빗물 집수

2. 저장

1) 집수면 종류별 분리 저장
  - 오염물질의 종류와 농도가 다름
  - 이용을 위한 정화의 효율성 증진

2) 투수가 우선되는 우수저장시설 설치 : rain garden, 침투도랑, 식생수로

3. 현실적 이용방안

1) 집수면에 따른 이용용도 구분
  - 도로유출수 : 관리용수
  - 공원 · 녹지 유출수 : 조경용수
  - 지붕 · 옥상수 : 생활용수

2) 도로유출수의 관리용수 이용
  - 청소용, 외부 공간 세척용
  - 높은 수질 불필요

3) 공원 · 녹지유출수의 조경용수 이용
  - 수목 관수용, 수경시설용
  - 토양입자만 침전 후 사용

4) 지붕 · 옥상수의 생활용수 이용
  - 화장실용, 목욕용
  - 수질이 양호한 빗물의 집수 활용

38
골프코스의 홀 구성요소를 간략히 기술하고 미들홀(Middle Hole)
의 일반적 평면도를 그려 한국산 잔디로 조성하고자 할 경우
장소를 표기하고 조성이유와 조성방법에 대해 설명

Ⅰ. 서언

1. 골프장은 잔디로 피복되어 있는 홀에서 플레이 장소로 공을 굴려가며 홀컵에 골인시키는
   운동경기임
2. 경기 특성상 골프장에는 서양잔디가 주로 도입되고 있으나 내병성에 약한 특성상 농약 사
   용이 불가피함에 따라 지역주민과의 마찰을 피할 수가 없음
3. 골프장 내에 한국산 잔디를 조성하고자 할 경우 도입장소와 조성이유, 조성방법에 대해서
   설명해 보고자 함

Ⅱ. 골프코스의 홀 구성요소

1. 티

1) 플레이 시작점
2) 공을 멀리 쳐서 날리는 플레이 : 잔디의 패임현상 발생

골프장 장소별 도입잔디

구분	한국잔디	서양잔디
장점	• 경제성 • 친환경성	• 고운 질감 • 내한성
단점	• 황화현상 • 거친 질감	• 고비용 • 농약 · 비료 사용 많음
도입 장소	• 그린 외 • 모든 지역	그린

2. 페어웨이

1) 플레이어들의 이동장소 : 답압 발생

2) 그린 방향으로 공을 쳐서 날림 : 잔디 패임현상 발생

3) 가장 넓은 규모를 차지

3. 그린

1) 플레이 목표점

2) 홀컵으로 공을 굴림 : 정교한 플레이가 필요

4. 러프

1) 홀 간의 경계

2) 경기진행 장외공간

5. 해저드

1) 그래스 벙커 : 잔디 피복된 벙커

2) 샌드 벙커, 워터해저드

Ⅲ. 미들홀 평면도 및 한국산 잔디 도입장소

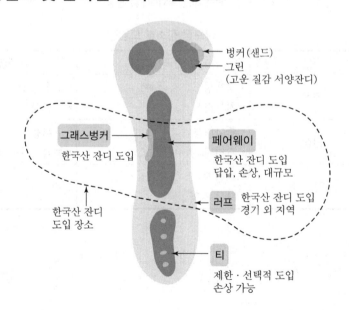

Ⅳ. 한국산 잔디의 조성 이유와 조성방법

1. 조성 이유

1) 경제성
- 서양잔디에 비해 저비용
- 유지관리와 시공의 용이성
2) 친환경성 : 농약과 비료사용이 소량
3) 향토 경관의 형성 : 자생종자의 활용

2. 조성방법

1) 간단한 토양단면구조 : 골재와 모래 단면 구성
2) 사계절 뗏장 시공 : 초기 완성도가 높음, 시공 용이
3) 여름에 종자파종 : 35℃에서 발아
4) 스프링클러 관수시설 설치 : 서양잔디에 비해 관수빈도가 낮음

QUESTION
39

일부 지방자치단체에서 도심지 내 소나무를 가로수로 식재하고 있는 경우가 있다. 소나무의 생리(잎, 줄기, 뿌리) 및 생태적 특성을 각각 설명하고 소나무 가로수 식재의 장단점을 설명

Ⅰ. 서언

1. 도심지 내 가로수의 식재는 경관 형성, 그늘 제공, 공기 정화, 열섬 완화 등을 목적으로 함
2. 소나무 가로수 식재는 생리·생태적 특성에 있어 가로수 식재 목적에 미흡한 측면이 있음
3. 그럼에도 불구하고 역사·문화적 상징성에 의해 식재하고자 할 때는 소나무의 생리적 특성을 고려하여야 함

Ⅱ. 소나무의 생리적 특성

1. 잎

1) 엽량이 적어서 광합성이 적음 : 탄소고정능력이 낮음
2) 2개의 바늘잎이 속생 : 짙은 그늘을 만들지 못함
3) 잎이 2년간 지속 : 도시에서 먼지가 많이 누적됨

2. 줄기

1) 수고생장이 매우 느림 : 4~5월 사이에만 생장
2) 형성층 상처회복이 느림 : 송진분비로 부패에는 강함
3) 가지치기는 연 1회로 충분 : 묵은 가지치기 시 새순이 나오지 않음

3. 뿌리

1) 뿌리털이 없고 균근을 가짐 : 균근의 도움으로 내척박성, 내건성을 가짐
2) 과습에 예민
   - 균근과다, 과호흡으로 산소부족 초래
   - 불량배수지 생육 곤란

4. 내성

1) 내공해성
   - 아황산가스와 먼지에 약함
   - 오존가스에는 저항성이 있음

2) 내건성

- 두꺼운 왁스층에 의해 증산 억제
- 심근성, 광근성으로 수분장력이 우수

Ⅲ. 소나무의 생태적 특성

1. 극양수

내음성이 전혀 없음

2. 느린 생장으로 활엽수와 경쟁에서 밀림

활엽수 생육이 곤란한 건조지 점유

3. 배수양호지 선호

1) 모래성분이 많은 곳에서 자생
2) 척박, 건조지에서 주로 자람

Ⅳ. 소나무 가로수 식재의 장단점

1. 장점

1) 상록성으로 연중 푸르름 감상
2) 선호수종으로 국민정서에 부합
3) 가로수종 다양성에 기여
4) 가지치기 횟수 감소

2. 가로수(소나무)의 구비조건 측면에서의 단점

구분	구비조건
1. 생리 · 생태적 측면	• 초기 생장속도 : 느림 • 바람 저항성 : 키가 커서 취약 • 상처치유능력 : 느림
2. 환경 적응적 측면	• 내공해성 : 약함 • 내병충해성 : 약함 • 내음성, 내습성 : 약함 • 먼지 저항성 : 약함(세척 요함)
3. 기능 · 경제적 측면	• 탄소고정능력 : 미미함 • 넓은 그늘 형성 : 미흡 • 구입가격 : 비쌈 • 아름다운 단풍 : 없음

V. 소나무 가로수 도입 시 고려사항

1. 도입 전

1) 식재장소 선별 : 역사문화적 상징성이 있는 곳만 선별

2) 식수대 폭 : 광근성을 고려, 가급적 확대

3) 작은 나무 식재 : 서서히 환경적응을 유도

4) 배수를 철저히 함 : 자갈, 마사토, 유공관 설치

2. 도입 후

1) 화학비료, 분뇨퇴비 사용금지 : 부엽토만 사용

2) 최소한의 가지치기 : 점진적·단계적 전정

3) 주기적 먼지 세척 : 기공의 먼지를 세척

4) 병해충 방제 : 소나무재선충, 소나무좀, 솔잎혹파리 등 방제

실내조경은 주거, 업무, 상업공간뿐만 아니라 치유역할 등 다양하게 활용되고 있다. 치유정원(Healing Garden)의 효과와 조성방법을 논술

Ⅰ. 서언

1. 실내조경이란 각종 유형의 실내공간에 생물재료와 무생물재료를 디자인 원리에 맞게 기능적 · 경제적 · 미적으로 공간을 조성하는 것임
2. 실내조경은 장식적 · 건축적 · 환경적 기능과 원예치료, 스트레스 완화, 정신건강 유지, 긴장감 완화 등의 치유기능을 갖고 있음
3. 치유정원 조성 시에는 주 이용 대상자의 특성을 파악하고 치유기능을 발휘하기에 적합한 실내장소에 식재, 시설물 등을 고려하여 조성해야 함

Ⅱ. 실내조경 치유정원의 개념과 효과

1. 치유정원의 개념

1) 치유를 목적으로 조성된 정원
2) 원예치료활동을 위해 계획된 공간
3) 자연을 이용한 직 · 간접적 치료와 회복을 돕는 정원

2. 치유정원의 효과

1) 신체적 · 정신적 증상의 경감
2) 스트레스 감소 및 완화
3) 편안함, 안락감 제공
4) 오감을 통함 웰빙 향상
5) 건강회복능력의 증진

치유정원의 이용방법

간접적 체험	참여 정원
• 자연감상	• 직접 재배, 수확, 관리
• 산책과 휴식	• 식물과 상호작용 도모
• 가벼운 운동	• 사회적 관계 형성
• 소극적 이용	• 적극적 이용

Ⅲ. 실내조경 치유정원의 조성방법

1. 대상자의 요구 특성 파악

1) 대상자 범위가 다양

- 육체적 장애자, 고령자, 어린이 등
- 스트레스를 받는 도시민

2) 주 이용 대상자 특성을 정확히 파악 : 대상자의 편의, 회복, 복지, 재활 도모

3) 주변 이용자도 고려 : 간병인, 직원, 가족 등

2. 치유기능 발휘 가능한 장소 선택

1) 일반적으로 의료시설 중심으로 조성

2) 실내 아트리움 형태로 조성, 공간활용에 유리

3) 도시 소음원과 차단된 장소 선택

3. 접근성 증대를 위한 포장재 선정

1) 소극적 · 적극적 이용 모두를 고려

2) 보조기구 이용자의 행동을 고려

3) 거칠거나 미끄러운 표면재료는 제한

4. 오감자극 식물 선정

1) 촉각, 시각, 청각 등의 적절한 자극 도모

2) 시각적 거부감이 없는 형태, 색채, 크기의 수종 선정

3) 전체적 식재경관을 고려, 실내환경요인 고려

4) 유지관리 용이, 향토수종 선정

5. 원예치료에 활용 가능한 시설물 조성

1) 접근성, 견고성, 안전성 등 고려

2) 고정식재대, 이동식재대 구분 조성

3) 원예활동 프로그램, 유지관리 활동에 적절한 도구보관함 배치

4) 높인 화단(Raised Bed), 수직화단, 공중걸이화분 활용

6. 상징성 부여로 경관의 질 향상

1) 소극적 이용 공간조성 시 상징성 부여

2) 심리적 치료효과 향상

7. 양호한 주변경관의 도입

1) 테라스, 발코니 도입으로 주변경관 조망 도모

2) 차경수법으로 주변경관이 치유역할 수행

QUESTION 41 | 조경설계소재로서 물이 갖는 특성과 조경적 이용에 대하여 설명

Ⅰ. 서언

1. 조경설계소재로서 물이 갖는 특성은 물리적 특성과 심리적 특성으로 구분할 수 있음
2. 물리적 특성에는 수평성, 투명성, 반사 및 반영성, 변화성, 냉습성, 유동성 등이 있음
3. 심리적 특성은 자체가 갖는 심리, 특정 물체 또는 공간에 적용하여 발생하는 심리로 구분됨

Ⅱ. 조경설계소재로서 물이 갖는 특성과 조경적 이용

물리적 특성 : 수평, 투명 반사 등 ── 매개 / 형태특성 ── 심리적 효과 : 쾌적함, 즐거움, 평온 등

1. 물리적 특성

1) 수평성
 • 수평적 평형을 유지하려는 작용
 • 호수 · 연못 등 수면의 수평성

2) 투명성
 • 모든 빛을 투과
 • 바닥이 노출되는 특성

3) 반사 및 반영성
 • 주변요소를 수면 위 반사 · 반영
 • 거울연못, 호수

4) 변화성
 • 흐르거나 떨어지고 솟아오름
 • 분수, 계류, 벽천 등

5) 발음성
 • 물의 움직임에 의한 소리
 • 청량감 제공, 주변소음 저감

6) 냉습성
- 증발산 작용에 의한 특성
- 공간 내 온습도 조절

2. 심리적 특성

1) 물 자체가 갖는 심리
- 수량, 수질, 수면, 깊이 등
- 쾌적함, 평온함, 역동감 제공

2) 특정 물체에 작용하여 발생하는 심리
- 사물의 반사, 반영, 수조의 형태
- 신비감, 장엄함 등 연출

3) 공간에 작용하여 발생하는 심리
- 공간의 한정, 연결, 분리 등 성격 부여
- 엄습감, 역공감, 평온함

4) 물의 상징성
- 문화적 영향을 내포
- 생기, 생명기원 등의 상징성 표현

Ⅲ. 물이 갖는 특성의 조경적 이용 사례

1. 경회루지

1) 물리적 특성 이용
- 수평성을 이용한 방지 조성
- 방지에 의해 수평성 극대화
- 경회루의 반사 및 반영
- 지당 수면에 경회루 투영

2) 심리적 특성 이용
- 수면의 평온함 연출
- 지당의 수평성에 의한 심리적 효과
- 경회루 투영에 의한 장엄함 표현
- 반사 및 반영성에 의한 심리적 효과

2. 안압지

1) 물리적 특성 이용
- 변화성을 이용한 입수시설
- 흐르고 떨어지는 변화
- 투명성을 이용한 지당 바닥
- 깊이감 표현을 위해 검은 자갈을 사용

2) 심리적 특성 이용
- 지당 굴곡에 의한 공간감 형성
- 공간의 깊이를 더함

QUESTION 42 | 고층건물군으로 이루어진 단지조경에 있어 음영분석도의 적용방법과 배식계획에 대한 응용방법을 설명

Ⅰ. 서언

1. 고층건물군으로 이루어진 단지 내의 조경계획은 일조환경과 음역분석을 통하여 녹화계획을 실시함
2. 음영분석도는 태양고도와 방위각에 따라 그림자 음영시간을 도시한 도면임
3. 배식계획 시 기능다이어그램, 개념도 작성, 배식설계초안, 배식설계도 작성과정에서 음영분석도의 음양 정도에 따라 계획설계를 반영함

Ⅱ. 음영분석도의 개념과 작성방법

1. 음영분석도

1) 태양고도와 방위각에 따라 그림자 길이를 산출
2) 시간대별로 음지상태를 중복표시하여 음영 정도를 도시

2. 음영분석도 작성방법

1) 그림자 길이$(X) = \dfrac{건물높이\,(H)}{TAN태양고도}$

2) 건물높이 : $0.8 + 2.7(층수 - 1) + 2.8$

3) 시간대별 음영 측정 : 9시, 12시, 15시 기준

4) 음영분석도 도시
   - 시간대별 태양고도와 방위각을 산출
   - 층별높이에 따른 그림자 길이 산출
   - 하지를 기준하여 측정 후 중복 도시

Ⅲ. 음영 정도에 따른 식물생육분석

음영 정도	식물생육조건	범례
양지	• 양수 생육 가능 • 소나무, 꽃사과, 매화나무 • 메타세콰이어, 가이즈카 향나무	□

한 시간 음영	• 양수 및 반음수 생육 가능 • 느티나무, 백목련, 중국단풍 • 청단풍, 홍단풍	
두 시간 음영	• 음수 생육 가능 • 스트로브잣, 주목, 마가목 • 산딸나무, 복자기	
세 시간 음영	• 강음수만 생육 가능 • 생강나무, 국수나무	

Ⅳ. 음영분석도의 적용방법과 배식계획에 응용방법

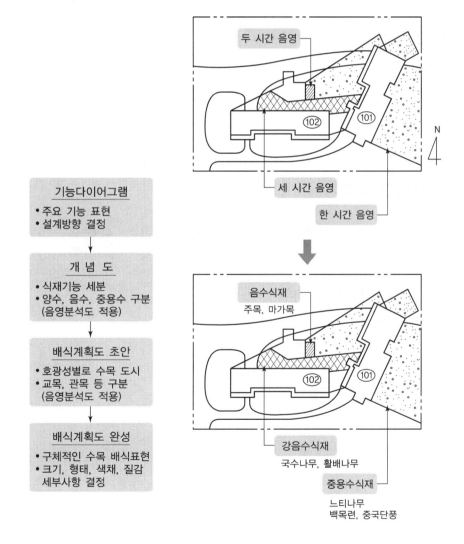

제6장 조경설계론 | **725**

QUESTION 43 | 공사시행과정에서 발생하는 설계변경 유형을 논술

Ⅰ. 서언

1. 공사시행과정에서 발생하는 설계변경의 유형에는 경관성 향상, 유지관리성 향상, 시공성 개선 및 설계서의 보완 등으로 구분할 수 있음

2. 공사시행과정에서 발생하는 잦은 설계변경은 부실시공과 공기의 지연 및 공사비 증가의 원인이 되므로 이에 대한 대책이 요구됨

Ⅱ. 설계변경

1. 개념

1) 근거 : 공사계약 일반조건

2) 공사시행과정에서 예기치 못한 상황 발생이나 공사물량의 증감, 계획의 변경 등으로 당초의 설계내용을 변경시키는 것

2. 설계변경 처리절차

```
설계변경        조사      설계변경      적정성    설계변경
사유발생   →    시험   →  요  구   →    검토   →  승  인
```

3. 설계변경에 해당하는 경우

1) 설계서의 불분명, 누락, 오류, 상호모순

2) 공사현장의 상태가 설계서와 다른 경우

3) 신기술, 신공법으로 효과가 현저할 경우

4) 기타 발주기관의 필요와 인정 등

Ⅲ. 설계변경의 유형

유형	설계변경 내용
1. 경관성 향상	• 인식성 향상 : 특화 시설물 · 공간의 설치 • 경관완성도 향상 : 수목규격 상향, 하부식생보완
2. 유지관리성 향상	• 하자방지 : 수목의 음양성, 생육한계를 고려 • 내구성 증진 : 향상된 공법과 자재를 사용
3. 시공성 개선	• 자재수급의 고려 : 수급이 곤란한 자재의 변경 • 현장 여건의 고려 : 지형 · 지하매설물 등에 의한 변경
4. 설계서 보완	• 설계서의 오류 보완 : 설계서의 누락 · 오류 · 불분명 변경 • 설계서와 현장의 불일치 조정 : 불일치에 따른 수량 변경
5. 기타	• 상위기준 변경 · 신설 : 기준에 부합하도록 변경 • 사유 불분명 : 주관적 판단, 포괄적 변경 등

Ⅳ. 설계변경의 장단점

1. 장점

1) 목적물의 품질 향상
   - 기존 설계보다 경관완성도 증가
   - 내구성 증진, 하자 발생 저감

2) 설계서 오류 조정
   - 설계서의 재검토, 오류를 바로잡음
   - 완성도 향상

3) 대상지 적합성 증대
   - 현장 여건에 적합한 시공 가능
   - 자재수급 등 작업효율 증진

2. 단점

1) 부실시공 발생 및 공사비 증가
   - 변경 설계서 검토 미흡
   - 공기의 지연, 공사비 증가

2) 선시공 후설계변경의 관행
- 선시공 후 일괄 설계변경
- 결함 발견 시 시공 후이므로 반영 곤란
- 변경비용을 시공자가 우선 부담

3) 책임소재 불명확
- 발주자 구두지시 이행 시 인정근거 미흡
- 시공자 불이익이 빈번함

V. 설계변경의 개선방안

1. 설계변경요인의 사전예방

1) 설계품질관리 : 설계감리제도의 활성화
2) 임의적 변경의 차단 : 설계변경에 대한 세부기준 마련

2. 설계변경과정의 타당성 확보

1) 설계변경 요건 강화
- 설계변경에 대한 평가기준 마련
- 제3기관에 의한 타당성 검토 시행

2) 설계변경 적용단가 협의기준 마련 : 설계변경에 따른 시공자 부담 완화

3. 설계변경 사후관리 시스템 구축

1) 분쟁조정기구의 효율성 확보
2) 설계변경 관련 D/B 구축 · 활용

QUESTION 44 | 조경설계와 시공과정에서 발생하는 불일치의 발생원인과 개선방안에 대하여 서술

I. 서언

1. 조경설계와 시공과정은 시행주체, 작업장소, 수행시기, 목표 등의 차이점이 있음
2. 불일치 원인은 설계 – 시공 주체자 불일치, 사업진행상의 환경변화, 시공관리 문제점 발생 등임
3. 개선방안은 설계 – 시공 주체자의 일관화, 환경변화에 대응, 시공현장의 관리 효율성 강화 등임

II. 조경설계와 시공과정의 특성 비교

구분	조경설계	시공과정
시행 주체	• 계획 – 설계 전문가 • 설계 사무실, 엔지니어링 설계	• 시공 전문가 • 감리, 시공 현장소장
장소	• 사무실(내업) • 현장파악과 변화에 둔감	• 현장(외업) • 현장변화에 대처 가능
수행 시기	• 사업 초기에 수행 • 현장발생문제를 도면상 제시 • 추상적 설계 가능성 지님	• 사업 후기에 수행 • 설계도면 중심의 업무수행 • 현실적으로 설계변경이 발생
방법	설계사가 단독수행	타 공종과 현장 협업 가능
주요 목표	• 도면, 시방서, 보고서 작성 • 납품시기 내 작업	공정관리, 품질관리, 안전관리, 원가관리, 환경관리

III. 조경설계와 시공과정의 불일치 발생원인

1. 설계 – 시공자 주체자 변경

1) 내용 이해도에 차이가 발생 : 설계 당시 배경과 사건 이해 불가
2) 설계언어와 시공언어의 차이 : 추상적 언어의 현실적 재현의 난해

2. 사업목표의 변경

1) 수행시기와 간격의 장기화 : 초기~후기까지 사업중지 발생

2) 발주처의 정책변화 : 사업비, 설계 변경이 불가피

3. 현장 여건의 변수가 발생

1) 토목, 건축 공종 선수행 : 지형, 구조물 변경이 발생

2) 조경 시공조건의 변화 : 원 설계와의 부적합성, 토질 · 식재환경의 변화

4. 현장관리의 소홀

1) 공정관리와 품질관리의 미흡 : 공정순서, 인력배분이 비합리적

2) 원가절감 자재 투입 : 하자 발생의 우려

IV. 개선방안

1. 설계 - 시공주체 관리자 일관화

1) MLA 제도 적용

- Master Landscape Architect 투입
- 설계 - 시공의 차이를 최소화

2) 조경 맞춤형 CM 제도 개발

- 조경에 적합한 Construction Management 도입
- 기획, 타당성, 설계, 조달, 계약, 감리 일관성 확보

2. 설계사 - 시공사 융복합 체계 확립

1) 공동 협의체 조성 : 문제해결 기간의 단축

2) 주기적 · 체계적인 소통 : 소통을 통한 오류 극복

3. 사업진행시기의 조절

1) 설계 - 시공 수행시간 간격의 최소화 : 정책목표 변경을 방지

2) 현장 여건의 변화방지 : 건축구조물 방해요소를 체크

4. 시공관리 효율화

1) 공정표 작성 및 원가조사 철저 : 체계적 운영관리

2) 하자, 설계변경을 최소화

QUESTION 45

대규모 도시에 인접한 택지개발 사업지구 내 공원녹지를 조성하고자 한다. 현상공모에 제시할 조경설계 용역 과업지시서를 구체적으로 작성

I. 서언

1. 현상공모란 우수한 질의 설계안과 프로젝트 수행자를 찾기 위해 복수의 제안을 모집하는 설계경기임
2. 건설기술진흥법에 의해 설계공모의 대상, 절차, 심사기준 등을 결정할 수 있음
3. 현상공모 과업지시서에는 과업명, 시행기관, 위치, 사업주요내용, 총 예정사업비, 사업시행 예정시기 등의 포함되어야 함

II. 현상공모의 개념

1. 현상공모의 정의

1) 설계의 상징성, 예술성, 기념성 등 창의성이 요구되는 경우
2) 건설기술진흥법 규정에 의해 복수의 제안을 모집하는 설계경기

2. 유형

1) 응모자 자격제한 여부에 따른 구분
2) 공개, 제한, 지명설계 경기

3. 과정

‖ 현상공모 설계과정 ‖

4. 목적

1) 설계안 선의의 경쟁
2) 우수한 창의적 설계안
3) 프로젝트 수행자 결정
4) 조경설계 발전 도모

III. 현상공모 과업지시서 포함내용

1. 과업명
2. 시행기관(발주처)
3. 위치 및 사업주요내용
4. 총 예정사업비, 해당 연도 사업비
5. 사업시행 예정시기
6. 그 밖의 기술공모 참가에 필요한 사항
7. 제출서류, 심사기준

IV. 택지개발지구 내 ○○공원 조경설계용역 현상공모 과업지시서 예시

1. 과업명

○○공원 조경설계용역 현상공모

2. 과업목적

1) 시민에게 녹음 및 휴게공간 조성
2) 창의적 아이디어의 공원조성

3. 과업의 범위

1) 위치 : 택지개발지구 내
2) 과업내용 : 시민이용을 고려한 공원계획(식재, 시설물, 포장설계)
3) 과업기간 : 2013. 12 ~ 2014. 2(3개월)
4) 시행기관(발주처)

4. 총 예정사업비

1) 약 2억 원
2) 해당 연도(2014년) 사용

5. 사업시행 예정시기

2014. 3 ~ 2015. 2(12개월)

6. 그 밖의 유의사항

1) 주변택지지구 현황 및 이용객 고려

2) 지구별 특화계획지침 반영 및 고려

3) 창의적인 내용의 설계안 제시

4) 이용성, 지역성, 친환경성 등 고려

현상공모설계 장단점

장점	• 우수하고 참신한 설계안 제시 • 차별화된 대안 • 아이디어로 판별
단점	• 과도한 경쟁 • 비용과다 발생 • 그래픽기술만 발전

7. 제출서류

1) 설계안 판넬(도판)

   • A0, 1점

   • A1, 3점(부분 상세안)

2) 조감도

   • 전체 및 부분 조감도

   • A1, 3점

3) 설계설명서 : A4, 20페이지 내외

8. 심사기준

1) 창의성, 상징성, 예술성, 기념성 등 심사

2) 전문가들로 구성된 심사위원들이 최우수작 선정

3) 상금 및 설계권 부여

환경설계방법 중 자료수집방법의 종류와 설계에
응용된 사례를 설명

Ⅰ. 서언

1. 환경설계란 환경의 지각, 인지, 태도변화에 따른 행태의 분석을 통한 설계로서 조경, 건축, 도시설계, 환경미술 분야가 있음

2. 환경설계방법 중 자료수집방법에는 물리적 흔적 관찰, 인간행태 관찰, 인터뷰, 설문지, 문헌조사 등이 있음

3. 주로 실험실 내부보다 현장 외부에서 이루어지므로 수많은 변수가 작용하여 엄격한 자료수집방법의 채택에 있어서는 어려움이 있음

Ⅱ. 환경설계 개념 및 자료수집방법

1. 환경설계 개념

1) 주변환경을 쾌적하고 편리하며 효율적으로 조성하기 위한 설계

2) 조경, 건축, 도시설계, 환경미술 등 분야로 구분

3) 환경의 지각, 인지, 태도변화를 통한 행태분석을 통해 진행

2. 자료수집방법

사례연구	특정사례 여러 측면 연구	물리적 흔적 관찰, 인간행태관찰
조사	일정주제 여러 사례 연구	인터뷰, 설문지, 문헌조사
실험	제한된 변수 연구	모의조작

Ⅲ. 자료수집방법의 종류

1. 종류

물리적 흔적 관찰	• 이용에 의한 부산물 관찰 • 이용행태에 영향을 미치지 않음	사례연구
인간행태 관찰	이용자들의 사회적 · 공간적 관계성 관찰	
인터뷰	이용자의 입장 · 의도 파악	조사
설문지	• 우편 · 전화 · 직접면담으로 작성 • 이용자의 의식조사	
문헌조사	통계자료 · 신문 · 보고서 · 사진 조사	

2. 물리적 흔적 관찰 및 인간행태 관찰 : 사례연구

구분	특성	기록방법	관찰대상
물리적 흔적 관찰	• 연구방향파악 용이 • 인간행태에 영향 없음 • 반복적 관찰 가능 • 누적효과 고려 • 적은 비용 • 빠른 정보파악	• 설명 포함 다이어그램 • 3차원적 스케치 • 사진 • 일정흔적 숫자조사 　(평면도, 조사항목표)	• 이용에 의한 부산물 • 환경적응을 위한 변경 • 개인환경 장식 • 광고탑, 벽보, 낙서
인간 행태 관찰	• 직접적 조사, 행태 해석이 용이 • 정확한 자료획득 • 동적 · 연속적 연구에 유용 • 관찰자 인식 고려	• 행태기술 • 조사표, 지도 이용 • 사진, 비디오 촬영	• 이용자를 소그룹으로 나누어 관찰 • 행위자, 행위, 배경 등 관찰

3. 인터뷰, 설문지, 문헌조사 : 조사

구분	특성	방법
인터뷰	• 질문을 통해 이용자 생각 · 행동을 체계적으로 조사 • 주변인물 · 상황에 따라 결과가 상이 • 행위의도 직접질문을 통해 파악	• 인터뷰 그룹을 선정 • 사전분석, 인터뷰지침 작성 • 인터뷰 시행 • 주관적 경험, 상황, 행태 관련성 파악
설문지	• 예비조사(현장관찰, 인터뷰)를 통해 구체적 설문을 미리 작성 • 일반사항에서 세부사항으로 질문 • 30분 이내로 응답토록 작성 • 표준화된 설문지는 반복 사용	• 자유응답설문 • 제한응답설문 : 리쿼드척도, 어의구별척도, 쌍체비교, 순위조사 • 시각적 응답 : 지도 그리기, 스케치, 사진선택
문헌조사	• 통계자료 이용 시 자료의 재분류 필요 • 과거자료는 적절한 해석이 필요 • 자료 접근성에 차이가 있음 • 자료해석 시 그 당시 배경 · 상황 고려 • 역사적 사실 연구 시 유용	• 문장조사 : 신문기사, 잡지 등 내용 분석 • 숫자조사 : 인구수, 거주기간 등 숫자자료 • 시각적 자료조사 : 다이어그램, 사진 • 평면도 분석 : 설계의도, 이용행태파악

Memo

CHAPTER

07

조경시공구조학

QUESTION 01 | 생산지별 석재의 종류 및 이용방법

Ⅰ. 개요

1. 석재는 내구성·의장성이 뛰어나 내·외장재로 많이 쓰이며 석재의 종류에는 화성암, 수성암, 변성암이 있음
2. 생산지별 석재의 종류에는 화성암인 화강석에 포천석, 문경석 등이 있고, 대리석에는 임계석, 철암석 등이 있음
3. 종류별 이용방법은 석재의 강도, 내마모성, 색채 등의 특성에 따라 바닥재, 경계, 벽체, 조형물 등에 쓰임

Ⅱ. 생산지별 석재의 종류 및 이용방법

1. 생산지별 석재의 종류

1) 포천석
   - 내마모성이 강함, 수분흡수율이 높음
   - 풍화저항성이 낮음, 백색·회색·분홍색이 있음
2) 마천석
   - 하중지지력이 높음, 수분흡수율이 낮음
   - 암흑색을 띰
3) 거창석 : 내마모성이 우수함, 회백색을 띰
4) 문경석 : 내마모성이 우수함, 철분함량이 낮음, 담홍색을 띰

2. 석재 종류별 이용방법

1) 바닥 포장재
   - 흡수율이 낮고 내마모성 및 강도가 높아야 함
   - 마천석, 상주석 등
2) 경계 및 벽체 마감재
   - 내마모성이 높고 변형저항성이 낮음, 철분함유량이 낮음
   - 문경석, 거창석 등
3) 환경조형물 및 장식시설물
   - 색채가 균일하고 가공이 용이함, 표현력이 좋음
   - 거창석, 온양석 등
4) 포장무늬 및 공간 구분
   - 주위와 구분이 용이함
   - 마천석 등

Ⅰ. 개요

1. 조명은 경관의 아름다움을 표현하고 안정성, 쾌적성, 정체성, 활동성 등을 높여주기 위해 설치하는 시설임

2. 조명의 유형에는 형태에 따라 높은 폴형, 일반 폴형, 낮은 폴형, 저위치 및 지중매설형 등이 있음

3. 유형별 방법은 도로, 광장, 공원, 산책로 등에 적용하는 유형이 다르고, 설치 시 유의사항이 있음

Ⅱ. 조명의 유형별 방법과 유의사항

1. 조명의 형태별 유형

1) 높은 폴형 : 15~25m

　　대상을 상징적, 중심적 형성

2) 일반 폴형 : 4~12m

　　연속된 공간, 표준기구 사용

3) 낮은 폴형 : 1~4m

　　사람과 밀접, 온화감 유도

4) 저위치 및 지중매설

　　액센트 조명, 심리적 안정감

2. 조명의 유형별 방법

적용방법	저위치 · 지중매설	낮은 폴	일반 폴	높은 폴
	← 그린벨트 산책로 · 보도 →		← 일반도로 광장 · 주차장 →	
		← 주택가 · 공원 →		

3. 유의사항

1) 전기에 대한 안전장치 설치

2) 주위환경과의 조화 : 형태, 광원 등의 선택

3) 생태적 고려 : 조명방법, 조명시간 등 조절

QUESTION
03 | 조경공사의 특수성과 견적 시 고려사항

Ⅰ. 개요

1. 조경공사는 토목, 건축 공정과 달라 소량 다공정이며 주재료인 수목의 가격 변동과 물량 확보의 어려움이 있음
2. 조경공사의 특수성을 공사원가 구성체계와 설계 용역대가 부분으로 나눠 서술하고 이를 반영한 견적 시 고려사항을 설명함

Ⅱ. 조경공사의 특수성

1. 공사원가 구성체계 측면

1) 공사비 원가 계산
- 간접재료비, 간접노무비 사실상 무인정
- 경비 산정 시 기술료, 기술 임차관계 무인정

2) 소량 다공정으로 인한 적산·적용의 미비
- 소량 다공정, 단순공정으로 기계경비 과다
- 다양한 공사여건 미반영

3) 시기별 수목가격의 변동
- 적산시기와 공사시기의 차이
- 물가 상승률을 웃도는 원가

2. 설계용역대가 측면

1) 공사비 요율에 의한 방식 : 낮은 요율, 추가업무비용 적은 금액
2) 실비정액가산방식 : 사실상 낮은 인건비

Ⅲ. 견적 시 고려사항

1) 소량다공정의 특수성을 반영한 품셈 조정
2) 수목 견적 시 공사시기를 적용해 할증 추가
3) 수목 구입의 어려움에 따른 반영
4) 설계용역대가 산출 시 적정요율 적용
5) 인건비에 특수 인건비 산정 필요

QUESTION
04 | 수목자재의 수급 문제점과 대책방안

Ⅰ. 개요

1. 수목자재는 생명성이 있는 자재 특수성으로 인해 수급에 있어 계절성, 시간적 제약을 받는 품목임

2. 특히, 특정수목, 대경목을 선호하는 요즘 추세로 인해 수습의 불균형이 초래되고 해결을 위한 대책의 모색이 필요함

3. 문제점은 생산, 유통단계로 나눠 짚어보고 대책방안을 제시할 수 있겠음

Ⅱ. 수목자재 수급의 문제점

1. 생산단계

1) 비체계적 시스템
- 한정수종, 대량생산
- 단일품종, 병해 침해 가능
- 조기출하로 미성숙 수목

2) 비과학적 생산
- 미적응 수목, 병해 적응력 약함
- 대경목 생산의 어려움

2. 유통단계

1) 다단계 판매상 : 중간유통마진, 가격상승
2) 대경목 시장 비공개 : 가격폭등, 도입의 어려움

Ⅲ. 대책방안

1. 과학적 재배방식

1) 다양한 수종 육성
2) 컨테이너 재배 도입 검토
3) 다층형 재배 도입

2. 유통의 투명화

1) 유통센터 운영, 수목이력제
2) 계획된 재배, 생산이력제

3. 설계, 시공자 교육과 자질 향상

1) 수목 지식 교육
2) 다양한 수목 설계를 반영

QUESTION 05 | 시방서의 내용 및 종류

I. 개요

1. 시방서란 설계도면에 표시하기 어려운 사항을 설명하는 시공지침으로 도급계약 서류의 일부가 됨
2. 시방서의 내용은 시공에 대한 보충 및 주의사항, 시공방법의 정도, 완성정도, 시공에 필요한 각종 설비, 재료 및 시공에 관한 검사 등임
3. 시방서의 종류는 표준시방서, 전문시방서, 공사시방서로 구분됨

II. 시방서의 내용 및 종류

1. 시방서의 내용

1) 보충사항(시공에 대한 보충 및 주의사항)
2) 시공방법의 정도, 완성 정도
3) 시공에 필요한 각종 설비
4) 재료 및 시공에 관한 검사
5) 재료의 종류, 품질 및 사용

2. 시방서의 종류

1) 표준시방서
- 시설물의 안전 확보
- 공사시행의 적정성과 품질 확보
- 시설물별 시공기준 수립
- 전체 공종을 포괄하는 시공기준 수립
- 공사시방서의 기초자료가 됨, 강제성은 없음

2) 전문시방서
- 시설물별 공종에 대한 설명이 나와 있음
- 특정공사 시공 및 공사시방서 작성에 활용
- 공종별 상세한 기술 필요

3) 공사시방서
- 기본 및 실시설계 시에 누락된 내용 서술
- 시공, 자재의 성능, 규격 및 공법
- 품질시험 및 검사 등 품질관리, 안전관리 계획 명시
- 도급계약서류에 포함되는 계약문서로 강제 기준

QUESTION 06 | 시방서의 체계

I. 개요

1. 시방서란 설계도면에 표시하기 어려운 사항을 설명하는 시공지침으로 도급계약 서류의 일부가 됨

2. 시방서의 체계는 총칙, 기반시설, 조경구조물, 식재, 조경시설물, 조경포장, 생태복원, 유지관리로 구성되어 있음

II. 시방서의 체계

1. 대분류체계

제1장 총칙

1) 총칙 일반   2) 시공관리

제2장 기반시설

1) 기반시설 일반   2) 부지조성   3) 식재기반조성
4) 급·배수 및 관수시설   5) 친환경 빗물침투 및 저장시설

제3장 조경구조물

1) 조경구조물 일반   2) 조경구조물 시공   3) 개별 조경구조물
4) 수경시설

제4장 식재

1) 식재 일반   2) 수목이식   3) 일반 식재기반 식재
4) 인공 식재기반 식재   5) 잔디식재   6) 지피 및 초화류 식재
7) 식재 후 관리

제5장 조경시설물

1) 조경시설물 일반   2) 현장제작설치 시설   3) 옥외시설물
4) 놀이시설   5) 운동 및 체력단련시설   6) 경관조명시설
7) 환경조형시설   8) 조경석

제6장 조경포장

1) 조경포장 일반　　　　　2) 노상 및 노반의 조성　　　3) 친환경흙포장

4) 친환경블록포장　　　　5) 조경일체형 포장　　　　6) 아스팔트 및 콘크리트

7) 조경 포장경계

제7장 생태복원

1) 생태복원 일반　　　　　2) 자연친화적 하천조성　　　3) 생태못 및 습지조성

4) 훼손지 생태복원 및 복구　5) 비탈면 복원　　　　　　6) 생태숲 조성

7) 생태통로조성

제8장 유지관리

1) 유지관리 일반　　　　　2) 식생유지관리　　　　　　3) 시설물 유지관리

4) 생태복원 유지관리

2. 소분류체계 및 구성내용 : 제1장 총칙

1) 총칙 일반

- 일반사항(적용범위, 용어, 시방서의 분류, 공사시방서의 작성, 관련 규정)
- 재료(해당사항 없음)
- 시공(해당사항 없음)

2) 시공관리

- 일반사항(공사기간, 공사의 일시중단, 작업시간, 공사예정공정표, 공사현장관리, 지장물 철거 및 원상복구)
- 재료(해당사항 없음)
- 시공(공사기록, 공사기록사진, 준공도면, 공사준공 후의 정리, 특허권의 사용, 전기·수도 등, 주변주민과의 협력)

QUESTION 07 | 공사시공계획서에 기재할 주요 항목(10가지)

Ⅰ. 개요

1. 공사시공계획서란 수급인이 공사의 원활한 진행을 위해 착수 전에 적절한 시공계획을 작성하고 감독자에게 제출해야 하는 서류임

2. 공사시공계획서에 기재할 주요 항목에는 공사개요, 공정표, 현장조직표, 주요기계 동원계획, 주요자재 반입계획, 인력동원계획과 긴급 시의 체제, 품질관리시험계획, 안전관리계획, 환경관리계획, 교통관리계획, 가설구조물계획, 가설설비계획, 가식장계획 등이 있음

Ⅱ. 공사시공계획서에 기재할 주요 항목

1. 공사개요

1) 공사명, 기간
2) 발주처, 시공사, 하도급

2. 현장운영방침

1) 품질 확보
2) 철저한 계획 시공
3) 효율적 원가 관리, VE 적용
4) 계획 공정 준수
5) 목표 공정 달성

3. 공정표

4. 현장조직표

5. 주요 기계 동원계획

6. 주요 자재 반입계획

7. 인력동원계획

8. 품질관리시험계획

9. 안전관리계획

10. 환경관리계획

11. 교통관리계획

12. 가설구조물계획

13. 가설설비계획

14. 가식장계획

15. 현장사무소, 재료적재장 등의 계획

조경공사 표준시방서상 공사감독자의 공사일시
중지요건

Ⅰ. 개요

1. 조경공사 표준시방서란 조경공사를 시행함에 있어서 적용하여야 할 공사시방과 계약문서, 설계도서 등의 통일적인 해석과 운용에 필요한 사항을 제시해 놓은 문서임
2. 공사감독자는 계약문서와 건설기술진흥법에 규정된 범위 내에서 권한을 행사하는데, 감독자는 특정한 경우에 공사의 일시중지를 지시할 수 있음

Ⅱ. 표준시방서상 공사감독자의 공사일시 중지요건

1. 감독자의 공사일시 중지요건

1) 기후의 악조건으로 인하여 공사에 손상을 줄 우려가 있다고 인정될 때
2) 수급인이 설계도서대로 시공하지 않거나 또는 감독자의 지시에 응하지 않을 때
3) 공사 종사원의 안전을 위하여 필요하다고 인정될 때
4) 수급인의 공사시공방법 또는 시공이 미숙하여 조잡한 공사가 우려될 때

QUESTION
09 조경공사에서 시방서와 설계도면이 상이할 시
설계서의 우선 적용순서를 기술

Ⅰ. 개요

1. 조경공사에서 시방서는 건설공사의 계약도서에 포함되는 시공기준이 되는 시방으로, 표
   준시방서 및 전문시방서를 기본으로 작성함
2. 조경공사의 설계도면은 공사의 시행을 위한 기준이 되는 도면으로 식재, 구조물 및 시설
   물, 포장 등에 대한 내용으로 구성됨
3. 조경공사에서 시방서와 설계도면이 상이할 경우 설계서의 우선 적용순서는 현장설명서
   및 질의응답서 → 공사시방서 → 설계도면 → 물량내역서의 순서임

Ⅱ. 시방서와 설계도면이 상이할 경우 설계서 우선 적용순서

1. 개요

공사에 있어서 시방서, 설계도면 등 설계서는 상호보완의 효력을 지니며, 내용이 상이한
경우 그 적용에 있어 순서가 있음

2. 설계서 우선 적용순서

1) 현장설명서 및 질의응답서
2) 공사시방서
3) 설계도면
4) 물량내역서

3. 조경공사에서 시방서

1) 건설공사의 계약도서에 포함되는 시공기준이 되는 시방
2) 표준시방서 및 전문시방서를 기본으로 작성
3) 공사의 특수성, 지역 여건, 공사방법 등을 고려
4) 기본설계 및 실시설계 도면에 구체적으로 표시할 수 없는 내용 기술
5) 공사 수행을 위한 시공방법, 자재의 성능·규격 및 공법
6) 품질시험 및 검사 등 품질관리
7) 안전관리계획 등에 관한 사항 기술

QUESTION 10 | 토양의 물리 · 화학적 성질

Ⅰ. 개요

1) 토양은 육상생물들의 터전이며 식량과 에너지를 제공하는 생태계 구성의 주요 무기환경 요소임
2) 토양의 성질은 물리적, 화학적 특성과 완충능의 특징 및 생물학적 특성을 지님
3) 토양의 물리적 성질은 삼상의 분포, 토양경도, 토질상태, 토양입자구조로 알 수 있고 화학적 성질은 pH, CEC, EC, pF 등으로 판단함

Ⅱ. 토양의 물리적 성질

1. 3상 분포

1) 고상, 액상, 기상으로 분포
2) 50%, 25%, 25% 비율 유지

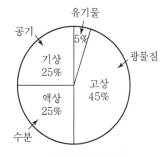

‖ 토양의 삼상 ‖

2. 토양 경도

1) 토양의 단단함, 강도를 나타냄
2) 18~23mm가 식물 생육에 적합, 27mm 이상은 생육이 어려움

3. 토질 상태

1) 점토, 실트, 모래 비율로 결정
2) 각각 함량에 따라 토질이 결정

‖ 토질분류 ‖

4. 토양입자구조

1) 단립구조 : 수분과 공기균형이 깨진 상태
2) 입단구조 : 때알구조, 공극 형성, 수분과 양분을 보유

Ⅲ. 토양의 화학적 성질

1. pH(토양산도)

1) 산성토양 : 수소이온함량 높음, pH6.5 이하

2) 알칼리성 토양 : pH8.5 이상 토양

2. CEC(양이온교환용량)

1) 높을수록 보비력이 큼, 교환할 수 있는 양이온 총량

2) 20 이상 상급토양, Ca^{++}, Mg^{++}, K^+, Na^+, H^+ 등

3. pF(토양수분결합력)

1) 결합수 : pF7.0 이상, 강한 결합

2) 흡습수 : 4.5 이상 / 모세관 수 : 2.7~4.5, 식물 이용 가능

3) 중력수 : 2.7 이하, 이동과 유출이 쉬움

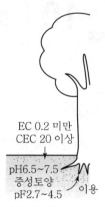

EC 0.2 미만
CEC 20 이상

pH6.5~7.5
중성토양
pF2.7~4.5
이용

‖ 양토 화학성 ‖

QUESTION
11 | 토양의 화학적 성질

Ⅰ. 개요

1. 토양은 식물체의 지상부를 지지하며 뿌리가 뻗어 있어 이로부터 양분과 수분을 흡수하는 식물의 중요한 생육기반이 됨

2. 따라서 식물이 건전하게 생육할 수 있게 토양의 상태가 유지되어야 하며 이와 관계한 토양의 성질은 물리성, 화학성, 생물학적 특성임

3. 특히 토양의 화학적 성질은 토양 pH와 양분원소의 함유량, 양이온치환(CEC), 토양전도도(EC) 등의 지표로 제시됨

Ⅱ. 토양의 화학적 성질

1. 토양 pH

1) 토양용액의 수소이온농도

2) 양분의 가용성과 관련됨 : 유기물 분해, 질소 무기화에 영향

3) pH 6.0~7.0이 바람직한 토양 산도
   - 식물양분의 용해도가 최대를 이룸
   - 중성일 때 토양생물에 유리함

4) H^+ 많을 시 : 산성, OH^- 많을 시 : 염기성

2. 토양양분

1) 식물의 필수원소
   - 다량원소 : C, H, O
   - 소량원소 : N, P, K, Ca, Mg, Fe, Mn, B, Cu, Cl 등

2) 모든 양분이 가용상태로 존재하지는 않음

3. 양이온치환(C.E.C.)

1) 20 이상 토양상태 상급

2) 토양의 보비력, 완충능력의 지표

3) 주요 교환성 양이온 : Ca_2^+, Mg_2^+, K^+, Na^+, H^+, NH_4^+, Al^+

4) 유기물 함량 많은 표토에서 가장 높음 : 토양 깊이 깊을수록 감소

4. 토양전도도(E.C.)

1) 0.2 미만이 상급토양

2) 토양용액의 전기전도도

3) 전기전도도 높으면 양분흡수력 저하

4) 염이온 농도 증가 시 전도도 증가

QUESTION
12 | 토양개량제

Ⅰ. 개요

1. 토양개량제란 물리·화학적 성질이 불량하여 식물성장에 대해 저해요인을 가진 토양을 개량하기 위한 자재임

2. 토양개량제의 종류는 물리·화학성을 개량하는 무기질계와 생물성까지 개량하는 유기물계가 있음

3. 무기질계에는 펄라이트, 버미큘라이트, 벤토나이트 등이 있고 유기물계에는 피트모스, 퇴비, VA균근제 등이 있음

Ⅱ. 토양개량제

1. 정의

1) 이화학적 성질이 불량하여 식물성장을 저해하는 토양을 개량하는 자재

2) 지력을 유지, 증진시킬 목적으로 사용하는 자재

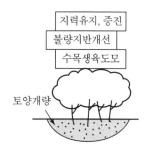

┃ 토양개량제 개념 ┃

2. 건강한 토양의 특성

1) 물리적 성질 : 고상(50%), 액상(25%), 기상(25%) 토양 경도 18~22mm, 입단구조

2) 화학적 성질 : pH6.5~7.5, CEC20 이상, EC0.2 미만, pF2.7~4.5

3. 토양개량제 필요성

1) 불량지반 개선, 수목생육 향상

2) 성숙토양으로 조기생성 유도

III. 토양개량제 종류 및 주된 기능

구분	무기질계	유기물계
종류	벤토나이트, 제올라이트, 버미큘라이트, 펄라이트	피트모스, 바크퇴비, 목탄, VA균근균 자재
주된 기능	1) 벤토나이트 　• 논의 누수 방지 2) 제올라이트 　• 보비력 개선 3) 버미큘라이트 　• 투수성 개선 4) 펄라이트 　• 보수성의 개선	1) 피트모스 　• 보수성, 보비력 개선 2) 바크퇴비 　• 토양팽창, 유연화 3) 목탄 　• 투수성 개선 4) VA균근균 자재 　• 인산공급기능 개선

QUESTION
13 | 목재방부방법

Ⅰ. 개요

1. 목재방부는 목재가 포함하고 있는 성분을 영양분으로 이용하는 목재 부후균의 영양섭취를 차단하기 위해 목재에 사용하는 약제로 방부처리에 이용함
2. 목재방부방법에는 도포법, 침지법, 확산법, 가압처리법 등이 있음

Ⅱ. 목재방부방법

1. 도포법

1) 바르는 방법 : 목재 표면에 방부재를 바르거나 스프레이로 뿜는 방법
2) 일시적 방부처리 시 실시 : 목재 내부까지 약제가 스며들지 않기 때문임
3) 도포용 방부제 : 침투성 오일계 도료인 올림픽 오일스테인, 시라데코, 본덱스

2. 침지법

1) 담그는 방법 : 목재를 일정시간 동안 약액 속에 담가 방부처리하는 방법
2) 약제가 목재 표면과 내부에도 스며들어 방부효과가 매우 큼
3) 주로 크레오소트류 사용
4) 가설용 목재, 지지용 목재, 목책, 창틀에 이용

3. 확산법

약제가 자연히 확산되도록 하는 방법. 함수율이 높은 목재에 수용성 방부제를 바르거나 잠깐 담가 처리한 다음 방수지나 비닐로 싸서 2~4주 동안 놓아둠

4. 가압처리법

1) 밀폐된 용기에 감압과 가압으로 목재에 약액 주입방법
2) 방부처리 후 일정기간 양생하여 완전히 정착된 후 사용
3) 방부효과가 우수하고 바닥 데크용, 토대용 목재에 사용

QUESTION
14 | 목재방부제의 종류 및 사용환경

I. 개요

1. 목재방부제는 목재가 포함하고 있는 성분을 영양분으로 이용하는 목재 부후균의 영양섭취를 차단하기 위해 목재에 사용하는 약제로 방부처리에 이용

2. 목재방부제의 종류에는 유성, 수용성, 유화성, 유용성으로 구분할 수 있음

II. 목재방부제의 종류 및 사용환경

1. 목재방부제의 종류

구분	종류	기호
수용성	크롬 · 구리 · 비소 화합물계	CCA
	알킬암모늄 화합물계	AAC
	크롬플루오르구리 · 아연 화합물계	CCFZ
	산화크롬·구리 화합물계	ACC
	크롬·구리 · 붕소 화합물계	CCB
	붕소 화합물계	BB
	구리 · 알킬암모늄 화합물계	ACQ
유화성	지방산 금속염계	NCU, NZN
유용성	유기요오드화합물계	IPBC
	유기요오드 · 인화합물계	IPBCP
	지방산 금속염계	NCU, NZN
유성	크레오소트유	A

2. 목재방부제의 사용환경

사용환경의 범주		사용환경조건	사용 가능 방부제
H1		• 건재해충 피해환경 • 실내사용 목재	• BB, AAC • IPBC, IPBCP
H2		• 결로 예상 환경 • 저온환경 • 습한 곳에 사용목재	• ACQ, CCFZ, ACC, CCB, CuAz, CuHDO, MCQ • NCU, NZN
H3		• 자주 습한 환경 • 흰개미피해 환경 • 야외 사용 목재	• ACQ, CCFZ, ACC, CCB, CuAz, CuHDO, MCQ • NCU, NZU
H4		• 토양 또는 담수와 접하는 환경 • 흰개미피해 환경 • 흙, 물과 접하는 목재	• ACQ, CCFZ, ACC, CCB, CuAz, CuHDO, MCQ • A
H5		• 바닷물과 접하는 환경 • 해양에 사용하는 목재	• A

QUESTION
15 | 석재표면 가공방법(6가지)

Ⅰ. 개요

1. 석재는 지질학적 구조와 성질의 변화가 진행되면서 생성된 광물성 재료로 생성지역에 따라 그 특성이 다름

2. 석재표면의 가공방법은 혹두기 공법, 정다듬 공법, 도드락다듬 공법, 잔다듬 공법, 물갈기와 광내기, 버너마감이 있음

Ⅱ. 석재표면 가공방법(6가지)

1. 혹두기 공법

1) 혹떼기 공법

2) 쇠망치, 날망치로 석재를 떼어내 표면에 요철을 만듦

3) 모서리와 가장자리는 직선으로 가공

4) 그 외의 부분은 거친 면을 살림

5) 중량감, 자연질감 우수

6) 건축물 하부, 조경구조물 하단, 석축에 이용

2. 정다듬 공법

1) 정다듬기, 줄정다듬기

2) 정으로 표면을 쪼아 평탄면과 줄을 만듦

3) 작은 구멍이 산재한 형태가 됨

4) 사방 10cm 안에 거친 정다듬, 중간 정다듬, 고운 정다듬으로 분류됨

3. 도드락다듬 공법

1) 고운정다듬 후 도드락망치로 두드림

2) 표면 요철을 균일하게 다듬음

3) 사방 3cm 안에 무늬의 조밀도에 따라 거친 도드락다듬, 중간 도드락다듬, 고운 도드락다듬으로 분류됨

4. 잔다듬 공법

1) 날망치로 정다듬면과 도드락다듬면을 평행하게 찍어 선을 만듦
2) 거친 잔다듬, 중간 잔다듬, 고운 잔다듬

5. 물갈기와 광내기

1) 메탈, 레진을 사용하여 표면에 물을 공급하여 갈아 냄
2) 숫돌로 거친 갈기, 물갈기, 본갈기
3) 광내기는 석질이 치밀하고 단단한 것에 적용

6. 버너마감

1) 화강암에 기계켜기로 마무리한 표면을 처리할 때 이용
2) 2,500℃의 불꽃으로 표면을 태움

QUESTION 16 | 조경공사의 마운딩 조성방법

Ⅰ. 개요

1. 조경공사의 마운딩은 공사부지 조성 시에 지반면에 흙을 쌓아 올려 등고선의 높이를 높여서 볼록 지형을 조성하는 일련의 작업임

2. 2013년 조경설계기준에서의 마운딩 조성방법은 토양은 표토를 원칙, 부등침하 및 토사유실 발생 방지, 주변지역의 현황을 종합적으로 고려하여 단면과 형태 결정 등에 대해 서술됨

Ⅱ. 조경공사의 마운딩 조성방법

1. 조경설계기준

1) 사용되는 토양
- 마운딩 조성에 사용되는 토양은 표토를 원칙
- 표토가 없거나 부족할 경우 양질의 토사를 활용
- 부등침하 및 토사유실이 발생하지 않도록 함

2) 단면과 형태의 결정
- 주변지역의 토지이용현황 · 토량 확보 · 마운딩 대상지역의 폭원 및 조성목적 등을 종합적으로 고려
- 안정성을 검토한 다음 단면과 형태를 결정
- 주변과 경관적으로 조화를 이룸

3) 지반의 안정성 고려
- 마운딩이 높은 경우에는 설계기준을 참고
- 조성하는 지형이 물리적 환경 여건에 안정성과 내구성 지니도록 함

4) 바닥처리
- 마운딩의 바닥은 노체다짐(90%)으로 함
- 지표에서 1.5M까지는 식재를 위하여 비다짐으로 설계함
- 다짐 없이 흙을 쌓아 올리는 경우에는 침하를 고려하여 추가적인 흙쌓기를 반영

QUESTION 17 | 건설공사 입찰의 종류

I. 개요

1. 건설공사 입찰은 낙찰 희망 예정가격을 적은 신청서를 발주처에 제출하여 공사 도급가액을 최저로 제출한 신청자와 계약을 맺는 것으로 설계용역이나 공사발주 시에 사용하는 제도임

2. 건설공사 입찰의 종류에는 일반경쟁입찰, 제한경쟁입찰, 제한적 평균가 낙찰제, 대안입찰, 설계·시공일괄입찰, 수의계약이 있음

II. 건설공사 입찰의 종류

1. 일반경쟁입찰

1) 관보, 신문, 게시 등을 통하여 진행
2) 일정한 자격(기술능력, 자본금, 시설, 장비)을 갖춘 불특정다수의 공사수주 희망자를 입찰경쟁에 참가시킴
3) 가장 유리한 조건을 제시한 자를 낙찰자로 선정하여 계약을 체결

2. 제한경쟁입찰

1) 계약의 목적, 성질 등에 따라서 필요하다고 인정될 때 입찰참가자의 자격을 제한할 수 있도록 한 제도
2) 일반경쟁입찰과 지명경쟁입찰의 단점을 보완하고 장점을 취하여 도입한 중간적 위치에 있는 방법

3. 지명경쟁입찰

자금력과 신용 등에서 적합하다고 인정되는 특정다수의 경쟁참가자를 지명하여 입찰

4. 대안입찰

1) 발주자가 작성한 설계서에서 대체가 가능한 공종에 대해 원안입찰과 함께 입찰자의 공사수행능력에 다른 대안제출이 허용된 공사 입찰
2) 설계·시공상의 기술능력 개발을 유도하고 설계경쟁을 통한 공사의 품질 향상을 도모하기 위한 제도

5. 설계 · 시공일괄입찰(턴키입찰)

1) 도급자인 건설업자가 대상계획의 금융 · 토지조달 · 설계 · 시공 · 기계기구 설치 · 시운 전까지 발주자가 필요로 하는 설계와 시공내용 일체를 조달
2) 준공 후 인도할 것을 약정하는 입찰방식

6. 수의계약

1) 일반경쟁입찰방식에 의하여 계약을 체결할 수 없게 된 경우, 또는 특수한 사정으로 필요하다고 인정될 경우 계약
2) 수의계약이라 하더라도 계약 상대방과 임의로 가격을 협의하여 계약을 체결하는 것이 아님
3) 공사예정가격을 공개하지 아니한 가운데 견적서를 제출케 함으로써 경쟁입찰에 단독으로 참가하는 방식
4) 소규모 공사, 즉 추정가격 1억 원 이하의 일반공사(전문 : 7천만 원, 전기 · 정보통신공사 등 : 5천만 원)의 경우에 체결
5) 특허공법에 의한 공사, 신기술에 의한 공사의 경우에 체결
6) 국가계약법시행령에 의한 사유에 해당하는 경우 체결
   - 준공시설물의 하자에 대한 책임 구분이 곤란한 경우로서 직전 또는 현재의 시공자와 계약을 하는 경우
   - 작업상의 혼잡 등으로 동일현장에서 2인 이상의 시공자가 공사를 추진할 수 없는 경우로서 현재의 시공자와 계약을 하는 경우
   - 마감공사에 있어서 직전 또는 현재의 시공자와 계약을 하는 경우

QUESTION
18 | 공정표의 작성 목적 및 유형

Ⅰ. 개요

1. 공정표란 조경공사 및 각종공사의 공정과정을 도표로 만든 것으로 공사의 진행에 따른 활동시점과 공사일정 및 진행정도를 확인할 수 있는 공정관리를 위한 도표임
2. 공정표의 작성목적은 공기단축 및 최적공기의 달성, 공사의 품질확보, 전체공종과 세부공종의 연결, 적정한 시기에 공종 투입, 공사의 문제점 파악과 대처 등임
3. 공정표의 유형에는 횡선식 공정표, 기성고 공정곡선, 네트워크 공정표가 있음

Ⅱ. 공정표의 작성 목적 및 유형

1. 작성목적

1) 공기단축 및 최적공기의 달성
   - 공기단축으로 공사비 절감
   - 효율적 · 경제적인 공사의 수행

2) 공사의 품질 확보
   - 예정공정과 완료공정의 수시 확인
   - 소요공기와의 적합성 확인 가능

3) 전체공종과 세부공종의 연결
   - 공사 진척의 순환성 확보가 가능
   - 누락된 공종의 방지

4) 적정한 시기에 공종을 투입 : 공종에 맞춘 인력, 기계 투입으로 비용 절감
5) 공사의 문제점 파악과 대처 : 변동요인 발생 시 조정 및 대응 가능

2. 공정표의 유형

1) 횡선식 공정표(막대그래프 공정표, bar chart)
- 단순하고 시급한 공종에 많이 적용
- 작성 및 공사내용의 개략 파악이 용이
- 공기를 횡축에, 공종순서를 종축에 표기
- 작업기간을 막대의 길이로 표기

2) 기성고 공정곡선
- 예정공정과 실시공정을 대비시킨 진도관리를 위해 사용
- 공시기간을 횡축에, 공사비를 종축에 작성
- 횡축은 월별로 구분, 각 월에 대하여 부분공사의 공사비를 가산, 총공사비를 누계한 예정공정곡선이 작성
- 계획선의 상하에 허용한계선(바나나곡선을 둠)
- 안전구역 내에 실시공정곡선이 유지되도록 공정을 관리

3) 네트워크 공정표
- PERT와 CPM은 대표적 네트워크 공정기법
- 일정계획을 네트워크로 표시
- 동그라미와 화살표의 연결로 표현
- 목적에 따라 탄력적으로 표시 가능

QUESTION 19 | 네트워크공정표인 PERT와 CPM의 차이점

Ⅰ. 개요

1. 네트워크 공정표란 일정계획을 네트워크로 표시하는 기법을 이용한 공정관리로서, 대표적으로 PERT(program evaluation and review technique)와 CPM(critical path method)기법이 있음

2. PERT는 화살표와 동그라미로 조합된 공정표로서 단계중심이며 관리자용으로 편리한 기법임

3. CPM은 작업중심 연결 다이어그램으로 나타내는 공정표로서 작업중심이며 현장 작업자용으로 편리한 기법임

Ⅱ. 네트워크공정표인 PERT와 CPM의 차이점

1. 네트워크공정표의 개념

1) 일정계획을 네트워크로 표시하는 공정관리기법

2) 공정관리에 사용되는 네트워크는 시간의 경과와 그 시간에 시행되는 작업내용을 네트로 표현하고, 전체작업의 시간계획을 수립하여 작업의 진행을 관리하기 위한 것임

3) 네트워크에 의한 공정관리기법은 동그라미와 화살표의 연결로 표현되며 목적에 따라 탄력적으로 표시가 가능하지만, 다음과 같은 주안점을 고려하여 공정관리의 목적을 명확히 포착하는 것이 중요
   - 경제속도로 공사기간의 준수
   - 기계, 자재, 노무의 유효한 분배계획 및 합리적 운영
   - 공사비(노무비, 재료비)의 절감
   - 경비의 절감

2. PERT와 CPM의 차이점

구분	PERT	CPM
개념	화살표와 동그라미로 조합된 공정표	작업중심 연결 다이어그램으로 나타내는 공정표
방법	• 화살표에 작업의 명칭, 작업수량, 소요일수, 투입자원 등 공정계획상 필요로 하는 정보를 기입 • 동그라미는 작업과 작업의 선후관계와 연결을 나타냄	작업을 노드(node)로 표시하고 노드 안에 번호, 요소작업명, 소요시간, 비용 등을 기입하여 노드와 노드를 화살표로 연결함
장단점 비교	• 단계 중심 • 많은 작업내용 기입 곤란 • 더미 필요 • 선후관계 명확 • 익일 환산계획공정표 작성 용이 • 관리자용으로 편리	• 작업 중심 • 많은 작업내용 기입 용이 • 더미 불필요 • 선후관계 불명확 • 익일 환산계획공정표 작성 곤란 • 현장 작업자용으로 편리

QUESTION 20 | 방수공법의 종류

Ⅰ. 개요

1. 방수공법은 어떤 물질을 구조물면에 도포하거나 시트를 깔아서 물의 침투를 막는 것으로 물의 양을 보전, 연못의 수위 유지 및 수분 차단을 위함

2. 방수공법의 종류로 점토질 방수, 철근콘크리트 방수, 시트 방수, S/B 방수 및 S/B/C 혼합방 수가 있으며 목적물의 용도와 대상지의 환경조건에 따라 적합한 공법을 결정함

Ⅱ. 방수공법의 종류

1. 점토질 방수공사

1) 비교적 점토질이 많은 곳에 이용

2) 점토공급이 용이한 곳이어야 함

3) 시공방법 : 점토를 30~50cm 다진 후 비닐을 깔고 다시 점토다짐을 함

4) 다른 공사방법에 비해 시공비가 많이 듦

5) 누수현상이 있음을 감안해야 함

2. 철근콘크리트 방수공사

1) 1,000m^2 미만의 중소형 연못에 이용

2) 저류조 역할을 해야 하는 대형 연못에 주로 사용

3) 시공방법
- 잡석다짐(20~30cm)을 하고 철근을 사용
- 20~30cm 간격으로 필요에 따라 단철 또는 복철로 시공
- 철근 대신 철망을 포설하는 경우도 있음

3. 시트(sheet) 방수공사

1) 주로 대형 연못에 많이 사용됨

2) 가격이 저렴하고 시공이 용이

3) 접합성에 따라 누수현상이 발생함 : 접합부분은 세심한 주의를 기울여 시공

4) 이음부분은 많은 여유를 주어 신축작용이 쉽도록 함

5) 시트시공 이전에 완충작용을 위한 부직포를 깔아줌

4. S/B 방수 및 S/B/C 혼합방수

1) S/B는 soil bentonite의 약자 : soil과 bentonite를 일정량 배합한 것

2) S/B/C는 soil bentonite, cement를 배합한 것

3) 벤토나이트는 화산재가 변화하여 생성된 가소성 점토

4) 벤토나이트 장점

- 다른 점토에 비해 양이온교환능이 높음
- 팽윤 특성이 양호함

QUESTION 21 | 견치석의 찰쌓기와 메쌓기 단면상세도

Ⅰ. 개요

1. 견치석은 석축을 쌓을 때 사용하는 앞면이 판판하고 네모진 돌로서 뒷면으로 갈수록 점차 크기가 줄어들어 뒷길이가 더 긴 돌임

2. 견치석의 찰쌓기는 줄눈에 모르타르를 사용하고 끼움돌에 콘크리트를 사용, 뒤채우기에 율석을 사용함

3. 견치석의 메쌓기는 모르타르나 콘크리트를 사용하지 않고 끼움돌, 받침돌에 사춤자갈로 뒤채우고 견치석을 사용하여 쌓아올린 것임

Ⅱ. 견치석의 찰쌓기와 메쌓기 단면상세도

1. 견치석의 찰쌓기

1) 돌쌓기 시에 모르타르로 석재를 접착시킴

2) 뒷면에는 투수성이 좋은 골재(잡석, 자갈 등)를 채워 넣음

3) 돌쌓기 사이사이에는 배수구멍을 만들어 석벽 뒤에 조성된 배수구와 서로 연결시킴

2. 견치석의 메쌓기

1) 모르타르를 쓰지 않고 돌과 흙을 뒤섞어 쌓음

2) 뒤에 흙으로 뒤채움을 함

3) 대개 높이 2m 이하의 석축에 적용함

4) 1m 높이까지는 수직쌓기

5) 1~2m까지는 10~20도 기울어지게 비스듬히 쌓아 완성

6) 돌과 돌 사이에 공간이 형성되므로 배수구처리는 하지 않아도 됨

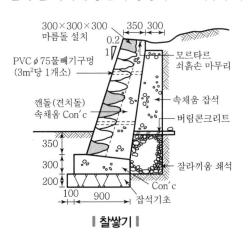

‖ 찰쌓기 ‖

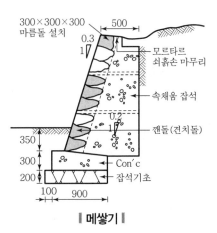

‖ 메쌓기 ‖

22 | 경관석의 종류 및 경관석 놓는 방법

Ⅰ. 개요

1. 경관석이란 조경공사에서 시선이 집중되는 곳이나 시각적으로 중요한 지점에 감상을 위한 목적으로 단독 또는 집단으로 배석하는 돌임

2. 경관석의 종류에는 입석, 횡석, 평석, 환석, 각석, 사석, 와석, 괴석이 있음

3. 경관석은 중심석, 보조석 등으로 구분하여 주변환경과 조화를 이루도록 설치하고, 돌틈 사이로 식재 등이 생육가능하게 배수조건을 고려하여 설치해야 함

Ⅱ. 경관석의 종류 및 경관석 놓는 방법

1. 경관석의 종류

1) 입석
- 세워서 쓰는 돌
- 전후좌우의 사방에서 관상할 수 있도록 배석

2) 횡석
- 가로로 눕혀서 쓰는 돌
- 입석 등에 의한 불안감을 주는 돌을 받쳐서 안정감을 주는 데 사용

3) 평석
- 윗부분이 편평한 돌
- 안정감이 필요한 부분에 배치, 주로 앞부분에 배치

4) 환석
- 둥근 돌을 말함
- 무리로 배석할 때 많이 이용됨

5) 각석
- 각이 진 돌을 말함
- 삼각, 사각 등으로 다양하게 이용됨

6) 사석
  • 비스듬히 세워서 이용되는 돌
  • 해안절벽과 같은 풍경을 묘사할 때 주로 사용

7) 와석 : 소가 누워 있는 것과 같은 돌

8) 괴석
  • 흔히 볼 수 없는 괴상한 모양의 돌
  • 단독 또는 조합하여 관상용으로 주로 이용

2. 경관석 놓는 방법

1) 중심석, 보조석 등으로 구분 : 크기, 외형 및 설치 위치 등이 주변환경과 조화를 이루도록 설치

2) 배수조건을 고려하여 설치 : 돌틈 사이로 식재나 초화류 등이 생육할 수 있도록 함

3) 무리지어 설치할 경우
  • 주석과 부석의 2석조가 기본
  • 3석조, 5석조, 7석조 등과 같은 기수로 조합 원칙

4) 4석조 이상의 조합의 경우 : 1석조, 2석조, 3석조의 조합을 기준

5) 단독으로 배치할 경우 : 돌 특징을 잘 나타낼 수 있는 관상위치를 고려하여 배치

6) 무리지어 배치할 경우 : 큰돌을 중심으로 곁들어지는 작은 돌이 큰돌과 잘 조화되도록 배치

7) 3석을 조합하는 경우
  • 삼재미(천지인)의 원리를 적용
  • 중앙에 천(중심석), 좌우에 각각 지, 인을 배치

8) 5석 이상을 배치하는 경우
  • 삼재미의 원리 외에 음양 또는 오행의 원리를 적용
  • 각각의 돌에 의미를 부여

9) 돌을 묻는 깊이 : 경관석 높이의 1/3 이상이 지표선 아래로 묻히도록 함

QUESTION 23 | 수경시설 친수용수의 수질기준 5가지 항목 및 기준

I. 개요

1. 수경시설의 수질은 목적에 따라 다른데 친수용수, 경관용수, 자연관찰용수에 따라 다른 기준을 적용해야 함

2. 친수용수 수질기준 5가지 항목은 pH, BOD, SS, 투명도, 대장균군수이며 그 외 악취와 수질지표어류군을 제시할 수 있음

II. 수경시설 친수용수 수질기준 5가지 항목 및 기준

항목	친수용수	경관용수	자연관찰용수
수소이온농도(pH)	6.5~8.5	6.5~8.5	5.8~8.6
생물학적 산소요구량 (BOD)(mg/l)	3 이하	6 이하	5 이하
부유물질량(SS)(mg/l)	5 이하	15 이하	15 이하
투명도(m)	1 이상	1 이하	1 이하
대장균군수(MPN/100ml)	1,000 이하	5,000 이하	5,000 이하
악취	불결하지 않을 것	불결하지 않을 것	불결하지 않을 것
수질지표어류군	꺽지, 쉬리, 은어, 갈겨니, 퉁가리 등	뱀장어, 메기, 미꾸라지 등	잉어, 붕어, 뱀장어, 메기, 미꾸라지 등

QUESTION 24 | 식재기반토양의 생존최소심도와 생육최소심도

I. 개요

1. 식재기반토양은 물리성, 화학성, 양분성분의 균형을 내용으로 한 양질의 사질토이어야 하며, 진흙, 잡초 기타 불순물의 혼입이 없는 토양이어야 함
2. 식재기반토양은 표준시방서에 생존최소심도와 생육최소심도 기준이 제시되어 있는데, 공사시방서에서 별도로 정한 경우를 제외하고는 이 기준을 따름

II. 식재기반토양의 생존최소심도와 생육최소심도

종류	토양심도(m)	
	생존최소심도	생육최소심도
잔디, 초본류	0.15	0.3
소관목	0.3	0.45
대관목	0.45	0.6
천근성 교목	0.6	0.9
심근성 교목	0.9	1.5

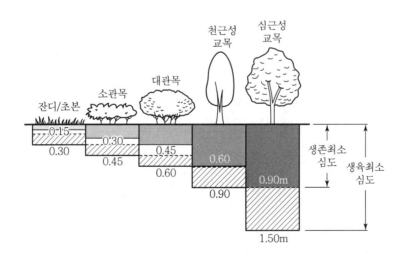

QUESTION
25 | 조경포장방법의 유형 및 각 사례별 장단점

Ⅰ. 개요

1. 조경포장은 보행자, 자전거 통행 및 차량통행의 원활한 소통 및 기능유지를 위해 지표면과 도로의 선형을 유지할 목적으로 설치한 포장을 의미함

2. 조경포장방법의 유형에는 현장시공형에 아스팔트, 콘크리트 등이 있으며 2차 제품형에 석재, 목재, 점토벽돌 등이 있고 식생 및 시트공법에 잔디블록 등이 있음

Ⅱ. 조경포장방법의 유형과 각각 사례별 장단점

1. 조경포장방법의 유형

현장시공형	아스팔트포장	아스팔트포장
		투수아스팔트포장
	콘크리트포장	포장용 콘크리트포장
		콘크리트블록포장(인터로킹블록)
	흙다짐포장	모래포장
		마사토포장
		황토포장
		흙시멘트포장
2차 제품형	석재 및 타일포장	판석포장
		호박돌포장
		자연석판석포장
		석재타일포장
	목재포장	나무벽돌포장
	점토벽돌포장	
	고무바닥재포장	
	합성수지포장	
	컬러세라믹포장	
	기타	콩자갈포장
		인조석포장
식생 및 시트공법	잔디블록	잔디식재블록
		인조잔디포장

2. 사례별 장단점

포장의 사례	장점	단점
아스팔트 포장	• 설치가 쉬움, 곡선 시공이 가능 • 시공비가 저렴 • 연중 사용 가능하며 관리비 저렴 • 투수성 아스팔트 제작 가능	• 색채, 질감 단순함 • 포장 경계 부위의 세심한 처리 요구 • 휘발유, 등유에 용해됨 • 수분침투로 동해 발생 • 여름철 열저장과 발산
벽돌포장	• 반사 적음, 미끄럼 방지 • 다양한 색채의 조합 • 규격화 가능 • 유지보수의 편리성	• 시공비가 비싼 편 • 동결 파손, 인위적 충격에 의한 파손에 약함 • 풍화의 우려가 있음
화강석포장	• 내구성이 강하고 재료 밀도가 높음 • 기온차에도 견딤 • 중량으로 교통량 수용 가능 • 표면 광택처리 가능함 • 청소가 용이함	• 시공이 다소 어려움 • 화학적 풍화 발생 • 표면 마모, 이끼 등 착생식물 정착
잔디피복	• 풍부한 녹색, 시공 용이성 • 내마모성이 있음 • 레크리에이션 공간에 적합	• 정기적인 유지관리 비용 소요 • 고밀도 식재 시에 관리요구 증가 • 계절적 병충해와 온도피해 발생
유기성 재료	• 다소 고가의 재료비 소요 • 친환경적 재료임 • 안락한 보행표면 제공	• 교통량이 적을 경우에 사용 가능 • 주기적인 보충과 교체, 보수 필요

QUESTION
26 | 멀칭(Mulching)처리의 개념 및 기대효과

Ⅰ. 개요

1. 멀칭이란 수피, 낙엽, 볏집, 땅콩깍지, 풀 및 제재소 부산물, 분쇄목 등을 사용하여 토양을 피복·보호해서 식물의 생육을 돕는 역할을 하는 처리임

2. 멀칭처리의 기대효과로는 토양수분유지, 토양의 비옥도 증진, 잡초의 발생 억제, 토양구조의 개선, 태양열의 복사와 반사 감소, 염분농도 조절 등이 있음

Ⅱ. 멀칭처리의 개념 및 기대효과

1. 멀칭처리의 개념

수피, 낙엽, 볏집, 땅콩깍지, 풀 및 제재소에서 나오는 부산물, 분쇄목 등을 사용하여 토양을 피복·보호해서 식물의 생육을 돕는 역할을 하는 처리

2. 멀칭처리의 기대효과

1) 토양수분 유지
2) 토양의 비옥도 증진
3) 잡초의 발생 억제
4) 토양구조의 개선
5) 태양열의 복사와 반사를 감소
6) 염분농도 조절
7) 토양의 굳어짐 방지
8) 토양온도를 조절(겨울철은 필수)
9) 병충해 발생 억제
10) 점질토의 경우 갈라짐 방지
11) 통행을 위한 지표면 개선효과

QUESTION
27 | 멀칭재의 장단점(5가지)

Ⅰ. 개요

1. 멀칭이란 수피, 낙엽, 볏짚, 땅콩 깍지, 풀 및 제재소 부산물, 분쇄목 등을 사용하여 토양 피복, 보호해서 식물의 생육을 돕는 역할을 하는 처리임
2. 멀칭처리의 기대효과는 토양수분 유지, 토양의 비옥도 증진, 잡초의 발생이 억제, 토양구조의 개선, 태양열의 복사와 반사를 감소, 염분농도 조절 등임

Ⅱ. 멀칭재의 장단점(5가지)

1. 멀칭의 개념

1) 수피, 낙엽, 볏짚 등을 사용하여 토양피복, 보호해서 식물의 생육을 돕는 역할을 하는 수목관리방법
2) 멀칭재는 수피, 낙엽, 볏짚, 분쇄목, 바크, 화산석, 마사토 등 다양함
3) 사용장소의 경제성과 경관성을 고려하여 선택 적용함

2. 멀칭재의 장단점 5가지

번호	장점	단점
1	토양수분 유지	지나친 두께이면 뿌리호흡 곤란
2	토양 비옥도 증진	얇은 두께이면 토양노출현상 발생
3	잡초 발생 억제	재료별 가격차가 많이 남
4	토양구조 개선	일부 자연재의 부패 우려
5	토양 경화 방지	재료에 따른 미관의 차이
6	염분농도 조절	
7	토양온도 조절(겨울철 필수)	
8	병충해 발생 억제	
9	통행을 위한 지표면 개선효과	

3. 멀칭재 적용 시 유의사항

1) 식재지에 적용한 수목에 따른 적정두께 적용

2) 식재장소의 미적 효용성을 고려한 재료 선정

3) 멀칭폭은 교목류의 경우 수관폭의 50% 이상

4) 관목류는 수관폭의 100% 이상으로 멀칭재 피복

5) 군식 시에는 가장자리 수목 주간으로부터 식재수종의 수관폭만큼 피복

QUESTION
28 | 토양 삼상의 개념 및 바람직한 구성비율

Ⅰ. 개요

1. 토양은 암석이나 광물의 파편 또는 식물의 부후산물 등의 고형물과 이들 고형물 사이를 채우고 있는 공기와 물로 되어 있음

2. 즉, 고상·액상·기상으로 되어 있는데 이들을 토양의 삼상이라 함

3. 삼상의 구성비율은 고상이 50%, 액상이 25%, 기상이 25%로 이뤄질 때 식물생육에 바람직하며 토양의 종류와 환경여건에 달라지게 됨

Ⅱ. 토양의 삼상의 개념 및 바람직한 구성비율

1. 토양 삼상의 개념

1) 토양은 암석이나 광물 파편, 식물 부후산물 등의 고형물과 이들 고형물 사이를 채우고 있는 공기와 물로 되어 있음

2) 즉, 고상·액상·기상으로 되어 있는데 이들을 토양의 삼상이라고 함

2. 바람직한 토양 삼상의 구성비율

1) 고상
   - 무기물(광물) 45%, 유기물 5%
   - 토양 고체에 해당함

2) 액상 : 물 25%, 공극에 해당함

3) 기상 : 공기 25%, 액상과 함께 공극에 해당함

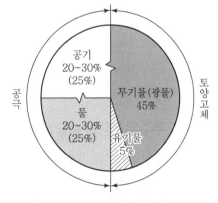

▮ 토양의 삼상(미사질 양토) ▮

3. 토양의 삼상과 공극

1) 고상과 고상 사이에는 액상 및 기상의 공극이 생김

2) 이것을 토양의 공극이라 하는데, 이 공극은 식물생육과 공학적 측면에 많은 영향을 주게 됨

3) 식물생육 측면에서 공극은 공기의 유통이나 물의 저장 또는 물의 통로

4) 공극량이 너무 적으면 공기 유통이 불량하여 식물뿌리가 질식함

5) 반대로 공극이 너무 크고 거칠면 공기 유통은 좋지만, 물을 저장할 수 없어서 한발의 피해를 입고 영양분의 유실을 초래하게 됨

우수유출량의 산출방식

I. 개요

1. 우수유출량을 산출하는 방식은 합리식에 의한 방법과 실험에 의한 법이 있음
2. 실험식은 외국 특정지역의 우수유출관측으로 얻은 것으로 실험식을 사용할 경우에는 상세한 관측 또는 실적자료를 기초로 하여 충분한 검토가 필요함
3. 합리식은 우수유출량을 산정하는 방법 중에서 가장 널리 사용되는 것이며 여기서는 합리식에 의한 산출방식을 제시함

II. 우수유출량의 산출방식

1. 산출공식

$$Q = \frac{1}{360} C \cdot I \cdot A$$

여기서, Q : 우수유출량(m^3/sec)

C : 유출계수

I : 강우강도(mm/hr)

A : 배수면적(ha)

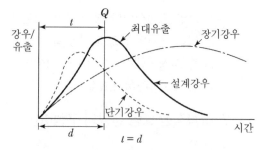

t = 유달시간 d = 강우계속시간 Q = 최대유출

2. 우수유출량과 유달시간 · 강우계속시간 · 강우강도의 관계

1) 일반적으로 강우는 강우계속시간이 짧으면 강우강도가 높아짐
2) 강우계속시간이 길면 강우강도가 낮아지게 됨
3) 강우계속시간이 유달시간보다 짧은 경우에 우수유출량은 최대 시 우수유출량보다 적어지게 됨. 이것은 배수구역 내 내린 강우가 동시에 유출되지 않기 때문임
4) 만약, 강우계속시간이 유달시간보다 길더라도 강우강도가 낮아지기 때문에 최대우수유출량보다 적어지게 됨
5) 합리식으로 구한 우수유출량은 어느 경우이든 만족시킬 수 있는 우수유출량을 계산해 낼 수 있음

3. 우수유출량의 활용

이렇게 산정된 총 우수유출량은 관로의 규격을 산정하고 유출량을 조절하기 위한 저류시설의 용량을 결정하는 등 추가적인 배수설계에 사용됨

4. 공장부지의 우수유출량 산출사례

1) 공장부지의 우수유출량을 주어진 조건을 고려하여 산출함
2) 주어진 조건
   - 부지는 평탄한 잔디지역 0.23ha
   - 아스팔트 포장지역(주차장 및 도로) 0.15ha
   - 건물지붕 0.12ha
   - 강우강도 20mm/hr

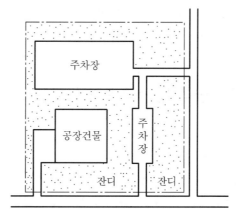

우수유출량 산정

I : 20mm/hr

A : 잔디 0.23ha, 아스팔트 포장지역 0.15ha, 건물지붕 0.12ha

C : 유출계수는 잔디는 $C=0.25$, 아스팔트 포장지역 $C=0.9$, 건물지붕 $C=0.95$

각 공간별 우수유출량을 산정하면 다음과 같다.

- Q(잔디)$=1/360 \times 0.25 \times 20 \times 0.23 = 0.0032(\text{m}^3/\text{sec})$
- Q(아스팔트 포장)$=1/360 \times 0.95 \times 20 \times 0.15 = 0.0075(\text{m}^3/\text{sec})$
- Q(건물 지붕)$=1/360 \times 0.925 \times 20 \times 0.12 = 0.0063(\text{m}^3/\text{sec})$
- 총 우수유출량$=0.0032+0.0075+0.0063=0.017(\text{m}^3/\text{sec})$

30
토양의 물리성 중 토양삼상, 경도, 공극, 입단구조와 식물생육의 관계

Ⅰ. 개요

1. 토양의 물리성 중 토양삼상은 고상·액상·기상을 말하며 경도는 단단한 구성의 정도, 공극은 고상과 고상 사이에 물이나 공기로 채워질 수 있는 액상 및 기상임

2. 입단구조는 토양입자들 간의 전기적 작용이나 점착력에 의해 입자들이 집단화되어 벌집 모양을 이루는 토양구조를 말함

3. 식물생육과의 관계는 삼상의 구성비율이 고상 50%, 액상 25%, 기상 25%일 때 식물생육에 바람직하며, 경도는 18~23mm 정도일 때 적합, 토양구조는 입단구조일 때 식물생육에 유리함

Ⅱ. 토양 삼상, 경도, 공극, 입단구조와 식물생육의 관계

1. 토양 삼상

1) 토양은 고형물과 이들 고형물 사이를 채우고 있는 공기와 물로 구성됨

2) 즉, 고상·액상·기상으로 되어 있는데 이들이 토양의 삼상

3) 고상 50%, 액상 25%, 기상 25%일 때 식물 생육에 바람직함

2. 토양 경도

1) 토양의 단단한 정도

2) 경도가 지나치게 낮거나 높으면 식물뿌리 활착에 불리함

3) 18~23mm가 식물생육에 적합

4) 27mm 이상은 식물생육이 어려움

3. 공극

1) 고상과 고상 사이에 물이나 공기로 채워질 수 있는 곳

2) 액상 및 기상의 공극

3) 식물생육 측면에서 공극은 공기의 유통이나 물의 저장, 물의 통로

4) 공극량이 너무 적으면 공기유통이 불량하여 식물뿌리가 질식

5) 반대로 공극이 너무 크면 공기유통은 좋지만, 물을 저장할 수 없음

6) 따라서 한발의 피해를 입고 영양분의 유실을 초래

7) 부식토, 양질토, 표토에서 공극량이 많음

4. 입단구조

1) 토양입자들 간의 전기적 작용, 점착력에 의해 입자들이 집단화

2) 벌집모양이나 면모구조를 이루는 것(떼알구조)

3) 공극이 크거나 결합이 느슨해서 식물생육기반으로 적합

QUESTION 31 | 조경수목의 중량을 구하는 공식

I. 개요

1. 조경수목의 중량은 수목의 지상부분 중량과 수목만의 지하부분 중량을 합한 값으로 구함
2. 수목의 지상부는 수간과 지엽으로 이루어지며, 수간은 흉고단면에서의 원주로 가정하여 이것에 형상계수를 곱해서 체적을 구하고, 지엽은 수간중량에 대해 할증률을 곱해서 구함
3. 수목의 지하부는 뿌리분 크기와 모양이 결정되면 뿌리용량을 계산하여 구하는데, 뿌리분의 용량 속에는 뿌리와 흙이 포함되지만 뿌리쪽이 가볍기 때문에 뿌리분 전체를 흙으로 보아 중량계산을 함

II. 조경수목의 중량을 구하는 공식

1. 조경수목의 전체 중량

$$W = W_1 + W_2$$

여기서, W : 수목이식 시의 수목중량
W_1 : 수목의 지상부분 중량
W_2 : 수목의 지하부분 중량

2. 지상부 중량

$$W_1 = k \times 3.14 \times (\frac{B}{2})^2 \times h \times w_1 \times (1 + p)$$

여기서, k : 수간형상계수, B : 흉고직경(m)
h : 수고(m), p : 지엽의 과다에 의한 보합률(임목 : 0.3, 고립목 : 1.0)
w_1 : 수간의 단위체적당 중량(kg/m³)

3. 지하부 중량

$$W_2 = V \times w_2$$

여기서, V : 뿌리분 체적(접시분 체적 $V = \pi r^3$, 조개분 체적 $V = \pi r^3 + \frac{1}{3}\pi r^3$

보통분 체적 $V = \pi r^3 + \frac{1}{6}\pi r^3$)

w_2 : 뿌리분의 단위체적중량(kg/m³)

QUESTION
32 | 인력운반 및 목도운반비 구하는 공식

I. 개요

1. 조경공사의 산재성이라는 특성으로 인해 현장 내에서 자재를 이동하여야 경우가 많이 발생하는데, 이러한 소운반은 주로 인력으로 작업하게 됨
2. 인력운반은 현장 내에서 건설재료 및 잔재의 단거리 운반 시 주로 적용됨
3. 목도운반은 주로 2인, 4인, 6인, 8인이 1조가 되어 목도채를 이용하여 인력으로 운반하는 것으로, 조경용 소형건설장비의 발달로 점차 없어지는 추세이나 산지 및 급경사지 등 장비 진입이 어려운 지역의 수목 및 석재 등 자재 운반에 일부 적용되고 있음

II. 인력운반 및 목도운반비 구하는 공식

1. 인력운반

$$Q = N \times q$$

$$N = \frac{T}{\frac{60 \times L \times 2}{V} + t} = \frac{V \cdot T}{120L + V \cdot t}$$

여기서, Q : 1일 운반량(m^3 또는 kg)

N : 1일 운반횟수

q : 1회 운반량 (m^3 또는 kg)

T : 1일 실작업시간

L : 운반거리(m)

t : 적재, 적하 소요시간(분)

V : 평균왕복속도(m/hr)

- 1일 운반횟수(N) : 운반거리 내에서의 왕복 횟수
- 1일 실작업시간(T) : 1일 8시간(480분)을 기준으로 하되 준비, 작업 지시, 작업장 이동, 작업 후 정리 등의 시간 30분을 공제하고 450분을 적용
- 적재, 적하 소요시간(t) : 적재물을 싣고 부리는 시간
- 평균왕복속도(V) : 운반로의 상태에 따른 왕복속도

2. 목도운반

$$운반비 = \frac{M}{T} \times A\left(\frac{60 \times 2 \times L}{V} + t\right)$$

여기서, M : 인력운반공 수(인)=총운반량/1인 1회 운반량

T : 1일 실작업시간

A : 인력운반공 노임

L : 운반거리(km)

V : 왕복평균속도(km/hr)

t : 작업 준비 시간(2분)

- 인력운반공 수(M) : 목적물을 운반하는 데 필요한 총 목도작업 운반인부의 수
- 1일 실작업시간(T) : 1일 8시간(480분)을 기준으로 하되 준비, 작업지시, 작업장 이동, 작업 후 정리 등의 시간 30분을 공제하고 450분을 적용
- 인력운반공 노임(A) : 통계작성 승인기관이 조사공표한 인력운반공 노임단가
- 평균 왕복속도(V) : 운반로의 상태에 따른 왕복속도(m/hr)
- 작업준비시간(t) : 목적물을 목도채에 매달고 부리는 시간(분)

QUESTION 33 | 불도저와 로더의 시간당 작업량 계산공식

Ⅰ. 개요

1. 불도저와 로더는 조경공사에서 기계화 시공 시 사용하는 건설기계로서 불도저는 토양을 단거리 운반하거나 정지작업을 하는 기계이고

2. 로더는 토사 및 골재의 굴착과 적재작업에 사용하며 굴착력이 약하여 주로 쌓여 있거나 흐트러진 상태의 자재(토사, 골재 등) 적재에 사용함

3. 불도저와 로더의 시간당 작업량 계산공식은 건설기계 시공능력 산정 기본공식인 $Q = n \times q \times f \times E$ 계산식을 응용하여 만들어짐

Ⅱ. 불도저와 로더의 시간당 작업량 계산공식

1. 불도저

$$Q = \frac{60 \cdot q \cdot f \cdot E}{C_m} \qquad q = q_1 \times e$$

여기서, Q : 시간당 작업량(m^3/hr), f : 체적환산계수($1/L$)

q : 삽날의 용량(m^3), q_1 : 거리를 고려하지 않은 삽날의 용량

E : 작업효율

C_m : 1회 사이클 시간(초) $= \dfrac{L}{V_1} + \dfrac{L}{V_2} + t$

L : 운반거리, V_1 : 전진속도(m/분), V_2 : 후진속도(m/분)

t : 기어 변속속도(분)

2. 로더

$$Q = \frac{3,600 \cdot q \cdot k \cdot f \cdot E}{C_m}$$

여기서, Q : 운전시간당 작업량(m^3/hr), q : 버킷 용량(m^3)

k : 버킷계수, f : 체적환산계수, E : 작업효율

C_m : 1회 사이클 시간(초) $= m \cdot l + t_1 + t_2$

m : 계수(초/m), l : 편도주행거리

t_1 : 버킷에 흙을 담는 시간(초)

t_2 : 기어변화 등 기본시간과 다음 운반기계가 도착할 때까지의 시간(초)

QUESTION
34 | 굴삭기와 덤프트럭의 시간당 작업량 계산공식

Ⅰ. 개요

1. 굴삭기(백호)와 덤프트럭은 조경공사에서 기계화 시공 시 사용하는 건설기계로서 굴삭기는 토사굴착, 운반, 대형목 식재, 자연석 운반, 쌓기 등에 많이 사용되는데 보통 유압식 백호우가 일반적이며 일명 포크레인으로 불림

2. 덤프트럭은 적재함을 경사지게 하여 자동 하역하는 운반 장비로서 적재, 적하에 편리함

3. 굴삭기와 덤프트럭의 시간당 작업량 계산공식은 건설기계 시공능력 산정 기본공식인 $Q = n \times q \times f \times E$ 계산식을 응용하여 만들어짐

Ⅱ. 굴삭기와 덤프트럭의 시간당 작업량 계산공식

1. 굴삭기

$$Q = \frac{3,600 \cdot q \cdot k \cdot f \cdot E}{C_m}$$

> 여기서, Q : 운전시간당 작업량(m^3/hr), q : 버킷 용량(m^3)
> k : 버킷계수, f : 체적환산계수
> E : 작업효율, C_m : 1회 사이클 시간(초)

2. 덤프트럭

$$Q = \frac{60 \cdot q \cdot f \cdot E}{C_m} \qquad q = \frac{T}{rt} \cdot L$$

> 여기서, Q : 시간당 작업량(m^3/hr), q : 흐트러진 상태의 1회 적재량(m^3)
> f : 체적환산계수, E : 작업효율
> T : 덤프트럭 적재용량(ton), rt : 자연상태에서 토석의 단위중량(ton/m^3)
> L : 체적환산계수에서의 체적변화율
> C_m : 1회 사이클 시간(분)$= t_1 + t_2 + t_3 + t_4 + t_5$
> t_1 : 적재시간, t_2 : 왕복시간
> t_3 : 적하시간, t_4 : 대기시간
> t_5 : 적재함 덮개 설치 및 해체시간

QUESTION
35 | 조경공사만이 지니는 공사의 특수성(10가지)

Ⅰ. 개요

1. 조경공사는 타 건설분야인 토목, 건축과는 다른 특수성을 지님
2. 공종의 다양, 공사의 소규모, 표준화 곤란, 시공기준의 다양, 예술성 고려, 지속적 관리 필요, 식생환경 고려, 시공시기 제약, 재료의 한정성, 친환경성 등의 특수성을 지님

Ⅱ. 조경공사만이 지니는 공사의 특수성(10가지)

특수성 구분	구체적 내용
공종의 다양	• 조경공사는 식재공사 외에도 토공사, 콘크리트공사, 목공사, 포장공사, 금속공사, 도장공사 등 관련분야의 모든 공종을 포함 • 다공종의 특성을 감안한 품셈이 마련되지 않아 조경시설물공사의 품질이 저하되는 문제 야기 • 최근 조경공사에서 조경시설물의 비중이 높아지고 있는 추세
공사의 소규모	• 다양한 공종이 포함되어 있으나 공종별 공사 규모는 소규모 • 현장 내의 소규모로 산재되어 기계화 시공이 곤란하며 인력에 의존 • 작업의 효율성 저하로 공사비 상승 유발
표준화 곤란	• 수목이나 자연석 등 자연상태에서 얻어지는 것으로 규격화, 표준화 곤란 • 적정공사비 산정 및 시공 시 품질에 대한 논쟁의 원인 • 조경공종의 능률화 · 합리화에 장애가 되는 요인으로 작용
시공기준의 다양	• 재료의 표준화 곤란 및 다양한 시공기술 사용으로 다양한 기준 적용 불가피 • 현장에서 판단이 어려운 정성적 품질기준 제시로 마찰 발생
예술성 고려	• 조경은 단순히 기능적 품질뿐만 아니라 심미적 가치를 가져야 함 • 토목, 건축과 달리 계산으로 표현할 수 없는 노력이 필요 • 조경시설물의 환경조형물로의 예술적 가치 인정에 의한 품셈 제정 필요
지속적 관리 필요	• 조경의 주재료인 식물은 시공 후 관리상태에 의해 생육상황이 달라지므로 양호한 상태유지를 위해 세심하고 지속적인 유지관리 필요 • 시공 직후나 준공 이전에도 관리를 위한 추가비용 발생
식생환경 고려	• 조경의 중요한 요소인 식물의 식생환경을 조성하는 것이 성공적인 식재공사의 중요한 전제조건 • 보편적 식생기반 조성 토목공사에서는 단순히 토양의 양적 지표에 관심 • 식물의 건전한 생육을 위한 식생기반으로서 토양의 양분 및 물리적 성질 등 다양한 조건이 충족되어야 함
시공시기 제약	• 조경수목은 봄과 가을의 제한된 시기에만 작업이 가능 • 공정관리상 식재부적기 공사의 경우 증산억제제 사용이나 동해방지를 위한 추가노력 등 별도의 조치 필요
재료의 한정성	공장제품과 달리 즉시 생산이 불가능하여 공급이 곤란한 경우 가격폭등 발생
친환경성	조경공사는 비탈면녹화, 하천의 생태적 복구, 옥상녹화 등 다양한 친환경적인 공사의 내용을 포함

QUESTION 36 | 조경공사의 특수성과 적산 고려사항

I. 개요

1. 조경은 건축, 토목, 도시계획, 임학, 원예 등 각 분야가 중첩되는 광범위한 영역에 걸쳐 있지만 타 분야와 다른 특수성이 있음

2. 조경이 타 분야와 다른 특성이 있듯이 조경공사도 건축이나 토목과 다른 특수성이 있으며 이것이 조경시공의 발전에 기회요인이자 제한요인이기도 함

3. 조경공사의 특수성에는 공종의 다양성, 재료의 다양성, 단위공사의 소규모성, 공사지역의 산재성, 표준화 및 시공기준의 난이성, 조경공사의 작품성, 지속적 관리의 필요성 등이 있어 이에 따른 적산 시 고려사항이 있음

II. 조경공사의 특수성

1. 공종의 다양성

1) 조경공사는 식재공사, 여러 가지 시설물 및 구조물공사를 포함
2) 하나의 시설물 시공의 경우에도 토공사, 콘크리트공사, 목공사, 도장공사 등 관련분야의 모든 공종이 포함됨
3) 공사 규모에 비해 공종이 다양한 특성이 있음

2. 재료의 다양성

1) 많은 종류의 조경시설물을 시공하기 위해서는 다양한 재료가 소요
2) 다양한 재료에 대한 지식습득, 신재료에 대한 최신정보 습득이 필요
3) 수목류, 목재, 철재, 석재, 포장재, 배관재, 도장재, 조명자재 등

3. 단위공사의 소규모성

1) 공사규모가 건축, 토목분야에 비해 매우 작음
2) 단위공종 규모가 매우 작아 소요자재의 양이 적고 조달 시 높은 단가가 요구됨
3) 시공상 경제적 효율이 낮고 원가관리의 어려움이 있음

4. 공사지역의 산재성

1) 조경공사는 토목공사와 같이 단순공종이 연속적으로 이어지거나 건축공사와 같이 좁은 지역에 집중적으로 시행되는 경우는 매우 드묾
2) 대부분 넓은 지역에 여러 가지 공종이 산재되어 시행되는 경우가 많음
3) 소요자재 및 작업인부의 이동 등에 따른 비용손실이 발생, 작업효율이 낮고 시공관리의 어려움이 상존

5. 표준화 및 시공기준의 난이성

1) 조경공사의 식물소재는 공산품이 아닌 생물이기 때문에 일정한 규격으로 표준화하기가 어려움
2) 조경시설물 역시 시공지역의 특성과 경관을 감안하여 설계되므로 다양한 규격과 형태로 설계되며 효율적 시공을 위한 표준화에 어려움
3) 또한 식물소재는 시공지역, 계절에 따라 식재방법과 양생조치 등이 달라져야 하며 일정한 시공기준을 규정하기가 쉽지 않음

6. 조경공사의 작품성

1) 기능적인 면 이외에도 예술적 · 심미적인 면이 강조되므로 공사의 질적 수준을 기능적 · 경제적 기준으로만 판단하기 곤란
2) 따라서 미적 감각과 함께 이를 구현할 수 있는 공학적 지식과 재료 특성에 대한 전문지식이 필요

7. 지속적 관리의 필요성

1) 조경공사 주재료인 식물재료는 시공 후 관리상태에 따라 생육상황이 달라지므로 양호한 생육상태를 유지하기 위해서는 지속적 유지관리가 필요
2) 조경시설물은 내구성이 낮은 목재의 사용이 많은데 이용에 따른 파손현상이 많이 나타남
3) 따라서 재료와 구조의 내구성이 중요하고 지속적 유지관리가 필요

Ⅲ. 조경공사의 특수성에 따른 적산 고려사항

1. 발주방법에 따른 적산기준

1) 조경공사를 별도로 분리 발주하는 것이 토목, 건축의 부대공사로 일괄 발주하면 조경공사의 특수성을 감안한 적산을 하기가 어려움

2) 즉, 할증률, 제 잡비율 기준 등에 있어 토목, 건축 등의 주공사 적산기준에 맞추어야 함

3) 품셈적용에 있어서도 주공사 기준에 맞게 적용하여야 함

4) 따라서 분리 발주하여 별도의 적산기준하에 공사비 산정이 이루어지고 조경전문업체가 시공하는 것이 바람직함

2. 소규모 및 산재성 고려

1) 재료구입에 따른 경비 지출이 타 분야에 비해 많이 발생

2) 공사의 산재성으로 작업에 어려움이 많으므로 실제 공정상 시공규모에 대응하는 적절한 적산기준이 고려되어야 함

3) 할증률의 경우 조경공사의 특수성을 감안하여 타 공사에 비해 높게 책정

4) 표준품셈의 적용 시 현행 품셈범위 내에서 소량공사에 대한 추가 계상이 가능한 항목 등은 모두 반영

5) 자재 운반비용 등을 합리적으로 계상할 수 있어야 함

6) 재료단가의 경우 소량구매에 따른 적절한 단가가 계상되도록 조사하여 적산에 반영

3. 식생환경과 시공시기 등의 고려

1) 수목생육을 고려하여 식재비용 외에 토양개량, 부토 등의 추가비용 반영

2) 부적기 시공 시에는 양생 및 관리비용을 반영

3) 설계도서에 누락되는 경우가 많으므로 적산자는 공사비내역 확정 전에 현장상황과 시공시기를 검토하여 내역에 반영

4. 작품성의 고려

1) 설계된 구조물의 형태와 소재를 파악하여 필요사항을 적산에 반영

2) 환경조형물, 게이트, 문주, 안내시설 등 작품성을 요구하는 시설물의 경우 무리하게 표준품셈을 적용하기보다는 거래실례가격, 견적가격을 적용

3) 숙련된 장인에 의한 작품제작이 가능하도록 유도

QUESTION
37 | 조경시설재료의 일반적 요구 성능

Ⅰ. 개요

1. 조경시설재료란 광의적으로 자연재료와 인공재료, 조경시설물과 장치물, 구조물 및 야간 경관 창출을 위한 조명재료 등 각종 조경소재를 통칭함
2. 조경시설재료의 일반적 요구 성능은 사용목적에 맞는 품질, 사용환경에 맞는 내구성 및 보존성, 대량생산 및 공급 가능, 저렴한 가격 등임

Ⅱ. 조경시설재료의 일반적 요구 성능

1. 개념

조경시설재료란 광의적으로 자연재료와 인공재료, 조경시설물과 장치물, 구조물 및 야간 경관 창출을 위한 조명재료 등 각종 조경소재를 통칭함

2. 조경시설재료의 일반적 요구 성능

1) 사용목적에 맞는 품질
   역학적, 물리적, 화학적, 감각적, 환경친화적 성질
2) 사용환경에 맞는 내구성 및 보존성
   사용되는 환경에 따라 적합한 재료 선정
3) 대량생산 및 공급 가능성, 저렴한 가격
   재료 생산과 구입이 용이
4) 운반취급 및 가공의 용이성
   재료 이용이 편리, 합리적 조경관리

3. 조경식물재료의 요구 성능

1) 생태성
   식재지역 환경에 적응성이 큰 식물
2) 심미성, 실용성
   미적, 실용적 가치가 있는 식물

3) 기능성, 기술성

이식 및 유지관리가 용이한 식물

4) 입수 용이성

수목시장이나 생산지에서 입수가 용이한 식물

QUESTION
38 | 소성지수(Plastic Index)

Ⅰ. 개요

1. 소성지수란 흙이 소성 상태에서 유동 상태로 옮겨질 때의 수분함유비율이며 세립토의 성질을 나타내는 지수로 활용됨
2. 관련내용은 흙의 성질은 함수량의 변화에 따라 달라지고 연경도와 부피변화에 영향을 주며, 이때 애터버그 한계 4가지 단계를 거치게 됨

Ⅱ. 소성지수(Plastic Index)

1. 개념

1) 흙이 소성 상태에서 유동 상태로 옮겨질 때의 수분함유비율임
2) 세립토의 성질을 나타내는 지수로 활용
3) 액성한계와 소성한계의 차이를 소성지수라 함. 소성지수는 흙이 소성상태로 존재할 수 있는 함수비 구간의 크기를 의미하며, 소성지수가 소성이 풍부한 흙이라는 것을 의미함

2. 관련내용

1) 함수량의 변화에 따라 달라지는 흙의 성질
   • 함수량이 매우 높으면 흙 입자는 수중에 떠있는 상태
   • 함수량의 감소에 따라서 점착성이 있는 액성상태, 소성상태, 반고체상태, 고체상태로 변화하게 됨

2) 흙의 연경도
   점착성 있는 흙의 함수량에 따른 연하고 딱딱한 정도

3) 함수량의 변화에 따른 부피의 영향
   • 함수량이 매우 높은 액체 상태에서는 흙의 부피가 가장 크며, 함수량의 감소에 따라서 소성, 반고체상태로 변화함에 따라 흙의 부피는 점차 감소
   • 흙이 고체상태로 되면 함수량이 줄어도 부피 변화는 없음

4) 애터버그 한계
   이와 같이 함수량이 매우 높은 액체상태의 흙이 건조되어 가면서 거치는 4가지의 상태 즉

액성상태, 소성상태, 반고체상태, 고체상태의 변화하는 한계를 애터버그 한계라고 함

5) 액성한계

흙이 굳어지게 되어 더 이상 액체와 같은 유동성을 나타낼 수 없게 됨. 이러한 함수비의 경계를 액성한계라 함

6) 소성한계

- 흙을 계속해서 건조시킴에 따라 흙을 파괴시키지 않고 원하는 모양으로 만들 수 있는 함수비의 범위가 존재함
- 이러한 상태의 흙은 파괴되지 않고 연속해서 변형이 가능한 소성거동을 보인다고 함
- 소성거동의 함수비 범위를 넘어서 계속 건조시키면 흙은 반고체 상태가 됨
- 흙은 더 이상 눈에 보이는 균열 없이는 임의 모양으로 성형할 수 없게 됨
- 흙이 소성에서 반고체로 바뀌는 함수비를 소성한계라 함

7) 수축한계

- 흙이 건조됨에 따라 함수비는 감소하게 됨. 흙을 계속 건조하게 되면 마지막 상태인 고체 상태로 됨
- 흙이 반고체에서 고체로 바뀌는 함수비를 수축한계라 함

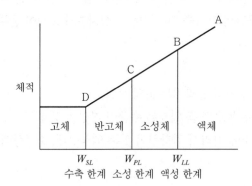

‖ 함수비 ‖

QUESTION
39 | 뿌리돌림의 목적과 방법

I. 개요

1. 뿌리돌림이란 세근 발달이 어려운 노목 등을 이식하고자 할 때 미리 조치하여 세근 발생 촉진과 신장을 도모하는 사전조치방법임
2. 목적은 이식 후 활착 도모, 비 이식적기에 이식하는 수목의 생육 촉진 등에 있음
3. 방법은 뿌리돌림의 시기, 분의 크기와 형태, 방법, 뿌리돌림 후 관리 순으로 설명할 수 있음

II. 뿌리돌림의 개념, 목적과 방법

1. 개념

1) 뿌리돌림이란 세근이 잘 발달하지 않아 활착이 어려운 노목, 거목 등을 이식할 때 미리 잔뿌리 발생을 촉진, 신장 도모하여 이식 후 활착을 도우려는 사전조치임
2) 대상수목은 야생상태 수목, 노목, 대목, 거목, 쇠약목, 귀중목, 이식경험이 적은 외래수종 등임

2. 목적

1) 이식 후 활착 도모
   - 새로운 세근 발생을 촉진
   - 분토 안의 세근 신장을 도모

2) 비이식적기 이식수목의 생육 촉진
   - 개화결실의 촉진
   - 건전한 수목의 육성

3. 방법

1) 시기
   - 이식기로부터 6개월~3년 정도 이전에 실시
   - 3월~7월까지, 9월의 두 시기에 걸쳐서 실시
   - 해토 직후부터 4월 상순까지의 사이가 가장 이상적

2) 뿌리분 크기와 형태
- 근원지름의 3~5배, 보통 4배 정도 크기
- 뿌리분 깊이는 측근 발생밀도가 현저하게 줄어든 부위까지

3) 방법
- 구굴식과 단근식, 일반적으로 구굴식임
- 구굴식은 나무 주위를 도랑의 형태로 파내려가 노출되는 뿌리를 절단한 다음 흙을 다시 덮어 세근을 발생시키는 방법
- 단근식은 비교적 작은 나무에 실시되는 방법으로서 표토를 약간 긁어낸 다음 뿌리가 노출되면 삽이나 낫, 톱, 전정가위 등을 땅 속에 삽입하여 곁뿌리를 잘라 발근시키는 방법임

4) 뿌리돌림 후 관리
- 뿌리돌림 작업으로 인해 많은 뿌리가 절단되어 수분흡수가 좋지 않으므로 되메우기 후 뿌리와 가지의 균형을 위해 가지의 일부를 정지 · 전정해주어야 함
- 뿌리턱의 건조와 뿌리의 보온을 목적으로 낙엽이나 짚 등으로 멀칭을 해줌. 그러나 과습하면 오히려 장해가 발생되므로 경우에 따라서는 미리 뿌리분 밑에 배수장치를 할 필요가 있음

QUESTION
40 | 옥상조경에 적용 가능한 노출형 방수공법

Ⅰ. 개요

1. 옥상조경에 적용 가능한 노출형 방수공법은 사용재료에 따라 아스팔트방수, 도막방수, 시트방수로 구분할 수 있음

2. 노출형 아스팔트방수공법은 시트형상의 아스팔트펠트나 아스팔트루핑을 용해한 아스팔트로 바닥에 접착·적층해 방수층을 형성, 그 상부에 방수층보호도막을 도포함

3. 노출형 도막방수공법은 액상의 우레탄수지 등을 도포하여 방수층을 형성하고 노출형 시트방수공법은 염화비닐시트 등을 바탕에 접착, 벽면은 고정철물로 고정하는 공법임

Ⅱ. 옥상조경에 적용가능한 노출형 방수공법

1. 옥상 방수공법과 옥상조경 적용 노출형 방수공법 개념

1) 옥상의 방수공법은 이용목적이나 건물구조에 따라 보호누름공법을 설치하고 비노출공법과 노출공법으로 구분함

2) 비노출공법은 아스팔트방수로 하며, 노출공법은 사용되는 재료에 따라 아스팔트방수, 도막방수, 시트방수로 구분함

2. 옥상조경 적용가능 노출형 방수공법의 유형

1) 노출형 아스팔트방수공법
   유기섬유에 아스팔트를 침투·피복한 시트형상의 아스팔트펠트나 아스팔트루핑을 용해한 아스팔트로 바닥에 접착·적층해 아스팔트방수층을 형성한 다음, 자외선으로부터 아스팔트방수층을 보호하기 위해 우레탄이나 무기질 도막 등을 도포하는 공법

2) 노출형 도막방수공법
   • 액상의 우레탄수지나 아크릴수지 등의 고분자재료를 바탕에 도포하여 방수층을 형성하는 공법
   • 자외선으로부터의 보호나 미끄럼방지 등의 목적에 따라 전용의 보호도료(탑코트)를 도포해 완성

3) 노출형 시트방수공법
  • 가황고무시트나 염화비닐시트를 열융착 또는 접착재 등에 의해 탕에 접착, 벽면은 고
    정철물로 고정하는 공법
  • 대부분의 가황고무시트방수는 전용의 보호도료(탑코트)를 도포해 마무리하고, 염화
    비닐시트는 보호도료 없이 마무리됨

Ⅰ. 개요

1. 콘크리트 배합설계란 시멘트, 물, 골재, 혼화재료 등을 적정한 비율로 배합하여 강도, 내구성, 수밀성을 가진 경제적인 콘크리트를 얻기 위한 설계임

2. 배합의 종류에는 시방배합과 현장배합이 있으며 시방배합은 시방서 또는 책임기술자에 의한 배합, 현장배합은 현장여건에 따라 시공을 위한 배합임

3. 콘크리트 배합설계의 목적은 구조체의 균일한 품질확보를 위해 최소 W/C비를 결정하기 위해 실시함

Ⅱ. 콘크리트 배합설계(Mixing Design)

1. 개념과 목적

1) 개념

시멘트, 물, 골재, 혼화재료 등을 적정한 비율로 배합하여 강도, 내구성, 수밀성을 가진 경제적인 콘크리트를 얻기 위한 설계임

2) 목적
- 구조체의 균일한 품질 확보
- 최소 W/C비를 결정하기 위해 실시
- 시공성이 확보되는 한 W/C비는 적게, 굵은 골재 최대치수는 크게 하며 적정량 혼화 재료의 사용으로 콘크리트 품질을 높임

2. 배합의 종류

1) 시방배합

건설현장의 설계도면과 시방서에 지시된 내용 또는 감독관 지시에 의한 배합

2) 현장배합

실제 현장골재의 표면수, 흡수량, 입도상태를 고려하여 시방배합을 현장상태에 적합하게 보정한 배합

3. 배합설계의 주요내용

1) 설계기준강도

구조물의 특성, 성능에 따라 구조적으로 필요한 강도로 구조계산의 기준이 되는 강도

2) 배합강도

설계기준강도를 얻기 위하여 시공현장에서 품질변동과 강도변동을 고려하여 정한 강도

3) 공기량

적당량의 연행공기를 분포시키면 시공연도 향상

4) W/C비

- 콘크리트에 혼화된 시멘트 페이스트 중에 물과 시멘트의 중량 백분율
- W/C가 높을수록 강도 저하, 공극률이 많아 균열발생의 원인

5) 굵은 골재 최대치수와 잔골재율

- 굵은 골재 최대치수는 크게, 잔골재율은 낮게
- 잔골재율이 커지면 단위시멘트량 증가

QUESTION 42 | 인공지반 생육 식재토심(성토층/배수층 구분)

Ⅰ. 개요

1. 인공지반 생육 식재토심은 국토교통부 고시 조경기준, 주택건설기준 등에 관한 규정, 시 건축조례 등에 의해 규정됨

2. 내용은 국토교통부 고시 조경기준에 의하면 배수층을 미포함하여 0.7m 이상으로, 세부기 준은 초화류 및 지피식물, 소관목, 대관목, 교목으로 구분되어 있음

3. 최근 공동주택 인공지반 녹화환경이 대규모 지하통합주차장 상부에 조성되므로 인공지반 식재의 배수불량문제를 제거하기 위해 전면에 자갈배수층 20㎝를 도입하고 있음

Ⅱ. 인공지반 생육 식재토심(성토층/배수층 구분)

1. 법적 근거와 내용

법률	토심	내용
조경기준 (국토교통부 고시)	• 성토층 : 0.7m 이상 • 배수층 : 별도 설계	1. 초화류 및 지피식물 : 15㎝ 이상(인공토양 사용시 10㎝ 이상) 2. 소관목 : 0㎝ 이상(인공토양 사용 시 20㎝ 이상) 3. 대관목 : 45㎝ 이상(인공토양 사용 시 30㎝ 이상) 4. 교목 : 70㎝ 이상(인공토양 사용 시 60㎝ 이상)
주택건설기준 등에 관한 규정	성토층, 배수층 구분이 없이 0.9m 이상	식재에 지장이 없도록 두께 0.9m 이상의 토층을 조성
서울특별시 건축조례	국토교통부 고시와 동일	2012년 조례 개정으로 기존 1.2m 이상 기준이 국토교통부 고시 기준에 따르게 됨

2. 2013년 8월 전면자갈 배수층 도입기준 적용

1) 최근 공동주택 인공지반 녹화환경이 대규모 자하통합주차장 상부에 조성

2) 인공지반식재의 배수불량문제 제거를 위해 전면자갈배수층 20㎝ 도입

3) 자연지반 내 자갈집수정을 설치, 이를 우수관으로 연계하는 표준단면도가 시방서에 반영

4) 2배 정도의 유출시간 단축효과

5) 마운딩과 플랜터를 통해 10㎝토심 추가 확보

6) 대형목에 대한 토심확보방안의 대책이 필요

7) 슬래브 경사와 토목구조물, 수직드레인, 맹암거 등도 함께 고려

QUESTION
43
구조물 설치 시, 흙의 동상현상(Frost Heave)의
피해방지를 위한 조치

I. 개요

1. 흙의 동상현상이란 흙 속의 수분이 얼어 동결상태가 되면 흙의 표면이 팽창하게 되는 현상으로 동상현상이 있는 지반 위에 구조물이 놓이면 그 구조물은 피해를 입음

2. 흙의 동상현상에 의해 가장 많은 피해를 입는 구조물은 포장, 땅 위에 직접 놓인 바닥 슬래브로서 문제점은 침하, 균열, 부상 등임

3. 구조물 설치 시 흙의 동상현상의 피해방지를 위한 조치는 치환공법, 차단공법, 단열공법, 안정처리공법 등이 있으며, 포장의 경우와 땅 위에 직접 놓인 슬래브로 구분하여 세부조치를 설명할 수 있음

II. 구조물 설치 시, 흙의 동상현상(Frost Heave)의 피해방지를 위한 조치

1. 흙의 동상현상(frost heave)의 개념

1) 흙 속의 수분이 얼어 동결상태가 되면 흙의 표면이 팽창하게 되는 현상
2) 이 동상현상은 조건이 갖추어지면 수십 cm에 미침
3) 동상을 일으키는 요소: 흙(Silt), 온도(0℃ 이하), 지중수

2. 가장 많은 피해를 입는 구조물과 문제점

1) 가장 많은 피해를 입는 구조물
  • 포장
  • 땅 위에 직접 놓인 슬래브

2) 문제점
  침하, 균열, 부상

3. 구조물 설치 시 동상현상 피해방지 조치

1) 일반적 조치
  • 치환공법 : Silt를 조립재료인 모래나 자갈로 치환
  • 차단공법 : 지중수 차단

- 단열공법 : 0℃ 이하로 되지 않도록 스티로폼을 깔아서 온도 차단
- 안정처리공법 : 화학적 안정처리, 석회 안정처리

2) 포장의 경우 조치
- 보조기층 아래에 자갈층 설치
- 최대 동결깊이는 과거 10~30년간의 기상자료에서 구함

3) 땅 위에 직접 놓인 슬래브
- 구조물 기초는 동결깊이 아래에 위치하도록 설계
- 시공대책 : 조립재료(자갈)로 배수가 잘되게 하고 층다짐 실시(다짐두께 20㎝)

QUESTION
44 | 심토층 배수 중 사구법의 시공방법

Ⅰ. 개요

1. 심토층 배수란 지표면에서 침투수를 집수하는 것과 지표면 아래의 지하수 높이를 낮추어 녹지의 바탈면과 옹벽 등 구조물의 파괴를 방지하기 위해 설치하는 배수방법으로 암거배수, 사구법, 사주법이 있음

2. 심토층 배수 중 사구법이란 도랑을 파고 모래 또는 자갈을 덮어서 토양 중의 함수량을 낮추는 공법임

3. 사구법의 시공방법은 폭 1~2m, 깊이 0.5m의 도랑을 파고 모래를 충진한 다음 식재지반을 조성함

Ⅱ. 심토층 배수 중 사구법의 시공방법

1. 심토층 배수

1) 개념

지표면에서 침투수를 집수하는 것과 지표면 아래의 지하수 높이를 낮추어, 녹지의 비탈면과 옹벽 등 구조물의 파괴를 방지하기 위한 배수방법

2) 유형
- 암거배수 : 지하수 높이를 낮추고 표면의 정체수를 배수, 지나친 토층수를 배수하여 토양수분을 조절
- 사구법 : 도랑을 파고 모래를 충진한 다음 식재기반을 조성
- 사주법 : 하층의 투수층까지 나무구덩이를 관통시키고 모래를 객토하는 공법

2. 사구법의 시공방법

1) 식재지가 불투수성인 경우 적용
2) 폭 1~2m, 깊이 0.5~1m의 도랑을 파고 모래를 충진한 다음 식재기반을 조성
3) 시구의 바닥면을 기울게 시공하면 암거를 하지 않아도 됨
4) 수목의 나무구덩이를 사구로 연결하고 경계 또는 암거를 설치

QUESTION 45 | 적지적수(適地適樹)

Ⅰ. 개요

1. 적지적수란 임업에서 발전한 개념으로 식재장소의 환경여건, 특히 토양과 기후조건에 맞는 수종을 선택한다는 뜻임
2. 적지적수의 내용은 토양환경, 수목의 내한성이 가장 중요한 고려사항이고 바람, 햇빛, 염분 등도 고려하고, 기능에 적합한 식재도 해당함

Ⅱ. 적지적수(適地適樹)

1. 개념

1) 임업에서 발전한 개념으로 식재장소의 환경여건, 특히 토양과 기후조건에 맞는 수종을 선택한다는 뜻임
2) 조경수의 식재도 임업에서 강조하는 적지적수 개념을 적용해야 함

2. 내용

1) 토양환경을 고려
   - 산성이며 건조하고 햇빛이 부족한 곳: 내음성이고 산성토양에서 잘 자라는 진달래류를 식재
   - 척박한 토양의 경우는 양료요구도가 낮은 수종을 식재
   - 건조한 지역은 내건성 수종 식재
   - 배수가 잘 안 되는 지역은 과습토양에서 잘 견디는 수종을 식재

2) 수목의 내한성을 고려
   - 중부지방은 느티나무, 단풍나무, 벚나무, 이팝나무 등
   - 남부지방은 배롱나무, 히말라야시다 등
   - 제주, 남해도서는 가시나무, 동백나무, 후박나무 등

3) 바람환경
   - 바람이 많이 부는 지역에는 심근성 수종을 식재
   - 심근성 수종은 방풍림으로 적합

• 곰솔, 모든 소나무류, 은행나무, 잣나무류 등

4) 대기오염

　대기오염이 심한 지역은 내공해성 수종을 식재

5) 염분이 많은 바람이 부는 바닷가

　• 내염성 수종 선정

　• 임해 공업단지 주변에는 내공해성과 내염성이 있는 수종

　• 조염에 강한 수종은 곰솔, 눈향나무, 사철나무 등

　• 분진, 소음에 강한 수종은 잣나무, 측백나무 등

　• 아황산가스에 강한 수종은 은행나무, 플라타너스, 백합나무 등

　• 불화수소, 염화수소에 강한 수종은 아까시나무, 주목, 참나무류 등

6) 햇빛조건

　그늘이 많은 곳은 내음성 수종 선택

7) 생울타리용

　치밀한 잎과 가지를 가진 수종 선택

QUESTION 46 | 깬돌(割石), 잡석(雜石), 전석(轉石), 야면석(野面石), 부순돌(碎石)

Ⅰ. 개요

1. 깬돌, 잡석, 전석, 야면석, 부순돌은 조경 석재 공사 재료로서 형상에 의한 석재의 분류임

2. 깬돌은 견치돌보다 치수가 불규칙하고 뒷면이 없는 돌, 잡석은 크고 작은 알로 섞여져 형상이 고르지 못한 큰 돌, 전석은 1개의 크기가 0.5m³ 이상 되는 석괴, 야면석은 표면을 가공하지 않은 천연석, 부순돌은 잡석을 자갈 크기로 작게 깬 돌임

Ⅱ. 깬돌(割石), 잡석(雜石), 전석(轉石), 야면석(野面石), 부순돌(碎石)

1. 개념

1) 조경 석재 공사의 재료

2) 형상에 의한 분류

3) 가공석

깬돌, 잡석, 전석, 부순돌, 견치돌, 사석 등

4) 천연석

야면석, 조약돌, 자갈 등

2. 특성

1) 깬돌
- 견치돌에 준한 재두방추형으로 견치돌보다 치수가 불규칙하고 일반적으로 뒷면이 없는 돌
- 접촉면의 폭과 길이는 각각 전면 1변의 평균길이의 1/20과 1/3이 됨

2) 잡석
크기가 지름 10~30cm 정도로 크고 작은 알로 고루고루 섞여져 형상이 고르지 못한 큰 돌

3) 전석
1개의 크기가 0.5m³ 이상 되는 석괴

4) 야면석
천연석으로 표면을 가공하지 않은 것으로서 운반이 가능하고 공사용으로 사용될 수 있는 비교적 큰 석괴

5) 부순돌
잡석을 지름 0.5~10cm 정도의 자갈 크기로 작게 깬 돌

튤립 파동(Tulip Mania)

Ⅰ. 개요

1. 튤립 파동이란 17세기 네덜란드에서 벌어진 과열 투기현상으로, 네덜란드에 새롭게 소개된 튤립 구근이 너무 높은 가격으로 팔리다가 급락한 거품경제현상임

2. 튤립 파동은 터키에서 수입되어 큰 인기를 누리다가 1630년대 중반에 최고가를 갱신한 후, 가격이 하락세로 반전되어 상인과 귀족은 망하고, 네덜란드는 영국에게 경제대국의 자리를 넘겨주게 됨

Ⅱ. 튤립 파동(Tulip Mania)

1. 개념 및 내용

1) 개념
- 17세기 네덜란드에서 벌어진 과열 투기현상
- 네덜란드에 새롭게 소개된 튤립 구근이 너무 높은 계약가격으로 팔리다가 급락한 거품경제현상

2) 내용
- 1630년대 네덜란드에서는 수입된 지 얼마 안 되는 터키 원산의 원예식물인 튤립이 큰 인기를 끌었고, 튤립에 대한 사재기 현상까지 벌어짐
- 1630년대 중반에는 뿌리 하나가 8만 7,000유로(약 1억 6,000만 원)까지 치솟음
- 그러나 어느 순간 가격이 하락세로 반전되면서 거품이 사라지게 되는데,
- 상인들은 망하고 귀족들은 영지를 담보로 잡힘
- 이러한 파동은 네덜란드가 영국에게 경제대국의 자리를 넘겨주게 되는 한 요인이 됨

2. 튤립의 역사와 특성

1) 역사
- 중앙아시아의 톈산산맥으로 알려짐
- 튤립은 오스만 제국에서 사랑받아 왔고 16세기 중반에 유럽으로 건너왔으며, 네덜란드에서 큰 인기를 누렸음
- 네덜란드에서 튤립 농사는 샤를 드 레클루제가 레이던대학교에 튤립을 보낸 뒤 1593년에 시작된 것으로 보임

- 레클루제는 레이던에서 튤립 연구 및 재배를 진행했음

2) 특성
- 튤립은 단기간에 늘리기 어려운 종류이며, 결국 그것이 품귀현상을 일으키고 가격을 인상시키는 요인이 되었음
- 튤립은 종자에서 성장하는 교잡에서 신종이 태어날 가능성이 있지만, 개화하기까지 3~7년이 소요됨
- 모근으로 육성하면 그 해에 개화하지만, 모근에서 생성한 자근은 2~3개 정도가 모근으로 성장하고, 또한 발아하지 않는 종근도 적지 않음
- 이런 사정 때문에 급격한 수요 증가를 생산이 따라잡지 못했음

QUESTION 48 | 공사계약 종합심사낙찰제

I. 개요

1. 공사계약 종합심사낙찰제란 국가를 당사자로 하는 계약에 관한 법률에 따라 해당 공사 또는 용역입찰에 대해서 각 입찰자의 입찰가격, 공사수행능력, 사회적 책임 등을 종합 심사하여 합산점수가 가장 높은 자를 낙찰자로 결정하는 제도임

2. 공사계약 종합심사낙찰제의 심사기준은 공사의 규모 및 난이도에 따라 고난이도 공사, 일반 공사, 간이형 공사로 구분함

II. 공사계약 종합심사낙찰제

1. 개념 및 법적 근거

1) 개념
- 해당 공사 또는 용역입찰에 대해서 각 입찰자의 입찰가격, 공사수행능력(용역수행능력), 사회적 책임 등을 종합 심사하여 합산점수가 가장 높은 자를 낙찰자로 결정하는 제도
- 추정가격이 100억 원 이상인 공사
- 문화재수리로서 문화재청장이 정하는 공사
- 건설사업관리 용역 추정가격이 20억 원 이상인 용역
- 건설공사기본계획 용역 또는 기본설계 용역 추정가격이 15억 원 이상인 용역
- 실시설계 용역 25억 원 이상인 용역

2) 법적 근거
- 국가를 당사자로 하는 계약에 관한 법률
- 계약예규 공사계약 종합심사낙찰제 심사기준

2. 심사기준

1) 개요

공사의 규모 및 난이도에 따라 실시

2) 구분
- 고난이도공사 : 발주기관이 물량ㆍ시공계획을 심사할 필요가 있다고 인정하는 공사

- 일반공사 : 추정가격 300억 원 이상이면서 고난이도공사에 해당하지 않는 공사
- 간이형공사 : 추정가격 300억 원 미만이면서 고난이도공사에 해당하지 않는 공사

3. 종합심사점수 산정

1) 간이형 공사
- 공사수행능력점수(경영상태점수 포함)
- 사회적 책임점수(공사수행능력점수의 배점한도 내에서 가산)
- 입찰금액점수(단가 심사점수 및 하도급계획 심사점수 포함)
- 계약신뢰도 점수를 합산

2) 일반 공사
- 공사수행능력점수
- 사회적 책임점수(공사수행능력점수의 배점한도 내에서 가산)
- 입찰금액점수(단가 심사점수 및 하도급계획 심사점수 포함)
- 계약신뢰도 점수를 합산

3) 고난이도 공사
- 공사수행능력점수
- 사회적 책임점수(공사수행능력점수의 배점한도 내에서 가산)
- 입찰금액점수(단가 심사점수 및 하도급계획 심사점수, 물량심사점수 및 시공계획 심사점수 포함)
- 계약신뢰도 점수를 합산

■ 참고 : 일반공사의 분야별 심사항목 및 배점기준

심사 분야	심사 항목		가중치	비고
공사수행능력 (40~50점)	전문성	시공실적 (시공인력)	20~30%	
		매출액 비중	0~20%	
		배치 기술자	20~30%	
	역량	공공공사 시공평가 점수	30~50%	
		규모별 시공역량	0~20%	
		공동수급체 구성	1~5%	
	일자리	건설인력 고용	2~3%	
	소계		100%	
입찰금액 (50~60점)	금액		100%	
	가격 산출의 적정성	단가	감점	
		하도급계획		
사회적 책임 (가점 2점)	건설안전		30~40%	※ 공사수행 능력에 가산
	공정거래		30~40%	
	지역경제 기여도		30~40%	
	소계		100%	
계약신뢰도 (감점)	배치기술자 투입계획 위반		감점	
	하도급관리계획 위반		감점	
	하도급금액 변경 초과비율 위반		감점	
	고난이도공사의 시공계획 위반		감점	

Ⅰ. 개요

1. 콘크리트의 혼화재와 혼화제는 혼화재료로서 콘크리트의 경제성 성취 및 특수성질을 개량할 목적으로 시멘트 및 물에 대체하여 사용하는 재료이며, 그 사용량이 비교적 다량인 것을 혼화재, 약품으로 소량 사용하는 것을 혼화제라 함
2. 혼화재는 플라이애시 및 고로슬래그 분말 등이 주로 이용되고, 기타로 팽창재가 있음
3. 혼화제는 AE제, AE 감수제, 고성능 감수제, 고성능 AE 감수제 및 방청제, 방동제, 방수제, 백화방지제, 착색제 등이 있음

Ⅱ. 콘크리트의 혼화재와 혼화제

1. 콘크리트 혼화재료의 개념

1) 혼화재료는 콘크리트의 경제성 성취 및 특수성질을 개량할 목적으로 시멘트 및 물에 대체하여 사용하는 재료
2) 그 사용량이 비교적 다량인 것은 혼화재
3) 약품으로 소량 사용하는 것은 혼화제

2. 콘크리트 혼화재

1) 혼화재 개념
- 플라이애시 및 고로슬래그 분말 등이 주로 이용됨
- 기타로 팽창재가 있음

2) 혼화재의 공통적 사항
- 콘크리트의 수화열 저감효과, 워커빌리티 증진
- 초기강도는 저하하나 장기강도의 증진 및 알칼리 골재반응 억제효과
- 팽창재는 수축균열 방지 등 특별히 요구하는 효과를 목적으로 사용

3) 플라이애시
- 석탄을 연료로 하는 화력발전소에서 미분탄을 고온으로 연소시켰을 때 회분이 용융되어 고온의 연소가스와 더불어 굴뚝에 이르는 도중에 급격히 냉각되어 표면장력에 의해 구형으로 생성되는 미세한 분말

• 전기식 또는 기계식 집진장치를 사용하여 집진

4) 고로슬래그
  • 제선과정에서 쇳물 위에 뜬 용융상태의 고온 슬래그를 밀도 차에 의해 배출한 다음 물, 공기 등으로 급랭하여 입상화한 것
  • 냉각처리방법에 따라 서랭슬래그, 반급랭슬래그, 급랭슬래그 등으로 분류

3. 콘크리트 혼화제

1) 혼화제 개념
   약품으로 소량 사용하는 것, 화학혼화제

2) 종류
   AE제, AE 감수제, 고성능 감수제, 고성능 AE 감수제 및 방청제, 방동제, 방수제, 백화방지제, 착색제 등이 있음

3) AE제
   내동해성과 연관하여 그 중요성이 강조

4) AE 감수제, 고성능 감수제
   • 콘크리트의 유동성 향상 및 단위수량 저감을 위해 사용
   • 고성능 감수제는 나프탈렌계, 멜라민계, 방향족계 등이 있음
   • 동일 주성분, 동일 형태일지라도 제조회사, 제조시기 및 취급 여하에 따라 많은 차이가 있으므로 심도 있는 검토가 요구됨

50 | BOT 및 BTL 계약

I. 개요

1. BOT 및 BTL 계약은 민간 투자 유치를 통해 정부 재정의 한계를 극복하기 위한 수단임
2. BOT 계약은 건설, 운영, 양도를 의미하는 사업진행 형태로 턴키방식에 부가해서 자금조달, 공사 완성 후 일정기간 운영 및 양도의 과정을 거치는 계약방식임
3. BTL 계약은 공공건설공사에 필요한 자금을 수급자가 직접조달하고 설계, 시공하여 소유권을 정부 등 공공기관에 이전, 임대하고 상응하는 임대료로 투자비를 회수하는 방식임

II. BOT 및 BTL 계약

1. 개념

1) 사회간접자본(SOC)의 수요가 급격히 증대되는 상황 속에서 정부 재정의 한계를 극복하기 위한 수단
2) BOT와 BTL 등 민간투자 유치를 통한 재원부족문제를 해결

2. BOT 계약

1) Built-Operate-Transper Contract
2) 건설, 운영, 양도를 의미하는 사업진행 형태
3) 턴키방식에 부가해서 자금조달, 공사 완성 후 일정기간 운영 및 양도의 과정을 거치는 계약방식
4) 건설공사에 필요한 자금을 수급자가 조달
5) 설계, 엔지니어링, 시공, 그리고 일정기간 운영수입을 통해 투자금 회수 후 발주자에게 시설 등을 인도하는 방식

3. BTL 계약

1) Built-Transfer-Lease Contract
2) 공공건설공사에 필요한 자금을 수급자가 직접 조달
3) 설계, 시공하여 소유권을 정부 및 지방자치단체, 교육기관 등 공공기관에 이전, 임대하고 상응하는 임대료를 받아 투자비를 회수하는 방식

4) 일반적으로 BTL 계약방식은 국민의 기초 서비스 제공을 위해 불가피하게 도입해야 하는 공공사회편익시설로서 사용료 부과가 어렵거나, 일정 이용료 수립으로 투자금 회수가 어려운 학교시설, 의료복지시설, 환경관리시설 등이 대상

QUESTION
51 │ 건설사업관리계약

Ⅰ. 개요

1. 건설사업관리계약이란 건설공사의 기획, 타당성조사, 분석, 설계, 조달, 계약, 시공관리 등에 관한 체계적인 관리기법을 적용하여 공기, 비용, 품질에 대한 목표를 달성하는 진보된 건설사업 수행방식임

2. 장점으로는 시공과정을 통해 공사비, 기간 등 종합적인 평가가 가능하고, 단점으로는 건설사업 관리자들의 전문성에 따라 품질의 차이가 날 수 있음

Ⅱ. 건설사업관리계약

1. 개념

1) Construction Management Contract

2) 건설공사의 기획, 타당성조사, 분석, 설계, 조달, 계약, 시공관리, 감리, 평가, 사후관리 등에 관한 체계적인 관리기법을 적용하여 공기, 비용, 품질에 대한 목표를 달성하는 진보된 건설사업 수행방식

2. 시공책임형 건설사업관리

1) 종합공사를 시공하는 업종을 등록한 건설업자가 건설공사에 대하여 시공 이전 단계에서 건설사업관리 업무를 수행

2) 시공단계에서 발주자와 시공 및 건설사업관리에 대한 별도의 계약을 통해 종합적인 계획, 관리 및 조정을 하면서 미리 정한 공사금액과 공사기간 내에 시설물을 시공하는 관리방식

3. 장점

1) 시공과정을 통해 공사비, 기간, 시공품질 등에 대한 종합적인 평가가 가능함

2) 효율적인 설계변경 및 공사기간의 단축과 품질향상, 시공 참여 주체들의 협력을 통한 마찰 감소

4. 단점

1) 건설사업 관리자들의 전문성과 능력 여부에 따라 품질이 차이가 남
2) 공사계약 이전 단계에서 설계내용과 공법 등이 결정되므로 수급자의 의견이 제약받을 수 있는 한계가 있음

QUESTION 52 | 현장 표토 및 임목폐기물을 이용한 녹화공법

I. 개요

1. 현장 표토 및 임목폐기물을 이용한 녹화공법은 현장 표토의 이용과 함께 자연 훼손으로 인해 발생하는 임목폐기물을 분쇄하고 부숙시켜 재활용함으로써 녹화효과 증진을 가능하게 하는 친환경공법임

2. 특성은 생물다양성 보전 및 지역의 향토 환경보전을 위해 지역 토착식물을 이용한 녹화의 중요성을 인식하게 됨으로써 현장 표토를 이용한 녹화공법이 주목받음

II. 현장 표토 및 임목폐기물을 이용한 녹화공법

1. 개념

현장 표토의 이용과 함께 자연훼손으로 인해 발생하는 임목폐기물을 분쇄하고 부숙시켜 재활용함으로써 녹화효과 증진을 가능하게 하는 친환경공법

2. 배경

1) 현재 현장에 적용되고 있는 기술은 주로 외래식물을 이용해 실시하는 것이 주류였음

2) 그러나 점차 생물다양성 보전의식이 높아지면서 외래종에 의한 교란문제가 제기됨

3) 녹화로 사용하는 식물의 꽃가루 알레르기의 발생, 외래종 우점으로 인해 식생 천이가 진행되지 않음

4) 주변환경과의 부조화 등의 문제가 발생

5) 따라서 생물다양성 보전 및 지역의 향토 환경보전을 위해 지역 토착식물을 이용한 녹화의 중요성을 인식

6) 또한 현장표토를 이용한 녹화공법이 주목받기 시작

3. 역할

현장 표토와 임목폐기물의 이용은 자원순환과 생물다양성 보전의 양면을 가지고 있음

4. 현장 표토를 이용한 녹화공법

1) 표토는 오랜 세월에 걸쳐 형성된 식물 생육에 적합한 조건을 갖춘 토양

2) 표토 내에 잠재된 매토종자의 활용은 조기에 원식생 복원이 가능함

3) 매토종자는 향토종과 외래식물의 교잡에 의한 유전자오염을 막기 위한 토양씨드뱅크 역할을 함

4) 현장 표토 이용은 시공 초기에는 선구종이 발아해 생육하게 되고 점차 선구종이 정착, 산포종자의 침입과 정착이 시작되면서 점차 다양한 식생으로 천이해 감

5. 임목 폐기물을 이용한 녹화공법

1) 임목 폐기물 이용은 건설 부산물을 활용하는 자원 순환형 녹화공법

2) 임목 폐기물을 분쇄하여 멀칭재로 이용, 퇴비화하여 이용하는 방법이 있음

3) 현장 여건상 공기가 충분하지 못하면 미생물제재를 이용해 고속 퇴비화 플랜트시설을 갖추어 현장 제조하면 효과적임

QUESTION
53 | BPN(British Pendulum Number)

Ⅰ. 개요

1. BPN이란 BPT(British Pendulum Tester)로 측정한 미끄럼마찰계수로서 보도의 미끄럼 저항값에 해당함

2. BPN의 필요성은 고령화사회 진입과 기상악화로 인해 보도 미끄럼 사고가 많아지면서 보도도 차도와 같이 미끄럼 저항에 대한 기준이 필요함

3. BPN의 내용은 BPT로 측정하는데, 시험지점에 물을 뿌린 후 미끄럼 저항을 측정, 표준온도 20℃의 마찰계수로 보정함

Ⅱ. BPN(British Pendulum Number)

1. 개념

1) BPT(British Pendulum Tester)로 측정한 미끄럼 마찰계수

2) 보도의 미끄럼 저항값, 미끄럼 저항지수

2. 필요성

1) 고령화사회 진입과 기상악화로 인해 보도 미끄럼 사고가 빈번

2) 보도도 차도와 같이 미끄럼 저항에 대한 기준이 필요

3) 서울시는 횡단경사가 2% 이하인 경우 BPN이 40을 초과하도록 함

3. 내용

1) BPT는 진자(Pendulum)의 원리를 이용하여 미끄럼을 측정하는 것

2) 시험지점에는 수막이 형성될 정도로 충분한 물을 뿌린 후 미끄럼 저항을 측정

3) 측정된 BPN은 표준온도 20℃의 마찰계수로 보정

4) 아스팔트나 콘크리트는 BPN이 60~80 수준

5) 이것은 습윤상태에서 측정한 것으로 눈길에서는 값이 낮아질 것임

QUESTION 54

비탈면 관리를 위한 '비탈면 보호시설공법' 중 식생공법 과 구조물에 의한 보호공법을 각각 5가지 쓰고, 그 시공 방법을 설명

Ⅰ. 서론

1. 비탈면 관리를 위한 비탈면 보호시설공법이란 비탈면의 구조적 안정과 생태·경관복원을 위해 구조물에 의한 보호공법과 식생공법을 병행한 공법을 말함

2. 비탈면 관리를 위한 비탈면 보호시설공법 중 식생공법과 구조물에 의한 보호공법 각각 5가지를 시공방법과 함께 설명하고자 함

Ⅱ. 비탈면 관리를 위한 비탈면 보호시설공법의 개요

1. 개념

1) 비탈면의 구조적 안정과 생태복원, 경관복원을 위해 시행하는 공법
2) 구조물에 의한 보호공법과 녹화하는 식생공법을 포함

2. 공법의 구분

1) 구조물에 의한 보호공법
   - 옹벽공, 옹벽+앵커공, 가비온공, 앵커공
   - 네일링공, 마이크로파일공, 활동방지말뚝공, 숏크리트+록볼트공, 록앵커공

2) 녹화하는 식생공법
   - 파종공 : 종자분사파종공법, 식생기반재뿜어붙이기, 네트+종자분사파종공, 볏집거적 덮기, 식생매트공, 식생혈공, 식생반공, 식생자루공법
   - 식재공 : 잔디떼심기공, 일반묘식재공, 포트묘식재공, 차폐수벽공, 소단상객토식수공법

Ⅲ. 비탈면 식생공법 5가지와 시공방법

공법 구분	특징	시공방법
잔디떼심기공	• 재배된 뗏장잔디를 줄떼 또는 평떼 형태로 적정규격으로 잘라서 대상비탈면에 면고르기를 실시한 후 식재하여 녹화	• 비탈면 표면을 다듬고 잔돌이나 초목 등 유해물을 제거 • 모래나 양질 흙을 포설한 후 잔디떼를 일정간격으로 심기

공법 구분	특징	시공방법
잔디떼심기공	• 45° 이하의 완경사 성토비탈면에 적용 가능 • 시공 즉시 시각적 녹화효과 발휘	• 모래나 양질 흙을 복토한 후 달구판으로 다지기 • 20cm 이상의 떼꽂이로 떼를 고정하면 마무리됨
묘식재공	• 재배된 일반묘나 포트에서 재배된 묘를 식재하여 녹화 • 급경사, 경구조물, 비탈소단 평지부, 비탈하단부 등 부분녹화에 주로 적용	• 토사 절·성토비탈부는 식재할 부분에 구멍 파기 → 억새류나 어린 묘목을 식재 • 경암지역은 하단부에 식재할 곳 파기 → 덩굴식물을 하단에 식재
볏짚거적덮기공	• 시공면에 종자를 분사파종한 후 볏짚으로 제작된 거적을 덮어 단단하게 고정시켜 녹화 • 볏짚을 덮어줌으로써 보습 및 발아 시 차광효과로 인해 단순 종자분사 파종 공법에 비해 시공효과가 양호	• 시공한 지역에 면고르기 실시 • 종사를 분사파종하기 • 볏짚거적을 덮고 고정핀으로 고정하기
식생매트공	• 특정식물을 매트형태로 재배하여 대상비탈면에 부착시공하여 녹화를 기대하는 공법 • 잔디류를 대상으로 제작된 식생매트가 많이 사용됨 • 최근에는 갈대, 돌나물, 좀씀바귀 등 국내 자생초본식물을 이용한 제품이 개발 이용됨	• 절·성토 토사지역에 시공이 가능함 • 식생기반이 열악한 경우 접착력이 있는 식생기반재를 취부하여 기반토양층을 조성한 후 시공 • 식생매트를 덮고 고정핀으로 고정
종자분사파종공	• 종자살포기로 종자, 비료, 파이버, 침식방지제 등을 물과 교반하여 펌프로 비탈면에 살포하여 녹화 • 기계화시공은 종자가 발아·활착되기 전 빗물에 의해 유실되기가 쉬움	• 바탈면 다듬기 → 관수하기 → 재료혼합하기(물, 종자, 비료, 섬유류, 혼합양생제) → 살포하기(수압식 분사파종기)
네트+ 종자분사파종공	• 기존의 공자분사파종공법과 천연섬유인 코이어 네트와 주트 네트를 결합하여 비탈면 보호, 침식방지, 발아촉진, 활착을 도모하는 녹화공법	• 시공면 정리(잔돌 제거 및 면정리) • 1차 혼합종자살포(설계물량에 근거하여 물탱크에서 혼합) • 네트시공(좌우 10~20cm씩 겹치게 시공 후 고정핀으로 네트 고정) • 2차 혼합종자살포(1차 살포와 동일) • 발아(관수 및 관리)

Ⅳ. 비탈면 구조물 보호공법 5가지와 시공방법

공법 구분	특징	시공방법
앵커공	앵커재 두부에 작용하는 하중을 정착지반에 전달하여 활동을 방지하는 공법	• 앵커재를 암반의 보링공 내에 삽입 • Grout를 주입하여 앵커재를 지반에 정착시킴
가비온공	아연도금 철망에 돌을 채운 것을 쌓아올려 중력식 옹벽과 같은 역할을 하도록 고안된 공법	• 현장에서 채움용 돌을 구하기 • 아연도금 철망에 돌을 채우기 • 철망에 채워진 돌을 중력식을 쌓아올리고 고정하기
네일링공	절토면에서 수평하향 방향으로 천공한 후 Steel Bar를 삽입하여 보강된 지반을 일체화시켜 적용 토압에 저항하도록 하는 공법	• 비탈 시공면의 수평하향 방향으로 천공하기 • Steel Bar(시멘트페이스트 충전 가능)를 삽입하여 보강하기
마이크로 파일공	수직 및 경사하향방향으로 천공한 후 Steel Bar를 삽입하여 보강된 토체가 중력식 옹벽과 유사한 역할을 작용하여 토압에 저항하도록 하는 공법	• 비탈 시공면의 수직 및 경사하향방향으로 천공하기 • Steel Bar(시트페이스트 충전 가능)를 삽입하여 보강하기
록앵커공	절토비탈면의 예상 활동면이 깊은 심토에 존재할 경우 록앵커를 예상 활동면을 관통하도록 하여 정착시킴으로써 활동에 저항하도록 하는 공법	• 비탈표면 암반이 연약할 경우 숏크리트를 타설하거나 격자상 철근콘크리트망을 설치한 후 앵커박기를 시행 • 록앵커를 예상 활동면을 관통하도록 박기

QUESTION 55 | 공원, 골프장, 학교운동장 등 많은 공간에 사용되고 있는 잔디의 시각적 품질에 대하여 설명

Ⅰ. 서론

1. 잔디란 화본과 여러해살이풀로 재생력이 강하고 지표면을 피복하는 능력이 뛰어나서 조경의 목적으로 이용되는 피복성 식물임
2. 공원, 골프장, 학교운동장 등 많은 공간에 사용되고 있는 잔디의 시각적 품질에 대해 설명하고자 함

Ⅱ. 잔디의 개념 및 기능, 사용공간

1. 개념

1) 화본과 여러해살이풀로 재생력이 강하고 식생교체가 일어나며, 조경의 목적으로 이용도는 피복성 식물
2) 지표면을 피복하는 능력과 답압에 견디는 능력이 뛰어난 다년생의 초본성 식물군

2. 기능

1) 기능적 효과
   - 토양오염방지, 토양침식방지
   - 먼지발생 감소

2) 생태적 효과
   - 산소 공급, 수분보유능력 향상
   - 조류 서식

3) 휴양적 효과
   - 쾌적한 녹색환경 조성
   - 스포츠 및 레크리에이션 공간 제공
   - 운동경기 시 부상방지

4) 환경적 효과
   - 기상 조절, 대기 정화
   - 소음 완화

3. 사용 공간

1) 스포츠경기장, 학교운동장   2) 공원, 정원, 골프장, 경마장

Ⅲ. 잔디의 시각적 품질

1. 균일성

1) 잔디는 이용목적에 따라 깎는 높이, 재질, 색, 밀도 등에 차이가 있음
2) 밀도가 균일하지 못한 잔디는 기능과 이용 면에서 가치가 떨어짐
3) 잔디의 재질과 색상의 균일함도 요구됨

2. 질감

1) 개개의 잎의 엽폭에 의해 좌우됨
2) 여러 종의 잔디를 혼파할 경우 적합성 여부를 결정짓게 됨
3) 밀도가 높은 초종일수록 질감이 섬세함

3. 색깔

1) 잔디의 엽색을 나타내는 것
2) 시각적으로 볼 때 주위의 태양광선, 생장습성 등의 영향을 받음
3) 일반적으로 한지형 잔디가 색깔이 진함

4. 밀도

1) 단위면적당 새순 또는 잎이 얼마나 많은가를 나타내는 것
2) 유전적, 환경적, 경종적 영향을 받음
3) 적절한 토양수분, 낮은 예고 및 질소시비 등은 밀도를 증가시킴

5. 평탄성

1) 잔디의 표면 상태를 나타내는 것
2) 잔디면 위로 공이 구를 때 중요한 역할을 함
3) 높은 밀도와 균일성, 섬세한 질감에 의해 평탄성은 높아지게 됨

6. 탄력성

1) 잔디가 누웠다가 다시 원상태로 돌아오는 능력
2) 사용자의 미끄러짐과 충격완화도 등에 영향을 미침
3) 연약한 잔디, 생육정지기의 잔디, 밀도가 낮은 잔디는 탄력성이 적어 경기의 흐름이나 안전성에 문제를 가져옴

QUESTION 56 | 조경공사의 공사원가 구성체계 및 적산서 작성 시 문제점을 설명하고 개선방안 제시

Ⅰ. 서언

1. 조경공사의 공사원가 구성체계는 재료비, 노무비, 경비로 구성되는 공사원가와 일반관리비, 이윤을 포함하는 총공사원가로 구성되며, 총공사원가에 세금과 지급자재를 포함하면 총공사비가 됨

2. 적산서 작성 시 문제점은 현행 원가계산방식에서부터 비롯되며 건설공사가 정착된 선진국에서 많이 적용하는 실적공사비 적산방식의 도입으로 합리적·현실적인 적산방식의 전환이 필요함

Ⅱ. 조경공사의 공사원가 구성체계

구분		내용	산식
공사 원가	직접재료비	공사목적물에 실체를 형성하는 물품의 가치	품셈에 의하여 계상
	간접재료비	• 공사목적물의 실체를 형성하지는 않으나 소비되는 물품의 가치 • 소모재료비, 가설재료비	품셈에 의하여 계상
	직접노무비	직접 작업에 종사하는 종업원, 노무자 노동력의 대가	품셈에 의하여 계상
	간접노무비	품셈에 따라 계상되는 노무량을 제외한 현장시공과 관련하여 현장관리소에 종사하는 자의 노무량	직접노무비 × 간접노무비율
	경비	운반비, 기계경비, 특허권사용료, 기술료, 연구개발비, 품질관리비, 가설비, 지급임차료, 보험료, 보관비, 외주가공비 등	품셈에 의하여 계상
	기타 경비	경비 비목에서 품셈에 의한 계상분을 제외한 비용	(노무비+재료비) × 기타 경비율
	산재보험료	노동부 고시율(매년 변경 고시됨)	노무비 × 산재보험료율
	고용보험료	총 공사금액(지급자재비 포함)이 2천만 원 이상인 공사에 적용하는 노동부 고시에 의한 고용보험료	노무비 × 고용보험료율
	건강보험료	국민건강 및 연금보험법에 의해 건설현장들이 의무가입된 보험료	직접노무비 × 건강보험료율
	연금보험료	국민건강 및 연금보험법에 의해 건설현장들이 의무가입된 보험료	직접노무비 × 연금보험료율
	안전관리비	품셈에 의한 별도 계상비용을 제외한 법에 규정된 사항의 이행에 필요한 기본 비용	(재료비+직접노무비+지급자재비) × 안전관리비율
	환경보전비	환경오염방지시설 설치 및 운영비용과 건설폐기물의 처리 및 재활용에 소요되는 비용	(재료비+직접노무비+기계경비) × 환경보전비율

일반관리비	기업의 유지를 위한 관리활동 부문에서 발생하는 제 비용으로서 공사원가에 속하지 않는 모든 영업비용	(재료비+노무비+경비) × 일반관리비율
이윤	영업이익	(노무비+경비+일반관리비) × 이윤율
공사비 계		공사원가 + 일반관리비 + 이윤
부가가치세	공사비의 10%	공사비계 × 0.1
총공사비 합계	공사비와 부가가치세를 합함	공사비계 + 부가가치세

Ⅲ. 적산서 작성 시 문제점 : 원가계산 적산방식

1. 공공 발주기관에서의 원가계산

1) 원가계산 적산방식은 발주자가 공사예정가격 설정목적으로 사용

2) 이는 불필요한 노력 및 재원낭비

3) 공사원가를 계산하는 것은 시공자의 몫

4) 실제공사 수행에서도 공사집행원가와 예정가격과는 많은 괴리가 있음

5) 실제 공사담당 주체는 시공자인데 발주자가 원가계산을 함

6) 이는 실제 시공자가 수행하는 공사내용 및 방법과 차이가 발생함

7) 시공자의 신공법 및 신기술 적용을 어렵게 함

8) 공사비 절감과 효율적인 공사수행을 저해하는 요인으로 작용

2. 표준품셈의 비적정성

1) 표준품셈은 공사원가계산을 위한 보편적 기준

2) 표준품셈은 보편적인 공법 및 공종만을 토대로 함

3) 공사의 다양한 작업조건 및 작업환경을 반영한 적산이 곤란

4) 소량 다품목 특성을 가진 조경공사는 특성을 반영한 품셈산정이 어려움

5) 조경시설물공사는 현행 표준품셈으로는 합리적 적산이 곤란

6) 새로운 기술과 공법, 신자재의 경우 표준품셈에 수록되지 않음

7) 표준품셈은 시장가격의 적절한 반영이 미흡

3. 품셈과 노임의 비합리성

1) 현행 품셈의 적정성 검토 없이 노임단가만 대폭 증액

2) 시중노임에 가깝게 적용함에 따라 단가 합리성이 결여

3) 실제공사가격과는 괴리

4) 모든 세부공종 단가가 현실적 · 합리적 단가로 책정

5) 이를 위해서는 적산방식의 전환이 우선되어야 함

4. 내역서 작성 기준 미비

1) 표준적 내역서 작성 기준 및 수량산출방법 공통기준이 미비

2) 조경공사의 세부공종에 대한 분류가 발주기관별로 다름

3) 내역서 체계가 서로 상이한 결과를 초래

4) 표준품셈에 근거한 내역서 작성으로 내역서와 시방서 간의 연계성이 부족

5) 내역서 항목구성이 시방서 항목구성과 불일치

6) 체계적 공사관리가 어렵고 공사 관련 정보의 체계적 축적이 곤란

5. 적산기술의 발전 저해

1) 원가계산 적산방식은 적산 담당자에게 특별한 전문성을 요하지 않음

2) 따라서 적산 실무자들이 능력배양 노력이 미흡

3) 국가적으로 적산업무의 중요성 인식이 부족

4) 적산연구 및 전문인력 양성을 게을리하는 결과 초래

5) 적산 전문기관과 전문적산사의 활동이 필요

IV. 개선방안 : 실적공사비 적산방식의 도입

1. 실적공사비 적산방식의 기본개념

1) 시공자가 실제공사를 수행하기 위해 산정한 단가를 발주기관별로 축적

2) 향후 유사공사 발주 시 예정가격 산정의 기준단가로 활용한다는 개념

2. 실적공사비 적산방식의 의의

1) 표준품셈에 의한 적산방식의 한계성을 극복

2) 발주자 적산업무의 간소화

3) 시장거래가격을 적정하게 반영할 수 있는 실적공사비 적산방식 도입

4) 적산제도를 합리적으로 개선할 필요가 있음

3. 실적공사비 적산방식 도입 시의 기대효과

1) 시공기술 발전 및 경제상황 변화에 대한 융통성 있는 대응이 가능

2) 공사유형별로 특성을 고려한 합리적ㆍ현실적인 공사비 산정이 가능

3) 외국방식과 호환성을 갖게 되어 국내건설시장 개방과 해외진출에 유리

4) 발주자 적산업무의 간소화로 업무효율이 증대

5) 시공자의 기술능력 및 자율적인 작업방법의 적용이 가능

4. 실적공사비 방식의 특성

1) 공사비 자료의 표준화

  • 내역서가 통일된 기반 위에서 작성되어야 함

- '수량산출기준'의 제정이 선행
- 실적공사비 단가는 수량산출기준에 따라 낙찰자가 작성, 제출
- 이러한 산출내역서로부터 얻어지는 공사비자료가 표준화되어 축적됨

2) 공사단가 자료의 단일화
- 원가계산방식은 공사단가 자료가 복합단가의 성격
- 실적공사비는 단일단가개념(예 공사비 제품단가처럼 재료단가, 노무단가, 경비단가 구분이 없음)

5. 실적공사비 방식의 내역서 구성체계

1) 본체공사 항목
- 작업 중심이 아니라 대상목적물 중심의 공종분류를 적용
- 그 이유는 발주자는 작업방식이 중요한 것이 아니라 공사목적물의 품질과 결과가 중요한 것이기 때문임

콘크리트 공사 분류

원가계산 방식		실적공사비 방식	
• 무근 구조물 • 철근 구조물	• 인력비빔타설 • 기계비빔타설 • 레미콘타설	• 무근 구조물 • 철근 구조물	• 기초부위 • 슬래브 부위 • 벽체 • 기둥

2) 공통비용 항목
- 공사목적물의 시공을 위해 필요한 가설 시설물과 현장관리 및 기업 운영을 위해 소요되는 비용
- 목적물 본체를 시공하기 위해 투입되는 공종은 실적단가를 활용하여 공사비 산정이 원칙
- 그러나 여러 개 공종에 공통으로 소요비용 또는 목적물 실체를 형성하지 않는 가설시설 등에 대한 공사비 항목은 별도로 작성

6. 수량산출기준과 표준공종분류체계

1) 공종별 수량산출기준서 작성이 필수
- 체계적 · 통일적인 수량산출과 내역서 작성을 위함
- 수량산출단위, 방법통일, 수량산출항목 체계화, 단가정의 통일 등

2) 표준적인 공종분류체계가 수립
- 체계적이고 일관성 있게 실적공사비를 수집, 축적
- 이 분류체계에 따라 공사비 데이터베이스가 구축

QUESTION
57 | 토공량 산정방법인 단면법, 점고법, 등고선법의 계산방식을 설명하고 특징 비교

Ⅰ. 서언

1. 토공량 산정은 경제성과 관련이 되므로 적정한 산정방법을 선택하여 계산에 의해 결정해야 함

2. 토공량 산정방법인 단면법은 철도, 도로 등 폭에 비해 길이가 긴 경우 사용하고 점고법은 운동장, 광장 등 넓은 지역의 정지작업 토공량을 산정함

3. 등고선법은 저수지 용적이나 정지작업 토량을 구하는 방법으로 각 등고선에 둘러싸인 면적 높이차를 이용함

Ⅱ. 단면법 계산방식 및 특징

1. 적용대상

철도, 도로, 수로, 제방 등 폭에 비해 길이가 긴 경우 각 횡단면을 이용하여 토량을 계산

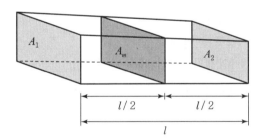

2. 계산식

구분	계산식	비고
양단면 평균법	$V = \dfrac{A_1 + A_2}{2} \cdot l$	V : 체적(토량) A_1, A_2 : 양단면적 A_m : 중앙단면적 l : 양단면 간의 거리
중앙 단면법	$V = A_m \cdot l$	
각주법	$V = \dfrac{l}{6}(A_1 + 4A_m + A_2)$	

Ⅲ. 점고법 계산방식 및 특징

1. 적용대상

운동장, 광장 등 넓은 지역의 정지작업 토공량을 산정하는 방법으로 전 구역을 직사각형 또는 삼각형으로 나누어 계산

2. 구형분할법(사각형법)

- $V = \dfrac{A}{4}(\sum h_1 + 2\sum h_2 + 3\sum h_3 + 4\sum h_4)h_1$

  여기서, V : 체적(토량)

  A : 직사각형 1개의 면적

  $\sum h_1$: 1개의 직사각형에 관계하는 높이의 합

  $\sum h_2$: 2개의 직사각형에 관계하는 높이의 합

  $\sum h_3$: 3개의 직사각형에 관계하는 높이의 합

  $\sum h_4$: 4개의 직사각형에 관계하는 높이의 합

3. 삼각분할법(삼각형법)

- $V = \dfrac{A}{6}(\sum h_1 + 2\sum h_2 + 3\sum h_3 + \dots 8\sum h_8)$

  여기서, V : 체적(토량)

  A : 직사각형 1개의 면적

  $\sum h_1$: 1개의 삼각형에 관계하는 높이의 합

  $\sum h_2$: 2개의 삼각형에 관계하는 높이의 합

  $\sum h_3$: 3개의 삼각형에 관계하는 높이의 합

  $\vdots$

  $\sum h_8$: 8개의 삼각형에 관계하는 높이의 합

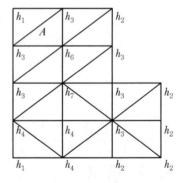

- A를 삼각형 면적으로 적용할 경우

  $V = \dfrac{A}{3}(\sum h_1 + 2\sum h_2 + 3\sum h_3 + \dots 8\sum h_8)$

Ⅳ. 등고선법 계산방식 및 특징

1. 적용대상

등고선을 이용하여 저수지의 용적이나 정지작업 토량을 구하는 방법으로 각 등고선에 둘러싸인 면적과 높이차를 이용

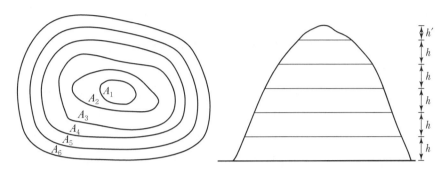

여기서, $A_1 \sim A_6$: 각 등고선의 단면적

　　　　h : 등고선의 높이차

　　　　h' : 마지막 등고선부터 최정상까지의 높이

1) 단면이 홀수일 경우(각주공식을 연속하여 더한 값과 동일)

$$V = \frac{h}{3}A_1 + 4(A_2 + A_4 + ... + A_{n-1}) + 2(A_3 + A_5 + ... + A_{n-2}) + A_n$$

$$= \frac{h}{3}A_1 + 4(\text{짝수 단면적의 합}) + 2(\text{홀수 단면적의 합}) + A_n$$

2) 단면이 짝수일 경우 : 등고선법으로 구한 나머지 부분은 양단면 평균법 이용

$$V = \frac{A_1 + A_2}{2} \cdot h$$

(이 경우 면적이 넓은 등고선 쪽을 적용하는 것이 오차가 적음)

3) 최정상부의 토량 : 원뿔공식을 이용하여 산정

$$V = \frac{1}{3}\pi r^2 \ \ h = \frac{1}{3}A_1 h'$$

QUESTION
58 | 대형수목이식 시 작업과정을 구체적으로 설명

I. 서언

1. 수목은 이식작업 시 살던 장소에서 다른 장소로 옮기면서 많은 뿌리가 잘려 나가기 때문에 엄청난 스트레스를 받게 됨

2. 이식에 따른 스트레스는 나무가 작을수록 적게 받기 때문에 조경수를 가능한 한 어릴 때 이식하는 것이 바람직하나 국내는 조기녹화를 위해 큰 나무를 이식하는 경향이 있음

3. 대형수목의 이식은 이식 시 반드시 지켜야 할 필수과정이 있고 이러한 작업과정을 지켜서 이식에 성공하더라도 원래의 모습을 유지할 수 없으므로 작은 나무를 이식하여 적절한 유지관리를 통해 대형수목으로 기르는 향후 방향 검토가 필요함

II. 대형수목이식 작업과정

1. 이식목의 품질과 규격 확인

1) 이식목은 모양이 반듯하고 건강해야 함 : 고려사항은 전반적 건강상태, 수관의 모양, 뿌리의 상태 등

2) 건강상태
- 나무의 활력으로 판단, 잎은 짙은 녹색, 크고 촘촘
- 수피는 밝은색, 상처가 없을 것

3) 수간과 수관 모양
- 수간은 한 개의 줄기, 수관의 모양은 골격지의 배치 고려
- 골격지가 적절한 간격으로 네 방향으로 균형있게 뻗음

4) 뿌리의 상태
- 근분의 크기와 포장상태
- 근분의 크기는 클수록 유리, 근원경의 약 7배

5) 수종에 따른 이식성공률
- 낙엽수는 상록수보다 이식이 잘 됨
- 맹아가 잘 나오는 수종은 이식 후 성공률이 높음
- 이식성공률이 낮은 수종은 각별히 주의

2. 이식시기

1) 이식 적기는 수목이 휴면상태에 있는 기간
- 낙엽이 지기 시작하는 늦가을부터 새싹이 나오는 이른 봄까지
- 이때가 휴면기라서 이식 적기

2) 가을이식은 이상기후가 심한 경우 상록수가 겨울철 증산작용으로 고사
- 이른 봄 이식이 용이, 대략 3월 20일 전후
- 수목이식 부적기는 7월과 8월, 가급적 이 기간을 피함

3. 사전작업

1) 뿌리돌림
- 야생상태에서 오래 자란 나무는 사전 준비가 필수
- 2년 전부터 뿌리돌림 실시, 반씩 두 해에 나누어 실시로 세근 발달 촉진
- 수간직경 4배되는 곳을 기준으로 구덩이를 파서 세근 유도
- 2년 후 근분을 만들 때는 수간직경의 5배 되는 곳을 기준으로 함
- 흙을 메울 때 부엽토, 유기질비료 등을 잘 섞어서 실시
- 유공관을 수직으로 매설, 뿌리의 통기성을 높여줌
- 1년 후 들어낼 위치에 미리 부직포를 집어넣음
- 세근 발달을 위해 뿌리박피를 실시, 박피 부위에 발근촉진제를 뿌려줌

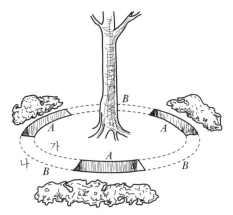

한 번도 옮긴 적이 없는 수목의 단계적 뿌리돌림작업,
이식하기 2년 전에 A부분을 단근하고, 1년 전에 B부분을 단근한 후,
3년 차에 나무를 들어낸다(Pirone 등, 1998).

‖ 뿌리돌림작업 ‖

2) 굴취 전 준비작업
- 이식장소 선정 : 수목 이식장소를 사전에 점검(식재공간, 토양, 배수상태, 채광, 주변 환경 등 확인)
- 가지치기 : 굴취 전 실시 가지치기는 되도록 적게 하는 것이 바람직, 가지치기는 이식이 끝난 후에 최종적으로 실시
- 가지묶기 : 가지를 묶어서 굴취와 운반이 쉽도록 함

3) 수피보호
- 이식과정에서 수피에 상처가 생기지 않도록 굴취 전에 수간을 적절한 재료로 피복하여 보호
- 대경목은 철저하게 두꺼운 재질을 사용
- 해충 침투를 방지하기 위해 수피에 살충제를 뿌리고 수간피복

4) 증산억제제와 잎훑기
- 과도한 증산작용 발생 방지를 위하여 증산억제제를 굴취 전에 잎에 뿌려줌
- 활엽수의 경우 과도한 가지치기 대신 잎을 훑어주면 효과가 있음

5) 관수와 강우
- 나무를 굴취하기 수일 전에 관수하여 토양이 너무 마르지 않은 상태에서 굴취
- 관수 후에 배수가 충분히 이루어져야 하며 그렇지 않으면 분 제작이 어려움
- 지나친 강우로 인해 흙에 수분이 많으면 어느 정도 건조 후 분 제작

4. 굴취

1) 근분의 크기
- 근분의 크기는 수간 직경으로 결정
- 수간 직경은 지상 30cm 높이에서 측정한 수치
- 직경 5cm 미만은 근분직경이 12배가량, 직경 8~15cm는 수간직경의 10배, 직경 30cm 이상 대경목은 6~8배
- 야생인 경우는 근분직경을 위의 비율보다 더 크게 함
- 근분의 높이는 최고 100cm 이내로 함(뿌리는 표토로부터 75cm 깊이 이내로 존재)

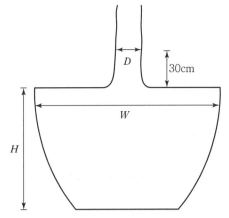

수간직경(D)	근분직경(W)
8cm 미만	12~15D
8~15cm	10D
30cm 이상	6~8D

중경목과 대경목의 근분의 모양과 크기
수간직경(D)은 지상 30cm 높이에서 측정한 수치임
근분의 높이(H)는 근분직경(W)보다 항상 작으며, 최고 100cm 이내로 함

❙ 중경목과 대경목의 근분의 모양과 크기 ❙

2) 뿌리굴취
- 토양에 수분이 약간 있을 때 실시
- 수간 주변에 원형으로 도랑을 팜, 접시형으로 만듦
- 노출된 근분 측면을 젖은 마대로 감싸서 표면이 마르지 않도록 주의
- 근분포장순서는 마대, 새끼끈, 고무바, 반생순으로 함
- 이때 사용재료는 땅속에서 수년 내에 부식되는 물질이어야 함

3) 박스작업
- 근분작업의 변형으로서 뿌리 주변을 목재로 만든 박스로 마감
- 뿌리굴취요령은 4각형으로 굴취하고 널판자로 4면을 고정
- 장점은 작업이 쉽고 장기간 보관이 용이, 근분보다 더 단단함

5. 운반과 보관

1) 수간 밑동의 보호
- 대경목의 경우 크레인으로 근분을 들어올리기 때문에 수피가 손상받지 않도록 주의
- 각목을 4개 이상 받치고 밧줄을 걸어야 함

2) 운반 시 주의사항
- 수피가 손상되지 않도록 트럭에 잘 고정, 담요나 쿠션 등으로 트럭 가장자리를 덮어줌
- 장거리 이동 시는 반드시 나무 전체를 천막으로 덮어서 탈수현상방지
- 근분이 깨지지 않도록 서행

3) 보관

- 이식목은 즉시 식재하는 것이 원칙
- 그러한 상황이 안 되면 그늘에서 보관, 뿌리가 얼거나 마르지 않게 조치해야 함

6. 식재

1) 절대 깊게 심지 말 것(심식 금지) : 이식 전에 심겨졌던 깊이만큼 심어야 함

2) 구덩이파기(식혈)

- 구덩이 안에 근분이 놓인 후 사람이 구덩이 안에서 마무리작업을 해야 하므로 빈 공간이 60cm 이상 떨어지도록 크게 해야 함
- 토양이 딱딱하여 뿌리가 밑으로 뻗기 어려울 때에는 더 넓게 파서 뿌리가 옆으로 자랄 수 있도록 함

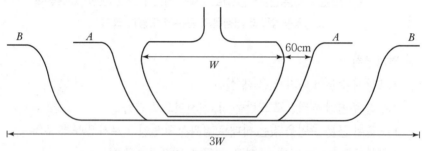

보통 토양은 구덩이의 크기를 A로 하며,
토양이 딱딱하여 뿌리가 밑으로 뻗기 어려울 때에는 더 넓게 파서(B)
뿌리가 옆으로 자랄 수 있도록 함

‖ 대경목의 근분식재 시 구덩이의 크기 ‖

3) 이식목의 방향잡기와 세우기

- 구덩이에 넣기 전에 이식목의 식재방향을 먼저 결정
- 본래 심겨졌던 방향대로 심는 방법도 고려
- 구덩이의 깊이가 근분의 높이와 비슷한지 확인
- 대경목의 경우 구덩이 깊이를 10~15cm 더 깊게 판 다음 흙을 깔고 다져줌

4) 근분포장의 제거

- 지표면에 노출되거나 가까이 있는 포장물질을 반드시 제거
- 근분의 맨바닥에 깔려 있는 포장재료를 제거하려고 하면 근분이 깨질 우려가 있으므로 그대로 둠
- 땅속에서 썩지 않는 재료는 제거가 원칙

5) 흙 채우기

- 구덩이에서 나온 흙을 보관했다가 다시 사용

- 이 흙과 완숙퇴비를 20~30% 섞어서 사용
- 흙을 여러 번 나눠서 다짐
- 흙을 모두 채우고 물매턱을 만든 후에 충분히 관수

6) 가지치기
- 최종적으로 나무가 자리를 잡으면, 묶여 있던 가지를 풀어주고 가지치기를 실시
- 가지치기로 없어지는 가지의 양이 전체 가지의 1/3을 초과하지 않게 함

7. 사후작업

1) 지주설치
- 대경목은 지주 대신 당김줄을 사용, 당김줄은 철사 사용
- 이식목이 커질수록 튼튼한 당김줄이 필요, 조임틀(turnbuckle) 사용
- 땅속에 쇠파이프, 각목(deadmen), 철제 닻(anchor)을 깊게 묻어 고정

2) 수간보호
- 이식목 수간은 굴취 전에 미리 새끼줄이나 마대로 감아서 보호
- 오후 햇빛에 노출되어 피소현상으로 손상되는 것 방지

3) 멀칭
- 수목 이식 후 멀칭은 수분증발 억제하여 활착에 도움
- 5~10cm 두께로 깔아 줌, 너무 두껍게 깔면 뿌리호흡에 지장

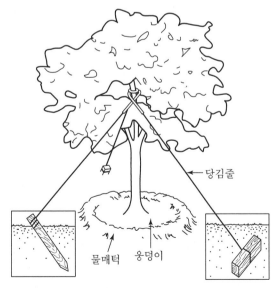

대경목의 경우에는 당김줄의 중간에 조임틀을 삽입하여 팽팽하게 당긴다.

‖ 식재 후 물매턱과 당김줄 설치방법 ‖

Memo

Professional Engineer Landscape Architecture

CHAPTER

08

조경관리학

QUESTION
01 | 광보상점과 광포화점

Ⅰ. 개요

1. 광보상점이란 어떤 광도에 도달하면 호흡작용으로 방출되는 CO_2의 양과 광합성으로 흡수하는 CO_2의 양이 일치하게 되는데, 이때의 광도를 말함
2. 광포화점이란 어느 지점에 오면 광도가 증가해도 더 이상 광합성량이 증가하지 않는 포화 상태의 광도에 도달하는데 이때의 광도를 말함
3. 광보상점 이상으로 광도가 증가하면 광도가 증가하는 만큼 광합성량이 비례적으로 증가하다가, 광포화점에 이르면 광도가 증가해도 더 이상 광합성량이 증가하지 않게 됨

Ⅱ. 광보상점과 광포화점

1. 광보상점(光補償點, Light Compensation Point)

1) 개념 및 원리
- 암흑 상태에서 식물은 호흡작용만을 함으로써 CO_2를 방출
- 암흑 상태에서 서서히 광도가 증가하면 광합성을 시작, CO_2를 흡수
- 어떤 광도에 도달하면 호흡작용으로 방출되는 CO_2의 양과 광합성으로 흡수하는 CO_2의 양이 일치하게 되는데 이때의 광도를 말함

2) 광보상점과 식물의 관계
- 광도가 광보상점 이상 되어야 식물이 살아갈 수 있음
- 광보상점은 수종에 따라서 다름
- 한 개체 내에서도 잎의 종류(양엽, 음엽 등)나 온도에 따라 다름
- 특히 양수와 음수 간에는 광보상점에 큰 차이가 있음
- 양수인 소나무류는 음수인 단풍나무류보다 10배 가량 높은 광도에서 광보상점에 도달
- 소나무류는 다른 나무의 그늘 아래서는 살 수 없지만, 단풍나무류는 그늘에서 살 수 있는 근거가 여기에 있음

2. 광포화점(光飽和點, Light saturation point)

1) 개념 및 원리
- 광보상점 이상으로 광도가 증가하면 광도가 증가하는 만큼 광합성량이 비례적으로 증가함
- 그러다가 어느 지점에 오면 광도가 증가해도 더 이상 광합성량이 증가하지 않는 포화 상태의 광도에 도달하는데, 이때의 광도가 광포화점임

2) 광포화점과 식물의 관계
- 광포화점은 수종과 잎의 종류에 따라서 다르지만, 일반적으로 개개의 잎이나 작은 묘목은 전광의 25~50% 정도에서 광포화점에 도달함
- 여름철 맑은 날의 전광의 광도를 100,000~120,000lx라고 가정할 때, 사과나무 잎은 21,000~43,000lx에서 포화점에 도달
- 배나무 잎은 53,000lx, 소나무 전체를 기준으로 하면 광포화점은 80,000lx 이상이 됨
- 양수는 음수보다 광포화점이 높음. 광도가 높은 환경에서는 양수가 햇빛을 효율적으로 이용하여 광합성을 더 많이 함으로써 음수보다 생장속도가 빠르지만, 낮은 광도에서는 음수보다 광합성량이 저조
- 반대로 음수는 광포화점이 낮기 때문에 높은 광도에서는 광합성 효율이 양수보다 낮으나, 낮은 광도에서는 광합성을 효율적으로 실시함과 동시에 광보상점이 낮고 호흡량도 적기 때문에 그늘에서 경쟁력이 양수보다 높음

QUESTION 02 | 토양수의 구분과 식물의 위조점

I. 개요

1. 토양수는 토양 속의 수분으로 수분함량이 적정 수준에 있어야 식물뿌리가 수분을 흡수할 수 있음

2. 토양수는 결합수, 모세관수, 중력수로 구분되며 이 중 모세관수는 식물이 이용할 수 있는 물임

3. 토양용액의 수분포텐셜이 감소하여 뿌리의 수분포텐셜과 일치하면 식물은 더 이상 수분을 흡수할 수 없게 되면서 시들기 시작하는데 이때의 토양수분 함량을 영구위조점이라 함

II. 토양수의 구분과 식물의 위조점

1. 토양수의 구분

1) 결합수
- 토양 속에서 작은 교질 입자(Colloid) 주변에 존재하거나 화학적으로 결합한 물
- 식물이 이용할 수 없는 형태

2) 모세관수
- 중력에 저항하여 토양입자와 물분자 간의 부착력에 의하여 모세관 사이에 남아있는 물
- 식물이 이용할 수 있는 물
- 토양이 모세관수만을 최대로 보유하고 있을 때, 포장용수량에 달해 있다고 함 → 식물이 이용할 수 있는 물을 최대한 보유한 상태

3) 중력수 : 비가 많이 온 직후, 물은 토양의 모든 공간을 차지하여 포화상태에 놓이며, 수 시간 혹은 하루 동안 중력에 의하여 배수되는 물

2. 식물의 위조점

1) 영구위조점(永久萎凋點, Permanent Wilting Point)
- 계속적인 증발작용과 식물의 이용으로 토양수분은 감소하는데 토양용액의 수분포텐셜이 감소하여 뿌리의 수분포텐셜과 일치하면 식물은 더 이상 수분을 흡수할 수 없게 되면서 시들기 시작함 → 이때의 토양수분 함량을 영구위조점이라 함
- 중생식물의 수분포텐셜보다 사막에서 자라는 건생식물이 훨씬 더 낮은 값을 보임

2) 토양수와 식물의 위조점 관계 : 영구위조점일 때 토양이 함유하고 있는 수분은 작은 교질 입자 주변에 존재하거나 화학적으로 결합한 물, 즉 결합수뿐으로 식물이 이용할 수 없는 형태임

QUESTION
03 | 수목의 분열조직계와 영구조직계

I. 개요

1. 수목은 비슷한 형태와 기능을 가진 세포가 모여 조직을 이루고, 이 조직이 모여 조직계를 이루는데 분열조직계와 영구조직계로 구분됨
2. 분열조직계는 분열능력이 활발한 세포들이 모인 조직으로서 수목의 생장점과 형성층 등이 해당됨
3. 영구조직계는 분열조직에서 분화되어져 분화를 완성한 조직으로서 분열능력이 없으며 수목의 표피조직, 유조직, 기계조직, 분비조직, 통도조직 등이 해당됨

II. 수목의 분열조직계와 영구조직계

1. 분열조직계

1) 정의
   - 분열능력이 활발한 세포들이 모인 조직
   - 각 세포는 세포벽이 얇고, 액포는 덜 발달하여 작음

2) 1기 분열조직(Primary Meristem) : 길이 생장
   ① 원표피(Protoderm) : 성숙한 원표피는 모든 세포들의 가장 외층에 위치한 표피(Epidermis)가 됨
      - 표피세포 : 큐틴(Cutin)으로 구성된 큐티클(Cuticle)로 덮여 있어서 외부에서 물의 침투와 내부 조직으로부터 물의 유실을 방지
      - 공변세포(Guard Cell) : 표피세포의 변형체로 기공(Stomata) 개폐에 중요역할을 담당
   ② 기본 분열조직(Ground Meristem) : 유조직, 후각조직, 후막조직으로 분화됨
      - 생장점 : 줄기 끝에 정단(Shoot Tip), 뿌리 끝에 근단(Root Tip)의 분열조직을 말하는 것으로서, 1기 생장인 길이생장에 주된 역할 수행
   ③ 전형성층(Procambium) : 1기 물관부(Primary Xylem)와 1기 체관부(Primary Phloem)를 생성하는 역할
      - 2기 생장인 부피생장에 중요한 유관속 형성층(Vascular Cambium) 제공
      - 겉씨식물과 쌍자엽식물에 존재하고, 양치식물과 단자엽식물에는 발달되어 있지 않음

3) 2기 분열조직(Secondary Meristem) : 부피 생장

① 2차 목부와 사부 : 쌍자엽 식물의 1기 생장은 관다발로 끝이 나고, 물관부와 체관부 사이의 전형성층이 활성화되어 유관속 형성층, 즉 2기 형성층으로 됨. 이는 2차 목부와 사부를 만들고, 이는 다년생 식물에서 매년 성장됨

② 부피의 생장

- 줄기 내의 관다발조직에서 2기 생장은 표피가 주피로 되는 변화를 수반
- 코르크 형성층에서 계속적인 세포분열로 세포층을 만들고 오래된 표피를 파괴하여 새로운 조직이 줄기의 주피를 형성하며, 주피의 바깥 세포는 수베린을 집적하여 코르크화됨

2. 영구조직계

1) 정의

- 분열조직에서 분화되어 분화를 완성한 조직
- 분열능력이 없으며 세포벽이 두텁고, 액포가 잘 발달되어 있음

2) 표피조직(Epidermis)

- 분열조직 중 원표피가 분화되어 영구조직으로 됨
- 표피조직은 큐티클 층이 있어 물질의 출입을 막음
- 엽록체가 거의 없음
- 표피조직이 변형된 공변세포는 엽록체가 존재함

3) 기본조직(Ground Tissue) : 분열조직세포의 분화된 형태와 기능에 따라 구분됨

① 유조직(Parenchyma)

- 식물 전체에 고루 분포하고 있으며 세포벽이 얇고 원형질이 풍부함. 엽록체가 다량 존재하여 광합성이 활발하며, 많은 양의 물을 흡수하여 어린 식물의 잎과 줄기에 중요한 팽압을 유지시키는 역할을 담당하고 있음
- 동화조직(Assimilating Tissue) : 식물의 체내에서 광합성을 주요 기능으로 하는 조직
- 저장조직(Storage Tissue) : 식물체에서 특정 물질을 다량으로 저장하는 조직. 과실, 종자, 줄기, 저장근 등에 분포하며, 저장물질은 녹말과 당이 가장 많음
- 통기조직(Aerenchyma) : 기체가 들어 있는 공극계가 망상으로 발달되어 있는 조직. 주로 수생 관속식물에서 주로 볼 수 있으며, 공극이 차지하는 비율은 수생식물 체적의 30~60% 정도됨

② 기계조직 : 식물체의 기계적 지지작용

- 후막조직(Sclerenchyma) : 생장이 끝난 조직의 지지 요소로 중요 역할을 하며, 핵과 세포질이 없는 죽은 조직임. 세포벽은 두껍고 리그닌(Lignin) 때문에 매우 단단하며, 섬유(Fiber)와 후막세포(Sclereid)라는 것으로 구성되어 있음
- 후각조직(Collenchyma) : 어린줄기의 표피 내부와 잎 등에서 원통형 지지구조 형성. 두꺼운 세포벽과 유연성의 길이 생장을 하는 살아 있는 세포로 이루어지며, 세포에 중요한 지지대 역할을 담당함(리그닌 無)
- 분비조직(Secretory Tissue) : 세포 내 또는 세포간극에 옥살산칼슘의 결정이나 타닌 등의 자극성 분비물을 저장하고 있는 조직

③ 통도조직 : 물과 양분의 이동통로

- 물관 : 물과 무기화합물 등이 줄기와 잎으로 이동할 수 있는 이동 통로로 체관보다 안쪽에 존재하며, 죽은 세포로 구성되어 있음
- 체관 : 양분과 식물호르몬 등의 이동통로로 체세포(Sieve Cell), 반세포(Companion Cell)와 같은 살아 있는 세포로 구성되어 있음

QUESTION 04 | 식물의 저온에 의한 생육장애 중 서리피해의 유형

I. 개요

1. 식물의 생육장애란 여러 가지 요인에 의해 생장 및 잎과 가지의 생성, 개화 및 결실이 원활하지 않은 것을 말함
2. 생육장애의 원인은 고온, 저온, 한발, 서리 등 기상에 의한 원인, 인위적 답압과 복토 등에 의한 원인, 병충해에 의한 전염성 병에 의한 원인 등이 있음
3. 저온에 의한 피해는 한상, 동해가 있고, 그중 동해의 일종인 상해는 서리피해로서 만상, 조상, 동상의 피해로 구분해 설명할 수 있음

II. 기상원인에 의한 생육장애 유형

1. 고온 피해

1) 일소
- 여름철 직사광선으로 잎이 갈색으로 변함
- 수피가 열을 받아 갈라지는 현상
- 수피가 얇은 나무에 많이 발생

2) 한해
- 여름철에 높은 기온과 가뭄으로 인해 발생
- 토양에 습도가 부족해 식물 내에 수분이 결핍되는 현상
- 호흡성 수종, 천근성 수종은 주의를 요함

2. 저온 피해

1) 한상
- 열대식물의 한랭으로 인한 피해
- 식물체 내 결빙은 없으나 생활기능이 장해를 받는 것
- 이로 인해 고사에 이를 수 있음

2) 동해
- 추위로 세포막벽 표면에 결빙현상이 일어나 원형질이 분리되어 식물이 고사하는 피해
- 유발생지역 : 오목한 지형, 남쪽 경사면, 일교차 심한 지역, 배수 불량 지역, 겨울철 질소과다지역, 유목에 많이 발생
- 서리의 해(상해)도 동해 중 하나

III. 서리피해의 유형

1. 만상

1) 늦은 봄의 저온현상의 발생으로 인한 피해
2) 생장이 촉진되어 있는 무렵 저온일 경우의 피해
3) 어린 가지의 고사, 낙엽교목의 잎의 고사, 침엽수 엽침의 고사

2. 조상

1) 초가을 서리에 의한 피해
2) 초가을 계절에 맞지 않는 추운 날씨일 경우 피해 극심

3. 동상

1) 겨울 동안 휴면상태에 생긴 해를 지칭
2) 겨울철 배수상태, 위치, 수종, 근계특징, 날씨상태 등의 요인으로 인한 수목 피해
3) 수목의 뿌리는 배수 양호한 토양보다 배수 불량한 토양에서 결빙이 쉬움
4) 질소비료혜택을 입은 수목, 늦가을 생장을 많이 한 수목의 경우 피해
5) 겨울철 급변한 온도는 수목의 수간, 가지, 뿌리에 해를 끼침
6) 그런 현상으로 상렬, cup-shakes, 상해옹이 등이 있음

QUESTION
05 | 잔디에 발생하는 주요 병해

I. 개요

1. 잔디는 그 종류에 따라서 나타나는 병의 종류 및 그 심각도가 다른데 크게 난지형 잔디인 한국잔디에서 문제되는 병과 한지형 잔디에서 문제가 되는 병, 그리고 고온기 병과 저온기 병으로 나눌 수 있음

2. 한국잔디는 비교적 병이 없는 것으로 알려져 있으나 재배면적이 증가되고 관리수준이 높아짐에 따라 발병의 기회가 증가하고 있으며, 한지형 잔디의 이용 또한 늘어나고 있어 그 병해에 대한 관심과 대처가 중요시되고 있음

II. 잔디에 발생하는 주요 병해

1. 한국잔디의 병 및 그 대책

구분		발병원인/병징	대책
고온성 병	라지 패치	• 토양전염병 • 병징이 원형 또는 동공형 • 수십 cm에서 수 m에 달함 • 축적된 태치 및 고온, 다습이 문제, 여름 장마기 전후에 발병	• 살균제에 의한 치료는 한계가 있음 • 완벽한 치료는 거의 불가능 • 태치 집적을 피하는 것이 유일한 방법 • 살균제 : 베노밀수화제, 지오판수화제
	녹병	• 여름에서 초가을에 들잔디 잎에 적갈색 가루 입혀진 모습 • 잔디밭에 전면적으로 나타남	• 기온이 떨어지면 사라져 비교적 심각하지 않은 병 • 살균제 : 만코지수화제, 마네브수화제
저온성 병	춘고병 (Spring Dead Spot)	• 4월 중 잔디가 휴면에서 깨어날 때 원형 혹은 동공형으로 나타남 • 푸사리움계 병원균이 관계 • 혹한기에 건조와 겹쳐서 봄에 병반으로 나타남 • 태치 축적과도 관련	• 태치의 축적을 피함 • 문제 예상지역의 예방적 살균제 살포 • 살균제 : 훼나리수화제, 이프로수화제

2. 한지형 잔디의 병 및 그 대책

구분		발병원인/병징	대책
고온성 병	브라운 패치 (입고병, 엽부병)	• 여름 고온기에 잘 나타남 • 지름이 수 cm~수십 cm 정도의 원형 및 부정형 황갈색 병반 • 경계가 분명, 경계지점에 테두리같이 짙은색의 띠가 나타남 • 질소 과다와 고온다습, 태치의 축적 문제	• 조기에 발견하여 치료하면 피해를 적제 받을 수 있음 • 살균제 : 베노밀수화제, 훼나리수화제, 이프로수화제, 지오판수화제
	면부병 (pythium blight)	• 여름 우기에 크게 문제가 됨 • 병에 걸린 잎은 땅에 누우며 미끈미끈한 촉감을 보임 • 토양에서 특이한 썩는 냄새 발생 • 배수와 통풍이 영향 • 켄터키 블루그래스에 잘 나타남	• 잔디의 지상부를 건조한 상태로 유지시켜 주는 것이 좋음 • 살균제 : 메타실수화제, 켑타볼수화제
	달러 스팟 (dollar spot)	• 지름 15cm 이하의 병반 • 밤낮의 기온차가 심할 때, 저질소비료일 때 나타남	• 아침에 이슬을 제거해주면 병발생 기회를 줄임 • 적절한 시비가 병 발생의 확률을 줄임 • 살균제 : 베노밀수화제, 켑탄수화제, 이프로수화제
저온성 병	푸사리움 패치	• 눈이 없고 잔디의 생육이 늦을 때 나타나기 쉬움 • 병반이 수 cm에서 30cm까지 커짐	살균제 : 훼나리수화제, 이프로수화제
	설부병 (snow mold)	• 눈으로 덮여 습한 상태가 장기간 유지될 때 오기 쉬운 병 • 원인은 저온성 곰팡이류 • 잎을 썩게 하며 눈이 없는 상태에서도 발생	살균제 : 훼나리수화제, 이프로수화제

잔디밭의 통기작업(표면층과 토양층 구분) 설명

Ⅰ. 개요

1. 잔디밭은 일단 조성한 후 표토층의 경작이 불가능하나, 그 이용 및 관리체계를 볼 때 부분적인 개선이 불가피할 때도 있음
2. 이러한 작업을 통기작업이라 하며, 코어링, 슬라이싱, 스파이킹, 버티컬모잉, 롤링 등의 방법이 있음
3. 이 가운데 토양층의 통기작업은 코어링, 슬라이싱, 스파이킹이며 표면층의 통기작업은 버티컬모잉, 롤링이 있음

Ⅱ. 잔디밭의 통기작업

1. 토양층 통기작업

1) 코어링
   - 집중적 이용으로 단단해진 토양에 시행
   - 지름 0.5~2m 정도의 원통형 모양을 2~5cm의 깊이로 제거
   - 그 결과 생긴 구멍을 허술하게 채움
   - 물과 양분의 침투 및 뿌리의 생육을 용이하게 하는 작업
   - 표토층을 섞어주는 역할
   - 뿌리 및 줄기의 생육을 왕성하게 함
   - 태치층을 줄여주는 효과
   - 단점
     - 표토구조 파괴, 식물에 상처 제공
     - 증산 및 발병의 기회를 높임, 구멍 안은 해충 근거지
   - 잔디가 왕성하게 자라는 시기에 시행, 피해를 최소화

2) 슬라이싱
   - 칼로 토양을 베어주는 작업
   - 잔디의 포복경 및 지하경을 잘라주는 효과
   - 코어링과 유사한 효과를 지니나 그 정도가 약함
   - 상처도 작게 주어 피해도 적음

• 잔디 밀도를 높임

3) 스파이킹
   • 끝이 뾰족한 못과 같은 장비로 토양에 구멍을 냄
   • 코어링과 유사하지만 토양을 제거하지 않고 토양을 밀어냄
   • 하부가 부분적으로 고결되어 효과가 떨어짐
   • 상처가 비교적 적어 스트레스 기간 중 이용되기도 함

2. 표면층 통기작업

1) 버티컬모잉
   • 슬라이싱과 유사하나 토양의 표면까지 잔디만 주로 잘라주는 작업
   • 태치를 제거, 밀도를 높임
   • 표토층이 건조할 때 시행하면 필요 이상의 상처를 줌

2) 롤링
   • 표면 정리작업으로 균일하게 표면을 정리
   • 부분적으로 습해와 건조해를 받지 않게 하는 목적의 작업
   • 종자 파종 후, 경기 중 떠오른 토양을 눌러줌
   • 봄철에 들뜬 상태의 토양을 눌러줌

QUESTION 07 | 잔디밭 관리에서 잡초방제방법

Ⅰ. 개요

1. 잔디밭 관리에서 잡초란 원칙적으로 사용자가 원하지 않는 장소에 있는 식물이며, 예를 들어 잔디밭 가운데 나온 원하지 않는 화초도 제거됨이 바람직할 때는 잡초로 봄

2. 잔디밭의 잡초의 분류는 잎의 형태별로 광엽 및 화본과 잡초, 생장주기에 따라 1년생, 2년생 및 다년생, 문제되는 시기에 따라 동계 및 하계잡초로 구분됨

3. 잡초방제방법의 최선의 방책은 좋은 상태의 잔디를 유지하는 것이며 차선의 방법은 물리화학적 방제로, 두 가지 방법이 상호보완적임

Ⅱ. 잔디밭 관리에서 잡초방제방법

1. 잡초 파악의 필요성 및 잡초의 분류

1) 잡초 파악의 필요성
   - 문제되는 잡초를 정확하게 파악하는 것이 잡초방제의 첫 단계
   - 영양번식인지 종자번식인지를 파악함 또한 그 대책 수립에 중요

2) 잔디밭 잡초의 분류
   - 화본과 일년생 잡초 : 돌피, 바랭이, 강아지풀, 포아풀류
   - 광엽 잡초 : 토끼풀, 민들레, 쇠비름, 마디풀
   - 다년생잡초 : 존슨풀, 우산잔디 및 다른 종류의 잔디류

2. 잡초방제방법

1) 최선책 : 가장 좋은 상태의 잔디를 유지해 줌
2) 차선책
   - 물리화학적 방제를 생각
   - 좋은 상태의 잔디 유지와 물리화학적 방제는 상호보완적
   - 제초제에 대한 정확한 이해와 사용 필요, 생태계 피해 최소화 노력
   - 발아 전 제초제 : 시마진, 데브리놀
   - 광엽 경엽처리제 : 2, 4-D, MCPP, 반벨 및 반벨디
   - 비선택성 제초제 : 근사미

I. 개요

1. 조경공간의 잡초란 이용자가 원하지 않는 장소에 있는 원하지 않는 식물을 말함
2. 잡초의 종류에는 잎의 형태에 따라 광엽잡초와 화본과 잡초 및 사초과 잡초로 나누며 생장주기에 따라 1년생, 2년생, 다년생으로 나누고, 광조건에 따라서는 광발아잡초, 암발아 잡초로 구분됨
3. 잡초의 특징은 일반적으로 조경식물에 비해 생활력이 강하고 생존력 또한 매우 강하며, 잡초종자는 휴면기작이 발달하여 수십 년 이상을 휴면상태로 토양 중에서 지닐 수 있어 방제를 어렵게 함

II. 조경공간의 잡초의 종류와 특징

1. 잡초의 종류

1) 잎의 형태, 생장주기별 구분

구분	종류
봄에 발아 일년생 화본과	돌피, 미국개기장, 이태리호밀풀, 참새그령
봄과 가을에 발아 일년생 화본과	포아풀류
봄에 발아 다년생 화본과	존슨그래스, 오리새
늦봄에서 여름에 걸쳐 발아 일년생 화본과	바랭이류, 강아지풀류, 왕바랭이
늦봄에서 여름에 걸쳐 발아 다년생 화본과	우산풀, 쥐꼬리새류
봄에 발아 일년생 광엽	큰석류풀, 마디풀, 명아주, 쇠비름
봄에 발아 2년생 광엽	소리쟁이, 야생당근, 점나도나물
봄에 발아 다년생 광엽	토끼풀, 쑥, 서양민들레, 야생마늘류
봄과 가을에 발아 다년생 광엽	개자리류, 괭이밥류, 질경이류
가을에 발아 이년생 광엽	별꽃, 광대나물, 냉이

2) 광조건에 따른 구분

구분	종류
광발아잡초	메귀리, 바랭이, 왕바랭이, 강피, 향부자, 참방동사니, 개비름, 쇠비름, 소리쟁이, 서양민들레
암발아잡초	냉이, 광대나물, 별꽃

2. 잡초의 특징

1) 조경식물에 비해 생활력이 강함
2) 생존력 또한 매우 강함
3) 잡초종자는 부단히 전파되어 존재
4) 잡초종자는 휴면기작이 대단히 발달
5) 수십 년 이상을 휴면상태로 토양 중에 지낼 수 있음
6) 이런 특성이 방제를 어렵게 함

III. 조경공간의 잡초방제방법

1. 물리적 방제

구분	종류
인력 제거	• 전통적으로 가장 많이 사용, 현재도 많이 사용 • 일년생 잡초의 초기는 효과적 • 성숙하면 상당한 힘이 소요됨 • 클로버, 민들레, 쑥 등은 인력 제거가 어려움, 제초제를 통한 방제 효과적
깎기	• 전통적인 방법, 지상부를 잘라주어 식물을 약하게 함, 점진적 제거에 도움 • 바랭이, 왕바랭이, 포아풀 등은 깎아줌에 적응이 잘 된 식물
경운	• 전통적 방법, 대형기계나 호마, 삽 등 이용 • 기존 잡초를 제거, 부분적으로 제거에 이용 • 잡초생육에 좋은 환경을 제공할 수 있어 경운과 화학적 방제 복합적 사용이 효과적
기타 재료 사용으로 방제	• 멀칭 재료의 사용으로 발아, 생육 억제 • 유기물질, 비닐, 왕모래, 콩자갈 등 멀칭

2. 화학적 방제

구분	종류
약제가 잡초에 작용하는 기작에 따른 분류	• 접촉성 제초제 : 식물의 부위에 닿아 흡수, 근접조직에만 이용되어 부분적으로 살초, 약효과가 빠름, 그라목손 등 • 이행성 제초제 : 외부조직에서 흡수, 체내로 이용되어 식물 전체가 죽음, 약호가 서서히 나타남, 근사미, 2, 4-D 등 • 토양소독제 : 종자 포함 모든 번식단위를 제거, 선택성 잡초방제가 어려운 경우 이용
이용전략에 따른 분류	• 발아 전처리 제초제 : 대부분 일년생 화본과 잡초들은 효율적 방제 · 잡초종자와 조경식물종자도 발아 억제 · 잔디류, 숙근성 화훼류, 수목과 같이 이미 조성된 경우 사용이 효과적 • 경엽처리제 : 다년생잡초 포함하여 영양기관 제거 필요시 사용. 2, 4-D, MCPP, 반벨 단용과 혼용에 의해 효과적 • 비선택성제초제 : 식물과 잡초를 구별못하고 비선택적으로 제초. 사용시기에 따라 선택적 이용. 조경식물이 휴면상태일 때는 약해가 적으므로 이때 사용. 식생을 원하지 않는 지역의 관리나 기존 잔디포장의 전면 재조성 시 사용

QUESTION 09 | 정지(Grading)의 목적

Ⅰ. 개요

1. 정지는 지형을 개조하는 예술인 동시에 기술이며, 조경설계와 시공에 있어서 중요한 항목 중 하나임
2. 정지의 목적은 기능적 목적에는 자연배수로 조성, 방축 조성, 식물 생육을 위한 성토 및 평평한 부지 조성, 급경사 지역의 불리한 지형 교정 등이 있으며
3. 미적 목적에는 흥미 제공, 불량한 시계 차단, 주위 경관과 조화, 강조 경관 창출, 자연지형과의 조화 등이 있음

Ⅱ. 정지의 목적

1. 기능적 목적

1) 자연배수를 위한 자연배수로의 조성
2) 주변교통을 분리하여 안전성을 확보하기 위한 방축 조성
3) 방음 및 방풍, 프라이버시 보호를 위해 방축 조성
4) 지하수위가 높아 식물생육에 부적절한 지하상태를 개선시키기 위한 성토
5) 운동장, 건물, 노단 등과 같은 평평한 부지 조성
6) 계곡, 능선, 비탈면 등 급경사지역의 불리한 지형 교정
7) 보도나 도로와 같은 순환로 제안

2. 미적 목적

1) 평탄한 대지에 자연적으로 흥미 있는 관심 제공
2) 만족할 만한 시계를 유지하고 불량한 시계 차단
3) 대지와 구조물을 주위의 자연지형이나 경관과 조화
4) 지나치게 압도적인 시설 및 공간의 크기나 모양을 완화시킴
5) 균일한 경사와 형태를 도입하여 기하학적 형태를 강조한 경관 창출
6) 자연적 형태의 모방을 통한 축약된 경관 연출
7) 순환로의 경사를 완화시키고 자연지형과 조화

10 | 경관조명의 휘도와 연색성

I. 개요

1. 경관조명은 다양한 조명기법과 밝기의 대비를 통하여 물체와 구획된 공간에 야경을 연출하는 것으로 안전과 보완, 시설기능의 유지, 미적 경관의 연출이라는 목적을 가지고 있음

2. 휘도란 광원 또는 조명면의 밝기이며, 광원면에서 어느 방향의 광도를 그 방향에서의 투영면적으로 나눈 것, 즉 광도의 밀도를 말함

3. 연색성이란 같은 색일지라도 광원의 종류에 따라 달리 보이게 되는데, 이와 같이 광원의 빛의 분광특성이 물체의 색의 보임에 비치는 효과를 말함

II. 경관조명의 휘도와 연색성

1. 경관조명의 휘도(輝度, Luminance)

1) 개념
- 광원 또는 조명면의 밝기
- 광원면에서 어느 방향의 광도를 그 방향에서의 투영면적으로 나눈 것
- 즉, 광도의 밀도

2) 특성
- 눈으로 물체를 식별하는 것은 면의 휘도의 차이에 의한 것
- 휘도는 눈으로부터 광원까지의 거리와는 무관함
- 휘도의 단위는 sb(스틸브) 및 nt(니트)를 사용
- 눈부심을 느끼는 한계휘도는 0.5sb
- 맑은 날 오후의 태양은 165,000sb, 100와트 백열전구는 600sb
- 주광색 형광램프는 0.35sb, 고압수은등은 50sb

2. 경관조명의 연색성(演色性, Rendering Properties)

1) 개념 : 같은 색일지라도 광원의 종류에 따라 달리 보이게 되는데 이와 같이 광원의 빛의 분광특성이 물체색의 보임에 미치는 효과

2) 특성

- 태양광선 밑에서 본 물체의 색과 광원의 빛에 의해 보이는 색이 달라질수록 연색성이 떨어지게 됨
- **예** 백열등으로 조명된 적색의 꽃은 더욱 생생한 색채효과를 줌
  가로등으로 사용되는 수은등에 조명된 적색의 꽃은 황갈색의 칙칙한 효과를 줌
- 공원이나 쇼핑몰 등에서 물체가 아름답게 보이도록 하려면, 연색성이 높은 것이 바람 직함
- 고속도로나 터널에서와 같은 곳에서는 연색성이 반드시 높아야 좋은 것은 아님
- 형광등과 메탈할라이드등 : 색을 생생하게 재현하는 연색성이 뛰어남
- 고압나트륨등 : 낮은 색온도를 갖고 물체를 붉은색을 띠게 함
- 수은등 : 높은 색온도를 갖고 물체가 파란색을 띠도록 함

QUESTION
11 | 수목의 가지치기 대상과 방법

Ⅰ. 개요

1. 조경수목은 미관상·실용상·생리상의 목적으로 인위적인 가지치기를 하는데
2. 조경수목의 가지치기 대상은 밀생지, 교차지, 도장지, 역지, 병지, 수하지, 평행지, 윤생지, 대생지, 정면으로 향한 가지 등임
3. 가지치기 방법은 주지를 선정, 정부 우세성을 고려해 상부는 강하게 전정, 하부는 약하게 전정, 위에서 아래로, 오른쪽에서 왼쪽으로 돌아가면서 하는 방법 등이 있음

Ⅱ. 수목의 가지치기 대상과 방법

1. 가지치기의 목적

1) 미관상
   - 수형에 불필요한 가지 제거로 수목의 자연미 향상
   - 인공적인 수형을 만들 경우 조형미 향상

2) 실용상
   - 방화수, 방풍수 등을 가지치기 하여 지엽 생육을 도움
   - 가로수 : 통풍 원활, 태풍의 피해 방지

3) 생리상
   - 지엽밀생수목 : 정리하여 통풍 및 채광을 좋게 함, 병충해 방지
   - 쇠약목 : 지엽을 부분적으로 잘라 새 가지를 재생, 수목활력 도모
   - 개화결실수목 : 도장지 등을 제거하여 생장억제, 개화결실 촉진
   - 이식수목 : 지엽을 잘라 수분의 균형을 이뤄 활착을 좋게 함

2. 가지치기의 대상

1) 무성하게 자란 가지 : 수목생육과 통풍 및 채광을 위해 제거, 방충해 방지

2) 평행지 : 평행지는 단조롭고 균형을 깨뜨리며 밑의 가지는 채광이 불량

3) 도장지 : 수형의 균형을 잃을 정도의 도장지는 제거

4) 역지 · 수하지 · 난지 · 정면으로 자란 가지 : 수형의 아름다움을 위해 제거

5) 고사지 · 병지 · 허약지 : 불필요한 가지를 제거, 수목 생육 도모

3. 가지치기의 방법

1) 주지 선정

2) 정부 우세성을 고려해 상부는 강하게, 하부는 약하게 함

3) 위에서 아래로, 오른쪽에서 왼쪽으로 돌아가면서 제거

4) 굵은 가지는 가능한 수간에 가깝게, 수간과 나란히 자름

5) 수관 내부는 환하게 솎아내고 외부는 수관선에 지장이 없게 함

6) 뿌리 자람의 방향과 가지의 유인을 고려

Ⅰ. 개요

1. 가로수 가지치기 대상 및 기준에 관한 규정은 산림자원의 조성 및 관리에 관한 법률에 의한 산림청 고시로 정함
2. 가로수 조성 및 관리규정 고시에 따라 가로수 가지치기 대상은 반드시 해주어야 할 대상과 풍해 등 피해가 우려되는 것, 수형 조정이 필요한 것 등이 있음
3. 기준에는 시기 및 횟수와 방법, 절단면 처리 등에 대해 규정하고 있음

Ⅱ. 가로수 가지치기 대상 및 기준

대상	가. 반드시 가지치기해주어야 할 대상 　　1) 병충해 피해 가지 　　2) 도장지 또는 쇠약지 　　3) 마른 가지(고사지) 　　4) 늘어지거나 가지끼리 교차되어 미관상 좋지 않은 가지 　　5) 뿌리부분에서 새로 나온 교목의 맹아지 나. 지하부(뿌리)에 비하여 지상부(수관부)가 지나치게 무성하여 풍해, 설해 등의 피해가 우려될 때 다. 가지의 과다로 수형의 조정이 필요할 때(사철나무, 협죽도, 수국 등) 라. 도로표지, 신호등과 같은 도로안전시설의 시계를 가릴 경우 마. 가지가 전송·통신시설물에 닿아 안전상에 문제가 있을 경우 바. 개화·결실을 촉진하고자 할 때(매화, 등나무, 석류, 명자 등)
시기 및 회수	가. 낙엽 후부터 이른봄 새싹이 트기 전에 실시하는 것을 원칙으로 하되, 상록활엽수는 절단면 동해 방지를 위해 겨울철에는 실시하지 않음 나. 재해 등의 우려가 예상되는 경우 실시 다. 강도의 가지치기는 수년에 나누어 실시 라. 기타 주의사항 　　1) 전년에 나온 가지에 개화하는 수종 : 꽃눈(화아)이 진 후 　　2) 당년에 나온 가지에 개화하는 수종 : 봄 　　3) 단풍나무, 매화나무 등 이른 봄 발아 수종 : 이른 봄 가지치기 금지 　　4) 새싹이 나온 후 가지치기 : 사철나무, 버드나무처럼 맹아가 강한 수종

방법	가. 침엽수는 눈 바로 위쪽에서, 활엽수는 아래로 향한 눈 위에서 가지치기
	
	나. 피해지는 살아있는 끝부분에서 가지치기
	
	다. 살아있는 가지는 나무의 전체적인 모습 및 피해 방지 면을 감안, 가지기부 또는 중간부위에서 가지치기
	
	라. 가지기부에서 자를 때에는 지융부가 손상되지 않도록 지맥선 밖에서 가지치기
	
	마. 가지 중간을 자를 때에는 발아 육성하고자 하는 눈 위에서 가지치기
	
	바. 톱을 사용하여 절단면이 거칠어지지 않도록 가지치기
	
	사. 굵은 가지를 자를 때에는 톱으로 먼저 가지 밑부분을 일정 깊이로 자른 후 상단부를 잘라 절단면이 갈라지거나 찢어지는 피해를 입지 않도록 가지치기
	
	아. 가지치기 시 주의해야 할 수종
	   1) 절단부가 쉽게 썩는 수종 : 오동나무, 벚나무류
	   2) 절단부에서 수액유출 심한 수종 : 단풍나무, 자작나무류
	   3) 맹아가 나오지 않는 수종이거나 약한 수종 : 소나무, 전나무
	   4) 전정에 의해 가지가 마르는 수종 : 단풍나무
	   5) 수형을 잃기가 쉽기 때문에 전정을 않는 수종 : 전나무, 가문비나무, 종비나무, 자작나무, 느티나무, 칠엽수, 후박나무 등

절단면의 처리	절단면이 넓어 부패할 우려가 있을 때에는 톱신페스트(지오판도포제) 등으로 도포하여 부후균의 침입을 방지

QUESTION
13 | 지피융기선(枝皮隆起線)과 지륭(枝隆)

I. 개요

1. 지피융기선이란 줄기와 가지 또는 두 가지가 서로 맞닿아서 생긴 주름살로서 가지 밑쪽에 발달한 지륭과 달리 줄기와 가지 사이 또는 가지와 가지 사이의 위쪽에 나타남

2. 지륭이란 가지의 무게를 지탱하기 위해 발달한 가지 밑살로서 화학적 보호층을 가지고 있어 나무의 방어체계 중 하나를 구성하는 부분임

3. 이를 고려한 가지치기방법은 수피가 찢어지는 것을 방지하기위해 3단계로 하며, 1단계와 2단계에서 원가지의 하중을 제거하고 최종적으로 지피융기선과 지륭을 고려해 3단계를 진행함

II. 지피융기선(枝皮隆起線)과 지륭(枝隆)

1. 개념

1) 지피융기선(Branch Bark Ridge)
- 줄기와 가지 또는 두 가지가 서로 맞닿아서 생긴 주름살로서 가지 밑쪽에 발달한 지륭과 달리 줄기와 가지 사이 또는 가지와 가지 사이의 위쪽에 나타남
- 가지치기를 할 때 절단이 시작되는 부위에 해당함
- 이 지점으로부터 지륭을 보호하는 지점까지가 가지치기의 올바른 절단선이 됨

2) 지륭(Branch Collar)
- 가지의 무게를 지탱하기 위하여 발달한 가지 밑살로서 화학적 보호층을 가지고 있어 나무의 방어체계 중 하나를 구성하는 부분
- '가지 깃'은 지륭의 영어 명칭인 Branch Collar의 직역이며 '가지 밑살'은 의역에 해당

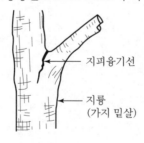

지피융기선

지륭
(가지 밑살)

2. 이를 고려한 가지치기 방법

1) 원가지를 제거하는 요령

원가지의 하중을 제거한 후(1번과 2번), 최종적으로 비스듬히 자름(3번), 3번을 시행할 때 지피융기선과 지륭을 고려함

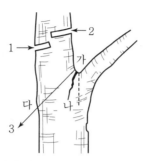

원가지의 하중을 제거한 후(1번과 2번), 최종적으로 비스듬히 자른다(3번).

❚ 원가지를 제거하는 요령 ❚

2) 옆 가지(측지)의 가지치기 요령

- 수피가 길게 찢어지는 것을 방지하기 위해 가지의 하중을 먼저 제거(1번과 2번)
- 이후 가는 톱을 사용하여 바짝 자르되(3번), 지륭을 약간 남겨둠

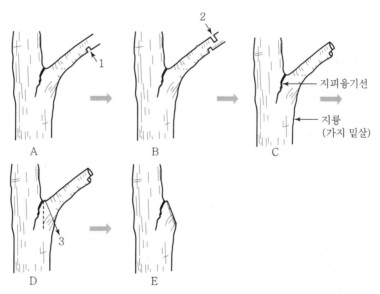

수피가 길게 찢어지는 것을 방지하기 위하여 가지의 하중을 먼저 제거한 후(1번과 2번), 최종적으로 가는 톱을 사용하여 바짝 자르되(3번) 가지 밑살을 약간 남겨 둔다.

❚ 옆 가지(측지)의 가지치기 요령 ❚

QUESTION
14 | 수목의 비전염성 병의 요인

Ⅰ. 개요

1. 수목은 갖가지 요인에 의하여 피해를 받을 수 있으며, 피해를 일으키는 요인에는 기후적 · 토양적 · 인위적, 생물적 원인이 있음
2. 수목이 비정상적인 상태에 있을 때 병이라고 부르며, 병균과 기생식물에 의한 병을 전염성 병이라고 하고, 해충을 제외한 나머지 요인에 의한 병은 비전염성 병에 속함

Ⅱ. 수목의 비전염성 병의 요인

1. 비전염성 병의 요인

요인분류	내용
기후적 요인	고온, 저온, 바람, 한발, 홍수, 폭설, 낙뢰, 대기오염
토양적 요인	• 불리한 물리적 성질(배수, 투수와 통기 불량, 답압) • 불리한 화학적 성질(영양 결핍, 극단적인 산도)
인위적 요인	오염, 약제, 기계, 답압, 불, 복토, 절토
생물적 요인	야생동물, 식물

2. 주요 요인별 내용

1) 영양 결핍
   • 조직 내 무기양료가 부족할 때 생김
   • 조경수는 영양 결핍이 자주 관찰되지 않음
   • 산성 토양, 모래토양 등의 경우 특수양료가 부족할 수 있음
   • 무기양료 : N, P, K, Ca, Ma, S, Fe, B, Mn, Zn, Cu, Mo

2) 기상적 피해
   • 고온피해(엽소와 피소)
   • 저온피해(냉해와 동해, 만상과 조상, 상열, 동계건조)
   • 풍해, 건조피해, 과습피해, 염해

3) 생물적 피해
- 동물(씹거나 쪼거나 파헤치는 행동으로 피해)
- 식물(만경식물, 이끼, 지의류 피해)

4) 인위적 피해
- 답압(인간이나 장비에 의해 다져져서 토양경화)
- 물리적 상처(인간과 기계에 의함)
- 매립지의 유독가스

5) 대기오염피해 : 대기오염물질(황화합물, 질소화합물, 탄화수소와 산소화물, 할로겐화합물, 광화학 산화물, 미립자)

6) 토목공사로부터 보호 : 복토에 의한 피해, 절토

7) 월동대책
- 배수 철저, 토양멀칭, 토양동결 및 관수, 수간 보호
- 방풍림 및 방풍벽 설치, 증산억제제 살포
- 따뜻한 겨울철 관수

수목의 비전염성 병과 구별되는 전염성 병의 특징

Ⅰ. 개요

1. 수목은 갖가지 요인에 의하여 피해를 받을 수 있으며, 피해를 일으키는 요인에는 기후적·토양적·인위적·생물적 원인이 있음
2. 수목이 비정상적인 상태에 있을 때 병이라고 부르며, 병균과 기생식물에 의한, 즉 병원체에 의한 병을 전염성 병이라고 함

Ⅱ. 수목의 비전염성 병과 구별되는 전염성 병의 특징

1. 전염성 병의 병징과 표징의 예

구분	개념	종류
병징	외부에 나타난 비정상적인 색깔과 형태	잎의 변색(황화, 백화, 적화), 반점, 시듦(위조), 괴사, 구멍, 왜소화, 낙엽, 가지마름, 줄기의 궤양, 조직의 비대와 위축, 분비, 줄기와 뿌리의 부패, 잎과 가지의 총생
표징	병원체의 일부가 직접 노출된 상태	균사, 균사속, 근상균사속, 균핵, 자좌, 포자, 포자퇴, 자실체(버섯), 돌기, 주머니, 그을음, 가루

2. 구별되는 전염성 병의 특징

1) 지난 며칠간 혹은 수개월간 이상기후(고온, 저온, 늦서리 피해, 한발, 침수현상)가 발생한 적이 없음
2) 피해가 2~3일 사이에 갑자기 나타나지 않고 서서히 진행함
3) 피해목이 특별한 위치(낮은 곳 혹은 높은 곳, 방위, 경사, 바람방향, 인접 도로)에만 모여 있지 않음
4) 이웃나무의 피해상황을 볼 때 다른 수종은 건강하고, 같은 속 혹은 같은 수종의 다른 개체에서만 불규칙하게 피해가 나타남
5) 동일 수종 내에서도 이병개체와 건전개체가 불규칙하게 섞여 있고, 개체 간에 발병 정도에 차이가 있음 → 전염성 병의 가장 중요한 단서, 즉 전염성 병은 기주선택성이 있기 때문에 한 종에서만 집중적으로 나타남

16 | 식물 병해의 예방법 유형 10가지 나열

Ⅰ. 개요

1. 식물 병해의 방제법은 크게 예방과 치료로 나뉘며 예방이 방제법의 주축을 이루고 있고, 치료는 아직까지 그 일부에 지나지 않고 있음
2. 식물 병해의 예방법 유형에는 비배관리, 환경조건의 개선, 전염원의 제거, 중간기주의 제거, 윤작 실시, 식재식물의 검사, 작업기구류 및 작업자의 위생관리, 상구에 대한 처치, 종묘소독, 토양소독, 약제살포 등이 있음

Ⅱ. 식물 병해의 예방법 유형 10가지

1. 비배관리

1) 시비에 의해 병의 발생을 좌우함
2) 질소질 비료를 과용하면 병해, 상해를 받기 쉬움

2. 환경조건의 개선

1) 토양전염병은 일광 부족, 토양습도 부적당 시 발생
2) 배수나 통풍 등에 의해 과습을 피해야 함

3. 전염원의 제거

1) 병원체는 환부에서 휴면상태로 월동, 이듬해 봄에 전염원이 됨
2) 전염원이 전염을 일으키기 전에 제거하여 소각함

4. 중간기주의 제거

1) 녹병균의 대부분은 중간기주를 가지고 있음
2) 중간기주를 제거하여 병원균을 차단하여 병을 방제

5. 윤작 실시

1) 동일 수종을 연작하면 병이 많이 발생하는 경향이 있음
2) 연작에 의한 피해를 막기 위해 윤작을 실시

6. 식재식물의 검사

1) 식물을 철저히 검사하여 위생적인 조치를 취함

2) 잣나무 털녹병이 퍼진 것은 털녹병에 걸린 식물을 조림지에 식재해서임

7. 작업기구류 및 작업자의 위생관리

1) 토양 중에 서식하는 병원체는 작업기구에 붙어 다른 곳으로 전염

2) 기구를 깨끗이 씻고 다른 장소에서 사용

8. 상구에 대한 처치

1) 각종 병균은 주로 수목의 상처를 통해 침입

2) 수목의 상처부위를 방부제로 칠함

3) 유합조직이 완성될 때까지 병원균의 침해를 막아줌

9. 종묘소독

1) 종자, 묘목 등에 병원체가 부착되거나 조직 속에 잠복하여 병을 전파

2) 종묘전염을 하는 병원체를 죽이고 발병을 예방

10. 토양소독

1) 토양전염성 병의 예방법으로서 가장 직접적·효과적

2) 토양 중의 병원체를 죽이는 토양소독

11. 약제살포

1) 병원균이 기주체 내에 침입하는 것을 저지

2) 형성된 병원균을 죽임으로써 병의 발생을 미연에 방지

12. 검역

1) 지역에서 없던 수병 발생은 다른 지방, 외국에서 들어온 병원체가 원인

2) 철저한 식물검역으로 병해충이 국내에 들어오지 못하게 함

13. 수병의 발생예찰

1) 병의 발생예찰은 언제, 어디서, 어떤 병이 어느 정도 발생하여 피해가 얼마나 될 것인지 추정

2) 사전에 적절한 병의 방제책을 강구

14. 임업적 방제법

1) 임업기술의 응용 및 도입으로 임지 환경을 인위적 개선

2) 병에 걸리지 않는 삼림을 조성하는 간접적 예방법

15. 내병성 품종의 이용

저항성 품종의 선발, 육종에 의한 해결

QUESTION 17 | 조경수목의 하자 원인과 예방방법

Ⅰ. 개요

1. 조경수목의 하자란 수목의 10% 이상이 고사된 것을 말하며 조경수목의 2/3 이상이 고사 시 하자목으로 봄
2. 조경수목의 하자는 책임소재를 떠나 경제적 측면, 생태적 측면에서 불필요한 에너지 낭비로 그 원인을 파악하고 하자가 발생하지 않도록 해야 함

Ⅱ. 조경수목의 하자원인과 예방방법

구분	하자원인	예방방법
설계 측면	1) 수목의 생리적 특성 미고려 2) 식재공사비 저가 책정 설계	1) 생육한계선 준수 : 지역 내 수급 가능 수종 적용 2) 현실적 공사비 산출 : 품셈 개선, 실적공사비 마련

시공 측면	1) 수목품질 불량
	  • 유전자 자체 열성
	  • 비전문적 생산수목
	2) 식재기반 부실공사
	3) 부적기 공사 진행
		1) 품질인증제 도입
		  • 수목유전자 우량목 보급
		  • 수목재배 전문가 교육 양성
		2) 컨테이너 재배수목 의무화
		3) 발주처 적기 발주
		4) 기반공의 조경감리 수행

유지관리 측면	1) 유지관리 미실시 2) 자연재해, 병충해 발생	1) 유지관리비 보정, 인정 2) 유비쿼터스 관리 도입 : 예측을 통한 대비

Ⅰ. 개요

1. 한국산 잔디란 난지형 잔디로 광엽인 야지, 중엽인 들잔디, 세엽인 금잔디 등이 있음
2. 한국산 잔디의 장점은 내답압성, 내건성, 내척박성, 내병충해성 등이 있으며 서양잔디에 비해 장점이 많으나
3. 그 질감이 거칠고 밀도가 균일하지 못하며 내한성이 약한 단점이 있는바 골프장, 축구장, 건물 전정공간에는 제한적으로 적용되고 있음

Ⅱ. 한국산 잔디의 특성 및 관리방법

1. 특성

장점	단점
• 내척박성, 내건성 • 내습성, 내답압성 • 내병충해성 • 손상 회복력 좋음 • 유지관리비 저렴	• 거친 질감 • 불균일한 밀도 • 겨울철의 황화현상 • 시각적 선호도 저하

2. 질감 및 밀도 관리

1) 서양잔디 종자의 추파
   • 뗏장 들잔디 식재 후
   • 시공비 저렴, 질감의 개선

2) 한국산 잔디의 롤잔디 시공
   • 시공방법의 개선
   • 균일한 밀도 개선

3. 황화현상 관리

1) 잔디의 품종 개량
   • 세녹, 밀녹 개량품종 식재
   • 겨울철 초록색 유지

2) 지속적 연구 · 시험재배 : 내한성 약한 단점 극복

QUESTION 19 | 잔디밭 악화 원인과 갱신방법

I. 개요

1. 잔디는 실용상·기능상·미관상의 목적으로 땅을 피복하는 식물재료로서 공원, 골프장, 축구장 등에 도입됨
2. 도입장소별로 한지형 잔디, 난지형 잔디의 특성을 고려하여 종류를 결정하며 목적에 따라 시공방법을 선택 조정함
3. 도입장소별로 이용의 성격이 상이하며 그에 따라 잔디밭이 손상되고 기능을 발휘할 수 없을 때 악화라고 봄

II. 잔디밭의 악화 원인과 갱신방법

1. 악화 원인

1) 패임, 지속적 답압
   - 잔디의 생육 불량
   - 회복기간의 장기화
2) 일조량 부족, 지속적 우수 유입 : 생육 불량, 병해충 발생
3) 직사광선, 고온 건조 지속
   - 잔디의 잎 가장자리가 마름
   - 번식률의 저하, 나대지화

2. 갱신방법

1) 여유포지 확보, 추가식재 : 경기의 원활한 진행을 위함
2) 식재기반 정비 후 보식
   - 배수기울기를 확보
   - 다습에 의한 피해 방지
3) 뗏장 보식 후 종자의 추파 : 악화 후 빠른 피복 유도
4) 품종개량 잔디의 도입
   - 내음성·내습성·내척박성 잔디
   - 서양잔디와 한국잔디의 장점을 결합

QUESTION
20 | 도시조명의 관리방법

Ⅰ. 개요

1. 최근 들어 서울시는 빛공해방지법을 조례로 제정, 도시조명의 효율적 관리를 모색하고 있음
2. 도시의 조명은 야간 도시이미지를 브랜드화하는 긍정적 기능을 하지만 야간 고유경관의 훼손, 생태적 교란, 무질서한 조명의 난립 등의 부정적 피해가 나타나고 있음
3. 조명은 공공성·친환경성·경관성의 기본사항을 기준으로 근경, 중경, 원경 차원에서의 관리가 가능함

Ⅱ. 도시조명의 관리방법

1. 관리의 기본원칙

1) 공공성 : 사적 조명보다 공적 조명을 중시함
2) 친환경성
   - 도시 내 서식 동식물의 배려
   - LED 조명 사용으로 탄소배출 저감

3) 안전성 : 장소별 조도, 위도의 차별화
4) 예술성 : 빛의 문화 창출, 이벤트적 기능

2. 관리방법

구분	대상	관리방법
원경	• 도시 전체 • 거시적 경관	• 도시이미지의 구축 • 통합, 조화성 조경계획 • 주조색, 부조색 계획 • 도형과 배경원리 적용
중경	• 아파트단지 • 공원 • 미시적 경관	• 시야확보범위 • 테마조명계획 • 주변경관과의 조화
근경	• 랜드마크요소 • 초점경관	• 방향성 제시 • 인지성 조명 도입 • 프로그램적 조명 연출

포장지역의 조경수 관리방법

Ⅰ. 개요

1. 포장지역의 조경수란 도로변의 가로수와 광장에 식재된 수목으로 볼 수 있으며
2. 특히 가로수의 생육환경은 식재된 위치의 특성상 수분의 부족, 뿌리 생육 공간의 부족, 수관 성장 공간의 부족 등의 문제점을 지님
3. 관리방법은 투수포장 전면화, 우수활용 점적 관수장치의 설치, 가로수의 위치 조정과 수관생육공간의 확보 등을 들 수 있음

Ⅱ. 포장지역의 조경수 관리방법

1. 포장지역의 조경수 생육환경

1) 수분 침투의 열악
   • 주변의 불투수 포장으로 인해 토양 내 수분 침투의 어려움
   • 경화된 토양으로 수분흡수율이 낮아짐

2) 뿌리생육공간의 부족
   • 한쪽 뿌리만 성장, 상부로의 뿌리돌출현상 발생
   • 수분 부족으로 위조현상 발생

3) 수관성장공간의 부족 : 가로수 식재지역의 특성

2. 관리방법

1) 수분관리
   • 투수포장 전면화
   • 우수활용 점적 관수장치 설치

2) 뿌리생육관리
   • 가로수 식재위치의 조정
   • 수관폭만큼의 식재대 확보

3) 상부 가지의 관리
   • 지하고 및 수관생육공간의 확보
   • 주변 건축물의 일조권 확보

우리나라 소나무류에 피해를 주는 대표적인 병해충
3가지의 생태 및 병징과 방제법 설명

Ⅰ. 개요

1. 우리나라 소나무류에 피해를 주는 대표적 병해충에는 소나무재선충병, 솔잎혹파리, 소나무좀이 있으며

2. 소나무재선충병은 매개충인 솔수염하늘소와 북방수염하늘소에 의해 확산이 빠르고, 피해를 입으면 바로 고사하는 치명적인 병해충임

3. 솔잎혹파리는 충영을 만들고 유충이 솔잎기부에서 잎을 갉아먹고 수액을 빨아먹어 피해를 주며 이런 피해가 반복되면 2차성 피해를 입어 고사함

Ⅱ. 소나무류에 피해주는 대표적 병해충 3가지

1. 소나무재선충병

구분	내용
생태	• 소나무재선충은 크기 1mm 내외의 실 같은 선충 • 소나무 목질부에서 번식을 계속하다가 2~5월에 분산형 유충으로 변태하여 매개충 유충이 번데기로 될 때 번데기방 주변으로 모여듦 • 재선충은 5~6월에 번데기방에서 우화하는 매개충(솔수염하늘소, 북방수염하늘소)의 몸 속으로 침입한 다음 매개충이 후식피해를 가할 때 상처부위를 통하여 소나무 조직 내에 들어감으로써 전파 감염됨 • 1세대 경과 소요일수 약 5일이며 계속 반복 번식함으로써 1쌍이 20일 후 20만 마리로 증식됨
확산 요인	1) 자연적 요인 　• 매개충인 솔수염하늘소 및 북방수염하늘소의 이동 때문임 　• 먹이조건이 좋을 경우 이동거리는 100m 이내 　• 강한 비산능력이 있어 부적절한 조건에서는 장거리 5km 이동 가능 　• 태풍, 여름철 고온, 다른 병해충과의 합병으로 확산 2) 인위적 요인 　• 감염목 무단반출 및 불법이용 　• 생선상자, 임산연료, 조경목 등 유통

병징	• 나무조직 내에 수분, 양분 이동통로를 막아 나무를 죽게 함, 치료약이 없고 매개충에 대한 천적도 없어 한 번 감염되면 100% 고사함 • 재선충 침입 6일째부터 잎이 처지고 20일째에 잎이 시들기 시작하여 30일 후 잎이 급속하게 붉은색으로 변색하며 고사 • 소나무재선충병에 감염되는 수종 : 적송, 해송, 잣나무 등
방제법	• 나무주사 : 아바멕틴 유제, 에마멕틴벤조에이트 유제를 2년에 1회 주사, 외관상 건전한 소나무에 실시 • 수관약제 살포 : 매개충을 대상으로 약제 살포, 약제는 메프유제, 티아클로프리드 액상수화제를 사용 • 작업시기는 매개충 우화시기인 5~8월에 함, 1년에 3~5회 살포, 동력 분무기를 이용하여 잎과 줄기에 약액이 충분히 묻도록 골고루 살포

2. 솔잎혹파리

구분		내용
생태		• 연 1회 발생하여 유충으로 월동 • 5월 상순부터 고치를 짓고 약 1개월 동안 번데기 • 5월 중순 ~ 7월 상순경 우화 후 알은 7일 후 부화 • 6월 하순 유충은 조직을 갉아 양분을 빨아먹고 기부는 서로 합쳐지면서 미미한 혹이 생김 • 7월 기부의 혹이 커짐 • 8월 혹이 더 커져서 건전한 잎과 쉽게 구별됨 • 9월 혹 속에 있는 유충이 성숙하여 육안으로 관찰 가능 • 9월 하순부터 동면을 위해 솔잎 기부에서 기어나와 땅으로 떨어짐, 낙하 최성기는 11월, 피해잎은 마르고 붉은색을 띠면서 떨어짐
병징		• 유충이 솔잎기부에 파고들어 엽조직을 갉아먹고 수액을 빨아먹고 자람 • 피해엽은 6월 하순부터 생장이 정지됨, 7월 중순경은 기부가 팽대해지면서 건전한 잎의 1/2 이하가 됨 • 10월부터는 피해엽은 황색으로 변하고 늦가을에서 이듬해 봄 사이에 고사 • 이런 피해가 2~3년 반복되면 광합성작용 저하로 수세 약화되고 소나무좀류 등 2차성 해충의 공격을 받아 고사
방제법	임업적 방제	• 피해목 벌채, 적기는 9월 중순 ~ 10월 초 • 시비로 새순 성장 촉진과 수세 회복 • 비닐 피복으로 우화하는 성충 차단 및 나무에서 떨어지는 유충을 수거하여 소각
	생물적 방제	• 천적 이용 : 솔잎혹파리먹좀벌, 혹파리살이먹좀벌, 혹파리등뿔먹좀벌 등 • 조류보호 : 새들이 솔잎혹파리의 유충을 포식

방제법	화학적 방제	• 수관살포 : 6월 상순 메프유제 • 수관주사 : 5월 중순 ~ 6월경 포스팜액제, 모노포액제 주사 • 근부 토양관주 : 4월 하순 ~ 5월 하순경 뿌리 주위에 카보입제, 이미다클로프리드입제를 묻어 줌 • 지면살포 : 11월 하순 ~ 12월 상순경에 토양 속 애벌레 구제를 목적으로 다수진입제, 에토프입제를 지면에 살포

3. 소나무좀

구분	내용
생태	• 연 1회 발생하지만 봄과 여름 두 번 가해 • 수피 틈에서 월동한 성충이 3월 하순 ~ 4월 초순에 나와 쇠약목, 벌채목의 나무껍질에 구멍을 뚫고 침입 • 암컷 성충이 앞서서 천공하고 들어가면 수컷이 따라 들어가며, 교미를 끝낸 암컷은 밑에서 위로 10cm가량 갱도를 뚫고 갱도 양측에 알을 낳음 • 부화한 유충은 갱도와 직각방향으로 내수피를 파먹고 들어가 유충갱도를 형성 • 유충은 5월 하순경에 갱도 끝에 타원형의 용실을 만들고 번데기가 됨 • 신성충은 6월 초부터 수피에 원형의 구멍을 뚫고 나와 기주식물로 이동, 1년생 신초 속을 위쪽으로 가해하다가 늦가을에 기주식물 수피 틈에서 월동함
병징	• 수세가 쇠약한 벌목, 고사목에 발생 • 월동성충이 나무껍질을 뚫고 들어가 산란 • 부화한 유충이 나무껍질 밑을 식해 • 대발생할 때는 건전한 나무도 가해하여 고사시킴 • 신성충은 신초를 뚫고 들어가 고사시킴 • 고사된 신초는 구부러지거나 부러진 채 나무에 붙어 있는데 이를 후식피해라 부름
방제법	• 이목 설치 및 제거·소각 : 2 ~ 3월에 이목(먹이나무 : 반드시 동기에 채취된 것으로 사용하여야 함)을 설치하여 월동성충이 여기에 산란하게 한 후, 5월에 이목을 박피하여 소각 • 수피 제거 : 동기채취목과 벌근에 익년 5월 이전에 껍질을 벗겨서 번식처를 없앰 • 고사목벌채 : 수세가 쇠약목, 설해목 등 피해목 및 고사목은 벌채하여 껍질을 벗김, 임목 벌채를 하였을 경우는 임내 정리를 철저히 하여 임내에 나뭇가지가 없도록 하고 원목은 반드시 껍질을 벗기도록 함

QUESTION 23 | 최근 참나무류에서 많이 발생하는 병명과 방제대책

Ⅰ. 개요

1. 최근 참나무류에서 많이 발생하는 병명은 참나무시들음병으로서 주요 4대 산림병해충 가운데 하나임

2. 참나무시들음병의 방제대책은 근원적 방제를 위하여 소구역 모두베기를 우선하고, 매개충 생활사에 따른 복합방제계획을 수립함

Ⅱ. 최근 참나무류에서 많이 발생하는 참나무시들음병과 방제대책

1. 매개충의 생태(광릉긴나무좀)

1) 곰팡이(라펠리아)균을 지닌 매개충(광릉긴나무좀)이 참나무에 침투

2) 곰팡이를 감염시켜 도관을 막아 시들어 죽는 병

3) 성충의 길이는 4.2~4.4mm

4) 암컷 등판에 균낭(5~11개)을 가지고 있음

5) 5월 초순부터 성충으로 우화하기 시작하여 중순에 최성기를 이룸

2. 광릉긴나무좀의 시기별 생활사

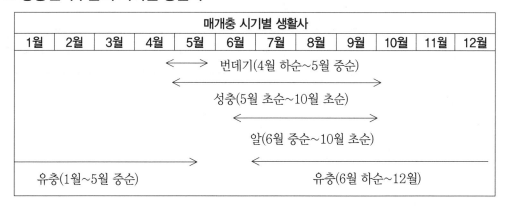

매개충 시기별 생활사											
1월	2월	3월	4월	5월	6월	7월	8월	9월	10월	11월	12월

번데기(4월 하순~5월 중순)

성충(5월 초순~10월 초순)

알(6월 중순~10월 초순)

유충(1월~5월 중순)   유충(6월 하순~12월)

3. 근원적 방제대책과 매개충 생활사에 따른 복합방제대책

1) 소구역 모두베기
- 피해목을 발채·반출, 산업용(숯, 칩, 톱밥)으로 활용하는 근원적 방제방법임
- m³당 14,000~26,000원까지 산주 지원(경사도 적용)

2) 벌채·훈증
- 메탐소듐액제, 0.5~1.0l/1m³
- 매개충인 성충 탈출 이전 작업완료

3) 지상약제 살포
- 페니트로티온유제 500배 액
- 우화최성기인 6월 중순 전후 10일 간격 3회 실시

4) 훈증약제 주사

메탐소듐액제, 3ml/한 구멍

참나무시들음병의 시기별 방제대책

방제법	시기별 방제대책											
	1월	2월	3월	4월	5월	6월	7월	8월	9월	10월	11월	12월
소구역 모두베기				매개충 우화 전인 4월 말까지 완전처리								
벌채·훈증		춘기 1개월 후 100% 살충							추기 2개월 후 85% 살충			
지상약제 살포												
훈증약제 주사												

QUESTION 24 | 주요 4대 산림병해충 생태와 방제

병해충별	생태 및 방제법		가해형태 및 방제법 개요

소나무
재선충병
	소나무재선충		• 실과 같은 긴 원통형(1mm 내외)
			• 수명 약 35일, 1세대 경과일수 약 5일
			  – 성충 → 알(100개) → 유충(4기) → 성충
			• 25℃에서 1쌍이 20일 후 20만 마리로 증식
			  – 10℃ 이하에서는 증식을 멈춤

	솔수염하늘소 북방수염하늘소 (매개충)		• 성충의 크기는 2.2 ~ 3.0cm, 연 1회 발생 • 성충 1마리가 15,000마리 재선충을 지니고 탈출(5월 초 ~ 8월 초) • 수피 밑에 산란, 산란기간 15 ~ 30일 • 유충은 알에서 7일 후 부화(형성층 가해) • 부화 유충기간은 30 ~ 45일(1령, 2령) • 4령 유충은 10월부터 월동 • 월동한 유충은 4 ~ 6월 번데기(20일)
	방 제 법	피해목제거	• 감염목 발생 연중 제거(훈증 · 파쇄) • 우화기 이전(4월 말)까지 전량 원칙
		예방 나무주사	• 재선충병 증식기 이전에 나무에 구멍을 뚫고 약제 주입(아바멕틴, 에마멕틴) – 한 구멍에 5mℓ, 흉고 20cm – 20mℓ

		지상 ·
		항공방제
			• 매개충 발생시기 3주 간격으로 3회 살포
			  – 약제 : 티아클로프리드액상수화제(접촉 · 소화중독)
			  – 살포량 : ha당 1ℓ를 500배 액으로 희석

솔잎 혹파리	생태		• 성충의 크기는 2mm, 연 1회 발생 • 성충 1마리가 110개 산란(5월 중순 ~ 7월 상순) • 성충의 수명은 1 ~ 2일, 최대 400m 이동 • 알은 5 ~ 6일 후 부화, 솔잎 흡즙성 충영 형성 • 유충은 9월 하순 ~ 익년 1월 상순 낙하 지중 월동
	방 제 법	위생간벌	피해임지 내 정리를 통한 솔잎혹파리 증식 환경 차단(지표건조, 16~20% 이하로 낮춤)

		나무주사	• 유충기(5월 하순 ~ 6월 하순)에 나무주사 실시
			  – 약제 : 포스파미돈액제(고독성)
			  – 한 구멍에 4mℓ(흉고 22~24cm 기준, 4개)

		천적방사	• 천적방사는 천적 기생률 10% 미만 지역 – 인공사육(먹좀벌), 2만 마리/ha 성충 방사

솔껍질
깍지벌레
	생 태		• 연 1회 발생, 여름철 휴면, 겨울철 활동
			  - 암컷 후약충(2 ~ 5mm), 숫컷 파리형태(2mm)
			• 성충(4월 ~ 5월 중순) 발생, 교미 후 산란
			  - 수피 틈에 흰솜모양의 알주머니(150 ~ 450개 알)
			• 부화한 약충은 실같은 입을 꽂고 즙액을 먹음(5월 상순 ~ 6월 중순)
			• 6 ~ 9월까지 하기휴면(정착약충)
			• 가을이 되면 활동, 11월 피해가 심함(후약충)
			• 3 ~ 4월에 전성충 출현, 수컷은 약 20일간 번데기

	방 제 법	위생 간벌	하기 휴면 시기에 피해목을 벌채하여 임내에 낮게 깔아 놓음(양분공급 중단)
		나무주사	• 후약 충 가해시기(11.20 ~ 12월 말) - 포스파미돈, 20cm × 6개 천공 × 4ml=24ml
		항공방제	• 선단지에 전성충 출현 시기에 살포 - 뷰프로페진액상수화제, ha당 2l × 50배액
참나무 시들음병	매개충의 생태 (광릉긴나무좀)		• 곰팡이(라펠리아)균을 지닌 매개충(광릉긴나무좀)이 참나무에 침투하 여 곰팡이를 감염시켜 도관을 막아 시들어 죽는 병 • 성충의 길이는 4.2 ~ 4.4mm, 암컷 등판에 균낭(5 ~ 11개)을 가지고 있음 • 5월 초순부터 성충으로 우화하기 시작하여 중순에 최성기를 이룸
	방 제 법	소구역 모두베기	• 피해목을 벌채 · 반출, 산업용(숯, 칩, 톱밥)으로 활용하는 근원적 방제 방법임 - m³당 14,000 ~ 26,000원까지 산주 지원(경사도 적용)
		벌채 · 훈증	• 메탐소듐액제, 0.5 ~ 1.0l/1m³ - 매개충인 성충 탈출 이전 작업 완료
		지상약제살포	• 페니트로티온유제 500배 액 - 우화 최성기인 6월 중순 전후 10일 간격 3회 실시
		훈증약제주사	메탐소듐액제, 3ml/한 구멍

병해충별	생태 및 방제법		시기별 생활사 및 방제 추진											
			1월	2월	3월	4월	5월	6월	7월	8월	9월	10월	11월	12월
소나무 재선충병	소나무재선충													
	솔수염하늘소 북방수염하늘소 (매개충)													
	방제법	피해목 제거	■	■	■	■	■	■	■	■	■	■	■	■
		예방나무주사	■	■										
		지상· 항공방제					■	■	■					

병해충별	생태 및 방제법		시기별 생활사 및 방제 추진											
			1월	2월	3월	4월	5월	6월	7월	8월	9월	10월	11월	12월
솔잎 혹파리	생 태													
	방제법	위생 간벌	■	■	■	■			■	■	■	■	■	■
		나무주사						■						
		천적방사						■						
솔껍질 깍지벌레	생 태													
	방제법	위생 간벌								■	■	■	■	■
		나무주사											■	■
		항공방제			■									
참나무 시들음병	매개충의 생태 (광릉긴나무좀)													
	방제법	소구역 모두베기	■	■	■								■	■
		벌채·훈증	■	■	■						■	■	■	■
		지상약제 살포						■						
		훈증약제 주사	■	■	■							■	■	■

QUESTION 25 | 겨우살이(Mistletoe)의 병징 및 방제방법

I. 개요

1. 겨우살이의 병징은 종자가 기주식물의 가지 위에서 발아하며 흡반으로 기주에 부착하고, 흡반에 기주근이 생겨 기주체의 피층을 관통하고 침입함

2. 겨우살이를 완벽하게 제거하는 방법은 아직 개발되지 않고 있으나 감염된 부위를 제거하고 절단면은 지오판도포제를 바르는 방법과 겨울철 겨우살이의 지상부를 자르고 제초제를 발라 광합성을 억제하는 방법이 있음

II. 겨우살이(Mistletoe)의 병징 및 피해

1. 병징

1) 겨우살이의 종자는 기주식물의 가지 위에서 발아하며 뿌리의 선단에 형성된 흡반(뿌리에 해당)으로 기주에 부착함

2) 흡반의 중앙부에서는 다시 기주근이 생겨 기주체의 피층(皮層)을 관통하고 침입함. 이 뿌리를 주근(主根)이라 하며 기주의 목질부 조직 내부에는 침입하지 않음

3) 주근의 주위에는 수개의 지근(支根)이 생겨 기생식물의 피층 속에서 발달하며 녹피하근(綠皮下根)을 만들어 수목의 양분과 수분을 흡수함

4) 녹피하근의 윗부분에서 부정아(不定芽)가 형성되어 기주체의 피층을 뚫고 밖으로 나와 줄기나 잎으로 발달함

2. 피해

1) 겨우살이는 상록성 기생관목으로 살아 있는 가지의 수피에 흡반(吸盤)을 박고 영양분을 착취함

2) 기생하면 그 부위가 국부적으로 둥글게 부풀어 오르며 병든 부위의 윗부분은 위축되면서 위쪽으로 양분 이동이 어려워서 윗가지가 고사하거나 기생부위에서 쉽게 부러짐

3) 겨우살이가 많이 붙어 있으면 수세가 약해지며, 말라죽음. 참나무류에서 피해가 가장 심함

III. 겨우살이(Mistletoe)의 병원균 및 방제방법

1. 병원균

1) 겨우살이과에 속하는 상록기생관목으로 열매는 황록색이며 구형이고 가을에 성숙함

2) 종자로 번식하며 종자 표면(果肉)에 끈적끈적한 점액이 있어서 새에 의해서 다른 곳으로 전파되거나 새가 열매를 먹은 후 배설물에 섞여 다른 나무로 전파됨. 같은 나무 내에서는 흡반을 뻗어 새로운 부위로 이동함

2. 방제방법

1) 겨우살이를 완벽하게 제거하는 방법은 아직 개발되지 않고 있음. 감염된 부위를 제거하는 데 흡반이 여러 곳으로 뻗으므로 기생부위에서 30cm 가량 나무줄기 쪽으로 제거하고 절단면은 지오판도포제를 바름

2) 겨울철 겨우살이의 지상부를 5cm가량 남기고 자른 다음, 페인트형 혹은 거품형 제초제(2~4, D)를 바르고 겨우살이의 광합성을 억제하기 위하여 검은 비닐로 덮어서 매어 둠. 미관상 나쁘지만 2~3년간은 억제하는 효과가 있음

QUESTION 26 | 벚나무 빗자루병의 병원균 병징 및 방제방법

I. 개요

1. 벚나무 빗자루병의 병원균 병징은 처음에는 가지 일부분이 혹모양으로 부풀어 커지고 이곳에서 잔가지가 빗자루모양으로 총생함

2. 벚나무 빗자루병의 방제방법은 병든 가지는 아래쪽의 부풀은 부분을 포함하여 잘라내서 태우고, 잘라낸 부분에는 도포제를 발라주며, 이른 봄꽃이 진 후 보르도혼합액 등을 전체적으로 뿌려줌

II. 벚나무 빗자루병의 병원균 병징 및 방제방법

1. 병원균 : Taphrina Wiesneri

2. 병징

1) 처음에는 가지의 일부분이 혹모양으로 부풀어 커지고, 이곳에서 잔가지가 빗자루모양으로 총생함

2) 잔가지는 보통 직립하지만 때로는 수평으로 뻗는 가지도 있음

3) 병든 가지의 수피는 유연하고 이른 봄에 작은 잎이 밀생하게 되나 꽃이 피지 않음

4) 4월 하순 이후 병든 부분의 잎이 갈변하여 오그러들고 잎 뒷면에는 병원균의 포자가 많이 형성됨

5) 현미경으로 보면 병든 잎의 뒷면에 병원균의 자낭이 줄지어 형성되고 그 속에 길고 둥근 자낭포자가 들어 있음

3. 방제방법

1) 병든 가지는 아래쪽의 부분을 포함하여 잘라내서 태우고, 잘라낸 부분에는 티오파네이트메틸 도포제를 발라줌

2) 이른 봄 꽃이 진 후 보르도혼합액이나 만코제브수화제를 2~3회 전체적으로 뿌려줌

4. 피해

1) 벚나무류가 가로수, 정원수 등으로 식재되면서 그 피해가 증가되고 있으며, 특히 왕벚 꽃나무에서 피해가 심함

2) 병든 나무를 방치하면 병환부가 증가하여 나무 전체에 잔가지가 총생하게 되고 꽃이 피지 않으며, 병든 잎은 검은색으로 변하고 말라서 낙엽이 됨

27 | 병징(Symptom)과 표징(Sign)

Ⅰ. 개요

1. 병징이란 병원체 또는 환경요인에 의하여 건전한 세포, 조직, 기관 등에 이상이 생겼을 때, 외부로 드러나 보이는 비정상적인 모습으로 육안으로 관찰가능한 증상임

2. 표징이란 전염성 병의 경우, 육안 또는 돋보기로 관찰가능한 병원체의 모습임

3. 병의 정확한 진단을 위해서는 병징만으로는 판단이 곤란하며, 돋보기 등을 통해 피해부위를 확대하여 병원체 증거가 되는 표징의 존재 여부 확인이 필요함

Ⅱ. 병징(Symptom)과 표징(Sign)

1. 개념

병징	표징
• 병원체 또는 환경요인에 의하여 건전한 세포, 조직, 기관 등에 이상이 생겼을 때, 외부로 드러나 보이는 비정상적인 모습으로서 육안으로 관찰가능한 증상 • 색깔의 변화, 천공, 위조, 괴사, 위축, 비대, 기관의 탈락, 빗자루 모양, 잎마름, 분비, 부패	• 전염성 병의 경우, 육안 또는 돋보기로 관찰가능한 병원체의 모습 • 곰팡이가 원인이 될 경우에는 대체로 표징의 식별이 가능 • 균사, 포자, 버섯

2. 병징과 표징 진단의 필요성

1) 병의 정확한 진단이 목적
   병의 정확한 진단을 위해서는 사람의 육안으로 관찰되는 병징만으로는 미흡함

2) 병징과 표징 동시 관찰로 진단
   최소한 돋보기를 통해 피해 부위를 확대하여 병원체의 증거가 되는 표징이 존재하는 그 여부를 먼저 확인

Ⅰ. 개요

1. T/R율이란 T(Top : 지상부)와 R(Root : 지하부)의 비율로서, 즉 수목줄기와 뿌리의 비율이며 수목은 지상부와 지하부의 생장이 서로 부합하지 않으면 건전한 생육이 어려움

2. C/N율이란 탄소와 질소의 비율로서, 즉 탄소동화작용에 의해 만들어진 탄수화물(C)과 뿌리에서 흡수된 질소(N) 성분의 비율임

3. T/R율과 C/N율은 수목의 건전한 생육과 생장을 위해서는 이 두 가지 개념의 이해를 바탕으로 수목관리가 이뤄져야 함

Ⅱ. T/R율과 C/N율

1. T/R율

1) T(Top : 지상부)와 R(Root : 지하부)의 비율

2) 수목줄기와 뿌리의 비율로서 수목은 지상부와 지하부의 생장이 서로 부합하지 않으면 건전한 생육이 어려움

3) 지상부 ÷ 지하부 = 1에 가까워야 균형이 맞음

4) 토양 내 수분이 많거나 질소의 과다 사용, 일조 부족, 석회부족 등의 경우에는 지상부에 비해 지하부 생육이 나빠져 T/R율이 커지게 됨

2. C/N율

1) 탄소와 질소의 비율

2) 탄소동화작용에 의해 만들어진 탄수화물(C)과 뿌리에서 흡수된 질소(N) 성분의 비율

3) 비율에 따라 생육과 개화결실이 지배되며, C/N율이 높으면 개화를 유도하고 C/N율이 낮으면 영양생장이 계속됨

4) 식재환경 또는 전정 정도에 따라 변하게 됨

3. T/R율과 C/N율과 수목생장의 관계

1) C/N율이 높으면
- 생장장애, 꽃눈 형성이 많아짐
- T/R율 클 때에 해당, 지하부 생육이 나쁨

2) C/N율이 낮으면
- 뿌리는 약하고 잎만 무성, 도장지 발달, 성숙이 늦음
- 질소 과잉현상, T/R율 낮을 때에 해당

QUESTION 29 | 수목 전정의 미관, 실용, 생리적 목적

I. 개요

1. 수목 전정이란 수목의 관상, 개화결실, 생육상태 조절 등의 목적에 따라 가지나 줄기의 일부를 잘라내서 정리하는 작업을 말함
2. 수목 전정의 미관상 목적은 수목의 자연미 · 조형미 향상에 있고, 실용상 목적은 방화 · 방풍 · 차폐 등을 위해서 생리적 목적은 쇠약목 · 이식목 등의 활력 증진에 있음

II. 수목 전정의 미관, 실용, 생리적 목적

1. 수목 전정의 개념

수목의 관상, 개화결실, 생육상태 조절 등의 목적에 따라 가지나 줄기의 일부를 잘라내서 정리하는 작업

2. 수목 전정의 미관, 실용, 생리적 목적

1) 미관상 목적
   - 수형에 불필요한 가지 제거로 수목의 자연미를 높임
   - 인공적인 수형을 만들 경우 조형미를 높임

2) 실용상 목적
   - 방화수, 방풍수, 차폐수 등을 정지 · 전정하여 지엽의 생육을 도모
   - 가로수의 하기전정은 통풍 원활, 태풍의 피해방지

3) 생리상 목적
   - 지엽이 밀생한 수목 : 정리하여 통풍 · 채광이 잘 되게 하여 병충해 방지, 풍해와 설해에 대한 저항력을 강화시킴
   - 쇠약해진 수목 : 지엽을 부분적으로 잘라 새로운 가지를 재생시켜 수목에 활력을 줌
   - 개화결실 수목 : 도장지, 허약지 등을 전정하여 생장을 억제하고 개화결실을 촉진시킴
   - 이식한 수목 : 지엽을 자르거나 잎을 훑어주어 수분의 균형을 이루고 활착을 좋게 함

QUESTION 30 | 한지형 잔디의 병충해와 방제방법

I. 개요

1. 한지형 잔디는 지표면을 피복하는 능력과 답압에 견디는 능력이 뛰어난 다년생의 초본성 식물로서, 녹색기간이 길고 질감이 고와서 골프장, 축구장 등에 많이 사용되고 있음
2. 한지형 잔디의 병충해는 잔디생육에 적합한 조건을 조성하고 잔디깎기 등의 철저한 관리를 시행하면 사전예방이 가능함
3. 병충해가 발생하면 잔디병충해 병명에 따라 적합한 약제방법을 사용하고 상시관리 시 재배적 방법으로 발병률을 낮춰주어야 함

II. 한지형 잔디의 병충해와 방제방법

1. 한지형 잔디의 개념 및 특성

1) 다년생의 초본성 식물
   지표면을 피복하는 능력과 답압에 견디는 능력이 뛰어남

2) 일반적 특성
   - 녹색이 진하고 녹색기간이 김
   - 내한성이 강하고 내답압성이 약함
   - 충해보다 병해가 더 큰 문제

2. 한지형 잔디의 병충해와 방제방법

1) 병충해 방제에 우선되는 법칙
   - 잔디 생육에 적합한 조건을 조성
   - 토양개선, 관수, 배수 등의 설계가 완전
   - 건강한 잔디생육을 위해 표토층의 충분한 확보
   - 계속적인 환경개선과 계획방제

2) 주요 잔디 병해 및 방제방법

병명	병징	발병환경	방제방법	
			재배적방법	약제방법
브라운 패치	• 원형 병반 형성 • 시들면서 갈변	• 과다한 태치 축적 • 과다한 질소질 비료 사용	• 이른 아침 이슬 제거 • 과다한 질소질 비료를 피함 • 통풍 개선	• 주기적 예방시약 • 약제 : 지오판수화제
옐로 패치	• 원형 병반 형성 • 노란색에서 붉은색, 갈변	• 과습 시 발병 • 과다한 질소질 비료 사용	• 과다한 질소질 비료를 피함 • 과습을 피함	• 주기적 예방시약 • 약제 : 지오판수화제
달러 스팟	• 반점형태 • 솜털모양 균사형성	• 건조토양, 과습, 질소결핍 시 발생	• 질소시비량을 높임 • 관수는 자주 하지 않음	• 약제 : 이프로수화제

| 적심(摘芯)과 적아(摘芽)

Ⅰ. 개요

1. 적심이란 지나치게 자라는 가지의 신장을 억제하기 위해서 신초의 끝부분을 따버리는 것으로 순이 목질화해서 굳어지기 전에 실시해야 함

2. 적아란 눈이 움직이기 전에 가지의 여러 곳에 나와 있는 눈 가운데서 불필요한 가지를 제거해 버리는 작업임

Ⅱ. 적심(摘芯)과 적아(摘芽)

1. 개념

1) 적심

지나치게 자라는 가지의 신장을 억제하기 위해서 신초의 끝부분을 따버리는 것으로 순이 목질화해서 굳어지기 전에 실시해야 함

2) 적아

눈이 움직이기 전에 가지의 여러 곳에 나와 있는 눈 가운데서 불필요한 가지를 제거해 버리는 작업임

2. 특징

1) 적심과 적아는 그 부분의 생장을 정지시키고 곁눈의 발육을 촉진시킴으로써 새로 자라나는 가지의 배치를 고르게 하고, 개화작용을 조장함

2) 강한 가지의 힘을 억제하여 균형있게 가지가 자라나게 하려면 끝부분과 상단부의 눈을 제거해 버리는 것이 좋음

3) 적심과 적아의 횟수는 상록수의 경우 7~8월경에 1회 정도 실시하는 것으로 충분하지만, 신장이 빠른 낙엽수의 경우에는 이른 봄의 신아발생기에 한 번, 여름 들어서 두 번째 적심 실시

3. 적용 수종

1) 적심

• 소나무의 순자르기
• 등나무의 덩굴길이 잘라주기

2) 적아
- 자작나무나 벚나무 등 전정작업으로 인해 피해를 입기 쉬운 나무
- 모란과 같이 줄기가 연해서 썩기 쉬운 나무

소나무의 신아는 4월 하순에
맹아하여 신아 끝에 자화, 기부
에는 웅화를 붙게 한다.

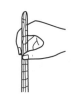

빨리 자라게 해야 할 가지의
새잎은 따지 않고 그대로 남긴다.

새잎은 3~5본이 나오기 때문에
3본 정도로 수를 줄인다.

∥ 적심의 방법 1 ∥

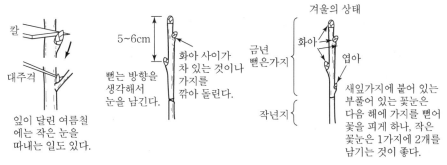

잎이 달린 여름철
에는 작은 눈을
따내는 일도 있다.

뻗는 방향을
생각해서
눈을 남긴다.

화아 사이가
차 있는 것이나
가지를
깎아 돌린다.

새잎가지에 붙어 있는
부풀어 있는 꽃눈은
다음 해에 가지를 뻗어
꽃을 피게 하나, 작은
꽃눈은 1가지에 2개를
남기는 것이 좋다.

∥ 적아의 방법 ∥

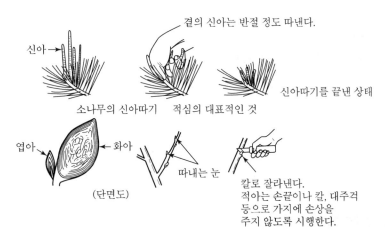

소나무의 신아따기   적심의 대표적인 것

신아따기를 끝낸 상태

칼로 잘라낸다.
적아는 손끝이나 칼, 대주걱
등으로 가지에 손상을
주지 않도록 시행한다.

∥ 적심의 방법 2 ∥

QUESTION 32 | 느티나무 흰가루병의 표징과 방제방법

I. 개요

1. 느티나무 흰가루병이란 잎에 흰 밀가루를 뿌려 놓은 것처럼 보여서 얻은 이름임
2. 표징은 잎의 앞과 뒷면에 백색의 반점이 생기며 점차 커지면서 잎을 하얗게 뒤덮는 형상을 띰
3. 방제방법은 병든 낙엽을 태우거나 땅속에 묻어서 전염을 없애고 이른봄 가지치기를 할 때 병든 가지를 제거하며, 이때 석회유황합제를 살포함

II. 느티나무 흰가루병의 표징과 방제 방법

1. 개념

1) 잎에 흰 밀가루를 뿌려 놓은 것처럼 보여서 얻은 이름임
2) 활엽수에서 광범위하게 관찰됨
3) 느티나무 외에도 단풍나무, 배롱나무, 포플러나무, 사철나무 등에서 흔함
4) 6월부터 혹은 장마철 이후부터 급속히 퍼짐
5) 병원균은 자낭균으로서 기주식물을 가려서 감염하는 기주선택성을 보임

2. 표징

1) 잎의 앞과 뒷면에 백색의 반점이 생김
2) 점차 커지면서 잎을 하얗게 뒤덮음

3. 피해

1) 대개 나무에 치명적인 피해를 주지는 않음
2) 광합성을 방해하여 심하면 새 가지가 위축되어 기형이 되면서 말라죽기도 함

4. 방제방법

1) 병든 낙엽을 태우거나 땅속에 묻어서 전염원을 없앰
2) 이른봄 가지치기할 때 병든 가지를 제거, 이때 석회유황합제를 살포
3) 여름에는 수화제(만코지, 지오판, 베노밀)를 2주 간격으로 살포

QUESTION 33 | 피소(볕데기)

Ⅰ. 개요

1. 피소란 더운 여름 오후에 햇빛이 강하면 수간의 남서쪽 수피가 열에 의해서 피해를 받을 수 있는데, 이 현상을 말함
2. 원인은 밀식 재배했던 수목을 이식하여 단목으로 식재한 경우, 수피가 얇은 수종의 경우, 검은색 토양이 햇볕을 받아 표면온도가 고온인 경우 등임
3. 방지책은 이식목의 경우 수피를 수목테이프나 녹화마대로 감기, 흰 도포제 발라주기, 토양멀칭 등임

Ⅱ. 피소

1. 개념

1) 더운 여름 오후에 햇빛이 강하면 수간의 남서쪽 수피가 열에 의해서 피해를 받을 수 있는데, 이 현상을 말함
2) 수목의 고온 피해 유형 중 하나

2. 원인

1) 밀식재배했던 수목을 이식하여 단목으로 식재한 경우
   수피가 햇빛에 노출되어 피소현상에 약함

2) 수피가 얇은 수종의 경우
   벚나무, 단풍나무, 목련, 매화나무 등 수피가 얇은 수종은 특히 피소현상에 약함

3) 검은색을 띤 토양이 햇볕을 받아 표면온도가 높아진 경우
   토양 표면온도가 60℃를 넘으면 남서쪽의 피해를 입음

3. 방지책

1) 이식목의 경우 수피를 수목 테이프나 녹화마대로 감싸기
2) 흰 도포제(석회유)를 발라주기
3) 토양 멀칭 해주기

Ⅰ. 개요

1. CODIT 모델이란 수목부후의 칸막음 모델로서, 목질부가 부후되어 푸석하게 썩은 부위는 강도가 크게 떨어지고 계속 확산되는 특성이 있기 때문에, 부후가 진행되는 부위는 이 모델에 준해 제거함
2. 주요 내용은 사이고가 주장하는 방위대를 보호하기 위해 건전부와 변색부를 제거하면 안된다는 'CODIT 모델' 이론을 수렴함

Ⅱ. CODIT 모델

1. 개념

1) 수목부후의 칸막음(CODIT : Compartmentalization of Decay in Trees) 모델
2) 사이고(A. L. Shigo) 박사에 의해 1977년 처음으로 제시된 이론으로서 나무가 상처(가지치기 등)를 입어 부후균이 수간이나 굵은 가지 속으로 들어가면 나무는 더 이상 확대되지 않게 단단한 방어벽을 만들어 부후균을 가두어 둔다는 이론
3) 사이고가 주장하는 방위대(층)를 보호하기 위해 건전부와 변색부를 제거하면 안된다는 이론
4) 부후부 제거를 할 때 적용
5) 상처를 입은 나무가 여러 방향으로 방어벽을 만들어 부후균과 부후균에 감염된 조직을 입체적으로 칸에 가두어 봉쇄하는 자기 방어 기작을 '목부후의 칸막음(구획화)'이라 부름

6) 나무가 서로 다른 네 개의 방어벽을 구축
   - 방어벽 1 : 상하(세로)방향 확산 방지, 도관 및 가도관 세포
   - 방어벽 2 : 목재의 중심(안쪽) 확산 방지, 나이테의 종축 유세포
   - 방어벽 3 : 수관의 좌우둘레 확산 방지, 방사조직
   - 방어벽 4 : 새로이 만들어지는 조직으로 확산 방지, 가장 강력한 방어벽 형성층

2. 주요 내용

1) 부후부 발생 유형은 수피가 고사되어 목질부가 노출된 경우, 노거수의 경우는 그 수간 내부에 부후 부위가 발생한 경우가 있음

2) 목질부가 부후되어 푸석하게 썩은 부위는 생조직에 비해 그 강도가 크게 떨어지고 계속해서 확산되는 특성이 있기 때문에, 부후가 진행되고 있는 부위는 CODIT 모델에 준해 제거함

3) 부후부 제거는 건전재나 변색재가 손상되지 않도록 제거하거나 정리하는 정도로 실시

4) 나무의 형성층 부분은 수분증발 억제와 Callus 조기 형성 및 살균효과 등을 위해 반드시 보호제를 처리

5) 보호제 처리는 유합 조직 형성 촉진뿐만 아니라, 외과수술을 시행하는 과정 중 살균제, 살충제, 방부제, 수지 등이 상처 부위에 닿는 것을 방지하기 위해서도 필요함

엽아(葉芽), 화아(花芽), 정아(頂芽), 잠아(潛芽),
부정아(不定芽)

Ⅰ. 개요

1. 엽아는 잎눈이고 화아는 꽃눈이며, 정아는 가지 끝의 한복판에 자리 잡은 눈, 잠아는 휴면
   상태에 남아 있는 눈, 부정아는 수목의 오래된 부분에서 형성된 것임

2. 엽아, 화아, 정아, 잠아, 부정아는 수목의 눈과 가지의 특성을 나타내는 개념으로 상호관계
   가 있음

Ⅱ. 엽아(葉芽), 화아(花芽), 정아(頂芽), 잠아(潛芽), 부정아(不定芽)

1. 개념

1) 엽아

   잎눈으로 자라서 잎이 됨

2) 화아

   꽃눈으로 자라서 꽃이 됨

3) 정아

   • 가지 끝의 한복판에 똑바로 자리 잡고 있는 눈
   • 자라서 주지를 만듦

4) 잠아

   • 눈 중에서 자라지 않고 계속 휴면상태에 남아 있는 눈
   • 처음에는 대와 잎 사이에 액아로 만들어졌다가 줄기가 굵어지면 파묻히지만, 수피 바
     로 밑에까지 계속해서 따라오면서 남아 있음
   • 줄기가 가느다란 초기에는 여러 개의 잠아가 살아남아 있으나, 줄기가 굵어지면 나이테
     를 따라서 바깥쪽으로 수년간 아흔을 만들면서 함께 자라다가 대부분 죽어서 없어짐

3) 부정아

   • 줄기 끝이나 엽액에서 유래하지 않고, 수목의 오래된 부분에서 불규칙하게 형성되는 것
   • 상처를 입은 형성층이나 유상조직에서 만들어짐

2. 특성

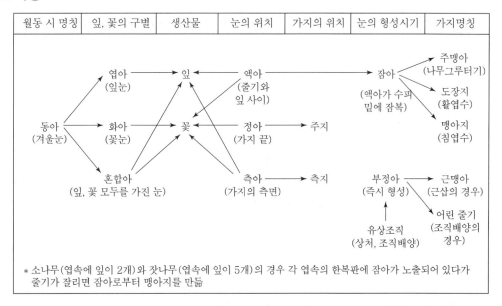

월동 시 명칭	잎, 꽃의 구별	생산물	눈의 위치	가지의 위치	눈의 형성시기	가지명칭

* 소나무(엽속에 잎이 2개)와 잣나무(엽속에 잎이 5개)의 경우 각 엽속의 한복판에 잠아가 노출되어 있다가 줄기가 잘리면 잠아로부터 맹아지를 만듦

‖ 수목의 눈과 가지의 명칭과의 상호관계 ‖

QUESTION
36 | 만상(晩霜), 조상(早霜), 동상(凍傷)

Ⅰ. 개요

1. 만상, 조상, 동상은 수목의 저온에 의한 피해로서 발생시기에 따라 구별되는 개념이며, 저온은 식물의 생육기와 휴면기 모두 피해를 줌

2. 만상은 늦서리로서 봄에 식물의 발육이 시작된 후 갑작스러운 기온하강으로 인한 피해이고, 조상은 초가을 서리에 의한 피해이며, 동상은 겨울 휴면기간 동안 발생하는 피해임

3. 저온 피해 방지대책으로 통풍과 배수가 양호한 곳에 식재, 상록수 보호를 위한 바람막이 설치, 멀칭재 포설 등임

Ⅱ. 만상(晩霜), 조상(早霜), 동상(凍傷)

1. 개념

1) 만상
  - 봄에 식물의 발육이 시작된 후 기온이 0℃ 이하로 갑작스럽게 떨어짐으로써 식물체에 해를 주게 되는 것
  - 만상(늦서리)에 의해 어린 가지의 고사, 낙엽교목의 잎의 고사, 침엽수의 엽침의 고사 등과 같은 결과가 나타남

2) 조상
  - 초가을 서리에 의한 피해를 말함
  - 초가을에 갑자기 추운 날씨인 경우 피해가 심함

3) 동상
  - 겨울 휴면기간 동안 발생하는 피해
  - 겨울철에 수목은 수종, 식재 위치, 근계의 특징, 배수 정도, 식물에 지장을 줄 정도의 기후 등과 같은 요인에 의해 동해를 입음

2. 저온피해 방지대책

1) 통풍이나 배수가 양호한 곳에 식재
   시비와 토양 통기는 뿌리 생장을 증가시키고 뿌리를 깊게 내리게 함

2) 상록수 보호를 위한 바람막이를 설치
   철쭉류 등과 같은 상록수 보호

3) 멀칭은 동해 예방을 위한 보조역할
   낙엽이나 피트모스 등과 같은 두터운 피복재료 이용

4) 겨우내 충분한 수분공급
   상록수 주변의 토양온도가 0℃ 이하가 되기 전 흠뻑 젖도록 관수

QUESTION
37 | 조경시설물 유지관리 중 토사포장의 포장방법, 파손원인, 개량 및 보수방법을 설명

Ⅰ. 서론

1. 토사포장은 토사, 풍화토, 자갈 및 쇄석, 세사포장 등을 말하며 포장방법은 기존의 흙바닥을 평탄하게 고른 후 자갈, 쇄석에 모래·점토를 적당히 섞은 혼합물을 깔아 다지는 것임
2. 조경시설물 유지관리 중 토사포장의 포장방법, 파손원인, 개량 및 보수방법을 설명하고자 함

Ⅱ. 조경시설물 유지관리 중 토사포장의 개요

1. 토사포장의 개념

1) 토사, 풍화토, 자갈 및 쇄석, 세사 포장을 말함
2) 보도, 광장, 원로 포장에 사용

2. 토사포장 시 유의사항

1) 배수불량

배수불량이면 노면이 연약화됨

2) 동결

동결 후 해동되면 지반이 약함

3) 비산

건조 등으로 먼지가 일어 표층이 유실

Ⅲ. 토사포장의 포장방법과 파손원인

1. 포장방법

1) 기존의 흙바닥을 평탄하게 고른 후 자갈이나 쇄석에 모래·점토를 적당히 섞은 혼합물(노면자갈)을 30~50cm 깔아 다짐
2) 노면자갈이 없을 때는 풍화토 또는 왕사, 쇄석 등을 사용함

2. 파손원인

1) 건조 또는 강풍에 의해 먼지가 일어 표층을 유실함

2) 지하수 또는 강우에 의한 배수불량으로 흙이 물을 흡수하여 연약화됨

3) 노면에 침투한 수분이 기온의 강하로 동결되었거나 서리가 내려 언 상태에서 기온상승으로 해동되면 지반이 질퍽해지거나 약해짐

4) 자동차 통행량의 증가 및 중량화로 노면자갈이 비산 소모되어 노면이 약화되거나 지지력이 부족하게 됨

Ⅳ. 토사포장의 개량 및 보수방법

1. 개량방법

1) 지반치환공법
지반토질이 점토나 이토인 경우 지지력이 약하고 동결융해로 파괴되므로 동결심도 하부까지 모래질이나 자갈모래로 치환함

2) 노면치환공법
노면자갈의 두께가 적거나 비산으로 적어지면 지지력이 약하게 되므로 노면자갈을 보충하여 지지력을 보완함

3) 배수처리공법
물의 침투를 방지하기 위하여 횡단구배유지, 측구의 배수, 맹암거로서 지하수 낮추기 등의 조치를 취함

2. 보수방법

1) 흙먼지 방지
살수, 약품 살포법과 역청재료, 즉 아스팔트류의 혼합법이 있으나 모두 일시적임

2) 노면요철부 처리
비 온 뒤 차량통행으로 생긴 요철부는 배수가 잘 되는 모래 · 자갈로 채워 잘 다지되 노면이 건조할 때는 물을 약간 살포한 후 채움

3) 노면 안정성 유지
노면 횡단경사를 3~5%로 유지하고 노면에 지표수가 고여 있을 때는 신속히 배수처리하여 노면의 안정을 기함

4) 동상 및 진창흙 방지

흙을 비동상성 재료(점토나 흙질이 적은 모래, 자갈)로 바꾸어 주거나 배수시설을 하여 지하수위를 저하시킴

5) 도로배수

논이나 매립지, 극히 배수불량지역의 도로는 도로 양측에 폭 1m, 깊이 1m의 측구를 굴삭하고 자갈, 호박돌, 모래 등의 재료로 치환하거나 노상층 위에 30cm 이상의 모래층을 설치

QUESTION
38
조경 수목의 고사원인 중 생리적 피해 5가지를 쓰고, 그에 따른 원인, 주요 증상 및 대책을 설명

Ⅰ. 서론

1. 조경 수목의 고사원인 중 생리적 피해란 잎의 위조, 잎의 괴사, 잎의 황화, 새 가지의 시듦과 고사, 가지와 수간의 균열 등이 있음
2. 조경 수목의 고사원인 중 생리적 피해의 개념과 피해 5가지를 설명하고 그에 따른 원인, 주요 증상 및 대책을 설명하고자 함

Ⅱ. 조경수목의 고사원인 중 생리적 피해 개념과 피해 5가지

1. 개념

1) 생리적 피해란 수목의 잎과 가지, 수간, 뿌리 등의 피해를 말함
2) 잎의 시듦, 잎의 괴사, 잎의 황화, 조기낙엽, 새 가지의 시듦과 고사
3) 가지와 수간의 균열, 수피의 변색, 수피의 갈라짐 등의 피해

2. 생리적 피해 5가지

1) 잎의 시듦(위조)
2) 잎의 괴사
3) 잎의 황화
4) 새 가지의 시듦과 고사
5) 가지와 수간이 갈라짐(균열)

Ⅲ. 조경수목의 생리적 피해 원인, 주요 증상 및 대책

피해 구분	피해원인	주요 증상	진단과 대책
잎의 시듦(위조)	토양의 통기성 불량(침수, 배수불량, 과다한 관수)	• 전 지역에서 병징이 서서히 나타남 • 몇 수종에서 증세가 더 심하게 나타남	• 토양을 채취하여 수분과 색깔을 조사, 청색, 회색이거나 악취가 나면 통기불량 • 배수시설 확인 후 조치, 관수 시 주의
	복토, 답압토양	위와 같은 양상임	• 지제부에서 수간 밑동이 넓어지는 곳까지 흙을 파서 복토된 깊이를 확인 • 복토된 토양 제거
	수분 부족(관수부족, 토양의 보수력이 낮음)	• 전 지역이 영향을 받으며 건조에 예민한 수종에서 더 심함 • 병징이 급속히 나타남 • 햇빛과 바람에 더 노출된 개체에서 가장 심함	• 검토장으로 토양의 수분을 확인 • 관수 기록과 관수량을 확인 • 토성을 조사 • 관수 부족이면 적정 관수를 시행 • 토양 질의 문제이면 토양을 교체
잎의 괴사	수분 부족	잎의 시듦 항목과 동일	잎의 시듦 항목과 동일
	과다한 햇볕	• 햇볕에 예민한 수종에서 수관의 바깥부분에서 갑자기 병징이 나타남 • 잎 끝과 가장자리에서 먼저 나타남	• 햇볕노출 정도, 반사되는 열과 수종의 예민성 확인, 토양의 수분이 적을 때 더 심하게 나타남 • 가지치기와 이웃나무 제거 후 나타나기도 함 • 차광막을 설치해줌
	서리피해	전 지역에서 갑자기 병징이 나타남	• 최근의 최저온도와 수종의 예민성 확인 • 예민한 수종은 사전에 방한조치(마대 감기, 멀칭)를 시행
	동해(동계건조)	• 건조한 바람이 부는 늦겨울이나 초봄에 상록수에서 관찰됨 • 바람에 노출이 많은 쪽의 수관에서 더 심하게 관찰됨	• 토양이 얼어 있는지 확인 • 동해 피해입기 쉬운 수종은 사전에 방한조치
잎의 황화	뿌리손상(수분포화 토양, 복토)	전 지역 수관 전체에서 서서히 병징이 나타남	• 검토장으로 토양수분을 확인, 토양색깔이 청색, 회색이거나 썩는 냄새가 나면 혐기성 상태임 • 나무 밑동의 흙을 파서 복토 여부를 확인 • 토양의 질의 문제이면 양질토양으로 교체 • 복토가 문제이면 복토된 토양을 제거

피해 구분	피해원인	주요 증상	진단과 대책
잎의 황화	뿌리의 물리적 손상	• 한 나무의 수관 일부 혹은 전체에서 병징이 나타남 • 황화현상이 서서히 나타남	• 공사기록을 확인, 뿌리의 상처를 확인 • 상처난 뿌리에 소독제 처리
	수간의 피소현상	• 오후 햇볕에 노출된 수피에 피해가 나타남 • 수피가 얇은 수종에 주로 나타남	• 남서쪽 수피를 조사함 • 토양의 수분함량이 낮을 때 더 심함 • 피소방지를 위한 마대 감기
새 가지의 시듦과 고사	수분 부족	잎의 시듦 항목과 동일	잎의 시듦 항목과 동일
	서리피해	전 지역 서리에 약한 수종에서 수관 전체에서 갑자기 병징이 나타남	• 최근의 최저온도를 확인 • 서리피해를 입기 쉬운 수목은 사전에 예방조치 시행
가지, 수간의 갈라짐(균열)	동해	• 수직방향으로 수간이 갈라지고 상처가 생김 • 갈라진 틈의 가장자리에 유상조직이 융기하고 목재의 부패가 시작됨	• 겨울철 최저기온을 확인하고 동반되는 손상을 점검 • 동해 피해를 입기 쉬운 수목은 사전에 방한조치를 시행
	속성생장 균열	수피가 두꺼운 수종이 빠른 속도로 자랄 때 나타남	• 갈라짐이 코르크층에서 그치고, 그 안쪽의 내수피와 목부에서는 일어나지 않음 • 속성생장 중임을 나타내므로 별도조치가 필요하지 않음
뿌리의 오그라듦과 변색	수분 부족	잎의 시듦 항목과 동일	잎의 시듦 항목과 동일
	토양의 통기불량	• 전 지역에서 병징이 나타남 • 몇 수종은 더 예민하게 반응을 보임	• 검토장을 이용하여 토양의 수분과 색깔을 점검 • 혐기성 토양 확인 시 토양치환 등 조치를 취함
	뿌리 위 복토, 답압토양	위와 같음	• 나무밑동 근처를 파고 밑동이 넓어지는 곳을 확인하여 복토 깊이를 확인 • 복토 토양을 제거

QUESTION 39 | 잔디밭 갱신작업의 필요성 및 기계적인 갱신작업의 종류와 배토작업의 목적에 대하여 설명

Ⅰ. 서론

1. 잔디밭 갱신작업은 잔디를 조성한 후 토양층을 갈아엎는 경작이 불가능하나, 토양층이 지나치게 단단하게 굳는 등 개선이 필요한 경우에 하는 작업으로 기계적인 갱신작업과 배토작업이 있음

2. 기계적인 갱신작업의 종류는 코어링, 슬라이싱, 스파이킹, 버티컬모잉이 있으며, 배토작업은 잔디에 펫밥을 주는 작업으로 느슨한 대취층에 흙을 채워주는 것임

Ⅱ. 잔디밭 갱신작업의 개념과 필요성

1. 개념

1) 잔디를 조성한 후 토양층을 갈아엎는 경작이 불가능하나, 토양층이 지나치게 단단하게 굳는 등 개선이 필요한 경우에 하는 부분적인 작업

2) 기계적인 갱신작업과 배토작업이 있음

2. 필요성

1) 경화된 토양층을 개선

2) 물과 양분의 침투 및 뿌리의 생육에 도움

3) 표토층을 섞어주는 역할

4) 뿌리 및 줄기의 생육을 왕성하게 도모

5) 대취층을 줄여주는 효과

Ⅲ. 기계적인 갱신작업의 종류

1. 코어링

1) 개념

집중적인 이용으로 단단해진 토양을 지름 5~20mm 정도의 원통형토양을 20~100mm로 제거하는 작업

2) 특성
- 그 결과 생긴 구멍을 허술하게 채워줌으로써 물과 양분의 침투 및 뿌리의 생육을 용이하게 하는 작업
- 표토층을 섞어주는 역할을 하고 뿌리 및 줄기의 생육을 왕성하게 하며 대취층을 줄여주는 효과가 큼
- 단점 : 표토구조를 파괴하며 식물에 물리적 상처를 줌으로써 증산 및 병의 기회를 높여주고 구멍 안에 유해 해충의 근거지를 제공할 수도 있음

3) 시행시기
잔디가 왕성하게 자라는 시기에 시행하여 그 피해를 최고로 줄이는 것이 좋음

2. 슬라이싱

1) 개념
칼로 토양을 베어주는 작업으로 잔디의 포복경 및 지하경도 잘라 주는 효과가 있음

2) 특성
- 코어링과 유사한 효과가 있으나 그 정도가 약하며, 상처도 작게 주어 피해도 적음
- 잔디의 밀도를 높여주는 효과가 있음

3. 스파이킹

1) 개념
끝이 뾰족한 못과 같은 장비로 토양에 구멍을 내는 작업

2) 특성
- 코어링과 유사하지만 토양을 제거하지 않아 구멍의 양 옆으로 토양을 밀고 구멍의 하부가 부분적으로 고결될 수 있어 그 효과가 떨어짐
- 상처가 비교적 적어서 회복에 걸리는 시간이 짧으므로 고온 다습기 등의 스트레스 기간 중 이용되기도 함

4. 버티컬모잉

1) 개념
작업 성격으로 보아 슬라이싱과 유사하나 토양의 표면까지 잔디만 잘라주는 작업임

2) 특성
- 대취를 제거하고 밀도를 높여주는 효과를 기대함
- 표토층이 건조할 때 시행해야 효과가 높음

5. 롤링(다짐작업)

1) 개념

표면정리 작업으로 균일하게 표면을 정리하여 부분적으로 습해와 건조의 해를 받지 않게 하는 목적 등 이용에 적합한 상태를 유지시켜 주는 작업

2) 특성
- 종자 파종 후, 경기 중 떠오른 토양을 눌러주는 것, 봄철에 들뜬 상태의 토양을 눌러줌으로써 효과가 큼
- 뗏장을 뜨는 기계를 사용하기 전에 이 작업을 하며, 토양이 잘 붙은 뗏장을 생산할 때도 다짐작업을 함

Ⅳ. 배토작업의 목적과 방법

1. 목적

1) 느슨한 대취층에 흙을 채워줌으로써 대취의 분해를 빠르게 함
2) 표토층을 고르게 해주며 여러 기계작업을 용이하게 해줌
3) 또한 건조 및 동해의 위험을 줄여주는 효과도 있음

2. 방법

1) 잔디에 뗏밥을 주는 작업을 말함
2) 상황에 따라 다를 수 있으나 보통 1~2mm 정도에서부터 10mm 이상까지의 두께로 배합토를 뿌려줌
3) 그 배합토의 성분은 토양갱신의 경우를 제외하고는 기존 토양과 동일한 것을 사용하는 것을 일반적으로 권장
4) 배토에 의한 장기적인 토질개선도 가능하나 경우에 따라서 이질층을 형성함으로써 역효과를 보는 수도 있으니 조심하여야 함

QUESTION
40
공원녹지공간의 안전관리사항 중 발생하는 사고의 종류를 재해성격별로 구분하고, 사고에 대한 방지대책에 대하여 설명

Ⅰ. 서론

1. 공원녹지공간의 안전관리는 공원녹지에 있어서 파괴 내지는 불유쾌한 행동에 대한 예방과 안전대책으로서 리스크관리의 일환임

2. 공원녹지공간의 안전관리사항 중 발생하는 사고 종류를 재해성격별로 구분하고 사고 방지대책에 대해 기술하고자 함

Ⅱ. 공원녹지공간의 안전관리 개요

1. 개념

1) 공원녹지에 있어서 파괴 내지는 불유쾌한 행동에 대한 예방·안전대책과

2) 시설의 안전, 각종 사고로부터의 예방, 리스크관리의 일환임

2. 필요성

1) 사고의 사전 예방
- 이용자 상호 간, 이용자와 시설 간의 사고를 방지
- 안전대책으로 사고의 최소화

2) 공적 장소의 무질서 확산 방지
- 반달리즘의 파괴행위 등 감소
- 위험 감소와 예방의 노력은 필수불가결한 일

Ⅲ. 재해성격별 발생사고의 종류

1. 설치하자에 의한 사고

1) 시설 구조 결함
- 시설물 구조상 접속부에 손이 끼이는 사고
- 사용상 내구성이 다하여 발생하는 사고

2) 시설 설치의 미비
- 고정되어야 할 시설이 고정되지 않아서 발생
- 시설이 쓰러지거나 부서지는 등의 사고

3) 시설 배치의 미비

그네에서 뛰어내리는 곳에 벤치 배치로 충돌사고

2. 관리하자에 의한 사고

1) 시설의 노후 · 파손
  - 시설의 부식 · 마모에 의한 노후화
  - 파손 부위로 인해 상처, 전도되어 시설에 깔리는 등 사고

2) 위험장소에 대한 안전대책 미비
  연못 등의 위험장소 접근방지용 펜스 등 미설치

3) 이용시설 이외의 시설문제
  - 블록, 간판이 떨어짐
  - 배수맨홀의 뚜껑이 닫히지 않아서 생기는 사고

3. 이용자, 보호자, 주최자 등의 부주의에 의한 사고

1) 이용자 자신의 부주의, 부적정 이용
  - 그네를 잘못 타서 떨어짐
  - 미끄럼틀에서 거꾸로 떨어지는 등의 사고

2) 유아 · 아동의 감독 · 보호 불충분
  유아가 방호책을 넘어가서 연못에 빠지는 등의 사고

3) 행사 주최자 관리 불충분
  관객이 백네트에 올라갔다가 떨어져 다치는 사고

4. 자연재해 등에 의한 사고

1) 태풍, 우박, 지진, 호우, 강풍 등에 의한 재해
  나무의 도복이나 시설의 파괴와 침수

2) 인위적 발화에 의한 산불 등 재해
  담뱃불 등으로 인한 산불

3) 전염병, 병충해, 귀화식물 등 피해
  - 기후 변화로 인한 병충해 확산
  - 생태계 교란식물의 번성

Ⅳ. 사고 방지대책

1. 설치하자에 대한 대책

1) 시설을 설치할 경우

시설의 구조, 재질, 배치 등의 이용에 대해 안전 주의

2) 시설 설치 후

이용방법, 이용 빈도 등의 이용 상황을 관찰

3) 구조, 재질상 안전 결함 인정 시

철거, 개량

4) 설치 · 제작의 문제 시

보강하는 등의 조치

2. 관리하자에 대한 대책

1) 계획적 · 체계적 순시 · 점검

- 시설관리업무의 일환으로 순시 · 점검
- 이상 발견 시 신속 조치

2) 시설의 노후 · 파손의 경우

- 재료의 내구연수의 파악
- 부식 · 마모 등에 대한 안전기준의 설정
- 시설의 점검 포인트의 파악

3) 위험장소에 대한 안전대책 미비의 경우

위험장소인가 아닌가를 사전에 판단

4) 감시 · 지도의 불충분의 경우

감시원과 지도원의 적정배치

3. 이용자 · 보호자 · 주최자의 부주의에 대한 대책

1) 빈번한 사고가 나는 경우

- 시설의 개량
- 안내판에 의한 이용지도

2) 종합적인 사고방지대책의 강구

- 정기적인 순시 · 점검
- 이용 상황, 시설의 이용방법 등을 관찰
- 상세한 사고보고서를 작성

QUESTION 41 | 무기양분의 대표적인 N, P, K의 결핍으로 인한 수목의 증상과 대처방안

Ⅰ. 서언

1. 무기양분인 N, P, K은 수목의 생장에 있어 필수원소로서 부족 또는 결핍 시 이상 증상, 생장 장애를 나타냄

2. N는 수목의 생육을 촉진, P은 개화결실을 촉진, 뿌리, 줄기의 발달, K은 저항성을 향상시키는 원소임

3. N, P, K의 결핍 또는 과잉으로 인한 피해에 대처하기 위해서는 사전에 시비 관리에 주의하는 것이 중요함

Ⅱ. N, P, K의 수목에서 기능

1. N(질소)

1) 세포구성물질의 성분, 단백질 형성
2) 식물 생장, 성장 촉진

2. P(인산)

1) 세포핵 분열 촉진, 뿌리 · 줄기 발달
2) 화색을 좋게 함, 종자 형성을 도움

3. K(칼륨)

1) 추위, 더위, 병충해에 대한 저항성 향상
2) 뿌리, 줄기의 생육 촉진

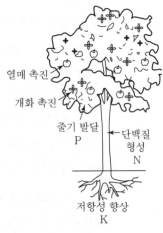

‖ N, P, K의 수목에 미치는 기능 ‖

Ⅲ. N, P, K의 결핍 및 과잉 수목증상

1. N(질소)

결핍증상	결핍증상이 일어나기 쉬운 조건
• 오래된 잎에서 결핍증상 발생 • 엽색이 황록색으로 변화 • 심하면 황화현상 발생 • 잎이 소엽화됨	• 덧거름을 소홀히 한 경우 • 다량으로 관수한 경우 • 미성숙 유기물의 사용
과잉증상	과잉증상이 일어나기 쉬운 조건
• 잎이 암록색화 • 지나치게 무성함 • 잎, 줄기가 연약해짐	• 유기질비료, 완효성 비료의 과다 사용 • 액비의 고농도 사용

2. P(인산)

결핍증상	결핍증상이 일어나기 쉬운 조건
• 개화 상태 및 화색이 나빠짐 • 꽃눈 발달이 불량 • 과실의 결실이 나쁨, 맛이 없고 품질저하 • 뿌리, 줄기의 발달이 빈약	• 인산 함량이 적은 토양에 식재 • 산성 토양에 식재 • 배수가 지나치게 잘되는 토양 • 인산시비 부족
과잉증상	과잉증상이 일어나기 쉬운 조건
• 초장이 짧음 • 잎이 무성, 생육이 빠름 • 성숙이 빠름	• 인산 시비량이 과다 • 인산 함량이 많은 토양에 식재

3. K(칼륨)

결핍증상	결핍증상이 일어나기 쉬운 조건
• 잎이 암록색, 소엽화되고 꽃도 작음 • 뿌리신장이 나쁨, 뿌리썩음병 발생이 쉬움 • 과실의 맛, 외관이 나쁨	• 칼륨 시비량 부족 • 칼륨 함량이 적은 토양이나 배수가 지나치게 잘되는 토양에 식재
과잉증상	과잉증상이 일어나기 쉬운 조건
마그네슘 결핍을 일으킴	칼륨시비의 과잉 사용

Ⅳ. 대처방안

1. 사전에 예방, 시비관리

1) 화목류의 시비
- 밑거름 : 이른 봄 완효성 유기질 비료 시비
- 덧거름 : 꽃, 열매가 진 후, 또는 가을에 시비
- 추비는 질소질 적은 비료 시비

2) 조경수목류 시비
- 기비는 낙엽 후 땅이 얼기 전 시비
- 또는 2월 하순 ~ 3월 하순 잎이 피기 전 사용
- 추비는 수목생장기인 4월 ~ 6월 하순 1 ~ 2회 사용

2. 증상에 대한 응급대책

1) 결핍증상
- N : 요소의 엽면 살포
- P : 과인산석회 살포, 제1인산칼륨 엽면 살포
- K : 제1인산칼륨 엽면 살포

2) 과잉증상 : 다량관수로 제거

QUESTION 42

균근균(菌根菌, Mycorrhizal Fungi)은 기주식물인 수목의 생육에 도움을 주면서 공생하고 있다. 이들 균근균이 수목의 생육에 기여하는 생리기작을 5가지로 구분하여 설명

I. 서언

1. 균근균이란 식물의 어린뿌리와 공생하는 토양 중에 있는 곰팡이를 말하며 균근균은 고등 육상식물의 약 97%에서 발견될 만큼 흔하게 존재함
2. 균근균이 수목의 생육에 기여하는 생리기작은 토양 중의 인산 흡수를 촉진하고, 암모늄태 질소를 흡수하게 해주며, 건조한 토양에서 수분 흡수능력이 큼
3. 낮거나 높은 pH에 대한 저항성 높여주며, 병원균에 대한 저항성도 증가시켜 결과적으로 식물 생육에 불리한 한계토양에서 생태적으로 중요한 위치를 차지함

II. 균근균의 개념 및 종류

1. 균근균의 개념

1) 토양 중의 곰팡이
   - 식물의 어린뿌리에 존재
   - 고등육상식물의 약 97%에서 발견

2) 기주식물과 공생관계 유지
   - 곰팡이는 기주식물에게 무기염을 대신 흡수하여 전달
   - 기주식물은 곰팡이에게 탄수화물을 전해줌

3) 수목 근계 형성
   - 수목 근계는 초본식물처럼 치밀하게 발달하지 않음
   - 하지만 균근의 수많은 균사가 뿌리로부터 뻗어 효율적으로 무기염과 수분을 흡수

2. 균근균의 종류

1) 외생균근
   - 주로 목본식물에서 발견됨
   - 곰팡이의 균사가 세포 안으로 들어가지 않고 기주세포 밖에서만 머물기 때문에 외생이라 함
   - 균사는 뿌리 표면을 두껍게 싸서 균투를 형성
   - 뿌리 속 피층까지 침투, 세포와 세포 사이에 하티그망을 만듦

- 피층보다 더 안쪽으로 들어가지 않음
- 감염된 뿌리에는 뿌리털이 발생하지 않고 균사가 대신함
- 균사에 의해 더 효율적으로 무기염을 흡수
- 소나무과, 참나무과, 버드나무과, 자작나무과, 피나무과 수목에서 발견됨
- 소나무과 수목은 필수적으로 형성
- 소나무과는 천연상태에서 균근 없이는 생존 불가
- 외생균근 형성 곰팡이
  - 담자균과 자낭균과 같은 버섯류
  - 적송림에서 발견되는 송이버섯
  - 광대버섯, 무당버섯, 젖버섯, 그물버섯 등

2) 내생균근
- 곰팡이의 균사가 기주식물 세포 안으로 들어가기 때문에 내생이라 함
- 균사가 뿌리의 피층세포 안으로 침투하여 자람
- 균사의 생장은 피층세포에 국한되고 내피 안쪽으로 들어가지 않음
- 이런 특징은 외생균근이나 내생균근의 공통점
- 뿌리 한복판이 통도조직을 침범하지 않는 것이 병원균과 다름
- 균사의 생장은 뿌리 밖으로 연장되어 토양 속으로 자라지만 외생균근과 같은 균투를 형성하지 않으며 뿌리털이 정상적으로 발달
- 소낭과 가지모양 균사를 가진 VAM 균근, 난초형 균근, 진달래형 균근
- 기주식물의 범위 : 대부분의 육상식물
- 대부분의 작물과 과수류가 여기에 속해 농업적으로 중요
- 곰팡이는 접합자균에 속하는 균

3) 내외생균근
- 외생균근의 변칙적인 형태
- 외생균근 곰팡이의 균사가 세포 안으로 침투하여 자라는 형태
- 소나무류의 어린 묘목에서 주로 발견됨
- 어린 묘목이 균사가 세포 안으로 침투하는 것을 방어할 능력이 없어서 생기는 현상
- 외부 형태는 외생균근과 흡사

III. 균근균이 수목생육에 기여하는 생리기작

1. 인산 흡수를 촉진

1) 토양 중에 있는 인산을 흡수 : 기주식물에게 인산을 공급

2) 인산 함량이 낮은 토양에서 역할이 중요함 : 수목 뿌리의 인산 흡수를 도와서 생육 촉진

2. 암모늄태(NH_4^+) 질소 흡수

1) 산림토양 내에서 가장 중요한 역할
- 산림토양은 경작토양과 비교하여 산성화가 심함
- 유기물의 광물질화 과정에서 질산화 박테리아의 활동이 억제됨
- 암모늄태 질소가 주종 이루고 질산태 질소(NO_3^-)는 거의 존재하지 않음

2) 암모늄태 질소 흡수능력 지닌 균근
- 산림 내 외생균근균, VAM 균근균 모두가 흡수능력을 지님
- 수목이 흡수하는 데 어려움이 없음

3. 건조토양에서의 큰 수분흡수능력

1) 건조토양에서 수목뿌리는 수분 흡수가 떨어짐 : 토양의 수분포텐셜이 낮으면 자랄 수 없음
2) 균근이 형성되면 수분흡수효율이 증가 : 직경이 뿌리보다 훨씬 작아 수분포텐셜이 낮아도 수분을 흡수할 수 있음

4. pH, 병원균에 대한 높은 저항성

1) 낮거나 높은 pH에 대한 저항성을 지님
- 알칼리성이나 산성 토양에서 식물 뿌리의 인산 흡수를 도와줌
- 수목 생육에 지장이 없게 함

2) 병원균에 대한 항생제 역할
- 뿌리 표면을 먼저 점령하여 항생제 생산
- 따라서 병원균에 대한 저항성도 증가

뿌리털
표피
피층
내피
균사 침입(피층세포안 침투)

‖ 뿌리종단면상의 VA 내생균근의 형태 ‖

5. 식물생육 한계토양에서 생태적으로 중요

1) 산림의 생산성을 높이는 데 기여, 인공접종한 묘목 생장이 촉진됨

2) 식물생육에 불리한 토양에서 큰 역할을 함
- 병원균에 대한 저항력을 높여줌
- 불리한 pH에도 저항성을 지님

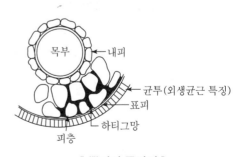

목부
내피
균투(외생균근 특징)
표피
하티그망
피층

‖ 뿌리의 종단면 ‖

QUESTION
43
조경관리에 있어 유지관리, 운영관리, 이용자관리의
차이점에 대해 설명하고 특히, 이용자 관리의 중요성과
유형에 대해 설명

I. 서언

1. 조경관리는 조경공간의 질적 수준을 향상시키고 유지하기 위하여 운영 및 이용에 관해 관리하는 것임

2. 대상공간의 모든 구성요소에 대한 유지관리와 효율적인 발휘를 위한 운영관리 및 그것을 이용하는 이용자에 대한 관리로 구분할 수 있음

II. 조경관리의 차이점

1. 유지관리

1) 대상공간의 모든 구성요소에 대한 관리
2) 초화류 · 잔디 · 수목 등 식재관리
3) 기반 · 편의 · 유희시설 등 시설물관리

2. 운영관리

1) 구성요소의 기능을 효과적으로 발휘함이 목적
2) 유지 관리를 위한 예산 및 조직관리
3) 이용자 요구 수용을 위한 관리체계

3. 이용자관리

1) 이용자에 대한 관리
2) 이용지도 및 안전관리
3) 교육 · 홍보 · 참여 활성화

Ⅲ. 이용자관리의 중요성과 유형

1. 이용자관리의 중요성

1) 조성목적에 적합한 이용 유도 : 조경공간 기능 발휘 극대화

2) 이용자에 대한 고려 : 이용자 요구도 이해와 수용

3) 이용활성화 도모 : 지속 가능한 이용과 관리 제고

2. 이용자관리의 유형 및 방법

유형	대상	방법
이용관리	이용 지도	• 행위제한, 이용방법 지도 • 이용안내 및 활동 지도
	주민참여	• 주민이 관리활동에 참여 • 지속 가능한 공원관리 가능
안전관리	설치하자관리	시설의 결함 관리
	관리하자관리	이상 발견, 안전대책 수립
	인간행위의 부주의	이용자, 보호자, 주최자의 부주의한 관리
레크리에이션 관리	이용자관리	이용자 요구도 이해와 수용
	자원관리	• 주요 자원 모니터링 • 경관 및 생태관리
	서비스관리	목적에 적합한 서비스 관리

QUESTION 44

조경공사 표준시방서에 언급되는 조경수 하자범위 및 유지관리 기준에 따른 발생원인과 대책에 대하여 설명

I. 서언

1. 조경수 하자 관련법에는 조경공사 표준시방서, 주택법 시행령 등이 있으며 보증제도, 보증기간에 중점을 두고 있음

2. 조경수의 하자범위는 하자보수 대상수목을 규정, 판정과 이행 후 하자보수를 면제하거나 보수의무를 시행하게 됨

3. 유지관리 기준에 따른 발생원인은 지주목 미설치, 관수·배수 불량, 시비 관리 소홀 등이 있으며 이에 대한 대책에 대하여 설명해 보고자 함

II. 조경수 하자 관련법 기준 및 발생원인

1. 하자 관련법 기준 및 현황

1) 관련법과 지침
- 조경공사 표준시방서
- 주택법 시행령
- 조경공사 하자이행 및 개선방안

2) 보증제도·보증기간에 중점 : 판정기준, 원인, 인정범위, 발생시기에 따른 책임 미흡

3) 조경수 하자담보 책임기간
- 건설산업기본법 : 2년
- 문화재보호법 : 2~3년

2. 발생원인

1) 설계 시 원인 : 지반, 현장조사, 적재적수 미흡

2) 공사 및 식재 후 : 준비 불충분, 부적기 식재

3) 유지관리 시 : 전정, 시비, 병해충, 관수 등 관리 부족

Ⅲ. 조경공사 표준시방서에 언급되는 조경수 하자범위 및 유지관리기준

1. 하자보수 대상수목

1) 수목 : 수관부 가지의 2/3 이상 고사 시
2) 지피 · 초화류 : 합목적성 판단기준
3) 식재상태로 고사된 수목, 다년생 초화

2. 판정 · 이행 · 규격

1) 감독자, 수급자와 함께 입회하에 판정
2) 하자 확인된 차기의 식재적기 만료일 전
3) 원설계 규격 이상으로 하자보수

3. 하자보수 면제

1) 전쟁, 내란, 폭풍, 천재지변 또는 인위적 사고
2) 유지관리비를 지급하지 않은 상태의 혹한 · 혹서 · 가뭄 · 염해

4. 고사율에 따른 지급수목재료 보수의무

고사기준율	보수의무
10% 미만	전량 하자보수 면제
10~20% 미만	10% 이상만 지급품 보수
20% 이상	10~20% 지급품 보수

Ⅳ. 유지관리 기준에 따른 발생원인과 대책

1. 발생원인

1) 지주목 미설치와 규격의 미달 : 강풍지역, 전도, 도복, 가지꺾임
2) 관수, 배수 불량 : 관수량 부족, 배수시설 미비로 배수 불량
3) 시비, 병충해 관리 소홀
   - 적기시비의 미이행
   - 병충해예방과 방제 미실시
4) 계절관리의 부족 : 월동과 염해, 혹서대책의 미흡

2. 대책

1) 기반, 지반관리 철저 시행
- 내구성이 있는 지주목 설치, 규격에 따른 종류 선택
- 적합한 배수시설 설치

2) 생장과 생육관리
- 토양의 적정수분의 유지, 관수시설 설치
- 적기에 시비, 병해충 적기에 예방과 방제

3) 기상재해의 관리대비
- 동해 방지, 방풍막 설치, 수목줄기감기
- 염화칼슘 피해 대책관리

QUESTION 45 | 조경공사의 하자분쟁을 완화할 수 있는 방안에 대하여 설명

Ⅰ. 서언

1. 하자란 설계도면과 시방서에 제시된 품질기준에 부적합한 것을 말함
2. 조경공사 하자 관련 법령은 보증제도 및 보증기간을 중점적으로 취급, 하자판정기준이 미비하여 하자인정범위 및 그 원인과 발생시기 등의 분쟁이 빈번하게 발생함
3. 따라서 하자 관련 환경변화에 대응하는 하자분쟁유형을 살펴보고 그 완화 방안에 대하여 설명해보고자 함

Ⅱ. 하자의 개념과 하자 관련 환경변화

1. 하자의 개념

도급시공에서 주문자가 제시한 도면 및 시방서의 품질기준에 부적합한 것

2. 하자관련 환경변화

1) 사용자의 하자 이행에 대한 욕구 증대 : 소비자 중심의 적극적 하자 이행
2) 조경의 품질수준의 향상 : 공동주택 브랜드의 차별화 및 고급화
3) 조경수목 생육환경의 변화 : 특수공간 녹화사업 증가, 인공지반 녹화
4) 조경관리 시대의 도래 : 조성에서 관리의 시대로 변화

Ⅲ. 하자분쟁의 유형별 쟁점 및 원인

분쟁유형	쟁점사항	원인
1. 하자담보 책임기간	공동주택 사용검사 이전 발생한 하자 이행 여부	판정 및 처리기준의 불분명
	하자 완료 확인서 발급 후 재하자조사에 따른 재하자 보수 요구 쟁점	소송 전 확정시스템 부재
2. 설계변경 및 설계기준 미달	• 설계 변경으로 품질저하, 하자 발생 • 설계도서 및 시공기준 미준수	소송 전 확정시스템 부재

	준공도상 일부 수종 하자로 다른 수종 추가식재 시 하자 여부 쟁점	판정 및 처리기준 부재
3. 도서 불일치	사용자측 추가신설 공종에서 하자 발생 시 시공자 하자 보수의무 여부	판정 및 처리기준 부재
	준공도와 다르게 시공, 안전·미관상 문제없는 경우 하자 여부	기술적 기준 모호
4. 하자 면책	• 천재지변(강우, 바람, 한해) • 유지관리 부실	면제조항 모호

IV. 하자분쟁 완화방안

1. 하자담보 책임제도 개선방안

1) 관련법령의 정비
 • 민법, 건설산업기본법 등
 • 각 법률안의 내용 중복 방지와 하자책임 분명
2) 공인된 하자판정기관의 설립
 • 하자진단평가회사 난립, 소송을 유도
 • 조경전문 하자감정 판정기관이 필요
3) 하자유형 및 공종별 판정·처리기준
 • 건설산업기본법, 주택법 등은 포괄적
 • 판정처리에 객관성 도모

2. 조경공사 특수성 반영

1) 하자보수 면책조항 명문화
 • 면책조항 불명확, 적용 기피
 • 천재지변, 사용자 피해 등 구체적 명기 필요
2) 유지관리에 관한 기술적 기준 제시
 • 관리수준에 따라 하자범위 차등
 • 비용 및 행정조치기준의 수립
3) 특수식재환경을 고려한 하자 허용 : 특수목 식재, 인공지반 식재 시 적용
4) 하자담보책임기간의 조정 : 타 공종과 복합공사 시 부분준공

QUESTION 46 | 조경공사의 주 재료인 조경수 생산과 유통에 대한 문제점과 개선방안을 설명

Ⅰ. 서언

1. 조경공사에서 주 재료는 조경수로서 조경수 생산과 유통에 따른 상황에 따라 재료 공급에 영향을 미치므로

2. 조경공사의 원활한 수행을 위해서는 조경수의 생산과 유통에 대한 문제점을 파악한 후 이에 대한 대응이 필요함

3. 따라서 조경수 생산과 유통에 대한 문제점이 무엇인지 살펴보고 그에 대한 개선방안을 설명해 보고자 함

Ⅱ. 조경수 생산과 유통의 특성

1. 생산 특성

1) 비균일성, 제품생산까지 장기간 소요

2) 장소, 생육여건에 따라 성상이 다양

3) 자연환경에 따라 생산량에 영향이 많음

2. 가격 · 유통 특성

1) 가격 책정의 근거가 다양(거리, 굴착여건)

2) 여러 하청단계로 인해 판매가는 저렴하나 구입가는 비쌈

3. 산업용품 특성

소비자 직접 구매보다 정부 · 건설사 등의 도급

4. 장기적 자본회수 기간

1) 파종부터 판매까지 평균 6년 소요

2) 비용회수까지 장기간이 소요, 투자의욕의 저하

조경수	공산품
· 살아 있는 생물 · 비균일성 · 변화성	· 무생물 재료 · 균일성 · 불변성

∥ 조경수 특성 ∥

Ⅲ. 조경수 생산과 유통의 문제점

구분	문제점	내용
생산 측면	1. 비효율적 생산	• 전국적 규모의 정확한 생산 • 공급 가능량 정보의 부족 • 판로 안정적인 특정수종 집중 과잉생산
	2. 인기수종 위주의 생산집중	• 수요 예측의 부재 • 시장수요정보의 부족
	3. 소형목 위주의 생산	• 경영규모 영세화 • 생산기간 단축으로 소형목 생산 • 대형 수목 품귀현상 발생
	4. 신수종 개발기피	• 신수종 조달청 고시에서 제외 • 신품종 개발의욕 저하
유통 측면	1. 유통정보의 수집·전파 체계화 미흡	• 생산자 – 소비자 연결정보 부족 • 공정가격 형성의 저해 • 중간상인에 의한 비공개적 거래
	2. 도매시장 부재	• 조경수의 다품종 소량구매 형태 존중 • 대체기관(나무시장)의 필요
	3. 규격화 미비	• 조경수 유통규격은 크기만 기준 • 품질에 대한 기준 설정이 필요

Ⅳ. 조경수 생산과 유통의 개선방안

1. 생산과 유통 정보체계 구축

1) 조경수 생산, 공급 가능량 자료현황 파악과 수집
2) 정부 차원의 유통정보망 구축 기반 제공

2. 품질관리를 통한 유통 규격화 정비

1) 세분화된 품질표시기준 마련
2) 엄격한 품질관리하에 생산과 유통 시행
3) 식재 후 활착을 돕고 하자율을 낮추는 집중관리 시행

3. 신수종 개발

1) 정부의 신품종 조경수 고시가격과 규격 정비

2) 생산자는 신수종 적극 개발 및 재배

3) 대내외적 수출까지 가능

4. 생산융자 자금 지원

1) 장기간 생산과정이 필요하므로 단계별 지원 시행

2) 식재자금, 관리자금, 출하자금 등 분산지원

5. 생산기술 보급, 교육기회 제공

1) 생산기술의 체계적 개발 · 보급으로 산업경쟁력 향상

2) 시장수요 변화에 능동적 대처 가능

3) 단기적 간행물, 인터넷을 통한 최근 동향 게재

4) 장기적 전문화와 공식화된 생산기술 교육 검토

6. 조경수 활력 객관화 기준 마련

1) 뿌리분 직경, 세근발달 정도 기준 제시

2) 지하부 상태 규격기준을 포함

3) 조경수 활력 감정사제도 도입 검토

QUESTION 47 | 레크리에이션 이용의 특성과 강도를 조절하는 관리기법 3가지를 설명

I. 서언

1. 근래 급격히 증가된 옥외레크리에이션 수요에 따라 옥외레크리에이션 자원관리의 중요성이 대두되고 있음
2. 레크리에이션 이용의 특성과 강도를 조절하는 관리기법에는 부지관리, 간접적 이용제한, 직접적 이용제한의 방법이 있음

II. 레크리에이션 관리

1. 관리의 목적

1) 관리목표 성취 : 수용능력 범위 내 자원과 이용자 관리
2) 환경파괴 최소화
   - 자원의 내구성 제고
   - 질 높은 자원 이용기회 증대

2. 관리기법의 유형

1) 부지관리 : 부지설계 · 조성 및 조경적 측면에 중점
2) 직접적 이용제한 : 이용행태, 개인적 선택권 제한, 강한 통제
3) 간접적 이용제한 : 이용행태를 조절하되 개인의 선택권 존중

III. 레크리에이션 이용의 특성과 강도를 조절하는 관리기법

유형	방법	구체적 조절기법
부지 관리	1) 부지 강화	• 내구성 있는 바닥재료 도입 • 관수, 시비, 재식재 • 내성이 강한 수종으로 교체
	2) 이용 유도	• 지피류 및 상부식생 제거 후 이용 • 장애물 설치(기둥, 담장, 가드레일) • 보행자 동선, 교량 등의 설치 • 조경(식재, 패턴 등) • 비이용구역으로 접근성 제고

부지 관리	3) 시설개발	• 공중위생시설의 설치 • 임대시설(매점 등)의 개발 • 숙박시설의 개발 • 활동위주의 시설개발 • 캠핑, 피크닉, 놀이, 운동시설 등
직접적 이용제한	1) 정책강화	• 세금의 부과 • 구역감시 강화
	2) 구역별 이용	• 상충적 이용의 공간적 구분 • 시간에 따른 이용 구분 • 순환식 이용 • 예약제 도입
	3) 이용강도 제한	• 이용자별 이용장소, 구간의 지정 • 접근로 이용제한 • 이용자수 제한 • 지정된 장소만 이용하게 함 • 이용시간 제한
	4) 활동의 제한	• 캠프파이어의 제한 • 낚시 및 사냥 제한 등
간접적 이용제한	1) 물리적 시설개조	• 접근로의 증설 및 감소 • 집중이용장소의 증설 및 감소 • 야생동물수 증대 또는 감소
	2) 이용자에게 정보 제공	• 구역별 특성을 홍보 • 주변지역에서의 행락 기회의 범위를 설정 · 홍보 • 생태학의 기본개념을 교육 • 저밀도 이용구역 및 일반적인 이용패턴을 홍보
	3) 자격요건의 부과	• 일정한 입장료의 부과 • 탐방로 · 구역 및 계절 등에 따른 이용요금 차등 부과 • 생태학적 이해도 및 행락활동의 기술을 요구

Memo

APPENDIX

01

기출문제
과목별 분석

2001년 63회~2021년 124회

키워드	구분	회차	기 출 문 제	출제 횟수
환경 계획학	용어	63	그린오너(Green Owner)제	8
		68	환경관리에 있어 지속가능성(Sustainability)의 개념을 설명하시오.	
		71	환경계획 · 설계 및 개발 시 주민참가방법의 사회적 단계	
		75	영국의 NGS를 설명하시오.	
	논술	75	주민참여를 통한 공원설계기법에 대하여 서술하시오.	
		99	공원과 같은 공공재의 경제적 가치를 평가할 수 있는 대표적인 기법에는 여행비용법(Travel Cost Method), 가상가치평가법(Contingent Valuation Method), 헤도닉가격법(Hedonic Pricing Method)이 있다. 1) 공공재의 경제적 가치를 평가해야 하는 이유 2) 공공재의 경제적 가치를 일반재와 동일한 방법으로 평가할 수 없는 이유 3) 각 방법의 평가요령	
		105	공원조성 및 관리과정에서의 주민참여방안과 이를 위한 조경가의 역할에 대하여 설명하시오.	
		123	마을 만들기 등 조경정책수행 시 필요한 주민참여의 유형 및 참여단계에 대하여 설명하시오.	
환경오염	용어	72	미기후(Microclimate)의 요소, 인자, 조절	24
		78	비점오염원의 정의와 조경적 처리방법을 설명하시오.	
		81	지구온난화의 영향으로 예상되는 산림식생대의 변화	
		82	열섬현상의 형성요인과 특성을 설명하시오.	
		100	환경정화수종	
		105	중금속으로 오염된 토양을 정화하기 위한 식물재배 정화법(Phytoremediation)	
		108	오염토양 정화기술방법으로서의 토양경작법(Landfarming)	
		114	감축대상 7대 온실가스와 온난화 지수	
		123	미세먼지 계절관리제	
		124	탄소발자국(Carbon Footprint)	
	논술	64	인공식물섬의 구조체 설치, 이용식물, 수질정화효과 등에 대하여 기술하시오.	
		70	도시녹지에 의한 도시환경 개선효과를 상세히 설명하시오.	
		75	지구자연계의 물질순환 중 탄소의 순환에 대하여 이동현상을 위주로 설명하고 탄소순환의 불균형에 따라 지구환경에 초래된 문제점과 그 대책에 있어서 조경가의 역할을 설명하시오.	
		78	공원이나 골프장의 연못에서 흔히 나타나는 녹조현상과 부영양화의 원인에 대해 설명하고, 이를 방지하기 위한 기법을 5가지로 나누어 기술하시오.	
		81	연못 수질오염 정화대책을 기술하시오.	
		85	식물을 이용하여 중금속으로 오염된 토양을 정화하는 식물재배정화법(pytoremediation)에 대하여 설명하고, 적용 시 고려사항을 설명하시오.	
		99	환경오염에 의한 도시림의 쇠퇴 징후와 개선대책을 기술하시오.	

		102	조경수목에 피해를 주는 오염물질의 종류, 피해증상 및 방지대책에 대하여 설명하시오.	
		117	미세먼지(PM10 및 PM2.5)의 원인과 영향을 서술하고 조경분야에서 실현 가능한 저감방안에 대하여 설명하시오.	
		117	도시열섬현상의 개념 및 종류, 특성, 원인과 열섬현상의 분야별 완화방안을 설명하시오.	
		118	환경오염에 의한 도시림의 쇠퇴 징후와 이에 대한 보완대책을 설명하시오.	
		118	대기오염 정도에 따른 수종의 분류와 대기오염 정화효과에 대하여 설명하시오.	
		120	기후변화와 미세먼지 저감을 위한 그린인프라의 기능 및 구축전략에 대하여 설명하시오.	
		121	도심지 산림의 미세먼지 저감숲의 기본 개념 및 종류와 산림의 미세먼지 저감 메커니즘에 대하여 설명하시오.	
생태학	용어	69	식물생육의 라운키에르(Raunkiaer)의 생활형	10
		70	생물다양성의 주요구성요소	
		71	생태학적 피라미드(Ecological Pyramid)	
		72	편리공생(片利共生), 공리공생(公利共生)	
		75	환경포텐셜을 설명하시오.	
		93	Biological Supermarket의 의미	
		100	바이오매스(Biomass)	
		102	타감작용(Allelopathy)의 의의 및 주요 타감작용 수목(2가지)	
	논술	91	자연계에서 토양, 공기 및 생물 간의 질소순환과정과 이 과정이 생물의 생리기능에 미치는 영향에 대하여 설명하시오.	
		99	토양에서 C/N비, 함수량 및 온도가 질소의 무기화(無機化)와 부동화(不動化)에 미치는 영향에 대하여 설명하시오.	
경관 생태학	용어	65	식생패치(Patch)	11
		65	임연보호식재의 의의와 기법	
		66	edge(경관생태학적 측면)	
		69	비오톱지도(Biotope Map)의 개념과 역할	
		72	주연종(Edge Species)의 특성	
		82	메타개체군의 정의와 경관생태학에서의 활용에 대하여 설명하시오.	
		90	경관생태학에서의 경관요소에 대하여 설명하시오.	
		102	생태조경설계의 공간패턴 기술인 프랙털(Fractal)의 개념과 특징, 차원	
		103	섬생물지리이론	
		121	추이대(推移帶)와 주변효과(Edge Effect)	
	논술	82	교란의 동태와 교란이 경관에 미치는 영향을 이해하는 데 규모에 대한 고려가 왜 필요한지에 대하여 공간적, 시간적 규모의 측면에서 설명하시오.	
생태복원 공학	용어	67	소생태계(Biotope)	19
		72	잠재성 특이산성토양의 특성	
		78	환경의 복원(Restoration), 복구(Rehabilitation), 대체(Replacement)의 차이점을 설명하시오.	
		82	택지 내 생물서식공간 조성을 위한 육생 비오톱의 설계기법을 설명하시오.	
		112	생태계의 자가설계(Self-Design)	

		114	표준생태계(참조생태계, Reference Ecosystem)	
		115	식이식물의 개념과 곤충별(5종) 선호 식이식물	
	논술	63	소생태계(Biotope)와 소공원(정원)을 **비교설명**하고 확충방안에 대해 논하시오.	
		64	폐기물, 쓰레기매립지의 **효율적 인공식재지반 조성방법**에 대하여 기술하시오.	
		69	UNESCO(United Education Scientific and Cultural Organization)의 **인간과 생물권(Man and Biosphere)계획**에서 설정한 생태계의 중요한 지역을 구분한 방식과 관리방향에 대하여 설명하시오.	
		70	대규모 도시 및 국토개발에 의한 **야생동물 서식지 훼손의 유형** 및 서식지복원기법을 설명하시오.	
		72	해안 간척지 식생에 있어서 **염생식물의 기능**과 그러한 기능을 이용한 염생식물의 활용방안에 대하여 설명하시오.	
		76	**임해매립지역의 식생환경조성방법**을 제시하고, 수목식재요령에 대하여 설명하시오.	
		78	**임해매립지 조경**에 있어 토양 및 환경인자의 문제점을 들고 식재지반조성과 식재층 토양개량에 대하여 설명하시오.	
		87	**임해매립지 식재기반 조성**에 대하여 설명하시오.	
		99	**생태복원으로서 인공섬 조성방안**에 대하여 기술하시오.	
		108	바닷가 완충림의 **생태학적 식재기법**에 대하여 설명하시오.	
		115	**토양오염지의 식생기반 조성방법**에 대해 설명하시오.	
		124	「조경설계기준(KDS)」의 '폐도복원공법'에 대하여 설명하시오.	
생태조사 방법론	용어	64	식생조사 시 식물종에 따른 **방형구**(조사구)의 면적기준	7
		66	지리정보체계(GIS)	
		68	녹지자연도의 5등급과 9등급까지 명칭과 판정기준을 쓰시오.	
		70	국가지리정보체계 구축사업에 의하여 제작된 **수치지도의 종류** 및 제작범위	
		72	토양조사의 필요성과 **현지조사의 항목**	
	논술	65	녹지자연도를 등급별로 설명하고 문제점과 개선방안을 논하시오.	
		108	**비오톱지도의 작성방법 및 활용분야**에 대하여 설명하시오.	
습지 생태계	용어	70	강원도 양구군 대암산 **내륙습지인 용늪**의 법적 지위와 가치	13
		91	수질정화인공습지(생태적 수질정화습지)의 식재기준 및 적용식물	
		93	**습지의 일반기능평가(RAM기법)**에서 고려되어야 할 8가지 기능	
		114	**갯벌의 기능 및 가치**	
		118	**해안사구의 복원기법**	
		124	습지 인벤토리(Wetland Inventory)	
	논술	76	**개발구역 내 소습지**가 존재하였을 시 생태와 개발의 **상생방안**을 설명하시오.	
		78	습지의 정의와 기능을 설명하고, **보존을 위한 정책방안**에 대해 논하시오.	
		108	생태보전습지의 탐방객 밀도가 생물서식에 미치는 영향과 **적정유지 대책**에 대하여 설명하시오.	
		109	**인공습지의 조성 목적과 방법**을 설명하시오.	
		114	논습지의 중요성과 활성화 방안에 대하여 설명하시오.	
		117	람사르 협약에 등록한 우리나라 습지 5개소 사례와 각 습지의 특성 및 생태적 가치를 설명하시오.	
		118	**수질정화용 인공습지 설계** 시 수리계통 모식도를 그리고, 사업효과를 설명하시오.	

		65	**수중식물** 5종을 나열하고 특징을 기술하시오.	
	용어	70	하천복원공사에서 **저수호안에 적합한 식생호안공법** 3종	
		71	자연형 하천 조성 시 **여울형 낙차공과 수중보의 차이**	
		72	**추수식물**(抽水植物)	
		82	**수생식물 중 깊은 물 식물**(Deep Water Plants)의 특성과 종류를 6가지 이상 설명하시오.	
		84	하천조성 시 고려해야 하는 **소류력**(掃流力)에 대하여 설명하시오.	
		88	우리나라는 현재 **4대강 살리기가 국가정책**으로 추진되고 있다. **미국 구아데루페**(Guadelupe) **강의 조경설계**의 특징을 설명하시오.	
		91	**자연형 하천 조성 시 고려해야 할 사항**	
		100	**하천 생물서식처**(비오톱) **설계** 시 기본적인 고려사항(5가지 이상)	
		115	**수생식물의 수질정화 기작**(Mechanism)	
		117	수생식물 중 **부엽식물**	
하천 생태계	논술	64	콘크리트호안으로 이루어진 하천을 자연하천으로 개조하려 한다. **수로, 호안, 제방 등의 구조체, 이용식물** 등에 관한 조성모델을 제시하시오.	31
		67	**자연형 하천의 조성계획** 시 기존의 이·치수 계획의 문제점을 지적하고 이와 차별화되는 계획 방안을 친수, 생태적, 경관적 측면에서 설명하시오.	
		70	**청계천 복원사업과 같은 하천복원설계과정**에서 수변식재, 친수공간조성 및 조경시설물 설치 시에 고려하여야 하는 **수문학 및 하천지형학적 특성**을 설명하시오.	
		71	근래 시행되고 있는 효율적인 **자연형 하천 조성방법 중 근자연**(近自然), **다자연**(多自然)**공법**에 대해 비교·설명하시오.	
		72	기존 도시지역의 복개천을 자연성이 있는 **하천**으로 변경, 조성하기 위한 도시하천공간 및 주변공간의 계획방안과 하천환경의 자연성 회복을 위한 설계방법을 설명하시오.	
		76	**자연하천공법의 유형**을 하도 내, 저수호안 및 경사부, 고수부지 등으로 나누어 유형별 적용지침 및 특징을 설명하시오.	
		79	**자연형 호안**의 개념을 간략하게 설명하고, 수변·수생식물을 포함한 단면모식도를 non-scale로 표현하시오.	
		81	**도시 내 하천정비사업을 서행**한 지역을 친환경 자연형 하천으로 조성하려 한다. 조성목적과 설계기법을 도해하고 설명하시오.	
		81	**청계천 복원**이 서울도심환경과 시민문화에 끼친 영향을 기술하시오.	
		82	**청계천복원사업**에 있어서 경관적 설계 개념을 구간별(상·중·하류)로 구분하여 구체적 사례를 들어 설명하시오.	
		84	**한반도 대운하**(경부운하) **건설에 대한 환경적 측면**에서 장단점을 설명하고, 조경분야의 역할에 대하여 논하시오.	
		85	뉴타운(New-Town)사업지구 내에서 **복개된 하천을 본래의 생태하천**으로 복구하고자 한다. 설계 시 고려할 사항을 설명하시오.	
		88	**경관생태학에 근거한 도시하천 복원**을 위한 평면 및 단면에 대해 설명하시오.	
		93	**도심 내 복개된 하천공간을 자연형 친수공간으로 복원**하는 경우 조경적 측면에서 고려사항과 사업시행전반에 따른 장단점에 대하여 설명하시오.	
		94	최근 국가사업으로 4대강사업이 진행되고 있다. **4대강사업과 관련하여 우리나라 강의 현황과 문제점, 사업목적과 내용, 성과와 논란** 등에 대하여 조경분야의 관점에서 설명하시오.	

		94	수공간의 분포구역에 따른 **수생식물**을 제시하고 **수생식물의 서식조건**을 설명하시오.	
		105	**소양강다목적댐**의 조경적 관점에서 현황 SWOT 분석 후 이용활성화 방안에 대하여 설명하시오.	
		114	**수변공간 조성을 위한 강우패턴과 첨두홍수량의 관계**를 설명하고, 생태적 전이지대로서의 **수위변동구간의 특징**을 설명하시오.	
		115	시대변화에 따른 하천의 가치변화와 조경적 관점에서의 패러다임 변화에 대하여 설명하시오.	
		118	**하천조경 시공 시 식재하는 추수(抽水)식물** 5종을 제시하고, 추수(抽水)식물의 식재방법 4가지를 그림으로 설명하시오.	
산림 생태계	용어	69	**식물의 명명법**(Classification)	17
		72	식물군락의 천이 중 **1차 천이**와 **2차 천이**	
		73	**군계**(群系), **군총**(群叢), **상관**(相觀)	
		75	**산불**의 종류와 역할을 설명하시오.	
		102	**산골장**(散骨葬)의 환경효과	
		103	**1차 천이와 2차 천이, 건성 천이와 습성 천이**의 상호 비교	
		105	**식물생태계의 천이**순서와 대표수종	
		117	**리질리언스**(Resilience)	
	논술	65	**자생식물군집**의 복원필요성, 복원방법을 논하시오.	
		65	**도시산림경관**의 질적 향상을 위한 **산림시업방법과 식생보완계획**을 기술하시오.	
		66	**식물군락의 생태천이**에 관하여 기술하고, 조경식재공간에서의 의의를 논술하시오.	
		66	식재계획 시 적용하는 **수목의 층상구조**(層狀構造)	
		69	**환경친화적 산지개발계획** 수립 시 고려할 사항에 대하여 서술하시오.	
		75	**산림지역 내 훼손지녹화**를 위한 식물도입방법 및 파종과 식재의 차이점을 설명하고 각각의 활용방안을 서술하시오.	
		102	대규모 공사개발이 아닌 곳에서 **표토보존 및 활용**은 공정상, 표토보관 장소 등 많은 현실적인 어려움이 있는 바 이를 개선할 수 있는 방안에 대하여 설명하시오.	
		108	**수직적 다층구조 조경식재 이후 식물 성장패턴에 따른 숲 변화**를 그림과 함께 설명하시오.	
		114	**한반도 통일**을 대비하여 효율적인 북한 산림녹화사업에 대하여 설명하시오.	
비탈면 녹화	용어	72	**종비토 뿜칠공법**	20
		82	**견질토사 비탈면**의 효과적인 **복구녹화방법**에 대하여 설명하시오.	
		96	**비탈면 안정 보호 및 보강공법**	
		105	**비탈면 녹화** 시 도입할 수 있는 **향토초본 및 목본류** 각 5종의 식물특성	
	논술	63	**암비탈면 조기녹화**를 위한 (종자+비료+토양) 뿜어붙이기 공법과 종자 뿜어붙이기 공법의 유형을 들고 시공방법을 설명하시오.	
		68	각종 건설로 인한 **훼손지**의 친환경적 **녹화공법**을 **절 · 성토부**를 중심으로 논하시오.	
		70	대규모 조경토목공사 중의 **비탈면 침식 방지기법**을 열거하고 설명하시오.	
		72	개발로 인한 개발지 외부경계부의 **경사지 토양손실**의 문제점을 설명하고, **토양의 유지 및 자연경관 보존대책**과 기존 지역에 조화될 수 있는 방안을 제시하시오.	
		73	경사지의 활용에 있어 **경사도에 따른 안정범위, 긴장범위, 위험범위** 등을 구분하여 밝히고 경사도에 따른 적용활동 등을 기술하시오.	
		76	**절토비탈면 식물녹화공법**의 유형 및 특징을 설명하시오.	

		81	친환경 비탈면녹화의 목적과 **식생기반재 뿜어붙이기 공법**에 대하여 설명하시오.	
		82	비탈면녹화용 잔디식물들을 나열하고, **비탈면의 토질과 향**에 따라 어떻게 사용하는 것이 바람직한가에 대하여 설명하시오.	
		84	대규모 개발지에서 발생되는 **암비탈면의 녹화방법**을 제시하고, **구축물에 의한 식재기반 조성 및 표층안정공법**을 논하시오.	
		99	비탈면 훼손지의 발생유형과 환경포텐셜 개념을 적용한 생태적 복원방향에 대하여 설명하시오.	
		100	조경공사 표준시방서에 명기된 **비탈면의 보호공법을 열거**하고, 각 공법의 특징과 설계·시공·유지관리의 고려사항을 설명하시오.	
		105	비탈면녹화의 목적과 시공 전 고려사항에 대하여 설명하시오.	
		109	인공으로 건설된 댐 혹은 저수지 비탈면 수위변동구간의 환경적 특성 및 식생조성방안에 대하여 설명하시오.	
		118	식물군락을 종자파종으로 조성할 경우, 파종량의 산정식과 할증에 대하여 설명하시오.	
		118	비탈면 녹화 공법 중 수목류 식재 공법 4가지를 설명하시오.	
		124	비탈면 관리를 위한 '비탈면 보호시설공법' 중 식생공법과 구조물에 의한 보호공법을 각각 5가지 쓰고, 그 시공방법을 설명하시오.	
생태도시	용어	63	생태도시 꾸리찌바시의 환경친화적 시책	50
		66	Ecopolis	
		66	어메니티(Amenity)	
		91	생태조경의 개념	
		100	빗물 저장형 녹지(Rain Garden)	
		102	생태조경분야 중 환경정비기술 분야에서 사용되는 '완화(Mitigation)'	
		111	생물학적 저류지(Bioretention)	
		115	스마트 녹색도시	
		117	생태계서비스	
		120	빗물체인(Stormwater Chain)과 저영향개발(LID)	
	논술	65	**에너지절약형 조경계획기법**을 논하시오.	
		67	우수처리를 효과적으로 하여 환경친화적 주거단지를 조성하고자 한다. 이때 우수를 효과적으로 집수하여 저장하고 이의 경관적·경제적 이용방안을 제시하시오.	
		67	고밀화된 도심지 재건축 아파트지구 내 그 실상과 문제점을 열거하고 그 해결방안을 건축밀도, 지형활용, 인공지반처리, 환경친화성 등으로 설명하시오.	
		67	단지조성계획 시 지형을 최대한 보존하고 활용할 수 있도록 건축적·공학적·미학적 측면에서 외부공간의 조성방안을 구체적으로 들고 설명하시오.	
		67	**생태적 조경, 환경조성의 목적**은 환경에의 악영향을 최소화(Low Impact)하고 자연과의 접촉을 최대화(High Contact)하는 것이다. 이 목적을 달성할 수 있는 조경계획을 구체적으로 제시하시오.	
		69	친환경적 단지계획 수립을 위해 우수관리는 매우 중요한 요소이다. **우수관리계획**에 있어 고려하여야 할 **저류시설 및 침투시설**의 중요성과 종류 등에 대하여 설명하시오.	
		70	단지계획에 있어 빗물을 활용한 조경용 수원확보방안과 특징, 시설, 위치 등을 설명하시오.	
		72	단지설계에 적용할 수 있는 설계 패러다임으로서 **환경친화적으로 "지속가능한 설계(Sustainable Design)"**를 하는 데 고려해야 하는 설계요소에 대하여 설명하시오.	

		72	최근 수도권지역의 기존도시 인접지에 신도시를 조성하고 있는데 이를 위한 **환경친화적 공동주택계획의 보존(Low Impact)과 친화(High Contact)를 위한 단지** 및 지반조성계획, 설계적 측면에서의 접근방안을 제시하시오.
		75	**환경친화적 주거단지 조성을 위한 물관리시스템**을 구체적으로 제시하시오.
		81	**생태마을** 설계이론 및 기법을 기술하시오.
		81	**도시 내 생태적 가로식재**의 개념과 설계기법에 대하여 설명하시오.
		84	도시공원 내에 겸용공작물로서의 저류시설이 중복 결정될 경우에 **저류시설 설치기준의 주요 사항**에 대하여 설명하시오.
		84	현재 시행되고 있는 **아파트단지 외부공간 설계의 특징** 및 문제점을 분석하고, **더 나은 주거환경**을 위한 설계방안을 제시하시오.
		84	**친환경적 가로설계를 위한 기법**을 녹지체계, 수체계, 미기후 등의 측면에서 설명하시오.
		85	**친환경적 단지를 조성**하기 위한 계획의 기본방향을 설명하시오.
		91	**저탄소 녹색성장시대의 녹색단지 계획기법**에 대하여 설명하시오.
		94	기후변화에 대응하는 물순환 계획요소 중 빗물순환의 복원을 위한 새로운 개념인 LID(Low Impact Development) 빗물관리의 의의 및 확대방안에 대하여 설명하시오.
		102	**LID(Low Impact Development) 기법**에 있어서 **분산형 빗물관리**의 정의 및 구성요소에 대하여 설명하고 조경분야에서의 활용방안에 대하여 논하시오.
		102	**친환경적 주거단지를 위한 지하주차장 건설**의 문제점과 개선방안을 설명하시오.
		102	중부지방에 있어서 **에너지 절약형 주택조경계획 및 설계지침**에 대하여 설명하시오.
		103	국가 정책상 '복지'가 중요한 과제로 자리잡고 있다. '복지'의 차원에서 조경의 역할을 설명하시오.
		105	**공공복지 차원에서 조경가 또는 조경관련 단체에서 할 수 있는 프로그램**을 각각 3가지 제시하시오.
		106	**대도시 산림지역의 둘레길** 조성목표, 개념, 노선선정기준, 편의시설 및 안내 체계 구축에 대하여 설명하시오.
		106	**텃밭중심 도시농업**을 생태적 측면에서의 문제점과 토지이용 효율성을 고려한 개선방안을 제시하시오.
		108	녹지면적이 부족한 대도시의 **인공지반 상부에 도시녹화를 도시농업으로 대체**하고 있는 사례가 빈번하다. 이에 대한 도시녹지의 기능적 문제점을 제시하고, **도시녹화에 반(反)하지 않는 도시농업 설치방안**을 설명하시오.
		109	**LID(Low Impact Development) 공법 중 식생수로**의 설계기준과 적용 후 장단점에 대해 설명하시오.
		109	**도시 지하공간 개발**에 대해 필요성, 유형, **환경적 문제점 및 개선방안**에 대하여 사례를 들어 설명하시오.
		109	**레인가든(Rain Garden)의 필요성** 및 효과, 조성 전 체크리스트, **레인가든의 효과적인 조성방안**을 예시도 및 단면도를 그려서 설명하시오.
		109	**도시 지역 내 우수저류 침투시스템**의 설치목적과 시공방법에 대해 설명하시오.
		112	**도시공원 및 녹지의 환경조절기능**에 대하여 설명하시오.
		114	**생태계서비스**의 개념 및 공원·녹지분야의 **생태계서비스지불제** 도입방안에 대하여 설명하시오.
		114	**도시재해의 유형**을 구분하고, **조경 측면에서 제도적, 기술적 해결방안**에 대하여 설명하시오.

		114	기후변화대응전략을 완화(저감) 및 적응으로 구분하고, 조경분야 적용방안에 대하여 설명하시오.	
		115	공원, 녹지공간에 적용 가능한 빗물관리시설을 침투, 여과, 유도시설로 구분하고 공간별 활용방안을 제시하시오.	
		115	녹지관리를 일반적 관리기법과 생태적 관리기법으로 구분하여 설명하시오.	
		117	저영향개발(Low Impact Development) 기법 중 조경공사 현장에 적용 가능한 기법을 5가지 선정하고, 기법별 설치 가능한 지역에 대해 설명하시오.	
		120	환경친화적 도시를 위한 토지이용계획의 주요 내용에 대하여 설명하시오.	
		123	국토교통부에서 추진하는 스마트시티의 개념과 사업추진전략에 대하여 설명하시오.	
		124	LID(Low Impact Development)공법 중 식생형 시설인 식물재배화분(Planter Box)의 설계기준에 대하여 설명하시오.	
입체녹화	용어	73	내건조경(耐乾造景, xeriscape)	35
		73	옥상정원에 식재할 식물을 선택할 때 고려할 사항	
		78	저관리형 옥상녹화를 설명하시오.	
		91	저관리형 옥상녹화의 장단점	
		94	저관리형 옥상조경 식재지반(T=300mm 이하)의 표준단면도(none scale)	
		97	내건조경(耐乾造景)	
		102	수직정원(Vertical Garden)의 환경기능	
		105	경사형 지붕녹화 시 고려사항	
		109	옥상조경에 적용 가능한 노출형 방수공법	
		120	수직정원에 적합한 식물의 특징	
		121	에스페리어(Espalier)	
	논술	65	옥상조경의 의의, 기능, 일반적 고려사항을 논하시오.	
		66	인공지반의 교목식재를 위한 설계단면도, 고려되어야 할 사항을 기술하시오.	
		67	옹벽, 석축, 건축물 벽면의 수직녹화를 위한 방법을 수종 선정, 식재 및 관리방안으로 설명하시오.	
		67	환경친화적이고 비용절감을 고려한 옥상녹화 조성방안을 구조적 측면, 기반조성, 토양, 급배수계획, 효과적 관리방법 등을 구체적으로 제시하시오.	
		68	기존 건축물의 옥상녹화를 위한 기본모델의 단면을 제시하고, 기후적·건축적·관리적 환경의 문제점 및 대책을 논하시오.	
		72	옥상녹화시스템의 구성요소와 효과에 대하여 설명하시오.	
		72	고층건물 측벽을 벽면녹화하여 녹피율과 녹시율을 제고하려 한다. 녹화장소별 적합한 시공방법과 시공상 주의할 점에 대하여 설명하시오.	
		72	도시화지역 내부의 점적녹지와 외부 녹지의 연결체계, 내부 녹지량 확보를 위한 인공녹지 조성의 구체적 방안과 구조물 관련 녹화의 기술적 고려사항을 설명하시오.	
		75	아스팔트, 콘크리트 등의 인공구조물이 우점하고 있는 도시환경에서 녹피율(green coverage)을 높일 수 있는 방안에 대하여 논하시오.	
		75	도심지 녹지공간 확충을 위한 기존 건축물의 녹화방안 중 토심 20cm 이하에 적용 가능한 건축물 상부의 녹화구조 단면을 제시하고, 옥상녹화 보급의 효과를 설명하시오.	
		79	도시지역에서 녹피율을 높일 수 있는 방안에 대하여 서술하시오.	
		79	도시의 구조물(담, 옹벽, 방음벽 등)의 벽면녹화를 위한 방안에 대하여 서술하시오.	

		81	도심부 건축물 입면부 녹화의 필요성과 기능, 설계기법을 도해하고 설명하시오.	
		82	구조물 입체녹화를 위한 벽면녹화식물을 등반형·하수형으로 구분하여 각 식물별 이용되는 기관 및 특성에 대하여 설명하시오.	
		85	입체녹화의 환경조절기능에 대하여 설명하시오.	
		88	입면녹화에 있어서 식물의 선택 시 고려사항 및 식재기법에 대해 설명하시오.	
		90	옥상녹화 식재설계 시 고려하여야 할 사항과 토심별 식재유형에 대하여 설명하시오.	
		90	벽면녹화용 덩굴식물의 종류를 10종 들고, 식물의 등반기관에 따른 등반방법을 제시한 후, 활용 가능한 벽면녹화 보조재료의 예를 드시오.	
		100	옥상녹화시스템을 구성하는 방수층과 방근층의 유형 및 특징에 대해 설명하시오.	
		109	옥상녹화 조성 시 식물선정의 고려사항과 유지관리 방안을 설명하시오.	
		115	미세먼지 저감을 위한 도시녹화방향 및 식재기법을 "입체녹화" 중심으로 설명하시오.	
		121	「조경설계기준(KDS)」의 입체녹화 중 식재지 유형(녹지형, 포트형, 용기형, 입면형)별 특징을 약술하고, 입면 유형별 수종 선정기준을 설명하시오.	
		121	식물재료의 기능적 이용방안의 하나로 그린커튼 조성이 지방자치단체의 관공서 등에 이루어지고 있다. 그린커튼사업의 효과, 도입식물, 설치유형, 관리방안 및 한계점을 설명하시오.	
		123	벽면녹화를 녹화의 형태에 따라 구분하고, 각 형태별 도입기준 및 도입수종에 대하여 설명하시오.	
생태포장/ 생태 면적률	용어	73	생태면적률(生態面積率)	7
		79	생태면적률의 정의	
		81	친환경 포장재료의 사례를 들고 장단점 기술	
		97	생태면적률의 공간유형 중 '저류·침투시설 연계면'	
		109	생태면적률 공간유형 중 녹지와 관련된 유형(6가지)	
	논술	67	지반생태환경을 보존할 수 있도록 우수를 흡수할 수 있는 포장기법 및 단면구조를 경성포장(Hard Paving)과 연성포장(Soft Paving)으로 구분하여 각각을 설명하시오.	
		84	투수성 포장재의 종류를 생태면적률 기준으로 분류한 후 각각 단면도를 도시하고 설명하시오.	
생태공원	용어	69	환경해설(Environmental Interpretation)의 목적	8
		85	조류공원 조성 시 도입 가능한 텃새와 철새의 종류를 각각 5가지 이상 설명하시오.	
		97	환경해설의 목적	
		103	자연해설방법의 종류 및 원칙	
	논술	72	자연생태공원 조성 시 생태관찰로를 포장하려할 때 적합한 포장공법을 제시하고 시공단면, 시방조건, 현장품질관리에 대하여 설명하시오.	
		73	환경해설(Environmental Interpretation)기법을 열거하고 설명하시오.	
		73	도시 내의 공원녹지율에 대하여 아는 바를 밝히고, 특히 1915년 와그너(M. Wagner)가 제시한 시민 1인당 공원녹지면적기준 $19.5m^2$에 대하여 현대도시의 입장에서 비평하고 합리적인 방안을 제시하시오.	
		91	야생조류생태공원을 조성하고자 한다. 계획의 주안점 및 계획방안(동선, 식재, 시설물)에 대하여 설명하시오.	
생태연못	용어	64	생태연못 조성기법	4
		79	연못이나 인공소수로의 에지(Edge)에 식재되는 수생식물 10가지	

	논술	69	**생태연못 조성기법** 중 소동물 서식공간 조성방법 및 수생식물을 4가지로 분류하여 설명하고 도시(圖示)하시오.	*
		79	**자연친화형 주거단지**에서 최근 많이 사용되고 있는 **실개천과 자연형 연못 또는 습지를 조성**할 때 고려해야 할 수원확보방안과 수질처리에 대해 설명하고 간단히 평면 또는 단면모식도를 덧붙이시오.	
생태관광	용어	118	**생태관광 인증제도**의 유형	6
	논술	69	최근 관심이 높아지고 있는 Green Tourism의 발생배경 및 우리나라 관광농원의 문제점, 활성화방안에 대해 논의하시오.	
		71	**환경친화적 관광지개발을 위한 기본정책방향**에 대해 귀하의 의견을 제시하시오.	
		73	**농촌 어메니티(Amenity) 자원**의 여러 유형과 사례를 예시하고 보전, 관광자원화 할 방안을 논술하시오.	
		78	근년에 추진되고 있는 **생태관광(Eco Tourism)**의 기본개념과 미래관광자원화로 발전하기 위한 개발전략에 대해 설명하시오.	
		118	**국가생태문화 탐방로**의 구성요소에 대하여 설명하시오.	
생태네트워크	용어	63	**접경생물권보전지역**	9
		69	**그린네트워크(Green Network)**	
		76	**도시 그린네트워크(Green Network)**의 구성체계	
		78	**생태 Network의 개념**을 도시(圖示)하고 설명하시오.	
	논술	69	**비무장지대(Dmz)**는 생태적 보고이다. 통일 이후를 대비한 합리적 계획, 관리방안에 대하여 기술하시오.	
		72	**비오톱(Biotope)네트워크와 생태네트워크**의 개념과 특징, 효과에 대하여 설명하시오.	
		75	**그린네트워크(Green Network)**의 개념과 효율적 조성방안에 대하여 설명하시오.	
		79	서울 중심부에 위치한 세운상가 건물군을 녹지축(남산~종묘)으로 계획 시 기능, 역할 그리고 사회적 의미에 대해서 설명하시오.	
		97	**바람통로의 개념, 유형 및 기능**에 대하여 설명하시오.	
생태통로	용어	66	**생태 이동통로(Eco-Corridor)**	7
		88	**생태통로의 유형**을 제시하고 간략하게 설명하시오.	
	논술	69	**기존에 조성된 야생동물 이동통로**의 문제점과 개선방안에 대하여 논하시오.	
		71	**도로조경계획 및 설계 시 생태환경요소(동식물)의 지속적인 유지를 위한 환경보전대책방안**에 대해 논하시오.	
		73	**생태적 회랑(Ecological Corridor)**의 의미와 단절될 경우 **동물이동통로의 조성방법**을 설명하시오.	
		76	야생동물의 서식처 주변이나 산림계곡에 설치되는 **철도, 도로 등의 동물이동을 배려한 생태통로**의 유형별 고려사항을 논술하시오.	
		96	환경부에서 제시하는 **생태통로 설치 후 실시하는 모니터링의 방법 및 활용방안**에 대하여 설명하시오.	
환경시사	용어	64	**새만금 간척지 개발**에 대한 견해	9
		78	**기후변화협약과 탄소배출권**을 설명하시오.	
		91	**청정개발체제(CDM ; Clean Development Mechanism)**의 사업절차	
		93	**세계자연보전연맹(IUCN)의 국립공원에 대한 6개 카테고리 분류체계**와 우리나라 국립공원 중 인증받은 10개소를 나열하시오.	

	106	**생물다양성협약**(CBD ; Convention on Biological Diversity)	
논술	67	**21세기**에는 새로운 세기에 맞는 **새로운 패러다임**을 필요로 한다. **환경, 생태, 생명, 사회, 문화, 예술** 등과 관련하여 **조경분야**에서 달성할 수 있는 **새로운 패러다임**을 제시하고 구체적 방안을 열거하시오.	
	76	최근 **환경의 날**을 맞아 **유엔환경계획(UNEP)**은 올해의 주제를 "**녹색도시−지구를 위한 계획**"으로 정했다. 이와 관련하여 인류의 미래를 위협하는 **지구촌 환경문제**로 당면한 주요 이슈에 대해 논하시오.	
	123	환경정책을 실현하는 데 필요한 **환경정책추진원칙(5가지)**에 대하여 설명하시오.	
	123	환경개선을 목적으로 한 **녹색채권**에 대하여 설명하고, 조경분야의 활용 방안을 **녹색프로젝트**와 관련하여 설명하시오.	

키워드	구분	회차	기 출 문 제	출제 횟수
한국조경 사상	용어	70	동양전통사상인 풍수지리 · 음양오행 · 사신(四神)사상 등이 전통조영(造營)에 끼친 사례	12
		72	한국의 조경에 영향을 끼친 **전통사상 중 음양오행사상과 풍수지리사상**의 개념과 조경사적 양상에 대하여 각각 설명하시오.	
		78	**한국전통정원에 영향을 미친 5가지 사상**을 설명하시오.	
		93	**풍수지리에서 배산임수(背山臨水)**에 대해 과학적으로 설명하시오.	
		97	비보(裨補)와 엽승(厭勝)	
	논술	63	**상생조경(相生造景)설계**의 의의에 대하여 설명하시오.	
		65	**자연관과 유교적 가치관**의 관점에서 조선시대의 정원을 설명하고 예를 들어 보시오.	
		76	우리나라 **풍수지리**의 주요 개념을 설명하고 양택지(陽宅地) 조성 시 **양택풍수의 양택3요결**(陽宅三要訣)**원칙**을 약술하시오.	
		81	**동양조경사상**의 중심인 **신선사상**이 표현된 대표적 조경양식에 대하여 기술하시오.	
		81	정부는 작년 우리민족문화 컨텐츠 100대 요소의 하나로 경관부문의 "풍수"를 선정 · 발표하였다. **풍수지리 격국(格局)**이 담고 있는 사상을 설명하고 **배산임수(背山臨水)와 좌향(坐向)**이 갖는 공간적 · 경관적 · 기능적 의의와 이에 부합되는 조경처리방향을 논하시오.	
		82	**풍수지리에서 비보(裨補)**는 지형적 약점을 보완하기 위하여 사용한다. 비보의 개념을 보완설명하고 비보의 방법, 비보수(裨補藪)의 역할에 대하여 각각 자세하게 설명하시오.	
		102	**한국 전통조영에 영향을 끼친 사상과 각 사상이 조경문화에 끼친 사례**에 대하여 설명하시오.	
한국 전통조경 양식/ 계획원리/ 사서	용어	68	한국정원에 있어 **누(樓)와 정(亭)**을 구분하고 비교하시오.	24
		70	**동양 산수화**에서 나타나는 **작정(作庭)의 구도원리**	
		72	**원(苑)과 유(囿)**의 차이점	
		81	**누정(樓亭)**의 양식 구별 기술	
		81	**조선시대 임업조경관계 3대 저술**	
		85	**정원(庭園)과 정원(庭苑)의 의미**	
		90	**광한루정원의 조영적 배경 및 특징**	
		97	**홍만선의 산림경제(山林經濟)에서 언급된 주거지의 입지조건**	
		99	**이중환의 택리지(擇里志) 복거총론(卜居總論) 중 "지리(地理)편"**의 주요내용	
		103	**강희안의 〈양화소록(養花小錄)〉**에 대한 개괄적인 내용과 언급된 식물 10종	
		112	**명승 소쇄원**	
		114	**산림경제와 임원경제지의 판축기법**	
		117	전통조경에서 **"구곡(九曲)"**	
	논술	67	우리나라 전통생활백과인 〈산림경제〉에 설명된 **마당계획(정제, 庭除)의 3개 원칙(삼선, 三善)**을 나열하고 그 현대적 의미를 해석하시오.	
		78	조선시대 **강희안의 〈양화소록(養花小錄)〉**에 수록된 화목(花木)의 품격에 대해 설명하시오.	
		88	양산보의 '정치적 배경' 관점에서 바라본 **소쇄원 작정(作庭)의 요소별 의미**를 설명하시오.	

		90	조선시대 4대 사화에 대하여 간략히 설명하고, 이것이 **우리나라 별서유적에 미친 영향**에 대해 논하시오.	
		91	조선시대 **서원(書院)을 구성하는 건축물**을 들고 그 기능을 설명하시오.	
		109	한국의 전통요소 중 하나인 **서원의 발생과 공간구조 및 정원의 기능**에 대해 설명하시오.	
		115	**옥호정도(玉壺亭圖)에 나타난 옥호정(玉壺亭)**의 공간구성과 특징을 설명하시오.	
		117	**한국 전통정원의 공간구성 및 시설배치의 특징**에 대하여 설명하시오.	
		120	**읍성(邑城)의 경관구조**에 대하여 설명하시오.	
		121	**전통조경에서 자주 활용된 정원식물 10종**과 그 상징적 의미를 설명하시오.	
		124	**소리효과가 탁월한 정원식물 3가지와 식물**이 가지는 청각적 특징을 쓰고, 시문(詩文)이나 정원 등에 나타나는 **소리경관(Soundscape)의 표현사례**를 설명하시오.	
전통수경 시설	용어	65	**방지방도와 방지원도**	9
		79	**곡수거(曲水渠)의 연원과 국내사례**	
		81	**동양의 곡수유상의 원리**를 사례를 들어 기술하시오.	
		81	경주에서 발굴된 **통일신라시대 3대 원지**	
		106	**석지, 석연지, 물확의 개념 비교**	
		109	**유상곡수(流觴曲水)**	
		115	한국의 전통정원에 나타나는 **수경관의 구성요소**	
	논술	81	**우리나라 전통연못 조영방법**을 시대별 양식 사례를 들어 기술하시오.	
		106	우리나라 **전통공간에서 연못의 입수기법과 출수기법**에 대하여 간략한 모식도를 작성하여 설명하시오.	
한국궁궐 조경	용어	65	**안압지의 공간적 특성**	18
		71	우리나라 **궁궐정원 점경물의 문양적 특징**	
		76	**조선 왕릉의 공간구성 및 주요시설물**	
		85	**경복궁 자경전 꽃담(화초담)의 문양 종류**	
		97	**안압지의 공간적 특성**	
		105	**경복궁 자경전 십장생 굴뚝의 구성요소 및 상징성**	
		111	**경복궁 교태전 후원의 아미산**	
	논술	73	우리나라 궁궐정원에서 순수조경 **점경물(點景勿 또는 添景物) 중 장식적인 것과 실용적인 것** 각 3가지를 들고 설명하시오.	
		88	조선시대 왕릉이 유네스코(UNESCO) 세계문화유산으로 등재될 예정이다. **왕릉의 입지 및 공간 형성에 미친 사상** 등에 대하여 설명하시오.	
		90	**창덕궁 대조전, 낙선재, 주합루, 옥류천 주변의 조경적 특징**에 대해 비교·설명하시오.	
		91	조선시대 **왕릉의 공간구성 및 각 공간별 요소**를 설명하고, 공간구성요소 중 특히 **능원의 석조물**에 대하여 설명하시오.	
		93	세계문화유산에 한국의 궁궐이 등록되었다. **세계문화유산 등록기준에 따른 그 궁궐의 조경적인 가치**를 설명하시오.	
		96	**헌인릉(獻仁陵), 광릉(光陵), 서삼릉(西三陵), 홍유릉(洪裕陵)**에 대해 약술하고, **조영적(造營的) 차이점**을 설명하시오.	
		97	조선시대 **왕릉의 공간구성 및 각 공간별 구성요소**를 설명하고, 특히 **능원의 석조물**에 대하여 구체적으로 설명하시오.	

		100	창덕궁 대조전, 낙선재, 주합루, 의두합 및 운경거 권역의 화계조성기법에 대해 비교 · 설명하시오.	
		106	조선왕릉의 입지를 선정할 때 고려했던 다양한 측면을 설명하시오.	
		114	조선시대 궁궐 배식의 기본개념 및 수목의 명칭(한자명 병기)과 특징을 10가지 구분하여 설명하시오.	
		123	창덕궁의 개요와 공간구조에 대하여 설명하고, 창덕궁 후원에 식재된 수목 중 천연기념물(4종)을 설명하시오.	
한국 전통조경 요소	용어	63	우리나라 전통조경에서 길상(길상)을 추구하는 문양(동물, 식물, 문자)10가지	21
		65	화계(花階)의 개념과 조성기법	
		67	한국 전통정원의 화계(花階)	
		69	석련지(石蓮池)	
		84	풍수개념을 도입한 설계에서 오행의 형태와 이에 대응하는 수목을 나열하시오.	
		94	전통주택정원의 수경시설의 종류와 현대적 응용방안	
		109	취병(翠屏)	
		115	한국의 누(樓)와 정(亭)의 특징 비교	
		123	전통조경에서 담장의 종류	
	논술	63	성곽(城郭)의 구성요소와 요소별 기능을 설명하고 축성재료와 쌓는 방식에 따라 성(城)을 구분하시오.	
		69	조선시대 수목배식의 기준이 되었던 의(宜)와 기(忌)의 기법을 장소, 방위에 따라 설명하시오.	
		79	우리나라 전통공간에 사용된 경관요소에 대해 설명하고, 전통경관요소의 현대적 활용에 대하여 서술하시오.	
		84	우리나라 전통조경공간을 구성하는 조경적 요소를 나열하고 경관적 이용에 대하여 설명하시오.	
		96	전통정원으로서 다섯 가지 옛 그림(古書畵)에 나타나고 있는 조선시대 원지(園池)의 특징을 설명하시오.	
		97	궁원, 주택, 별서, 사찰 등 전통정원 지당의 호안처리에 대하여 대표적 사례를 들어 비교 · 설명하시오.	
		97	전통마을의 입지에 있어 적용된 passive design적 요소를 설명하고, 이에 대한 귀하의 의견을 제시하시오.	
		97	석재가공(마감)의 종류와 특성을 설명하고, 장대석 쌓기(화계)의 표준단면도를 작성하시오. (none scale)	
		99	조선시대 "동궐도"에는 "판장"과 "취병"이 나타난다. 판장과 취병에 대해 조성방법을 중심으로 설명하시오.	
		115	전통포장재료의 종류와 특징을 설명하시오.	
		115	한국 전통정원의 화계와 연못조성, 수목배식에 대한 표준시방을 작성하시오.	
		118	조선시대 전통공간의 수종선정 및 배식특성에 대하여 설명하시오.	
한국민가 조경	용어	108	전통 마을숲	3
		118	양택삼요(陽宅三要)의 배치방법	
일본조경	용어	121	외암리 전통 민속마을의 수(水)체계	2
		67	고산수정원의 특징	
중국조경	용어	120	일본의 조경문화에서 상고시대의 동원(東院)정원	6
		76	차경(借景)의 유형 및 특징	

		81	누창(漏窓)과 영벽(影壁)에 대하여 설명	
		85	차경(借景)과 축경(縮景)에 대하여 설명	
		85	중국전통정원에서 창(窓)의 종류와 특성을 설명하시오.	
	논술	93	중국 전통조경의 특성과 정원구성요소에 대하여 설명하시오.	
		103	청나라 대표 원림 중의 하나인 이화원(頤和園)의 조성 특징을 설명하시오.	
동양3국 조경비교	용어	82	동양3국(한국, 일본, 중국)의 정원양식에서 나타난 지당(池塘)의 특징을 설명하시오.	3
	논술	87	중국과 일본의 대표적인 조경작품을 시대별로 기술하고, 두 나라 조경양식의 특징을 비교하시오.	
		93	한국·중국·일본의 누(樓)·정(亭)·대(臺)의 차이점을 사례를 들어 설명하시오.	
동·서양 조경비교	용어	76	이탈리아 노단식과 조선시대 후원식 정원양식의 비교	7
		84	동양의 회유임천식정원과 영국의 자연풍경식정원의 공통점과 차이점에 대하여 기술하시오.	
		93	보이경이(步移景異)와 시각행동의 양분법(view-step dichotomy)	
	논술	63	지형이 유사한 우리나라와 이탈리아 조경의 형태를 비교·설명하시오.	
		73	대체적으로 정원의 발달양식이 동양은 자연식(풍경식)이고 서양은 외향적 정형식이며 중동 및 사라센의 지배를 받은 지역은 내향적 정형식이다. 이와 같은 양식이 발생, 발달한 원인에 대하여 구체적으로 설명하고, 각각 대표적인 정원들을 사례로 기술하시오.	
		81	동서양의 자연주의 조경양식의 유사성과 차별성을 기술하시오.	
		84	동서양 조경사에서 물을 도입한 작품을 자연 및 문화적 배경에 따라 유형을 구분하여 설명하시오.	
문화재 보호법	용어	76	현재 국가문화재로 지정된 명승(名勝)을 아는 대로 나열하시오.	34
		85	문화재보호구역의 현상변경처리	
		87	2009년 2월 현재 국가지정문화재로 지정된 명승목록	
		93	창덕궁 내에 문화재로 지정된 식물 4종의 천연기념물에 대한 특성 및 의미	
		100	설악산, 지리산, 한라산 국립공원 내 명승	
		103	「매장문화재 보호 및 조사에 관한 법」상의 지표조사 대상 건설공사의 종류와 면제대상	
		106	유네스코 세계유산의 등재요건인 '탁월한 보편적 가치(OUV ; Outstanding Universal Value)'의 개념	
		112	세계중요농업유산제도(GIAHS)	
		114	명승 환벽당	
		120	제주 오름(OREUM)의 가치	
		124	문화재 조경공사의 현장관리 시 '설계도서 등의 비치' 항목	
	논술	71	조경적 측면에서 천연기념물 정책의 문제점과 발전방향에 대해 논하시오.	
		71	「문화재보호법」에 의한 문화재의 종류를 설명하고, 그중 경관문화재로서의 명승(名勝)의 현황 및 보전대책에 대해 논하시오.	
		87	우리나라의 국가지정문화재 중 조경 관련 문화재 지정현황(2009. 1.31 현재)에 대해 기술하고, 보다 많은 조경 관련 문화재의 지정확대방안에 대해 논술하시오.	
		87	우리나라 "명승"의 지정기준에 대해 약술하고, 중국과 일본의 지정기준과 비교하여 설명하시오.	
		90	천연기념물 중 식물분야의 지정현황 및 보존관리실태에 대해 설명하고 개선방향을 논하시오.	
		90	인문 및 복합경관으로 지정된 명승에 대하여 아는 바를 나열하고, 조경적 측면에서 지정 확대 필요성에 대하여 논하시오.	
		94	건설공사 시 문화재 보호 및 관리를 위한 방안에 대하여 설명하시오.	

		94	국가지정문화재인 명승으로 지정되고 있는 문화경관 중 고정원(古庭園)과 농ㆍ어업경관 등의 개요 및 지정사례에 대하여 설명하시오.
		96	천연기념물(식물, 동물, 지형지질, 천연보호구역) 및 명승 지정현황을 설명하고, 우리나라의 자연유산 보전ㆍ확대방안에 대하여 설명하시오.
		97	한국의 역사마을(하회, 양동)이 세계문화유산으로 지정되었다. 그 지정 사유 및 의의에 대하여 설명하시오.
		97	문화재청에서는 경주, 공주, 부여, 익산 등 4개 지역을 고도지구(古都地區)로 지정하였다. 지정내용에 대하여 설명하고, 고도지구에 대한 귀하의 의견을 제시하시오.
		99	「문화재 수리 등에 관한 법령」에 의하면 조경문화재수리기술자가 문화재조경설계에 참여할 수 있는 범위가 극히 제한되어 있다. 현행 제도의 문제점과 문화재 조경설계에 주도적으로 참여할 수 있는 법적ㆍ제도적 개선방안을 제시하시오.
		100	2010년 이후 지정된 역사문화명승을 열거하고, 이것이 명승으로 지정된 준거에 대해 설명하시오.
		100	전통산업경관(다랑이논, 구들장논, 독살, 염전, 죽방렴, 차밭 등)의 문화유산적 가치에 대해 설명하고 이것의 활용방안에 대해 설명하시오.
		102	서울시에서는 한양도성을 세계문화유산에 등재하려고 하는 바, 한양도성의 가치에 대하여 설명하시오.
		106	한국전통마을의 '범죄예방디자인(CPTED)'의 측면을 설명하시오.
		111	역사경관 보전관리를 위한 제도 및 역사문화자산을 활용한 도시재생방법을 제시하시오.
		112	한국 전통 산사(山寺)의 세계유산적 가치를 설명하시오.
		114	제주 화산섬과 용암동굴의 세계자연유산으로서의 가치, 특성 및 체계적 활용방안에 대하여 설명하시오.
		117	사찰림의 개념을 설명하고 현황 및 문제점과 현명한 이용 방안을 설명하시오.
		121	'문화재수리표준시방서'에 근거한 문화재 조경공사의 시공 시 '굴취'에 관한 표준시방내용을 작성하시오.
		123	건설공사 시 문화재 보호를 위해 시행하는 문화재 기초조사에 대하여 설명하시오.
		123	「세계유산협약」에 의거한 세계유산의 구분 및 등재기준에 대하여 설명하시오.

SUBJECT 03 | 서양조경사 / 현대조경작가론

키워드	구분	회차	기출문제	출제횟수
고대조경	용어	64	**파라다이스(paradise)정원**의 기원과 기법	4
		66	**patio**(中庭)	
		67	**아트리움(atrium)**의 기원과 현대적 변용사례	
	논술	64	**고대 그리스**는 조형예술이 경이적이었으나 정원예술은 괄목하지 못했다. 이에 대한 견해를 서술하시오.	
르네상스 조경	논술	68	**르네상스기 투시도기법**이 유럽 고전주의 조경설계양식에 준 영향에 대하여 기술하시오.	1
이탈리아 조경	논술	114	**15~17C 르네상스 시대 이탈리아의 조경사**에 대하여 설명하시오.	1
영국조경	용어	69	**픽처레스크(picturesque)**	5
		87	**18세기 영국 풍경식 조경가(3인 이상)**의 업적 및 특징	
	논술	76	**18~19세기 영국의 자연풍경식 및 도시공원을 발전시켰던 작가**의 작품세계와 특징을 논하고 이것이 세계정원양식에 기여한 바를 설명하시오.	
		85	서양조경사에서 **고대부터 18세기 영국까지 도시광장의 발달**과정과 특성을 설명하시오.	
		99	**영국 풍경식 정원의 성립**에 영향을 준 요인들에 대하여 설명하시오.	
프랑스 조경	용어	66	**axis**(軸)	2
	논술	71	**프랑스의 기하학식 정원**이 유럽정원 및 세계정원양식에 기여한 바를 도시계획 및 조경작품의 예를 들어 설명하시오.	
서양조경 사조비교	논술	64	다음 정원작품의 토지이용계획, 공간구조, 주 도입요소에 대하여 설명하고 상호 비교하시오. 1) **발라 에스테(Villa d'este)** 2) **보르비콩트(Vaux le Vicomte)** 3) **알함브라(Alhambra)** 4) **큐가든(Kew Garden)**	3
		66	**영국의 켄싱턴(Kensington) 공원과 프랑스의 보르비콩트(Vaux le Vicomte) 정원**의 시대, 작가, 양식에 관하여 기술하시오.	
		90	**스페인의 중정식, 이탈리아의 노단건축식, 프랑스의 평면기하학식 정원기법**에 대하여 비교·설명하시오.	
대지예술	용어	67	조경설계에 영향을 준 **대지예술가 및 그 작품**	3
		69	**대지예술(land art)**	
	논술	85	현대 **대지 조형예술**의 의미와 조경에 미친 영향을 기술하시오.	
모더니즘	용어	84	**로렌스 핼프린(L. Halprin)**의 설계기법을 약술하고 그의 작품을 3개소 이상 제시하시오.	5
		106	**로렌스 핼프린(L. Halprin)의 모테이션(Motation)** 개념	
	논술	66	**핼프린(L. Halprin)**의 조경계획 및 설계 모티브의 특징에 관하여 기술하시오.	
		68	다음 **근대주의 조경작가**들의 작품 스타일의 특징을 비교하시오. 1) **가레트 에크보(Garret Eckbo)** 2) **댄 카일리(Dan Kiley)** 3) **로렌스 핼프린(Lawrence Halprin)**	
		120	**모더니즘 조경**의 정착과 그 특성에 대하여 설명하시오.	

포스트 모더니즘	용어	67	조지 하그리브스(George Hargreaves)의 작품특징 2개 이상	5
		76	조경예술사조 중 **포스트모더니즘(Post-Modernism)**과 **해체주의**의 차이점	
	논술	67	조경설계에 있어서 설계언어 중 "**다층공간중첩(Multiple Layers)**"에 관하여 설명하고 **슈와츠와 워커(Martha Schwartz & Peter Walker)**, **츄미(Bernard Tschumi)**의 작품을 예를 들어 쓰시오.	
		90	**포스트모더니즘 조경양식적 설계언어**의 종류와 특성에 관하여 설명하시오.	
		106	**포스터모더니즘 작가 중 미니멀리즘·해체주의 조경작가** 3인의 설계이론 및 대표작을 설명하시오.	
미니멀 리즘	용어	67	**피터 워커(Peter Walker)**의 작품에 영향을 준 프랑스의 정원이름 및 그 특징	3
		73	**미니멀리즘(Minimalism)**	
		78	현대조경가 **워커(P. Walker)**와 **하그리브스(G. Hargreaves)**의 작품경향을 비교하여 설명하시오.	
탈장르, 환경주의	논술	78	최근 **조경·건축·조각·도시** 간의 상호융합경향(**탈장르, 환경주의**)에 대하여 대표작가와 작품을 들어 설명하시오.	1
해체주의	용어	72	Bernard Tschumi의 작품세계	1
뉴어바 니즘	논술	78	최근 미국에서 적용되고 있는 **뉴어바니즘(New Urbanism)**의 주요개념과 우리나라 도시에서의 적용 가능성을 논하시오.	1
현대조경 사조 및 작가비교	용어	91	조경설계에 있어 **주제와 언어의 관련성**	30
		102	랜드스케이프 어바니즘의 '**수평적 표면(Surface)**'	
		102	**드로스케이프(Drosscape)**	
		112	**국내 정원박람회의 특성**	
		112	**코티지 가든(Cottage Garden)**	
	논술	64	20세기 이후 현대예술사조인 **모더니즘, 포스트모더니즘, 해체주의**가 현대조경작품에 미친 영향에 대해 설명하시오.	
		64	다음 **현대조경작가**의 업적 및 작품특징에 대하여 기술하시오. 1) 마샤 슈와츠(Martha Schwartz) 2) 로렌스 핼프린(L. Halprin) 3) 댄 카일리(Dan Kiley) 4) 이사무 노구치(Isamu Noguchi)	
		68	조경설계에 있어서 **모더니즘과 포스트모더니즘**의 특징을 비교·기술하시오.	
		71	**동유럽, 러시아**의 대표적인 조경작품(3가지)	
		76	다음 작가들의 작품세계를 비교 설명하시오. 1) 안토니 가우디(Antoni Gaudi) 2) 에밀리오 암바즈(Emilio Ambasz) 3) 마샤 슈와츠(Martha Schwartz)	
		87	**현대조경의 대표적인 실험주의 작가** 4명의 설계특징과 대표작품에 대해 기술하시오.	
		87	서양조경사에서 **뉴욕 센트럴파크가 등장하는 시기까지의 도시공원의 역사를 대표하는 조경가와 작품들**을 들어 서술하시오.	
		88	**경관생태학과 랜드스케이프 어바니즘의 상관성**을 설명하시오.	
		88	캐나다 토론토의 **다운스 뷰(Downs View)파크의 현상공모 당선작인 트리시티(Tree City)**의 **조경설계전략**을 설명하시오.	
		88	생태조경 관점에서 Ian McHarg와 Jeorge Hargreves의 **설계접근** 차이점에 대해 설명하시오.	
		88	**도시하천 워터프론트**의 랜드스케이프 어바니즘적 디자인 **전략과 실천방법** 및 실천 시 문제점과 개선방안에 대해 설명하시오.	
		91	최근 우리나라에도 국제 및 국내적 정원박람회 개최가 준비되고 있다. **유럽(영국, 독일, 네덜란드, 프랑스) 정원박람회**와 정원박람회 개최 시 고려될 수 있는 **효과**에 대해서 각각 설명하시오.	

		91	조경설계에 있어 **공간의 특성**(characteristics of space)에 대해 설명하시오.	
		96	1950년 이후 출생한 **서양 현대조경작가(4인)의 사상적 배경, 주요작품의 특징**에 대하여 설명하시오.	
		97	최근 우리나라에 국제 및 국내 규모의 정원박람회 개최가 준비되고 있다. **해외정원박람회**(영국, 독일, 네덜란드, 프랑스 등) 사례를 들고, 정원박람회의 **개최효과**를 설명하시오.	
		99	Howard(1898)의 **전원도시**(Garden City)	
		100	서양의 대표적인 실험주의 조경가(4인 이상)의 **주요작품 및 작품경향**에 대해 설명하시오.	
		102	**현대조경설계**에서 '과정(Process)' 개념과 '과정기반적 접근'의 설계방법 적용이 가져오는 4가지 특성에 대하여 논하시오.	
		103	**유럽 정원박람회의 기원과 유형**, 순천 정원박람회장의 폐회 이후 관리방안을 설명하시오.	
		103	도시 변화에 대응하는 도시공원의 미래를 적절히 보여주는 것으로 평가되는 **다운스뷰 파크(Downsview Park)의 설계전략과 의의**를 설명하시오.	
		111	최근에 전국적으로 활발히 개최되고 있는 여러 형태의 **정원박람회(또는 정원문화박람회)의 종류와 특징**을 개략적으로 설명하고 박람회의 효과와 사후 관리방안에 대하여 설명하시오.	
		120	**현대조경의 특징과 문화생태조경의 융합성**에 대하여 설명하시오.	
		121	**라 빌레트 공원**(Park de La Villete) 현상설계와 현대철학과의 관계를 설명하시오.	
		121	**아드리안 구즈**(Adriaan Geuze, West8)작품인 쇼우부르흐플레인(Schouwburgplein)의 설계전략을 설명하시오.	
		124	**리질리언스**(Resilience) 개념을 도입한 도시공원 설계에 대하여 설명하시오.	
한국조경 변천과정/ 현안	논술	66	현재(2002년)까지의 **우리나라 조경의 변천과정과 앞으로의 발전방향**에 대하여 기술하시오.	11
		87	**한국 현대조경의 변화와 성과**를 1970년대, 1980년대, 1990년대, 2000년대로 **구분하여 설명하시오.**(단, 시기별로 대표적인 사업의 예를 들어 설명하시오.)	
		87	국제적 경기침체로 여러 산업분야가 어려움에 처해 있다. **최근 조경업이 당면한 구체적 문제를 진단하고, 그 해결방안**을 제시하시오.	
		91	**한국조경의 도입특성과 비전**에 대해 설명하시오.	
		93	**한국조경산업의 변천과 조경전문가의 역할**에 대해서 법, 제도, 조경업 및 기술자 중심으로 설명하시오.	
		97	최근 조경분야는 **인접분야의 관련 법령의 제정과 개정추진** 등으로 조경업역의 시비가 잦아지고 있다. 사례를 열거하고, 문제점과 대처방안을 설명하시오.	
		100	**우리나라 조경실무현황**(조경설계 및 공사업체수, 연간 조경설계 및 공사금액, 조경기술자 수 등)에 대해 설명하고, **향후 조경분야의 발전방향**에 대해 논하시오.	
		102	**한국 조경의 도입특성과 향후 조경분야 발전전략**에 대하여 논하시오.	
		105	현 시점에서 **조경업의 발전을 위한 부문별 현안과 대응전략**에 대해서 설명하시오.	
		106	**한국조경산업을 구성하는 공사업과 설계용역업** 각각의 제도변천과정과 향후영역 확대방안에 대하여 설명하시오.	
		114	**제4차 산업혁명**을 맞아 드론을 활용한 조경 사례와 **조경 산업에 융합되는 발전방안**에 대하여 설명하시오.	
현대조경 전통성의 재현	논술	63	도시화 이전 어린이들의 **옛 놀이공간**을 열거하고, 이들 공간을 **현대적인 놀이공간 및 시설로 적용**해 보시오.	15
		64	전통조경 개념에 의해 설계, 시공된 사례를 3가지 이상 예를 들어 평가하고, **전통개념을 현대적으로 활용·보완할 수 있는 방법**에 대해 논하시오.	
		64	독특한 이미지 구현을 위해 **전통조경요소를 도입한 아파트단지 조경설계방법**에 대하여 기술하시오.	

		75	전통조경의 도입은 한국조경에 있어 매우 중요한 과제이다. **전통조경요소와 기법의 현대적 활용**에 대해 기술하시오.	
		78	**현대조경공간에 전통을 도입하는 방식**에 대해 3가지 유형으로 분류하여 설명하고, 그 예를 드시오.	
		85	**팔경(八景)의 전통적 의미와 현대적 적용방안**에 대해 설명하시오.	
		85	**현대조경에서 전통성을 재현**하는 양상과 문제점, 그리고 대책을 설명하시오.	
		87	**조선시대 비보(裨補)의 개념**을 설명하고, 이것을 **현대조경에서 적용할 수 있는 방안**에 대해 논하시오.	
		88	풍수지리의 이론에 근거한 환경설계적 접근기법에 대해 설명하시오.	
		94	**한국조경의 전통성(傳統性)과 한국성(韓國性)의 개념**을 비교·설명하고, 한국의 동시대의 조경작품에 나타나는 **한국성 표현방법**의 양상과 문제점, 개선방향을 설명하시오.	
		97	지구촌 도처에서 한국정원(공원)이 많이 조성되고 있다. 3개소 사례를 들고 **한국성(韓國性) 또는 전통성(傳統性) 표현의 특성, 문제점 및 개선방향**을 설명하시오.	
		106	조경설계의 '**전통정원의 재현**'에서 전통의 개념, 재현의 의미, 바람직한 재현방향에 대하여 설명하시오.	
		108	중부지방의 도시화된 지역에 **조선시대 민가의 전통한옥마을을 조성**코자 한다. 방위에 따른 건축물 외부공간의 **전통적인 지형적·생태학적 식재방안**을 설명하시오.	
		108	한국의 전통정원문화를 널리 알리고자 **외국의 여러 장소에 한국전통정원을 조성**하고 있다. **일본의 오사카 지방에 창덕궁 후원의 부용정 주변을 모델로 한국전통정원을 조성**코자 할 때 조성방안을 설명하시오.	
		112	**해체주의(Deconstruction) 관점에서 한국 전통 조경의 구현방법**에 대하여 설명하시오.	

SUBJECT 04 | 조경 및 환경 관련 법규

키워드	구분	회차	기 출 문 제	출제 횟수
건설산업 기본법	용어	63	조경공사업 면허 취득을 위한 기술, 자본, 시설장비 기준	10
		68	건설산업기본법상 건설현장기술자 배치기준을 요약하시오.	
		76	건설산업기본법상 조경식재공사업의 기술력, 자본, 시설·장비기준	
		79	건설산업기본법(시행령)에 명시된 부대공사의 범위	
		91	조경산업에 있어서 설계 및 시공업 등록을 위한 법적 근거와 분류	
		96	조경공사업, 조경식재공사업, 조경시설물 설치공사업의 건설업 등록기준	
		108	건설공사 예정금액의 규모별 건설기술사 배치기준	
	논술	100	현행 건설산업기본법 시행령의 "조경건설업 등록기준"을 나열하고 기술자 보유기준의 문제점을 설명하시오.	
		100	조경공사의 하자담보책임을 규정하는 관련 법규에 대해 설명하시오.	
		117	종합·전문건설업 간 업역규제를 전면폐지하는 「건설산업기본법」 일부개정법률안(2018. 12. 07.)의 주요 개정 내용과 기대효과를 설명하시오.	
건설기술 진흥법	용어	96	전면 책임감리 대상 건설공사	9
		97	CM(construction management)과 감리제도의 비교	
		106	「건설기술진흥법」상의 건설공사 시공기준으로서 시방서의 분류 및 내용	
		118	건설사업관리(CM)의 업무내용과 유형	
	논술	68	신기술은 국가 미래를 위하여 적극 장려하고 있다. 귀하께서 신기술을 개발하여 신기술지정보호를 받고자 한다. 그 절차 및 활용보호에 대하여 아는 바를 쓰시오.	
		79	신기술, 신공법 등은 조경분야에서도 많이 대두되고 있다. 신기술의 지정절차 및 관리요령을 설명하시오.	
		117	건설공사에서 조경감리배치의 문제점과 개선방안에 대하여 설명하시오.	
		118	현행 감리(건설사업관리)제도의 현황과 공동주택 조경감리 배치의 문제점 및 개선방안에 대하여 의견을 제시하시오.	
		120	CM(Construction Management)계약의 장점과 단점을 설명하시오.	
엔지니어 링산업 진흥법	용어	103	엔지니어링 대가기준 원가산정 시 추가 업무	3
	논술	91	엔지니어링 사업대가기준에 있어서 "공사비 요율에 의한 방식"을 적용할 때 기본설계, 실시설계, 공사감리의 업무범위에 대해 설명하시오.	
		121	산업통상자원부 고시 '엔지니어링사업대가의 기준'에서 명시하고 있는 공사비 요율에 의한 방식을 적용하는 기본설계와 실시설계의 업무범위 및 추가업무비용에 대하여 설명하시오.	
국가를 당사자로 하는 계약에 관한 법률	용어	69	건설공사 계약방식	17
		72	건설공사 입찰방법의 종류	
		79	지역제한입찰과 지역의무 공동도급	
		79	적격심사와 PQ(Pre-Qualification)	
		79	총액입찰과 내역입찰	
		84	발주기관의 발주방법에 따른 PQ(Pre-Qualification), 현상, 턴키를 비교·설명하시오.	

		99	정부계약의 종류	
		99	공사의 낙찰자 결정방법	
		102	지수조정률에 의한 물가변동 설계변경 시 비목군 분류(10개)	
		103	공사계약 이행 중 계약상대자의 부도로 계약 해지 시 새로운 계약상대자 선정 방법	
		105	물가변동의 조정요건 및 조정기준일	
		118	턴키·대안입찰의 낙찰자 결정방법	
		120	발주기관의 발주방법 중 P.Q(Pre-Qualification), 현상, 턴키(Turnkey)를 비교	
		124	공사계약 종합심사낙찰제	
	논술	66	입찰제도 중 TK(Turn-Key)제도의 장단점을 기술하시오.	
		67	조경공사의 입찰방법의 종류에 대하여 경쟁입찰과 수의계약입찰로 구분하여 설명하고 조경공사 시 바람직한 입찰방법을 제시하시오.	
		103	「국가를 당사자로 하는 계약에 관한 법률 시행령」에 따른 공동도급의 유형인 공동이행방식, 주계약자관리방식, 분담이행방식을 유형별로 상호 비교하고 적용 시 장단점과 특징을 설명하시오.	
국토의 계획 및 이용에 관한 법률	용어	68	최근 통합 도시계획법상에 신설된 "경관지구"에 관련하여 아는 바를 쓰시오.	18
		71	제2종 지구단위계획	
		75	지구단위계획에서 옥상녹화 유효면적기준을 설명하시오.	
		82	현 제도상 토지적성평가의 의의 및 대상, 고려사항에 대하여 설명하시오.	
		94	현행 국토의 계획 및 이용에 관한 법률에 의한 광장의 구분, 결정기준 및 설치기준	
		120	용도구역의 지정목적 및 종류	
	논술	65	토지적합성평가(land suitability analysis)방법 중 선형조합법(linear combination techique)과 요소조합법(factor combination technique)을 설명하고 그 장단점을 서술하시오.	
		65	제4차 국토종합계획(2000~2020)에서는 부문별 추진계획의 목표로 "건강하고 쾌적한 국토환경 조성"을 표방하고 있다. 주요내용 4가지를 서술하시오.	
		67	최근 개정된 도시계획법에는 지역지구제도로서 "경관지구"를 지정하도록 하고 있다. 이렇게 도시계획체계에 경관의 개념이 들어가게 된 의의를 설명하고, 이 경관지구를 기존도시에 구체적으로 적용할 수 있는 방안을 제시하시오.	
		69	새로 제정된 「국토의 계획 및 이용에 관한 법률」에서 명시하고 있는 용도지역 구분 및 지정목적에 대하여 상술하시오.	
		70	2003년 1월 1일부터 국토이용계획과 도시계획을 통합, 개편하여 국토의 계획 및 이용에 관한 법률을 제정·시행하고 있다. 동법 제19조 제3항 및 동법 시행령 제16조 규정에 보면 도시기본계획 수립 지침작성에 반드시 별도의 경관계획을 작성토록 되어 있다. 경관계획보고서의 작성기준을 설명하시오.	
		71	정부는 2003.1.1. 자로 기존의 국토이용관리법 및 도시계획법을 폐지, 통합하여 「국토의 계획과 이용에 관한 법률」을 새로 제정하였다. 종전법과 신규법의 주요 차이점을 요약하여 설명하시오.	
		73	최근 정부가 제도신설을 연구검토하고 있는 개발권양도제(開發權讓渡制)(TDR ; Transfer of Development Rights)를 설명하고, 우리나라에서 생태적으로 중요하여 보전할 곳, 역사경관적으로 보전할 곳 등의 사유재산권 침해를 보상할 필요성과 이 제도를 통해 보상할 수 있는 가능성에 대해 논하시오.	
		75	지구단위계획지구 내 환경관리계획의 계획지침을 제시하고 구체적 방안을 설명하시오.	
		82	수도권 외 지역으로서 농림지역 및 관리지역에 신규관광지(골프장, 콘도 등)를 조성할 경우 그 개발절차 및 주요내용을 설명하시오.	
		82	제2종 지구단위계획구역의 성격 및 유형구분, 지정절차를 설명하시오.	

		114	「국토기본법」에 의한 국토계획 체계와 「국토의 계획 및 이용에 관한 법률」에 의한 도시·군계획 체계를 설명하시오.	
		120	도시·군계획시설 중 **공간시설**의 종류와 도시에서의 역할에 대하여 설명하시오.	
도시공원 및 녹지 등에 관한 법률	용어	63	도시공원법상 **공원시설**	42
		65	도시공원법상 **완충녹지**	
		79	도시공원 및 녹지 등에 관한 법률에서 명시하고 있는 **녹지의 종류**	
		84	도시공원 중 **주제공원**의 공원시설 부지면적 기준을 제시하시오.	
		88	도시공원 및 녹지 등에 관한 법률상 녹지의 **종류**를 쓰고 설명하시오.	
		90	도시공원 중 **근린공원의 설치기준**	
		94	도시공원 및 녹지 등에 관한 법률에 의한 **공원녹지기본계획**의 정의 및 기본계획에 포함되어야 할 사항	
		97	**녹화계약(綠化契約)**	
		102	「도시공원 및 녹지 등에 관한 법률 시행규칙」상의 **도시공원 내 범죄예방 계획·조성·관리의 기준**(5가지)	
		103	**공원 일몰제**	
		103	**공원 일몰제**	
		106	「도시공원 및 녹지 등에 관한 법률」에서 정한 '공원시설'의 종류	
		111	**연결녹지**	
		112	「도시공원 및 녹지 등에 관한 법률 시행규칙」에 의한 **저류시설의 입지기준**	
		114	「도시공원 및 녹지 등에 관한 법률 시행규칙」상 녹지의 **분류**와 역할	
		115	**도시농업공원**	
		117	**임차공원**	
		121	주제공원 중 방재공원	
		124	도시자연공원구역과 자연공원	
	논술	76	최근 **도시공원법 개정**(도시공원 및 녹지 등에 관한 법률)의 주요내용에 대해 설명하고 조경인들의 대응방안에 대해 논하시오.	
		78	도시공원법이 「도시공원 및 녹지 등에 관한 법률」로 개정되었는 바, 개정 법률의 주요내용을 설명하시오.	
		81	쾌적한 도시환경조성을 위하여 도시 내 조성되는 공원과 녹지에 대하여 도시공원 및 녹지 등에 관한 법률에 명시된 **공원 및 녹지 유형과 설치기준**을 설명하시오.	
		82	「도시공원 및 녹지 등에 관한 법률」에 의한 **공원녹지기본계획수립** 시 고려해야 할 계획항목과 업무내용에 대하여 설명하시오.	
		84	도시공원 및 녹지 등에 관한 법률상 **도시녹화 및 도시공원, 녹지의 확충방안**에 대하여 설명하시오.	
		85	「도시공원 및 녹지 등에 관한 법률」에 규정된 **도시공원의 유형과 특성**에 대해 설명하시오.	
		90	요즈음 **도시공원 및 녹지 등에 관한 법률**에 의해 지방자치단체에서 시행하고 있는 **공원녹지기본계획 수립절차**에 대해 약술하고, 중점적으로 검토해야 할 항목에 대해 설명하시오.	
		91	도시공원에 저류지를 설치하고자 한다. **저류지 공원을 저류방식에 따라 구분하고 방식별 특성 및 설계방향**을 설명하시오.	
		91	**도시공원 및 녹지 등에 관한 법률에 의한 도시공원녹지계획**을 그린 인프라(green infrastructure)의 개념과 기능, **구축전략 관점에서 비판**하고 전략별 디자인 사례를 기술하시오.	
		94	도시공원 및 녹지 등에 관한 법률에 의한 **"녹지활용계약"**의 정의, 계약체결 시의 고려사항 및 약정하는 사항 등에 대하여 설명하시오.	

		94	도시공원 및 녹지 등에 관한 법률에 의한, **소공원의 설치기준 및 시설면적기준**을 기술하고, 소공원의 **중요성**에 대하여 설명하시오.	
		96	최근 국회에 발의된 **도시숲의 조성 및 관리에 관한 법률 제정(안)**에 대하여 설명하고, **현행 도시공원 및 녹지 등에 관한 법률과의 상충되는 점**에 대한 귀하의 의견을 제시하시오.	
		99	「도시공원 및 녹지 등에 관한 법률」에서 규정한 **"저류시설의 설치기준"**에 대해 설명하시오.	
		100	공원설계에 적용할 수 있는 **범죄예방환경설계 기법**들을 최근 국토교통부가 입법예고한 「**도시공원 및 녹지 등에 관한 법률 시행규칙**」 개정안을 중심으로 설명하시오.	
		103	**도시자연공원구역**의 정의, 지정 · 경계설정 및 변경기준, 건축물 · 공작물 설치허가의 일반기준에 대하여 설명하시오.	
		105	**저류지 공원화 사례**를 유형별로 구분하여 설명하고, 조성 및 유지관리상 주의해야 할 점에 대하여 설명하시오.	
		106	**장기미집행공원**의 현황 및 해소방안을 제시하시오.	
		109	「도시공원 및 녹지 등에 관한 법률」에 따른 녹지 중 **완충녹지의 규모**에 대해 설명하시오.	
		111	**공원녹지기본계획**의 중요성과 주요내용 및 기초조사 내용과 방법에 대하여 설명하시오.	
		111	장기미집행 도시공원의 해소방안으로 최근에 지자체에서 시행하고 있는 **'민간공원 조성 특례사업'**에 대하여 조경분야의 관점에서 본 사업추진 목적과 문제점 등을 설명하시오.	
		115	일몰제에 대비한 도시공원 조성에 대한 해소방안이 18년 4월 마련된바, **장기미집행 도시계획시설(공원)**의 조성을 위한 추진경과와 문제점, 해소방안에 대해 설명하시오.	
		123	대규모 민간공원 조성사업 등에 수반되는 타당성조사의 조사내용을 경제성 분석, 정책적 분석, 기술적 분석, 종합평가로 구분하여 설명하시오.	
		124	공원의 공공재산과 공원 관리대장에 포함되어야 하는 사항을 설명하시오.	
경관법	논술	85	「경관법」의 목적과 관련법과의 관계에 대해 설명하시오.	5
		90	경관법상 기본경관계획을 수립할 때 구성요소별 경관설계지침에 대하여 설명하시오.	
		91	랜드스케이프 어바니즘(landscape urbanism) 관점에서 **경관법에 의해 수립되는 경관계획의 주요내용**들을 **"경관분석 접근방법론"**적 맥락에서 고찰하시오.	
		103	2014년 개정된 「경관법」의 **주요 내용, 의의** 및 조경분야의 역할을 설명하시오.	
		108	「**경관법**」에 의거 일정규모 이상의 **개발사업 시행 시** 거쳐야 하는 **경관심의 대상, 심의기준** 등에 대하여 설명하시오.	
건축기본법	용어	90	건축기본법에서 사용하는 **'공간환경'**과 **'공공공간'**의 정의를 서술하고 조경과의 관련성을 설명하시오.	1
건축법	용어	73	**입면차폐도**	8
		75	건축물의 **입면차폐도**를 설명하시오.	
		75	**인동간격**을 설명하시오.	
		87	건축법상 **"공개공지"**	
		93	**공공공지**(公共空地)와 **공개공지의 차이점**	
		96	**우리나라 옥상녹화와 관련된 법규 및 지원제도**	
	논술	106	건축법상의 **'대지의 조경'**과 **'대지 안 공지'**를 비교하여 설명하시오.	
		117	「건축법」상의 **'대지의 조경'** 제도의 현황 및 문제점과 개선방안에 대하여 설명하시오.	
녹색 건축물 조성	논술	84	**친환경건축물**(green building)**인증제도**의 개요를 설명하고, 조경과 관련되는 세부평가기준을 설명하시오.	6
		88	**친환경건축인증제도에서 육생비오톱과 수생비오톱의 인증기준**의 내용을 기술하고 실천과정에서 발생될 수 있는 문제점 및 개선방안을 **경관생태학적 관점**에서 설명하시오.	

		93	**친환경건축인증**을 위한 식물재료와 시공 및 관리방안에 대하여 설명하시오.	
지원법/ 녹색건축 인증에 관한 규칙		94	**공동주택**의 **친환경건축물 인증제도**와 **주택성능 등급제도**의 조경 관련 항목을 기술하고, 조경 부분의 역할과 중요성에 대하여 설명하시오.	
		109	**녹색인증**의 세부항목은 조경특성을 충분히 반영하지 못하였다. 조경분야에서 담당할 **생태환경 분야의 비오톱(Biotop)과 조경디자인**과의 관계에 대해 설명하시오.	
		111	**녹색건축인증**을 위한 **공동주택심사기준** 중 생태환경(대지 내 녹지공간조성)의 평가항목별 평 가목적, 평가방법 및 산출기준에 대하여 설명하시오.	
어린이 놀이시설 안전 관리법	용어	87	**어린이놀이시설 안전검사기준**상 "**최소공간**"	7
		111	2017년 7월부터 확대 적용되는 "**어린이놀이시설 안전검사 의무대상 범위(장소)**"	
		112	"**어린이 놀이시설의 시설기준과 기술기준**"상의 부지선정 기준	
	논술	85	「**어린이놀이시설 안전관리법**」이 시행되고 있다. 이 법의 **목적**과 안전관리 **인증·검사절차와 방법**에 대하여 설명하시오.	
		88	**어린이놀이터**에 설치되는 **놀이시설의 안전관리제도** 실태와 문제점 및 개선방안을 설명하시오.	
		96	「**어린이놀이시설 안전관리법**」에서 규정한 **어린이놀이시설 안전점검의 항목 및 방법**에 대하여 설명하시오.	
		105	「**어린이놀이시설 안전관리법**」에 의한 **설치검사와 정기시설검사의 차이점**에 대하여 설명하시오.	
산지 관리법	논술	82	산지 또는 구릉지에서 **신규골프장(18홀 이상)을 조성**할 경우 관련 규정(법)에 의한 **고려사항과 제한기준**에 대하여 설명하시오.	1
수목원· 정원의 조성 및 진흥에 관한 법률	용어	88	최근 지자체들이 수목원에 대한 많은 관심을 갖고 이를 조성하고 있다. **국·공립 수목원의 설치 기준**을 간략하게 설명하시오.	8
		105	「**수목원·정원의 조성 및 진흥에 관한 법률**」에서 규정하는 **정원의 구분과 정의**	
	논술	84	최근 **식물원(수목원)**을 조성하는 자방자치단체나 기업들이 크게 증가하고 있는바, **설치기준 및 조성기법**에 대하여 논하시오.	
		90	최근 수목원 조성 및 진흥에 관한 법률이 제정된 후, 법정 수목원 및 식물원이 늘고 있다. 이러한 **수 목원 및 식물원에서 수행하여야 할 기능**과 운영주체에 따른 수목원의 종류에 대하여 설명하시오.	
		103	최근 조경분야는 '**정원**'과 관련하여 인접분야가 발의한 수목원 관련 **법안**과 충돌하고 있다. 문 제점과 해결방안을 설명하시오.	
		109	「**수목원·정원의 조성 및 진흥에 관한 법률**」에 따른 **국가정원의 지정요건**에 대해 설명하시오.	
		111	2016년에 산림청에서 발표한 '**제1차 정원진흥기본계획(2016~2020년)**'의 주요내용 중 계획 수립 배경, 비전과 목표 및 추진전략 등에 대해 설명하시오.	
		124	「**수목원·정원의 조성 및 진흥에 관한 법률**」에 의한 **수목원 조성 수행 절차와 수행내용**을 단계 별로 설명하시오.	
장애인· 노인·임 산부 등의 편의증진 보장에 관한 법률	용어	90	장애인 관련 법률상 **장애인 등의 통행접근로를 설치**할 때 적용할 기준(유효폭 및 활동공간, 종 단구배 등)을 나열하시오.	2
		100	「**장애인·노인·임산부 등의 편의증진보장에 관한 법률**」에 의한 "**장애인 등의 통행이 가능한 접근로**" 설계기준	
자전거 이용 활성화에 관한 법률	용어	105	「**자전거 이용시설의 구조·시설 기준에 관한 규칙**」에 의한 **포장 및 배수기준**	3
	논술	90	자전거 이용 활성화에 관한 법률상, **자전거 전용도로의 설계기준** 중에서 **설계속도, 폭원(갓길 포함), 곡선반경, 종횡단구배**를 제시하시오.	
		108	「**자전거 이용시설 설치 및 관리지침**」에 의한 자전거도로의 포장 종류별 특성 및 자전거도로에 서 요구되는 **기능**에 대하여 설명하시오.	

자연 공원법	용어	99	자연공원법에서 규정하고 있는 "용도지구"의 종류	10
	논술	64	자연공원법에서 각 용도지구를 지정하는 조건(내용)과 각각의 용도지구 내에서의 허용행위를 설명하고 용도지구의 지정조건 및 허용행위 등에 대한 문제점과 개선책을 논하시오.	
		66	국립공원의 용도지구와 관련하여 공원보호구역의 필요성과 의의를 논술하고 관계있는 용도지구와의 상관성을 모식도를 그려서 설명하시오.	
		71	자연공원법에 의한 공원계획 수립 시 용도지구계획을 위한 지구 지정의 고려사항과 각 지구별 허용행위에 대해 요약 설명하시오.	
		76	현재 국·도립 자연공원의 지정현황을 나열하고 효율적인 자연공원의 관리방안을 제시하시오.	
		96	현재 국립공원 내 케이블카 설치 찬반양론이 제기되고 있다. 이에 대한 문제점 및 대응방안을 조경적 입장에서의 의견을 제시하시오.	
		112	지질공원 개념의 형성 및 국내 도입과정과 "자연공원법"상 지질공원의 인증기준에 대하여 설명하시오.	
		112	'자연공원 삭도 설치·운영 가이드라인'에서 제시하는 자연친화적 삭도 설치 및 운영을 위한 고려사항에 대하여 설명하시오.	
		114	「자연공원법」에 의한 자연공원의 유형 및 지정기준에 대하여 설명하시오.	
		121	「자연공원법 시행령」에 명시된 '공원자연보존지구에서의 행위기준' 중 다음을 설명하시오. 1) 허용되는 최소한의 행위 2) 허용되는 공원시설 및 공원사업	
자연환경 보전법	용어	76	1978년 선포된 자연보호헌장의 의의	8
		102	자연환경보전의 기본원칙	
		106	「자연환경보전법」상의 생태·자연도 등급기준	
		123	환경부 기준 국내 보호지역의 유형 및 지정 목적	
	논술	67	최근에 일부 개정된 우리나라 자연환경보전법 중 생태계보전지역의 지정목적과 의의를 설명하고, 그중에 특히 "생태계특별보호구역"의 지정기준에 대하여 설명하시오.	
		105	생태계보전협력금사업의 계획, 시공 및 유지관리적 측면에서 개선사항을 설명하시오.	
		117	우리나라 보호지역(생태·경관보전지역, 습지보호지역, 야생생물보호지역)의 문제점과 개선방안을 설명하시오.	
		124	도시생태현황지도의 구성과 작성 절차에 대하여 설명하시오.	
환경영향 평가법	용어	63	환경평가	10
		68	조경설계에 있어 이용 후 평가(post-occupancy evaluation)에 대해 설명하시오.	
		108	전략환경영향평가의 세부 평가항목	
		117	스코핑(Scoping)제도	
	논술	65	현행법상의 사전환경성검토제도를 논하시오.	
		66	우리나라에서 시행되고 있는 각종 영향평가제도를 제시하고, 그 평가목적을 설명하시오.	
		67	개발계획이나 개발사업 시행 시 환경적인 타당성을 위하여 환경정책기본법상 사전환경성 검토를 실시하는데 그 의의와 중점검토사항을 설명하시오.	
		73	환경영향평가에 대하여 근거법령, 목적, 평가서의 내용을 설명하시오.	
		100	개정된(2012년 7월) 환경영향평가법의 개정사유 및 주요 개정내용에 대해 설명하시오.	
		102	소규모 환경영향평가의 대상, 대상사업의 종류와 범위에 대하여 설명하시오.	
야생생물 보호 및 관리에 관한 법률	용어	100	환경부 지정 생태계 교란 외래식물(5가지 이상)	2
	논술	114	멸종위기 야생생물보호 및 관리정책의 방향에 대하여 설명하시오.	

습지 보전법	용어	114	습지보전법에 의한 **습지지역**의 지정	1
생물다양성 보전 및 이용에 관한 법률	용어	123	**생태계서비스지불제 계약**	1
물환경 보전법	논술	112	"수질 및 수생태계 보전에 관한 법률 시행규칙"에 의한 **물놀이형 수경시설의 수질기준 및 관리기준**에 대하여 설명하시오.	2
	논술	114	**통합물관리의 방향**을 설명하고, **조경전문가의 참여방안**에 대하여 논하시오.	
저탄소 녹색성장 기본법	논술	93	21세기 성장의 새로운 패러다임인 **저탄소 녹색성장의 개념**을 설명하고 이와 연계한 **에너지 보전형 조경설계의 방향과 세부설계기준**을 제시하시오.	1
국토 기본법	용어	117	**국토계획평가**	1
하천법	용어	94	현행 하천법에 따른 **하천의 구분 및 지정**	2
	논술	90	하천 고수부지에 수목을 식재할 때 **하천법상 수리계산이 필요 없는 식재기준**을 교목과 관목으로 구분하여 설명하시오.	
유비쿼터 스도시의 건설 등에 관한 법률	논술	93	**유비쿼터스(ubiquitous)**의 개념과 조경계획에서의 활용방안을 쓰시오.	1
인공조명 에 의한 빛공해 방지법	논술	93	**빛공해방지 및 도시조경관리의 관점**에서 본 **야간경관조명의 문제점과 계획 및 관리 방안**에 대하여 설명하시오.	1
도시농업 의 육성 및 지원에 관한 법률	용어	96	2011년 11월에 제정된 「도시농업의 육성 및 지원에 관한 법률」에서 제시하는 **도시농업의 유형 및 내용**	3
	논술	103	독일, 미국 및 영국의 **도시농업 사례**와 조경분야의 역할을 설명하시오.	
	논술	115	**도시농업의 정의 및 유형과 입지조건**에 따른 도시텃밭 계획 시 설계기준을 설명하시오.	
중소기업 제품구매 촉진 및 판로지원 에 관한 법률	논술	100	「중소기업제품 구매촉진 및 판로지원에 관한 법률」에 의한 **공사용 자재의 직접구매 제도**에 대해 설명하시오.	1
녹색건축 물 조성 지원법	논술	103	녹색건축물 조성 지원법 시행(2013)에 따라 통합된 **녹색건축인증제도**의 조경부문 관련 내용, 문제점 및 개선방향을 설명하시오.	1
조경 진흥법	논술	105	최근에 제정된 「**조경진흥법**」의 의의와 주요내용을 열거하고 앞으로 조경계가 이 법을 기반으로 나아가야 할 방향에 대하여 설명하시오.	2

		112	「조경진흥법」에 따른 '조경진흥기본계획'의 내용에 대해 설명하고, 최근 제1차 기본계획(안) 공청회에서 제기된 주요 이슈에 대하여 논하시오.	
건설 폐기물의 재활용촉진에 관한 법률	용어	111	건설폐기물의 정의 및 종류	1
도시재생 활성화 및 지원에 관한 특별법	논술	114	「도시재생 활성화 및 지원에 관한 특별법」 개정안(2017년 12월)의 주요내용과 조경분야의 기대효과에 대하여 설명하시오.	1
공공 디자인 진흥에 관한 법률	논술	115	공공시설 경관(색채) 관련 주요 국가정책 및 관련계획과 「공공디자인 진흥에 관한 법률」의 주요내용을 설명하시오.	1
산림기술 진흥 및 관리에 관한 법률	논술	118	'산림기술 진흥 및 관리에 관한 법률 시행령'상 녹지조경기술자의 "기술등급"과 "기술등급에 의한 자격요건"을 세분하고, "업무범위"에 대하여 설명하시오.	1
도시숲등의 조성 및 관리에 관한 법률	논술	123	산림청에서 도시숲 조성을 위해 「도시림기본계획」으로 추진 중인 도시숲의 개념 및 법적근거와 양적 확대방안에 대하여 설명하시오.	2
		124	「도시숲 등의 조성 및 관리에 관한 법률」이 조경산업과 충돌이 되고 있다. 이를 「산림기술 진흥 및 관리에 관한 법률」 등과 연계하여 조경산업에 대한 대책방안을 설명하시오.	
조경설계 기준	용어	87	"조경설계기준"의 목적과 적용범위	3
	용어	115	"조경설계기준(KDS)"의 유형별 식재밀도	
	논술	103	조경공사 표준시방서 및 조경설계기준의 문제점과 개선방안을 설명하시오.	
기타 제도/지침	용어	93	용적률 거래제	40
		94	국제기술사제도의 정의 및 자격요건	
		96	생태면적률의 개념 및 적용제도	
		103	'한국조경헌장'의 제정 배경과 주요 내용	
		106	「한국조경헌장」에서의 '조경'의 정의와 가치	
		106	건설표준품셈에 명시된 '품의할증'	
		111	'한국조경헌장'에서 규정한 '조경'과 '조경설계'	
		115	범죄예방을 위한 도시공원의 계획, 조성, 유지관리 기준	
		115	장애물 없는 생활환경(BF)인증의 유효기간과 공원내부 보행로 평가항목	
		117	명상숲	
		118	VE(Value Engineering) 선정기준과 수행절차	
		123	유아숲체험원의 등록기준	
	논술	93	임산물 품질인증 규정에 따른 방부처리 목재의 품질인증기준을 설명하시오.	
		94	개발제한구역(Green Belt)에서 각종 개발사업 시행 시 발생하는 Green Belt 훼손지역의 복구제도에 대하여 설명하시오.	

		97	최근 국토교통부에서 수립한 '**건축물 녹화 설계기준**'에 의한 옥상녹화 설계 및 시공상의 유의사항에 대하여 설명하시오.
		99	최근 범죄 발생 우려가 높아지면서 **건축물에 범죄예방설계 가이드라인을 적용**하고 있는바, 이에 대한 "**공동주택 설계기준**"을 제시하시오.
		102	**2014년 1월부터 시행된 공동주택 하자**의 조사, 보수비용 산정방법 및 하자판정기준 등 조경분야와 관련된 내용에 대하여 설명하시오.
		105	**성능기준**에 대해 정의하고 **조경포장에 요구되는 대표적 성능**을 4가지 들어 설명하시오.
		105	NCS(**국가직무능력표준**)의 개발목적과 그중 조경분야의 개발내용에 대하여 설명하시오.
		105	조경분야 건설기준인 **조경설계기준 및 표준시방서**의 정비 연혁을 설명하고, 발전방향에 대하여 설명하시오.
		105	**오픈스페이스**에서 발생하는 **자연재해의 유형별 기준**에 대하여 설명하시오.
		108	"**주택건설기준 등에 관한 규정**"에 따른 **공동주택단지의 주민공동시설 설치 총량제** 실시의 영향을 설명하시오.
		109	공정거래위원회가 제정·발표한 「**조경식재업종 표준하도급계약서**」**의 주요내용**을 설명하시오.
		111	**국가직무능력표준(NCS)에서 규정한 '조경프로젝트개발'(능력단위) 중 '사업성 검토하기**'(능력단위요소)의 수행준거를 설명하시오.
		111	**국토계획 표준품셈의 조경특화계획 중 '환경·생태복원계획**'의 정의와 주요 업무내용을 단계별로 설명하시오.
		111	**공원에 적용하는 '장애물 없는 생활환경(BF ; Barrier Free)인증**' 기준 범주에는 '보행의 연속성' 항목이 있다. 평가항목과 평가기준에 대하여 설명하시오.
		111	**건축물의 '범죄예방 설계 가이드라인' 중 조경설계 관련 일반적 범죄예방 설계기준**에 대하여 설명하시오.
		112	**조달청 훈련상 '조경수목'의 규격**을 기술하고, 현장 적용에 있어서 문제점 및 개선방안을 설명하시오.
		112	**자연경관을 보전·관리하기 위한 법규와 지정기준**을 제시하고, 조경가의 관점에서 고려해야 할 항목에 대해 설명하시오.
		112	"**민간공원 조성 특례사업 가이드라인**"에서 제시된 '사업의 준비'와 '계획의 결정 및 고시' 내용에 대하여 설명하시오.
		112	**국가직무능력표준(National Competency Standards)의 개념과 조경분야의 세분류상 '조경시공'의 능력단위**에 대하여 설명하시오.
		115	"**2018년 국토교통부 주요업무 추진계획**"의 6대 정책목표 중 균형발전 실천과제와 조경가의 참여분야를 설명하시오.
		115	**공사계약 일반조건의 하도급대가 직접지급**에 대하여 설명하고, 건설산업 일자리 개선대책과 관련한 "**임금직불 전자적 대금지급시스템**"에 대하여 설명하시오.
		117	**조경공사 적산기준(2016년 8월)**의 주요내용과 문제점 및 개선방안을 설명하시오.
		118	**건축법의 규정에 의해 범죄예방설계 가이드라인을 적용**하고 있는바, 이에 대한 일반적 범죄예방기준 및 공간별 공동주택의 설계기준을 설명하시오.
		118	산지형 공원 내 '장애인·노인·임산부 등의 편의증진 보장에 관한 법률' 에 따른 BF(Barrier Free)를 적용한 등산길의 개념, 조성원칙, 안내시설 및 특화프로그램을 설명하시오.
		118	'**문화재 비상주감리 업무수행지침**'에 의한 문화재수리 착수단계의 감리업무에 대하여 설명하시오.
		123	**설계VE(경제성 검토)의 개념, 목적, 효과**를 설명하고, 설계의 조직 구성, 설계VE 검토업무절차(준비단계, 분석단계, 실행단계)와 내용을 설명하시오.

| | | 123 | 최근에 여러 시 · 도 등 지방자치단체에서 시행하고 있는 **공동주택 품질검수제도**의 의의를 설명하고, 일반적으로 공동주택의 조경공사 준공 전에 검토되어야 할 품질 검수 항목과 조경분야에서 품질을 제고할 수 있는 방안에 대하여 설명하시오. | |
| | | 124 | **국토계획 표준품셈의 조경특화계획** 중 '단지 조경 계획'의 정의와 주요 업무 내용을 단계별로 설명하시오. | |

키워드	구분	회차	기출문제	출제 횟수
조경계획 기초이론	용어	112	퍼실리테이션(Facilitation)	3
	논술	64	Landscape은 경관으로 번역되어 통용되고 있다. Landscape의 지리학적 개념과 일반적 개념 및 어원적인 내용을 기술하시오.	
		66	자연환경 및 경관에 대한 조경기술자의 책무(윤리)에 관하여 논술하시오.	
경관계획 요소	용어	65	녹지율, 녹피율, 녹시율의 의미	12
		68	도시경관관리에서 사용되는 녹시율(綠視率)의 개념을 설명하시오.	
		71	도시경관관리상 녹피율(綠被率), 녹시율(綠視率), 녹적률(綠積率)의 차이점	
	논술	68	CIP(Corporation Identity Program) 개념이 도시경관 관리에 있어 갖는 시사점에 대하여 기술하시오.	
		68	도시경관계획에 있어 점·선·면적 경관자원 분류에 대하여 각각 그 예를 들고 관리방안을 논하라.	
		68	하천주변 도시경관관리에 있어 문제점과 개선방안을 다양한 관찰시점에 따라 서술하시오.	
		73	도시경관을 제고시킬 수 있는 요소를 열거하고 설명하시오.	
		78	도시경관계획에 있어서 점·선·면적 계획요소에 대해 설명하고 그 예를 드시오.	
		93	CIP의 개념과 사업지 내 적용 시 예견되는 기대효과에 대하여 설명하시오.	
		100	경관계획 수립 시 조망점(주요 관찰지점)을 정하고 이를 기준으로 계획을 수립하는 것이 효율적이다. 객관적이고 합리적인 조망점 선정과정에 대해 설명하시오.	
		105	공공시설물 경관디자인을 정체성, 연계성 및 조형성의 관점에서 설명하시오.	
		120	도시경관의 구성요소를 이미지와 장소적 요소로 구분하고, 도시경관관리의 지향점에 대하여 설명하시오.	
경관분석 (물리 생태적)	용어	66	환경적으로 민감한 장소(ecological sensitive area)	5
		78	인문생태적 계획을 설명하시오.	
		100	경관분석방법의 종류 및 주요 내용	
		123	적지분석과정	
	논술	63	설계를 위한 조사·분석 시 생태적 조사·분석에 대하여 아는 바를 상술하시오.	
경관분석 (사회 행태적)	용어	75	개인적 거리(Personal Distance)를 설명하시오.	6
		78	렐프(E. Relph)의 장소성(sense of place) 형성의 3대 요소를 설명하시오.	
		99	William Whyte는 그의 저서 〈The Social of Small Urban Space〉에서 광장 이용률에 영향을 미치는 7가지 요소들을 제시하였다. 각각을 설명하시오.	
		112	행동유도성(Affordance)	
		117	개인적 공간과 영역성	
		123	행태적 분석모델(PEQI모델, 순환모델, 3원적모델)	
경관분석 (시각 미학적)	용어	64	View와 Vista의 상이점과 경관설계 시 적용기법	32
		67	카오스(Chaos)이론	
		67	게슈탈트(Gestalt)심리학의 근접의 원리 설명 및 사례 소개	

		64	garden city, radburn pean, neighborhood unit 등은 누가, 언제 계획하였으며, 이러한 계획이 나오게 된 배경과 각각의 계획에서 공원녹지에 대한 내용을 기술하시오.	
		66	**공원계획 시 고려해야 할 일반적인 계획원리**를 대별하고 각각의 원리에 대하여 기술하시오.	
		66	**식물원**을 설치목적에 따라 ① 그 종류를 분류하고 ② 그 형식을 간략히 설명하시오.	
		66	**대도시 근교에 공공묘원(公共墓園)**을 설치하고자 한다. 적절한 위치 선정조건과 토지이용 배분율을 제시하시오.	
		66	**대도시 근교에 대규모의 국제전시장**을 계획하고자 한다. ① 전시장과 박람회장의 차이점과 ② 전시장 계획 시 고려되어야 할 조경사항을 기술하시오.	
		68	**도시근린공원 기본계획**의 수립과정과 주요성과품의 목록을 제시하시오.	
		68	현대 도시공간의 협소화로 인한 **오픈스페이스** 부족현상을 조경공간의 다양화와 입체화를 통해 해결하려 하고 있다. 그 사례와 전망에 대해 기술하시오.	
		70	**동물원 조경계획** 시 적용되는 여러 동물사의 울타리 유형을 설명하시오.	
		73	**신행정수도 조경계획**을 한다고 가정하고 고려요소를 열거, 설명하시오.	
		78	**물재생시설(하수처리장)부지를 주민친화적 공간**으로 조성코자 한다. 계획방향과 주요 고려사항, 구체적 공간 활용계획에 대해 설명하시오.	
		78	**기존 도시공간의 조경적 활용과 재활용**을 통한 도시재생방법을 논하시오.	
		96	대도시 인근지역에 신도시를 건설하는 데 있어서 **도시기반시설(공원·녹지)을 조성**하고자 한다. 이에 대한 **조경업무의 절차**에 대하여 구체적으로 설명하시오.	
		96	**공원녹지의 수요분석방법**에 대하여 구체적으로 설명하시오.	
		97	용산 미군기지의 반환에 따른 공원화계획으로 국가공원이 대두되고 있다. **용산국가공원의 개념과 의의, 조성방안**에 대하여 설명하시오.	
		97	**물 재생시설(하수처리장) 부지를 주민친화적 공간으로 조성**하고자 한다. 계획방향과 주요 고려사항, 구체적 공간활용방안에 대하여 설명하시오.	
		99	**도시공원을 개발할 때 "마케팅 개념"**이 도입되어야 하는 이유와 적용방법을 설명하시오.	
		102	**자연형 근린공원에서 이용객의 무분별한 이용**으로 인하여 발생되는 문제점과 해결방안에 대하여 설명하시오.	
		106	**쌈지공원, 마을마당, 한평공원**의 도입배경과 주요특징을 설명하시오.	
		115	**시민참여형 마을정원만들기**의 개념, 선정기준 및 기대효과에 대해 설명하시오.	
		121	현재 **제2국립산림치유원이 계획**되고 있는 바, 유사 및 관련 시설과의 관계정립 방안을 포지셔닝 측면에서 제안하시오.	
		124	**자연휴양림 내 오토캠핑장 계획** 시 계획방향, 고려사항 및 구체적인 조성방안을 설명하시오.	
단지계획	논술	68	우리나라 **공동주택의 계획과정**에 있어 조경가의 입장에서 지향하여야 할 점과 대책을 논하시오.	12
		72	**공동주택단지 개발 시 단지계획**, 설계의 기준을 만족시키며 이용자들의 안정성·건강성·기능성을 수행할 수 있는 단지계획의 목표를 제시하시오.	
		72	토지의 부족과 주거의 수요증대로 인한 **주거단지가 집단화, 고층·고밀화** 추세로 변화되고 있는데 이러한 **단지의 계획** 시 구성요소, 주거동, 부대시설 및 복리시설의 배치기준을 설명하시오.	
		72	**주거단지계획**의 고층화·고밀화에 따른 외부공간 구성방안을 제시하고 인간척도(human scale)에 적합한 외부활동 공간체계를 설명하시오.	
		75	**주거단지환경**을 결정짓는 **구성요소**를 물리적·사회적·생태적 요소로 구분하고 최근 개발되고 있는 New-Town계획 시 적용방안을 제시하시오.	
		75	**주거단지환경**은 건축물 및 시설의 배치방법에 따라 단지 내 외부공간의 형성, 단지외부환경과의 연계 및 조화를 결정할 수 있는 바, **단지를 구성하는 물리적 요소의 배치와 외부공간의 조성방안**을 제시하시오.	

		82	뉴타운(new-town)사업의 틀(frame)을 법적 기준, 사업방법, 사례 등에 대하여 설명하시오.	
		87	래드번(radburn) 주거단지계획을 설명하고 주거단지계획상의 의의를 서술하시오.	
		93	공동주택의 계획과정에 있어 조경가의 입장에서 지양해야 할 사항과 대책을 설명하시오.	
		103	이웃과의 관계, 좋은 거주환경을 추구하는 커뮤니티 디자인의 도입배경, 사례, 발전방안 및 조경가의 역할에 대하여 설명하시오.	
		108	노후화된 도심의 재건축 아파트 단지 조경공간계획의 실상과 문제점을 열거하고, 그 해결방안을 설명하시오.	
		124	주거단지계획의 고층화, 고밀화에 따른 외부공간 구성방안을 제시하고 인간척도에 적합한 외부활동 공간체계를 설명하시오.	
레크리에이션계획	논술	70	레크리에이션 기회 스펙트럼(ROS ; Recreation Opportunity Spectrum)의 개념, 기회등급의 구분, 기준 등을 설명하시오.	5
		70	레크리에이션 지역의 계획에서 허용한계설정(LAC ; Limit of Acceapable Change)의 개념 및 설정과정을 설명하시오.	
		71	주 5일제 근무 실시에 따른 수도권 자원중심형 여가공간 확충을 위한 문제점 및 해결방안에 대해 논하시오.	
		99	레크리에이션 이용의 특성과 강도를 조절하는 관리기법 3가지를 설명하시오.	
		121	S. Gold(1980)의 레크리에이션의 계획 접근방법을 설명하시오.	
공공녹화사업계획	용어	81	1동 1마을 공원사업	7
		85	담장허물기사업의 효과 및 문제점	
	논술	63	서울시 생명수 천만 그루 심기 계획의 대상으로 학교가 활용되고 있다. 학교조경의 현황과 문제점을 기술하시오.	
		68	90년대에 나타난 중요한 오픈스페이스 유형인 "마을마당, 걷고 싶은 거리"의 연원과 전개, 앞으로의 전망에 대하여 쓰시오.	
		69	요즈음 여러 도시에서 관공서나 학교의 담장을 제거하고 공공녹화사업을 시행하고 있다. 이 사업의 기대효과와 개선책에 대하여 논술하시오.	
		81	작년 서울시는 어린이대공원을 무료로 전면 개방하였다. 공원녹지관리체계의 중점내용과 전면개방 후 예상되는 문제점 및 개선책을 논의하시오.	
		84	자연장묘방식 중 최근 사회적 관심이 대두된 수목장제도에 대하여 설명하시오.	
도시재생	용어	109	젠트리피케이션(Gentrification)의 의미와 사례, 부작용 및 해결방안	7
		118	리인벤터 파리(Reinventer Paris)	
		120	공동체 정원조성사업	
	논술	94	도시재생의 개념 및 필요성을 정의하고, 도시재생을 효율적으로 달성할 수 있는 전략과제를 설명하시오.	
		99	그린 인프라(green infrastructure)의 개념, 가치와 장점, 그린인프라가 제대로 기능하기 위한 원칙들을 각각 설명하시오.	
		102	도시재생활성화를 위한 특별법이 2013년에 제정되었고 조경분야에서도 여기에 대한 대응전략이 필요하다. 랜드스케이프 어바니즘 관점에서 본 도시재생전략 8가지에 대하여 설명하시오.	
		112	서울 '광화문광장 재구조화'를 위한 계획과정에서 예상되는 이슈를 제시하고, 이에 따른 계획의 방향에 대하여 설명하시오.	
농촌계획	논술	112	"일반농산어촌개발사업"의 '농촌중심지활성화사업'의 개요와 기능별 사업내용 중 경관·생태사업의 세부적 사업 내용을 예시하고 설명하시오.	1

키워드	구분	회차	기출문제	출제횟수
조경미학	용어	66	Human Scale	10
		67	먼셀(H. Munsell)의 색상환 중 기본색과 2차색	
		68	조경미학에서 사용되는 "조망/은신 이론(Prospect/Refuge Theory)"을 주장한 학자와 내용에 대해 아는 바를 쓰시오.	
		68	디자인 분야에서 사용되어 왔던 "형식미학(Formal Aesthetics)"의 원칙에 대해 아는 바를 쓰시오.	
		84	미의 종류(형식미, 감각미, 상징미)에 대하여 설명하시오.	
		124	역공간(Liminal Space)	
	논술	64	도시광장에서 건물의 높이(H)와 광장의 폭(D)과의 관계는 휴먼스케일의 기본적 문제이다. H : D와의 관계에 대한 이론 3가지를 예로 들고 상호 비교·설명하시오.	
		88	조경설계에 있어 축(Axis)의 성격과 특성에 대해 설명하고, 프랑스 샹젤리제 거리를 사례로 논하시오.	
		102	조경설계에 있어 공간(Space)의 특성(Characteristics)과 질(Quality)을 공간의 규모(Scale), 형태(Form), 색채(Color)공간의 추상적 표현(Abstract Spacial Expression) 등의 차원에서 논하시오.	
		120	생태심리학에서 행태적 장(Behavior Setting)에 대하여 설명하시오.	
식재설계 이론	용어	64	식재설계 시 식물의 질감(Texture)을 응용한 시각적 기법	9
		88	조경식재설계에 있어 시각 형성의 기본요소에 대해 설명하시오.	
		99	화단조성방식의 종류별 특징	
		120	수목의 공익적 가치	
	논술	63	다층식재구조에 의한 식재계획에 대해 설명하시오.	
		66	수목의 공간분할기능에 관하여 그 유형을 들어 설명하시오.	
		79	외부공간설계 시 수목의 건축적·미학적·생태적 기능을 평면 및 단면 모식도와 함께 설명하시오.	
		82	식재설계의 주요 의의를 3가지 측면에서 구분하여 설명하시오.	
		120	식재설계의 기능을 미적·시각적, 기상학적, 건축적, 공학적 측면에서 각각 설명하시오.	
조경식물 소재	용어	63	산림청이 선정한 밀레니엄 나무의 학명과 생태특성	46
		64	여름철에 개화하는 4종 이상 조경수목별 특징 및 용도	
		68	조경용 소재로 사용하는 소나무과 수목의 10가지를 제시하시오.	
		70	여름(6~8월)에 꽃이 피는 지피식물의 종류를 꽃색별로 2개씩 나열하시오.	
		70	우리나라에서 자생하는 참나무과 낙엽교목 5종의 형태적, 생태적 특성	
		70	열매를 감상하는 수종 5개를 들고 열매특성(색 등)을 간략히 설명하시오.	
		73	옥상정원에 식재할 식물을 선택할 때 고려할 사항	
		75	중부지방에 식재되는 가로수 5종의 종명 및 학명을 쓰시오.	

		76	천연기념물 **미선나무**의 생육특성과 조경수로서의 가치	
		78	**음지성 지피 · 초화류**를 개화기 순으로 20가지 열거하시오.	
		81	차나무과 동백나무속의 **동백나무와 애기동백나무**의 생육특성 차이점	
		85	**봄에 흰 꽃이 피는 조경수** 10종 이상	
		90	**지피식물, 자생식물, 야생화**의 개념 비교	
		90	**갈대와 달뿌리풀의 차이점**	
		91	**단양쑥부쟁이의 생태적 특성**	
		94	**지피식물**을 특성별로 4가지 이상 분류하고 각각에 해당하는 2종을 제시	
		96	**수처리에 이용되는 습지식물**(정화식물) 10가지	
		96	국화과 식물 중 **개미취속(Aster)과 국화속(Chrysanthemum) 자생식물** 10종의 개화기와 꽃색	
		96	아래 조경수목의 학명을 적으시오. 가) 은행나무 나) 소나무 다) 느티나무 라) 주목 마) 회화나무 바) 상수리나무 사) 팥배나무 아) 왕벚나무 자) 배롱나무 차) 회양목	
		97	**한반도에 자생하는 대나무의 5가지 속(屬) 및 각 속별 수종을 제시하시오.**	
		99	(a) **소나무와 해송**, (b) **백송과 리기다소나무**의 생태적 특성 비교	
		99	**자생종 백합과(科) 백합속(屬)** 10종의 종류와 특성	
		99	수목의 **"분열조직계"와 "영구조직계"**	
		99	**한국잔디(Zoysia grass)와 켄터키블루 그래스(Kentucky Bluegrass)**의 특성 비교	
		100	**여름에 꽃이 피는 조경수종 4종 이상**(수목학명 및 특징)	
		106	**배롱나무의 생육적 특성과 중부지방에서의 관리**방안	
		109	봄, 여름, 가을에 관상가치가 있는 **다년생초화류**(계절별 5종류)	
		114	**진달래, 철쭉, 산철쭉**의 비교	
		115	**수목의 단풍생리**	
		120	**조경식재 시 상록관목 활용방법과 대표수종 5가지**	
		124	창포, 꽃창포, 붓꽃의 차이	
	논술	63	조경공사 설계 시 **식물재료의 선정**을 위한 제반 **고려사항**을 기술하시오.	
		70	**정원 내에 사방 3.3m×4.0m(4평)의 땅에 봄에 꽃피는 수목 및 지피류를 소재로 하여 식재설계**하라. 설계조건 : • 교목 1주, 관목 2~3주, 지피류 5종 이상 사용 • scale : none. 다만, 1:20 내외를 권장 • 수목규격 및 수량 표시할 것 : 도면 및 총괄표 작성 • 관목의 수관은 경계선 밖으로 나가도 좋음	
		73	**보상점** 및 **광포화점**에 대한 내용과 **음생식물(shade plants)과의 관계**를 설명하고 **내음성식물**을 수목과 초본으로 구분하여 각각 15종 이상 열거하시오.	
		73	우리나라에서 조경용으로 활용되는 **소나무류(Pinus)**를 열거하고 그 **성상**(性狀 : 잎, 수피, 열매, 異名 등)에 대해 설명하시오.	
		73	우리나라에서 조경용 소재로 활용되는 **상록교목5종**의 형태적 · 생태적 특성	
		76	현재 **천연기념물**로 지정된 노거수의 수종별 현황 및 문화경관요소로서의 가치에 대해 아는 바를 설명하시오.	
		78	우리나라에서 조경수로 이용되고 있는 **소나무과 수종의 종류**를 들고(7종류 이상), 각 수종의 조경소재로서 용도와 형태적 · 생태적 특성을 설명하시오.	
		90	**참나무류의 종류**를 잎의 형태로 구분하고 열매의 특성을 설명하시오.	

		94	조경수목 수피(樹皮)의 색채를 계열별로 분류하고, 각 계열별로 수종을 제시하시오.	
		97	우리나라에서 조경소재로 활용 가능한 소나무과(Pinaceae 科) 종류를 속(屬), 종(種), 단계로 분류하여 학명 또는 영명을 명기하고 설명하시오. (단, 소나무과에 해당하는 속은 3속, 소나무속에 해당하는 종은 5종)	
		103	수생식물인 연(蓮)과 수련(睡蓮)의 차이점 및 연을 연못에 심을 경우 식재방법을 설명하시오.	
		106	봄(3~6월)에 개화하는 자생초화류 10종의 생육적 특성을 설명하시오.	
		109	조경에서 대나무의 상징적 의미, 종류, 생태적 특성, 적정 생육환경 및 양호한 경관조성을 위한 유지관리 방법 등을 설명하시오.	
		115	단풍나무의 외형적, 생태적 특성을 설명하고 단풍나무과(科) 수목 3종의 종명(학명)의 의미를 설명하시오.	
		123	중부지역의 공원, 주거단지 등 조경설계에 이용되는 주요 수종(산사나무, 왕벚나무, 마가목, 회화나무, 모감주나무)의 학명, 개화시기, 열매, 조경적 가치에 대하여 설명하시오.	
식재기준	용어	63	지급수목 100주를 식재하여 30주가 고사되었다. 하자보식 의무내용을 서술하시오. (수량별 요약)	3
		84	조경식재기준(건설교통부고시 2000-159)에 따른 조경면적 1m²당 교목, 관목의 식재수량 및 가중치에 대하여 간단하게 기술하시오.	
		85	가로수의 식재기준	
골프장 설계	용어	67	1개 골프홀의 구성(par 4)을 도식으로 표현	
		68	골프장의 장애물(hazard)의 유형을 5가지만 쓰시오.	
		88	골프코스의 홀 구성요소를 기술하고 미들홀(middle hole)의 일반적 평면도를 그리시오.	
		94	골프코스 마운드(mound)의 개념과 기능	
		94	USGA(The United States Golf Association) 방식에 의한 Green의 표준단면도	
	논술	63	골프장 구성공간별 설계 및 배식방향을 기술하시오.	16
		70	골프장에 설치되는 조정지 혹은 연못의 홍수조절, 수질오염방지, 야생동물서식지 제공 등의 기능을 극대화하기 위한 설계 및 시공지침을 설명하시오.	
		71	골프장 개발에 있어 지자체에서 사업시행자를 선정할 시 민간사업자를 공모해서 추진하는 방법과 절차에 대해 설명하시오.	
		75	미들홀(par 4) 골프코스의 표준 레이아웃(layout)을 non-scale로 제도하시오.	
		76	골프코스 중 종·횡단구배설계의 기본원칙을 설명하시오.	
		79	골프장코스의 레이아웃 설계 시 주로 사용되는 벌책형(penal type), 전략형(strategic type), 영웅형(heroic type)에 대해 간략하게 설명하고, 영웅형의 par 5 코스를 non-scale의 평면도로 표현하시오.	
		84	골프장 입지선정 시 제도적 타당성 검토를 위한 주요항목을 요약하여 설명하시오.	
		85	골프코스의 미들홀(middle hole, par 4)을 설계하고자 한다. 주요 구성요소를 제시하여 non-scale로 평면도를 작성하시오.	
		87	파크골프(park golf)의 개념, 코스구성, 시설장비에 대해 기술하고, 설계시공 측면에서 일반 골프장과의 차이점을 설명하시오.	
		88	골프장의 페어웨이를 한국산 잔디로 조성코자 한다. 조성방법 및 관리에 대해 설명하시오.	
		97	파 4홀 골프코스의 표준평면도(none scale)를 작성하고, 골프코스의 공간별 성격과 조경식재 개념을 도식(圖式)하여 설명하시오.	
공원설계	용어	66	환경조각	17
		105	도시공원의 야영장 유형과 조성 시 고려사항	

		105	지하도로 상부의 공원화 목적 및 고려사항	
		111	뉴욕의 로우라인 프로젝트(Lowline Project)	
		111	덴마크의 슈퍼킬렌(Superkilen)	
	논술	66	최근 10여 년간에 걸쳐 만들어진 **한국의 공공공원** 5가지를 들고 그 결과를 비평하시오.	
		70	10m×10m의 녹지(정원)에서 A에서 B로 가는 **원로를 3가지 유형**(직선, 곡선, 순환형)으로 설계하되 **배식패턴(교목, 관목만 구분)**을 기능을 고려하여 표시하고, 각각의 장점 및 설계의도를 설명하라. 1) 설계도 2) 유형 3) 각각의 설계의도 설명	
		85	조각공원의 개념과 설계 시 고려사항을 기술하시오.	
		87	"조경설계기준"에서 정하고 있는 환경조형시설의 정의와 적용범위를 기술하시오.	
		105	**서울역 고가도로의 공원화 방향**에 대해 국내외 사례를 설명하고, 본 프로젝트의 추진배경, 문제점 및 바람직한 계획방향에 대하여 설명하시오.	
		108	산지형 근린공원의 우수처리계획 수립방안을 설명하시오.	
		112	서울역 고가도로의 공원화사업('서울로 7017')의 주요내용과 향후 유지관리 시 발생될 수 있는 문제점과 대책을 제시하시오.	
		117	**지역성, 예술성 및 생태성과 미래지향적인 요소**를 고려한 **근린공원 차별화 전략**을 설명하시오.	
		117	도시 내 저수지를 활용하여 자연생태계와 지역주민이 공존하는 **수변생태공원**을 조성하기 위한 설계요소와 고려사항을 설명하시오.	
		120	쓰레기 매립장 조성 후 체육공원으로 활용하는 방안에 대하여 설명하시오.	
		121	라 빌레트 공원(Parc de La Villette) 현상설계와 현대철학과의 관계를 설명하시오.	
		121	아드리안 구즈(Adriaan Geuze, West8)작품인 쇼우부르흐플레인(Schouwburgplein)의 설계전략을 설명하시오.	
놀이공간 설계	용어	70	**어린이 놀이공간계획** 시 배식설계의 기본방향	4
	논술	109	**놀이의 정의와 기능, 좋은 놀이터와 나쁜 놀이터**에 대해 설명하고, 현재 우리나라 놀이터의 개선방향에 대해 논하시오.	
		111	**환경부에서 추진하는 '생태놀이터 조성 가이드라인'**에 대하여 설명하시오.	
		124	**통합놀이터의 의미, 가치 및 참여디자인**의 프로세스와 모니터링에 대하여 설명하고 대표사례를 쓰시오.	
도로조경 설계	용어	106	**회전교차로(round-about)**의 구조형식과 **원형녹지대**의 조경기법	20
		108	스카이사이클(Skycycle)	
		121	가로시설물에서 통합적 설계(Integrated Design)의 의의와 지향점	
		121	「조경설계기준(KDS)」의 보도포장 설계에서 포장면 기울기	
	논술	63	**자동차전용도로설계**에서 **안전운전 기능식재**의 유형과 식재방향을 기술하시오.	
		68	**자동차전용도로**의 증가로 도로기능을 보완키 위하여 수목을 식재하고 있다. 식재기능을 분류하고 **명암순응식재**에 대하여 식재기법을 설명하시오.	
		75	최근에 도시의 단지 내 도로교통체계에 많이 적용되고 있는 **보차공존도로의 개념, 장단점, 기법 및 사례**에 대하여 서술하시오.	
		76	**자동차전용도로 조경의 식재유형**을 분류하고 그중 **터널조경기법**에 대하여 상세히 설명하시오.	
		79	**보차공존도로의 개념과 유형**에 대하여 설명하시오.	
		82	**주택지를 통과하는 자동차도로 설계** 시 각종 환경의 악영향을 저감시킬 수 있는 설계적 차원에서의 개선방안을 제시하시오.	

		84	**자동차전용도로**에서는 운전자의 안전을 위하여 일정간격으로 대형 휴게실을 조성한다. 휴게소의 **조경기법** 및 고려사항을 설명하시오.	
		88	**자동차전용도로의 조경**은 운전자의 안전운행을 보완하는 기능을 갖고 있다. **진출입 시설인 인터체인지**의 암절토 녹화를 포함한 **조경기법**을 설명하시오.	
		90	근래에 서울시 등 지자체에서 **디자인거리**를 많이 조성하고 있다. 이때 **가로수 하층식재**에서 고려하여야 할 **일반적·형태적 조건**과 **적정수종 및 초화류**에 대해 설명하시오.	
		91	최근 일부 지방자치단체에서 **도심지 내 소나무를 가로수로 식재**하고 있는 경우가 있다. **소나무의 생리(잎, 줄기, 뿌리) 및 생태적 특성**을 각각 설명하고 **소나무 가로수 식재의 장단점**을 설명하시오.	
		102	일반적으로 **가로활성화가** 되어 있는 도시가로의 폭원은 광로, 대로보다는 **중로, 소로 등 좁은 가로**에서 많이 나타나는 바, 그 이유에 대하여 설명하시오.	
		106	최근 시행 중인 '**가로정원(street garden)**'의 개념과 특징을 기존의 가로녹지 조성방법과 비교하여 설명하시오.	
		108	**도심지 가로수 식재 기본구상과 기본계획**을 그림을 그려 설명하시오.	
		120	**친환경적 가로설계를 위한 기법**을 녹지체계, 수체계, 미기후 등의 측면에서 설명하시오.	
		120	**연결녹지와 보행자전용도로의 차이점**을 비교하고, 설계 시 고려사항에 대하여 설명하시오.	
		121	**교통정온화(Traffic Calming)**의 개념과 기법을 설명하시오.	
유니버설 디자인· 특수조경 설계	용어	66	**유니버설 디자인(universal design)**	11
		71	**barrier-free design과 universal design 개념의 차이점**	
		73	**유니버설 디자인(universal design)**	
		108	**플러드 공원(flood park)**	
		114	**독일의 Kleingarten과 러시아의 Dacha**	
		117	**BF(Barrier Free)와 UD(Universal Design)** 비교	
		118	**Inclusive Design**	
		124	**노인주거환경의 외부공간디자인 체크리스트**	
	논술	69	**배리어프리 디자인(barrier-free design)의 개념 및 대상**을 설명하고 공원 등과 같은 레크리에이션 공간에서의 적용방안에 대하여 논하시오.	
		81	**녹지공간의 배리어프리(barrier-free)화**를 위한 공간별 설계원칙을 예를 들어 설명하시오.	
		121	공원에 적용하는 "**장애물 없는 생활환경(BF, Barrier Free)인증**" 범주에 있는 '**편의시설**' 항목에 대한 평가항목과 평가기준에 대하여 설명하시오.	
보행자 공간설계	용어	73	**녹도(green way)**	6
		87	"**조경설계기준**"상 "**보행자공간**"	
		94	**보차공존도로의 주요기법(5가지)**	
	논술	82	**연결녹지(green way)와 보행자전용도로(pedestrian mall)의 차이점**을 설명하시오.	
		84	**트랜싯 몰(transit mall)**에 대하여 설명하시오.	
		123	**보행자시설계획에서 보행자전용도로의 성립배경과 기능, 구성형식**에 대하여 설명하시오.	
주차공간 설계	용어	103	**주차장의 설계과정**과 주차 배치방식(그림 표현)	2
		108	**옥외에 설치되는 주차장의 유형**	
포장설계	논술	105	**성능기준에 대해 정의**하고 조경포장에 요구되는 **대표적 성능**을 4가지 들어 설명하시오.	2
		111	**조경포장에 요구되는 성능기준과 재료별 특성**에 대하여 설명하시오.	

	용어	69	**실내녹화용 내음성 초본류** 5종 이상	
실내조경 설계	논술	63	**실내조경의 기능과 효과**를 설명하고 **조성기법**을 기술하시오.	7
		65	**실내조경설계**에 있어서 **실시설계의 주요내용**을 서술하시오.	
		68	화장실문화운동의 확산으로 지자체, 관광지, 고속도로 휴게소 등의 **화장실 환경개선방법으로 실내조경**을 시행하고 있는바 기법과 문제점을 기술하시오.	
		73	**실내조경식물**이 갖추어야 할 조건과 주수목(主樹木, point plant), 관목, 지피류를 각 10개 이상 제시하시오.	
		84	**실내조경**은 주거 · 업무 · 상업공간뿐만 아니라 치유역할 등으로 다양하게 활용되고 있다. **치유정원(healing garden)의 효과와 조성방법**을 논하시오.	
		87	**"조경공사표준시방서"상 실내조경 식물재료** 규격표시의 특징을 곧게 자라는 식물, 키가 낮은 지피식물 및 초화류, 덩굴성 식물의 세 유형으로 구분하여 규격표시방법을 제시하고, 유형별 해당 식물을 3종 이상 나열하시오.	
음영지 조경설계	용어	79	**영구음영지** 조경방안	6
	논술	67	최근 도심지 교통난 해소의 일환으로 고가도로가 건설되고 있는 바, **고가도로 하부의 경관 향상, 녹지 도입, 이용성 증대를 위한 방안**을 일정 구간의 고가도로 하부공간을 사례로 선정, 설명하시오.	
		75	**고층건물군** 내에서 건물에 의해 형성되는 **음영**은 식물생육에 크게 영향을 준다. **음영분석도**의 작성방법과 배식계획에 대한 응용방법에 대하여 설명하시오.	
		79	**고층건물군**으로 이루어지는 **단지 조경**에 있어, **음영분석도**의 작성방법과 설계과정의 적용기법을 설명하시오.	
		100	**대도시 도심의 도로구조물 또는 교각 하부공간**에 대한 공간적 특성과 조경계획 시 고려사항, 도입 프로그램 등을 설명하시오.	
		102	**도시 내의 육교, 고가 등 도로구조물**은 도시경관상 문제가 되고 있다. 이러한 **도시구조물의 경관개선방안**을 설명하시오.	
정원설계	용어	65	**winter garden용 식물재료**의 선정원칙	7
		93	**주택정원 설계**에서 설계프로그램 작성까지의 과정	
		97	**감성정원(emotional quoient 정원)의 주요 설계요소**	
		97	**커뮤니티 가든(community garden)**	
		108	**정원치유**	
		121	병원, 요양원 등의 치유정원 조성을 위한 공종별 기준	
	논술	117	**지하정원**에서 고려해야 할 계획요소에 대하여 설명하시오.	
단지설계	용어	79	green parking	4
	논술	71	**단지설계의 단계별 과정**을 열거하고 **세부시행내용**을 설명하시오.	
		88	**아파트단지 외부공간의 유형**을 기술하고, **유형별 조경설계방향**에 대해 설명하시오.	
		93	**단지설계 시 단계별 설계과정**을 열거하고 그 **세부내용**을 설명하시오.	
시설물 설계	용어	65	**계단설치** 시 답면과 축상과의 관계	19
		71	아파트단지 내 효율적인 **야간경관 조명기법**	
		97	**점토블록 계단** 표준단면도(None Scale)	
		102	**수경시설 계획** 시 고려사항	
		120	**야간경관계획**의 목표	

		121	물의 변화성과 조경적 활용	
		124	「조경설계기준(KDS)」의 라운딩(Rounding)	
	논술	65	옥외시설물의 종류와 설치지침을 서술하시오.	
		69	조경설계에 있어 하이테크(hi-tech)의 소재와 기법이 적용될 수 있는 가능성과 한계를 사례를 들어 논하시오.	
		69	야외이벤트의 연출을 위한 조명의 목적, 방법 및 효과에 대하여 서술하시오.	
		70	w×w×h = 7.2m×3.6m×2.5m인 목재파고라를 설계하라.	
		70	w×w×h = 3.6m×3.6m×0.5m인 목재데크를 설계하라.	
		79	외부공간설계 시 사용되는 물의 형태별 유형을 열거하고 각각의 설계기법을 평면, 단면(또는 입면) 모식도와 함께 설명하시오.	
		81	자연석 배치 설계 시 설계자가 유의해야 할 사항들을 논하시오.	
		85	도시 야간경관조명의 문제점과 그 대책에 대하여 설명하시오.	
		91	조경설계에 있어서 수(水) 설계과정에 대하여 설명하시오.	
		93	조경설계 소재로서 물이 갖는 특성과 조경적 이용에 대하여 설명하시오.	
		96	외부공간 계단 설계 시 답면, 단, 계단참, 램프, 난간 및 핸드레일, 높이와 폭에 관한 설계기준을 제시하시오.	
		120	도심지 수경시설이 도시환경과 도시경관에 미치는 영향에 대하여 설명하시오.	
설계용역/ 설계변경	용어	76	설계용역 대가기준 산출방식	5
	논술	70	각종 공사를 하다보면 당초 예기치 못한 상황이나 여건 변동으로 당초 설계내용을 변경시키는 경우가 있다. 공사계약 일반조건 제13조 규정에 따른 설계변경의 사유를 기술하시오.	
		71	조경을 포함한 건설부문 엔지니어링 사업대가방식과 그 내용에 대해 설명하시오.	
		79	조경설계와 시공과정에서 발생하는 불일치의 발생원인과 개선방안에 대하여 서술하시오.	
		81	공사시행과정에서 발생하는 설계변경유형을 논하시오.	
설계방식/ 설계경기	용어	88	21세기 지식정보산업사회의 조경설계에 있어 가치계획(value planning)을 설명하시오.	11
		90	Schematic Design과 Design Development의 차이점	
		91	조경계획에 있어 전략계획(strategic plan)의 개념	
		103	설계도면(Engineering Drawing)과 시공상세도(Shop Drawing)	
	논술	82	근년에 와서 환경조경설계의 흐름이 극단적 상업주의로 치달음으로써 실용성이 상실된 허구주의로 흐르는 경향이 있다. 그 문제점이 무엇이며, 귀하가 설계심사위원이라면 어떠한 관점에서 심의할 것인가를 설명하시오.	
		85	대규모공원을 국제설계경기로 공모하고자 한다. 이를 위한 설계공모지침서를 작성하시오.	
		87	M.A(master architect) 설계방식을 설명하시오.	
		96	대도시에 인접한 택지개발사업지구 내 공원·녹지를 조성하고자 한다. 현상공모에 제시할 조경설계용역 과업지시서를 구체적으로 작성하시오.	
		99	환경설계방법 중 자료수집방법의 종류와 설계에 응용된 사례를 설명하시오.	
		102	조경설계공모의 진행과정과 문제점을 설명하고 전문위원 또는 총괄전문가(Professional Advisor)의 역할에 대하여 설명하시오.	
		106	국제공모를 통해 제시된 대형공원의 생태적 설계개념과 기법에 대하여 사례를 들어 설명하시오.	
설계도구	용어	63	컴퓨터 작도와 보고서에 사용되는 프로그램 HWP, DWG, XIS, JPG, P65의 용도	3
	논술	65	조경분야에서 활용되고 있는 LAND CAD 프로그램의 주요기능을 설명하시오.	
		112	조경분야에서 BIM(Building Information Modeling)의 활용방안에 대하여 설명하시오.	

키워드	구분	회차	기출문제	출제횟수
공사일반	용어	67	**시방서의 체계**	13
		87	**조경시공계획서에 기재할 주요항목**	
		87	**조경공사 표준시방서상 공사감독자의 공사일시 중지요건**	
		91	**공사시방서를 분류**하고 설명	
		91	**공사시공계획서에 기재할 주요항목**(10가지)	
		91	조경공사에 있어 **시방서와 설계도면이 상이할 시 설계서의 우선 적용순서** 기술	
		94	**식재공사 준공 후 수목의 유지관리 지침**	
		115	**조경시설재료의 일반적 요구성능**	
	논술	88	**책임감리 현장의 공사 시행단계별 감리원의 업무내용**에 대해 설명하시오.	
		88	조경공사 시공 시 지침이 되는 **조경공사시방서 중 수목식재** 부분에 대한 시방서를 개략적으로 작성하시오.	
		91	**조경공사만이 지니는 공사의 특수성** 10가지를 설명하시오.	
		91	총 공사비 100억 원 이상의 건설공사는 **설계가치공학(VE ; Value Engineering)**을 시행하도록 되어 있다. **설계 VE와 설계감리제도의 차이점 및 설계 VE의 가치향상 유형**에 대하여 설명하시오.	
		106	**실시설계와 시공의 관계속성**에 대하여 설명하고, **설계와 시공의 불일치현상**에 대한 요인별 원인과 해결방안을 제시하시오.	
금속재료	논술	94	조경시설물에 활용되는 **금속재료의 장단점**에 대하여 설명하시오.	2
		109	**내후성 강판**의 성질, 재료의 장단점과 시공된 사례 등을 설명하시오.	
목공사	용어	68	조경시설물 제작을 위한 **목재방부방식**을 열거하시오.	7
		75	**경목재와 연목재**를 설명하시오.	
		79	**목재방부방법** 중 가압용으로 사용되는 수용성 방부제	
	논술	87	**목재의 사용환경에 따른 사용방부제 및 처리방법**에 대하여 기술하시오.	
		100	**평지에 반원형**(지름 5cm) **목재데크**를 설치하고자 한다. 평면도, 골조배치도, 장선배치도, 단면도를 각각 작성하시오.(자재명, 규격, 치수 기입, none scale)	
		105	**목재 퍼걸러(그늘시렁)에서 수직재(기둥)와 수평재(보)의 구조계산과정**을 단계별로 비교하여 설명하시오.	
		112	산지형 공원 내 경사지에 **목재데크를 설치하기 위한 콘크리트 기초 및 목재 기둥의 시공기준**에 대하여 설명하시오.	
석공사	용어	78	**석재표면 가공방법** 6가지를 설명하시오.	13
		99	**견치석의 찰쌓기와 메쌓기** 단면상세도(none scale)	
		100	**산석붙임 앉음벽**(H=400, 옹벽형)의 단면도(none scale)	
		124	깬돌(割石), 잡석(雜石), 전석(轉石), 야면석(野面石), 부순돌(碎石)	
	논술	76	**우리나라 주요 석재의 생산지별 특징 및 용도**에 대해 아는 바를 설명하시오.	
		94	조경공사에 사용되는 **인조암의 종류와 특성**을 설명하고, 설계·제작·시공상의 문제점을 설명하시오.	

		96	조경설계기준에서 제시하는 **경관석의 종류 및 경관석을 놓는 방법**에 대하여 설명하시오.	
		105	**석축옹벽인 메쌓기 및 찰쌓기 공법**의 특성을 비교하여 설명하시오.	
		106	**석재판 붙임의 설치공법**별 습식, 건식, GPC) 표준단면을 제시하고, 장단점을 설명하시오.	
		108	**경사지에 조경 구조물 설치공간을 확보**하며 배면의 토사붕괴를 방지할 목적으로 석축을 시공할 때 **시각적 경관을 고려한 석축공사**에 대하여 설명하시오.	
		112	**석축 옹벽을 보수**할 때, 점검 항목과 파손 형태 및 보수방안에 대하여 설명하시오.	
		115	조경재료로 사용되는 **석재의 포면가공방법**을 설명하시오.	
		118	**조경공사에 사용되는 자연석, 가공석**을 구분하여 형태별, 규격별, 마감별 품질기준을 설명하시오.	
수경시설 공사	용어	93	수경시설의 수질은 목적에 따라 다른데 **친수용수의 수질기준 5가지 항목 및 기준**에 대해 설명하시오.	11
	논술	65	**수경시설**의 종류, 수경시설 설치 시 일반적 고려사항, 수경관 연출, 정수 및 전기설비, 유지관리에 관하여 논술하시오.	
		67	**자연연못의 조성** 시 바닥면의 점토공법 처리와 가장자리(edge)의 자연석 쌓기공법 적용에 대하여 설명하시오.	
		76	**자연계류형 인공폭포 조성공사**를 위해 고려해야 할 구조적 구성요소, 기계장치, 효율적 시공방법에 대해 설명하시오.	
		87	**자연형 폭포를 조성**할 때 고려해야 할 구조적 요소와 시공방법에 대해 논술하시오.	
		96	물의 수직적 낙차를 이용한 **벽천 설치공사의 시공과정**을 설명하시오.	
		103	수경시설의 일종인 **분수공사**는 구조체공사, 배관, 기계설비, 조명설비, 방수, 마감공사 등의 공정으로 구성된다. 이 중 **기계설비공사에 필요한 수경설비 및 시공 시 유의사항**을 설명하시오.	
		109	**주택단지 내 자연생태환경 조성**을 위한 **인공계류를 조성**하려 할 때 구조 및 기능에 대해 설명하시오.	
		114	**자연형 연못 조성** 시 가장자리(edge)공사에 대하여 단면도를 제시하고 설명하시오.	
		118	**수경시설 중 분수 유형**을 나열하고(10가지 이상), **분수시공 시 고려해야 할 유수로(개수로)의 유량**을 구하는 마닝(Manning) 공식을 설명하시오.	
		121	조경공사 수경시설에 사용되는 수경용수 중 "**물놀이형 수경시설의 수질기준 및 관리기준**"과 "**물놀이를 전제로 하지 않는 수경시설의 수질기준**"을 구분하여 설명하시오.	
방수공사	논술	73	**방수콘크리트, 모르타르방수 및 아스팔트방수 시공**에 대한 재료의 선택과 시공방법을 구체적으로 기술하고, 모르타르방수와 아스팔트방수 시공단면도를 그리시오.	3
		78	**조경연못의 대표적인 방수공법** 4가지를 들어 각각의 표준단면을 그리고 특성 및 시공방법에 대해 기술하시오.	
		94	**수경시설에 사용되고 있는 방수재료의 종류**를 열거하고, 2가지 공법을 선정하여 공법별 특성과 표준단면도(non scale)를 제시하고 설명하시오.	
놀이시설 공사	논술	81	어린이공원의 놀이기구에 쓰이는 재료별 안전요건과 대표적 놀이시설인 **어린이 미끄럼틀의 유형**을 설명하시오.	1
조명시설 공사	용어	76	**광섬유 조경시스템**의 구성 및 특징	4
		85	**경관조명의 휘도와 연색성**에 대해 설명하시오.	
	논술	64	경관조명에 필요한 **광원(lighting source)**의 유형 및 특징, 설치방법, 향후 발전방향에 대하여 기술하시오.	
		73	**옥외조경공간 조명** 유형과 각각의 특성을 설명하시오.	
식재공사	용어	67	**월드컵경기장에 적용된 잔디** 종류와 특징	18
		94	**당김줄형 지주대**의 표준 평면도 및 입면도(none scale)	
		97	**한지형 잔디를 사용한 다목적 잔디광장**의 표준단면도(none scale)	

		109	T/R율과 C/N율	
		112	뿌리돌림의 목적과 방법	
		118	적지적수(適地適樹)	
	논술	64	뿌리의 발생이 잘 되지 않는 비교적 **큰 수목**을 2~3년 전부터 준비하여 6월에 **이식**할 때 준비작업 내용을 설명하고 **준비작업, 굴취, 차량운반, 식재, 식재 후 조치 등에 대하여 특별시방서**를 작성하시오.	
		72	**천연잔디구장 조성공사**에 있어 파종공법과 뗏장공법을 조성방법, 시기, 초종별 혼합방법 등에 대하여 비교 · 설명하시오.	
		87	**수목이식작업의 일반적인 과정**을 제시하고, **대형 수목 이식의 경우 반드시 지켜야 할 필수사항**에 대해 논술하시오.	
		93	**포장(鋪裝)지역**에 **조경수를 식재**할 때 고려할 사항에 대하여 설명하시오.	
		94	**한국잔디의 종류**를 학명과 함께 구분하고, **영양체 번식을 활용한 식재공법**을 3가지 이상 기술하여 각각의 장단점과 특성을 설명하시오.	
		97	배수가 불량한 **풍화암 지반**(지하부 깊이 1.5m)에 장송(H12.0×R65)을 식재하고자 한다. **시공 시 고려해야 할 사항**을 열거하고, **배수처리시설, 식재지반 조성 및 지주목 표준상세도**를 작성하시오.(none scale)	
		99	**교목 굴취 시 근계의 뿌리특성별 분모양**을 그림을 그려 설명하고, 각각에 해당하는 수종을 3개씩 쓰시오.	
		103	**식재 부적기(하절기, 동절기)의 식재 및 관리방법**을 설명하시오.	
		112	**조경식재공사에서의 설계변경 사례**를 들고 원인과 대책을 설명하시오.	
		118	**축구장, 골프장의 잔디 지반조성방법**과 유지관리를 위한 제초 및 잔디깎기 방법에 대하여 설명하시오.	
		120	USGA(The United State Golf Association) **조성방식에 의한 그린 시공**의 과정을 순서대로 설명하시오.	
		120	**대형 수목 이식 시 환상박피(環狀剝皮)**에 대하여 설명하시오.	
콘크리트 공사	용어	64	양질의 **수밀콘크리트**가 되기 위한 재료 및 시공방법	7
		81	**식생콘크리트**	
		109	**콘크리트 배합설계(Mixing Design)**	
		109	**콘크리트 혼화재로 사용하는 플라이애시(Fly Ash)의 장점(5가지)**	
		123	**콘크리트의 혼화재와 혼화제**	
	논술	69	조경시설물 설치 중 바닥포장 및 벽체에서 발생되는 **백화현상** 발생원인과 방제대책에 대하여 기술하시오.	
		117	**식생콘크리트(식생도입이 가능한 콘크리트)**의 구조와 기능에 대해 그림과 함께 설명하시오.	
토공사 (지형)	용어	64	**토량 산출 공식**(단면법, 점고법)	10
		65	**부지 조성 시 마운딩(mounding)**	
		66	contours(등고선)	
		75	**정지(grading)의 목적**을 설명하시오.	
		87	**등고선의 성질**	
		87	**토량계산방법의 점고법(點高法) 중 구형분할법과 삼각분할법**	
		91	조경공사의 **마운딩 조성방법**	
	논술	69	단지개발에 있어서 **성 · 절토계획 시 고려할 사항**에 대하여 상술하시오.	
		96	토공량 산정방법인 **단면법(斷面法), 점고법(點高法), 등고선법(等高線法)의 계산방식**을 설명하고 특징을 비교하시오.	

		121	정지설계(Grading Design)의 목적을 기능적, 미적 관점에서 구분하여 그림으로 설명하시오.	
토공사 (토심/토성 /토양구조)	용어	63	**토성 분석** 시 토성 분류 및 크기	27
		72	**토양단면**	
		75	**유효토심 설정기준**을 설명하시오.	
		76	조경공사 표준시방서상 식재기반토양의 **생존 · 생육 최소심도**	
		85	식물 생육에 필요한 토양의 **생존최소심도와 생육최소심도**	
		88	2009년 국토교통부에서 고시한 '조경기준' 중 **옥상조경 및 인공지반조경**의 식재토심을 일반토양과 인공토양으로 **구분**하여 기술하시오.	
		90	**토양 삼상(三相)의 개념 및 바람직한 구성 비율**	
		90	일반적인 **토양 단면도**를 그리고 설명하시오.	
		91	**토양의 화학적 성질**	
		96	**식물의 생육에 적합한 토양기반조건**	
		96	**토양수분 중 모관수와 중력수**	
		108	**인공지반 생육 식재토심**(성토층/배수층 구분)	
		109	**양이온치환능력(CEC)**	
		111	**토양 삼상(三相)의 개념 및 구성**	
		112	**소성지수(Plastic Index)**	
		118	조경설계기준의 인공지반에 식재된 식물과 생육에 필요한 **식재토심**(자연토양, 인공토양)	
	논술	75	**토양의 물리성 중 토양삼상, 경도, 공극, 입단구조**에 대하여 식물생육에 미치는 영향을 중심으로 설명하시오.	
		79	토양은 조경수목의 생육에 가장 영향을 미치는 요소인 바 **토양의 수직적 단면**을 제시하고 층별 성분을 설명하시오.	
		79	토공사의 터파기 여유폭에 대하여 단면도를 작성하고 **높이(H)와 터파기 여유(D)의 관계**에 대해 설명하시오.	
		85	흙을 식물생육적 측면과 구조공학적 측면에서 사용하고자 할 때, 각각 고려해야 할 **흙의 특성**을 비교 · 설명하시오.	
		88	**수목식재지 기반조성공사**는 식재되는 수목생육에 가장 큰 영향을 주므로 **사전에 토양조사**하고 개선하여야 한다. 이에 관한 **토양분석과 조치방법**을 설명하시오.	
		100	**토양의 화학성 정도**를 가늠하는 항목 중 산도(pH), 전기전도도(EC), 양이온치환용량(CEC)들과 식물생육의 관계에 대해 설명하시오.	
		102	**토양의 물리적 · 화학적 · 생물적 성질**에 대하여 설명하시오.	
		117	조경식재에 적합한 **토양의 물리적 성질과 화학적 성질**에 대하여 설명하시오.	
		118	조경수 식재를 위한 **토양물리성 개량**의 대표적인 방법 4가지를 설명하시오.	
		120	**토양의 단면구조**를 그리고, 각각의 층위별 특성을 설명하시오.	
		121	토양의 물리적 성질 중 토양입자의 구분에 따른 **물리성**을 설명하고, 국제토양학회 기준의 토성 삼각도를 간략히 모식화하여 설명하시오.	
토공사 (표토/멀칭 /자원 재활용)	용어	69	**분쇄목 멀칭(mulching) 처리**의 기대효과	10
		88	**멀칭의 이점** 7가지와 **멀칭 재료** 3가지를 쓰시오.	
		108	**멀칭재의 장 · 단점**(5가지)	
		117	**멀칭(mulching)의 효과와 재료**	
		123	**현장 표토 및 임목폐기물을 이용한 녹화공법**	

		63	조경공사에 있어서 **표토시공**에 관한 사항을 시방서 양식으로 작성하시오.	
	논술	66	조경공사 시 **표토처리**의 필요성과 처리방식에 관하여 기술하시오.	
		75	도로건설공사에서 발생하는 폐기물 중 **자연재료(식물발생재, 현장발생토 등)**의 활용방안에 대하여 논하시오.	
		82	건설현장 발생 **임목폐기물**의 특성과 **현장 재활용**을 높이기 위한 활용방안에 대하여 설명하시오.	
		82	표토는 귀중한 자원으로 보전이용이 필요한데 **표토분포 조사방법, 채취방법, 보관방법**에 대하여 설명하시오.	
포장공사	용어	90	**골재의 비중 및 흡수율**	7
		94	**보도용 블록**(T=300mm 이하)의 포장 단면상세도(Non Scale)	
		121	BPN(British Pendulum Number)	
	논술	71	**조경포장방법**에 대해 유형별로 구분·설명하고, 그 사례를 들어 장단점을 비교하시오.	
		82	**단위형 조립포장**(Unit Paving)과 **일체형 타설포장**(Mass Paving)의 특성에 대하여 시공과 연계하여 설명하시오.	
		97	**콘크리트 포장 줄눈**의 종류와 각각의 특징을 설명하고, **설치방법**을 도식(圖式)하고 설명하시오.	
		100	놀이시설물 또는 체육시설물의 **탄성포장재**의 종류, 제조 및 시공 시 문제점, 종류별 표준단면도를 제시하시오.	
옹벽공사	논술	90	**옹벽의 종류**를 구조형식에 의한 분류로 열거하고, 그중 높이 2,300mm(지상부 높이 1,500m)의 **역T형 옹벽**을 아래 제시된 구조와 마감공법의 non-scale로 단면도를 작성하시오.(구조: T300×B1,700 저판, T200 벽체, D13@250 이형철근 단근배근/마감: 지하부−190×90×57 시멘트벽돌마감, 지상부−T100 산석붙임/지정: T200잡석다짐)	1
배수/우수 유출량	용어	64	**우수 유출량 계산공식** $Q = 1/360C \cdot I \cdot A$	8
		85	친환경적 측면에서 **강우유출계수**에 대하여 설명하시오.	
		93	**표면배수의 영점유출**(zero runoff)	
		99	**우수유출량 산출방식**	
		118	**심토층 배수 중 사구법**의 시공방법	
	논술	93	우리나라는 **경사지역**에 건조물 입지를 정해야 할 경우가 많다. 이러한 지역의 **우·배수 특성**과 배수시설에 대하여 설명하시오.	
		96	**관거배수계통의 유형**을 그림으로 그려 제시하고 **각각의 특성**에 대하여 설명하시오.	
		105	산지형 근린공원에서 우수(빗물)의 유출로 인해 발생하는 문제점과 개선방안을 설명하시오.	
적산학	용어	64	**덤프트럭, 로더**의 시공능력 산정공식	23
		79	**일위대가표**의 정의 및 분류	
		81	**복합단가와 합성단가**	
		81	**기계손료**	
		82	**실적공사비(적산)**제도에 대하여 설명하시오.	
		87	조경공사비 구성항목 중 **간접노무비, 산재보험료, 일반관리비, 이윤의 적용비율**	
		90	**인력운반 및 목도운반비** 구하는 공식	
		96	**불도저와 로더의 시간당 작업량**(m^3/hr) 계산공식	
		99	건설공사 표준품셈에서 제시하는 **토질 및 암의 종류**	
		100	**심근성 조경수목의 중량계산방법**	
		100	**조경공사 원가관리의 문제점과 개선대책**	
		112	**산업안전보건관리비**	
		115	**관급자재 관리비 계상기준**	

		65	**조경공사의 특수성**과 견적 시 고려사항을 논하시오.	
논술		71	건설기계의 시공능력 산정공식 중 **불도저, 유압식 백호, 로더공식**에 대해 설명하고 상호비교하시오.	
		72	**조경공사의 공사원가 구성체계**를 설명하고 **적산서 작성 시 토목, 건축공정과의 차이점**과 유의하여야 할 점에 대하여 설명하시오.	
		81	시설공사 입찰 시 책정하는 **예정가격, 추정가격의 개념**과 **예정가격 결정기준 및 원가계산체계**를 설명하시오.	
		84	**조경공사 적산기준**의 현황 및 문제점을 설명하고 개선방안을 제시하시오.	
		90	**조경수목의 중량을 구하는 방식**에 대해 지하부와 지상부로 나누어 설명하시오.	
		96	**공사원가의 구성항목인 재료비, 노무비, 경비, 일반관리비, 이윤, 부가가치세**에 대하여 설명하고, **원가계산 시 유의할 점**에 대하여 설명하시오.	
		103	**원가계산방식과 실적공사비방식**의 특성과 문제점 및 개선방안을 비교 · 설명하시오.	
		109	**실적공사비를 활용한 적산**의 목적과 방법, 효과에 대해 설명하시오.	
		111	건설공사의 공사비 구성을 **표준품셈(원가계산방식)과 표준시장단가(실적단가)**로 구분하여 산정기준을 설명하시오.	

키워드	구분	회차	기출문제	출제 횟수
건설사업 관리	용어	78	건설사업관리(CM)의 주요인자를 설명하시오.	8
		82	민간투자 사업방식 중 BTL과 BTO의 차이점 및 특징을 설명하시오.	
		85	건설사업 시행방식인 BTO, BOO에 대해 설명하시오.	
		123	BOT 및 BTL 계약	
		123	건설사업관리 계약	
	논술	64	합리적 조경기업의 경영을 위한 사업실적 및 손익분석방법에 대하여 논하시오.	
		71	조경경영기법 중 손익분석방법에 대해 설명하고 조경공사업의 경쟁력 향상을 위한 평가요소 및 분석방법에 대해 의견을 제시하시오.	
		85	조경건설업의 경쟁력 강화 및 선진화를 위한 과제를 들고 설명하시오.	
공정관리	용어	64	네트워크(network) 공정표	10
		65	CPM(critical path method)의 특징	
		73	공정관리의 기능에서 계획기능과 통제기능	
		106	네트워크공정표인 PERT와 CPM의 차이점	
		114	공정표(횡선식, 네트워크식)	
		117	네트워크 공정표 중 PERT와 CPM의 차이점	
	논술	65	조경공사의 부실원인과 방지대책을 논하시오.	
		67	조경공사계획 시 공정표 작성의 목적과 그 고려사항을 설명하고 횡선식 공정표(bar chart)와 네트워크 공정표(network progress chart)의 장단점 및 용도를 비교하고 조경공사에 적용방 안을 설명하시오.	
		68	조경공사를 시행함에 있어 수급인은 원활한 진행을 위하여 착수 전에 시공계획서를 작성하여 감독에 게 제출한다. 귀하께서 ○○공사의 현장대리인이라고 가정하고 시공계획서를 작성하여 보시오.	
		73	지속가능성을 고려한 조경시공현장 관리에 대해 논하시오.	
안전관리	용어	68	총괄 안전관리계획서에 포함될 항목을 열거하시오.	2
	논술	123	공원녹지공간의 안전관리 사항 중 발생하는 사고의 종류를 재해성격별로 구분하고, 사고에 대 한 방지대책에 대하여 설명하시오.	
공원관리	용어	121	녹색깃발상(Green Flag Award)	7
	논술	65	도시공원 조성공사에 요구되는 시공계획서를 작성하시오.	
		65	공원관리의 주요 내용을 3가지로 구분하고 연간 유지관리계획표를 작성하시오. (단, 공기는 1년이며, 착승일은 1월 1일이다.)	
		69	국립공원 이용자관리(visitor management)를 위한 방안은 크게 직접적(direct, software) 관리와 간접적(indirect, hardware) 관리로 구분할 수 있다. 두 유형에 대한 장단점과 각 유형 에서 사용하는 관리수단의 예를 5가지 이상 나열하시오.	
		71	조경관리에 있어 유지관리, 운영관리, 이용자관리의 차이점에 대해 설명하고, 특히 이용자관 리의 중요성과 유형에 대해 설명하시오.	
		78	귀하가 도시공원의 조경관리 책임자라고 할 때, 연간 유지관리 작업계획과 개략적인 기자재 소 요품목을 포함한 관리운영계획을 작성하시오.	

		111	공원녹지의 운영관리방법 중 **직영관리와 위탁관리**에 대하여 적용업무를 설명하고, 각각의 장점과 단점을 비교 설명하시오.	
식물생육 조건 관리/ 생육기반 환경	용어	71	**광보상점**(光補償點, light compensation point)	7
		73	**토양수**(土壤水)의 구분과 **식물의 위조점**(萎凋點)	
		79	**한계위조점**	
	논술	63	식물의 저온에 의한 생육장애 중 **서리피해**의 유형을 들고 방지책을 논하시오.	
		94	지난해 폭설로 인하여 도로변 녹지대에 수목의 피해가 발생되고 있는바, **제설작업(염화칼슘 등)**으로 인하여 **수목과 토양에 미치는 염류 피해 원인과 유형, 방지대책**에 대하여 설명하시오.	
		111	수목생육 기반환경 조성 시 토양개선을 위한 **토양개량제**의 종류와 특성을 설명하시오.	
		115	**은행나무의 관리계획**(번식, 전정, 이식, 시비, 병해충방제 등)과 연간관리표를 작성하시오.	
잔디관리	용어	76	**골프장 잔디의 주요병해**	9
		79	**우리나라 잔디**(zoycia japonica)의 영양번식 유형과 방법	
		82	**잔디밭의 통기작업방법**(표면층과 토양층을 구분)을 설명하시오.	
		84	**잔디밭 관리**에 있어서 **잡초방제방법**을 제시하고 그 원리를 간단히 설명하시오.	
		105	**한지형 잔디의 병충해**와 방제방법	
	논술	71	잔디운동장 유지관리기법의 일종인 **통기(통기)작업**의 목적과 방법 등에 대해 설명하시오.	
		93	**잔디밭 악화원인에 대한 대책**과 잔디밭 갱신방법에 대하여 설명하시오.	
		123	**잔디밭 갱신작업**의 필요성 및 **기계적인 갱신작업**의 종류와 **배토작업**의 목적에 대하여 설명하시오.	
		124	공원, 골프장, 학교운동장 등 많은 공간에 사용되고 있는 **잔디의 시각적 품질**에 대하여 설명하시오.	
제초/전정 · 전지	용어	63	**화학적 제초제**를 5가지만 들고 **제초원리**를 설명하시오.	14
		71	조경공간에 많이 나타나는 **잡초의 종류와 특징**	
		75	**정지**(grading)의 목적을 설명하시오	
		81	**수목의 가지치기 대상과 방법**	
		105	**수목 전정**의 미관, 실용, 생리적 목적	
		108	**적심**(摘心, pinching)	
		109	식재설계 시 고려하여야 할 **잡초의 특성**(3가지)	
		117	**지피융기선**(枝皮隆起線)과 **지륭**(枝隆)	
		118	**적심**(摘芯)과 **적아**(摘芽)	
		124	엽아(葉芽), 화아(花芽), 정아(頂芽), 잠아(潛芽), 부정아(不定芽)	
	논술	64	양질의 꽃을 보기 위해 **화목**(花木)을 **전정**하려 한다. **화아분화**에 미치는 요인, 화아분아시기, 개화습성 등을 설명하고 **전정시기 및 전정방법**을 화목을 예로 들어 기술하시오.	
		72	**가로수 전정공사의 강전정(기본전정)과 약전정**의 시기, 효과, 적용방법, 품셈기준에 대하여 설명하시오.	
		103	**수목전정(가지치기)**에 대한 기본원칙과 계절별 전정방법을 설명하고 계절별로 전정이 가능한 수종 7가지를 기술하시오.	
		121	**수목전정의 목적**과 기본원칙, 전정시기를 계절별로 설명하시오.	
병충해 방제	용어	65	병충해방제 중 **휴면기방제**의 특징	33
		75	수목의 **비전염성 병**의 요인을 설명하시오.	
		88	식물의 병해는 치유보다 예방관리가 매우 중요하다. **병해의 예방법 유형**을 10가지만 나열하시오.	

		99	수목의 비전염성 병과 구별되는 전염성 병의 특징	
		102	최근 참나무류에서 많이 발생하는 병명과 방제대책	
		103	겨우살이(mistletoe)의 병징 및 방제방법	
		103	벚나무 빗자루병의 병원균, 병징 및 방제방법	
		109	병징(Symptom)과 표징(Sign)	
		111	샤이고미터(Shigometer)	
		114	농약 사용대상(사용목적)에 따른 분류(6가지)	
		118	느티나무 흰가루병의 표징과 방제 방법	
		120	병징(Symptom)과 표징(Sign)	
		120	피소(별데기)	
		124	만상(晚霜), 조상(早霜), 동상(凍傷)	
	논술	64	활엽조경수목에 피해를 주는 병해(病害)의 종류 및 피해수목, 방제법에 대해 설명하시오.	
		65	수목의 병충해방제를 예방과 치료로 구분하여 기술하시오.	
		69	수목의 흡즙성(吸汁性) 해충 종류를 3가지 이상 열거하고 각 종류의 특징과 방제법에 대하여 설명하시오.	
		71	조경수목에 피해를 주는 식엽성·천공성 해충의 종류, 피해대상 수목, 방제법에 대하여 설명하시오.	
		75	소나무재선충의 방제방법과 관리방안에 대하여 서술하시오.	
		76	조경수목 병해(病害)피해에 대한 병징(病徵)의 유형을 구분하고, 유형별 병징의 특성을 설명하시오.	
		79	소나무재선충의 생활사 및 방제법에 대하여 논하고 산림청에서 발표한 비상대책 특별지침 내용과 차후대책에 대하여 설명하시오.	
		84	조경용으로 재배되는 수목의 병징은 여러 형태로 나타난다. 육안으로 구분되는 수병의 징후에 대하여 기술하시오.	
		88	수목은 갖가지 요인에 의하여 피해를 받을 수 있는데 그중 기상적 피해에 대하여 설명하시오.	
		90	흡즙성 해충과 천공성 해충의 예를 각각 3가지 들고, 피해증상 및 방제방법을 설명하시오.	
		91	소나무 주요 병충해(병해 3종, 충해 3종)의 연간 방제계획(병·충해명, 발생시기, 처리방법)을 작성하시오.	
		97	참나무 시들음병의 발병원인, 매개충의 생활사 및 방제방법에 대하여 설명하시오.	
		100	조경수목의 주요병해 및 충해를 4가지씩 들고 방제법에 대해 설명하시오.	
		103	대기오염물질이 수목에 미치는 영향에 대해 설명하고, 특히 아황산가스(SO_2), 질소산화물(NO_x), 오존(O_3), PAN, 불소(F)의 피해가 수목(활엽수, 침엽수 구분)에 나타나는 병징을 설명하시오.	
		108	식엽성 해충을 3종류 쓰고, 그 피해현상 및 방제방법에 대하여 각각 설명하시오.	
		109	수목의 충해관리방법 중 생물학적 방제법에 대해 설명하시오.	
		111	조경수목은 여러 가지 요인에 의하여 피해를 받지만, 수목의 피해 원인을 규명하기 위해서는 피해가 발생한 상황을 먼저 조사해야 한다. 피해원인의 정확한 진단을 위한 피해발생상황을 조사항목별로 구분하여 설명하시오.	
		114	IPM(Integrated Pest Management, 해충종합방제)에 대하여 설명하시오.	
		117	수목의 전염성병과 비전염성병의 원인, 특징 및 종류에 대해 설명하시오.	

		63	수목 외과수술과정을 쓰시오.	
	용어	73	뿌리돌림의 목적과 대형수목의 안전한 **뿌리돌림 작업방법**	
		87	조경공사표준시방서상 **고사율에 따른** 지급수목재료의 하자보수기준	
		88	무기양분 중 **인산(P)의 결핍**으로 조경수목에 나타나는 증상을 설명하시오.	
		90	**살수관개시설(sprinkler)의** 주요부품 기능	
		96	조경수목에서 **질소(N), 인산(P), 칼륨(K) 부족 시 나타나는 결핍증상과 대책**	
		108	조경수의 **점적식 관수**	
		108	우리나라 **가뭄발생 유형과 인공지반 조경수목 생장**	
		121	식물 생육에 필수적인 토양의 다량원소와 미량원소	
		123	**CODIT 모델**	
고사방지/시비/관수/수목하자예방	논술	68	식재된 수목을 관리함에 있어 **시비(비료주기)**는 충실한 성장을 위한 지속적인 관리공종이다. **식물 생육에 필요한 양분의 검증요령과 N, P, K(질소, 인산, 칼리)의 양분 결핍 증세**를 기술하시오.	32
		69	대도시 내 가로수의 생육상태는 대개의 경우 매우 불량하다. **가로수의 유지관리방안**에 대하여 기술하시오.	
		70	**조경수목의 고사(枯死)원인과 예방책**을 기술하시오.	
		72	**조경식재공사와 조경시설물별 하자예방대책**에 대하여 설명하시오.	
		76	조경공사 시 **수목하자발생의 원인 및 대책**을 논하시오.	
		78	식재공사에서 발생되는 **수목고사의 원인과 대책**에 대해 **생산 및 유통과정, 시공과정, 관리과정**으로 구분하여 기술하시오.	
		79	최근 **조경시설물의 위탁관리(도급관리)**가 다양하게 시행되고 있다. 조경시설물 중 **식물유지관리 공종**을 나열하고 그 내용을 설명하시오.	
		84	조경공사 가운데 **식재공사**는 타 공사와 달리, 살아있는 식물을 다루기 때문에 **하자의 특수성**을 가지고 있다. **하자의 원인과 대책**을 기술하시오.	
		87	**조경식재공사의 하자발생요인을 계획 및 설계단계, 시공단계, 유지관리단계로 구분**하여 기술하고, 효율적인 **하자발생 저감대책**에 대해 논하시오.	
		91	답압에 의해 배수가 원활하지 않은 구역의 식재는 하자가 다량 발생하게 된다. 이에 대한 **해결책**을 제시하시오.	
		93	조경공사 표준시방서에 언급되는 **조경수 하자(瑕疵)범위 및 유지관리 기준에 따른 발생원인과 대책**에 대하여 설명하시오.	
		96	**식재공사 후 발생하는 하자의 원인**을 유형별로 구분한 후, 이에 대한 **방지대책**에 대하여 설명하시오.	
		99	**조경공사의 하자분쟁을 완화할 수 있는 방안**에 대해 설명하시오.	
		108	**조경수목 하자발생 원인과 하자발생 최소화 방안**에 대하여 설명하시오.	
		111	조경수목이 부패하거나 큰 상처가 났을 경우 치료하는 방법으로 외과수술이 시행되고 있다. **수간의 외과수술** 목적과 외과수술과정에 대하여 설명하시오.	
		114	수목이 성장함에 따라 뿌리가 포장 등을 올리고 손상시킬 수 있어 이에 대한 **뿌리절단(전정) 시 수목의 반응에 미치는 요소**를 설명하시오.	
		115	**수목이식 시 하자율을 줄일 수 있는 방법**에 대하여 설명하시오.	
		118	**공동주택의 식재 공사 후 하자의 원인**을 유형별로 구분하고 하자사례와 개선방안에 대하여 설명하시오.	

		120	**건설공사 클레임(Claim)**의 원인을 설명하시오.	
		121	노거수 생장을 위협하는 인자들과 건강 위험도 평가방법을 설명하시오.	
		123	**조경 식재수목의 하자원인**에 대하여 굴취, 운반, 식재 측면으로 구분해서 설명하고, **하자저감 방안**에 대하여 설명하시오.	
		124	**조경수목의 고사 원인 중 생리적 피해** 5가지를 쓰고, 그에 따른 원인, 주요 증상 및 대책을 설명하시오.	
조경수 생산유통	용어	124	튤립 파동(Tulip Mania)	4
	논술	63	**조경수 생산, 유통의 문제점과 개선방안**에 대해 논하시오.	
		88	조경공사의 주 재료인 **조경수 생산과 유통에 대한 문제점과 개선방안**을 설명하시오.	
		106	**부적기 식재공사 시 하자율저감**을 위한 **조경수 생산방안과 유통구조**의 개선점에 대하여 설명하시오.	
시설물 관리/하자	용어	105	**구조물 설치 시, 흙의 동상현상(frost heave)**의 피해 방지를 위한 조치	5
	논술	75	**목재의 조경시설** 활용방안, 제작관리, 설치 후 관리방안을 설명하시오.	
		94	**조경시설물 공사에서 발생되는 하자**를 공종과 유형별로 분류하고, 그 원인과 저감대책을 설명하시오.	
		111	**조경공간에 조성되어 있는 각종 조경시설의 적절한 유지관리**를 위하여 연간계획을 수립하고자 한다. 시설물관리에 필요한 항목을 **정기관리, 부정기관리 및 중간점검**으로 구분하여 설명하시오.	
		124	조경시설물 유지관리 중 토사포장의 포장방법, 파손원인, 개량 및 보수방법을 설명하시오.	

■ 참고도서목록

구분		도서명	저자	출판사
교재	주	21세기 조경기술사	정상아	예문사
	부	조경기술사	김은숙	예문사
자연환경관리	주	21세기 자연환경관리기술사	정상아	예문사
	부	생태복원·계획설계론 Ⅰ,Ⅱ	조동길	넥서스환경디자인연구원 출판부
동양조경사	주	동양조경문화사	(사)한국전통조경학회	대가
	부	한국전통조경	정재훈	도서출판 조경
	부	문화재수리기술자조경	이광만	나무와 문화
서양조경사/현대조경 작가론	주	서양조경사	한국조경학회	문운당
	부	조경의 시대, 조경을 넘어	배정한	도서출판 조경
	부	현대 조경설계의 이론과 쟁점	배정한	도서출판 조경
조경 및 환경 관련법규	주	조경·자연환경관리법규해설	최재군	예문사
	부	조경법규	이명우	기문당
조경계획론	주	조경계획	이명우외	기문당
	부	조경계획·설계	임승빈외	보문당
조경설계론	주	조경설계론	한국조경학회	문운당
	주	조경설계기준	한국조경학회	기문당
	부	조경식재설계론	한국조경학회	문운당
조경시공·구조학	주	신조경시공학	한국조경학회	문운당
	주	조경구조학	최기수외	일조각
	부	조경공사 표준시방서	한국조경학회	한국조경학회
조경관리학	주	신조경관리학	한국조경학회	문운당
	부	조경수식재관리기술	이경준외	서울대학교 출판문화원

■ 참고사이트

구분	해당명
사이트	법제처/국토교통부
	라펜트(www.lafent.com)
	환경과 조경/생태조경
	한국조경신문(www.latimes.kr)
협회, 학회	한국조경학회(www.kila.or.kr)
	조경정보지(Landscape Review)
	한국조경협회(www.ksla.or.kr)
카페	cafe.daum.net/LANE
	cafe.daum.net/totalla

21세기
조경기술사 실전문제풀이

발행일 | 2015. 2. 20 　초판발행
2020. 1. 15 　개정1판1쇄
2022. 1. 10 　개정2판1쇄
2024. 3. 10 　개정3판1쇄

저　자 | 정상아
발행인 | 정용수
발행처 | 예문사

주　소 | 경기도 파주시 직지길 460(출판도시) 도서출판 예문사
T E L | 031) 955 – 0550
F A X | 031) 955 – 0660
등록번호 | 11 – 76호

• 예문사 홈페이지 http : //www.yeamoonsa.com

정가 : 62,000원

ISBN 978–89–274–5391–8　13520